A DÚVIDA DE DARWIN

A ORIGEM EXPLOSIVA DA VIDA ANIMAL
E A IDEIA DO DESIGN INTELIGENTE

Stephen C. Meyer

Rio de Janeiro, 2022

A Dúvida de Darwin

Copyright © 2022 da Starlin Alta Editora e Consultoria Eireli.
ISBN: 978-65-5520-456-8

Translated from original Darwin's Doubt : The Explosive Origin of Animal Life and the Case for Intelligent Design. Copyright © 2013 by Stephen C. Meyer. ISBN 978-0-06-207147-7. This translation is published and sold by permission of HarperCollins Publishers, the owner of all rights to publish and sell the same. PORTUGUESE language edition published by Starlin Alta Editora e Consultoria Eireli, Copyright © 2022 by Starlin Alta Editora e Consultoria Eireli.

Impresso no Brasil — 1ª Edição, 2022 — Edição revisada conforme o Acordo Ortográfico da Língua Portuguesa de 2009.

Todos os direitos estão reservados e protegidos por Lei. Nenhuma parte deste livro, sem autorização prévia por escrito da editora, poderá ser reproduzida ou transmitida. A violação dos Direitos Autorais é crime estabelecido na Lei nº 9.610/98 e com punição de acordo com o artigo 184 do Código Penal.

A editora não se responsabiliza pelo conteúdo da obra, formulada exclusivamente pelo(s) autor(es).

Marcas Registradas: Todos os termos mencionados e reconhecidos como Marca Registrada e/ou Comercial são de responsabilidade de seus proprietários. A editora informa não estar associada a nenhum produto e/ou fornecedor apresentado no livro.

Erratas e arquivos de apoio: No site da editora relatamos, com a devida correção, qualquer erro encontrado em nossos livros, bem como disponibilizamos arquivos de apoio se aplicáveis à obra em questão.

Acesse o site www.altabooks.com.br e procure pelo título do livro desejado para ter acesso às erratas, aos arquivos de apoio e/ou a outros conteúdos aplicáveis à obra.

Suporte Técnico: A obra é comercializada na forma em que está, sem direito a suporte técnico ou orientação pessoal/exclusiva ao leitor.

A editora não se responsabiliza pela manutenção, atualização e idioma dos sites referidos pelos autores nesta obra.

Dados Internacionais de Catalogação na Publicação (CIP) de acordo com ISBD

G812d   Greenfield, Susan
         A Dúvida de Darwin: a origem explosiva da vida animal e a ideia do design inteligente / Susan Greenfield ; traduzido por Isis Rezende. - Rio de Janeiro : Alta Books, 2022.
         512 p. : il. ; 16cm x 23cm.

         Tradução de: Darwin's Doubt
         Inclui bibliografia e índice.
         ISBN: 978-65-5520-456-8

         1. Evolucionismo. 2. Darwinismo. I. Rezende, Isis. II. Título.

2021-4699   CDD 575
                                                         CDU 575

Elaborado por Vagner Rodolfo da Silva - CRB-8/9410

Produção Editorial
Editora Alta Books

Diretor Editorial
Anderson Vieira
anderson.vieira@altabooks.com.br

Editor
José Rugeri
acquisition@altabooks.com.br

Gerência Comercial
Claudio Lima
comercial@altabooks.com.br

Gerência Marketing
Andrea Guatiello
marketing@altabooks.com.br

Coordenação Comercial
Thiago Biaggi

Coordenação de Eventos
Viviane Paiva
eventos@altabooks.com.br

Coordenação ADM/Finc.
Solange Souza

Direitos Autorais
Raquel Porto
rights@altabooks.com.br

Produtor da Obra
Thiê Alves

Produtores Editoriais
Illysabelle Trajano
Larissa Lima
Maria de Lourdes Borges
Paulo Gomes
Thales Silva

Equipe Comercial
Adriana Baricelli
Daiana Costa
Fillipe Amorim
Kaique Luiz
Maira Conceição
Victor Hugo Morais

Equipe de Design
João Lins
Marcelli Ferreira

Equipe Editorial
Beatriz de Assis
Brenda Rodrigues
Caroline David
Gabriela Paiva
Henrique Waldez
Mariana Portugal

Marketing Editorial
Jessica Nogueira
Livia Carvalho
Marcelo Santos
Thiago Brito

Atuaram na edição desta obra:

Tradução
Isis Rezende

Copidesque
João Guterres

Revisão Gramatical
Kamila Wozniak
Rafael Fontes

Diagramação
Joyce Matos

Capa
Larissa Lima

Editora afiliada à: ASSOCIADO

Rua Viúva Cláudio, 291 — Bairro Industrial do Jacaré
CEP: 20.970-031 — Rio de Janeiro (RJ)
Tels.: (21) 3278-8069 / 3278-8419
www.altabooks.com.br — altabooks@altabooks.com.br
Ouvidoria: ouvidoria@altabooks.com.br

SUMÁRIO

Agradecimentos v

Prólogo vii

PARTE UM
O MISTÉRIO DOS FÓSSEIS PERDIDOS

1 Nêmesis de Darwin 3
2 O bestiário de Burgess 25
3 Corpos moles e fatos duros 49
4 Os fósseis que *não* estão desaparecidos? 75
5 Os genes contam a história? 95
6 A árvore da vida animal 111
7 Punk eek! 133

PARTE DOIS
COMO CONSTRUIR UM ANIMAL

8 A explosão de informação cambriana 151
9 Inflação combinatória 165
10 A origem dos genes e proteínas 181
11 Assumir um gene 203
12 Adaptações complexas e a matemática neodarwiniana 223
13 A origem dos planos corporais 247
14 A revolução epigenética 263

iv   *Sumário*

PARTE TRÊS
APÓS DARWIN, O QUÊ?

15   O mundo pós-darwiniano e a auto-organização   281
16   Outros modelos pós-neodarwinianos   301
17   A possibilidade de design inteligente   325
18   Sinais de design na explosão cambriana   341
19   As regras da ciência   369
20   O que está em jogo   389

Notas   399

Bibliografia   449

Créditos e permissões   481

Índice   491

AGRADECIMENTOS

Embora eu não seja um biólogo, mas um filósofo da biologia, tenho a sorte de supervisionar uma pesquisa científica interdisciplinar dedicada, que me dá uma visão panorâmica de algumas descobertas de ponta e *insights* de alguns cientistas excepcionais. Com isso em mente, gostaria de agradecer aos meus colegas do Discovery Institute e Biologic Institute, em particular Paul Nelson, Douglas Axe, Jonathan Wells, Michael Behe, Ann Gauger, Richard Sternberg, Paul Chien e Casey Luskin, cuja pesquisa tornou possível o argumento deste livro. Gostaria de agradecer especialmente a Paul Nelson por sua ajuda na redação dos Capítulos 6 e 13, versões expandidas dos textos que planejamos publicar em conjunto como artigos técnicos. Além disso, Casey Luskin, coordenador de pesquisa do Discovery, repetidamente deu tudo de si com seu comprometimento e habilidoso trabalho neste livro. Também gostaria de agradecer aos dois biólogos anônimos e dois paleontólogos, que deram tanta atenção ao aprimoramento do rigor e da precisão científica do manuscrito durante o processo de revisão em pares. Também gostaria de expressar meus agradecimentos a Paul Chien, Marcus Ross e Paul Nelson pela pesquisa que fizeram em apoio ao nosso artigo de 2003 "The Cambrian Explosion: Biology's Big Bang" [A Explosão Cambriana: Big Bang da Biologia, em tradução livre], que forneceu suporte para o argumento desenvolvido aqui de uma forma muito expandida.

Além disso, agradeço profundamente o trabalho dos escritores e editores do nosso Discovery Institute, Jonathan Witt, David Klinghoffer, Bruce Chapman e Elaine Meyer, que tornaram este manuscrito infinitamente mais legível. Jonathan Witt merece menção especial por me ajudar a lançar este projeto e por sua ajuda no desenvolvimento de elementos de narrativa e ideias. Gostaria de agradecer ao meu assistente Andrew McDiarmid, por seu trabalho diligente na bibliografia e no gerenciamento do fluxo de informações. E não há como agradecer a Ray Braun o suficiente por sua bela obra de arte. Por fim, gostaria de expressar minha gratidão às boas pessoas na Harper: Lisa Zuniga, por sua coordenação e habilidade excepcionais em conduzir o livro pelo processo de produção; Ann Moru, por sua revisão especializada; e ao meu editor sênior Roger Freet, por sua visão, paciência e orientação estratégica incomum.

PRÓLOGO

Hoje, quando as pessoas ouvem o termo "revolução da informação", normalmente pensam em chips de silício e código de software, telefones celulares e supercomputadores. Elas raramente pensam em minúsculos organismos unicelulares ou no surgimento da vida animal. Mas, enquanto escrevo essas palavras no verão de 2012, estou sentado no final de uma estreita rua medieval em Cambridge, Inglaterra, onde mais de meio século atrás uma revolução da informação de longo alcance começou na biologia. Esta revolução foi lançada por um improvável, mas agora imortalizado par de cientistas, Francis Crick e James Watson. Desde meu tempo como estudante de Ph.D. em Cambridge no final da década de 1980, fiquei fascinado com a maneira como a descoberta deles transformou nossa compreensão da natureza da vida. Na verdade, desde a década de 1950, quando Watson e Crick iluminaram pela primeira vez a estrutura química e as propriedades portadoras de informações do DNA, os biólogos passaram a compreender que os seres vivos, tanto quanto os dispositivos de alta tecnologia, dependem de informações digitais, informações que, no caso da vida, são armazenadas em um código químico de quatro caracteres embutido na figura retorcida de uma dupla hélice.

Devido à importância da informação para os seres vivos, agora se tornou aparente que muitas "revoluções da informação" distintas ocorreram na história da vida, não revoluções de descoberta ou invenção humana, mas revoluções envolvendo aumentos dramáticos na informação presente dentro do próprio mundo vivo. Os cientistas agora sabem que construir um organismo vivo requer informações, e construir uma forma de vida fundamentalmente nova a partir de uma forma de vida mais simples requer uma quantidade imensa de *novas* informações. Assim, onde quer que o registro fóssil ateste a origem de uma forma completamente nova de vida animal, uma palpitação de inovação biológica, ele também atesta um aumento significativo no conteúdo de informação da biosfera.

Em 2009, escrevi um livro chamado *Signature in the Cell* [*Assinatura na Célula*, em tradução livre] sobre a primeira "revolução da informação" na história da vida, aquela que ocorreu com a origem da primeira vida na Terra. Meu livro descreveu como as descobertas em biologia molecular durante os anos 1950 e

viii   *Prólogo*

1960 estabeleceram que o DNA contém informações em forma digital, com suas quatro subunidades químicas (chamadas bases de nucleotídeos) funcionando como letras em uma linguagem escrita ou símbolos em um código de computador. E a biologia molecular também revelou que as células empregam um sistema complexo de processamento de informações para acessar e expressar as informações armazenadas no DNA à medida que usam essas informações para construir as proteínas e as máquinas de proteínas de que precisam para permanecerem vivas. Os cientistas que tentam explicar a origem da vida devem explicar como surgiram as moléculas ricas em informações e o sistema de processamento de informações da célula.

O tipo de informação presente nas células vivas, isto é, informação "especificada" em que a sequência de caracteres é importante para a função da sequência como um todo, gerou um grande mistério. Nenhum processo físico ou químico não direcionado demonstrou a capacidade de produzir informações especificadas a partir de precursores "puramente físicos ou químicos". Por essa razão, as teorias da evolução química não conseguiram resolver o mistério da origem da primeira vida, uma afirmação que agora poucos teóricos evolucionistas convencionais contestam.

Em *Signature in the Cell*, não apenas relatei o conhecido impasse nos estudos sobre a origem da vida; também defendi a teoria do design inteligente. Embora não saibamos de uma causa *material* que gere código digital funcional a partir de precursores físicos ou químicos, sabemos, com base em nossa experiência uniforme e repetida, de um tipo de causa que demonstrou o poder de produzir esse tipo de informação. Essa causa é a *inteligência* ou *mente*. Como observou o teórico da informação Henry Quastler, "A criação de informação está habitualmente associada à atividade consciente".[1] Sempre que encontramos informações funcionais, seja embutido em um sinal de rádio, esculpido em um monumento de pedra, gravado em um disco magnético ou produzido por um cientista da origem da vida tentando criar uma molécula autorreplicante, e rastreamos essa informação de volta até sua fonte original, invariavelmente chegamos a uma mente, não apenas um processo material. Por essa razão, a descoberta da informação digital mesmo nas células vivas mais simples indica a atividade prévia de uma inteligência projetista em ação na origem da primeira vida.

Meu livro foi controverso, mas de uma forma inesperada. Embora eu tenha declarado claramente que estava escrevendo sobre a origem da *primeira* vida e sobre as teorias da evolução química que tentam explicá-la a partir de produtos químicos preexistentes mais simples, muitos críticos responderam como se eu tivesse escrito outro livro complementante diferente. Na verdade, poucos tentaram refutar a real tese do meu livro de que o design inteligente fornece a melhor explicação para a origem da informação necessária para produzir a primeira vida. Em vez disso, a maioria criticou o livro como se ele tivesse apresentado uma crítica às teorias neodarwinianas padrões da *evolução biológica*, teorias que tentam explicar a origem de *novas* formas de vida a partir de formas *preexistentes* mais simples. Assim, para refutar minha afirmação de que nenhum processo evolutivo químico havia demonstrado o poder de explicar a origem *real* da informação no DNA (ou RNA) necessária para produzir vida a partir de produtos químicos preexistentes mais simples em primeiro lugar, muitos críticos citaram processos em funcionamento em organismos *já vivos*, em particular, o processo de seleção natural agindo em mutações aleatórias em seções *já existentes de DNA rico em informações*. Em outras palavras, esses críticos citaram um processo não direcionado que atua no DNA rico em informações preexistentes para refutar meu argumento sobre os processos materiais não direcionados não serem capazes de produzir informação no DNA em primeiro lugar.[2]

Por exemplo, o eminente biólogo evolucionário Francisco Ayala tentou refutar o *Signature* argumentando que as evidências do DNA de humanos e primatas inferiores mostraram que os genomas desses organismos surgiram como resultado de um processo não guiado, em vez de projetado de forma inteligente, mesmo que meu livro não tenha abordado a questão da evolução humana ou tentado explicar a origem do genoma humano, e mesmo que o processo ao qual Ayala aludiu claramente pressupõe a existência de outro genoma rico em informações em algum hipotético primata inferior.[3]

Outras discussões em torno do livro citaram o sistema imunológico dos mamíferos como um exemplo do poder da seleção natural e da mutação para gerar novas informações biológicas, mesmo que o sistema imunológico dos mamíferos só possa realizar as maravilhas que faz porque seus hospedeiros mamíferos já estão vivos, e até embora o sistema imunológico dos mamíferos dependa de uma forma elaboradamente *pré-programada* de capacidade adaptativa rica em informações genéticas, uma forma que surgiu muito depois da origem da primeira vida. Outro crítico manteve firmemente que "o principal argumento de Meyer" diz respeito à "incapacidade de mutação aleatória e seleção *para adicionar* informações ao DNA [preexistente]"[4] e, consequentemente, tentou refutar a suposta crítica do livro ao mecanismo neodarwiniano de evolução biológica.

Achei isso tudo um pouco surreal, como se tivesse entrado em um capítulo perdido de um romance de Kafka. O *Signature in the Cell* simplesmente não criticou a teoria da evolução biológica, nem questionou se a mutação e a seleção poderiam *adicionar* novas informações ao DNA rico em informações preexistentes. Insinuar o contrário, como muitos de meus críticos fizeram, era simplesmente criar um argumento fraco, apenas para ser refutado.

x *Prólogo*

Para aqueles que não estão familiarizados com os problemas específicos enfrentados pelos cientistas que tentam explicar a origem da vida, pode não parecer óbvio por que invocar a seleção natural não ajuda a explicar a origem da primeira vida. Afinal, se a seleção natural e as mutações aleatórias podem gerar novas informações em organismos vivos, por que também não podem fazê-lo em um ambiente pré-biótico? Mas a distinção entre um contexto biológico e pré-biótico foi crucialmente importante para o meu argumento. A seleção natural pressupõe a existência de organismos vivos com capacidade de reprodução. No entanto, a autorreplicação em todas as células existentes depende de proteínas e ácidos nucleicos ricos em informações (DNA e RNA), e a origem dessas moléculas ricas em informações é precisamente o que a pesquisa sobre a origem da vida precisa explicar. É por isso que Theodosius Dobzhansky, um dos fundadores da síntese neodarwiniana moderna, pode afirmar categoricamente: "A seleção natural pré-biológica é uma contradição em termos".[5] Ou, como explica o biólogo molecular vencedor do Prêmio Nobel e pesquisador da origem da vida Christian de Duve, as teorias da seleção natural pré-biótica falham porque "precisam de informações que implicam em pressupor o que deve ser explicado em primeiro lugar".[6] Claramente, não é suficiente invocar um processo que começa apenas depois que a vida começou, ou depois que a informação biológica surgiu, para explicar a origem da vida ou a origem da informação necessária para produzi-la.

Apesar de tudo isso, há muito tempo estou ciente de fortes razões para duvidar de que a mutação e a seleção possam adicionar novas informações *suficientes* e do tipo certo para explicar as inovações em grande escala, ou "macroevolucionárias", as várias revoluções da informação que ocorreram depois da origem da vida. Por essa razão, achei cada vez mais tedioso ter de conceder, mesmo que apenas para fins de argumentação, a substância das afirmações que acredito que provavelmente são falsas.

E assim a repetida insistência de meus críticos valeu a pena. Embora eu não tenha escrito o livro ou argumentado o que muitos de meus críticos criticaram ao responder a *Signature in the Cell*, decidi escrever esse livro. E este é esse livro.

Claro, teria sido mais seguro deixar tudo do jeito que estava. Muitos biólogos evolucionistas agora reconhecem de má vontade que nenhuma teoria da evolução química ofereceu uma explicação adequada da origem da vida ou da origem real da informação necessária para produzi-la. Por que insistir em um ponto que você nunca defendeu?

Porque, apesar da impressão generalizada, veiculada por livros, mídia popular e porta-vozes da ciência oficial, sugerir o contrário, a teoria neodarwiniana ortodoxa da evolução biológica atingiu um impasse quase tão grande quanto aquele enfrentado pela teoria da evolução química. Figuras importantes em várias subdisciplinas da biologia — biologia celular, biologia do desenvolvimento, biologia molecular, paleontologia e até mesmo biologia evolutiva — agora criticam abertamente os princípios-chave da versão moderna da teoria darwiniana na literatura técnica revisada por seus pares. Desde 1980, quando o paleontólogo Stephen Jay Gould de Harvard declarou que o neodarwinismo "está efetivamente morto, apesar de sua persistência como ortodoxia de livro didático",[7] o peso da opinião crítica em biologia tem crescido constantemente a cada ano que passa.

Um fluxo constante de artigos técnicos e livros lançou novas dúvidas sobre o poder criativo do mecanismo de mutação e seleção.[8] Essas dúvidas estão tão bem estabelecidas que os teóricos evolucionistas proeminentes devem agora assegurar periodicamente ao público, como fez o biólogo Douglas Futuyma, de que "só porque não sabemos *como* a evolução ocorreu, não justifica a dúvida sobre *se* ela ocorreu".[9] Alguns importantes biólogos evolucionistas, especialmente aqueles associados a um grupo de cientistas conhecido como "Altenberg 16", estão clamando abertamente por uma nova teoria da evolução, porque duvidam do poder criativo do mecanismo de mutação e seleção natural.[10]

O problema fundamental que confronta o neodarwinismo, como acontece com a teoria da evolução química, é o problema da origem de novas informações biológicas. Embora os neodarwinistas muitas vezes descartem o problema da origem da vida como uma anomalia isolada, os principais teóricos reconhecem que o neodarwinismo também falhou em explicar a fonte da nova variação, sem a qual a seleção natural nada pode fazer, um problema equivalente ao problema da origem da informação biológica. Na verdade, o problema da origem da informação está na raiz de uma série de outros problemas reconhecidos na teoria darwiniana contemporânea, desde a origem de novos planos corporais até a origem de estruturas e sistemas complexos, como asas, penas, olhos, ecolocalização, coagulação do sangue, máquinas moleculares, óvulo amniótico, pele, sistema nervoso e multicelularidade, para citar apenas alguns.

Ao mesmo tempo, os exemplos clássicos que ilustram as proezas da seleção natural e mutações aleatórias não envolvem a criação de informações genéticas. Por exemplo, muitos textos de biologia falam sobre os famosos tentilhões das Ilhas Galápagos, cujos bicos variaram em forma e comprimento ao longo do tempo. Eles também citam como as populações de mariposas na Inglaterra escureceram e depois clarearam em resposta a vários níveis de poluição industrial. Esses episódios são frequentemente apresentados como evidências conclusivas do poder da evolução. E de fato são, dependendo de como se define "evolução". Esse termo tem muitos significados e poucos livros didáticos de

xii *Prólogo*

biologia os distinguem. "Evolução" pode se referir a qualquer coisa, desde uma mudança cíclica trivial dentro dos limites de um pool de genes preexistentes, até a criação de uma estrutura e informação genética inteiramente nova como resultado da seleção natural agindo em mutações aleatórias. Como vários biólogos ilustres explicaram em artigos técnicos recentes, a mudança em pequena escala ou "microevolutiva" não pode ser extrapolada para explicar a inovação em grande escala ou "macroevolutiva".[11] Na maioria das vezes, as mudanças microevolutivas (como variação na cor ou forma) apenas utilizam ou expressam a informação genética existente, enquanto as mudanças macroevolutivas necessárias para montar novos órgãos ou planos corporais inteiros requerem a criação de informações inteiramente novas. Como um número crescente de biólogos evolucionistas notou, a seleção natural explica "apenas a sobrevivência do mais apto, não a chegada ao mais apto".[12] A literatura técnica em biologia agora está repleta de biólogos de classe mundial[13] expressando rotineiramente dúvidas sobre vários aspectos da teoria neodarwiniana, e especialmente sobre seu princípio central, isto é, o alegado poder criativo do mecanismo de seleção natural e mutação.

No entanto, a teoria continua sendo popularmente defendida com força, raramente, se é que alguma vez, reconhecendo o crescente corpo de opiniões científicas críticas sobre a posição da teoria. Raras vezes houve tamanha disparidade entre a percepção popular de uma teoria e sua posição real na literatura científica revisada por pares. Hoje o neodarwinismo moderno parece gozar de aclamação quase universal entre jornalistas científicos, blogueiros, escritores de livros de biologia e outros porta-vozes populares da ciência como a grande teoria unificadora de toda a biologia. Os livros didáticos do ensino médio e superior apresentam seus princípios sem qualificação e não reconhecem a existência de qualquer crítica científica significativa a seu respeito. Ao mesmo tempo, organizações científicas oficiais, como a National Academy of Sciences (NAS), a American Association for the Advancement of Sciences (AAAS) e a National Association of Biology Teachers (NABT), garantem rotineiramente ao público que a versão da teoria darwiniana goza de apoio inequívoco entre cientistas qualificados e que a evidência da biologia apoia esmagadoramente a teoria. Por exemplo, em 2006, a AAAS declarou: "Não há controvérsia significativa dentro da comunidade científica sobre a validade da teoria da evolução."[14] A mídia obedientemente ecoa esses pronunciamentos. Como afirmou a escritora científica do *New York Times*, Cornelia Dean, em 2007: "Não há desafio científico crível para a teoria da evolução como uma explicação para a complexidade e diversidade da vida na Terra."[15]

A extensão da disparidade entre as representações populares do status da teoria e seu status real, conforme indicado nas revistas técnicas revisadas por pares, me veio à mente com particular pungência enquanto eu me preparava para depor perante o Texas State Board of Education em 2009. Na época, o conselho estava considerando a adoção de uma provisão em seus padrões de ensino de ciências que incentivaria os professores a informar os alunos sobre os pontos fortes e fracos das teorias científicas. Essa provisão se tornou uma batata quente política depois que vários grupos afirmaram que "ensinar os pontos fortes e fracos" eram palavras-código para o criacionismo bíblico ou para remover o ensino da teoria da evolução do currículo. No entanto, depois que os defensores da provisão insistiram que ela não sancionava o ensino do criacionismo nem censurava a teoria evolucionária, os oponentes da provisão mudaram seu alvo. Eles atacaram a provisão, insistindo que não havia necessidade de considerar as fraquezas da teoria evolucionária moderna porque, como Eugenie Scott, porta-voz do Centro Nacional de Educação em Ciências, insistiu no *The Dallas Morning News*: "Não há fraquezas na teoria da evolução."[16]

Ao mesmo tempo, eu estava preparando uma pasta com cem artigos científicos revisados por pares nos quais biólogos descreveram problemas significativos com a teoria, uma pasta que foi mais tarde apresentada ao conselho durante meu depoimento. Portanto, eu sabia, inequivocamente, que a Dra. Scott estava deturpando o status da opinião científica sobre a teoria na literatura científica relevante. Eu também sabia que suas tentativas de evitar que os alunos ouvissem sobre problemas significativos com a teoria da evolução provavelmente teriam deixado o próprio Charles Darwin desconfortável. Em *A Origem das Espécies*, Darwin reconheceu abertamente importantes fraquezas em sua teoria e manifestou suas próprias dúvidas sobre os principais aspectos dela. No entanto, hoje em dia os defensores públicos de um currículo de ciências apenas abordando Darwin aparentemente não querem essas, ou quaisquer outras dúvidas científicas sobre a teoria darwiniana contemporânea, sendo relatadas aos alunos.

Este livro aborda a dúvida mais significativa de Darwin e o que ela se tornou. Ele examina um evento durante um período remoto da história geológica em que numerosas formas animais parecem ter surgido repentinamente e sem precursores evolutivos no registro fóssil, um evento misterioso comumente referido como a "explosão Cambriana". Como reconheceu em *A Origem*, Darwin viu esse evento como uma anomalia preocupante, uma que ele esperava que futuras descobertas fósseis acabassem por eliminar.

O livro está dividido em três partes principais. A primeira parte, "O Mistério dos Fósseis Perdidos", descreve o problema que gerou a dúvida de Darwin, os xiv *Prólogo*

ancestrais perdidos dos animais Cambrianos no registro fóssil Pré-cambriano existente, e depois conta a história das sucessivas tentativas, sem sucesso, que biólogos e paleontólogos realizaram para resolver esse mistério.

A Parte Dois, "Como Construir um Animal", explica por que a descoberta da importância da informação para os sistemas vivos agravou ainda mais o mistério da explosão Cambriana. Os biólogos agora sabem que a explosão Cambriana não apenas representa uma explosão de novas formas e estruturas animais, mas também de informações, que foi, de fato, uma das mais significativas "revoluções da informação" na história da vida. A Parte Dois examina o problema de explicar como o mecanismo não guiado de seleção natural e mutações aleatórias poderia ter produzido a *informação* biológica necessária para construir as formas dos animais Cambrianos. Este grupo de capítulos explica por que tantos biólogos importantes agora duvidam do poder criativo do mecanismo neodarwiniano e apresenta quatro críticas rigorosas do mecanismo com base em pesquisas biológicas recentes.

A Parte Três, "Depois de Darwin, o quê?", avalia as teorias evolucionárias mais atuais para analisar se alguma delas explica a origem da forma e da informação de maneira mais satisfatória do que o neodarwinismo padrão. A Parte Três também apresenta e avalia a teoria do design inteligente como uma possível solução para o mistério Cambriano. Um capítulo final discute as implicações do debate sobre design em biologia para as questões filosóficas mais amplas que animam a existência humana. À medida que a história do livro se desenrola, ficará aparente que uma anomalia aparentemente isolada que Darwin reconheceu quase que de passagem cresceu para se tornar ilustrativa de um problema fundamental para toda a biologia evolutiva: o problema da origem da forma biológica e da informação.

Para entender de onde veio esse problema e por que ele gerou uma crise na biologia evolutiva, precisamos começar do início: com a própria dúvida de Darwin, com a evidência fóssil que a provocou e com um confronto entre um par de célebres Naturalistas vitorianos, o famoso paleontólogo de Harvard Louis Agassiz e o próprio Charles Darwin.

PARTE UM

O MISTÉRIO DOS FÓSSEIS PERDIDOS

1

NÊMESIS DE DARWIN

Quando Charles Darwin terminou seu famoso livro, ele pensou que havia explicado todas as pistas, exceto uma.

Na avaliação de qualquer pessoa, *A Origem das Espécies* foi uma conquista singular. Como uma grande catedral gótica, o ambicioso trabalho integrou muitos elementos díspares em uma grande síntese, explicando fenômenos em campos tão diversos como anatomia comparada, paleontologia, embriologia e biogeografia. Ao mesmo tempo, impressionava por sua simplicidade. *A Origem* de Darwin explicou muitas classes de evidências biológicas com apenas duas ideias centrais de organização. Os dois pilares de sua teoria eram as ideias da ancestralidade comum universal e seleção natural.

O primeiro desses pilares, a ancestralidade comum universal, representou a teoria de Darwin da história da vida. Ela afirmou que todas as formas de vida originaram de um único *ancestral comum* em algum lugar no passado distante. Em uma passagem famosa no final de *A Origem*, Darwin argumentou que "todos os seres orgânicos que já viveram nesta terra descenderam de alguma forma primordial".[1] Darwin pensava que essa forma primordial gradualmente se desenvolveu em novas formas de vida, que por sua vez gradualmente se desenvolveram em outras formas de vida, eventualmente produzindo, após muitos milhões de gerações, toda a vida complexa que vemos no presente.

Os livros didáticos de biologia de hoje geralmente retratam essa ideia exatamente como Darwin o fez, com uma grande árvore ramificada. O tronco da árvore da vida de Darwin representa o primeiro organismo primordial. Os galhos e ramos da árvore representam as muitas novas formas de vida que se desenvolveram a partir dela (ver Fig. 1.1). O eixo vertical no qual a árvore é plotada representa a seta do tempo. O eixo horizontal representa mudanças na forma biológica, ou o que os biólogos chamam de "distância morfológica".

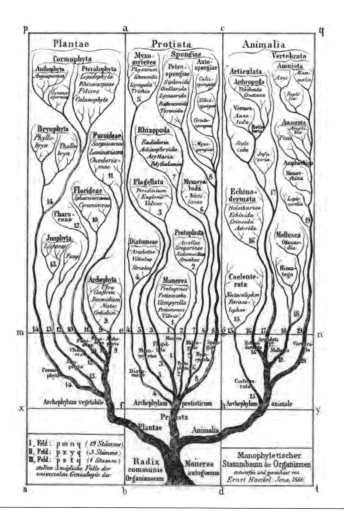

FIGURA 1.1
A árvore evolutiva da vida de Darwin, conforme retratada pelo biólogo evolucionário alemão do século XIX Ernst Haeckel.

Os biólogos costumam chamar a teoria da história da vida de Darwin de "descendência comum universal" para indicar que *todo* organismo na Terra surgiu de um único ancestral comum por um processo de "descendência com modificação". Darwin argumentou que essa ideia explicava melhor uma variedade de evidências biológicas: a sucessão de formas fósseis, a distribuição geográfica de várias espécies (como os tentilhões de Galápagos) e as semelhanças anatômicas e embriológicas entre organismos que, de outras maneiras, são altamente distintos.

O segundo pilar da teoria de Darwin afirmava o poder criativo de um processo que ele chamou de *seleção natural*, um processo que agia em variações aleatórias nos traços ou características dos organismos e sua prole.[2] Ao passo que a teoria da descendência comum universal postulava um *padrão* (a árvore ramificada) para representar a história da vida, a ideia de seleção natural de Darwin se referia a um *processo* que ele disse que poderia gerar a mudança implícita na ramificação da árvore da vida.

Darwin formulou a ideia de seleção natural por analogia a um processo bem conhecido, o de "seleção artificial" ou "reprodução seletiva". Qualquer pessoa no século XIX familiarizada com a criação para reprodução de animais domésticos, cães, cavalos, ovelhas ou pombos, por exemplo, sabia que os criadores humanos podiam alterar as características do estoque doméstico permitindo que apenas animais com certas características se reproduzissem. Um pastor de ovelhas do norte da Escócia pode procriar suas ovelhas de uma forma voltada para gerar animais mais felpudos para aumentar suas chances de sobrevivência em um clima frio do norte (ou para colher mais lã). Para fazer isso, ele escolheria apenas os machos e as fêmeas mais felpudas para procriar. Se ele, geração após geração, continuasse a selecionar e procriar apenas as ovelhas mais felpudas entre a prole resultante, ele acabaria por produzir uma raça de ovelhas mais felpudas. Nesses casos, "a chave é o poder de seleção acumulativa do homem", escreveu Darwin. "A natureza dá variações sucessivas; o homem as soma em certas direções úteis para ele".[3]

Darwin observou que os pombos foram direcionados a uma variedade estonteante de raças: o Correio, com suas pálpebras alongadas e uma "boca larga"; o "Cambalhota de face curta", com seu "bico no contorno quase como o de um tentilhão"; o Cambalhota comum, com sua tendência para voar em formação cerrada e "cair no ar de cabeça para baixo"; e, talvez o mais estranho de todos, o Pombo de papo, com suas pernas alongadas, asas e corpo ofuscados por seu "papo enormemente desenvolvido, que se gloria em inflar" para seus patronos pasmos.[4]

Claro, os criadores de pombos alcançaram essas metamorfoses surpreendentes peneirando e selecionando cuidadosamente. Mas, como Darwin apontou, a natureza também tem um meio de peneirar: criaturas defeituosas têm menos probabilidade de sobreviver e se reproduzir, enquanto as proles com variações benéficas têm mais probabilidade de sobreviver, reproduzir e passar suas vantagens para futuras gerações. Em *A Origem*, Darwin argumentou que esse processo, a seleção natural agindo em variações aleatórias, poderia alterar as características dos organismos da mesma forma que a seleção inteligente por criadores humanos. A própria natureza pode desempenhar o papel do criador.

6 A DÚVIDA DE DARWIN

Considere mais uma vez nosso rebanho de ovelhas. Imagine que, em vez de um ser humano selecionar os machos e as fêmeas mais felpudos para procriar, uma série de invernos muito frios fizesse com que todas as ovelhas, exceto as mais felpudas, morressem. Agora, novamente, apenas ovelhas muito felpudas permanecerão para procriar. Se os invernos frios continuarem por várias gerações, o resultado não será o mesmo de antes? A população de ovelhas não se tornará visivelmente mais felpuda?

Esse foi o grande *insight* de Darwin. A natureza, na forma de mudanças ambientais ou outros fatores, poderia ter o mesmo efeito em uma população de organismos que as decisões intencionais de um agente inteligente. A natureza favoreceria a preservação de certas características em detrimento de outras, especificamente, aquelas que conferem uma vantagem funcional ou de sobrevivência aos organismos que as possuem, fazendo com que as características da população mudem. E a mudança resultante terá sido produzida não por um criador inteligente escolhendo uma característica ou variação desejável, não por "seleção artificial", mas por um processo totalmente natural. Além do mais, Darwin concluiu que esse processo de seleção natural agindo em variações que surgem aleatoriamente foi "o principal agente de mudança" na geração da grande árvore ramificada da vida em toda a sua variedade.

A Origem das Espécies chamou a atenção da comunidade científica como um trovão. A analogia de Darwin com a seleção artificial era poderosa, seu mecanismo proposto de seleção natural e variação aleatória facilmente compreendido, e sua habilidade em dispensar potenciais objeções era incomparável. Além disso, o escopo explicativo de seu argumento a favor da descendência comum universal constituiu uma espécie de *tour de force*. Afinal, parecia para muitos que Darwin havia dispensado em *A Origem* todas as objeções concebíveis à sua teoria, exceto uma.

A ANOMALIA: A DÚVIDA DE DARWIN

Apesar do escopo de sua síntese, havia um conjunto de fatos que preocupava Darwin, algo que ele admitia que sua teoria não poderia explicar adequadamente, pelo menos, no momento. Darwin ficou intrigado com um padrão no registro fóssil que parecia documentar o aparecimento geologicamente súbito de vida animal em um período remoto da história geológica, um período que no início era comumente chamado de Siluriano, mas mais tarde veio a ser conhecido como Cambriano.

Durante esse período geológico, muitas criaturas novas e anatomicamente sofisticadas apareceram repentinamente nas camadas sedimentares da coluna geológica sem qualquer evidência de formas ancestrais mais simples nas camadas anteriores, em um evento que os paleontólogos hoje chamam de explosão

Cambriana. Darwin descreveu francamente suas preocupações sobre esse enigma em *A Origem*: "A dificuldade de compreender a ausência de vastas pilhas de estratos fossilíferos, que, em minha teoria, estavam, sem dúvida, acumulados em algum lugar antes da época Siluriana [isto é, Cambriana], é muito grande" ele escreveu. "Refiro-me à maneira pela qual várias espécies do mesmo grupo aparecem de repente nas rochas fossilíferas conhecidas mais baixas."[5] O súbito aparecimento de animais tão cedo no registro fóssil não estava facilmente de acordo com a nova teoria de Darwin da mudança evolutiva gradual, e havia um cientista que não o deixava esquecer isso.

O ANTAGONISTA

O paleontólogo suíço Louis Agassiz, da Universidade de Harvard, foi um dos cientistas mais bem treinados de sua época e conhecia o registro fóssil melhor do que qualquer homem vivo. Na esperança de alistar Agassiz como aliado, Darwin lhe enviou uma cópia de *A Origem das Espécies* e pediu-lhe que considerasse o argumento com a mente aberta (ver Figura 1.2). Quase se pode ver o grande naturalista recebendo do carteiro o pacote comum, desembrulhando o pequeno volume verde que havia agitado tal tempestade em ambos os lados do Atlântico. Talvez ele tenha se retirado para seu escritório para se concentrar melhor, examinando o título atraente do livro, lembrando o que já tinha ouvido sobre a obra. Ele leu o livro com profundo interesse, fazendo anotações na margem à medida que o examinava, mas no final seu veredicto desapontaria o autor. Agassiz concluiu que o registro fóssil, particularmente o registro da explosão da vida animal Cambriana, representava uma dificuldade insuperável para a teoria de Darwin.

FIGURA 1.2

Figura 1.2a (esquerda): Louis Agassiz. *Figura 1.2b (direita)*: Charles Darwin.

O DUPLO DESAFIO

Para entender o porquê, considere os braquiópodes e os trilobitas, duas das criaturas mais bem documentadas no registro fóssil Cambriano em 1859. O braquiópode (ver Fig. 1.3), com suas duas conchas, parece um molusco ou uma ostra, mas é muito diferente por dentro. Conforme mostrado na figura a seguir, ele possui uma gônada, um manto, uma cavidade do manto, uma parede corporal anterior, uma cavidade corporal, um intestino e lofóforo, o último é um órgão de alimentação como um anel de tentáculos, geralmente na forma de uma bobina ou ferradura, com uma boca dentro do anel de tentáculos e um ânus fora. O braquiópode exibe um plano corporal geral altamente complexo, com muitos sistemas e peças anatômicas individualmente complexas e funcionalmente integradas. Seus tentáculos, por exemplo, são cobertos por cílios dispostos precisamente para gerar e direcionar uma corrente de água para a boca.[6]

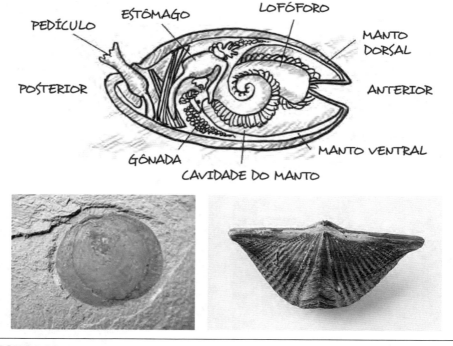

FIGURA 1.3

Figura 1.3a (topo): Anatomia interna do braquiópode. *Figura 1.3b (base, esquerda):* Fóssil de braquiópode mostrando restos de estrutura interna. *Cortesia de Paul Chien. Figura 1.3c (base, direita):* Fóssil mostrando a estrutura externa da concha do braquiópode. *Cortesia de Corbis.*

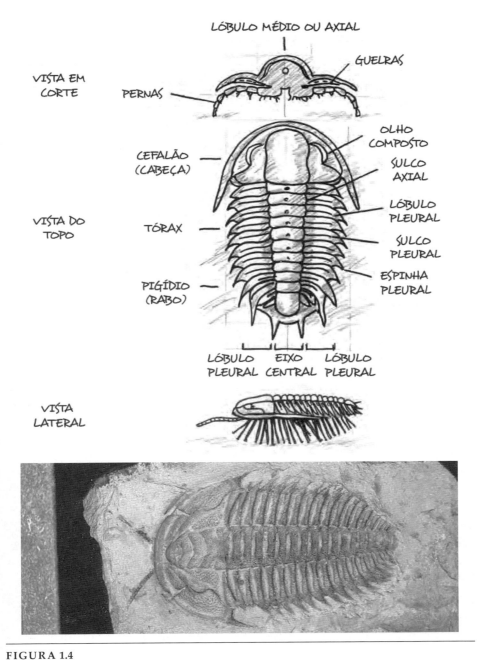

FIGURA 1.4

Figura 1.4a (topo): Anatomia trilobita. *Figura 1.4b (parte inferior):* Fóssil de trilobita da espécie *Kuanyangia pustulosa*. Cortesia da Illustra Media.

10   A DÚVIDA DE DARWIN

O trilobita era ainda mais sofisticado (ver Fig. 1.4), com seus três lobos longitudinais em sua cabeça (um lobo médio elevado e um lobo pleural mais achatado de cada lado) e um corpo dividido em três partes, cabeça, tórax e cauda, os dois primeiros consistindo em até trinta segmentos. Tinha um par de pernas para cada sulco pleural e outros três pares para a cabeça. O mais dramático de tudo foram os olhos compostos encontrados até mesmo em alguns dos primeiros trilobitas, olhos que proporcionavam a esses animais não tão primitivos um campo de visão de 360 graus.[7]

O aparecimento abrupto de tais designs anatômicos complexos apresentou um desafio para cada uma das duas partes principais da teoria da evolução de Darwin.

A EXPLOSÃO CAMBRIANA E A AÇÃO DA SELEÇÃO NATURAL

A evidência fóssil Cambriana representou um desafio significativo à afirmação de Darwin de que a seleção natural tinha a capacidade de produzir novas formas de vida. Como Darwin descreveu, a capacidade da seleção natural de produzir mudanças biológicas significativas depende da presença de três elementos distintos: (1) variações que surgem aleatoriamente, (2) a herdabilidade dessas variações e (3) uma competição pela sobrevivência, resultando em diferenças no sucesso reprodutivo entre organismos concorrentes.

De acordo com Darwin, variações nos traços surgem *aleatoriamente*. Algumas variações (como lã mais espessa) podem conferir vantagens na *competição pela sobrevivência* em condições ambientais particulares. Essas variações, que são hereditárias e que conferem vantagem funcional ou de sobrevivência serão preservadas na próxima geração. Conforme a natureza "seleciona" essas variações bem-sucedidas, as características de uma população mudam.

Darwin admitiu que as variações benéficas responsáveis pela mudança permanente nas espécies são raras e necessariamente modestas. Grandes variações nas formas, o que os biólogos evolucionistas posteriores chamariam de "macromutações", inevitavelmente produzem deformidade e morte. Apenas pequenas variações passam pelo teste de viabilidade e herdabilidade.

Consequentemente, em escalas de tempo humanas, os benefícios desse mecanismo evolutivo seriam difíceis ou impossíveis de detectar. Mas dando tempo suficiente, variações favoráveis *gradualmente* se acumulariam e dariam origem a novas espécies e, com mais tempo, até mesmo grupos fundamentalmente novos de organismos e designs corporais. Se a seleção artificial pode conjurar tantas raças estranhas de uma linhagem selvagem em alguns séculos, argumentou Darwin, imagine o que a seleção natural poderia alcançar ao longo de muitos milhões de anos. Mesmo a origem de estruturas complexas como o olho de mamífero, que a princípio parecia apresentar um desafio significativo à sua teoria, poderia ser explicada se alguém postulasse a existência de uma estrutura inicialmente mais simples (como um ponto sensível à luz) que poderia ser gradualmente modificado por longos períodos de tempo.

E esse era o problema. O mecanismo de seleção natural e variação aleatória de Darwin necessariamente requeria muito tempo para gerar organismos totalmente novos, criando um dilema que Agassiz estava ansioso para expor.

Em um ensaio da *Atlantic Monthly* de 1874 intitulado "Evolution and the Permanence of Type" [Evolução e a Permanência do Tipo, em tradução livre], Agassiz explicou suas razões para duvidar do poder criativo da seleção natural. Variações em pequena escala, ele argumentou, nunca produziram uma "diferença específica" (ou seja, uma diferença de espécie). Enquanto isso, variações em grande escala, sejam alcançadas gradualmente ou repentinamente, inevitavelmente resultam em esterilidade ou morte. Como ele disse: "É um fato que variações extremas eventualmente se degeneram ou tornam estéreis; como monstruosidades, elas morrem."[8]

O próprio Darwin insistiu que o processo de mudança evolucionária que ele previu deve ocorrer muito gradualmente pela mesma razão. Assim, Darwin percebeu que construir, por exemplo, um trilobita a partir de organismos unicelulares por seleção natural operando em pequenas variações passo a passo exigiria incontáveis formas de transição e experimentos biológicos fracassados ao longo de vastas extensões do tempo geológico. Como o paleontólogo Peter Ward, da Universidade de Washington, explicaria mais tarde, Darwin tinha expectativas muito específicas sobre o que os paleontólogos encontrariam abaixo dos estratos conhecidos mais baixos de fósseis de animais, em particular, "estratos intermediários mostrando fósseis de complexidade crescente até finalmente o aparecimento dos trilobitas".[9] Como Darwin observou: "Se minha teoria for verdadeira, é indiscutível que antes que o estrato Siluriano [Cambriano] mais baixo fosse depositado, longos períodos decorreram, tão longos quanto, ou provavelmente muito mais longos do que, todo o intervalo entre a era Siluriana e os dias de hoje; e que durante esses vastos, embora desconhecidos, períodos de tempo, o mundo fervilhava de criaturas vivas."[10]

O mecanismo de seleção natural necessariamente teria que funcionar gradualmente em pequenas variações incrementais. E, de fato, os tipos de variações que Darwin realmente observou e descreveu no desenvolvimento de sua analogia entre a seleção natural e a artificial foram em todos os casos menores. Somente selecionando e acumulando variações menores ao longo de muitas gerações os criadores foram capazes de produzir as mudanças marcantes nas características de uma raça, mudanças que eram, no entanto, extraordinariamente modestas em

12 A DÚVIDA DE DARWIN

comparação com as diferenças radicais na forma entre, digamos, as formas de vida Pré-cambriana e Cambriana. No fim das contas, como Agassiz se apressou em notar, os pombos que Darwin citou em apoio ao poder criativo da seleção natural e artificial, por analogia, ainda eram pombos. Mudanças mais significativas na forma e na estrutura anatômica dos organismos exigiriam, pela lógica do mecanismo de Darwin, incontáveis milhões de anos, precisamente o que parecia indisponível no caso da explosão Cambriana.

A EXPLOSÃO CAMBRIANA E A ÁRVORE DA VIDA

O aparecimento abrupto da fauna Cambriana também representou uma dificuldade separada, mas relacionada, para a imagem de Darwin de uma árvore da vida que se ramifica continuamente. Para produzir formas animais verdadeiramente novas, o mecanismo darwiniano exigiria, por sua própria lógica interna, não apenas milhões de anos, mas incontáveis gerações de ancestrais. Assim, mesmo a descoberta de um punhado de intermediários plausíveis que supostamente ligam um ancestral Pré-cambriano a um descendente Cambriano não chegaria nem perto de documentar totalmente a imagem de Darwin da história da vida. Agassiz argumentou que, se Darwin estiver certo, então deveríamos encontrar não apenas um ou alguns elos perdidos, mas inúmeros elos se diferenciando quase que imperceptivelmente de supostos ancestrais para supostos descendentes. No entanto, os geólogos não encontraram essa miríade de formas de transição levando à fauna Cambriana. Em vez disso, a coluna estratigráfica parecia documentar o aparecimento abrupto dos primeiros animais.

Agassiz pensou que a evidência do aparecimento abrupto e a ausência de formas ancestrais no Pré-cambriano refutava a teoria de Darwin.[11] Sobre essas formas anteriores, Agassiz perguntou: "Onde estão seus restos fossilizados?" Ele insistiu que a imagem de Darwin da história da vida "contradiz o que as formas animais enterradas nos estratos rochosos de nossa terra nos contam sobre sua própria introdução e sucessão na superfície do globo. Vamos, portanto, ouvi-los; pois, afinal, seu testemunho é o da testemunha ocular e do ator em cena".[12]

MURCHISON, SEDGWICK E OS FÓSSEIS CAMBRIANOS DE GALES

Darwin, por sua vez, respondeu mais do que civilizadamente. Longe de dispensar Agassiz, ele admitiu que sua objeção tinha força considerável. Agassiz também não foi o único que insistiu nessas questões. Outros importantes naturalistas pensaram que a evidência fóssil apresentava um obstáculo significativo à teoria de Darwin. Na época, talvez o melhor lugar para investigar as camadas conhecidas

Nêmesis de Darwin 13

mais baixas de fósseis fosse o País de Gales, e um de seus principais especialistas foi Roderick Impey Murchison, que chamou o período geológico mais antigo de Siluriano em homenagem a uma antiga tribo galesa. Cinco anos antes de *A Origem das Espécies*, ele chamou a atenção para o surgimento repentino de designs complexos, como os olhos compostos dos primeiros trilobitas, criaturas que já prosperavam na aparente aurora da vida animal. Para ele, essa descoberta descartou a ideia de que essas criaturas tivessem evoluído gradualmente de alguma forma primitiva e relativamente simples: "Os primeiros sinais de seres vivos, anunciando uma alta complexidade de organização, excluem inteiramente a hipótese de uma transmutação de graus de ser mais baixos para mais elevados."[13]

O outro explorador pioneiro do rico registro fóssil do País de Gales, Adam Sedgwick, também pensou que Darwin havia saltado além das evidências, como disse a Darwin em uma carta no outono de 1859: "Você desertou, depois de começar na estrada da verdade física sólida, o verdadeiro método de indução."[14] Sedgwick pode ter tido em mente a mesma evidência que os dois homens estudaram juntos cerca de 28 anos antes, quando o professor de Cambridge trouxe Darwin como seu assistente de campo para explorar, no Upper Swansea Valley, no noroeste do País de Gales, os próprios estratos que pareciam testemunhar tão poderosamente sobre o súbito aparecimento da vida animal. Foram esses estratos que Sedgwick nomeou a partir de um termo inglês latinizado para o País de Gales, "Cambria", dos primeiros estratos de fósseis de animais.

Sedgwick enfatizou que esses fósseis de animais Cambrianos pareciam surgir do nada na coluna geológica. Mas também enfatizou o que via como uma razão mais ampla para duvidar do modelo evolucionário de Darwin: o súbito aparecimento dos animais Cambrianos foi apenas o exemplo mais notável de um padrão de descontinuidade que se estende por toda a coluna geológica. Por exemplo, onde, nos estratos Ordovicianos, estão muitas das famílias de trilobitas e braquiópodes presentes no Cambriano logo abaixo dele?[15] Essas criaturas, com vários outros tipos, *desaparecem* repentinamente. Mas, com a mesma rapidez, encontramos recém-chegados nos estratos Ordovicianos, como os euriptérides (escorpiões-do--mar), estrelas-do-mar e rugosas (ver Fig. 1.5).[16] Em um período pós-paleozóico denominado Devoniano, surgem os primeiros anfíbios (por exemplo, *Ichthyostega*). Muito mais tarde, muitos animais comuns da era Paleozoica (que abrange o período Cambriano, o Ordoviciano e os quatro períodos subsequentes) repentinamente são extintos em um período chamado Permiano.[17] Então, no período Triássico que se segue, animais completamente novos, como tartarugas e dinossauros, emergem.[18] Essa descontinuidade, argumentou Sedgwick, não é a exceção, mas a regra.

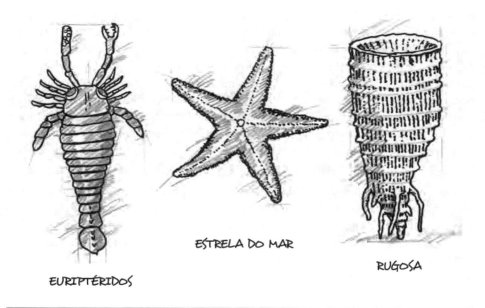

FIGURA 1.5
Três organismos que aparecem pela primeira vez no período Ordoviciano: euriptéridos (escorpiões-marinhos), estrela-do-mar e rugosa.

DATAR POR DESCONTINUIDADE

Já na época de Sedgwick, os vários estratos de fósseis se mostraram tão distintos um do outro que os geólogos passaram a usar as proeminentes descontinuidades entre eles como um meio-chave para datar rochas. Originalmente, a melhor ferramenta para determinar a idade relativa de vários estratos baseava-se na noção de superposição. Simplificando, a menos que haja uma razão para acreditar de outra forma, um geólogo presume provisoriamente que as rochas mais baixas foram colocadas antes das rochas acima delas. Agora, ao contrário de uma caricatura generalizada, nenhum geólogo respeitado, então ou agora, adota esse método de forma não crítica. O treinamento mais básico em geologia ensina que as formações rochosas podem ser reviradas, invertidas e até mesmo misturadas desordenadamente por uma variedade de fenômenos. É por isso que os geólogos sempre buscaram outros meios para estimar a idade relativa dos diferentes estratos.

Em 1815, o inglês William Smith encontrou um meio alternativo.[19] Ao estudar os distintos estratos fósseis expostos durante a construção do canal, Smith observou que os tipos fósseis são tão diferentes entre os períodos principais e a ruptura entre eles tão acentuada e repentina, que os geólogos poderiam usar isso como um método para determinar a idade relativa dos estratos. Mesmo quando as camadas dos estratos geológicos são reviradas e misturadas, as descontinuidades claras entre os vários estratos muitas vezes permitem aos geólogos discernir a ordem em que foram depositados, particularmente quando há uma amostragem ampla o suficiente de sítios geológicos ricos do período sob investigação para estudar e cruzar referências. Embora não sem suas armadilhas, essa abordagem se tornou uma técnica de datação padrão, usada em conjunto com a sobreposição e outros métodos de datação radiométrica mais recentes.[20]

Na verdade, é difícil enfatizar demais o quão central é a abordagem para a geologia histórica moderna. Como o paleontólogo de Harvard Stephen Jay Gould explica, é o fenômeno da sucessão fóssil que dita os nomes dos principais períodos na coluna geológica (ver Fig. 1.6). "Podemos pegar a história da vida multicelular moderna, cerca de 600 milhões de anos, e dividir esse tempo em unidades uniformes e arbitrárias facilmente lembradas como 1-12 ou A-L, com 50 milhões de anos por unidade", escreve Gould. "Mas a terra despreza nossas simplificações e se torna muito mais interessante em seu escárnio. A história da vida não é um continuum de desenvolvimento, mas um registro pontuado por breves, às vezes geologicamente instantâneos, episódios de extinção em massa e diversificação subsequente."[21] A questão que os primeiros críticos de Darwin colocaram foi esta: como ele poderia conciliar sua teoria da evolução gradual com um registro fóssil tão descontínuo que deu origem aos nomes dos principais períodos distintos do tempo geológico, particularmente quando as primeiras formas animais pareciam ter surgido durante o Cambriano como se viessem de lugar nenhum?

16 A DÚVIDA DE DARWIN

ERAS	PERÍODOS	PERÍODOS ALTERNADOS	ÉPOCAS (AMÉRICA DO NORTE)	DURAÇÃO (EM MILHÕES DE ANOS)	
ERA CENOZÓICA	PERÍODO NEOGENE	PERÍODO QUATERNÁRIO	ÉPOCA HOLOCÊNICA		26 MA
			ÉPOCA PLEISTOCENO	23 MA	
		PERÍODO TERCIÁRIO	ÉPOCA PLIOCENO		634 MA
			ÉPOCA DO MIOCENO		
	PERÍODO PALEÓGENO		ÉPOCA OLIGOCENO		
			ÉPOCA EOCENA	43 MA	
			ÉPOCA PALEOCENA		
		66 MA ATRÁS			
ERA MESOZOICA	PERÍODO CRETÁCEO			79 MA	
	145 MA ATRÁS				
	PERÍODO JURÁSSICO			563 MA	
	2013 MA ATRÁS				
	PERÍODO TRIÁSSICO			529 MA	
	2542 MA ATRÁS				
ERA PALEOZÓICA	PERÍODO PERMIANO			447 MA	
	2989 MA ATRÁS				
	PERÍODO CARBONÍFERO			60 MA	
	3589 MA ATRÁS				
	PERÍODO DEVONIANO			603 MA	
	4192 MA ATRÁS				
	PERÍODO SILURIANO			246 MA	
	4438 MA ATRÁS				
	PERÍODO ORDOVICIANO			416 MA	
	4854 MA ATRÁS				
	PERÍODO CAMBRIANO 530 MILHÕES DE ANOS ATRÁS			556 MA	
ERA NEOPROTEROZÓICA (ÉPOCA PRÉ-CAMBRIANA)	541 MA ATRÁS				
	PERÍODO EDIACARANO			94 MA	
	635 MA ATRÁS				
	OUTROS PERÍODOS PRÉ-CAMBRIANOS			APROXIMADAMENTE 4000 MA	

FIGURA 1.6

A escala de tempo geológica.

UMA SOLUÇÃO INVISÍVEL

Claro, Darwin estava bem ciente desses problemas. Como ele observou em *A Origem*, "A maneira abrupta em que grupos inteiros de espécies aparecem repentinamente em certas formações foi argumentada por vários paleontólogos, por exemplo, por Agassiz, Pictet e Sedgwick, como uma objeção fatal à crença na transmutação das espécies. Se várias espécies, pertencentes ao mesmo gênero ou família, realmente começaram a surgir ao mesmo tempo, o fato seria fatal para a teoria da descendência com modificação lenta por meio da seleção natural".[22] Darwin, no entanto, propôs uma possível solução. Ele sugeriu que o registro fóssil pode estar significativamente incompleto, as formas ancestrais dos animais Cambrianos podem não ter sido fossilizadas ou ainda não foram encontradas. "Vejo o registro geológico natural, como uma história do mundo mantida de maneira imperfeita e escrita em um dialeto mutável", escreveu Darwin. "Desta história possuímos apenas o último volume, relativo a apenas dois ou três países. Deste volume, apenas alguns pequenos capítulos foram preservados; e de cada página, apenas algumas linhas. Olhando dessa maneira, as dificuldades acima discutidas diminuem muito, ou mesmo desaparecem."[23]

O próprio Darwin não ficou nada satisfeito com essa explicação.[24] Agassiz, por sua vez, não quis saber. "Tanto com Darwin quanto com seus seguidores, grande parte do argumento é puramente negativo", escreveu ele. Eles "portanto, se desfazem da responsabilidade de provar. Por mais quebrado que o registro geológico possa ser, há uma sequência completa em muitas partes dele, a partir da qual o caráter da sucessão pode ser verificado". Com base em que ele fez essa afirmação? "Uma vez que as estruturas mais primorosamente delicadas, bem como as fases embrionárias de crescimento da natureza mais perecível, foram preservadas desde os primeiros depósitos, não temos o direito de inferir o desaparecimento dos tipos, porque sua ausência refuta algumas teorias favoritas [isto é, a darwiniana]."[25]

Embora o próprio Darwin *estivesse* menos do que entusiasmado com sua resposta à objeção de Agassiz, parecia adequada para satisfazer as necessidades do momento. A esmagadora preponderância de evidências que Darwin havia reunido parecia apoiar sua teoria. De qualquer forma, muitos dos principais naturalistas, Joseph Hooker, Thomas Huxley, Ernst Haeckel e Asa Gray, todos mais jovens do que Agassiz, rapidamente se alinharam com sua linha de pensamento evolutiva. É verdade que alguns cientistas, notadamente o professor de engenharia escocês Fleeming Jenkin e (mais tarde) o geneticista inglês William Bateson, expressaram dúvidas persistentes sobre a eficácia da seleção natural. Mas, apesar das opiniões de alguns críticos científicos de peso, a teoria revolucionária de Darwin ganhou apoio cada vez mais amplo e logo definiu os termos do debate sobre a história da vida. Aqueles que a rejeitaram completamente, como Agassiz fez, condenaram-se a serem cada vez mais irrelevantes.

AGASSIZ SOB O MICROSCÓPIO

Então Agassiz identificou um problema genuíno para a teoria de Darwin, pelo menos, um mistério, esperando para ser resolvido? Em caso afirmativo, o que aconteceu com esse problema? E em caso negativo, como poderia um cientista tão brilhante e conhecedor, alguém tão mergulhado em evidências, ficar tão fora da principal corrente da opinião científica?

Os historiadores da ciência na era pós-darwiniana têm tentado tipicamente responder a essa pergunta posterior, retratando Agassiz como um cientista brilhante e respeitado que, no entanto, estava muito ossificado para entrar na nova onda, uma figura que já passou do seu auge e estava atolado em preconceito filosófico.[26] O biógrafo Edward Lurie descreve o naturalista de Harvard como um "gigante do século XIX [...] uma pessoa profundamente envolvida em seu entorno, um homem que entendia as possibilidades da vida com uma consciência incomum".[27] Da mesma forma, a historiadora Mabel Robinson diz que há muito esperava uma biografia de Agassiz que "recriaria este homem gênio e sua corrida esplêndida ao longo da vida". Ele era, disse ela, "um homem a ser lembrado, porque um gênio é coisa rara", "um flautista encantado imortal".[28] Esses estudiosos estão apenas ecoando o que os contemporâneos de Agassiz, até mesmo o próprio Darwin, disseram. "Que grupo de homens você tem em Harvard!" Darwin disse ao poeta americano Henry Wadsworth Longfellow. "As nossas universidades, juntas, não podem fornecer coisa semelhante. Ora, lá está Agassiz, ele conta por três."[29]

Mesmo assim, muitos historiadores argumentam que Agassiz estava muito infectado pelo idealismo alemão para avaliar adequadamente a base factual do caso de Darwin. De acordo com os filósofos idealistas da biologia, as formas vivas exemplificam ideias transcendentes e, em sua organização, fornecem evidências de um design intencional na natureza. O historiador A. Hunter Dupree comentou, "o idealismo de Agassiz era, claro, a base de seus conceitos de espécie e sua distribuição", de sua insistência em que uma causa divina ou intelectual deve estar por trás da origem de cada tipo.[30] O barco da ciência estava em transição do idealismo para o empirismo moderno. Agassiz havia caído no mar, pois havia absorvido profundamente um idealismo antiquado de seu professor, o anatomista francês Georges Cuvier, e de filósofos como Friedrich Schelling, por isso "perdeu o rumo ao tentar colocar toda a natureza em um sistema unificado e absoluto de ideias".[31] Dupree explica que Agassiz não estava apenas errado, mas era um obscurantista irritante, lutando ativamente "contra a extensão do empirismo à história natural".[32]

Edward Lurie oferece uma avaliação semelhante, embora um pouco mais matizada: embora "bastante capaz de fazer as mais admiráveis descobertas científicas que refletem uma devoção completa ao método científico", Agassiz "então interpretaria os dados por meio do que parecia ser a mais absurda metafísica."[33]

O próprio homem que fez "as descrições mais cuidadosas, exatas e precisas" do mundo natural, em suas generalizações a partir dessas observações, "se entregaria a voos de fantasia idealística".[34] Em suma, Lurie pensava que "a filosofia cósmica de Agassiz moldou toda a sua reação à ideia da evolução".[35]

À medida que a ciência avançava no final do século XIX, cada vez mais excluía os apelos à ação divina ou às ideias divinas como forma de explicar os fenômenos do mundo natural. Essa prática passou a ser codificada em um princípio conhecido como naturalismo metodológico. De acordo com esse princípio, os cientistas devem aceitar como uma suposição de trabalho que todas as características do mundo natural podem ser explicadas por causas materiais sem recurso à inteligência, mente ou ação consciente intencional.

Os defensores do naturalismo metodológico argumentam que a ciência tem sido tão bem-sucedida precisamente porque evitou invocar assiduamente a inteligência criativa e, em vez disso, procurou causas estritamente materiais para características anteriormente misteriosas do mundo natural. Na década de 1840, o filósofo francês August Comte argumentou que a ciência progride em três fases distintas. Em sua fase teológica, invoca a ação misteriosa dos deuses para explicar os fenômenos naturais, sejam raios ou a propagação de doenças. Em um segundo estágio metafísico mais avançado, as explicações científicas referem-se a conceitos abstratos como as formas de Platão ou as causas finais de Aristóteles. Comte ensinou que a ciência só atinge a maturidade quando põe de lado tais abstrações e explica os fenômenos naturais por referência a leis naturais, causas ou processos estritamente materiais. Apenas nesse terceiro e último estágio, argumentou ele, a ciência pôde alcançar um conhecimento "positivo".

Durante o final do século XIX, os cientistas abraçaram cada vez mais essa visão "positivista".[36] Agassiz, ao insistir que os fósseis do Cambriano apontavam para "atos da mente"[37] e uma "intervenção de um poder intelectual", opôs-se firmemente a essa nova visão. Para muitos, sua referência ao trabalho de uma mente transcendente apenas demonstrou que ele era incapaz de abandonar uma abordagem idealista antiquada. O trem do progresso científico havia deixado Agassiz para trás.

UM FÓSSIL ANTIGO RECUPERADO

Embora Agassiz claramente rejeitasse o princípio do naturalismo metodológico, como agora é chamado, há problemas em retratá-lo como um fóssil de outra época. Primeiro, Agassiz foi insuperável em seu compromisso com o método empírico. A história que é contada sobre o professor instruindo um de seus alunos a observar um peixe por três árduos dias é sobre Agassiz, uma história icônica o suficiente para ser reimpressa em livros de redação de calouros. Na história, o aluno Samuel

20 A DÚVIDA DE DARWIN

Scudder arranca os cabelos tentando ver algo novo sobre a criatura viscosa, perguntando-se por que o professor Agassiz o está torturando com este "peixe horrível". Mas no final, Scudder atinge novos níveis de profundidade e precisão de observação. Mabel Robinson observa que se esses métodos de ensino parecem menos revolucionários para os leitores contemporâneos do que pareciam para Scudder, é porque Agassiz treinou um exército de jovens naturalistas capazes que levaram seu método para outras universidades, e eles, por sua vez, os transmitiram para seus alunos, eles próprios futuros professores.[38]

William James, o fundador do pragmatismo americano, exaltou o compromisso de Agassiz com o rigor empírico em uma carta que escreveu a seu pai durante uma expedição com Agassiz em 1865 à América do Sul. Na carta, o jovem comentou que sentiu uma "maior sensação de peso e solidez sobre a presença deste grande pano de fundo de fatos especiais do que sobre a mente de qualquer outro homem que eu conheço",[39] um depósito de dados precisos possibilitado por "uma rapidez de observação e uma capacidade de reconhecê-los novamente e lembrar tudo sobre eles".[40] James acabaria entrando no campo da psicologia, mas levou consigo a abordagem empírica para a solução de problemas que Agassiz havia modelado de forma tão impressionante.[41]

Como Lurie admite, a estatura de Agassiz entre os cientistas americanos cresceu a partir de seu conhecimento incomparável de geologia, paleontologia, ictiologia, anatomia comparada e taxonomia. Agassiz era tão apaixonado pelas particularidades do mundo natural que começou a organizar um sistema de compartilhamento de informações entre naturalistas, marinheiros e missionários de todo o mundo. Ele coletou mais de 435 barris de espécimes, entre eles um grupo extremamente raro de plantas fósseis.[42] Em um único ano, Agassiz reuniu mais de 91 mil espécimes e identificou cerca de 11 mil novas espécies,[43] tornando o museu de história natural de Harvard proeminente entre os museus do mundo.

Ele também parece ter feito um grande esforço, literal e figurativamente, para avaliar *A Origem das Espécies* empiricamente, indo tão longe a ponto de fazer uma viagem de pesquisa reconstituindo a viagem de Darwin às Ilhas Galápagos. Como ele explicou ao zoólogo alemão Carl Gegenbauer, ele "queria estudar a teoria de Darwin livre de todas as influências externas e preconceitos".[44] A ideia de que o preconceito religioso ou filosófico comprometeu o julgamento científico de Agassiz levanta outras questões. Como explica o historiador Neal Gillespie, Agassiz era "incomparável em sua oposição à interferência religiosa sectária na ciência".[45] Além disso, Agassiz mostrou-se perfeitamente disposto a aceitar os mecanismos naturais onde antes a intervenção sobrenatural era a explicação preferida. Visto que ele considerava as forças materiais e as leis da natureza que as descreviam como produtos de um plano de design subjacente, ele via qualquer trabalho criativo que eles fizessem como derivado, originalmente, de um criador. Por exemplo, ele presumiu que esse era o caso do desenvolvimento de embriões: ele atribuiu sua

Nêmesis de Darwin   21

evolução natural do zigoto ao adulto como um fenômeno natural e não considerou isso uma ameaça à sua crença em um criador.[46] Ele também aceitou prontamente a noção de um sistema solar em evolução natural.[47] Ele achava que um arquiteto cósmico habilidoso poderia trabalhar por meio de causas naturais secundárias tão eficazmente quanto por meio de atos diretos de atuação. A marginália em sua cópia de *A Origem das Espécies* sugere que ele tinha essa mesma atitude em relação à evolução biológica. "Qual é a grande diferença entre supor que Deus faz espécies variáveis ou que ele faz leis pelas quais as espécies variam?", escreveu ele.

Um terceiro problema com o retrato oficial do principal rival de Darwin diz respeito à sugestão de Lurie de que Agassiz era um mestre em detalhes, mas não em generalizar a partir desses detalhes. O registro histórico sugere o contrário. Por exemplo, Agassiz foi o homem que habilmente generalizou a partir de uma ampla gama de pistas particulares em seu trabalho sobre a Era do Gelo, conquistando o estabelecimento geológico ao demonstrar como uma série de fatos eram melhor explicados pela ação das geleiras em recuo.

Aqui, uma comparação direta entre Darwin e Agassiz é possível. Cada um buscou uma explicação para um curioso fenômeno geológico nas Highlands escocesas, as estradas paralelas de Glen Roy, o vale do rio Roy. Embora seja um lugar de beleza deslumbrante, o que os visitantes acharam mais intrigante sobre ele ao longo dos anos foram suas três estradas paralelas que serpenteiam ao longo da parede do cânion de cada lado do rio (ver Fig. 1.7).[48] A lenda escocesa afirmava que elas eram caminhos de caça construídos para uso dos primeiros reis escoceses ou talvez até para o mítico guerreiro Fingal. Mais tarde, os cientistas argumentaram que as estradas eram naturais, e não artificiais. Darwin e Agassiz estavam ambos convencidos de que os processos naturais eram a causa, mas, mesmo assim, chegaram a explicações diferentes. Qual foi a conclusão? Em sua autobiografia, Darwin explicou, "Tendo ficado profundamente impressionado com o que vi da elevação da terra na América do Sul, atribuí as linhas paralelas à ação do mar; mas tive de desistir dessa visão quando Agassiz propôs sua teoria do lago glacial".[49] Investigações subsequentes no final do século XIX e início do século XX confirmaram que a interpretação de Agassiz era a correta.[50]

Agassiz, então, era muito mais do que apenas uma enciclopédia ambulante ou um coletor incansável de fósseis que não conseguia ver a floresta proverbial pelas árvores. Aqueles que insistem de outra forma podem apontar apenas um exemplo para apoiar sua posição, a saber, sua rejeição da teoria de Darwin; mas eles não podem usar esse exemplo para estabelecer sua incapacidade geral de interpretar evidências, dar as costas para as demais evidências e usar essa suposta incapacidade para explicar sua falha em aceitar a teoria de Darwin. Isso é discutir em círculos.

Há uma solução muito mais óbvia para o quebra-cabeça histórico colocado pela objeção do grande Agassiz à teoria de Darwin: os fósseis dos estratos Cambrianos, de fato, surgem abruptamente no registro geológico, em claro desafio ao que a teoria de Darwin nos levaria a supor. Em suma, um verdadeiro mistério está à mão.

FIGURA 1.7
Estradas paralelas de Glen Roy.

Duas considerações finais sustentam essa visão. Primeiro, como já observado, o próprio Darwin aceitou a validade da objeção de Agassiz.[51] Como ele reconheceu em *A Origem*, "não posso dar uma resposta satisfatória à questão de por que não encontramos ricos depósitos fossilíferos pertencentes a esses supostos primeiros períodos anteriores ao sistema Cambriano. O caso no momento deve permanecer inexplicável; e pode ser verdadeiramente instigado como um argumento válido contra as opiniões aqui entretidas".[52]

Em segundo lugar, a tentativa de Darwin de explicar a ausência dos ancestrais fósseis esperados das formas Cambrianas falhou em abordar toda a força e sutileza da objeção de Agassiz. Como explicou Agassiz, o problema com a teoria de Darwin não era apenas a incompletude geral do registro fóssil ou mesmo uma ausência generalizada de formas ancestrais de vida no registro fóssil. Em vez disso, o problema, de acordo com Agassiz, era a incompletude *seletiva* do registro fóssil.

Por que, ele perguntou, o registro fóssil sempre acontece de ser incompleto nos nós que conectam os ramos principais da árvore da vida de Darwin, mas raramente, no jargão da paleontologia moderna, nos "ramos terminais" que representam os já principais grupos conhecidos de organismos? Esses ramos terminais foram bem representados (ver Fig. 1.8), muitas vezes se estendendo por muitas gerações e milhões de anos, enquanto os "ramos internos" nos nós de conexão na árvore da vida de Darwin estavam quase sempre, e seletivamente, ausentes. Como explicou Agassiz, a teoria de Darwin "baseia-se parcialmente na suposição de que, na sucessão de eras, *apenas aqueles tipos de transição* caíram do registro geológico que teria provado as conclusões darwinianas se esses tipos tivessem sido preservados".[53] Para Agassiz, parecia uma história justa, que explica a ausência de evidências em vez de explicar genuinamente as evidências que temos.

Havia alguma resposta fácil para o argumento de Agassiz? Nesse caso, além de sua vontade declarada de esperar por futuras descobertas de fósseis, Darwin não ofereceu nenhuma.

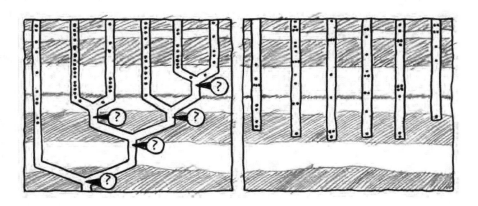

FIGURA 1.8
As linhas verticais nesses diagramas representam filos animais conhecidos. Os pontos dentro das linhas verticais representam animais daqueles filos que foram encontrados fossilizados em diferentes estratos. O diagrama à esquerda mostra a árvore da vida animal conforme o esperado, com base na teoria darwiniana. O diagrama à direita mostra uma representação simplificada do padrão real do registro fóssil pré-cambriano. Observe que os fósseis que representam os ramos e nós internos, mas não os ramos terminais, estão faltando.

UM MISTÉRIO DURADOURO

Nos anos imediatamente seguintes à publicação de *A Origem das Espécies*, muitas das preocupações de Agassiz foram temporariamente postas de lado à medida que crescia o fascínio público e científico pelas ideias de Darwin. Mesmo assim, um mistério persistente repousava aos pés dos biólogos, que as gerações subsequentes de cientistas revisitariam e repetidamente buscariam resolver. Como Darwin observou, em seu tempo, os fósseis do Cambriano eram relativamente poucos e o período da explosão apenas vagamente compreendido. Mas talvez futuros cientistas viessem em seu resgate com novas descobertas.

A história das sucessivas tentativas de resolver o mistério Cambriano se estende desde a época de Darwin até o presente, e do Vale Swansea no sul do País de Gales até sítios remotos de fósseis no sul da China. No próximo capítulo, o trabalho de detecção vai do final do século XIX ao início do século XX, das Ilhas Britânicas a British Columbia e a um sítio fóssil acima do rio Kicking Horse, tão surpreendente que, ainda hoje, paleontólogos e alguns dos mais céticos e endurecidos dos racionalistas científicos falam seu nome com uma reverência infantil.

2

O BESTIÁRIO DE BURGESS

Somente na ficção podemos esperar uma orquestração tão fina de cenário e ação dramática. Os contos góticos assombrados por demônios do passado têm suas tempestades e mansões em ruínas; o romance existencialista, suas paisagens urbanas desorientadoras; o romance, suas varandas inatingíveis enfeitadas com jasmim. Na vida cotidiana, a encenação costuma ser menos precisa. Tragédias familiares intrincadas se desenrolam em casas arrumadas, de estilo rancho suburbano, enquanto romances encantados florescem nas paredes de cubículos. Mas a descoberta de fósseis mais revolucionária do século XX foi mais como a ficção: o cenário era compatível com o momento.

Fotografias tiradas durante a expedição de verão mostram um homem magro e careca com rugas agradáveis nos cantos dos olhos e uma linha de pensamento profunda cortando entre as sobrancelhas; ele está em pé precariamente sob subidas rochosas, com a picareta e a enxada à mão, olhando ao longe de um pico pedregoso, à vontade entre as encostas proibitivas e cristas traiçoeiras. Abrindo caminho por uma crista e depois acima da linha das árvores da outra, Charles Doolittle Walcott alcançou um lugar de onde podia ver a quilômetros. A noroeste, a ponta de flecha do Monte Wapta projetava-se para o céu. Abaixo estava o Lago Esmeralda, suas águas verdes devido à riqueza em tilito mineral glacial. A leste e oeste, os picos nevados se estendiam até o horizonte (ver Figs. 2.1 e 2.2). Apenas a vista para o nordeste carecia de um panorama. Aqui estava o xisto caseiro de uma serra estéril. Claro, como em qualquer conto de fadas, ali estava o verdadeiro prêmio, um panorama oculto medido não em quilômetros, mas em eras.

FIGURA 2.1
A paisagem do Folhelho Burgess e arredores. *Cortesia da Corbis.*

FIGURA 2.2
Charles Doolittle Walcott no campo (c. 1911). *Cortesia do Smithsonian Institution Archives.*

Walcott, já diretor do Smithsonian Institution, estava prestes a entrar na fase mais significativa de sua vida profissional. Mais do que isso, ele estava prestes a fazer talvez a descoberta mais dramática da história da paleontologia, um rico tesouro de fósseis da era Cambriana média, incluindo muitas formas animais até então desconhecidas, preservadas em detalhes requintados, sugerindo um evento de maior rapidez do que se sabia anteriormente, mesmo na época de Darwin, e detalhando uma maior diversidade de forma biológica e arquitetura do que se tinha imaginado até então.

De onde veio essa riqueza de formas biológicas e por que, novamente, parecia surgir tão repentinamente durante o período Cambriano? Walcott foi o primeiro a explorar o Folhelho Burgess, e ele seria o primeiro a sugerir uma resposta às questões levantadas.

O BESTIÁRIO

Entre os paleontólogos, a pista fatídica que levou à descoberta do Folhelho Burgess parece saída de uma lenda. O paleontólogo Stephen Jay Gould considerou que foi melhor interpretado em um obituário de Charles Walcott escrito pelo ex-assistente de pesquisa de Walcott, Charles Schuchert:

Uma das descobertas faunísticas mais marcantes de Walcott veio no final da temporada de campo de 1909, quando o cavalo da Sra. Walcott escorregou ao descer a trilha e virou uma placa que imediatamente atraiu a atenção de seu marido. Lá estava um grande tesouro, crustáceos totalmente estranhos da época do Cambriano Médio, mas de onde na montanha estava a rocha mãe de onde a placa viera? A neve já estava caindo, e a solução do enigma tinha que ser deixada para outra temporada, mas no ano seguinte os Walcotts estavam de volta ao Monte Wapta e, finalmente, a placa foi rastreada até uma camada de xisto, mais tarde chamada de Folhelho Burgess, 3 mil pés acima da cidade de Field.[1]

Gould cita a lenda para celebrar seu apelo arquetípico ao mesmo tempo em que a desmerece: "Considere o personagem primordial deste conto, a chance de sorte proporcionada pelo cavalo que escorrega, [...] a maior descoberta no último minuto de uma temporada de campo (com neve caindo e escuridão aumentando o drama da finalidade), a espera ansiosa durante um inverno de descontentamento, o retorno triunfante e o traçado cuidadoso e metódico de um bloco errante até a rocha principal."[2] Uma história convincente, conclui Gould, mas pura ficção. Os diários de Walcott revelam que sua equipe teve muito tempo para começar a escavar o local naquele mesmo verão, em meio ao clima coope-

28 A DÚVIDA DE DARWIN

rativo e até mesmo noites quentes. Quanto ao retorno deles no verão seguinte, localizar a rocha original foi aparentemente o trabalho de um único dia, em vez de uma semana inteira, uma conclusão que Gould tirou dos diários de Walcott e de seu conhecimento da experiência de Walcott como geólogo.[3]

O golpe de sorte, o atraso frustrante e o triunfo final e fortuito ressurgirão mais tarde (ver Capítulo 7) como um conto próprio de Gould, mas por agora considere apenas a fraqueza da comunidade científica para encenar a descoberta de Burgess com vários adereços ficcionais, como se a vista deslumbrante ao redor não fosse cenário suficiente. Essa fraqueza pelo teatro é compreensível, considerando o que Walcott e investigadores posteriores encontraram lá. Ao longo dos anos seguintes, a equipe de Walcott sozinha coletou mais de 65 mil espécimes, muitos deles surpreendentemente bem preservados, alguns tão bizarros que os paleontólogos procurariam por mais de meio século as categorias adequadas para incluí-los.

Considere apenas um estranho casal da pedreira de Walcott, *Marrella* e *Hallucigenia*. *Marrella*, também chamado de caranguejo de renda, é uma forma incomum. Walcott o descreveu como um tipo de trilobita, mas estudos posteriores do paleontologista de Cambridge Harry Whittington classificaram-no não como um trilobita, nem um chelicerata (o subgrupo de artrópodes que inclui aranhas), e nem mesmo como um crustáceo mas sim como uma forma fundamentalmente distinta de artrópode.[4] A criatura é dividida em 26 segmentos, cada um com uma perna articulada para caminhar e um ramo de guelras parecidas com penas para nadar. A carapaça na cabeça tem dois longos pares de pontas direcionadas para trás, e a parte inferior da cabeça apresenta dois pares de antenas. Um é curto e robusto; o outro, longo e amplo (ver Fig. 2.3).

Hallucigenia pertence a um gênero e família de um. Ele possui uma massa arredondada em uma extremidade (possivelmente a cabeça) conectada a um tronco em forma de cilindro com sete pares de espinhos que se projetam para cima e para os lados, cada um deles quase tão longo quanto o próprio tronco (ver Fig. 2.4). No lado inferior da criatura estão sete pares de membros, cada um correspondendo em posição a um dos pares de espinhos nas costas, embora com o tentáculo mais afastado para trás. A barriga também apresenta três pares de tentáculos mais curtos antes que o tronco se afunile e se curve para cima no que provavelmente era uma extensão flexível do corpo. Cada um dos tentáculos maiores parece ter um tubo oco conectado ao intestino e uma pinça na ponta. Essa criatura ancestral era tão peculiar que os paleontólogos fingiram não acreditar no que viram, dando-lhe seu nome memorável.

O bestiário de Burgess 29

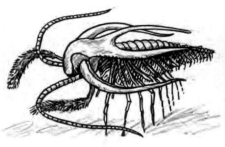

FIGURA 2.3

Figura 2.3a (esquerda): Renderização artística do *Marrella splendens*. *Figura 2.3b (direita):* Fotografia do fóssil *Marrella splendens*. Cortesia do Wikimedia Commons, usuário Smith609.

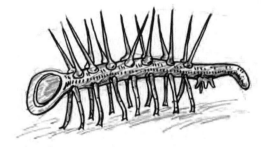

FIGURA 2.4

Figura 2.4a (topo): Renderização artística do *Hallucigenia sparsa*. *Figura 2.4b (base):* Fotografia do fóssil *Hallucigenia sparsa*. Cortesia do Smithsonian Institution.

30   A DÚVIDA DE DARWIN

O termo "explosão cambriana" se tornaria moeda comum, porque o sítio de Walcott sugeria o aparecimento geologicamente abrupto de uma ménagerie de animais tão diversa quanto qualquer uma encontrada na ficção científica mais espalhafatosa. Durante essa explosão de fauna, representantes de cerca de 20 dos cerca de 26 filos presentes no registro fóssil conhecido fizeram sua primeira aparição na Terra (ver Fig. 2.5).[5]

O termo "filos" (singular: "filo") refere-se a divisões no sistema de classificação biológica. Os filos constituem as categorias mais elevadas (ou mais amplas) de classificação biológica no reino animal, com cada uma exibindo uma arquitetura, projeto organizacional ou plano estrutural do corpo único. Exemplos familiares de filos são cnidários (corais e medusas), moluscos (lulas e mariscos), equinodermos (estrelas do mar e ouriços do mar), artrópodes (trilobitas e insetos) e os cordados, aos quais pertencem todos os vertebrados, incluindo os humanos.

Os animais dentro de cada filo exibem características distintas que permitem aos taxonomistas dividi-los e agrupá-los em outras divisões progressivamente menores, começando com classes e ordens, e eventualmente chegando a famílias, gêneros e espécies individuais. As categorias mais amplas e superiores dentro do reino animal, como filos e classes, designam as principais categorias da vida animal, tipicamente designando planos corporais únicos. Categorias taxonômicas mais baixas, como gênero e espécie, designam graus menores de diferença entre os organismos que normalmente exemplificam formas gerais semelhantes de organizar suas partes e estruturas corporais.

Ao longo do livro, usarei essas categorias convencionais de classificação, como a maioria dos paleontólogos Cambrianos. No entanto, estou ciente de que alguns paleontólogos e sistematas (especialistas em classificação) hoje preferem a "classificação filogenética", um método que frequentemente usa um esquema de classificação "livre de posições".[6] Os defensores da classificação filogenética moderna argumentam que o sistema de classificação tradicional carece de critérios objetivos pelos quais decidir se um determinado grupo de organismos deve ser atribuído a uma determinada posição de, por exemplo, filo, classe ou ordem.[7] Os proponentes da classificação livre de posição tentam eliminar a subjetividade na classificação (e posicionamento) agrupando animais que são considerados, com base em estudos de moléculas semelhantes em grupos diferentes, para compartilhar um ancestral comum. Esse método de classificação trata os grupos que surgem aproximadamente ao mesmo tempo na árvore da vida como equivalentes. No entanto, mesmo os proponentes da classificação filogenética frequentemente usam as categorias taxonômicas convencionais em suas discussões técnicas de organismos específicos por causa de seu uso científico comum. Portanto, apesar de minha própria simpatia por algumas das preocupações dos defensores das posições livres (veja abaixo), decidi fazer o mesmo.

PERÍODO DE TEMPO GEOLÓGICO	NÚMERO ESTIMADO DE FILOS ANIMAIS QUE APARECEM PELA PRIMEIRA VEZ	NÚMERO CUMULATIVO DE FILOS	NOMES DE FILOS	
PRÉ-CAMBRIANO	3	3	CNIDARIA(?) MOLLUSCA(?) PORIFERA	
CAMBRIANO	20	23	ANNELIDA BRACHIOPODA BRYOZOA CHAETOGNATHA CHORDATA COELOSCLERITOPHORA CTENOPHORA ECHINODERMATA ENTOPROCTA EUARTHROPODA	HEMICHORDATA HYOLITHA LOBOPODIA LORICIFERA NEMATOMORPHA PHORONIDA PRIAPULIDA SIPUNCULA TARDIGRADA VETULICOLIA
PERÍODOS GEOLÓGICOS POSTERIORES	4	27	NEMATODA (CRETACEOUS) NEMERTEA (CARBONIFEROUS) PLATYHELMINTHES (EOCENE) ROTIFERA (EOCENE)	
NÃO APARECEM NO REGISTRO FÓSSIL	9	36	ACANTHOCEPHALA CYCLIOPHORA DICYEMIDA GASTROTRICHA GNATHOSTOMULIDA	KINORHYNCHA ORTHONECTIDA PENTASTOMA PLACOZOA

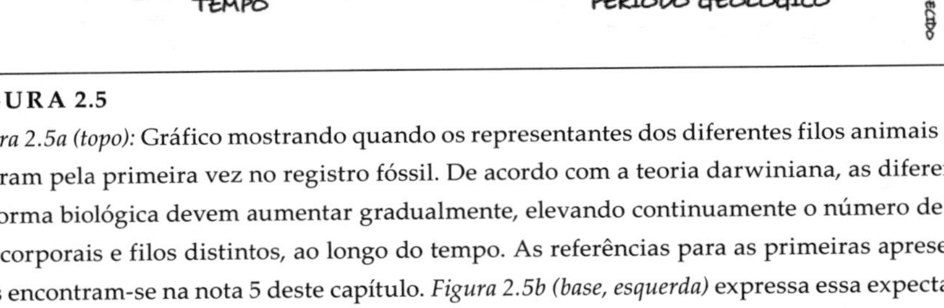

FIGURA 2.5

Figura 2.5a (topo): Gráfico mostrando quando os representantes dos diferentes filos animais apareceram pela primeira vez no registro fóssil. De acordo com a teoria darwiniana, as diferenças na forma biológica devem aumentar gradualmente, elevando continuamente o número de planos corporais e filos distintos, ao longo do tempo. As referências para as primeiras apresentações encontram-se na nota 5 deste capítulo. *Figura 2.5b (base, esquerda)* expressa essa expectativa graficamente, mostrando o número de novos filos aumentando constantemente à medida que

(continua)

32   A DÚVIDA DE DARWIN

(continuação)

os membros de um filo se diversificam e dão origem a novos filos. *Figura 2.5c (base, direita)* mostra o padrão real da primeira aparição, mostrando um pico no número de filos que aparecem pela primeira vez no Cambriano, seguido por poucos ou nenhum novo filos surgindo em períodos subsequentes da história geológica.

De qualquer forma, é importante notar que o uso de um sistema de classificação livre de posição não minimiza o mistério da explosão Cambriana. A explosão Cambriana apresenta um quebra-cabeça para os biólogos evolucionistas, não apenas por causa do número de filos que surgem, mas sim por causa do número de formas e estruturas animais únicas que surgem (conforme medido, talvez, pelo número de filos), não importa a forma que os biólogos decidam classificá-los. Assim, quer os cientistas decidam usar esquemas de classificação livres de posição mais recentes ou categorias lineares mais antigas e convencionais, as "novidades evolutivas", isto é, as novas estruturas anatômicas e modos de organização, que surgem repentinamente com os animais Cambrianos permanecem como fatos do registro fóssil, exigindo explicação. (Para uma discussão técnica ampliada dessas questões, vá para esta nota final.)[8]

Um fato especialmente dramático da explosão Cambriana é a primeira aparição de muitos novos animais invertebrados marinhos (representantes de filos, subfilos e classes separadas de invertebrados[9] no esquema de classificação tradicional). Alguns desses animais possuem exoesqueletos mineralizados, incluindo aqueles que representam filos, como equinodermos, braquiópodes e artrópodes, e cada um representa planos corporais novos e claramente distintos. Além disso, esses são apenas três das dezenas de novos planos corporais exemplificados pelos animais de Burgess, animais em que as partes moles e duras estão bem preservadas (ver Fig. 2.6).

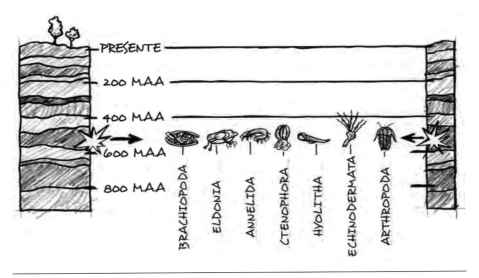

FIGURA 2.6
Representantes de alguns dos principais grupos de animais que apareceram pela primeira vez no registro de rochas sedimentares durante o período Cambriano.

A variedade no Folhelho Burgess era tão extrema que levou várias décadas para os paleontólogos entendê-la completamente. Walcott, por exemplo, tentou encaixar todas as novas formas nos filos existentes. Porém, mesmo em meio a essa tentativa, ele percebeu que essa pedreira revolucionária apresentava um problema mais fundamental do que a necessidade de organizar a taxonomia existente. Ele conheceu Louis Agassiz em uma idade jovem, tendo-lhe vendido alguns de seus primeiros fósseis, e mais tarde o descreveu como "um guia em quem eu poderia confiar e seguir", alguém em cuja obra "encontro este tributo à Grande Mente que criou os objetos de seu estudo".[10] Mas no grande debate entre Agassiz e Darwin, Walcott ficou do lado do inglês. Assim, o Folhelho Burgess impressionou Walcott não apenas como fascinante, mas também intrigante.

UM PADRÃO INTRIGANTE

Ao longo dos anos, conforme os paleontólogos refletiram sobre o padrão geral do registro fóssil Pré-cambriano–Cambriano à luz das descobertas de Walcott, eles também observaram várias características da explosão Cambriana que são inesperadas do ponto de vista darwiniano[11] em particular: (1) o súbito aparecimento de formas de animais Cambrianas; (2) uma ausência de fósseis

34   A DÚVIDA DE DARWIN

intermediários de transição conectando os animais Cambrianos a formas Précambrianas mais simples; (3) uma gama surpreendente de formas animais completamente novas com novos planos corporais; e (4) um padrão no qual diferenças radicais na forma surgem no registro fóssil antes de outras diversificações e variações menores e em pequena escala. Esse padrão vira de cabeça para baixo a expectativa darwiniana de pequenas mudanças incrementais, resultando apenas *gradualmente* em diferenças cada vez maiores na forma.

A ÁRVORE PERDIDA

As Figuras 2.7 e 2.8 ilustram a dificuldade representada pelos dois primeiros desses recursos: aparecimento súbito e intermediários ausentes. Esses diagramas representam as mudanças morfológicas ao longo do tempo. O primeiro mostra a expectativa darwiniana de que as mudanças na morfologia devem surgir apenas quando pequenas mudanças se acumulam. Esse compromisso darwiniano com a mudança gradual por meio de variações microevolucionárias produz a representação clássica da história evolucionária como uma árvore ramificada.

Agora compare esse padrão de árvore ramificada com o padrão no registro fóssil. A parte inferior da Figura 2.7 e da Figura 2.8 mostra que os estratos Pré-cambrianos não documentam os intermediários de transição esperados entre a fauna Cambriana e a Pré-cambriana. Em vez disso, o registro fóssil Pré-cambriano–Cambriano, especialmente à luz do Folhelho Burgess após Walcott, aponta para o surgimento geologicamente súbito de planos corporais complexos e novos.

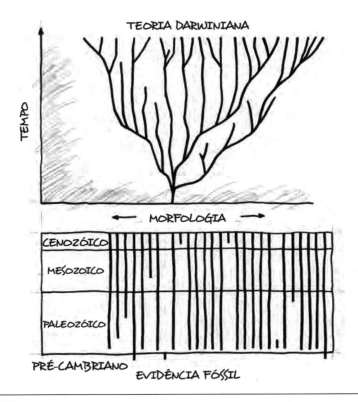

FIGURA 2.7
A origem dos animais. A teoria darwiniana (topo) prevê uma mudança evolutiva gradual em contraste com a evidência fóssil (base), que mostra o aparecimento abrupto dos principais grupos de animais.

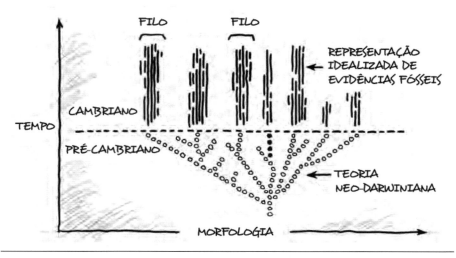

FIGURA 2.8
De acordo com a teoria darwiniana, os estratos abaixo das rochas Cambrianas devem conter muitas formas ancestrais e intermediárias. Tais formas da grande maioria dos filos animais não foram encontradas. Essas formas esperadas, mas ausentes, são representadas pelos círculos cinzas. As linhas e círculos escuros retratam representantes fossilizados de filos que foram encontrados.

Claro, o registro fóssil mostra um aumento geral na complexidade dos organismos do período Pré-cambriano ao Cambriano, como Darwin esperava. Mas o problema apresentado pelo Folhelho Burgess não é o aumento da complexidade, mas o salto quântico repentino na complexidade. O salto dos organismos Pré-cambrianos mais simples (explorados mais detalhadamente nos próximos capítulos) para as formas Cambrianas radicalmente diferentes parece ocorrer muito repentinamente para ser facilmente explicado pela atividade gradual da seleção natural e variações aleatórias. Nem o Folhelho Burgess, nem qualquer outra série de estratos sedimentares conhecidos na época de Walcott registrou um padrão de novos planos corporais surgindo gradualmente de uma sequência de intermediários. Em vez disso, organismos completamente únicos, como o bizarro artrópode *Opabinia* (ver Fig. 2.9), com seus 15 segmentos corporais articulados, 28 guelras, 30 lobos natatórios semelhantes a nadadeiras, tromba longa semelhante a um tronco, sistema nervoso complexo e 5 olhos separados[12], surgem totalmente formados nas camadas Cambrianas com representantes de outros planos corporais fundamentalmente diferentes e designs de igual complexidade.

Darwin, como sabemos, considerou o súbito aparecimento dos animais Cambrianos um desafio significativo à sua teoria.[13] Para seleção natural preencher esses abismos enormes de formas de vida relativamente simples para criaturas extremamente complexas seria necessário grandes extensões de tempo.[14]

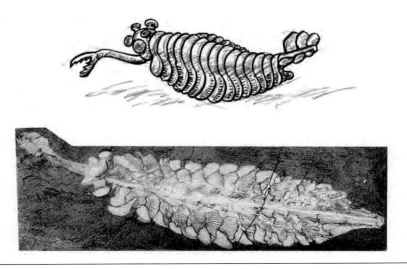

FIGURA 2.9
Figura 2.9a (topo): Renderização artística de *Opabinia*. *Figura 2.9b (base):* Fotografia do fóssil de *Opabinia*.

O reconhecimento de Darwin[15] dessa restrição foi preditivo. Os geólogos de sua época empregavam métodos relativos de datação. Eles não tinham métodos radiométricos modernos para determinar as idades "absolutas" das rochas. Por esse motivo, eles ainda não sabiam bem quanto tempo levaria para acumular as grandes colunas de rocha sedimentar e, portanto, os grandes espaços de tempo disponíveis para o processo evolutivo. Além disso os cientistas ainda não haviam descoberto o sofisticado funcionamento interno da célula e as estruturas ricas em informações (DNA, RNA e proteínas) que precisavam ser significativamente alteradas para atingir até mesmo mudanças evolutivas modestas. Apesar disso, Darwin foi capaz, com base no que sabia sobre a complexidade dos organismos e em sua própria compreensão de como o mecanismo da seleção natural deve operar, deduzir que a descendência com modificações exigia tempo, muito tempo.

Relembrar o contexto do argumento original de Darwin revela o porquê. Em *A Origem*, ele procurou se opor à famosa analogia do relojoeiro oferecida pelo teólogo William Paley. Paley argumentou que, assim como as estruturas complexas, como os relógios, necessariamente requerem relojoeiros inteligentes, as estruturas complexas dos organismos vivos também devem sua origem a uma inteligência projetista. Com a seleção natural, Darwin propôs um mecanismo puramente natural para construir os órgãos e estruturas complexas (como os olhos) presentes em muitas formas de vida. Seu mecanismo de seleção natural funcionava construindo tais sistemas um minúsculo passo de cada vez, descartando as variações prejudiciais e aproveitando a rara melhoria. Se a evolução progrediu por "relógios inteiros", isto é, por sistemas anatômicos inteiros como o olho do trilobita, então a biologia teria caído no velho absurdo de imaginar que um relógio poderia ser criado puramente ao acaso e de uma vez. Assim, a menos que o mecanismo evolutivo de Darwin progredisse gradualmente, preservando a menor das mudanças aleatórias ao longo de muitos milhões de anos, ele não funcionaria.

MAIS LINKS AUSENTES

Duas outras características da explosão Cambriana reveladas no Folhelho Burgess, características (3) e (4) descritas anteriormente, não só confirmaram a realidade do mistério Cambriano, mas o ampliaram e aprofundaram, exatamente no momento em que os paleontólogos estavam tentando resolver o mistério com novas descobertas de fósseis.

Primeiramente, a grande profusão de formas de vida completamente novas no conjunto de Burgess (característica 3) exigia ainda mais formas transitórias do que anteriormente se acreditava faltar. Cada nova e exótica criatura Cambriana, os anomalocaridídeos (ver Fig. 2.10) como o *Marrella, Opabinia* e o bizarro e apropriadamente chamado *Hallucigenia*, para os quais não haviam novamente formas ancestrais óbvias nos estratos inferiores, exigia sua própria série de transições ancestrais. Mas onde elas estavam?

Darwin esperava que descobertas posteriores de fósseis acabassem eliminando o que ele considerava a única anomalia notável associada à sua teoria. A descoberta de Walcott não foi a descoberta esperada. O Folhelho Burgess não só falhou em revelar os esperados precursores ancestrais das formas animais Cambrianas conhecidas, mas também revelou um grupo heterogêneo de formas e planos corporais animais anteriormente desconhecido que agora exigia sua própria cadeia longa de precursores evolutivos, apenas complicando a tarefa de explicar a explosão Cambriana em termos darwinianos.

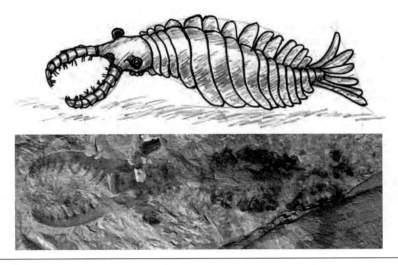

FIGURA 2.10
Figura 2.10a (topo): Renderização artística de *Anomalocaris*. *Figura 2.10b (base):* Fotografia do fóssil de *Anomalocaris*. Cortesia J. Y. Chen.

CLASSES SUPERIORES

O Folhelho Burgess gerou uma dificuldade adicional (recurso 4, discutido anteriormente), embora não uma que Walcott tenha reconhecido durante sua vida. Em vez disso, sua exposição seria realizada por uma geração posterior de especialistas Cambrianos, em particular Stephen Jay Gould. A teoria de Darwin implicava que, à medida que novas formas animais começassem a emergir de um ancestral comum, elas seriam no início bastante semelhantes entre si, e que grandes diferenças nas formas de vida, o que os paleontólogos chamam de disparidade, só emergiriam muito mais tarde, como o resultado da acumulação de muitas mudanças incrementais. Em seu sentido técnico, disparidade se refere às principais diferenças na forma que separam as categorias taxonômicas de nível superior, como filos, classes e ordens. Em contraste, o termo *diversidade* se refere a pequenas diferenças entre organismos classificados como gêneros ou espécies diferentes. Dito de outra forma, a *disparidade* se refere às matérias básicas da vida; a *diversidade* refere-se às variações dessas matérias. Quanto mais planos corporais em grupo de fósseis, maior a disparidade. E as formas animais preservadas no Folhelho Burgess exibem disparidade considerável. Além disso, as grandes diferenças na forma entre os primeiros animais apareceram

40 A DÚVIDA DE DARWIN

repentinamente no Folhelho Burgess, e o aparecimento de tal disparidade surgiu antes, não depois, da diversificação de muitos representantes de categorias taxonômicas inferiores (como espécies ou gêneros) dentro de cada categoria superior, designando um novo plano corporal.

O local do Folhelho Burgess e sua configuração ilustram bem a diferença entre diversidade e disparidade. A famosa pedreira de Walcott está escondida nas Montanhas Rochosas canadenses, perto da Divisória Continental da América do Norte. Alcançá-la envolve uma caminhada de 9,7km através do cenário pitoresco do Parque Nacional de Yoho, da Catarata Takakkaw, do Lago Esmeralda, geleiras e de picos de montanhas cortadas por geleiras aparecendo em quase todas as curvas. Nesse cenário ecologicamente diverso, os caminhantes têm a chance de avistar esquilos, marmotas, veados, alces, renas, lobos e cabras da montanha. Avistamentos raros podem incluir um urso-pardo ou lince canadense, enquanto observadores de pássaros alertas podem ver uma cotovia costeira, um lagópode-de-cauda-branca, a rara petinha-ribeirinha ou um tentilhão rosado de coroa cinza; uma águia, falcão ou falcão das pastagens; mergulhões, gaios, toutinegras migratórias ou patos arlequim.[16]

Por mais variados que sejam esses animais, todos eles vêm de um único filo, cordados, e até mesmo de um único subfilo, vertebrados. Imagine caminhar até a pedreira para escavá-la e, na caminhada, ter a sorte de avistar pelo caminho cada um desses animais. Depois de banquetear seus olhos com essa variedade animal, quando você chega à pedreira de Walcott, ela expõe não apenas dezenas de espécies fossilizadas de um único subfilo, mas criaturas totalmente díspares de dezenas de *filos*.

De acordo com a teoria de Darwin, as diferenças na forma, ou "distância morfológica", entre os organismos em evolução devem aumentar gradualmente ao longo do tempo, à medida que variações em pequena escala se acumulam através da seleção natural para produzir formas e estruturas cada vez mais complexas (incluindo, eventualmente, novos planos corporais). Em outras palavras, seria de se esperar que as diferenças em pequena escala ou diversidade entre as espécies precedessem a disparidade morfológica em grande escala entre os filos. Como afirma o ex-biólogo neodarwiniano da Universidade de Oxford, Richard Dawkins: "O que eram espécies distintas dentro de um gênero se tornaram, com o passar do tempo, gêneros distintos dentro de uma família. Posteriormente, será descoberto que as famílias divergiram a ponto de os taxonomistas (especialistas em classificação) preferirem chamá-las de ordens, classes e, em seguida, filos."[17]

O próprio Darwin fez essa afirmação em *A Origem das Espécies*. Explicando seu famoso diagrama de árvore (ver Fig. 2.11a), ele observou que ilustrava mais do que apenas a teoria da descendência comum universal. O diagrama da árvore também ilustrou como taxa superiores deveriam emergir de taxa inferiores pelo acúmulo de numerosas pequenas variações. Ele disse que "o diagrama ilustra as etapas pelas quais pequenas diferenças distinguindo variedades progridem para diferenças maiores que distinguem espécies".[18] Ele continuou afirmando que o processo de modificação por seleção natural acabaria por se mover além da formação de espécies e gêneros para formar "duas famílias ou ordens distintas, de acordo com a quantidade de modificações divergentes que deveriam estar representadas no diagrama".[19] Em sua opinião, esse processo continuaria até produzir diferenças grandes o suficiente na forma para que os taxonômicos as classificassem como novas classes ou filos. Em suma, a diversidade precederia a disparidade e as diferenças no plano corporal no nível dos filos emergiriam apenas depois que surgissem diferenças nos níveis de espécie, gênero, família, ordem e classe.

Entretanto, o padrão real no registro fóssil contradiz essa expectativa (compare a Figura 2.12 com a Figura 2.11b). Em vez de mais e mais espécies eventualmente levando a mais gêneros, levando a mais famílias, ordens, classes e filos, o registro fóssil mostra representantes de filos separados aparecendo primeiro, seguidos por uma diversificação de nível inferior nessas matérias básicas.

Em nenhum lugar isso é mais dramaticamente aparente do que no período Cambriano, explica Roger Lewin na revista *Science*: "Existem vários padrões possíveis para o estabelecimento de taxa superiores, os dois mais óbvios dos quais são as abordagens ascendente e descendente. No primeiro, vão surgindo inovações evolutivas, pouco a pouco. A explosão cambriana parece estar em conformidade com o segundo padrão, o efeito descendente."[20] Ou como observaram os paleontólogos Douglas Erwin, James Valentine e Jack Sepkoski em seu estudo de invertebrados marinhos esqueletizados: "O registro fóssil sugere que o pulso principal de diversificação dos filos ocorre antes das classes, classes antes das ordens, ordens antes das famílias. [...] As taxa superiores não parecem ter divergido por meio de um acúmulo de taxa inferiores."[21] Em outras palavras, em vez de uma proliferação de espécies e outros representantes de taxa de nível inferior ocorrendo primeiro e, em seguida, aumentando a disparidade de taxa superiores, as maiores diferenças taxonômicas, como aquelas entre filos e classes, aparecem primeiro (instanciadas por relativamente poucos representantes em nível de espécie). Só mais tarde, em estratos mais recentes, o registro fóssil documenta uma proliferação de representantes de taxa inferiores: diferentes ordens, famílias, gêneros e assim por diante. No entanto, não esperaríamos que o mecanismo neodarwiniano de seleção natural agindo sobre mutações genéticas aleatórias produzisse o padrão descendente que observamos na história da vida após a explosão Cambriana.

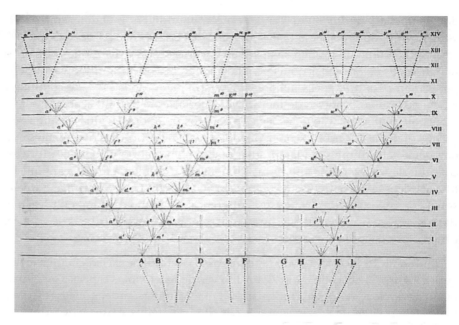

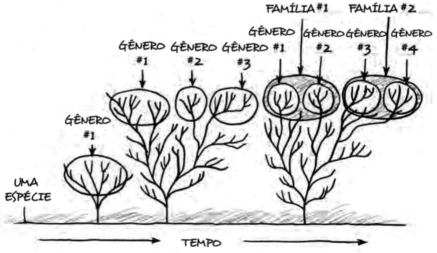

FIGURA 2.11

Figura 2.11a (topo): A teoria da descendência comum de Darwin ilustrada aqui com seu famoso diagrama da árvore da vida ramificada reproduzido de *A Origem das Espécies*, 1859. *Figura 2.11b (base):* Crescimento da árvore da vida ao longo do tempo da maneira imaginada por Darwin, com novas espécies dando origem a novos gêneros e famílias, eventualmente dando origem a novas ordens, classes e filos (essas categorias taxonômicas superiores não estão representadas).

Claro, os defensores da classificação filogenética moderna, com sua abordagem "livre de classificação", não descrevem esse fenômeno como um padrão "descendente", porque seu sistema de classificação dispensa posicionamentos e hierarquias taxonômicas. Em seu sistema, não há "em cima" e "embaixo". No entanto, os defensores da classificação filogenética reconhecem que diferentes combinações de estados de "caráter (características ou recursos dos organismos) podem marcar diferenças morfológicas maiores ou menores entre os clados (grupos de organismos intimamente relacionados que, presumivelmente, compartilham um ancestral comum). E alguns dos principais defensores da classificação filogenética notaram que o registro fóssil exibe um padrão no qual alguns traços de caráter marcando *grandes* diferenças morfológicas entre os clados surgem primeiro, seguidos *posteriormente* em cada clado pela adição de outras combinações de caracteres que marcam diferenças menores dentro desses clados. Diferenças maiores entre os clados surgem primeiro, diferenças menores dentro deles surgem depois, as matérias precedem as variações.

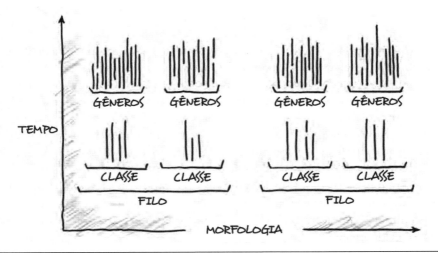

FIGURA 2.12
O padrão descendente que aparece no registro fóssil: a disparidade precede a diversidade.

O fundador da classificação filogenética moderna, Willi Hennig, por exemplo, observou que, uma vez que surgem grupos específicos, a faixa de variabilidade permitida dentro desses grupos diminui. Em sua obra clássica *Phylogenetic Systematics* [*Sistemática da Filogenética*, em tradução livre], Hennig citou outro paleontólogo que observou: "A amplitude da evolução de grupos sucessivos mostra um estreitamento distinto, uma vez que as divergências básicas de organização tornaram-se progressivamente menores. O tipo de mamíferos é mais uniforme e fechado do que o dos répteis, que por sua vez é inquestionavelmente uniforme em comparação com o do Amphibia-Stegocephalia." Hennig continua explicando que "o mesmo fenômeno se repete em cada unidade sistemática de ordem superior ou inferior".[22]

Ainda assim, em uma visão darwiniana, variações e diferenças em pequena escala deveriam surgir primeiro, gradualmente dando origem a diferenças de forma em larga escala, exatamente o oposto do padrão evidente no registro fóssil. Assim, a descoberta e posterior análise do Burgess revelou outra característica intrigante do registro fóssil de um ponto de vista darwiniano, independentemente de qual sistema de classificação os paleontólogos preferem usar. Na verdade, a descoberta de Walcott virou o padrão ascendente, ou no qual pequenas mudanças ocorrem primeiro e grandes mudanças depois, antecipado por Darwin contra ele.

PRIMEIRAS IMPRESSÕES

As extraordinárias condições que exerceram a preservação da fauna de Burgess ajudaram a revelar a extensão da rica diversidade (e disparidade) de formas presente no período Cambriano. Em xisto de grão muito fino, os fósseis de Burgess se parecem com fotos litográficas, escuros sobre claros (veja as placas de inserção de cores 15 e 16). Até as partes moles, como brânquias e vísceras, em alguns casos foram preservadas. Essa não é a norma no mundo da paleontologia. Normalmente os tecidos moles se deterioram antes de serem fossilizados, deixando para trás apenas partes mais duras, como ossos, dentes e conchas, para serem preservados. O evento Burgess que capturou a fauna do Cambriano para futuras descobertas foi diferente. Embora tenha tirado a vida de incontáveis animais Cambrianos, ele o fez com uma delicadeza requintada que preservou o tecido macio.

Visualizar como isso ocorreu mostrará por que as condições eram tão incomuns. Todos os animais fossilizados de Folhelho Burgess eram criaturas marinhas que viviam perto de um enorme recife carbonático que mais tarde foi empurrado para cima pela atividade das placas tectônicas para formar o que agora é chamado de Escarpa da Catedral. Muito depois que as criaturas marinhas do Folhelho Burgess foram sepultadas, essas forças tectônicas empurraram os fósseis para cima a partir do fundo do mar, carregando-as muitos quilômetros para o leste ao longo das falhas, ao mesmo tempo construindo as montanhas que Walcott escalaria milhões de anos depois.

Graças a esse movimento tectônico das principais placas da Terra, os continentes agora estão localizados em lugares muito diferentes do que há milhões de anos. Na época em que essas criaturas cambrianas estavam vivas, as massas de terra que mais tarde formariam a América do Norte ficavam no equador.

A atividade tectônica de placas explica por que um tesouro de criaturas marinhas foi encontrado fossilizado nas montanhas do Parque Nacional de Yoho, em vez de ao longo do fundo do mar em algum lugar. Mas ainda há a questão de por que tantos tipos diferentes de invertebrados marinhos, incluindo os de corpo mole, foram tão incomumente bem preservados. Os paleontólogos acham que sabem a resposta. Eles acham que os animais marinhos que foram fossilizados mais tarde no Folhelho Burgess viveram perto do fundo de um antigo mar em frente a um penhasco ou escarpa subaquática. Devido à atividade tectônica, blocos da borda deste penhasco subaquático começaram a se romper. Esses blocos caíram, criando fluxos de lama subaquáticos em seu rastro. Essas quedas e fluxos transportaram os animais de Burgess por vários quilômetros para águas mais profundas, onde foram soterrados de forma a deixá-los não apenas intactos, mas também protegidos de necrófagos e bactérias. Muito provavelmente, os fluxos de lama foram altamente turbulentos, pois os paleontólogos encontraram as criaturas jogadas e preservadas em uma variedade de ângulos em relação ao estrato. A velocidade e a pressão desses fluxos de lama produziram rapidamente um ambiente livre de oxigênio e favorável à preservação. Então, as correntes turbulentas e lamacentas pressionaram lodo fino e argila nas fendas dos corpos com a consistência e pressão certas para fossilizá-los sem rasgar seus apêndices delicados, um conjunto ideal de circunstâncias para garantir a observação posterior por futuros paleontólogos.[23]

Devido em parte às circunstâncias incomuns em que esses fósseis foram preservados, agora há poucas dúvidas sobre a disparidade sem paralelo da fauna Cambriana. Com base nas evidências disponíveis do Folhelho Burgess e outros locais ao redor do mundo, o período Cambriano testemunhou o surgimento de planos corporais mais díspares do que antes ou desde então. E essa disparidade surgiu em um momento muito inesperado, assumindo a teoria darwiniana, ou seja, bem no início da vida animal.

A HIPÓTESE DO ARTEFATO

Walcott percebeu essas dificuldades e tinha um compromisso profissional com o darwinismo profundo o suficiente para buscar uma solução. Ele percebeu que o registro fóssil Pré-cambriano poderia, em princípio, ajudar a explicar o padrão do registro fóssil Cambriano. A descoberta de uma rica história fóssil

46   A DÚVIDA DE DARWIN

Pré-cambriana, detalhando as variações que se acumulavam aos poucos, serviria para lançar o padrão do Burgess sob uma luz diferente. Ainda assim, os estratos Pré-cambrianos de sua época não mostravam sinais de fornecer quaisquer formas de transição óbvias, muito menos um padrão ascendente bem articulado de animais representando taxa inferiores proliferando para formas que exemplificam categorias taxonômicas cada vez mais altas. No entanto, Walcott teve uma ideia que lhe deu novas esperanças.

Talvez seu conhecimento das formas dramáticas de como a superfície da Terra mudou ao longo do tempo geológico, tornando possível a preservação da própria fauna de Burgess, o tenha inspirado. Encontrar animais marinhos muito acima do nível do mar sem dúvida deixou Walcott bem ciente da maneira como os continentes e os mares mudaram de localização ao longo do tempo geológico. E assim, Walcott, sempre um geólogo, propôs uma solução geológica engenhosa para o problema biológico da origem da vida animal. Ele observou que o período Pré-cambriano foi um período de dramática elevação continental. Ele então sugeriu que os ancestrais dos trilobitas evoluíram pela primeira vez em uma época em que os mares Pré-cambrianos haviam recuado das massas de terra. Então, no início do Cambriano, os mares voltaram a subir, cobrindo os continentes e depositando trilobitas recentemente evoluídos. Assim, de acordo com Walcott, precursores ancestrais dos trilobitas e outras formas distintas do Cambriano existiram, mas eles não foram fossilizados em sedimentos que mais tarde seriam elevados acima do nível do mar até o início do Cambriano; em vez disso, antes do Cambriano, durante um período em que os níveis do mar eram mais baixos, os trilobitas e suas formas ancestrais estavam sendo depositados no mar, no que agora são apenas sedimentos de águas profundas.[24] Walcott chamou esse período críptico de tempo, em que os trilobitas e outros animais estavam evoluindo rapidamente no mar, de o "intervalo Lipaliano". (O termo "Lipaliano" é derivado da palavra grega para perdidos.) Nesta visão, o aparecimento abrupto dos planos corporais Cambrianos na coluna geológica era apenas um "artefato" de amostragem incompleta do registro fóssil devido à incapacidade de acessar as camadas sedimentares submarinas onde os ancestrais da fauna Cambriana presumivelmente se encontravam envoltos. Em suma, a transgressão e regressão dos mares antigos tornou os precursores ancestrais da fauna Cambriana inacessíveis à descoberta.

Sua hipótese do artefato (também conhecida como hipótese do "intervalo Lipaliano") favoreceu a alegação sem evidências de Darwin de que os ancestrais fósseis dos animais Cambrianos ainda não haviam sido descobertos. A hipótese de Walcott teve a vantagem de explicar o aparecimento repentino dos trilobitas e a ausência de formas ancestrais e de transição fazendo referência a processos geológicos conhecidos. Também poderia ser testada, pelo menos, quando o avanço da tecnologia de perfuração offshore permitir a amostragem das rochas sedimentares offshore enterradas.

Embora Walcott admitisse que sua hipótese era essencialmente um argumento negativo que tentava explicar a ausência de evidência, ele insistiu que era uma inferência sensata de sua ampla amostragem dos dados paleontológicos. "Sei perfeitamente que as conclusões delineadas acima são baseadas principalmente na ausência de fauna marinha nas rochas algonquianas [Précambrianas] mas até que isso seja descoberto, não conheço nenhuma explicação mais provável para o aparecimento abrupto da fauna cambriana do que a que apresentei", escreveu ele.[25]

AGRUPANDO E DIVIDINDO

Walcott usou outra estratégia para equiparar o Folhelho Burgess com a teoria da evolução de Darwin. Os taxonomistas, encarregados de identificar e nomear grupos distintos de formas de vida, foram divididos em dois tipos: "agrupadores" e "divisores". Os "agrupadores" tendem a agrupar organismos díspares nas mesmas grandes categorias classificatórias e, então, fazer distinções entre eles em níveis taxonômicos mais baixos. Os "divisores" tendem a separar organismos semelhantes em numerosas divisões taxonômicas superiores. Walcott preferia o agrupamento, e fazê-lo com os fósseis de Burgess aparentemente minimizou as dificuldades associadas à proliferação repentina de tantas novas formas Cambrianas.

Quando retornou para o Smithsonian, ele colocou todas as formas exóticas de Burgess em filos modernos. Um de seus esforços para agrupar inseriu o *Marrella splendens* não apenas no mesmo filo, mas também na mesma classe (Trilobita) que os trilobitas, apesar das diferenças morfológicas óbvias. Ele justificou essa classificação argumentando que o organismo precedeu o trilobita (compare as Figs. 1.4 e 2.3). Gould mais tarde criticou o método de classificação de Walcott como "forçar a barra". Ele observou que até mesmo um dos colegas de Walcott, o paleontólogo de Yale Charles Schuchert, questionou a classificação de *Marrella*.[26] Gould também observou que Walcott usou essa estratégia para minimizar o desafio representado pela disparidade morfológica das formas de Burgess.[27]

Alguns paleontólogos hoje rejeitam a crítica de Gould à inclusão de Walcott de tantas formas animais de Burgess nas categorias taxonômicas existentes. No entanto, poucos paleontólogos pensam que o uso de Walcott do agrupamento explicou a explosão Cambriana. A maioria, por exemplo, classifica *Marrella splendens* dentro de um filo moderno existente, isto é, Arthropoda, mesmo que também o classifique dentro de uma classe nova e separada, Marrellomorpha. Ainda assim, se *Marrella*, por exemplo, se enquadra dentro de um novo filo ou classe, importa menos do que explicar por que tantas formas claramente novas, e as novas estruturas que essas formas exibem, surgiram pela aparentemente primeira vez com tamanha rapidez.

RESOLUÇÃO — POR UM TEMPO

Walcott pensava que havia resolvido o mistério da explosão Cambriana, assim como muitos outros darwinistas que, com gratidão, adotaram sua taxonomia e sua versão da hipótese do artefato. E uma vez que a abordagem de Walcott mantinha a esperança de um dia descobrir evidências de um tronco Pré-cambriano para os filos animais com seus membros primários, os adeptos não podiam ser acusados de mover o caso paleontológico do darwinismo para o reino do dogma não testável. Eles só tinham que esperar que as tecnologias de perfuração do fundo do mar surgissem e torcer para que a natureza tivesse achado adequado deixar evidências concretas do surgimento gradual dos principais planos corporais do Cambriano, sem serem molestadas sob as profundezas do oceano.

A realização teórica de Walcott não foi simplória. Sua descoberta do Folhelho Burgess foi como se um advogado de defesa com fé absoluta em seu cliente tropeçasse em uma sala cheia de pistas que pareceriam desacreditá-lo. Por meio de seu agrupamento de diferentes tipos de corpo em filos existentes e sua versão engenhosa da hipótese do artefato, Walcott encontrou uma maneira elegante de explicar todas essas evidências aparentemente não cooperativas de uma forma darwiniana.

Ao defender Walcott por ignorar características significativas dos fósseis de Burgess, Gould aponta que as múltiplas e crescentes demandas administrativas de Walcott dificilmente deixavam tempo para revisitar as categorias fundamentais da taxonomia animal. Então, quão pequena era a probabilidade de Walcott revisitar a suposição mais fundamental de todas, a suposição de que os animais se originaram gradualmente de uma forma darwiniana como resultado da seleção natural agindo em pequenas variações incrementais? A consideração dessa possibilidade viria décadas depois, apenas depois que a versão de Walcott da hipótese do artefato explodiu.

3

CORPOS MOLES E FATOS DUROS

Na primavera de 2000, o Discovery Institute, onde faço minha pesquisa, patrocinou uma palestra no departamento de geologia da Universidade de Washington do renomado paleontólogo chinês J. Y. Chen (ver Fig. 3.1). Como resultado de seu papel na escavação de uma nova descoberta de fósseis da era Cambriana no sul da China, a relevância do professor Chen no mundo científico estava aumentando. A descoberta, perto da cidade de Chengjiang, na província de Yunnan, revelou um tesouro das primeiras formas de animais Cambrianos. Depois que a revista *TIME* mencionou a descoberta de Chengjiang em uma reportagem de capa de 1995 sobre a explosão Cambriana,[1] o interesse pelos fósseis despertou. Quando veio para Seattle, o professor Chen já havia publicado vários artigos científicos sobre essa profusão de novas formas de vida e havia se estabelecido como um dos maiores especialistas em fósseis nesse cenário geológico único.

Obviamente, a visita de Chen gerou um interesse considerável entre o corpo docente da Universidade de Washington. Ele trouxe fotos e amostras intrigantes dos fósseis Cambrianos mais antigos e primorosamente preservados do mundo, de um sítio exótico do outro lado do globo, além disso, um sítio que agora era amplamente conhecido por superar até mesmo o lendário Folhelho Burgess como a localidade mais extensa e significativa da era Cambriana.

Os fósseis dos Folhelhos de Maotianshan perto de Chengjiang (ver Fig. 3.2) estabeleceram uma variedade ainda maior de planos corporais Cambrianos de uma camada ainda mais antiga de rocha Cambriana do que aquelas do Burgess, e o fizeram com uma fidelidade quase fotográfica. Os fósseis chineses também ajudaram a estabelecer que os animais cambrianos apareceram de forma ainda mais abrupta do que se pensava anteriormente.

FIGURA 3.1
J. Y. Chen.

FIGURA 3.2
A Figura 3.2a (esquerda) mostra o afloramento do folhelho de Maotianshan. *Cortesia da Illustra Media.* *As Figuras 3.2b e c (centro e direita)* mostram um marcador de fronteira Pré-cambriano no sítio de Maotianshan. *Cortesia Paul Chien.*

Portanto, havia pouca dúvida sobre a importância das descobertas que Chen relatou naquele dia. O que foi rapidamente questionado, no entanto, foi a ortodoxia científica de Chen. Em sua apresentação, ele destacou a aparente contradição entre a evidência fóssil chinesa e a ortodoxia darwiniana. Como resultado, um professor na plateia perguntou a Chen, quase como um aviso, se ele não estava nervoso por expressar suas dúvidas sobre o darwinismo de forma tão livre, especialmente devido à reputação da China de suprimir opiniões divergentes. Lembro-me do sorriso irônico de Chen quando ele respondeu. "Na China podemos criticar Darwin, mas não o governo. Na América, você pode criticar o governo, mas não Darwin."

No entanto, aqueles que estavam na audiência naquele dia logo aprenderam que o professor Chen tinha boas razões para questionar a imagem de Darwin da história da vida. Como explicou Chen, os fósseis chineses viraram a árvore da vida de Darwin "de cabeça para baixo". Eles também lançaram dúvidas sobre uma versão sobrevivente da hipótese do artefato de Charles Walcott, um suporte crucial no caso do gradualismo darwiniano.

BURGESS REVISITADO

Quando Charles Walcott terminou sua última escavação no Folhelho Burgess em 1917, ele e sua equipe haviam coletado mais de 65 mil espécimes fósseis, todos os quais foram enviados para o Museu de História Natural no Smithsonian Institution para catalogação. Em 1930, outro paleontólogo americano, o professor de Harvard Percy Raymond, iniciou outra investigação sobre o Burgess. Seus espécimes também foram eventualmente armazenados nos Estados Unidos.

Como resultado dessas duas escavações lideradas por americanos proeminentes, inicialmente não haviam coleções de fósseis de Burgess em exibição pública no Canadá. Muitos cientistas canadenses consideraram isso um constrangimento nacional, então, na década de 1960, o Canadian Geological Survey encomendou uma equipe britânica para retomar a escavação na pedreira Walcott, a fim de "repatriar o Folhelho Burgess" mantendo a maioria dos fósseis recém-descobertos em exibição permanente no Canadá.[2] A equipe foi liderada pelo paleontólogo Harry Whittington (ver Fig. 3.3), da Universidade de Cambridge, que foi auxiliado por dois de seus alunos de pós-graduação, Simon Conway Morris e Derek Briggs, que eventualmente se destacariam como especialistas internacionalmente renomados em Folhelho Burgess.

Enquanto Whittington analisava a fauna Cambriana em Burgess, ele percebeu que Walcott havia subestimado grosseiramente a disparidade morfológica desse grupo de animais. Muitas das criaturas no conjunto apresentavam designs corporais exclusivos, estruturas anatômicas exclusivas ou ambos.[3] O *Opabinia*, com seus cinco olhos, quinze segmentos corporais distintos e uma garra na extremidade de uma longa tromba, exemplificava as formas únicas em exibição no Burgess. Mas o mesmo aconteceu com o *Hallucigenia*, *Wiwaxia*, *Nectocaris* e muitos outros animais de Burgess. Até hoje, os paleontólogos que descrevem o *Nectocaris*, por exemplo, não conseguem decidir se ele se assemelha mais a um artrópode, um cordado ou um cefalópode (uma classe de molusco; ver Fig. 3.4).

FIGURA 3.3
Harry Whittington. Cortesia dos *arquivos do Museu de Zoologia Comparada, Biblioteca Ernst Mayr, Universidade de Harvard.*

Whittington descobriu que agrupar tais formas em categorias taxonômicas bem estabelecidas, categorias taxonômicas ainda mais *altas*, como a classe ou filo, forçava os limites dessas classificações. Mesmo muitos daqueles animais que se enquadravam facilmente em filos existentes representavam claramente subfilos ou classes de organismos únicos. O *Anomalocaris* (literalmente, "camarão anormal") e o *Marrella*, por exemplo, tinham exoesqueletos duros e claramente representam artrópodes ou criaturas intimamente relacionadas a eles. No entanto, cada um desses animais possuía muitas partes anatômicas distintas e exemplificavam maneiras diferentes de organizar essas partes, distinguindo-se claramente de artrópodes mais conhecidos, assim como o trilobita, anteriormente o marco dos estudos paleontológicos Cambrianos.

Whittington, um especialista em trilobitas, entendia isso tão bem quanto qualquer pessoa. Em 1971, ele publicou a primeira revisão taxonômica abrangente da biota de Burgess. Em sua revisão, ele rompeu decisivamente com a tentativa anterior de Walcott de agrupar todas as formas Cambrianas em algumas categorias taxonômicas preexistentes.

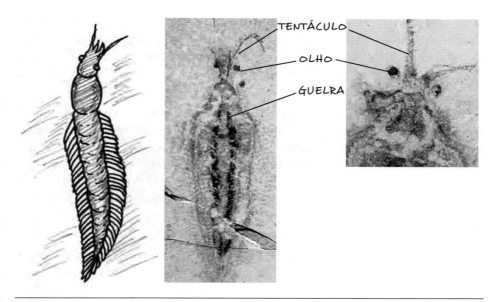

FIGURA 3.4

Figura 3.4a (esquerda): Renderização artística de Nectocaris. Figura 3.4b (meio, direita): Fotografia do fóssil de Nectocaris. Reproduzido com permissão da Macmillan Publishers Ltd.: Nature, Martin R. Smith e Jean-Bernard Caron, "Primitive Soft-Bodied Cephalopods from the Cambrian", Nature, 465 (27 de maio de 2010): 469–72. Copyright 2010.

Ao fazer isso, ele reenfatizou a disparidade morfológica presente na biota animal de Burgess e, no processo, privou os biólogos evolucionistas de uma parte da estratégia de duas partes de Walcott para minimizar o problema Cambriano. Ao agrupar todos os animais de Burgess em filos e classes existentes, Walcott aparentemente diminuiu o problema da disparidade ao reduzir o número de novos filos para os quais eram necessários intermediários de conexão. Ao reconhecer a disparidade claramente exposta no Burgess, Whittington danificou parcialmente a solução de Walcott para o mistério Cambriano e destacou o que se tornaria seu problema central não resolvido: a origem de uma nova forma biológica.

SONDANDO O FUNDO DO MAR

Embora Whittington, e mais tarde Gould, tenham rejeitado a tentativa inicial de Walcott de "forçar a barra" para alocar todos os animais do Folhelho Burgess em categorias taxonômicas preexistentes, muitos paleontólogos agora também rejeitam a caracterização de Stephen Jay Gould de muitas criaturas do Folhelho Burgess como sendo tão exóticas a ponto de desafiar a afinidade na classificação

54   A DÚVIDA DE DARWIN

com quaisquer grupos modernos.[4] Muitos desses paleontólogos também reconheceriam menos filos totais que apareceram pela primeira vez no Cambriano do que Gould, e talvez até mesmo tão poucos quanto Walcott o fez. Além disso outros paleontólogos, conforme discutido no capítulo anterior, agora favorecem abordagens "sem posição" para a classificação.

Independentemente disso, a maioria dos paleontólogos reconhece que o Folhelho Burgess atesta uma profusão extraordinária de novas formas animais, incluindo muitas estruturas anatômicas únicas e arranjos de partes do corpo. Assim, quaisquer que sejam as diferenças de opinião sobre *como classificar* esses animais, qualquer criança de cinco anos pode distingui-los uns dos outros e de todas as formas de vida previamente conhecidas, sua origem ainda requer explicação. Levando em consideração o que foi observado, é visível que o uso do "agrupamento" de Walcott não resolveu o mistério cambriano.[5]

Mas e quanto à segunda parte da proposta de Walcott, a hipótese do artefato? Para avaliar essa hipótese, Walcott desenvolveu um teste mais claro e menos subjetivo. Lembre-se de que Walcott argumentou que os precursores ancestrais dos animais Cambrianos estavam ausentes do registro fóssil Pré-cambriano por causa da transgressão e regressão dos mares. Ele postulou um intervalo de tempo geológico no qual os ancestrais da fauna Cambriana estavam evoluindo ao largo da costa em um oceano Pré-cambriano e sendo depositados apenas em camadas de rocha sedimentar marinha. Nessa hipótese, somente depois que o antigo oceano se elevou e cobriu o continente, os animais marinhos restantes do Cambriano foram preservados em sedimentos que, hoje, estão acima do nível do mar.

Quando Walcott propôs seu engenhoso cenário geológico, ele ainda não podia ser testado. Mas com o desenvolvimento da tecnologia de perfuração offshore nas décadas de 1940, 1950 e 1960, as empresas de petróleo começaram a perfurar milhares de metros de rocha sedimentar marinha.[6] Conforme os geólogos avaliaram o conteúdo desses núcleos de perfuração, eles não encontraram os fósseis Pré-cambrianos previstos por Walcott.

Em vez disso, surgiu um problema ainda mais fundamental para a hipótese. Na época em que Walcott propôs sua versão da hipótese do artefato, os geólogos consideravam as placas oceânica e continental essencialmente estáveis e fixas em relação uma à outra. A construção de montanhas, falhas e outros processos geológicos foram atribuídos a mudanças mundiais no nível do mar, acumulação de depressões de sedimentos chamadas geossinclinais, elevação de montes de rochas ígneas abaixo da crosta terrestre e até mesmo um encolhimento da terra.[7]

A ideia de que placas enormes e sólidas realmente se *movem*, reciclando-se por meio dos processos de placas tectônicas de subducção e expansão do fundo oceânico, ainda não havia sido proposta. No entanto, a moderna teoria das placas tectônicas agora afirma que o material da crosta oceânica eventualmente volta a mergulhar na terra e derrete em um processo conhecido como subducção. Após o derretimento das rochas superficiais durante a subducção, elas formam um novo suprimento de magma derretido. Eventualmente, o magma de outros locais nas profundezas da terra jorra nas dorsais meso-oceânicas para formar novas rochas ígneas, em um processo conhecido como expansão do fundo oceânico. Acontece que quaisquer sedimentos oceânicos depositados no topo da crosta ígnea oceânica terão uma "duração de vida" limitada na superfície da terra. Eventualmente, essas rochas sedimentares colidem com a margem continental, mergulham profundamente no manto superior e derretem para formar magma.

Como consequência desse ciclo, a idade máxima de qualquer sedimento marinho é estritamente limitada. E, de acordo com as estimativas modernas, a seção mais antiga da crosta oceânica existe apenas desde o Jurássico (ou cerca de 180 milhões de anos atrás[8]), muito jovem para conter ancestrais fósseis dos trilobitas. À medida que as evidências de placas tectônicas aumentavam, os cientistas descartaram a hipótese do artefato de Walcott e o intervalo de Lipalian como inválidas. Os paleontólogos hoje em dia não esperam encontrar nenhum ancestral Précambriano dos trilobitas em sedimentos oceânicos, uma vez que eles perceberam que não há *sedimentos* Pré-cambrianos nas bacias oceânicas. Se os estratos Précambrianos podem ser encontrados em algum lugar, os continentes são esse lugar.

OUTRAS VERSÕES DA HIPÓTESE DO ARTEFATO

Embora as propostas de Walcott para explicar a ausência de ancestrais fossilizados dos animais Cambrianos não tenham dado em nada, outras versões da hipótese do artefato continuaram a circular. Essas propostas assumem duas formas básicas. Alguns cientistas afirmaram, embora por razões diferentes, que os esperados ancestrais fósseis Pré-cambrianos simplesmente *ainda não haviam sido encontrados*, que os fósseis ausentes eram um artefato da *amostragem* incompleta do registro fóssil. Outros sugeriram que as rochas sedimentares Pré-cambrianas não *preservaram* os fósseis ausentes, que a preservação incompleta dos animais Pré-cambrianos significava que os fósseis ausentes *não estavam mais lá* para serem encontrados.

Walcott rejeitou a ideia de que os paleontólogos simplesmente não haviam analisado ou amostrado lugares suficientes. Ele observou que os geólogos já haviam investigado exaustivamente "a grande série de estratos Cambrianos e Précambrianos no leste da América do Norte". Embora eles tivessem olhado "do Alabama ao Labrador; no oeste da América do Norte [e] de Nevada e Califórnia até Alberta e British Columbia, e também na China", suas investigações não revelaram nada de interesse significativo.[9] Na opinião de Walcott, os continentes simplesmente não preservaram os restos fossilizados dos ancestrais Cambrianos.

56   A DÚVIDA DE DARWIN

Antes de Walcott, alguns geólogos deram um passo adiante e sugeriram que *todas* as rochas sedimentares Pré-cambrianas haviam sido destruídas por meio de calor e pressão extremos, um processo denominado "metamorfismo universal". Walcott rejeitou essa hipótese, pois ele próprio havia encontrado uma "grande série de rochas sedimentares Pré-cambrianas no continente norte-americano", dentre outros lugares. Outros geólogos sugeriram que grandes explosões de inovação evolutiva ocorreram apenas durante os períodos em que a deposição sedimentar cessou, resultando novamente na falta de preservação dos fósseis. Mas, como Gould observou sobre a hipótese do artefato de Walcott, essa explicação também pareceu para muitos cientistas "forçada e *ad hoc* nascida da frustração, ao invés do prazer da descoberta".[10]

VERSÕES CONTEMPORÂNEAS DA HIPÓTESE DO ARTEFATO: MUITO MOLE OU MUITO PEQUENO

Após a queda da ideia do "metamorfismo universal", alguns paleontólogos propuseram versões mais simples e intuitivamente plausíveis da hipótese do artefato. Eles alegaram que as formas intermediárias propostas para os animais Cambrianos podem ter sido muito pequenas ou muito moles, ou ambas, para serem preservadas.

O biólogo do desenvolvimento Eric Davidson, do Instituto de Tecnologia da Califórnia, sugeriu que as formas de transição que levaram aos animais Cambrianos eram "formas microscópicas semelhantes às larvas marinhas modernas" e, portanto, muito pequenas para serem fossilizadas com segurança.[11] Outros cientistas evolucionários, como Gregory Wray, Jeffrey Levinton e Leo Shapiro, sugeriram que os ancestrais dos animais cambrianos não foram preservados porque não tinham partes duras, como conchas e exoesqueletos.[12] Eles argumentam que, uma vez que os animais de corpo mole são difíceis de fossilizar, não devemos esperar encontrar os restos dos ancestrais supostamente de corpo mole da fauna Cambriana no registro fóssil Pré-cambriano. O paleontólogo Charles R. Marshall da Universidade da Califórnia, Berkeley, resume essas explicações:

> *É importante lembrar que vemos a "explosão" Cambriana pelas janelas permitidas pelos registros fósseis e geológicos. Portanto, quando falamos sobre a "explosão" Cambriana, estamos normalmente nos referindo ao aparecimento de formas de corpo grande (pode ser visto a olho nu) e preserváveis (e, portanto, em grande parte esqueletizadas) [...] Se as linhagens-tronco fossem pequenas e não esqueletizadas, não esperaríamos vê-las no registro fóssil.*[13]

Embora intuitivamente plausível, várias descobertas questionam essas duas versões da hipótese do artefato. Quanto à ideia de que os ancestrais dos animais cambrianos eram *pequenos* demais para serem preservados, os paleontólogos já sabem há algum tempo que as células de microrganismos em forma de filamento (provavelmente cianobactérias) foram preservadas em antigas rochas do Pré-cambriano. O paleobiólogo J. William Schopf, da Universidade da Califórnia, Los Angeles, relatou um exemplo extremamente antigo desses fósseis nos estratos do Grupo Warrawoona, no oeste da Austrália. Essas cianobactérias fossilizadas são preservadas em chertes estratificados com 3.465 bilhões de anos (rochas sedimentares microcristalinas).[14] Os mesmos estratos também preservaram esteiras de estromatólito, uma estrutura de crescimento orgânico que geralmente indica a presença de bactérias, em sedimentos de dolostona ligeiramente mais jovens com cerca de 3,45 bilhões de anos de idade (ver Fig. 3.5).[15]

FIGURA 3.5

Figura 3.5a (esquerda): Fotografias de estromatólitos fósseis da era cambriana. *Cortesia da Wikimedia Commons, usuário Rygel, M. C. Figura 3.5b (direita):* Estrutura alternada em camadas finas e grossas de fósseis de estromatólito pré-cambriano mostrados em seção transversal. *Cortesia da American Association for the Advancement of Science,* Figura 2B, Hoffman, P., "Algal Stromatolites: Use in Stratigraphic Correlation and Paleocurrent Determination", *Science,* 157 (1 de setembro de 1967): 1043–45. Reproduzido com permissão da AAAS.

Essas descobertas representam um problema para a ideia de que os ancestrais Cambrianos eram pequenos demais para sobreviver no registro fóssil. As rochas sedimentares que preservam as cianobactérias fossilizadas e as algas unicelulares são muito mais antigas e, portanto, muito mais prováveis de terem sido destruídas pela atividade tectônica do que as rochas sedimentares posteriores que deveriam ter preservado os ancestrais próximos dos animais Cambrianos. No entanto, essas rochas, e os fósseis contidos nelas, sobreviveram muito bem. Se os paleontólogos podem encontrar minúsculas células fossilizadas nessas formações muito mais antigas e raras, não deveriam também ser capazes de encontrar algumas formas ancestrais dos animais Cambrianos em rochas sedimentares mais jovens e mais abundantes? No entanto, poucos desses precursores foram encontrados.

58   A DÚVIDA DE DARWIN

Existem também várias razões para questionar a segunda versão dessa hipótese, a ideia de que os presumíveis ancestrais Cambrianos eram moles demais para serem preservados. Primeiro, alguns paleontólogos questionaram se as formas ancestrais de corpo mole dos animais Cambrianos de corpo duro teriam sido anatomicamente viáveis.[16] Eles argumentam que muitos animais que representam filos, como braquiópodes e artrópodes, não poderiam ter desenvolvido suas partes moles primeiro e adicionado conchas depois, uma vez que sua sobrevivência depende de sua capacidade de proteger suas partes moles de forças ambientais hostis. Em vez disso, eles argumentam que as partes moles e duras deveriam surgir juntas.[17] Como observou o paleontólogo James Valentine, da Universidade da Califórnia, Berkeley, no caso dos braquiópodes, "O braquiópode *Bauplan* [plano corporal] não pode funcionar sem um esqueleto resistente".[18] Ou como J. Y. Chen e seu colega Gui-Qing Zhou observam: "Animais como os braquiópodes não podem existir sem um esqueleto mineralizado. Os artrópodes possuem apêndices articulados e, da mesma forma, requerem uma cobertura externa dura, orgânica ou mineralizada."[19]

Como esses animais normalmente requerem partes duras, Chen e Zhou presumem que as formas ancestrais desses animais deveriam ter sido preservadas em algum lugar do registro fóssil pré-cambriano, se de fato elas existiram. Assim, a ausência de ancestrais de corpos duros desses animais Cambrianos nos estratos Pré-cambrianos mostra que esses animais surgiram pela primeira vez no período Cambriano. Como eles insistem enfaticamente: "A observação de que tais fósseis estão ausentes nos estratos Pré-cambrianos prova que esses filos surgiram no Cambriano."[20]

Deve-se ressaltar que esse argumento não pode ser feito para todos os grupos de animais Cambrianos e, a meu ver, não chega a ser uma "prova" em nenhum caso. Muitos filos Cambrianos, incluindo os caracterizados por animais de concha dura, como moluscos e equinodermos, possuem representantes de corpo mole. O molusco mais antigo conhecido, *Kimberella*, por exemplo, não tinha uma casca externa dura (embora tivesse outras partes duras).[21] Portanto, é claro que alguns grupos Cambrianos compostos principalmente por espécies de concha dura, poderiam ter ancestrais de corpo mole.

Também é possível postular a existência de um ancestral artrópode ou braquiópode, especialmente algum ancestral extremamente distante, sem uma casca dura. Os onicóforos de corpo mole (vermes aveludados) já foram propostos como ancestrais dos artrópodes, embora estudos mais recentes desafiem essa ideia. Os próprios onicóforos surgem bem *depois* dos artrópodes no registro fóssil e a análise cladística sugere que os onicóforos podem ser um grupo irmão, e não um ancestral, dos artrópodes.[22] Mesmo assim, é difícil refutar uma negativa: em particular, excluir a possibilidade de que artrópodes ou braquiópodes *possam* ter tido um ancestral de corpo mole nas profundezas do Pré-cambriano.

Corpos moles e fatos duros   59

No entanto, parece improvável, em uma visão darwiniana da história da vida, que *todos* os artrópodes cambrianos ou ancestrais braquiópodes, especialmente os ancestrais relativamente recentes desses animais, tenham carecido inteiramente de partes duras. Existem muitos tipos de artrópodes que surgem repentinamente no Cambriano, trilobitas, *Marrella, Fuxianhuia protensa, Waptia, Anomalocaris*, e todos esses animais tinham exoesqueletos ou partes do corpo rígidos. Além disso, o único grupo conhecido existente de artrópodes sem um exoesqueleto rígido (os pentastomídeos) tem uma relação parasitária com artrópodes que o possuem.[23] Assim, certamente, parece provável que *alguns* dos ancestrais próximos dos muitos animais artrópodes que surgiram no Cambriano teriam deixado, pelo menos, alguns restos rudimentares de exoesqueletos no registro fóssil Pré-cambriano se, de fato, tais artrópodes ancestrais existiram no Pré-cambriano e se artrópodes surgiram da forma gradual darwiniana.

Além disso, o exoesqueleto do artrópode faz parte de um sistema anatômico fortemente integrado. Músculos, tecidos, tendões e órgãos sensoriais específicos, e uma estrutura mediadora especial entre o tecido mole do animal e o exoesqueleto, chamada sistema endofragmal, estão todos integrados para apoiar o processo de muda e crescimento do exoesqueleto e manutenção que é parte integrante do modo de existência do artrópode. Um cenário darwiniano de melhor caso para a origem de tal sistema seria, portanto, prever a "coevolução" desses subsistemas anatômicos separados de uma forma coordenada, uma vez que alguns desses subsistemas anatômicos conferem uma vantagem funcional ao animal em grande parte apoiando e promovendo o crescimento e manutenção do exoesqueleto (e vice-versa). Outros seriam vulneráveis a danos sem ele. Assim, parece improvável que esses subsistemas interdependentes evoluiriam independentemente primeiro sem um exoesqueleto, apenas para ter o exoesqueleto surgindo repentinamente como uma espécie de acréscimo em cima de um sistema já integrado de partes moles no final de um longo processo evolutivo.

Isso, novamente, torna razoável esperar que, pelo menos, algumas partes duras de artrópodes rudimentares teriam sido preservadas no Pré-cambriano se os artrópodes estivessem presentes naquela época. Parece no mínimo curioso que essas etapas sejam desconhecidas para *todos* os artrópodes (e braquiópodes) Cambrianos em um registro fóssil que provavelmente favorece a preservação das partes duras. E parece, à primeira vista, apoiar as afirmações daqueles paleontólogos Cambrianos, como Chen e Zhou, que consideram a ausência de *quaisquer* partes duras no registro Pré-cambriano como evidência da ausência daqueles grupos que normalmente dependem das partes duras para sua existência.

De qualquer forma, os defensores da hipótese do artefato devem, pelo menos, explicar uma explosão Cambriana de partes duras do corpo, se não animais Cambrianos inteiros. Como observou o paleontólogo George Gaylord Simpson em 1983, mesmo que seja verdade que os ancestrais Pré-cambrianos não foram preser-

60 A DÚVIDA DE DARWIN

vados simplesmente porque não tinham partes duras, "ainda há um mistério para especular: por que e como muitos animais começaram a ter partes duras, uma forma de esqueleto, com aparente rapidez em torno do início do Cambriano?"[24]

Há uma dificuldade adicional, mais formidável, para essa versão da hipótese do artefato. Embora o registro fóssil geralmente não preserve as partes moles do corpo com a mesma frequência que as partes duras, ele preservou muitos animais de corpo mole, órgãos e estruturas anatômicas dos períodos Cambriano e Pré-cambriano.

Como vimos anteriormente, as rochas sedimentares Pré-cambrianas em vários lugares ao redor do mundo preservaram algas coloniais verdes azuladas fossilizadas, algas unicelulares e células com um núcleo (eucariotos).[25] Esses microrganismos não eram apenas pequenos, mas também careciam de partes duras. Outra classe de organismos Pré-cambrianos tardios chamada de biota Vendiano ou Ediacarano incluía os restos fossilizados de muitos organismos de corpo mole, incluindo muitos que podem muito bem ter sido líquenes, algas ou protistas (microrganismos com células contendo núcleos). Os próprios estratos da era Cambriana preservam muitas criaturas e estruturas de corpo mole. O Folhelho Burgess em particular preservou as partes moles de vários tipos de animais Cambrianos de corpo duro, como o *Marrella splendens*,[26] *Wiwaxia*,[27] e *Anomalocaris*. O Folhelho Burgess também documenta representantes *inteiramente* de corpo mole[28] de vários filos, incluindo:

- Cnidaria (representado por um animal chamado *Thaumaptilon*, um organismo colonial em forma de pena formado a partir de animais menores e moles semelhantes a anêmonas)[29]

- Anelídeo (representado pelos vermes poliquetas *Burgessochaeta* e *Canadia*)[30]

- Priapulida (representado por *Ottoia*, *Louisella*, *Selkirkia*, todos vermes com uma tromba distinta)[31]

- Ctenophora (representado por *Ctenorhabdotus*, um animal gelatinoso com um corpo translúcido semelhante a uma água-viva-de-pente moderna)[32]

- Lobopodia (representado por *Aysheaia* e *Hallucigenia*, animais segmentados de corpo mole com muitas pernas)[33]

O Burgess também preserva animais de corpo mole de afinidades desconhecidas, como *Amiskwia*, um animal gelatinoso semelhante a um colchão de ar;[34] *Eldonia*, um animal semelhante a uma água-viva com uma anatomia muito mais complexa do que uma água-viva moderna;[35] e as já mencionadas, difíceis de classificar, *Nectocaris*.[36] Como Simon Conway Morris observa, "As coleções existentes

Corpos moles e fatos duros   61

[Burgess] representam aproximadamente 70 mil espécimes. Destes, cerca de 95% são de corpo mole ou têm esqueletos finos."[37]

A EXPLOSÃO DE CHENGJIANG

Quaisquer dúvidas sobre a capacidade das rochas sedimentares de preservar partes moles e pequenas do corpo foram eliminadas permanentemente por uma série de dramáticas descobertas de fósseis no sul da China no início da década de 1980.

Em junho de 1984, o paleontólogo Xian-Guang Hou viajou para Kunming, no sul da China, para prospectar amostras fossilizadas de um artrópode bivalvulado chamado bradoriida.[38] A área ao redor de Kunming, na província de Yunnan, era bem conhecida por seus estratos Cambrianos inferiores e fósseis típicos da era Cambriana, como bradoriídeos e trilobitas, ambos relativamente fáceis de preservar por causa de seus exoesqueletos caracteristicamente rígidos. Em 1980, Hou encontrou muitas amostras de bradoriídeos em uma formação geológica chamada Seção Qiongzhusi, perto de Kunming.

No verão de 1984, Hou viajou para a cidade de Chengjiang para procurar bradoriídeos em outra formação geológica chamada Formação Heilinpu. Seus esforços lá produziram pouco sucesso. Como resultado, ele voltou sua atenção para outro afloramento, uma sequência sedimentar agora chamada Folhelhos de Maotianshan. A equipe de Hou colocou os trabalhadores rurais para cavar e limpar os blocos de argila. Seu livro, *The Cambrian Fossils of Chengjiang, China* [*Os Fósseis Cambrianos de Chengjiang, China*, em tradução livre], descreve o que aconteceu a seguir:

> *Por volta das três horas da tarde de domingo, 1º de julho, uma membrana branca semicircular foi descoberta em uma laje fendida e foi erroneamente considerada como uma representante de uma válvula de um crustáceo desconhecido. Com a percepção de que isso [...] representava uma espécie não relatada anteriormente, a quebra da rocha em busca de fósseis adicionais continuou rapidamente. Com a descoberta de outro espécime, um animal de 4 a 5cm de comprimento com membros preservados, tornou-se aparente que ali havia nada menos que uma biota de corpo mole.*[39]

Hou lembra-se vividamente do espécime Cambriano, pois parecia "como se estivesse vivo na superfície úmida do lamito".[40] Redobrando seus esforços, os pesquisadores rapidamente descobriram os restos fossilizados de um animal extraordinário de corpo mole após o outro. A maioria dos fósseis foram preservados como impressões bidimensionais achatadas de organismos tridimensionais, embora, como Hou observa, "alguns retêm um baixo-relevo tridimensional".[41] Mais importante, ele observa, "os restos de tecidos duros, como as conchas de braquiópodes ou as carapaças de trilobitas, estão bem representados na fauna de Chengjiang, mas os tecidos menos robustos, que geralmente são perdidos por decomposição, também estão bem preservados".[42]

Como resultado dos sedimentos finos e de grãos pequenos em que foram depositados, os fósseis de Chengjiang preservaram os detalhes anatômicos com uma fidelidade que ultrapassava até mesmo a da fauna de Burgess.[43] Os Folhelhos de Maotianshan também preservaram uma variedade ainda maior de animais de corpo mole e partes anatômicas do que o Folhelho Burgess. Nos anos seguintes, Hou e seus colegas mais próximos, J. Y. Chen e Gui-Qing Zhou, encontraram muitos exemplos excelentes de animais bem preservados sem até mesmo um exoesqueleto queratinizado, incluindo membros de corpo mole de filos como Cnidaria (corais e águas-vivas), Ctenophora (águas-vivas-de-pente), Annelida (um tipo de verme segmentado "em anel"), Onychophora (vermes segmentados com pernas), Phoronida (um invertebrado tubular, marinho alimentador por filtros) e Priapulida (outro tipo distinto de verme)[44] (Ver Fig. 3.6.)

Eles encontraram fósseis que preservam os detalhes anatômicos de vários tecidos moles e órgãos como olhos, intestinos, estômagos, glândulas digestivas, órgãos sensoriais, epidermes, cerdas, bocas e nervos.[45] Eles também descobriram organismos semelhantes a águas-vivas chamados *Eldonia*, que exibem partes delicadas e macias do corpo, como canais difusores de água e anéis nervosos. Outros fósseis até revelaram o conteúdo das vísceras de vários animais.[46]

As descobertas perto de Chengjiang demonstraram, sem qualquer dúvida, que as rochas sedimentares podem preservar fósseis de corpo mole de grande antiguidade e em detalhes requintados, desafiando assim a ideia de que a ausência de ancestrais Pré-cambrianos é uma consequência da incapacidade do registro fóssil de preservar animais de corpo mole daquele período. Ao mesmo tempo, as rochas sedimentares perto de Chengjiang tinham outras surpresas reservadas.

SEGREDOS PRÉ-CAMBRIANOS

Paul Chien é um biólogo marinho sino-americano que, quando menino, deixou a China continental com sua família para escapar da conquista comunista de 1949 sob Mao Tse-tung. Eventualmente, após completar os estudos de doutorado nos Estados Unidos, tornou-se professor de biologia na Universidade de São Francisco. Ele ficou sabendo das descobertas no sul da China depois de ler a matéria de capa da revista *TIME* em 1995. Então ele ficou sabendo, ironicamente, em uma história no *People's Daily*, o jornal oficial do Partido Comunista Chinês, que alguns paleontólogos chineses achavam que essas descobertas desafiavam uma visão darwiniana da história da vida.

Corpos moles e fatos duros   63

FIGURA 3.6
Fósseis da explosão cambriana da fauna de Chengjiang, representações de artistas e fotos de fósseis. *Fotos em 3.6a, b, e, e f cortesia de J. Y. Chen. As fotos em 3.6c e d são cortesia de Paul Chien.*

Figura 3.6c: O artrópode semelhante ao camarão, *Waptia*.

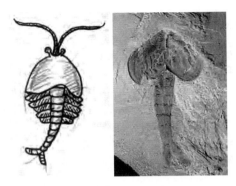

Figura 3.6d: Verme priapulida com sua tromba peculiar.

Figura 3.6a: Uma água-viva-de-pente ciliada, do filo Ctenophora.

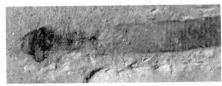

Figura 3.6e: O enigmático *Eldonia*, semelhante a uma água-viva.

Figura 3.6f: Animal de concha cônica do filo Hyolitha.

Figura 3.6b: Um membro do filo Phoronida, semelhante a um verme que se alimenta por filtros.

64   A DÚVIDA DE DARWIN

A grande variedade de invertebrados marinhos presentes em Chengjiang fascinou Chien e o convenceu a retornar ao seu país natal. Depois de fazer sua primeira viagem no verão de 1996, ele conheceu J. Y. Chen. Enquanto Paul Chien retornava em vários verões sucessivos para fazer suas próprias pesquisas, ele e J. Y. Chen continuaram a compartilhar suas descobertas e comparar anotações.

Ao chegar à China em 1998 para seu terceiro verão de pesquisas, Paul Chien soube que Chen havia descoberto um fóssil de uma esponja adulta nas rochas Pré-cambrianas de uma formação sedimentar chamada Fosforita Doushantuo, uma formação que fica abaixo dos Folhelhos de Maotianshan. Enquanto os dois cientistas examinavam os sedimentos que envolviam a esponja fóssil de Chen, eles fizeram uma descoberta que condenaria a versão remanescente mais popular da hipótese do artefato.

Quando J. Y. Chen começou a examinar as rochas sedimentares que envolviam sua esponja fossilizada, ele decidiu examiná-las em uma lâmina delgada sob um microscópio óptico. Chen se perguntou se formas embrionárias menores desses animais Pré-cambrianos também poderiam ter sido preservadas nessas rochas de fosforita. Como confirmação, sob a ampliação, ele encontrou bolinhas redondas que ele e Paul Chien identificaram como embriões de esponja. Em 1999, em uma grande conferência internacional sobre a explosão Cambriana realizada perto de Chengjiang, J. Y. Chen, Paul Chien e três outros colegas apresentaram suas descobertas.[47]

Vários paleontólogos chineses os questionaram a princípio, sugerindo que as bolinhas redondas não eram embriões de esponja, mas sim restos de algas marrons e verdes.[48] Aqui, a experiência de Paul Chien foi essencial. No início de sua carreira, Chien havia aperfeiçoado uma técnica para examinar embriões de esponjas vivas sob um microscópio eletrônico de varredura. Ele agora adaptou sua técnica para examinar essas estruturas fossilizadas microscópicas usando um microscópio mais poderoso. O que ele encontrou o surpreendeu e impressionou outros cientistas.

As esponjas são as vidrarias da natureza. Elas são feitas de uma estrutura macia e flexível de células das quais se projetam "espículas" incrustadas de sílica. Embora as esponjas tenham uma variedade de formas e tamanhos, elas são uma das formas de vida animal mais simples conhecidas, com entre 6 e 10 tipos distintos de células.[49] Em comparação, o artrópode típico tem entre 35 e 90 tipos de células.

Enquanto Chien examinava as bolinhas da Fosforita Doushantuo no microscópio de varredura, ele notou o que pareciam células em divisão celular. No início, ele não tinha como determinar que tipo de células poderiam ser. Mas ao examinar seções transversais dessas células com mais cuidado, ele identificou uma estrutura distinta que conhecia de sua pesquisa anterior.

Apenas esponjas têm espículas, e as células fossilizadas que ele estava examinando possuíam espículas microscópicas preservadas nos estágios iniciais de seu desenvolvimento.[50] Claramente, essas não eram bolas de algas; eram embriões de esponja. Foi ainda mais surpreendente que Chien foi capaz de observar a estrutura interna dessas células embrionárias, permitindo-lhe identificar os núcleos de algumas dessas células dentro dos restos fossilizados da membrana celular externa maior (ver Fig. 3.7).

A descoberta desses embriões de esponja se mostrou decisiva no caso contra as versões restantes da hipótese do artefato, por vários motivos.

Primeiramente, embora as espículas nas esponjas sejam envoltas em uma fina camada de sílica vítrea, as esponjas são geralmente consideradas um organismo de corpo mole por causa dos tecidos predominantemente moles dos quais o resto de seus corpos é feito. Além disso, as células de todos os embriões durante seus primeiros estágios embrionários são moles. Mesmo em animais que possuem esqueletos internos ou externos, as formas nascentes dessas partes duras não surgem até a gastrulação, durante o processo de desenvolvimento embriológico. Portanto, a descoberta de um embrião nos primeiros estágios da divisão celular mostra, sem sombra de dúvida, que as rochas sedimentares Pré-cambrianas podem, nas circunstâncias certas, preservar organismos de corpo mole.

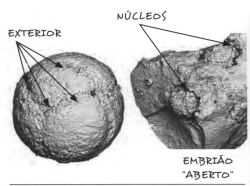
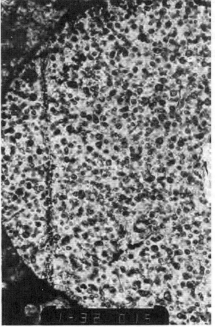

FIGURA 3.7

Figura 3.7a (acima): Fotografias de embriões de esponja fossilizados nos estágios iniciais da divisão celular, mostrando a esponja no estágio de divisão de oito células, com quatro de suas células marcadas em primeiro plano.

Figura 3.7b (direita): Uma imagem em close-up de um fóssil de uma célula de embrião esponjosa revelando numerosos grânulos de gema em seu interior. *Cortesia Paul Chien.*

66 A DÚVIDA DE DARWIN

Também estabeleceu outra coisa. J. Y. Chen encontrou esses embriões esponjosos abaixo do limite Cambriano–Pré-cambriano em rochas do final do Précambriano. No entanto, essas camadas Pré-cambrianas não preservaram vestígios de quaisquer formas claramente ancestrais ou intermediárias que levassem aos outros grupos principais de animais cambrianos. Isso levantou uma questão óbvia. Se os estratos sedimentares pré-cambrianos abaixo dos Folhelhos de Maotianshan preservaram os tecidos moles de minúsculos embriões esponjosos microscópicos, por que eles também não preservaram os ancestrais próximos de *todos* os animais que surgiram no Cambriano, especialmente considerando que alguns desses animais deveriam ter, pelo menos, algumas partes duras como condição de sua viabilidade? Se esses estratos puderam preservar embriões, então eles deveriam ter preservado animais totalmente desenvolvidos, pelo menos, se tais animais estivessem presentes na época. O fato de que formas animais bem desenvolvidas e claramente ancestrais não foram preservadas, quando minúsculos embriões de esponja "abertos"[51] o foram, indica fortemente que tais formas simplesmente não estavam presentes nas camadas Pré-cambrianas.

Claro, existem condições sob as quais os fósseis provavelmente não serão preservados. Sabemos, por exemplo, que as areias próximas à costa não favorecem a preservação dos detalhes, muito menos dos detalhes sutis de organismos muito pequenos com um milímetro ou menos de comprimento.[52] Mesmo assim, tais considerações pouco contribuem para reforçar a hipótese do artefato. Os ambientes sedimentares que produziram carbonatos, fosforites e xistos das camadas Précambrianas abaixo dos Folhelhos de Maotianshan, por exemplo, teriam fornecido um ambiente agradável para fossilizar todos os tipos de criaturas durante os tempos Pré-cambrianos.

Os defensores da hipótese do artefato precisam mostrar não apenas que certos fatores desencorajam a preservação em geral. Ninguém contesta isso. O que eles precisam mostrar é que esses fatores eram onipresentes em ambientes deposicionais Pré-cambrianos em todo o mundo. Se as areias próximas à costa caracterizassem *todos* os depósitos sedimentares Pré-cambrianos, os paleontólogos não esperariam encontrar fósseis ali, pelo menos, não minúsculos. No entanto, claramente não é esse o caso. Os estratos Pré-cambrianos incluem muitos tipos de sedimentos que podem preservar, e no caso da formação Doushantuo na China, preservaram, restos de animais em detalhes, incluindo pequenos e vulneráveis embriões esponjosos.

Além disso, os geólogos Mark e Dianna McMenamin notaram que em muitos outros locais do Cambriano ao redor do mundo, incluindo um em Terra Nova que eles estudaram extensivamente, o padrão de sedimentação muda muito pouco ao longo da fronteira Cambriana–Pré-cambriana tardia, sugerindo que muitos ambientes Pré-cambrianos teriam fornecido ambientes igualmente bons para a preservação de fósseis.[53]

Em seu livro de 2013, *The Cambrian Explosion*, os paleontólogos James Valentine e Douglas Erwin vão além. Eles observam que muitos ambientes deposicionais Pré-cambrianos tardios, na verdade, fornecem configurações *mais* favoráveis para a preservação de fósseis do que aqueles presentes no período Cambriano. Como eles observam, "uma mudança revolucionária no ambiente sedimentar, de sedimentos microbianamente estabilizados durante o Ediacarano [final do Pré-cambriano] para sedimentos biologicamente agitados conforme animais maiores e mais ativos apareciam, ocorreu durante o início do Cambriano. Assim, a qualidade da preservação dos fósseis em alguns locais pode ter realmente diminuído do Ediacarano para o Cambriano, o oposto do que às vezes foi afirmado, e mesmo assim encontramos uma explosão rica e generalizada da fauna [Cambriana]".[54]

PALEONTOLOGIA ESTATÍSTICA

Trabalhos recentes em um campo conhecido como paleontologia estatística lançam mais dúvidas sobre a hipótese do artefato. Desde a descoberta do Folhelho Burgess, as descobertas das eras Pré-cambriana e Cambriana têm repetidamente revelado formas fósseis que estabelecem novas formas de vida radicalmente díspares ou, cada vez mais, formas que se enquadram em grupos taxonômicos superiores existentes (como classe, subfilo ou filo).

Como resultado, o registro fóssil documenta amplamente os organismos correspondentes aos ramos terminais da árvore da vida darwiniana (formas animais representando novos filos ou classes, por exemplo), mas falha em preservar esses organismos que representam os ramos internos ou nós que conduzem a esses representantes de novos filos e classes de animais da era Cambriana. No entanto, esses intermediários são as próprias formas necessárias para conectar os ramos terminais para formar uma árvore evolucionária coerente e estabelecer que os representantes dos animais Cambrianos surgiram por meio de um processo evolutivo gradual de ancestrais Pré-cambrianos mais simples.

Lembre-se de que Louis Agassiz pensava que esse padrão não poderia ser explicado apelando para um registro fóssil incompleto, porque o registro fóssil era estranhamente seletivo em sua incompletude, preservando evidências abundantes dos ramos terminais, mas negligenciando sistematicamente a preservação dos representantes dos ramos ou nós.

Paleontólogos contemporâneos, como Michael Foote, da Universidade de Chicago, chegaram a uma conclusão semelhante. Foote mostrou, usando análise de amostragem estatística, que conforme mais e mais descobertas de fósseis se enquadram dentro de grupos taxonômicos superiores existentes (por exemplo, filos, subfilos e classes), e como eles falham em documentar o arco-íris de formas intermediárias esperadas na visão darwiniana da história da vida, tornando cada

68   A DÚVIDA DE DARWIN

vez mais improvável que a ausência de formas intermediárias reflita um viés de amostragem, isto é, um "artefato" de amostragem ou preservação incompleta.

Esse tipo de análise apenas quantifica o que, em outras circunstâncias, sentiríamos intuitivamente. Imagine que você pegue um enorme barril cheio de bolinhas de gude e puxe aleatoriamente uma bolinha amarela, uma vermelha e outra azul. Neste ponto, sua breve amostragem deve deixá-lo indeciso se você tem uma amostra representativa do conteúdo do barril. Você pode primeiramente imaginar que o barril também contém bolas que representam um arco-íris de cores intermediárias. Mas à medida que você continua a tirar amostras do barril e descobre que ele libera apenas as mesmas três cores, você começa a suspeitar que ele pode oferecer uma seleção muito mais limitada de cores do que, digamos, a prateleira de amostras de cores em sua loja de tintas.

Nos últimos 150 anos ou mais, os paleontólogos encontraram muitos representantes dos filos que eram bem conhecidos na época de Darwin (por analogia, o equivalente das três cores primárias) e algumas formas completamente novas (por analogia, algumas outras cores distintas, como verde e laranja, talvez). E, é claro, dentro desses filos existe uma grande variedade. No entanto, a analogia se mantém, pelo menos, na medida em que as diferenças na forma entre qualquer membro de um filo e qualquer membro de outro filo são vastas, e os paleontólogos falharam totalmente em encontrar formas que preenchessem esses abismos no que os biólogos chamam de "espaço morfológico". Em outras palavras, eles não conseguiram encontrar o equivalente paleontológico das inúmeras cores intermediárias finamente graduadas (azul Pendleton, rosa empoeirado, cinza chumbo, magenta etc.) que os designers de interiores cobiçam. Em vez disso, a amostragem extensiva do registro fóssil confirmou um padrão surpreendentemente descontínuo no qual os representantes dos principais filos estão totalmente isolados de membros de outros filos, sem formas intermediárias preenchendo o espaço morfológico intermediário.

A análise estatística de Foote desse padrão, documentada por um número cada vez maior de investigações paleontológicas, demonstra o quão improvável é que tenha existido uma miríade de formas intermediárias de vida animal ainda não descobertas, formas que poderiam fechar a distância morfológica entre os filos Cambrianos, um minúsculo passo evolutivo de cada vez. Com efeito, a análise de Foote sugere que, uma vez que os paleontólogos analisaram repetidamente o conteúdo do barril, amostraram de uma ponta à outra e encontraram apenas representantes de vários filos radicalmente distintos, mas nenhum arco-íris de intermediários, não devemos prender a respiração esperando que esses intermediários eventualmente surjam. Ele pergunta "se temos uma amostra representativa da diversidade morfológica e, portanto, podemos confiar em padrões documentados no registro fóssil". A resposta, segundo ele, é sim.[55]

Com essa afirmação, ele não quer dizer que não hajam mais formas biológicas a serem descobertas. Na verdade, ele quer dizer que temos boas razões para concluir que tais descobertas não alterarão o padrão amplamente descontínuo que surgiu. "Embora tenhamos muito a aprender sobre a evolução da forma", escreve ele, o padrão estatístico criado por nossos dados fósseis existentes demonstra que "em muitos aspectos nossa visão da história da diversidade biológica está madura."[56]

CHENGJIANG E O ENIGMA CAMBRIANO[57]

Os fósseis Cambrianos e Pré-cambrianos do sul da China tornaram o mistério associado à explosão Cambriana mais complexo de outras maneiras também. Primeiro, os fósseis encontrados no sul da China, juntamente com os avanços nas técnicas de datação radiométrica aplicadas a outros estratos da era cambriana, permitiram aos cientistas reavaliar a duração da explosão cambriana. Como o nome indica, os fósseis que documentam a explosão cambriana aparecem em uma fatia relativamente estreita do tempo geológico. Até o início da década de 1990, a maioria dos paleontólogos pensava que o período cambriano começou 570 milhões e terminou 510 milhões de anos atrás, com a explosão cambriana de novas formas animais ocorrendo dentro de uma janela de 20 a 40 milhões de anos durante o período Cambriano inferior.

Dois desenvolvimentos levaram paleontólogos e geocronólogos a revisar e diminuir essas estimativas. Primeiro, em 1993, a datação radiométrica de cristais de zircão de formações logo acima e abaixo dos estratos Cambrianos na Sibéria permitiu uma redatação precisa dos estratos Cambrianos. Análises radiométricas desses cristais fixaram o início do período cambriano em 544 milhões de anos atrás,[58] e o início da própria explosão Cambriana em cerca de 530 milhões de anos atrás (ver Fig. 3.8). Esses estudos também sugeriram que a explosão das novas formas animais Cambrianas ocorreu dentro de uma janela de tempo geológico muito mais curta do que se acreditava anteriormente, durando não mais do que 10 milhões de anos, e que o principal "período de aumento exponencial de diversificação" durou apenas de 5 a 6 milhões de anos.[59]

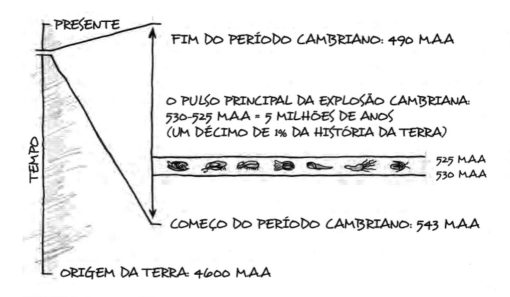

FIGURA 3.8
A explosão Cambriana ocorreu dentro de uma janela estreita de tempo geológico.

Geologicamente falando, 5 milhões de anos representam apenas 1/10 de 1% (0,11%, para ser preciso) da história da Terra. J. Y. Chen explica que "em comparação com a história de vida de mais de 3 bilhões de anos na Terra, o período [da explosão] pode ser comparado a um minuto em 24 horas de um dia".[60]

Alguns geólogos ou biólogos evolucionistas contestam esses números, mas o fazem redefinindo a explosão Cambriana como uma série de eventos separados, em vez de usar o termo para se referir à radiação principal de novos planos corporais no Cambriano inferior. Em 2009, participei de um debate no qual um de meus oponentes, o paleontólogo Donald Prothero, do Occidental College, usou essa estratégia retórica comum para minimizar a gravidade do mistério Cambriano. Em sua declaração de abertura, ele afirmou que a explosão Cambriana na verdade ocorreu ao longo de um período de 80 milhões de anos e que, consequentemente, aqueles que citaram o Cambriano como um desafio à adequação da teoria neodarwiniana estavam enganados. Enquanto eu ouvia sua declaração de abertura, consultei seu livro para ver como ele deduziu seu número de 80 milhões de anos. Com certeza, ele incluiu na explosão cambriana três pulsos separados de inovação ou diversificação, incluindo a origem de um grupo de organismos Pré-cambrianos tardios chamados de fauna Ediacarana ou Vendiana. Ele também incluiu não apenas a origem dos planos do corpo animal no Cambriano inferior, mas também a diversificação secundária subsequente (variações sobre os temas arquitetônicos básicos) que ocorreram no Cambriano superior. Ele incluiu, por exemplo, não apenas o aparecimento dos primeiros trilobitas, que ocorreram repentinamente no Cambriano inferior, mas também a origem de uma variedade de espécies diferentes de trilobitas posteriores do Cambriano superior.

Em minha resposta a Prothero, observei que ele estava, é claro, livre para redefinir o termo "explosão cambriana" da maneira que quisesse, mas que, ao usar o termo para descrever várias explosões separadas (de diferentes tipos), ele não fez absolutamente nada para diminuir a dificuldade de explicar a origem da primeira aparição explosiva dos animais Cambrianos com seus planos corporais únicos e características anatômicas complexas. Além disso, como veremos no próximo capítulo, os organismos do Vendiano podem não ter sido animais, e eles têm pouca semelhança com qualquer um dos animais que surgem no Cambriano. Veremos também que a maioria, senão todos,[61] esses organismos realmente se extinguiram bem antes da origem dos animais que aparecem pela primeira vez no Cambriano inferior e, portanto, eles pouco fazem para minimizar o problema da origem explosiva dos animais.

Em qualquer caso, expandir a definição da explosão cambriana apenas obscurece o verdadeiro desafio representado pelo evento, um desafio enfatizado pelas descobertas em Chengjiang. Uma análise do geocronólogo do MIT, Samuel Bowring, mostrou que o pulso principal da inovação morfológica cambriana ocorreu em uma sequência sedimentar de não mais do que 6 milhões de anos.[62] Ainda assim, durante esse tempo, representantes de, pelo menos, dezesseis filos completamente novos e cerca de trinta classes apareceram pela primeira vez no registro de pedra. Em um artigo mais recente usando um esquema de datação ligeiramente diferente, Douglas Erwin e colegas mostram de forma semelhante que treze novos filos aparecem em uma janela de aproximadamente 6 milhões de anos.[63] Como vimos, entre essas formas animais estavam os primeiros trilobitas, com seus olhos de foco de lente compostos entre outras características anatômicas complexas. O problema de explicar como tantas novas formas e estruturas surgiram tão rapidamente no primeiro período explosivo do Cambriano permanece, independentemente de se decidir ou não incluir na designação "explosão Cambriana" outros eventos distintos (ver Parte Dois).

O PADRÃO DESCENDENTE EM RELEVO NÍTIDO

A fauna de Chengjiang torna a explosão Cambriana mais difícil de conciliar com a visão darwiniana por mais outro motivo. As descobertas de Chengjiang intensificam o padrão de aparecimento ascendente em que os representantes individuais das categorias taxonômicas superiores (filos, subfilos e classes) aparecem

72 A DÚVIDA DE DARWIN

e só mais tarde se diversificam nas categorias taxonômicas inferiores (famílias, gêneros e espécies).

As descobertas em Chengjiang contradizem o padrão ascendente que o neo-darwinismo espera. O local não mostra o surgimento gradual de espécies únicas, seguido de forma lenta, mas certa do surgimento de representantes de taxa cada vez maiores e mais díspares, levando a novos filos. Em vez disso, como o Folhelho Burgess, mostra a disparidade no nível do plano corporal surgindo primeiro e repentinamente, sem nenhuma evidência de um desdobramento gradual e abrangendo os grupos taxonômicos inferiores.

Considere o caso dos primeiros cordados, um filo que consiste em criaturas que possuem uma estrutura flexível semelhante a um bastão fino chamada corda dorsal. Mamíferos, peixes e pássaros são membros familiares desse filo. Antes da descoberta da biota de Chengjiang, os cordados eram desconhecidos no período Cambriano e acreditava-se que eles só haviam surgido muito mais tarde, durante o período Ordoviciano.[64] Agora, após as descobertas em Chengjiang, o primeiro aparecimento de cordados no período Cambriano foi amplamente documentado.

Por exemplo, J. Y. Chen e vários outros paleontólogos chineses encontraram um animal fusiforme semelhante a uma enguia chamado *Yunnanozoon lividum*, que muitos paleontólogos interpretaram como um cordado primitivo porque possui, entre outras características, um trato digestivo, arcos branquiais e uma grande corda dorsal, muito parecida com a medula espinhal.[65] Além disso, J. Y. Chen e seus colegas relataram a descoberta de um sofisticado cordado semelhante a um craniata chamado *Haikouella lanceolata* do Cambriano inferior nos Folhelhos de Maotianshan. De acordo com Chen e outros, o *Haikouella* tem muitas das mesmas características do *Yunnanozoon lividum*, bem como várias características anatômicas adicionais, incluindo um "coração, aorta ventral e dorsal, uma artéria branquial anterior, brânquias, uma projeção caudal (posterior), um cordão neural com um cérebro relativamente grande, uma cabeça com possíveis olhos laterais e uma cavidade bucal situada ventralmente com tentáculos curtos".[66]

Simon Conway Morris, com D. G. Shu e vários colegas chineses, relataram uma descoberta ainda mais dramática. Eles descobriram os restos fossilizados de dois pequenos peixes Cambrianos, *Myllokunmingia fengjiaoa* e *Haikouichthys ercaicunensis* (ver Fig. 3.9), sugerindo um surgimento muito anterior para peixes e vertebrados (uma classe de cordados), ambos os quais inicialmente se acreditava que tivessem surgido no período Ordoviciano, cerca de 475 milhões de anos atrás. Ambos os taxa são peixes sem mandíbula (ágnatos) e são considerados por Shu e outros membros próximos da família das lampreias modernas.[67] Finalmente, um artigo de Shu e outros relata o primeiro espécime verossímil de outro tipo de cordado do Cambriano, um Urochordata (tunicadio).[68] Este espécime, *Cheungkongella ancestralis*, é igualmente encontrado nos xistos primitivos do Cambriano (Formação

Qiongzhusi) perto de Chengjiang. Essas descobertas recentes demonstram que não apenas o filo Chordata apareceu pela primeira vez no Cambriano, mas também cada um dos subfilos cordados (Cephalochordata, Craniata e Urochordata). De qualquer forma, a descoberta de cordados na China e de outros filos anteriormente não descobertos no Cambriano, apenas acentua o intrigante padrão de surgimento ascendente que outras descobertas Cambrianas estabeleceram anteriormente.[69]

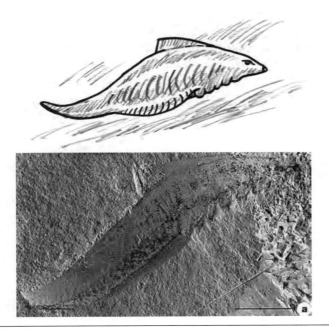

FIGURA 3.9
Figura 3.9a (topo): Desenho do peixe Cambriano, *Myllokunmingia fengjiaoa*. *Figura 3.9b (embaixo):* Fotografia do fóssil *Myllokunmingia fengjiaoa*. Reproduzido com permissão de Macmillan Publishers Ltd.: *Nature*, Shu et al., "Lower Cambrian Vertebrates from South China", *Nature*, 402 (4 de novembro de 1999): 42–46. Copyright 1999.

MAIS PERGUNTAS DO QUE RESPOSTAS

Assim, apesar dos esforços para explicar a explosão Cambriana usando várias versões das hipóteses do artefato, o mistério da explosão Cambriana só se tornou mais intenso como resultado das impressionantes descobertas no sul da China que viraram a árvore da vida de Darwin de cabeça para baixo.

74 A DÚVIDA DE DARWIN

Quando ouvi pela primeira vez J. Y. Chen descrever essas descobertas em 2000, eu estava investigando outra questão não resolvida sobre a história da vida: o que causou o surgimento da primeira célula viva e das informações que ela contém? Quando ouvi o Dr. Chen falar naquele dia em Seattle, meu interesse por outra questão intrigante sobre a história da vida começou a germinar. Será que a origem da vida animal foi, à sua maneira, um problema tão difícil quanto o da origem da própria vida? Embora eu finalmente tenha concluído que a explosão Cambriana realmente apresenta um profundo desafio à teoria darwiniana contemporânea, não demorei muito para descobrir que alguns cientistas acreditavam que o mistério da explosão Cambriana já havia sido resolvido pela descoberta de alguns fósseis Pré-cambrianos bastante enigmáticos. Focaremos eles a seguir.

4

OS FÓSSEIS QUE *NÃO* ESTÃO DESAPARECIDOS?

A atmosfera no auditório do Sam Noble Science Museum da Universidade de Oklahoma estava desconfortavelmente tensa, com uma equipe de segurança da polícia de Norman, Oklahoma, à disposição para manter a paz, uma diferença notável dos habituais guardas de segurança do campus que costumam estar presentes em um típico evento universitário. A ocasião? Um novo documentário, *Darwin's Dilemma* [O Dilema de Darwin, em tradução livre], que Jonathan Wells, um colega meu do Discovery Institute, e eu apresentaríamos. O filme exploraria o desafio à teoria de Darwin representado pelo registro fóssil Cambriano.

Durante semanas antes do nosso evento, em setembro de 2009, estudantes engajados de biologia evolutiva e um grupo de estudantes ateus, ambos instigados por blogueiros militantes de fora do campus, ameaçaram interromper a exibição. Membros do corpo docente de biologia se comprometeram a comparecer, de modo que, bem antes do horário oficial de início, uma grande multidão se reuniu.

O museu e o departamento de geologia, não querendo complicar as coisas em suas próprias mentes assistindo ao filme primeiro, decidiram lançar uma primeira medida preventiva, emitindo um comunicado de retratação e agendando uma palestra oficial destinada a refutar o filme. No comunicado, o museu afirmou que, dado o seu financiamento público, não tinha escolha a não ser alugar o auditório a grupos independentemente das suas "crenças religiosas" ou "literacia científica". A isenção de responsabilidade observou ainda que o Sam Noble Science Museum "não apoiava visões não científicas disfarçadas de ciência, como as do Discovery Institute". O panfleto do museu também anunciava a palestra de um de seus curadores, um paleontólogo da universidade, e zombava do tema do filme, a

76   A DÚVIDA DE DARWIN

"explosão" Cambriana, com aspas cuidadosamente colocadas a fim de espantar. O horário de início da palestra, às 17h, também garantiu a confluência posterior do público incomodado com a palestra e do público mais amigável vindo para assistir ao filme.

Jonathan Wells, um biólogo conhecido por seu ceticismo sobre a teoria darwiniana contemporânea, participou da palestra pré-filme. Ignorando alguns olhares hostis, ele ouviu o paleontólogo da universidade argumentar que a explosão Cambriana não apresentava nenhum dilema real para a evolução darwiniana, e como esse mesmo paleontólogo especulou que se Darwin apenas soubesse o que os paleontólogos hoje sabem sobre o registro fóssil Cambriano, ele (Darwin) o teria celebrado como uma confirmação de sua teoria. Esse paleontólogo em particular também negou que novas formas animais surgiram repentinamente no Cambriano. Em vez disso, ele argumentou que elas surgiram na forma rudimentar muito antes no final do Pré-cambriano. Ele apontou que os paleontólogos haviam descoberto nos sedimentos Pré-cambrianos tardios esponjas fossilizadas, um tipo de molusco primitivo e tocas de vermes.

Ele também deu ênfase especial à importância de um grupo de organismos enigmáticos descobertos pela primeira vez nas colinas de Ediacara, no sul da Austrália, datando de cerca de 565 milhões de anos atrás, em um período Pré-cambriano conhecido como Vendiano ou Ediacarano. Jonathan e eu sabíamos muito bem que a maioria dos paleontólogos não considera esses organismos fossilizados como ancestrais plausíveis da fauna Cambriana. Mas naquela noite o especialista da universidade afirmou o contrário. Ele também afirmou que alguns organismos ediacaranos obscuros (com nomes exóticos como *Vernanimalcula, Parvancorina* e *Arkarua*) representavam os primeiros bilaterais (animais bilateralmente simétricos), artrópodes e equinodermos. Ele insistiu que esses organismos empurravam para trás a explosão da vida animal em cerca de 40 milhões de anos, estabelecendo um "fusível" para a explosão Cambriana feito de formas animais primitivas e presumivelmente ancestrais para vários dos filos Cambrianos e designs corporais mais significativos.

Uma hora antes do previsto para eu conduzir uma discussão e responder a perguntas sobre o filme Cambriano do que provou ser um público intensamente hostil, Jonathan Wells me ligou com um relatório sobre a tentativa do museu de refutar o filme preventivamente. A apresentação alegou ter resolvido o mistério Cambriano, o dilema de Darwin, mostrando que os precursores ancestrais dos principais grupos de animais Cambrianos haviam sido encontrados afinal. Mas isso é verdade?

A FAUNA EDIACARANA E A RADIAÇÃO VENDIANA

No capítulo anterior, vimos que muitos paleontólogos proeminentes procuraram explicar a explosão Cambriana como um artefato de nossa amostragem incompleta de um registro fóssil incompleto. A palestra que meu colega ouviu naquela noite em Oklahoma teve uma abordagem muito diferente, dando a forte impressão de que o registro fóssil Pré-cambriano de fato *preserva* as formas ancestrais dos animais Cambrianos e que a fauna Ediacarana, em particular, fornece vários exemplos notáveis de tais formas.

Em apresentações públicas sobre a explosão do Cambriano, muitas vezes tenho encontrado essa afirmação, embora geralmente na forma de uma pergunta fora de foco: "E o Ediacarano?" No entanto, ao escrever sobre o Cambriano, tenho o cuidado de não atribuir a ideia de que a fauna Ediacarana representa os ancestrais do Cambriano na visão dos principais especialistas Ediacaranos ou Cambrianos, para não criticar um argumento que não foi devidamente refutado. A maioria dos paleontólogos duvida que as formas Ediacaranas conhecidas representem os ancestrais dos animais Cambrianos e poucos pensam que o registro fóssil do Pré-cambriano como um todo torna a explosão Cambriana consideravelmente menos explosiva. No entanto, é importante abordar a afirmação, uma vez que persiste como uma espécie de lenda urbana paleontológica, que ocasionalmente encontra seu caminho para a fala dos paleontólogos.

A fauna Ediacarana deriva seu nome de seu local de descoberta mais notável, as colinas de Ediacara no interior do sudeste da Austrália. Essas faunas datam do final do período Pré-cambriano, período que a União Internacional de Ciências Geológicas recentemente renomeou como "período Ediacarano".[1] Como os geólogos costumavam chamar o último período da época Pré-cambriana de "período Vendiano", os paleontólogos também se referem à fauna Ediacarana como fauna ou biota Vendiana (ver Fig. 1.6). Os paleontólogos fizeram descobertas adicionais de criaturas da era Ediacarana ou Vendiana na Inglaterra, Terra Nova, no Mar Branco no noroeste da Rússia e no deserto da Namíbia no sul da África, sugerindo uma distribuição quase mundial. Embora esses fósseis tenham sido datados originalmente entre 700 e 640 milhões de anos de idade, leitos de cinzas vulcânicas tanto abaixo quanto acima do sítio da Namíbia recentemente forneceram datas radiométricas mais precisas. Esses estudos fixam a data para a primeira aparição da fauna Ediacarana em cerca de 570–565 milhões de anos atrás, e a última aparição na fronteira do Cambriano cerca de 543 milhões de anos atrás, ou cerca de 13 milhões de anos antes do início da explosão Cambriana em si.[2]

Os sedimentos do final da era Pré-cambriana em todo o mundo produziram quatro tipos principais de fósseis, todos datados entre cerca de 570 e 543 milhões de anos atrás. O primeiro grupo consiste nas esponjas Pré-cambrianas mencionadas no capítulo anterior. Esses animais surgiram pela primeira vez há cerca de 570 a 565 milhões de anos.

FIGURA 4.1
Exemplos de fósseis Ediacaranos enigmáticos: *Dickinsonia, Spriggina* e *Charnia*. Fotos fósseis nas Figuras 4.1a e 4.1b cortesia de Peterson, KJ, Cotton, JA, Gehling, JG e Pisani, D., "The Ediacaran Emergence of Bilaterians: Congruence Between the Genetic and the Geological Fossil Records", *Philosophical Transactions of the Royal Society B*, 2008, 363 (1496): 1435–43, Figura 2, com permissão da Royal Society.

Figura 4.1a: Representação artística de *Dickinsonia* (*esquerda*) e fotografia do fóssil de *Dickinsonia* (*direita*).

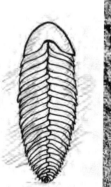   

Figura 4.1b: Representação artística de *Spriggina* (*esquerda*) e fotografia do fóssil *Spriggina* (*direita*).

Figura 4.1c: Representação artística de *Charnia* (*esquerda*) e fotografia do fóssil de *Charnia* (*direita*). Cortesia do Wikimedia Commons, usuário Smith609.

O segundo é o grupo distinto de fósseis das colinas de Ediacara. As criaturas fossilizadas ali incluem formas bem conhecidas como o corpo plano e semelhante a um colchão de ar do *Dickinsonia*; o enigmático *Spriggina*, com seu corpo alongado e segmentado e possível carapaça para a cabeça; e o *Charnia* semelhante a uma folhagem (ver Fig. 4.1). Esses organismos eram, pelo menos, em sua maioria de corpo mole e grandes o suficiente para serem identificados a olho nu.

O terceiro grupo inclui o que é chamado de vestígios de fósseis, os possíveis vestígios da atividade animal, como rastros, tocas e pelotas fecais. Alguns paleontólogos atribuíram esses vestígios de fósseis a vermes anciões.

O quarto grupo são os fósseis do que podem ser moluscos primitivos, uma possibilidade que recebeu apoio de uma recente descoberta nos penhascos ao longo do Mar Branco, no noroeste da Rússia. Lá, cientistas russos descobriram 35 espécimes distintos de um possível molusco chamado *Kimberella*, provavelmente uma forma animal simples. Esses novos espécimes do Mar Branco, datados de 550 milhões de anos atrás, sugerem que *Kimberella* "tinha uma forte [embora não dura] concha semelhante a uma lapa, se arrastava ao longo do fundo do mar e parecia um molusco".[3] O paleontólogo Douglas Erwin, do Smithsonian Institution, comentou: "É o primeiro animal que você pode demonstrar de forma convincente que é mais complicado do que um verme plano."[4] Além disso, rastros do fundo oceânico de sedimentos Pré-cambrianos no Canadá e na Austrália foram atribuídos a moluscos, uma vez que os rastros se assemelham ao que pode ter sido deixado por uma fileira de pequenos dentes na fita semelhante a uma língua de alguns moluscos enquanto eles raspavam as partículas de comida do fundo do oceano. Nesse caso, *Kimberella* pode muito bem ter sido o responsável pelos rastros.[5] Os autores do original artigo descritivo na *Nature*, Mikhail Fedonkin, da Academia Russa de Ciências, e Benjamin Waggoner, que no momento estava na Universidade da Califórnia em Berkeley, chegaram a esta conclusão e sugerem que tais criaturas "começaram a diversificar-se antes do início do Cambriano".[6] Os paleontólogos, no entanto, ainda estão avaliando as evidências.[7]

O SIGNIFICADO DO EDIACARANO

Então, os restos de organismos específicos das colinas de Ediacara ou da biota Ediacarana ou Vendiana como um todo resolvem o problema da explosão Cambriana? Essas formas exóticas representam uma espécie de fusível para a explosão Cambriana, que elimina a necessidade de explicar o rápido surgimento de novos planos corporais e formas de vida animal? Existem muitos bons motivos para duvidar dessa ideia.

80 A DÚVIDA DE DARWIN

Primeiramente, com exceção das esponjas e a possível exceção do *Kimberella*, os planos corporais de organismos visivelmente fossilizados (em oposição a vestígios de fósseis) não têm uma relação clara com qualquer um dos organismos que aparecem na explosão Cambriana (ou depois).[8] Os organismos Ediacaranos mais notáveis, como *Dickinsonia*, *Spriggina* e *Charnia*, não têm cabeça óbvia, boca, simetria bilateral (veja abaixo), intestino ou órgãos dos sentidos, como os olhos. Alguns paleontólogos questionam se esses organismos sequer pertencem ao reino animal.

Dickinsonia, por exemplo, foi interpretado pelo paleontólogo Gregory Retallack da Universidade de Oregon como tendo afinidades "fungo-líquen", uma vez que seu modo de preservação fóssil "não é comparável ao de águas-vivas, vermes e cnidários de corpo mole, mas com o registro fóssil de fungos e líquenes". A posição taxonômica de *Dickinsonia*, observa Retallack, há muito tempo é um quebra-cabeça não resolvido. "As afinidades biológicas da *Dickinsonia* permanecem problemáticas", escreve ele, uma vez que já foi "variadamente considerada um poliqueta, um verme turbellaria ou anelídeo, água-viva, pólipo, protista xenofoforano, líquen ou cogumelo."[9]

Disputas semelhantes caracterizaram as tentativas de classificar o *Spriggina*. Em 1976, Martin Glaessner, o primeiro paleontólogo a estudar o Ediacarano em detalhes, descreveu o *Spriggina* como um possível verme poliqueta anelídeo baseado em grande parte em seu corpo segmentado. No entanto, Simon Conway Morris mais tarde rejeitou essa hipótese porque *Spriggina* não mostra nenhuma evidência dos "chaetas" caracterizadores, protuberâncias com cerdas semelhantes a pernas que os vermes poliquetas possuem. O próprio Glaessner posteriormente repudiou sua hipótese original de que o *Spriggina* era ancestral dos poliquetas, observando que o *Spriggina* "não pode ser considerado como um poliqueta primitivo, não possuindo nenhum dos possíveis caracteres ancestrais indicados [...] por especialistas na sistemática e evolução deste grupo".[10]

Em 1981, o paleontólogo Sven Jorgen Birket-Smith produziu uma reconstrução de um fóssil de *Spriggina* mostrando que possuía uma cabeça e pernas semelhantes às dos trilobitas, embora exames de espécimes de *Spriggina* subsequentes não tenham mostrado nenhuma evidência de possuir membros de qualquer tipo.[11] Em 1984, Glaessner também opinou sobre essa discussão. Ele argumentou que "o *Spriggina* não mostra caracteres específicos dos artrópodes, particularmente dos trilobitas".[12] Ele também observou que a segmentação corporal do *Spriggina* e "seus apêndices conhecidos estão no nível de anelídeos poliquetas"[13] (embora, como observado, a essa altura ele havia rejeitado o *Spriggina* como um possível ancestral poliqueta). Em vez disso, ele propôs que o *Spriggina* representava um galho lateral na árvore da vida animal, um que resultou, talvez "metaforicamente", em "uma tentativa malsucedida de fazer um artrópode".

Os fósseis que não estão desaparecidos?   81

Em uma apresentação à Geological Society of America em 2003, o geólogo Mark McMenamin reviveu a ideia de que o *Spriggina* poderia representar um ancestral trilobita. Ele argumentou que várias características presentes nos fósseis de *Spriggina* são comparáveis às dos trilobitas, como "a presença de espinhos genais" e uma cabeça eclipsar ou "região cefálica".[14] No entanto, muitos especialistas Ediacaranos, incluindo McMenamin, também notaram que os espécimes de *Spriggina* não apresentam evidências de olhos, membros, bocas ou ânus, muitos dos quais são visto em fósseis de trilobitas.[15] Outros paleontólogos permanecem céticos sobre se o *Spriggina* de fato exibe espinhos genais, observando que bons espécimes parecem mostrar bordas relativamente lisas, sem espinhos salientes.[16] Além disso, a análise das melhores amostras de *Spriggina* mostra que ele não exibe simetria bilateral, prejudicando as tentativas anteriores de classificá-lo como um animal bilateral e, por implicação, um artrópode.[17] Em vez disso, o *Spriggina* exibe algo chamado "simetria de deslizamento", em que os segmentos do corpo em cada lado de sua linha média são deslocados em vez de alinhados.[18] Como observa o geólogo Loren Babcock, da Ohio State University, "os planos corporais parecidos com um zíper de alguns animais Ediacaranos (Proterozoicos), como *Dickinsonia* e *Spriggina*, envolvem metades direita e esquerda que não são imagens espelhadas perfeitas uma da outra".[19] A falta dessa simetria, uma característica distintiva de todos os animais bilaterais, e a ausência nos espécimes de *Spriggina* de muitas outras características distintivas dos trilobitas, deixou incerta a classificação desse organismo enigmático.

Os paleontólogos James Valentine, Douglas Erwin e David Jablonski filtram a confusão de visões conflitantes sobre os fósseis Ediacaranos: "Embora os fósseis de corpo mole que aparecem há cerca de 565 milhões de anos sejam semelhantes a animais, suas classificações são fortemente debatidas. Apenas nos últimos anos, esses fósseis foram vistos como protozoários; líquenes; parentes próximos dos cnidários; um grupo irmão dos cnidários além de todos os outros animais; representantes de filos mais avançados e extintos; e representantes de um novo reino inteiramente separado do animal."[20] Além do mais, Valentine, Erwin e Jablonski observam que os paleontólogos que consideram a fauna Ediacarana como animais raramente os classificam da mesma forma, ressaltando sua falta de afinidades claras com quaisquer grupos de animais conhecidos. Como eles observam, "além disso, outros especialistas dividiram a fauna entre os filos vivos, com alguns atribuídos à Cnidaria e outros aos platelmintos, anelídeos, artrópodes e equinodermos."[21] A posição incerta dessas formas fossilizadas é parcialmente devido à sua extinção precoce, mas também decorre de uma ausência de características definidoras compartilhadas com grupos conhecidos. Eles concluem: "Estas circunstâncias confusas surgiram porque esses fósseis de corpos não tendem a compartilhar detalhes anatômicos definitivos com grupos modernos e, portanto, as atribuições

82   A DÚVIDA DE DARWIN

devem ser baseadas em semelhanças vagas de forma geral, um método que frequentemente provou ser enganoso em outros casos."[22]

Outros importantes paleontólogos também duvidam que os animais cambrianos descendam dessas formas Ediacaranas. Em um diagrama filogenético que mostra a relação evolucionária dos fósseis Pré-cambrianos e Cambrianos, os biólogos de Oxford Alan Cooper e Richard Fortey descrevem a fauna Ediacarana como uma linha de descendência separada dos animais Cambrianos, em vez de ser ancestral deles.[23] Em outro artigo, Fortey afirma que o início do Cambriano "viu o súbito aparecimento no registro fóssil de quase todos os principais tipos de animais (filos) que ainda dominam a biota hoje". Ele admite que há uma variedade de fósseis em estratos mais antigos, mas insiste que "eles são muito pequenos (como bactérias e algas) ou suas relações com a fauna viva são altamente controversas, como é o caso dos famosos corpos moles fósseis do final do Pound Quartzite Précambriano, Ediacara, Sul da Austrália".[24]

Da mesma forma, o paleontólogo Andrew Knoll e o biólogo Sean B. Carroll argumentaram que "é genuinamente difícil mapear os caracteres dos fósseis do Ediacarano nos planos corporais de invertebrados vivos".[25] Embora muitos paleontólogos inicialmente tenham mostrado interesse na possibilidade de que as formas animais do Cambriano possam ter evoluído a partir dos organismos Ediacaranos, o paleontólogo Peter Ward explica que "estudos posteriores lançaram dúvidas sobre a afinidade entre esses antigos vestígios preservados em arenitos [o Ediacarano australiano] e as criaturas vivas de hoje" (isto é, animais que representam os filos que surgiram pela primeira vez no Cambriano).[26] Como a *Nature* notou recentemente, se a fauna do Ediacarano "fossem animais, eles tinham pouca ou nenhuma semelhança com quaisquer outras criaturas, fósseis ou existentes".[27]

Essa ausência de afinidades claras levou um número crescente de paleontólogos a rejeitar as relações ancestrais-descendentes entre todos, exceto (no máximo) alguns seres da fauna Ediacarana e Cambriana. No entanto, alguns sugeriram que vestígios de fósseis podem estabelecer uma ligação. Em um artigo oficial de 2011 na revista *Science*, Douglas Erwin e colegas descreveram a descoberta de vestígios de fósseis do Ediacarano consistindo de rastros de superfície, tocas, pelotas fecais e trilhas de alimentação, que, eles argumentam, embora pequenos, só poderiam ter sido feitos por animais como vermes com um grau relativamente alto de complexidade.[28] Com base nessas descobertas, Erwin e outros paleontólogos argumentaram que esses vestígios de fósseis sugerem a existência de organismos com cabeça e cauda, sistema nervoso, parede muscular que permite rastejar ou escavar e intestino com boca e ânus.[29] Outros paleontólogos sugerem que essas características podem indicar a presença de um filo Pré-cambriano de moluscos ou vermes.[30]

Os fósseis que não estão desaparecidos?   83

Graham Budd, um paleontólogo britânico que trabalha na Universidade de Uppsala, na Suécia, e outros, contestaram essas associações. Budd e seu colega geólogo Sören Jensen argumentam que muitos supostos vestígios de fósseis realmente mostram evidências de origem inorgânica, "existem inúmeros relatos de vestígios de fósseis mais antigos, mas a maioria pode ser imediatamente identificada como estruturas sedimentares inorgânicas ou embriófitas [plantas terrestres], ou eles podem ter sido datados incorretamente".[31] Outros ainda sugeriram que rastros e trilhas na superfície poderiam ter sido deixados por organismos unicelulares móveis, incluindo uma forma conhecida de um protista gigante do fundo do mar que deixa impressões semelhantes a bilaterais. Como explica um artigo, "alguns desses vestígios datam de 1,5 bilhão a 1,8 bilhão de anos atrás, o que torna obsoleto até mesmo as afirmações mais ousadas da época de origem da multicelularidade animal e força os pesquisadores a contemplar a possibilidade de uma origem inorgânica ou bacteriana."[32]

Mesmo as interpretações mais favoráveis desses vestígios de fósseis sugerem que eles indicam a presença de não mais do que dois planos corporais de animais (de características amplamente desconhecidas). Assim, o registro Ediacarano fica muito aquém de estabelecer a existência da ampla variedade de intermediários de transição que uma visão darwiniana da história da vida requer. A explosão Cambriana atesta o primeiro aparecimento de organismos representando, pelo menos, vinte filos e muitos mais subfilos e classes, cada um manifestando planos corporais distintos. Na melhor das hipóteses, as formas Ediacaranas representam possíveis ancestrais de, no máximo, quatro planos corporais Cambrianos distintos, mesmo contando aqueles documentados apenas por vestígios de fósseis. Isso deixa a grande maioria dos filos Cambrianos sem ancestrais aparentes nas rochas Pré-cambrianas (ou seja, pelo menos, 19 dos 23 filos presentes no Cambriano não têm representantes nos estratos Pré-cambrianos).[33]

Terceiro, mesmo que representantes de quatro filos animais estivessem presentes no período Ediacarano, não significa que essas formas foram necessariamente transitórias ou intermediárias aos animais cambrianos. As esponjas Pré-cambrianas (filo Porífera), por exemplo, eram bastante semelhantes aos seus irmãos cambrianos, demonstrando, assim, não uma transformação gradual de um precursor mais simples ou a presença de um ancestral comum a muitas formas, mas muito possivelmente apenas um primeiro aparecimento de uma forma Cambriana conhecida. O mesmo pode ser verdade para qualquer tipo de verme que possa ser atestado por pegadas e tocas Pré-cambrianas.

Além disso, mesmo assumindo, como alguns biólogos evolucionistas fazem,[34] que os animais Cambrianos posteriores tinham um ancestral Pré-cambriano semelhante a uma esponja, a lacuna na complexidade medida apenas pelo número de tipos de células, para não falar das estruturas anatômicas específicas e modos de organização do plano corporal que estão presentes em animais posteriores,

84   A DÚVIDA DE DARWIN

mas não em esponjas, deixa uma massiva descontinuidade no registro fóssil que requer explicação (bem como a lacuna morfológica entre o *Spriggina* e os artrópodes reais).

UMA MINIEXPLOSÃO EDIACARANA

Os próprios fósseis Ediacaranos fornecem evidências de um salto intrigante na complexidade biológica, embora nem de perto grande o suficiente (ou do tipo certo) para explicar a explosão Cambriana. Antes do surgimento de organismos como *Kimberella*, *Dickinsonia* e esponjas, as únicas formas vivas documentadas no registro fóssil por mais de 3 bilhões de anos eram organismos unicelulares e algas coloniais. Produzir esponjas, vermes e moluscos a partir de organismos unicelulares é um pouco como transformar um pião em uma bicicleta. A bicicleta não é nem remotamente tão complexa quanto o automóvel parado ao lado dela, mas representa um enorme salto em sofisticação tecnológica em relação ao pião. Da mesma forma, embora a humilde biota Ediacarana pareça simples ao lado da maioria dos animais Cambrianos, eles representam um enorme salto em complexidade funcional sobre os organismos unicelulares e as algas coloniais que os precederam.

Assim, a biota Ediacarana atesta um aumento súbito separado na complexidade biológica dentro de uma janela curta de tempo geológico (cerca de 15 milhões de anos), seguindo cerca de 3 bilhões de anos em que apenas organismos unicelulares habitaram a Terra.[35] Esse salto de complexidade, em um período relativamente curto de tempo geológico, pode muito bem exceder os recursos explicativos da seleção natural trabalhando em mutações aleatórias. Voltaremos a essa questão na Parte Dois.

Os fósseis Ediacaranos, portanto, não resolvem o problema do aumento repentino da forma biológica e da complexidade durante o Cambriano. Em vez disso, eles representam uma manifestação anterior, embora menos dramática, do mesmo tipo de problema. A biota Ediacarana adiciona um "boom" significativo ao "Big Bang" da biologia.[36] Como o paleobiólogo Kevin Peterson, do Dartmouth College, e seus colegas observam, essa fauna representa "um aparente salto quântico na complexidade ecológica em comparação com os 'enfadonhos bilhões' [de anos] que caracterizaram a Terra antes do Ediacarano", mesmo esses organismos sendo "ainda relativamente simples quando comparados com o Cambriano", que eles caracterizam como um outro "salto quântico na complexidade orgânica e ecológica".[37]

Muitos paleontólogos agora se referem à radiação Ediacarana como uma explosão por si só.[38] Esse "boom" Pré-cambriano apenas torna o problema da descontinuidade fóssil mais grave, uma vez que intermediários confiáveis que levam às camadas Ediacaranas são completamente inexistentes nas camadas ainda mais escassamente povoadas abaixo delas.

Finalmente, mesmo se alguém considerar o aparecimento dos fósseis do Ediacarano como evidência de um "detonador" levando à explosão Cambriana, como alguns propuseram,[39] o tempo total abrangido pelas radiações Ediacaranas e Cambrianas permanece excessivamente breve em relação às expectativas e requisitos de uma visão neodarwiniana moderna da história da vida. Como explicarei com mais detalhes no Capítulo 8, o neodarwinismo é a versão moderna da teoria de Darwin que invoca mudanças genéticas aleatórias chamadas "mutações", como a fonte de grande parte da nova variação sobre a qual a seleção natural atua. Como o darwinismo clássico, o mecanismo neodarwiniano requer grandes períodos de tempo para produzir novas formas e estruturas biológicas. No entanto, os estudos atuais em geocronologia sugerem que apenas 40 a 50 milhões de anos se passaram entre o início da radiação Ediacarana (570–565 milhões de anos atrás) e o fim da explosão Cambriana (525–520 milhões de anos atrás).[40] Para qualquer pessoa não familiarizada com as equações da genética populacional pelas quais os biólogos evolucionistas neodarwinistas estimam quanta mudança morfológica pode ocorrer em um determinado período de tempo, 40 a 50 milhões de anos pode parecer uma eternidade. Mas estimativas derivadas empiricamente da taxa na qual as mutações se acumulam implicam que 40 a 50 milhões de anos nem se aproximam do tempo suficiente para construir as novidades anatômicas necessárias que surgem nos períodos Cambriano e Ediacarano. Descreverei esse problema com mais detalhes no Capítulo 12.

Até recentemente, estudos radiométricos haviam estimado a duração da própria radiação Cambriana em 40 milhões de anos, um período de tempo tão breve, geologicamente falando, que os paleontólogos já o haviam apelidado de "explosão". A relativa rapidez da explosão Cambriana, mesmo na medida anterior de sua duração, já havia levantado sérias questões sobre a adequação do mecanismo neodarwiniano; consequentemente, também levantou questões sobre se uma compreensão darwiniana da história da vida poderia ser reconciliada com o registro fóssil Cambriano e Pré-cambriano. Assim, tratar as radiações Ediacarana e Cambriana como um evento evolucionário contínuo (em si uma suposição irrealisticamente generosa) apenas retorna o problema ao seu estado anterior (redatação pré-zircão).

Por todas essas razões, os fósseis do Pré-cambriano tardio não resolveram o mistério da origem da forma animal, em vez disso o aprofundaram. E poucos paleontólogos importantes do Cambriano, de quem eu tinha conhecimento naquela noite de setembro de 2009, enquanto me preparava para responder a perguntas na Universidade de Oklahoma, pensavam de outra forma.

EDIACARANO EXÓTICO

Então, o que dizer da alegação de que certos fósseis exóticos do Ediacarano são ancestrais plausíveis das formas animais Cambrianas, mesmo que as formas do Ediacarano mais conhecidas como *Dickinsonia, Charnia* e *Spriggina* provavelmente não sejam? Essas formas exóticas resolveram o mistério da explosão Cambriana?

Poucos anos antes de minha visita à Universidade de Oklahoma, eu havia escrito um artigo de crítica científica com a ajuda de vários colegas de pesquisa, incluindo um paleontólogo e um biólogo marinho.[41] (Este último foi Paul Chien, que ajudou a descobrir os embriões de esponja pré-cambrianos discutidos no capítulo anterior.) Em nosso artigo de crítica, expliquei muitos dos problemas em tratar os Ediacaranos como intermediários da transição discutida acima. No processo de pesquisa para aquele artigo, meus colegas e eu encontramos poucos paleontólogos que pensavam que *Parvancorina, Arkarua* (ver Fig. 4.2) ou *Vernanimalcula* representavam ancestrais definitivos dos bilaterais Cambrianos, artrópodes ou equinodermos. Podemos ter perdido alguma coisa?

FIGURA 4.2

Figura 4.2a (esquerda): Fotografia do fóssil de *Arkarua*, cortesia de Taylor & Francis, Ltd. *Figura 4.2b (direita):* Fotografia do fóssil de *Parvancorina*, cortesia de Peterson, KJ, Cotton, JA, Gehling, JG e Pisani, D., "The Ediacaran Emergence of Bilaterians: Congruence between the Genetic and the Geological Fossil Records", *Philosophical Transactions of the Royal Society B*, 2008, 363 (1496): 1435–43, Figura 2, com permissão da Royal Society.

Na verdade, as principais autoridades em Cambriano rejeitaram associações entre essas formas fósseis estranhas e os animais do Cambriano. No entanto, em

Os fósseis que não estão desaparecidos? 87

sua palestra antes da exibição de nosso filme, o professor local da Universidade de Oklahoma afirmou que a forma fóssil um tanto indistinta encontrada nas colinas de Ediacara chamada *Parvancorina* representava um ancestral plausível dos artrópodes. Alguns descreveram *Parvancorina* como uma forma fóssil com formato de escudo com uma crista elevada em forma de âncora impressa no topo, tendo uma semelhança superficial em sua forma com a de um trilobita, por isso a alegação de que pode ter representado um artrópode primitivo. No entanto, os principais paleontólogos do Cambriano contestam essa associação. O especialista em Cambriano James Valentine argumentou que *Parvancorina* não é convincente como um ancestral artrópode, e por boas razões. Os fósseis de *Parvancorina* não têm cabeça, membros articulados e olhos compostos, características distintivas dos artrópodes. Assim, Valentine observou que os fósseis de *Parvancorina* "não mostraram compartilhar características derivadas" com os artrópodes.[42]

Valentine usa praticamente o mesmo argumento para a pequena marca em forma de disco chamada *Arkarua*, uma das outras formas Ediacaranas citadas pelo professor da Universidade de Oklahoma naquela noite no Museu Sam Noble. Valentine aponta que também faltam muitas características distintas do filo animal ao qual ela é tipicamente atribuída. Na verdade, aqueles que propõem o *Arkarua* como um ancestral dos animais Cambrianos geralmente afirmam que ele representa um equinoderma primitivo (como o professor em Oklahoma fez). Os equinodermos incluem estrelas-do-mar, bolacha-da-Praia e outros animais com simetria quíntupla que se estende a partir de uma cavidade central do corpo.[43] Alguns perceberam cinco minúsculas divisões segmentadas nas impressões circulares deixadas por *Arkarua*, fazendo-as parecer mais ou menos semelhantes a alguns equinodermos modernos. Mas essa semelhança provou ser superficial, na melhor das hipóteses. Outros paleontólogos observam que *Arkarua* carece de placas calcárias ou sistema hidrovascular, características diagnósticas definitivas dos equinodermos; assim, suas "características específicas do equinoderma não são prontamente visíveis".[44] Valentine argumentou que, na ausência de tais características reveladoras, a relação de *Arkarua* com equinodermos "permanece incerta".[45]

No caso do *Vernanimalcula*, a história é mais complicada, mas igualmente problemática. *Vernanimalcula* é o nome que os paleontólogos chineses deram a uma impressão no sedimento de fosforito encontrado na Formação Doushantuo em 2004. Eles encontraram a estrutura em rochas de 580 a 600 milhões de anos, tornando a impressão ainda mais antiga do que os estratos Ediacaranos. O paleontólogo David Bottjer, da Universidade do sul da Califórnia, e alguns paleontólogos chineses (pelo menos, inicialmente), especularam que a marca de *Vernanimalcula* poderia ser os restos de um antigo bilateral.[46]

Lembre-se de que bilaterais são animais cujas partes encontradas em um lado da linha média do corpo também são encontradas na imagem espelhada do outro (em oposição a, digamos, um animal radialmente simétrico[47]). A Figura 4.3

mostra uma imagem da estrutura do *Vernanimalcula* encontrada pela primeira vez na formação de Fosforito Doushantuo. Alguns paleontólogos pensam que o *Vernanimalcula* exibe tal simetria bilateral e, portanto, pode ser ancestral dos animais bilaterais que mais tarde apareceram no período Cambriano.

Mas surgiram problemas com esse argumento. Primeiro, a forma do *Vernanimalcula* não se assemelha a nenhum animal bilateral específico. Além disso, análises científicas recentes desses vestígios têm questionado se essa impressão preserva os restos mortais de animais e, portanto, de bilaterais. Por exemplo, em 2004, Stefan Bengtson e Graham Budd, dois paleontólogos e especialistas do Cambriano, publicaram uma análise química e microscópica detalhada desses fósseis na revista *Science*.[48] Eles concluíram que as estruturas preservadas nas rochas de fosforita haviam sofrido alterações significativas pelos chamados processos de diagênese e tafonomia. A diagênese se refere principalmente aos processos de alteração química que ocorrem depois que os sedimentos são depositados e antes que as rochas sedimentares sejam totalmente endurecidas, ou "litificadas". Processos tafonômicos são aqueles que alteram os organismos vivos após soterramento e preservação em sedimentos.

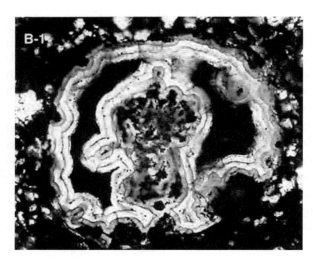

FIGURA 4.3
Fotografia do fóssil de *Vernanimalcula*. Cortesia da American Association for the Advancement of Science, de Chen, J. Y., Bottjer, D. J., Oliveri, P., Dornbos, S. Q., Gao, F., Ruffins, S., "Small Bilaterian Fossils from 40 to 55 Million Years Before the Cambrian", *Science*, 305 (9 de julho de 2004): 218–22, Figura 1b. Reproduzido com permissão da AAAS.

Com base em sua análise microscópica, Bengtson e Budd rejeitaram a hipótese de que essas estruturas preservavam os restos de uma forma animal. Em vez disso, eles argumentaram que a impressão de fosforito exibia características distintas dos restos quimicamente alterados de microfósseis unicelulares, que haviam sido incrustados com camadas de resíduos químicos de vários processos diagenéticos.[49]

Mais recentemente, em 2012, Bengtson e três outros colegas publicaram outro artigo criticando fortemente a visão de que o *Vernanimalcula* representa um ancestral dos animais bilaterais, ou mesmo um animal. Eles mostram que as "estruturas essenciais para a identidade animal são efeitos da mineralização que não representam tecidos biológicos". Por essa razão, eles concluem que "não há base probatória para interpretar o *Vernanimalcula* como um animal, muito menos como um bilateral".[50]

Embora o artigo fosse intitulado "A Merciful Death for the 'Earliest Bilaterian', *Vernanimalcula*" [Uma Morte Misericordiosa para o "Primeiro Bilateral", *Vernanimalcula*, em tradução livre] os autores foram tudo menos misericordiosos ao expor seus argumentos. Seu artigo censurou David J. Bottjer, o principal paleontólogo que promoveu a interpretação do *Vernanimalcula* como um ancestral bilateral, por ver o que ele queria ver e desconsiderar a evidência clara da mineralização não biológica. Em um artigo de 2005 da *Scientific American*, Bottjer interpretou o *Vernanimalcula* como o "animal fóssil mais antigo com um plano corporal bilateral já descoberto". Nesse artigo, Bottjer afirmou que o *Vernanimalcula* confirmou a "suspeita de que animais complexos têm uma raiz muito mais profunda no tempo" e "que o Cambriano era menos uma explosão e mais um florescimento da vida animal".[51] Depois de rejeitar inequivocamente a interpretação de Bottjer com base em sua análise geoquímica, Bengtson e seus coautores repreenderam Bottjer em termos bastante pessoais:

> *É provável que os fósseis referidos [como] Vernanimalcula tenham sido interpretados como bilaterais porque assim o foram [...] o objetivo explícito de seus autores. Se você sabe desde o início não apenas o que está procurando, mas o que vai encontrar, você vai encontrar, quer exista ou não. Como a famosa frase de Richard Feynman (1974): "O primeiro princípio é que você não deve se enganar, e você é a pessoa mais fácil de enganar"[...] Depois de se enganar, você enganará outros cientistas.*[52]

Bengtson e seus colegas insistem que, por mais que alguns paleontólogos como Bottjer possam ter desejado "acumular" "significado evolutivo" no *Vernanimalcula* para aliviar sua dissonância cognitiva sobre a explosão Cambriana, as evidências não suportam o peso de interpretação que foi colocada sobre ele. Assim, eles concluem que *Vernanimalcula* deve ser "colocado em um descanso misericordioso", uma vez que sua interpretação "assumiu vida própria, uma vida que ele nunca teve".[53]

UM PROBLEMA MAIS PROFUNDO

Embora em 2009 Jonathan Wells e eu não soubéssemos sobre a análise crítica mais recente das pretensões do *Vernanimalcula*, sabíamos que muitos paleontólogos im-

90 A DÚVIDA DE DARWIN

portantes rejeitaram as tentativas de identificar o *Vernanimalcula* como uma forma animal. Assim, durante o período de perguntas e respostas após o filme, Jonathan Wells explicou por que esses e outros fósseis (ou impressões) Pré-cambrianos obscuros e enigmáticos não se qualificaram como precursores convincentes de qualquer um dos animais Cambrianos, citando o trabalho de autoridades importantes em paleontologia. Em cada caso, ele notou que as semelhanças entre as formas Ediacaranas e os animais Cambrianos posteriores tinham se mostrado superficiais, porque as formas Ediacaranas careciam de muitas características diagnósticas essenciais de filos Cambrianos específicos.

Ao mesmo tempo, conforme refleti mais tarde sobre a palestra, reconheci um problema mais profundo com as tentativas de resolver o mistério da explosão Cambriana ao focar alguns fósseis Pré-cambrianos. Muitos defensores da imagem darwiniana da história da vida pareciam supor que a descoberta de quaisquer alegadas formas de animais Pré-cambrianos, por mais implausíveis que fossem os ancestrais de animais Cambrianos específicos ou por mais esparsamente distribuídos nas vastas sequências de estratos Pré-cambrianos, resolveria o mistério da explosão Cambriana, especialmente se essas formas exemplificassem alguma semelhança percebida de maneira abstrata, como a simetria bilateral.

Para ver o que há de errado com essa maneira de pensar, imagine um ambicioso nadador de longa distância alegando que seria possível nadar entre a Califórnia e o Havaí por um período de muitos meses ou anos por causa das pequenas ilhas que fornecem pontos de passagem onde ele poderia comer e descansar e passar a noite em cada etapa ao longo de sua jornada de maratona. Mas em vez de mostrar que realmente existe um arquipélago pontuando a rota entre a Califórnia e o Havaí em intervalos razoavelmente acessíveis, ele aponta para alguns atóis áridos no Pacífico Sul, longe do curso mais plausível para o Havaí. Claramente, nesse caso, as alegações de nosso intrépido nadador hipotético não seriam credíveis. Da mesma forma, as afirmações daqueles que afirmam que algumas formas de vida isoladas e anatomicamente enigmáticas no Pré-cambriano resolvem o problema da explosão Cambriana também carecem de credibilidade.

Para avaliar outro aspecto deste problema, vamos rever as afirmações sobre o *Vernanimalcula* como um possível ancestral de todos os filos bilaterais. Por um lado, para que tal forma se qualifique como ancestral comum a um grande número de filos específicos (como os muitos filos bilaterais que surgem no Cambriano), ela deve exibir as características bilaterais básicas, como simetria bilateral e o que é chamada de "triblástico", a presença de três camadas distintas de tecido (endoderme, mesoderme e ectoderme). Ao mesmo tempo, um candidato viável para o papel de ancestral comum não pode, por definição, manifestar nenhuma das características *diferenciadoras* que distinguem os filos Cambrianos individuais e seus respectivos planos corporais uns dos outros. Por exemplo, qualquer bilateral que manifesta o exoesqueleto característico de, digamos, um artrópode não pode

Os fósseis que não estão desaparecidos? 91

se qualificar como um ancestral plausível de um cordado, porque os cordados têm esqueletos internos ou corda dorsal. A lógica desses designs corporais distintos impede o compartilhamento de *ambas* as características anatômicas. Por essa razão, qualquer ancestral comum bilateral hipotético só poderia ter existido como uma espécie de denominador comum anatômico inferior, ou o que os biólogos evolucionistas chamam de "planta baixa", tendo apenas aquelas poucas características que são comuns a todas as formas animais que supostamente evoluíram a partir dele.

Mas isso cria um dilema. Se uma forma fossilizada é simples o suficiente para ser qualificada como o ancestral comum de filos bilaterais tardios altamente diferenciados, então ela necessariamente carecerá da maioria das características anatômicas distintivas importantes desses filos específicos. Isso significa que todas as novidades anatômicas interessantes que diferenciam um filo de outro devem surgir ao longo das linhagens separadas que se ramificam do alegado ancestral comum bem depois de sua origem no registro fóssil. Cabeças, membros articulados, olhos compostos, vísceras, ânus, antenas, corda dorsal, placas calcárias, lofóforos (um órgão de alimentação com tentáculos) e numerosas outras características distintivas de muitos animais diferentes devem vir mais tarde em muitas linhas distintas de descendência. No entanto, a origem evolutiva gradual dessas características não está documentada no registro fóssil Pré-cambriano. Essas características não aparecem até seu surgimento repentino na explosão Cambriana.

Por esse motivo, fósseis indistintos como o *Vernanimalcula*, mesmo que os consideremos como representantes de um ancestral comum de muitos bilaterais, documentam pouco da história darwiniana da história da vida animal. Lacunas muito significativas no registro fóssil ainda permaneceriam, porque o registro fóssil Pré-cambriano simplesmente não documenta o surgimento gradual das características distintivas cruciais dos animais Cambrianos. As importantes novidades anatômicas que definem os individuais filos Cambrianos, bem como seus primeiros representantes claros, surgem tão repentinamente como sempre.

Dizer que uma forma como o *Vernanimalcula*, ou qualquer uma das outras formas Ediacaranas relativamente indistintas, resolve o problema da falta do registro fóssil Pré-cambriano seria um pouco como dizer que um cilindro de metal demonstra todas as etapas envolvidas na construção de uma torradeira, automóvel, submarino ou avião a jato simplesmente porque todos esses objetos tecnológicos utilizam "caixas de metal". É verdade que cada um desses sistemas complexos usa caixas de metal, mas a presença de uma superfície de metal fechada é apenas uma condição necessária, e não quase suficiente, da origem desses vários sistemas tecnológicos. Similarmente, encontrar uma forma de vida simétrica bilateral simples, mas não adornada de outra forma, dificilmente resolveria o problema da descontinuidade fóssil, porque ela por si só não documentaria o surgimento das características únicas dos animais bilaterais individuais.

92 A DÚVIDA DE DARWIN

Esse paradoxo é bem conhecido pelos paleontólogos que trabalham com a radiação Cambriana. Charles Marshall e James Valentine, por exemplo, descrevem a dificuldade de tentar caracterizar um grupo "não diagnosticado", como eles se referem a um possível grupo "tronco" ancestral que carece das características especializadas de sua suposta progênie evolucionária. Eles escreveram:

> Ao tentar desvendar as origens dos filos animais, o mais difícil de examinar é a fase entre a origem cladogênica real de um filo e o momento em que ele adquiriu sua(s) primeira(s) característica(s) específica(s) do filo. Mesmo se tivermos fósseis desta fase na história de um filo, não seremos capazes de provar seus parentescos no nível dos filos.[54]

Assim, mesmo se o *Vernanimalcula*, ou alguma outra forma fóssil, fosse simples o suficiente e semelhante a um animal para se qualificar como uma forma ur (palavra alemã para original) de vida animal, seria paradoxalmente, por essa razão, incapaz de se estabelecer como um ancestral comum inequívoco de algum filo Cambriano específico.

E não há alívio na outra direção. Se uma alegada forma ancestral manifesta as características distintivas de um dos filos específicos do Cambriano, se, por exemplo, o *Vernanimalcula* ou alguma outra forma isolada tivesse apresentado um conjunto convincente de características distintivas de artrópodes, cordados ou equinodermos, então a própria presença dessas características necessariamente impediriam a possibilidade daquela forma animal específica representar o ancestral comum de todas as outras formas Cambrianas. Quanto mais uma forma animal manifesta as características de um filo ou grupo dentro do filo, menos plausível ela se torna como ancestral de todos os outros filos animais.

E esse é o dilema em poucas palavras. As formas Pré-cambrianas altamente diferenciadas e complexas *sozinhas* não poderiam ter sido ancestrais comuns a todos os filos Cambrianos; ao passo que formas indiferenciadas simples o suficiente para serem ancestrais de todos os filos Cambrianos não deixam evidências, por si mesmas, do surgimento gradual das complexas novidades anatômicas que definem os animais Cambrianos. De qualquer maneira, sejam os poucos supostos ancestrais Pré-cambrianos vistos como simples e relativamente indiferenciados ou complexos e altamente diferenciados, o registro fóssil, dado seu padrão difuso de descontinuidade, não estabelece a evolução gradual de inúmeras novidades anatômicas e morfológicas. Em vez disso, apenas uma série verdadeira de intermediários de transição em que o registro fóssil documenta a existência de uma forma animal original e o aparecimento gradual das principais características e novidades anatômicas distintivas (e os próprios animais Cambrianos) remediaria essa deficiência. E, no entanto, é exatamente isso que o registro fóssil Pré-cambriano não conseguiu documentar.

Como Graham Budd e Sören Jensen afirmam, "o registro fóssil conhecido [Pré-cambriano/Cambriano] não foi mal interpretado e não há candidatos conhecidos de bilaterais convincentes no registro fóssil até pouco antes do início do Cambriano (c. 543 Ma), embora haja muitos sedimentos mais antigos do que este que devem revelá-los".[55] Assim, eles concluem que "o esperado padrão darwiniano de uma história fóssil profunda dos bilaterais, potencialmente mostrando seu desenvolvimento gradual, estendendo-se por centenas de milhões de anos no Pré-cambriano, falhou singularmente em se materializar".[56]

DILEMA EM EXIBIÇÃO

Durante a sessão de perguntas e respostas que se seguiu à exibição do *Darwin's Dilemma*, nenhum membro Ph.D. da Universidade de Oklahoma, alunos ou professores de ciências, que compareceram à palestra patrocinada pelo museu desafiaram meu colega Jonathan Wells quando ele explicou por que os principais paleontólogos não acham que as formas Pré-cambrianas exóticas citadas na palestra foram ancestrais das formas Cambrianas. Essa falta de reação parecia um pouco estranha, dado a ênfase que o próprio especialista do museu havia colocado sobre essas afirmações, e dado que ele havia feito essas afirmações de forma bastante enfática no mesmo prédio para muitas das mesmas pessoas apenas três horas antes.

Em nosso voo para fora da cidade no dia seguinte, Jonathan Wells me contou algo que lançou nossa experiência ali sob uma luz ainda mais estranha. Ele teve a chance de caminhar pelo Sam Noble Science Museum após a palestra e antes do nosso evento. Ele descobriu que o museu tem uma exposição que ilustra vividamente a gravidade do que chamamos de dilema de Darwin. Wells registrou algumas de suas observações em seu retorno a Seattle. Uma parte do relato do que ele viu enquanto visitava a exposição do próprio museu sobre a explosão Cambriana vale a pena citar por inteiro:

> [A exibição] parecia factualmente precisa em sua maior parte, enfatizando (entre outras coisas) que muitos dos fósseis da explosão Cambriana eram de corpo mole, o que desmente a explicação comum de que seus precursores estão ausentes do registro fóssil por falta de partes duras. A exposição também deixou claro que os fósseis do Ediacarano foram extintos no final do Pré-Cambriano, portanto (com algumas possíveis exceções) eles não poderiam ter sido ancestrais dos filos Cambrianos. Um painel específico da exposição chamou minha atenção. Mostrava mais de uma dúzia de filos Cambrianos no topo de uma árvore ramificada com um único tronco, mas nenhuma das pontas dos galhos correspondia a uma coisa viva real. Em vez disso, os pontos de ramificação eram categorias técnicas artificiais, como "Ecdysozoa",

"Lophotrochozoa", "Deuterostomia" e "Bilateria". A artificialidade dos pontos de ramificação enfatizava que o padrão de árvore ramificada imposto à evidência fóssil era em si uma construção artificial.

Então, depois de toda a polêmica, descobriu-se que o museu que patrocinou a palestra que negava o próprio dilema Cambriano de Darwin tem uma excelente exibição indicando que as formas ancestrais esperadas dos animais Cambrianos, exatamente aqueles que Darwin esperava encontrar 150 anos atrás, ainda estão faltando no registro fóssil Pré-cambriano. Mas então por que o museu patrocinaria aquela apresentação? É difícil dizer, suponho, mas já vi essa dinâmica antes em discussões sobre a evolução darwiniana. Os biólogos evolucionistas reconhecerão os problemas uns dos outros em ambientes científicos que eles negarão ou minimizarão em público, para que não ajudem e estimulem os temidos "criacionistas" e outros que eles veem como promovendo a causa da irracionalidade. Talvez apenas a nossa presença no campus, levantando questões sobre o darwinismo contemporâneo, os tenha deixado na defensiva em nome da "ciência". É uma reação humana compreensível, embora irônica, é claro, mas que no final priva o público de acesso ao que os cientistas realmente sabem. Também perpetua a impressão da biologia evolutiva como uma ciência que resolveu todas as questões importantes exatamente no momento em que muitas questões novas e excitantes, sobre a origem da forma animal, por exemplo, estão surgindo.

5

OS GENES CONTAM A HISTÓRIA?

Reconstruir a história da vida tem muito em comum com o trabalho de um detetive. Nem os detetives nem os biólogos evolucionistas podem observar diretamente os eventos do passado que mais lhe interessam. Os detetives normalmente não viram o crime ocorrer. Os biólogos evolucionistas não testemunharam a origem dos animais ou outros grupos de organismos. No entanto, essa limitação não significa que nenhum dos grupos de investigadores carece de evidências para determinar com alguma confiança o que aconteceu. Detetives e biólogos evolucionistas, bem como muitos outros cientistas históricos, paleontólogos, geólogos, arqueólogos, cosmologistas e cientistas forenses, fazem isso regularmente, com base na inferência cuidadosa das pistas ou evidências deixadas para trás.

Muitos biólogos evolucionistas comentaram sobre a natureza forense de seu trabalho. Richard Dawkins coloca desta forma: "Eu usei a metáfora de um detetive, entrando na cena do crime depois que tudo acabou e reconstruindo a partir das pistas sobreviventes o que deve ter acontecido."[1]

Talvez os vestígios sobreviventes mais óbvios da vida antiga sejam os fósseis. Mas como os biólogos evolucionistas e paleontólogos passaram a perceber que o registro fóssil Pré-cambriano não forneceu a confirmação que Darwin esperava, muitos buscaram outros tipos de pistas para estabelecer o surgimento gradual da vida animal Cambriana a partir de um ancestral comum.

Nessa busca, os biólogos evolucionistas contemporâneos seguiram o exemplo do próprio Darwin. Embora Darwin argumentasse que uma progressão geral de formas de vida mais simples para mais complexas no registro fóssil combinava bem com sua teoria, ele estava perfeitamente ciente de que a descontinuidade do registro fóssil, particularmente como evidenciado nos estratos Pré-cambriano e Cambriano, não combinava. Foi por isso que ele enfatizou outros tipos de evidências para estabelecer sua teoria da descendência comum universal.

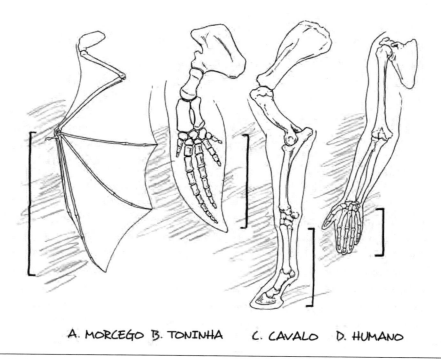

A. MORCEGO B. TONINHA C. CAVALO D. HUMANO

FIGURA 5.1
O padrão comum de cinco dígitos do membro pentadáctilo conforme manifestado em quatro animais modernos. *Copyright Jody F. Sjogren. Usado com permissão.*

Em um famoso capítulo de *A Origem das Espécies* intitulado "Afinidades mútuas dos seres vivos", Darwin defendeu sua posição não com base na evidência fóssil, mas com base em estruturas anatômicas semelhantes em muitos organismos distintos. Ele observou, por exemplo, que os membros anteriores de rãs, cavalos, morcegos, humanos e muitos outros vertebrados exibiam uma estrutura ou organização comum de cinco dígitos ("pentadáctilo") (ver Fig. 5.1). Para explicar essas "homologias", como ele as chamou, Darwin postulou um ancestral vertebrado que possuía membros pentadáctilos em forma rudimentar. Como um *menagerie* de vertebrados modernos evoluiu a partir desse ancestral comum, cada um manteve à sua maneira o modo básico de organização dos pentadáctilos. Para Darwin, sua teoria da descendência com modificação de um ancestral comum explicou essas semelhanças melhor do que a visão acolhida por muitos biólogos mais velhos do século XIX, como Louis Agassiz ou Richard Owen, ambos os quais pensavam que homologias refletiam o plano de design comum de uma inteligência criativa.

Ao reconstruir a história evolutiva da vida, a maioria dos biólogos evolucionistas hoje enfatiza a importância da homologia. Eles presumem que as semelhanças na anatomia e nas sequências de biomacromoléculas portadoras de informações, como DNA, RNA e proteínas apontam fortemente para um ancestral comum.[2] Eles também assumem que o *grau de diferença* em tais casos é, em média, proporcional ao tempo decorrido desde a divergência de um ancestral comum. Quanto maior a diferença na característica comum ou sequência molecular, mais distante está o ancestral de onde surgiu a característica ou sequência.

Biólogos evolucionistas usaram essa abordagem para tentar discernir a história evolutiva dos animais Cambrianos. Se o registro fóssil Pré-cambriano se recusa a revelar os segredos da evolução Pré-cambriana, então pensa-se que talvez o estudo da anatomia comparativa e das homologias moleculares o façam. Dado o problema bem estabelecido com a evidência fóssil, muitos biólogos evolucionistas agora enfatizam particularmente a importância das pistas da genética molecular. Como o biólogo evolucionista Jerry Coyne, da Universidade de Chicago, observa, "Agora temos uma forma poderosa, nova e independente de estabelecer ancestralidade: podemos olhar diretamente para os próprios genes. Ao sequenciar o DNA de várias espécies e medir o quão semelhantes essas sequências são, podemos reconstruir suas relações evolutivas".[3]

Existem dois aspectos dessa tentativa. Em primeiro lugar, ao analisar os genes de animais existentes que representam os filos que surgiram pela primeira vez no Cambriano, os cientistas tentaram estabelecer quando viveu o ancestral comum das formas animais do Cambriano. Esse esforço gerou o que é conhecido como "hipótese da divergência profunda", que sustenta que o ancestral comum de toda a vida animal surgiu muito antes da explosão Cambriana. Em segundo lugar, ao analisar semelhanças anatômicas e moleculares, os biólogos tentaram reconstruir a árvore da vida Pré-cambriana–Cambriana, mapeando o *curso* da evolução durante um período críptico anterior ao Cambriano.

98   A DÚVIDA DE DARWIN

Os defensores do neodarwinismo afirmam que essas técnicas produziram uma imagem evolucionária coerente da história inicial da vida animal. Eles afirmam que as pistas do reino da genética apontam inequivocamente para as formas ancestrais Pré-cambrianas e para uma história evolutiva que os fósseis não conseguiram documentar.

Este capítulo examinará o que os genes nos dizem sobre o alegado ancestral comum universal de todos os animais; o próximo capítulo considerará se a análise dos genes (e outras características dos organismos) produz uma imagem coerente em forma de árvore da pré-história da vida animal Pré-cambriana. As análises genéticas realmente revelaram um tesouro de pistas. A questão é: essas pistas genéticas estabelecem o ancestral Pré-cambriano e a história que os fósseis não conseguiram documentar ou, como às vezes ocorre em investigações criminais, houve um julgamento precipitado?

DIVERGÊNCIA PROFUNDA

Muitos paleontólogos e biólogos evolucionistas agora admitem que estão faltando os fósseis Pré-cambrianos há muito procurados, aqueles necessários para documentar um relato darwiniano da origem da vida animal.[4] Os cientistas são especialmente francos sobre isso quando se dirigem uns aos outros na literatura técnica revisada por pares. Muitas vezes, no entanto, os defensores da ortodoxia evolucionária levantam outra possibilidade, que o ancestral comum dos animais Cambrianos foi documentado, afinal, não por evidências fósseis, mas por evidências moleculares ou genéticas, que eles chamam de "divergência profunda" da vida animal. Ao fazer tais afirmações, esses biólogos claramente privilegiam a evidência molecular sobre a evidência do registro fóssil.

Os defensores da divergência profunda não negam que as evidências fósseis foram insuficientes. Em vez disso, eles adotam uma das versões da hipótese do artefato para explicar a falta de evidência. Eles então argumentam que não houve "explosão" de formas animais no Cambriano, mas sim um "longo estopim" de evolução e diversificação animal que durou muitos milhões de anos, levando ao que *parece* ser apenas uma "explosão" de vida animal no Cambriano, mas esta história evolutiva foi escondida do registro fóssil. Na realidade, eles argumentam que a evidência molecular estabelece um longo período de evolução não detectada ou enigmática nos tempos Pré-cambrianos, começando com um ancestral comum há cerca de 600 milhões a 1,2 bilhão de anos, dependendo de qual estudo sobre os dados genéticos moleculares eles citam. Se correto, o filo Cambriano pode ter tido muitas centenas de milhões de anos para evoluir de um ancestral comum.[5]

O RELÓGIO MOLECULAR

Os defensores da divergência profunda usam um método de análise conhecido como "relógio molecular". Os estudos do relógio molecular também presumem que a extensão em que as sequências diferem em genes semelhantes em dois ou mais animais reflete a quantidade de tempo que passou desde que esses animais começaram a evoluir a partir de um ancestral comum. Uma pequena diferença significa pouco tempo; uma grande diferença, muito tempo. Para determinar exatamente quão curto ou longo, esses estudos estimam a taxa de mutação analisando genes em duas espécies ou taxa que se acredita terem evoluído de um ancestral cuja presença no registro fóssil pode ser discernida e datada com precisão. Por exemplo, muitos estudos de relógio molecular de pássaros e mamíferos são calibrados com base na idade de um réptil primitivo, considerado o ancestral comum mais recente de ambos.

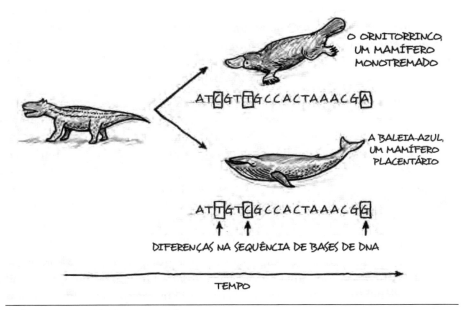

FIGURA 5.2
A ideia por trás do relógio molecular. Os dois animais e suas sequências de genes homólogos à direita da figura mostram a distância molecular entre dois animais atuais, ou seja, quantas diferenças mutacionais se acumularam ao longo do tempo desde que divergiram na árvore da vida. O animal à esquerda da figura (um réptil parecido com um mamífero) representa o ancestral comum do qual esses animais presumivelmente evoluíram. Saber há quanto tempo viveu o ancestral comum (o réptil semelhante ao mamífero) e quantas diferenças mutacionais
(continua)

100 A DÚVIDA DE DARWIN

(continuação)

se acumularam em seus descendentes durante esse tempo, permite aos cientistas calcular uma taxa de mutação. Em teoria, uma vez determinada a taxa de mutação, ela pode ser usada para calcular o tempo de divergência de outras espécies atuais, após seus genes homólogos terem sido comparados quanto às diferenças.

As comparações genéticas permitem aos biólogos evolucionistas estimar o número de mudanças mutacionais desde a divergência, e a datação dos estratos contendo presumíveis ancestrais fósseis diz há quanto tempo a divergência ocorreu. Assumindo que linhagens diferentes evoluem na mesma taxa[6], juntas as duas informações permitem aos biólogos evolucionistas calcular uma taxa de mutação de linha de base. Eles podem então usar essa taxa para determinar há quanto tempo algum outro par de animais divergiu um do outro na árvore evolucionária (ver Fig. 5.2).[7]

Os defensores da hipótese da divergência profunda aplicaram esse método para analisar genes, moléculas de RNA ou proteínas semelhantes em pares de animais pertencentes a filos que surgiram pela primeira vez no período cambriano. Dessa forma, eles estimam quanto tempo levou para os diferentes filos animais divergirem de um ancestral Pré-cambriano comum.

PROFUNDO E MAIS PROFUNDO: EVIDÊNCIA DE DIVERGÊNCIA PROFUNDA

Na década de 1990, os biólogos evolucionistas Gregory A. Wray, Jeffrey S. Levinton e Leo H. Shapiro realizaram um importante estudo de dados de sequência molecular relevantes para o Cambriano. Em 1996, eles publicaram seus resultados em um artigo intitulado "Molecular Evidence for Deep Precambrian Divergences Among Metazoan Phyla" [Evidências Moleculares para Divergências Pré-cambrianas Profundas entre os Filos do Metazoário, em tradução livre].[8] A equipe de Wray comparou o grau de diferença entre as sequências de aminoácidos de sete proteínas[9] derivadas de vários animais modernos diferentes que representam cinco filos Cambrianos (anelídeos, artrópodes, moluscos, cordados e equinodermos). Eles também compararam as sequências de bases nucleotídicas de uma molécula de RNA ribossômico[10] dos mesmos animais representantes dos mesmos cinco filos.

O estudo de Wray concluiu que o ancestral comum das formas animais viveu há 1,2 bilhão de anos atrás, o que implica que os animais Cambrianos levaram cerca de 700 milhões de anos para evoluir a partir deste ponto de "profunda divergência" antes de aparecer pela primeira vez no registro fóssil. Wray e seus colegas tentaram explicar a ausência de formas ancestrais fósseis durante esse período postulando que os ancestrais Pré-cambrianos existiam em formas exclusivamente de corpo mole, tornando sua preservação improvável.

Mais recentemente, Douglas Erwin e vários colegas realizaram um estudo comparando o grau de diferença de sequência entre outros genes, sete genes de manutenção nuclear[11] e três genes de RNA ribossômico[12] em 113 espécies diferentes do Metazoa vivos. (O termo "Metazoa" refere-se a animais com tecido diferenciado. O termo "metazoário" refere-se a um desses animais ou pode ser usado como um adjetivo, como em "os filos metazoários".) Eles estimaram que "o último ancestral comum de todos os animais vivos surgiu há quase 800 milhões de anos".[13]

Muitos estudos semelhantes afirmam uma divergência muito antiga ou "estratigraficamente profunda" das formas animais, em oposição àqueles que afirmam que os animais Cambrianos apareceram repentinamente em apenas alguns milhões de anos.[14] Cada um desses estudos afirma o surgimento gradual da vida animal que a maioria dos pesquisadores esperava encontrar com base em uma imagem darwiniana da história da vida animal. Na verdade, um dos principais objetivos do estudo de Wray era desafiar a visão "de que os filos animais divergiram em uma 'explosão' perto do início do período Cambriano".[15] Wray e seus colegas argumentam que em vez disso "todas as estimativas de tempo de divergência média entre esses quatro filos e cordados, com base em todos os sete genes, são substancialmente anteriores ao início do período Cambriano".[16] Eles concluem: "Nossos resultados lançam dúvidas sobre a noção prevalecente de que os filos animais divergiram explosivamente durante o Cambriano ou no final do Vendiano e, em vez disso, sugerem que houve um período prolongado de divergência durante o Proterozoico médio, começando há cerca de um bilhão de anos atrás."[17]

De um ponto de vista darwiniano ortodoxo, as conclusões desses estudos parecem quase inevitáveis, uma vez que (1) o mecanismo neodarwiniano requer grande quantidade de tempo para produzir novidades anatômicas e (2) tais análises filogenéticas assumem que todas as formas animais descendem de um ancestral comum. Muitos biólogos evolucionistas afirmam que pistas há muito escondidas no DNA agora confirmam esses axiomas darwinianos e, consequentemente, a existência de um ancestral Pré-cambriano extremamente antigo dos animais Cambrianos. Como afirma Andrew Knoll, um paleontólogo de Harvard, "a ideia de que os animais deveriam ter se originado muito antes do que vemos no registro fóssil é quase inevitável".[18]

DÚVIDA RAZOÁVEL

No entanto, agora há boas razões para duvidar dessa evidência genética supostamente esmagadora. No idioma de nossa metáfora forense, outras testemunhas materiais (fósseis) já se apresentaram para testemunhar, o testemunho dos genes (e outros indicadores-chave da história biológica) é grosseiramente inconsistente, e esse testemunho genético chegou até nós por meio de um tradutor, que está moldando a forma como o júri percebe as evidências. Vamos analisar cada um desses problemas separadamente.

Testemunho fóssil

Lembre-se de que a hipótese da divergência profunda tem dois componentes. Um deles, uma versão da hipótese do artefato, fornece uma explicação de por que os fósseis ancestrais Pré-cambrianos estão faltando. E aqui a hipótese da divergência profunda inicialmente se depara com problemas. Como vimos no Capítulo 3, não existe atualmente uma versão plausível da hipótese do artefato. A preservação de numerosos animais Cambrianos de corpo mole, bem como embriões e micro-organismos Pré-cambrianos, mina a ideia de um extenso período de evolução de corpo mole não detectado. Além disso, a alegação de que ancestrais de corpo exclusivamente mole precederam as formas cambrianas de corpo duro permanece anatomicamente implausível. Um braquiópode não pode sobreviver sem sua concha. Um artrópode não pode existir sem seu exoesqueleto. Qualquer ancestral plausível de tais organismos provavelmente teria deixado algumas partes duras do corpo, mas nenhuma foi encontrada no Pré-cambriano. No entanto, a hipótese da divergência profunda, quaisquer que sejam seus outros méritos, requer uma hipótese de artefato viável para explicar a ausência de ancestrais Pré-cambrianos fossilizados.

O testemunho de genes: histórias conflitantes

Há uma segunda razão, mais informativa, para duvidar da hipótese da divergência profunda: os resultados de diferentes estudos moleculares geraram resultados amplamente divergentes. No entanto, presumivelmente, havia apenas um ancestral comum de todos os Metazoa e apenas um ponto de divergência final.

Por exemplo, comparar os estudos liderados por Wray e Erwin gera uma diferença de 400 milhões de anos. No caso de outros estudos, diferenças ain-

Os genes contam a história? 103

da maiores emergem. Muitos outros estudos lançaram seus próprios números amplamente variados ao ringue, colocando o ancestral comum dos animais em qualquer lugar entre 100 milhões e 1,5 bilhão de anos antes da explosão Cambriana (alguns estudos do relógio molecular, estranhamente, até colocam o ancestral comum dos animais *após* a explosão Cambriana).[19] Como Douglas Erwin, escrevendo com seus colegas paleontólogos James Valentine e David Jablonski, reconheceu em 1999, "as tentativas de datar essas ramificações" de um ancestral pré-cambriano comum "usando relógios moleculares têm divergido amplamente".[20] Como isso pode ocorrer?

Em primeiro lugar, diferentes estudos de *diferentes moléculas* geram datas amplamente divergentes. Além dos estudos que já citei, um artigo de 1997 do biólogo japonês Naruo Nikoh e colegas examinou dois genes (aldolase e triose--fosfato isomerase) e datou a divisão entre eumetazoários e parazoas, animais com tecidos (como cnidários) daqueles sem (como esponjas), há 940 milhões de anos.[21] Compare isso com um artigo de 1999 de Daniel Wang, Sudhir Kumar e S. Blair Hedges com base no estudo de 50 genes diferentes, mostrando que "os filos animais basais (Porifera, Cnidaria, Ctenophora) divergiram entre cerca de 1200–1500 Ma".[22]

Às vezes, tempos de divergência contraditórios são relatados no mesmo artigo. Por exemplo, um artigo refrescantemente direto do biólogo evolucionista Lindell Bromham da Universidade Nacional da Austrália e colegas em *Proceedings of the National Academy of Sciences USA* analisou duas moléculas diferentes, DNA mitocondrial e 18S rRNA, para produzir datas de divergência baseadas em genes individuais que diferiu em até 1 bilhão de anos.[23] Outro estudo investigando a divergência entre artrópodes e vertebrados descobriu que dependendo de qual gene foi usado, a data da divergência pode estar em qualquer lugar entre 274 milhões e 1,6 bilhão de anos atrás, a primeira data caindo quase 250 milhões de anos *após* a explosão Cambriana.[24] Esse artigo, em sua conclusão, optou por dividir a diferença, relatando com confiança uma média aritmética de cerca de 830 milhões de anos atrás. Da mesma forma, os bioinformáticos Stéphane Aris-Brosou, agora na Universidade de Ottawa, e Ziheng Yang, na University College London, descobriram que, dependendo de quais genes e métodos de estimativa foram empregados, o último ancestral comum de protostômios ou deuterostômios (dois tipos amplamente diferentes de animais Cambrianos) pode ter vivido em qualquer lugar entre 452 milhões e 2 bilhões de anos atrás.[25]

Uma pesquisa de estudos recentes de divergência profunda, pelos evolucionistas moleculares Dan Graur e William Martin, observa um estudo no qual os autores afirmam ter 95% de certeza de que sua data de divergência para certos

104 A DÚVIDA DE DARWIN

grupos de animais está dentro de uma faixa de 14,2 bilhões de anos, mais do que três vezes a idade da Terra e um resultado claramente sem sentido.[26] Graur e Martin concluem que muitas estimativas do relógio molecular "parecem enganosamente precisas", mas, dada a natureza deste campo, seu "conselho ao leitor é: sempre que você vir uma estimativa de tempo na literatura evolucionária, exija incerteza!"[27] O título de seu artigo, publicado em *Trends in Genetics*, deixava o ponto ainda mais vívido: Reading the Entrails of Chickens: Molecular Timescales of Evolution and the Illusion of Precision" (Lendo as Entranhas das Galinhas: Tempos Moleculares de Evolução e a Ilusão de Precisão, em tradução livre).

Às vezes, até mesmo estudos diferentes do *mesmo grupo de moléculas ou de grupos semelhantes* geraram tempos de divergência dramaticamente diferentes. Por exemplo, Francisco Ayala e vários colegas recalcularam os tempos de divergência dos filos Metazoários, usando principalmente os mesmos genes codificadores de proteínas da equipe de Wray.[28] Corrigindo "uma série de problemas estatísticos"[29] no estudo de Wray, Ayala e colegas descobriram que suas próprias estimativas "são consistentes com estimativas paleontológicas", não com a hipótese de divergência profunda. "Extrapolar para tempos distantes a partir das taxas de evolução molecular estimadas em conjuntos de dados confinados", eles concluem, é "muito perigoso."[30] Ou, como Valentine, Jablonski e Erwin concluem: "A precisão do relógio molecular ainda é problemática, pelo menos, para divergências de filo, pois as estimativas variam em cerca de 800 milhões de anos, dependendo das técnicas ou moléculas usadas."[31] Os tempos de divergência Pré-cambriana relatados variariam ainda mais dramaticamente, se os biólogos evolucionistas e os taxonomistas moleculares não ignorassem certas moléculas em seus estudos para evitar resultados grosseiramente contraditórios. Considere, por exemplo, histonas, proteínas encontradas em todos os eucariotos envolvidos no empacotamento de DNA em cromossomos. As histonas apresentam pouca variação de uma espécie para outra.[32] Elas nunca são usadas como relógios moleculares. Por quê? Porque as diferenças de sequência entre as histonas, assumindo uma taxa de mutação comparável à de outras proteínas, gerariam um tempo de divergência em variação significativa com aqueles em estudos de muitas outras proteínas.[33] Especificamente, as pequenas diferenças entre seus tons geram uma divergência extremamente recente, ao contrário de outros estudos. Os biólogos evolucionistas geralmente excluem as histonas da consideração, porque essa época não confirma as ideias preconcebidas sobre como deveria ser a árvore da vida Pré-cambriana.

Mas isso levanta questões óbvias. Se não temos fósseis documentando um ancestral animal comum e se os estudos genéticos produzem tempos de divergência tão diferentes e contraditórios, como sabemos como a árvore da vida deve se parecer e quando os primeiros animais começaram a divergir de um ancestral comum? Se as histonas mudam muito lentamente para fornecer uma calibração precisa do relógio molecular, então quais moléculas mudam na taxa correta, e como sabemos que elas o fazem? A resposta a essas perguntas para a maioria dos biólogos evolucionistas geralmente é algo assim. Já sabemos que os filos animais evoluíram de um ancestral comum e também sabemos aproximadamente quando o fizeram; portanto, devemos rejeitar estudos baseados em sequências de histonas porque as conclusões desses estudos contradizem essa data.

Mas nós realmente sabemos essas coisas e, em caso afirmativo, como? As suposições sobre a janela de tempo em que o primeiro metazoário, o ancestral de todos os animais, deve ter vivido, claramente não são derivadas do testemunho da genética molecular apenas, uma vez que os resultados das comparações de sequência variam muito e incluem datas, dependendo da molécula estudada, que caem fora dessa janela. Em vez disso, como um livro didático amplamente usado eufemisticamente coloca, os biólogos evolucionistas devem escolher dados "filogeneticamente informativos".[34] Com isso, eles querem dizer sequências que não exibem nem muito pouca nem muita variação, onde *muito* e *muito pouco* são determinados por considerações preconcebidas de plausibilidade evolutiva, em vez de por referência a critérios independentes para determinar a precisão dos métodos moleculares.

A qualidade subjetiva dessas conclusões, em que os cientistas "selecionam" as evidências que estão de acordo com as noções favorecidas e descartam as demais, lança mais dúvidas sobre a extensão em que as comparações moleculares produzem qualquer sinal histórico claro. Apenas um ponto de divergência poderia representar o ancestral comum universal real de todos os animais. Se, no entanto, as análises de sequência comparativa geram tempos de divergência que são consistentes com quase todas as histórias evolutivas possíveis, com o evento de divergência variando de alguns milhões a alguns bilhões de anos atrás, então, claramente, a maioria dessas histórias possíveis deve estar errada. Eles nos dizem pouco sobre o tempo real da divergência Pré-cambriana, se tal evento realmente aconteceu.

Suposições questionáveis

Outros problemas são ainda mais profundos, relacionados com as suposições que tornam possíveis as análises de sequência comparativa. Essas comparações pressupõem a precisão dos relógios moleculares, que as taxas de mutação

106 A DÚVIDA DE DARWIN

dos organismos permaneceram relativamente constantes ao longo do tempo geológico. Esses estudos também assumem, em vez de demonstrar, a teoria da descendência comum universal. Ambas as suposições são problemáticas.

Mesmo se assumirmos que a mutação e a seleção natural (e outros processos evolutivos não direcionados) podem explicar o surgimento de novas proteínas e planos corporais, não podemos presumir também que o relógio molecular da proteína avança a uma taxa constante. Ao contrário dos métodos de datação radiométrica, os relógios moleculares dependem de uma série de fatores contingentes. Como Valentine, Jablonski e Erwin observam, "diferentes genes em diferentes clados evoluem em diferentes taxas, diferentes partes dos genes evoluem em diferentes taxas e, mais importante, as taxas dentro dos clados mudaram com o tempo".[35] Essa variação é tão grande que um artigo na revista *Molecular Biology and Evolution* adverte: "A taxa de evolução molecular pode variar consideravelmente entre diferentes organismos, desafiando o conceito de 'relógio molecular'."[36]

Lembre-se também de que os relógios moleculares são calibrados com base na idade estimada de fósseis presumivelmente ancestrais. Se, entretanto, tais estimativas estiverem incorretas até mesmo por alguns milhões de anos, ou se o fóssil usado para calibrar a taxa de mutação não estiver no ponto de divergência real na árvore da vida, a taxa de mutação estimada pode estar bastante distorcida. A calibração dos relógios moleculares depende de uma compreensão precisa das relações ancestrais-descendentes entre os fósseis e seus supostos táxons descendentes. Se o fóssil usado para calibrar o tempo de divergência de dois grupos posteriores não foi realmente um ancestral verdadeiro, então o cálculo da taxa de mutação com base na idade desse fóssil pode ser grosseiramente impreciso. Como Andrew Smith e Kevin Peterson observam, "os relógios moleculares não são isentos de erros e vêm com seu próprio conjunto de problemas. A precisão da técnica depende de ter um ponto ou pontos de calibração precisos e uma filogenia confiável com ordem de ramificação correta e estimativas de comprimento de ramificação".[37] Como essas condições raramente são atendidas, "a ideia de que existe um relógio molecular universal correndo há muito tempo foi desacreditada".[38]

Aplicar o relógio molecular para datar o alegado ancestral Pré-cambriano dos animais complica ainda mais as coisas. Como há tão poucos fósseis no Pré-cambriano e nenhuma linhagem ancestral-descendente clara, a calibração do relógio molecular deve ser feita com base em linhagens fósseis muito diferentes surgidas centenas de milhões de anos depois. Na verdade, sem evidências do registro fóssil (mais antigo do que 550 milhões de anos atrás) com o qual calibrar o relógio molecular, qualquer tentativa de datar a origem dos filos animais cambrianos se torna altamente questionável.[39] Talvez por essa razão, Valentine, Jablonski e Erwin se perguntaram se "as datas do relógio molecular podem ser aplicadas de forma confiável a eventos geologicamente remotos como ramificações Neoproterozoicas dentro do Metazoa".[40] (O Neoproterozoico é a última era pré-cambriana.) Esses problemas metodológicos podem ajudar a explicar a cacofonia de resultados conflitantes.

CONTRABANDO EM DARWIN

Uma segunda suposição crucial por trás da hipótese da divergência profunda é a ideia da descendência comum de todas as formas animais, ou seja, que todos os animais Cambrianos evoluíram de um ancestral Pré-cambriano comum. Como o livro *Understanding Bioinformatics* admite, "a principal suposição feita ao construir uma árvore filogenética a partir de um conjunto de sequências é que todas são derivadas de uma única sequência ancestral, ou seja, são homólogas".[41] Ou, como afirma o livro *The Tree of Life* da Harvard University Press, "somos obrigados a supor, a princípio, que, para cada característica, estados semelhantes são homólogos", enquanto que "homólogo" no texto significa que as características são semelhantes porque compartilham um ancestral comum.[42]

Essa suposição (de descendência comum universal) levanta a possibilidade de que as entidades ancestrais representadas por pontos de divergência nesses estudos sejam artefatos das suposições pelas quais os dados moleculares são analisados. De fato, os programas de computador usados para comparar sequências moleculares foram escritos para produzir árvores que mostram ancestrais comuns e relações de ramificação, independentemente da extensão em que os genes analisados podem ou não diferir. Os estudos filogenéticos comparam duas ou mais sequências de genes e, em seguida, usam graus de diferença para determinar pontos de divergência e nós em uma árvore filogenética. Inerente a esse procedimento está a suposição de que os nós e pontos de divergência existiram no passado.

Assim, os estudos de divergência profunda não *estabelecem*, em nenhum sentido rigoroso, quaisquer formas ancestrais Pré-cambrianas. Será que um único ancestral metazoário ou bilateral único dos animais cambrianos realmente existiu? O registro fóssil Pré-cambriano–Cambriano registrado certamente não documenta tal entidade. Mas os estudos de divergência profunda também não. Em vez disso, esses estudos *presumem* a existência de tais ancestrais, e então apenas tentam, dada essa suposição, determinar há quanto tempo esses ancestrais podem ter vivido. Pode-se argumentar que os pontos de divergência conflitantes, pelo menos, mostram que existia algum ancestral comum no

108 A DÚVIDA DE DARWIN

Pré-cambriano, visto que, apesar de seus resultados conflitantes, todos os estudos de divergência indicam, pelo menos, isso. Mas, novamente, invocar estudos moleculares que pressupõem a existência de um ancestral comum como evidência de tal entidade apenas levanta a questão. Certamente não fornece nenhuma razão para usar evidências moleculares para ofuscar as evidências fósseis. Talvez as rochas Pré-cambrianas não registrem ancestrais dos animais Cambrianos porque nenhum existiu. Para excluir essa possibilidade e resolver o mistério dos fósseis ancestrais Pré-cambrianos desaparecidos, os biólogos evolucionistas não podem usar estudos que pressupõem a existência da própria entidade que seus estudos visam estabelecer.

O "SHMOO": UM ARDIL 22 REVISITADO

O conceito de divergência profunda levanta outra questão relacionada à minha discussão no final do capítulo anterior sobre o que seria necessário para documentar as formas ancestrais ausentes dos animais Cambrianos. Lembre-se de que argumentei lá que qualquer ancestral comum postulado plausível a todos os filos animais necessariamente não pode ter a maioria (ou todas) as características anatômicas específicas que distinguem um filo de outro. Quanto mais parecida com um artrópode uma hipotética forma animal, menos plausível ela teria sido ancestral dos cordados, moluscos, equinodermos, vermes anelídeos e vice-versa. Em cada caso, a lógica do projeto e o arranjo das partes necessárias para fornecer a base para um modo de vida animal impedem que ele forneça a base para outros modos de vida animal, assim como um sistema de partes fornecendo um meio de transporte (com uma bicicleta, por exemplo) normalmente impedirá o funcionamento como outra (como com um submarino, por exemplo).[43]

Por essa razão, biólogos que pensam sobre as características do ancestral mais antigo de todos os filos metazoários, o real animal no ponto de divergência profunda, normalmente postularam uma forma de vida extremamente simples, o que um biólogo evolucionário descreveu para mim como um "Shmoo", em homenagem ao famoso personagem de desenho animado em forma de gota criado por Al Capp nas décadas de 1940 e 1950. Alguns propuseram que o *ur*-animal poderia ser algo como um placozoário, um animal amorfo moderno com apenas quatro tipos de células e nenhuma simetria bilateral.[44] Outros paleontólogos caracterizaram o hipotético *ur*-metazoário sobretudo através de negativas, por referência às características de que ele *não* deve ter possuído a fim de ser uma forma ancestral comum plausível a todos os outros metazoários. (Esta necessidade de caracterizar o *ur*-metazoário através de negativas levou alguns dos principais paleontólogos a questionar se o *ur*-animal pode ser descrito através de positivas com alguma especificidade.[45])

De qualquer forma, a necessidade de caracterizar o *ur*-animal como uma forma extremamente simples similar ao "Shmoo", sem as inúmeras características e novidades anatômicas presentes nos animais Cambrianos, destaca um profundo dilema para os teóricos evolucionistas. Por um lado, para ser plausível como um ancestral comum de todos os filos animais, um *ur*-metazoário hipotético deve ter poucas características das formas metazoárias posteriores. Na verdade, quanto mais plausível o ancestral hipotético, mais simples deve ser, o que significa que não deverá ser encontrada nele a maioria das características distintivas específicas dos filos animais individuais. Mas isso significa que qualquer cenário evolucionário para a origem dos animais que postula uma forma animal "descaracterizada" como seu ponto de partida precisará visualizar essas características distintivas surgindo posteriormente. E quanto menor o número de características no ancestral comum hipotético, mais destas tais características precisarão surgir posteriormente. Esse requisito lógico implica, por sua vez, a necessidade de um ponto de divergência ainda mais profundo na história Pré-cambriana e a necessidade de mais tempo para produzir essas novidades anatômicas específicas, por sua vez, exacerbando o problema da descontinuidade fóssil. Quanto mais plausível o ancestral comum hipotético, mais profundo será o ponto de divergência necessário e maior será a descontinuidade morfológica no registro fóssil.

Por outro lado, propor um ancestral comum mais complexo (e mais anatomicamente diferenciado) mais próximo em suas afinidades a algumas formas animais Cambrianas, eliminaria a necessidade de um ponto de divergência tão profundo. No entanto, também diminuiria a plausibilidade de um ancestral hipotético como um *ur*-metazoário comum a todos os outros animais do Cambriano. Novamente, quanto mais uma forma hipotética se assemelha a uma das formas ou filos animais específicos, menos plausível ela será como ancestral de todas as outras. E esse é o dilema. Poderia ter existido uma forma animal simples o suficiente para servir como um ancestral viável comum a todos os filos animais? Talvez. Mas postular tal forma apenas aprofunda a profundidade necessária do ponto de divergência e intensifica o problema já significativo da descontinuidade fóssil Pré-cambriano–Cambriano.

PROBLEMA PROFUNDO

Análises genéticas comparativas não estabelecem um único ponto de divergência profunda e, portanto, não compensam a falta de evidência fóssil para os ancestrais Cambrianos, como o ancestral *ur*-bilateral ou *ur*-metazoário. Os resultados de diferentes estudos divergem muito dramaticamente para serem conclusivos, ou mesmo significativos; os métodos de inferir pontos de divergência são repletos de subjetividade; e todo o empreendimento depende de uma lógica suposição de princípio. Muitos dos principais paleontólogos do Cambriano, e até mesmo alguns dos principais biólogos evolucionistas, agora expressam ceticismo sobre os resultados e a importância dos estudos de divergência profunda. Por exemplo, Simon Conway Morris rejeitou a ideia de que tais estudos deveriam superar as evidências fósseis de uma radiação Cambriana mais explosiva, rasa e rápida. Depois de avaliar o histórico inconsistente de estudos de divergência profunda, ele conclui, "uma história profunda que se estende a uma origem superior a 1.000 Ma [milhões de anos] é muito improvável".[46] Conway Morris é um dos vários biólogos evolucionistas e paleontólogos Cambrianos que expressaram ceticismo sobre esses estudos.[47] De qualquer maneira, agora há poucos motivos para considerar a hipótese da divergência profunda como uma solução genuína para o enigma Cambriano.

6

A ÁRVORE DA VIDA ANIMAL

Em 2009, em homenagem ao bicentenário do nascimento de Darwin, uma obra de arte foi criada para adornar o teto de uma sala de exposição do Museu de História Natural de Londres. Um artigo na revista *Archives of Natural History* observou que a inspiração para a obra de arte, intitulada "Árvore", veio de um diagrama que Darwin havia esboçado em um de seus cadernos, que mais tarde veio a ser conhecido como a "árvore da vida" (Ver Fig. 2.11a). Um programa de rádio da BBC chamou a exibição de "Capela Sistina Darwiniana".[1] Outro artigo na *Archives of Natural History*, um jornal publicado pela Universidade de Edimburgo, observou que, a "Árvore celebra o evolucionismo darwiniano" e a "ciência e razão seculares".[2]

Para muitos biólogos, a imagem icônica da árvore da vida de Darwin representa talvez a melhor destilação do que a ciência da biologia evolutiva tem a ensinar, a saber, o "fato da evolução",[3] sem ele "nada na biologia faz sentido."[4] Embora o registro fóssil não ateste diretamente muitas das formas intermediárias esperadas representadas na árvore de Darwin, as principais autoridades afirmam que outras linhas de evidência, particularmente da genética, estabelecem firmemente a árvore de Darwin como a imagem correta da história da vida.

No capítulo anterior, vimos que há muitos bons motivos para duvidar da hipótese da divergência profunda e de sua alegação de ter determinado, com base em evidências genéticas, a época em que os animais Cambrianos começaram a evoluir a partir de ancestrais Pré-cambrianos específicos. Na verdade, a ideia de que esses estudos podem apontar quando um *ur*-metazoário ou um *ur*-bilateral surgiu gerou um ceticismo ascendente entre um número crescente de biólogos evolucionistas e paleontólogos.

112   A DÚVIDA DE DARWIN

A árvore da vida *como um todo*, entretanto, é outra questão. Muitos biólogos evolucionários acham que o caso da descendência comum *universal* é algo próximo de inatacável porque, eles argumentam, a análise de semelhanças anatômicas e genéticas convergem no mesmo *padrão* básico de descendência de um ancestral comum universal. Como afirma Richard Dawkins, "quando olhamos comparativamente para as sequências genéticas em todas essas diferentes criaturas, encontramos o mesmo tipo de árvore hierárquica de semelhança. Encontramos a mesma *árvore genealógica*, embora muito mais completa e convincentemente definida, como encontramos com todo o padrão de semelhanças anatômicas em todos os reinos vivos".[5] Da mesma forma, Jerry Coyne argumenta que as sequências de genes confirmam independentemente o mesmo conjunto de relações evolutivas, a mesma árvore básica, estabelecido a partir da análise da anatomia.[6] O químico da Universidade de Oxford, Peter Atkins, é ainda mais enfático: "Não há um único caso em que os traços moleculares de mudança sejam inconsistentes com nossas observações de organismos inteiros."[7]

Como resultado dessa confiança, os biólogos evolucionistas frequentemente descartam os fósseis precursores e intermediários Pré-cambrianos ausentes como uma anomalia menor, uma anomalia aguardando explicação por uma teoria adequada da história da vida. Porque a maioria dos biólogos evolucionistas está confiante de que uma única árvore contínua, com uma única raiz, representa melhor a história da vida, e explica tantos outros fatos diversos da biologia, eles continuam a pensar que o mesmo padrão de árvore também descreve com precisão a explosão Cambriana e a história Pré-cambriana da vida animal. Além disso, quando os biólogos evolucionistas reconstroem a história filogenética de um grupo (incluindo animais), eles normalmente o fazem de uma maneira independente do tempo. Sua preocupação é geralmente estabelecer uma ordem relativa de ramificação ao longo da árvore da vida, não estabelecer ou "apontar" uma série de datas absolutas nas quais ocorreram divergências. Assim, embora estudos de divergência profunda não estabeleçam a existência de ancestrais animais Pré-cambrianos por todas as razões discutidas no capítulo anterior, a incerteza em torno das datas nesses estudos não tem, para a maioria dos biólogos evolucionistas, minado sua confiança no padrão geral de vida animal semelhante a uma árvore. Em vez disso, muitos biólogos evolucionistas acreditam que a força da hipótese da árvore da vida como um todo, com base em outros estudos filogenéticos de genes e características anatômicas semelhantes, estabelece indiretamente a existência dos precursores evolutivos ausentes dos animais cambrianos. Como Coyne explica: "É lógico que se a história da vida forma uma árvore, com todas as espécies originando-se de um único tronco, então se pode encontrar uma origem comum para cada par de galhos (espécies existentes) rastreando cada galho de volta através de seus

A *árvore da vida animal*   113

ramos até que se cruzem no ramo que têm em comum. Este nó, como vimos, é seu ancestral comum."[8]

Com base em uma lógica semelhante, os biólogos evolucionistas no geral presumiram que o que eles pensam ser verdade para todas as outras formas de vida é verdade para as formas Cambrianas, que *deve* haver uma árvore *animal* universal, apesar da ausência de evidências fósseis e de resultados conflitantes de estudos de divergência profunda.

Para avaliar as outras evidências da genética que apoiam essa conclusão, é útil revisar como o caso da árvore animal universal é semelhante à hipótese de divergência profunda e também como é diferente. Para estabelecer tanto o fato quanto a forma da árvore da vida *animal* darwiniana, os biólogos evolucionistas há muito tempo usam métodos que pressupõem que as sequências moleculares e as semelhanças anatômicas fornecem um sinal histórico preciso sobre o passado. Assim como os estudos de divergência profunda, esses métodos de reconstrução "filogenética" presumem que as espécies ou grupos maiores (táxons) estão relacionados por descendência de um ancestral comum. (O termo filogenia, novamente, refere-se à história evolutiva de um grupo de organismos. Assim, uma "reconstrução filogenética" é uma tentativa de determinar essa história.) Esses estudos presumem que o grau de diferença entre características moleculares ou anatômicas em pares de organismos indica há quanto tempo eles divergiram de um ancestral comum. Eles também usam calibrações independentes do relógio molecular para calcular os tempos exatos de divergência.[9]

No entanto, ao contrário dos estudos de divergência profunda que tentam estabelecer apenas um único tempo de divergência, como aquele do ancestral comum de todos os filos animais, esses estudos filogenéticos mais detalhados procuram estabelecer os contornos da árvore Pré-cambriana da vida animal. Isso envolve avaliar os graus de parentesco entre representantes de todos os filos do Cambriano para estabelecer pontos e tempos de divergência múltiplos (os nós na árvore da vida), bem como os relacionamentos dos principais grupos do Cambriano.

Os investigadores empregam esses métodos mesmo na ausência de evidências fósseis que o corroborem. O geólogo do Occidental College Donald Prothero explica em seu livro sobre fósseis e evolução, seguindo uma descrição de página inteira do aparecimento descontínuo dos animais Cambrianos no registro fóssil: "Se o registro fóssil é pobre em um determinado grupo, olhamos para outra fonte de dados." Ele conclui que duas dessas fontes de dados, anatômicos e moleculares, agora "convergem para uma resposta comum", uma "que é quase certamente 'a verdade' (tanto quanto podemos usar esse termo na ciência)".[10]

114　A DÚVIDA DE DARWIN

Mas tudo isso é verdade? A análise da semelhança genética e anatômica dos animais Cambrianos realmente estabelece que a história da vida animal é melhor retratada como uma árvore que se ramifica continuamente? O padrão de uma árvore ramificada retrata com precisão a história da vida animal Pré-cambriana e Cambriana e, ao fazer isso, estabelece a existência de formas Pré-cambrianas que o registro fóssil falha em documentar?

A ÁRVORE DA VIDA ANIMAL PRÉ-CAMBRIANA E CAMBRIANA

A história aconteceu uma vez. E se Richard Dawkins estiver correto ao dizer que "existe, afinal, uma verdadeira árvore da vida, o padrão único de ramificações evolutivas que realmente aconteceu"[11], então a história evolutiva também aconteceu uma vez. Consequentemente, se pensarmos em árvores evolucionárias que descrevem as relações de grupos de animais como *hipóteses* sobre uma história não observada (que é o que eles são), então ter duas ou mais hipóteses *conflitantes* sobre apenas uma história, a história que realmente aconteceu, significa que não descobrimos o que aconteceu. Um livro didático amplamente usado sobre métodos filogenéticos explica isso: "O fato de haver apenas uma árvore verdadeira [...] fornece a base para testar hipóteses alternativas. Se duas hipóteses são geradas para o mesmo grupo de espécies, podemos concluir que, pelo menos, uma dessas hipóteses é falsa. Claro, é possível que ambas sejam falsas e alguma outra árvore seja verdadeira."[12]

Quando um corpo de evidências apoia várias hipóteses históricas conflitantes, as evidências não podem estar enviando um sinal histórico definitivo sobre o que aconteceu no passado. Isso levanta a possibilidade de que ele não esteja realmente enviando nenhum sinal. Por outro lado, quando a evidência leva os investigadores a convergir em torno de uma única hipótese histórica, quando uma hipótese explica melhor um grupo inteiro de pistas, é muito mais provável que a evidência esteja nos dizendo o que realmente aconteceu.

Considere, a título de ilustração, um caso em que conhecemos uma história verdadeira das relações ancestrais–descendentes para ver como as evidências podem convergir em torno de uma única história (inequívoca). Entre 1839 e 1856, Charles Darwin e sua esposa, Emma, tiveram dez filhos, listados abaixo em ordem alfabética:

Anne

Charles

Elizabeth

Francis

George

Henrietta

Horace

Leonard

Mary

William

Essa lista alfabética, é claro, não é sua ordem de nascimento real. Em vez disso, é uma de um grande número de ordens de nascimento possíveis para os filhos de Darwin, das quais apenas uma é a sequência correta. Na verdade, apenas um desses arranjos pode representar a verdadeira história da família Darwin.

Agora, suponha que eu dei a você e a alguns amigos uma pilha de evidências históricas sobre os filhos de Darwin e pedi que você "resolvesse a ordem de nascimento deles". Ninguém consideraria o problema resolvido se você voltasse com mais de uma ordem. Por outro lado, se você voltasse e apresentasse uma única hipótese coerente da ordem de nascimento apoiada por evidências de registros de nascimento, cartas de família e fotografias dos arquivos da família Darwin, isso forneceria uma evidência convincente de que você obteve a solução correta. Uma vez que existe apenas uma história verdadeira, uma vez que você a encontre, as evidências tenderão a se encaixar naturalmente.

Mas será que as evidências de uma árvore da vida animal Pré-cambriana se encaixam de forma semelhante ou geram várias histórias conflitantes? Já vimos que a evidência fóssil não aponta para uma árvore Pré-cambriana específica da vida animal, ou talvez para qualquer árvore. Também vimos que a evidência genética por si só não estabelece um único ponto de divergência para a evolução animal. Mas e quanto às evidências genéticas e anatômicas juntas? *Essa* evidência converge para uma única história de vida animal? Nesse caso, isso poderia muito bem compensar a falta de evidências fósseis. Caso contrário, pareceria levantar uma questão óbvia: as "afinidades" genéticas e anatômicas observadas entre os filos Cambrianos estão sequer enviando sinais históricos confiáveis?

HISTÓRIAS CONFLITANTES

Existem várias razões para duvidar de que as evidências de similaridade genética e anatômica estão enviando um sinal confiável da história inicial da vida

116 A DÚVIDA DE DARWIN

animal. Em primeiro lugar, as comparações de moléculas diferentes frequentemente geram árvores divergentes. Segundo, as comparações de características anatômicas e moléculas frequentemente produzem árvores divergentes. Terceiro, as árvores baseadas apenas em características anatômicas diferentes frequentemente se contradizem. Vamos examinar cada problema.

Moléculas vs. moléculas

Assim como os dados moleculares não apontam inequivocamente para uma única data para o último ancestral comum de todos os animais Cambrianos (o ponto de divergência profunda), eles não apontam inequivocamente para uma única árvore coerente representando a evolução dos animais no Pré-cambriano. Numerosos artigos observaram a prevalência de árvores contraditórias com base em evidências da genética molecular. Um artigo de 2009 na *Trends in Ecology and Evolution* observa que "as árvores evolucionárias de diferentes genes geralmente têm padrões de ramificação conflitantes".[13] Da mesma forma, um artigo de 2012 na *Biological Reviews* reconhece que "o conflito filogenético é comum e, frequentemente, a norma, e não a exceção".[14] Ecoando essas opiniões, uma reportagem de capa e um artigo de crítica de janeiro de 2009 na *New Scientist* observou que, hoje, o projeto da árvore da vida "está em frangalhos, despedaçado por um ataque de evidências negativas". Como o artigo explica: "Muitos biólogos agora argumentam que o conceito da árvore está obsoleto e precisa ser descartado", porque as evidências sugerem que "a evolução dos animais e das plantas não é exatamente como uma árvore."

O artigo da *New Scientist* citou um estudo de Michael Syvanen, biólogo da Universidade da Califórnia em Davis, que estudou as relações entre vários filos que surgiram pela primeira vez no Cambriano.[15] O estudo de Syvanen comparou 2 mil genes em 6 animais abrangendo filos tão diversos quanto cordados, equinodermos, artrópodes e nematódeos. Sua análise não resultou em um padrão consistente de árvore. Como relatou a *New Scientist*: "Em teoria, ele deveria ser capaz de usar as sequências de genes para construir uma árvore evolucionária mostrando as relações entre os 6 animais. Ele falhou. O problema era que genes diferentes contavam histórias evolutivas contraditórias." O próprio Syvanen resumiu os resultados nos termos mais contundentes: "Acabamos de aniquilar a árvore da vida. Não é mais uma árvore, é uma topologia totalmente diferente [padrão da história]. O que Darwin pensaria disso?"[16]

Outros estudos tentando esclarecer a história evolutiva e as relações filogenéticas dos filos animais encontraram dificuldades semelhantes. O sistematista molecular da Universidade Vanderbilt, Antonis Rokas, é um líder entre os biólogos que usam dados moleculares para estudar as relações filogenéticas dos animais. No entanto, ele admite que um século e meio depois de *A Origem das Espécies*, "uma árvore da vida completa e precisa continua sendo um objetivo elusivo".[17] Em 2005, durante o curso de um estudo autoritário que ele eventualmente copublicou na *Science*, Rokas foi confrontado com essa dura realidade. O estudo procurou determinar a história evolutiva dos filos animais, analisando cinquenta genes em dezessete táxons. Ele esperava que uma única árvore filogenética dominante surgisse. Rokas e sua equipe relataram que "uma matriz de dados de cinquenta genes não resolve as relações entre a maioria dos filos do Metazoa" porque gerou diversas filogenias e sinais históricos conflitantes. Sua conclusão foi sincera: "Apesar da quantidade de dados e da amplitude dos táxons analisados, as relações entre a maioria dos filos metazoários permaneceram sem solução."[18]

Em um artigo publicado no ano seguinte, Rokas e o biólogo Sean B. Carroll da Universidade de Wisconsin em Madison chegaram a afirmar que "certas partes críticas da TOL [árvore da vida] podem ser difíceis de resolver, independentemente da quantidade de dados convencionais disponíveis".[19] Esse problema se aplica especificamente às relações dos filos animais, onde "muitos estudos recentes relataram suporte para muitas alternativas de filogenias conflitantes."[20] Os investigadores que estudaram a árvore animal descobriram que "uma grande fração de genes únicos produz filogenias de baixa qualidade", de modo que, em um caso, um estudo "omitiu 35% de genes únicos de sua matriz de dados, porque esses genes produziram filogenias em desacordo com a sabedoria popular".[21] Rokas e Carroll tentaram explicar as muitas árvores contraditórias propondo que os filos animais podem ter evoluído muito rapidamente para que os genes registrassem algum sinal de relações filogenéticas nos respectivos genomas. Em sua opinião, se o processo evolutivo responsável pela novidade anatômica se der suficientemente rápido, não haveria tempo suficiente para as diferenças se acumularem em marcadores moleculares importantes, em particular aqueles usados para inferir relações evolutivas em diferentes filos animais. Então, com tempo suficiente, qualquer sinal que tenha existido poderia se perder. Assim, quando grupos de organismos se ramificam rapidamente e evoluem separadamente por longos períodos de tempo, isso "pode sobrepujar o verdadeiro sinal histórico"[22], levando à incapacidade de determinar as relações evolutivas.

Seu artigo traz a discussão da explosão Cambriana a um círculo completo, desde a tentativa de usar genes para compensar a ausência de evidências fósseis até o reconhecimento de que os genes não transmitem nenhum sinal claro sobre as relações evolutivas dos filos preservados pela primeira vez por fósseis no Cambriano. A lógica de sua análise também os leva a uma conclusão estranhamente familiar. Uma vez que a análise dos principais marcadores genéticos, como os genes rastreados em estudos de relógio molecular que presumivelmente acumulam mutações a uma taxa constante, mostra um baixo número de diferenças mutacionais entre os filos animais Cambrianos, Rokas e Carroll concluem a partir de *evidências especificamente genéticas* que os filos devem ter divergido rapidamente. Como eles colocaram em outro artigo, "as inferências dessas duas linhas independentes de evidência (moleculares e fósseis) apoiam uma visão da origem do Metazoa como uma radiação comprimida no tempo".[23] Assim, a incapacidade de reconstruir a história evolutiva dos filos animais a partir dos dados moleculares não apenas falha em estabelecer um padrão de descendência Pré-cambriano; ironicamente, também reafirma a extrema rapidez da origem das formas animais Cambrianas.

Moléculas vs. anatomia

Em 1965, o químico Linus Pauling e o biólogo Emile Zuckerkandl, frequentemente aclamados como os pais do conceito de relógio molecular, propuseram uma forma rigorosa de confirmar as filogenias evolutivas. Eles sugeriram que se os estudos de anatomia comparativa e sequências de DNA gerassem árvores filogenéticas semelhantes, então "a melhor prova única disponível da realidade da macroevolução seria fornecida".[24] Como eles explicaram, "apenas a teoria da evolução [...] poderia razoavelmente explicar tal congruência entre as linhas de evidência obtidas de forma independente".[25] Ao focar a atenção nessas duas linhas independentes de evidência e na possibilidade de sua convergência (ou conflito), Pauling e Zuckerkandl forneceram uma maneira clara e mensurável de testar a tese neodarwiniana da ancestralidade comum universal.

E de acordo com alguns cientistas, estudos de homologias moleculares confirmaram as expectativas sobre a história dos filos animais derivadas de estudos de anatomia comparada. Depois de citar o teste de Pauling e Zuckerkandl, Douglas Theobald afirma em seu artigo "29+ Evidences for Macroevolution" [29+ Evidências para Macroevolução, em tradução livre] que "árvores filogenéticas bem determinadas inferidas da evidência independente da morfologia e sequências moleculares correspondem a um grau extremamente alto de significância estatística".[26]

Na realidade, porém, a literatura técnica conta uma história diferente. Estudos de homologias moleculares frequentemente falham em confirmar árvores evolucionárias que descrevem a história dos filos animais derivados de estudos de anatomia comparativa. Em vez disso, durante a década de 1990, no início da revolução na genética molecular, muitos estudos começaram a mostrar que as árvores filogenéticas derivadas da anatomia e aquelas derivadas de moléculas frequentemente se contradiziam.

Provavelmente, o conflito mais prolongado desse tipo diz respeito a uma filogenia amplamente aceita para os animais bilaterais. Esse esquema de classificação foi originalmente obra da influente zoóloga americana Libbie Hyman.[27] A visão de Hyman, geralmente conhecida como hipótese "Celomata", baseava-se em sua análise de características anatômicas, principalmente camadas germinativas (ou tecido primário), planos de simetria corporal e, especialmente, a presença ou ausência de uma cavidade central do corpo chamada de "celoma", que dá o nome à hipótese. Na hipótese Celomata, os animais bilaterais foram classificados em três grupos, os Acelomata, os Pseudocelomata e os Celomata, cada um abrangendo vários filos de animais bilaterais diferentes.[28] (Ver Fig. 6.1a.)

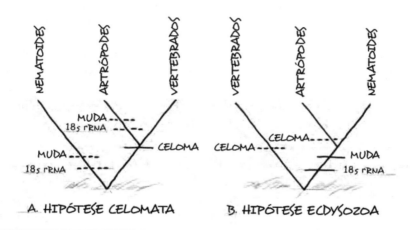

FIGURA 6.1
A maneira como os cientistas reconstroem a história evolutiva depende de quais semelhanças eles consideram reveladoras da verdadeira história da descendência (homologia) e quais semelhanças consideram enganosas (homoplasia). Os defensores da hipótese Celomata (Figura 6.1a) consideram o celoma (cavidade corporal) como uma característica homóloga. Assim, eles pensam que a presença de um celoma em artrópodes e vertebrados indica um ancestral comum que possuía um celoma (indicado pela linha horizontal contínua em 6.1a). Mas os defensores da hipótese Ecdysozoa (6.1b) pensam que o celoma evoluiu, pelo menos, duas vezes de forma independente (indicado pelas duas linhas horizontais tracejadas na Figura 6.1b). Eles consideram a presença do celoma como uma semelhança historicamente enganosa, que não indica a presença dessa característica no ancestral comum mais recente dos grupos que a possuem. Essas duas hipóteses e suas histórias implícitas não são congruentes e não podem ser ambas verdadeiras.

120 A DÚVIDA DE DARWIN

Então, em meados da década de 1990, um arranjo muito diferente desses grupos de animais foi proposto com base na análise de uma molécula presente em cada um (o RNA ribossômico 18S; ver Fig. 6.1b). A equipe de pesquisadores que propôs esse arranjo publicou um artigo inovador na *Nature* com um título que surpreendeu muitos morfologistas: "Evidence for a Clade of Nematodes, Arthropods and Other Moulting Animals" [Evidência para um Clado de Nematoides, Artrópodes e Outros Animais que Sofrem Ecdise, em tradução livre].[29] O artigo observou a sabedoria convencional, com base na hipótese de Hyman, de que artrópodes e anelídeos eram intimamente relacionados porque ambos os filos tinham planos corporais segmentados.[30] Mas o estudo do RNA ribossômico 18S sugeriu um agrupamento diferente, que colocava artrópodes próximos dos nematoides dentro de um grupo de animais que sofrem ecdise, que eles chamaram de "Ecdysozoa". Essa relação surpreendeu os anatomistas, uma vez que artrópodes e nematoides não se parecem exatamente primos próximos. Artrópodes (como trilobitas e insetos) têm celomas, enquanto nematoides (como o minúsculo verme *Caenorhabditis elegans*) não, levando muitos biólogos evolucionistas a acreditarem que os nematoides eram animais primitivos ramificados apenas distantemente relacionados aos artrópodes.[31] O artigo da *Nature* explicou o quão inesperado era esse agrupamento de artrópodes e nematoides: "Considerando as morfologias, características embriológicas e histórias de vida muito diferentes dos animais que sofrem ecdise, foi inicialmente surpreendente que a árvore de RNA ribossômico os agrupasse."[32]

Desde que a hipótese Ecdysozoa foi proposta pela primeira vez, outros cientistas se opuseram vigorosamente, reafirmando a hipótese de Celomata, com base na análise de outras evidências moleculares.[33] Os defensores do agrupamento Ecdysozoa recuaram duramente, no entanto,[34] argumentando que, interpretada corretamente, a evidência genética disponível apoia a hipótese Ecdysozoa, não a Celomata.[35]

Meu objetivo ao resumir essas disputas é simplesmente observar que os dados moleculares e anatômicos comumente discordam, que se podem encontrar partidários de todos os lados, que o debate é persistente e contínuo e que, portanto, as declarações de Dawkins, Coyne e muitos outros sobre todas as evidências (moleculares e anatômicas) que sustentam uma árvore animal única e inequívoca são manifestamente falsas. Como pode ser facilmente visto comparando as Figuras 6.1a e 6.1b,[36] essas hipóteses, Celomata e Ecdysozoa, se contradizem. Embora ambas possam ser falsas, ambas não podem ser verdadeiras.

Vários artigos que analisam outros grupos encontraram discrepâncias semelhantes entre as versões moleculares e morfológicas da árvore animal. Um artigo de Laura Maley e Charles Marshall na revista *Science* observou: "As re-

A árvore da vida animal 121

lações animais derivadas desses novos dados moleculares às vezes são muito diferentes daquelas implícitas nas avaliações mais antigas e clássicas da morfologia."[37] Por exemplo, quando as tarântulas foram usadas como representantes dos artrópodes, os artrópodes foram agrupados mais próximos aos moluscos do que aos deuterostômios (animais que desenvolvem o ânus primeiro e bocas depois). Isso faz sentido porque tanto os moluscos quanto os artrópodes são protostômios (animais que desenvolvem a boca primeiro e o ânus depois). Mas quando a artêmia foi usada como representante dos artrópodes, os artrópodes divergiram dos demais a ponto de se tornarem excluídos. Agora, os moluscos eram agrupados mais próximos aos deuterostômios, longe dos artrópodes, um resultado claramente diferente da filogenia convencional baseada em características anatômicas.[38]

Há muitos exemplos de conflitos semelhantes. A filogenia tradicional colocava esponjas na parte inferior da árvore animal, com ramos de filos progressivamente mais complexos (por exemplo, cnidários, platelmintos, nematoides). Mas Valentine, Jablonski e Erwin observam que as moléculas "indicam uma configuração muito diferente" da árvore, onde alguns filos deuterostômios mais elevados se ramificam muito cedo e alguns filos comparativamente menos complexos se ramificam muito tarde.[39]

Da mesma forma, estudos morfológicos sugerem que phoronidas (ver Fig. 3.6) e braquiópodes (ver Fig. 1.3), ambos animais marinhos que se alimentam através de filtros, são deuterostômios, mas estudos moleculares os classificam dentro de protostômios.[40] Os estudos morfológicos geralmente implicam que as esponjas são monofiléticas (todas parte de um ramo exclusivo da árvore da vida) por causa de sua arquitetura corporal distinta, mas estudos moleculares sugerem que as esponjas não pertencem a um único grupo unificado, com algumas esponjas mais intimamente relacionadas às medusas do que a outras esponjas.[41] Cnidários e ctenóforos têm planos corporais semelhantes, o que leva muitos a pensar que eles eram intimamente relacionados com base na morfologia. Mas os dados moleculares distanciaram esses filos significativamente.[42] Como observa um importante artigo crítico na *Nature* em 2000: "As árvores evolucionárias construídas pelo estudo de moléculas biológicas muitas vezes não se parecem com aquelas elaboradas a partir da morfologia."[43] E o problema não está melhorando com o tempo. Um artigo de 2012 admite que conjuntos de dados maiores não estão resolvendo este problema: "A incongruência entre filogenias derivadas de análises morfológicas versus moleculares e entre árvores baseadas em diferentes subconjuntos de sequências moleculares tornou-se generalizada conforme conjuntos de dados se expandiram rapidamente em caracteres e espécies."[44]

Na verdade, as discrepâncias generalizadas entre dados moleculares e morfológicos e entre várias árvores baseadas em moléculas levaram alguns a concluir que Pauling e Zuckerkandl estavam errados ao presumirem que o grau de similaridade indica o grau de parentesco evolutivo.[45] Como Jeffrey H. Schwartz e Bruno Maresca colocaram na revista *Biological Theory*: "Essa suposição deriva da interpretação da similaridade molecular (ou dissimilaridade) entre taxa no contexto de um modelo darwiniano de mudança contínua e gradual. A análise da história da sistemática molecular e suas reivindicações no contexto da biologia molecular revela que não há base para a 'suposição molecular'."[46]

Anatomia vs. anatomia

As tentativas de inferir um quadro consistente da história da vida animal com base na análise das características anatômicas de diferentes animais também se mostraram problemáticas. Em primeiro lugar, existe um problema geral e antigo com as tentativas de inferir a história evolutiva dos filos animais a partir de características anatômicas semelhantes. No nível dos filos, isto é, quando alguém compara os filos entre si e tenta determinar sua ordem de ramificação, o número de características anatômicas compartilhadas disponíveis para inferir relações evolutivas cai dramaticamente. Existe uma razão óbvia para isso. Por exemplo, um caráter anatômico como a "perna", que é útil para diagnosticar e comparar artrópodes, que possuem pernas, mostra-se inútil para fazer comparações entre (por exemplo) braquiópodes ou briozoários, que não possuem. Da mesma forma, características estruturais básicas de sistemas projetados por humanos, como um casco estanque encapsulado, um "traço" distintivo de um submarino, podem ajudar a distingui-lo de um navio de cruzeiro, que é estanque apenas em sua parte inferior. Mas essa "característica" seria irrelevante para comparar e classificar, digamos, pontes suspensas, motocicletas ou televisores de tela plana. De maneira semelhante, os biólogos atestam que há apenas um punhado de caracteres altamente abstratos, como simetria corporal radial versus bilateral, o número de camadas de tecido fundamentais (triblástico, três camadas, versus diblástico, duas camadas), ou o tipo de cavidade corporal presente (celoma verdadeiro, pseudoceloma ou nenhum celoma), disponível para comparações morfológicas das diversas formas animais. No entanto, os biólogos evolucionistas frequentemente contestam a validez desses traços um tanto abstratos como guias para a história evolutiva.[47] Além disso, assim como as árvores baseadas na análise de diferentes conjuntos de genes ou proteínas semelhantes frequentemente entram em conflito, as árvores construídas com base em diferentes características de desenvolvimento e anatômicas também o fazem.

A *árvore da vida animal* 123

Quando os biólogos constroem árvores filogenéticas com base nas características anatômicas, eles normalmente agrupam os filos animais de acordo com a presença ou ausência de várias características-chave. Por exemplo, a versão padrão da árvore animal, baseada na anatomia, agrupa os animais de acordo com o estilo de simetria e modo de desenvolvimento do plano corporal. Como observado anteriormente, todos os animais com simetria espelhada ao longo de seus eixos verticais da cabeça à cauda caem dentro do grupo Bilateral. Animais com simetria radial (ou sem simetria) estão fora desse grupo. Dentro do Bilateral, os taxonomistas distinguem outros grupos principais, protostômios e deuterostômios, com base em seus diferentes modos de desenvolvimento do plano corporal, ou seja, "primeiro a boca" ou "primeiro o ânus".

No entanto, surge uma dificuldade significativa quando os biólogos evolucionistas consideram como uma característica particularmente fundamental, o modo de formação das células germinativas, é distribuída entre vários grupos na árvore da vida animal canônica (ver Fig. 6.2).[48] As células germinativas produzem óvulos e espermatozoides (em qualquer espécie de reprodução sexuada) ou gametas (em qualquer espécie de reprodução assexuada), dando origem à próxima geração.[49] Os animais têm duas formas principais de gerar células germinativas. Em um modo de formação de células germinativas, conhecido como pré-formação, as células herdam sinais *internos* de uma região dentro de sua própria estrutura celular para se tornarem células germinativas (ilustradas por quadrados pretos sólidos na Fig. 6.3a). Na outra forma principal de geração de células germinativas, conhecida como epigênese, as células germinativas recebem sinais *externos* dos tecidos circundantes para se tornarem células germinativas primordiais (CGP, ilustradas por quadrados brancos sólidos na Fig. 6.3b).

A formação de células germinativas tem uma importância evolutiva indiscutível. Para evoluir, uma população ou espécie deve deixar descendência; para deixar descendência, as espécies de animais devem gerar células germinativas primordiais. Sem CGPs, sem reprodução; sem reprodução, sem evolução.

Pode-se esperar, portanto, que se um grupo de animais é derivado de um ancestral comum (com um modo particular de produção de gametas), então o modo de formação de células germinativas também deve ser essencialmente o mesmo de uma espécie animal para a próxima naquele grupo. Além disso, assumindo a ancestralidade comum de todos os animais, nossa expectativa de modos homólogos de formação de células germinativas entre os animais deve ser mais alta do que para qualquer outro tipo de tecido, linha celular ou modo de desenvolvimento. Por quê? Porque as mutações que afetam os mecanismos de desenvolvimento que governam a formação da CGP inevitavelmente afetam o sucesso da reprodução.[50] Novamente, se uma espécie não pode se reproduzir,

124 A DÚVIDA DE DARWIN

ela não pode evoluir.[51] Assim, grupos semelhantes de animais, na verdade, todos os animais, se descendem de um ancestral comum, devem exibir o mesmo modo básico de formação de células germinativas. Além disso, a árvore evolutiva derivada de uma análise do "modo de formação de células germinativas" deve ser congruente com as árvores derivadas de outras características fundamentais (como simetria do plano corporal, modo de desenvolvimento, número de tecidos primários e assim por diante).

Mas o modo de formação das células germinativas é quase que aleatoriamente distribuído entre os diferentes grupos de animais, tornando impossível gerar uma árvore coerente com base nessa característica, muito menos fazer qualquer comparação entre tal árvore e a árvore canônica. Observe também a distribuição dos dois modos básicos de desenvolvimento de células germinativas dentro dos filos animais, conforme representado na árvore canônica. A Figura 6.4, derivada do trabalho da bióloga do desenvolvimento de Harvard, Cassandra Extavour,[52] mostra essa distribuição e fornece outra maneira de compreender a incongruência que surge quando se analisa diferentes características anatômicas.

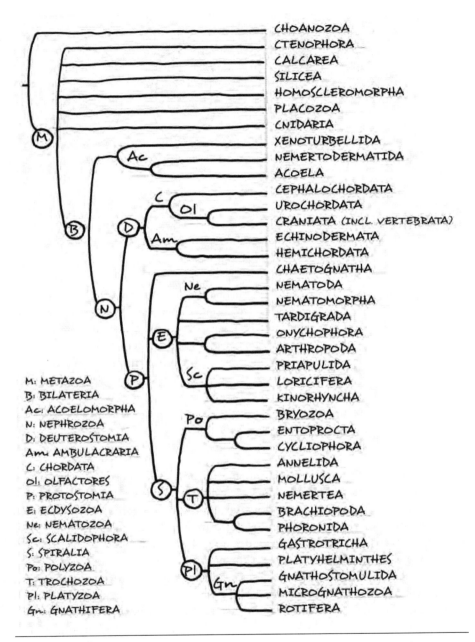

FIGURA 6.2
A árvore canônica dos Metazoa, conforme determinada pela análise de caracteres anatômicos e genes selecionados.

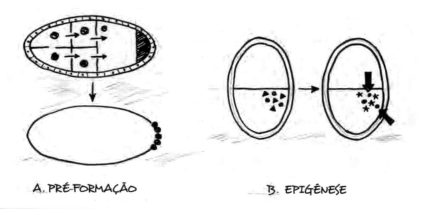

FIGURA 6.3
Dois modos de formação de células germinativas. *Figura 6.3a (esquerda):* Em moscas-das-frutas, à medida que o óvulo está sendo formado, as células nutrizes da mãe (as quatro células à esquerda da câmara oval do óvulo, indicadas por grandes círculos pretos) depositam proteínas e RNAs, que são transportados para o polo posterior do óvulo (indicado pela mancha escura à direita da grande célula à direita). Essas moléculas sintetizadas pela mãe, então, desencadeiam o desenvolvimento das células germinativas e dos órgãos sexuais da mosca durante a embriogênese. *Figura 6.3b (direita):* Nos óvulos de camundongos não há produtos depositados pela mãe que determinem a formação de células germinativas. Em vez disso, conforme o embrião desenvolve uma subpopulação de células (representada pelos triângulos à esquerda), que expressam "genes de competência da linha germinativa". Essas células então "leem" os sinais que chegam de outros tecidos (veja as setas), fazendo com que as células se diferenciem em células germinativas primordiais (conforme indicado pelas estrelas à direita).

Observe que os dois modos de formação de células germinativas não se agrupam em partes separadas da árvore canônica. Em vez disso, eles são distribuídos aleatoriamente entre vários filos em diferentes ramos da árvore. Nos protostômios, por exemplo, os modos de formação de células germinativas se ativam e desativam algumas vezes entre a pré-formação e a epigênese. O mesmo ocorre com os deuterostômios: a formação de células germinativas varia quase ao acaso, e vários grupos exibem ambos os modos, tornando difícil ou impossível determinar qual característica estava presente em diferentes pontos de ramificação ancestral. Observando esse padrão de distribuição, Cassandra Extavour conclui que "os dados atualmente disponíveis não podem sugerir homologias dos componentes somáticos das gônadas metazoárias".[53]

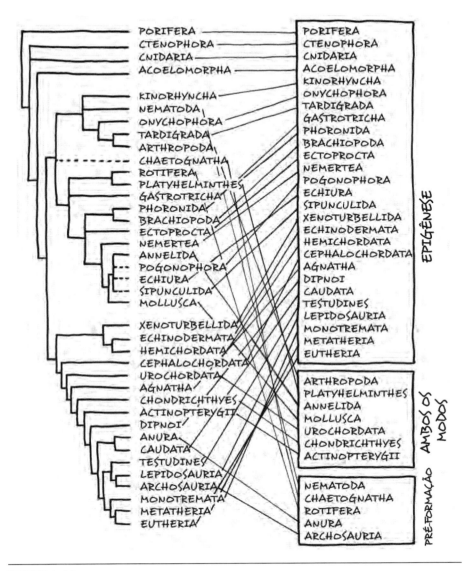

FIGURA 6.4
A distribuição dos modos de formação de células germinativas primordiais (epigênese, pré-formação ou ambas) entre vários grupos de animais. As linhas finas sólidas entre as caixas à direita e os nomes dos filos à esquerda mostram onde os diferentes modos de formação de células germinativas estão presentes em diferentes filos. A distribuição quase aleatória de tipos de formação de células germinativas entre os vários grupos de animais torna impossível gerar uma filogenia animal (história evolutiva) com base nestas características que corresponderão à história evolutiva implícita na árvore da vida animal canônica.

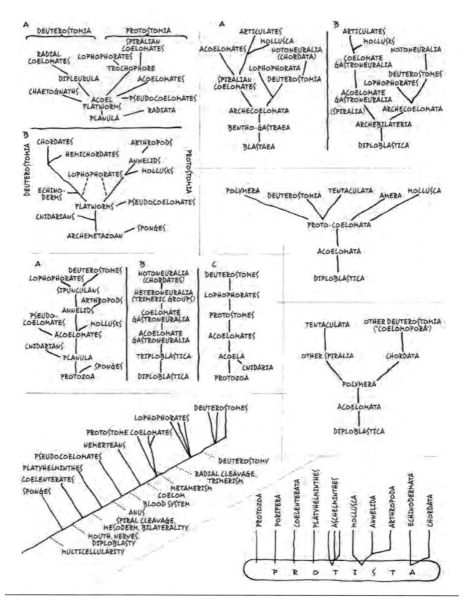

FIGURA 6.5
Uma seleção de árvores filogenéticas incompatíveis (mutuamente incongruentes) que representam a história dos principais grupos de animais, extraídas da literatura zoológica e evolutiva (1940 até o presente). Nota: As definições de alguns grupos taxonômicos em algumas dessas árvores filogenéticas podem ter mudado significativamente desde o tempo em que essas filogenias foram originalmente construídas. Os comprimentos dos ramos nem sempre podem ser desenhados à escala.

A *árvore da vida animal* 129

Depois de completar um levantamento de muitas dessas dificuldades, o zoólogo Pat Willmer da Universidade de St. Andrews e o zoólogo Peter Holland da Universidade de Oxford, especialistas em anatomia de invertebrados, chegaram a esta conclusão: "Juntas, as reavaliações modernas de evidências tradicionais apoiam subconjuntos diferentes *e mutuamente exclusivos* de relações [filogenéticas]."[54] Eles também observam que "padrões de simetria, o número de camadas germinativas no corpo, a natureza da cavidade corporal e a presença ou tipo de repetição em série [segmentação] foram usados para inferir ancestralidade comum". Mas, eles explicam, a história filogenética que essas características contam "agora é inaceitável ou, pelo menos, controversa" porque os dados são, na melhor das hipóteses, inconsistentes.[55]

O registro histórico da incerteza contínua sobre a árvore da vida animal desde 1859 confirma, como um livro didático respeitado sobre animais invertebrados explica, "a análise filogenética no nível dos filos é altamente problemática".[56] Como resultado, "o estudo da filogenia animal de nível superior rendeu uma literatura extensa, mas com relativamente pouco consenso detalhado. Na verdade, não existe tal coisa como 'a filogenia tradicional dos livros didáticos'. Uma diversidade de esquemas diferentes pode ser encontrada".[57] Para avaliar esse problema visualmente, observe as Figuras 6.1a e 6.1b e também a Figura 6.5. Estas mostram algumas das muitas filogenias de metazoários, baseadas na anatomia, publicadas no século XX. Esses padrões de ramificação claramente não concordam uns com os outros.

AS SUPOSIÇÕES DA INFERÊNCIA FILOGENÉTICA

Todos esses problemas ressaltam várias dificuldades fundamentais dos métodos de reconstrução filogenética. Quando os biólogos analisam vários traços anatômicos ou genes, os filos animais constantemente desafiam as tentativas de organizá-los no padrão de uma única árvore. No entanto, se houve um período de evolução oculta do Pré-cambriano e se as análises comparativas de sequência revelam a história real da vida animal e, por implicação, a existência de formas animais Pré-cambrianas, os estudos filogenéticos deveriam convergir mais e mais em torno de uma única árvore da vida animal. Assim como apenas um possível ponto de divergência poderia representar o evento no qual as formas animais começaram a evoluir a partir de um ancestral animal comum, apenas uma das muitas árvores produzidas pela análise filogenética pode representar a verdadeira história Pré-cambriana da vida animal. Se, em vez disso, as análises filogenéticas geram consistentemente diferentes histórias evolutivas possíveis, é difícil ver como qualquer uma delas poderia ser creditada por enviar um sinal histórico confiável. Novamente, a história da vida animal só aconteceu uma vez.

Pode-se argumentar que essas árvores conflitantes mostram, pelo menos, que *algum* padrão evolutivo semelhante a uma árvore de ancestralidade comum precedeu o Cambriano, uma vez que todas as árvores conflitantes afirmam isso. Mas, novamente, todos eles "mostram" isso porque todos pressupõem, não porque demonstram.

EVOLUÇÃO CONVERGENTE

Há ainda outra razão para questionar se os estudos de homologia anatômica ou molecular transmitem algo definitivo sobre a história da vida. Muitos animais têm traços ou características únicas em comum com animais claramente diferentes. Nesses casos, não faz sentido evolucionário classificar essas formas como ancestrais intimamente relacionados. Por exemplo, toupeiras e grilos-toupeira-europeus têm membros dianteiros notavelmente semelhantes, embora as toupeiras sejam mamíferos e os grilos-toupeira-europeus sejam insetos. Nenhum biólogo evolucionista considera esses dois animais intimamente relacionados, por razões compreensíveis.

A teoria da descendência comum universal pressupõe que, geralmente, quanto mais semelhantes dois organismos são, mais intimamente relacionados eles devem ser. Assumindo uma descendência comum, animais com planos corporais totalmente diferentes não devem ser intimamente relacionados. A presença de características ou estruturas individuais quase idênticas dentro de organismos que exemplificam planos corporais diferentes não pode, portanto, ser atribuída à evolução de um ancestral comum. Em vez disso, os biólogos evolucionistas atribuem características ou estruturas semelhantes em tal contexto à chamada *evolução convergente*, a origem separada ou independente de caracteres semelhantes emergindo em linhas de descendência separadas após o ponto em que essas linhas divergiram de seu último ancestral comum. A evolução convergente demonstra que a similaridade nem sempre implica homologia ou herança de um ancestral comum.

Por essa razão, a frequente necessidade de postular a evolução convergente (e outros mecanismos relacionados)[58] lança mais dúvidas sobre o método de reconstrução fisiológica. Invocar a evolução convergente nega a própria lógica do argumento da homologia, que afirma que a similaridade implica ancestralidade comum, exceto naqueles muitos, muitos casos em que isso não acontece, e que agora sabemos sobre. Invocar repetidamente a convergência nega a suposição que justificou o método de reconstrução filogenética em primeiro lugar, isto é, que a similaridade é um sinal histórico confiável de ancestralidade comum.

UMA REUNIÃO DE FAMÍLIA?

Então, que lição devemos tirar dessas muitas árvores conflitantes? Claramente, esses resultados contraditórios questionam a existência de uma árvore canônica da vida animal. Para entender o porquê, imagine ser convidado para um evento anunciado como uma grande reunião de família, onde disseram que você vai encontrar centenas de parentes, a maioria dos quais você nunca conheceu. Vamos chamar a descrição do convite de "hipótese da reunião". O convite indica que está prevista uma fotografia de grupo, na qual os parentes serão agrupados de acordo com o seu grau de relacionamento (primos de primeiro grau com primos de primeiro grau etc.).

Você aparece e pega uma salada de repolho, ansioso para conhecer esses muitos parentes até então desconhecidos. Você vê as centenas reunidas e tem todos os motivos para acreditar que a "hipótese da reunião" é verdadeira. Afinal, o convite em sua caixa de correio descreveu o evento como uma reunião de família.

Com o passar do dia, porém, algo parece errado. Aqui e ali, você vê características faciais familiares e pensa, "sim, aquela pessoa poderia ser minha prima", mas a maioria dos participantes e todos os estranhos com quem você conversa não apresentam semelhanças familiares perceptíveis. Nem parece que ninguém compartilha qualquer relacionamento pessoal com outra pessoa na reunião, não importa quanto tempo eles conversem e tentem estabelecer pontos em comum. Além do mais, cada pessoa conta uma versão diferente de sua história familiar. Você tenta agrupar os estranhos por características físicas (altura, cor do cabelo, tipo de corpo e assim por diante), mas as características que você encontra não fornecem evidências de laços familiares ou conexões genealógicas. Quaisquer pontos em comum que você encontre, se recusam a formar uma história coerente e consistente. Os pedigrees não são claros. A hipótese da reunião está sob grande pressão.

Quando a fotógrafa chega, ela corajosamente tenta reunir todos para a fotografia planejada. O caos se instala. Ninguém sabe onde ficar, porque as relações familiares são muito obscuras, se é que existem. Depois de perambular desesperadamente por cerca de meia hora, as pessoas partem para seus carros, perguntando-se por que se deram ao trabalho de comparecer ao piquenique e, na verdade, por que foram convidadas.

132 A DÚVIDA DE DARWIN

Você agora tem bons motivos para duvidar da "hipótese da reunião"? Tem. Se a hipótese da reunião familiar fosse verdadeira, teria ficado cada vez mais clara, porque as evidências teriam convergido para um único padrão consistente. Se houvesse um verdadeiro padrão de relacionamento familiar, quanto mais todos falassem, mais um único padrão coerente de relacionamento se tornaria aparente. Mas as pessoas no piquenique não eram seus parentes, pelo menos, não de qualquer maneira que você pudesse determinar ser verdade. Em vez de convergir para um único padrão, a "evidência" era confusa e desorganizada.

UMA FLORESTA DE ÁRVORES

Claro, minha ilustração de reunião de família não se sustenta como uma analogia com a história da vida animal, porque se pudéssemos rastrear a história familiar de todas as pessoas na reunião até certo ponto do passado, descobriríamos que todos eles são relacionados por ancestrais comuns. Embora possamos escolher assumir que o mesmo é verdadeiro para os animais Cambrianos, nem a evidência fóssil nem a evidência da genética e da anatomia comparada realmente estabelecem isso. Essas três classes de evidência não fornecem nenhuma evidência convincente de animais ancestrais Pré-cambrianos (no caso de fósseis), ou fornecem um argumento que assume a verdade da conclusão, em vez de apoiá-la, e evidência conflitante (no caso de genes e anatomia).

E esse é o ponto da minha história. Visto que só pode haver uma história verdadeira dos animais Cambrianos, as evidências devem convergir para uma árvore genealógica comum, se de fato estivermos olhando para *evidências* da história verdadeira. A imagem fornecida pela evidência deve ser estável, não mudar constantemente. Mas as evidências de uma variedade de áreas têm gerado continuamente imagens novas, conflitantes e incoerentes da história da vida animal. Tal como acontece com os "primos" da minha ilustração, parece não haver uma maneira consistente e coerente de organizar os grupos de animais em uma árvore genealógica.

Mas se os genes não contam a história das formas ancestrais Pré-cambrianas, se eles não compensam a escassez de evidências fósseis e estabelecem uma longa história criptográfica inequívoca da vida animal de um animal original, um *ur*-metazoário, então logicamente, voltamos a considerar o registro como genuíno e não algo a ser questionado. Nesse caso, o mistério dos fósseis ancestrais perdidos permanece. Em caso afirmativo, há alguma maneira de explicar o aparecimento abrupto de novas formas de vida no registro fóssil dentro de uma estrutura evolutiva? Durante a década de 1970, dois jovens paleontólogos pensaram que poderia haver uma maneira de fazer exatamente isso.

7

PUNK EEK!

Descobertas científicas raramente são feitas em lavanderias, mas, pelo menos, uma grande descoberta científica, um momento "eureka", ocorreu em uma. O ano era 1968, mais de uma década antes da descoberta dos primeiros fósseis de Chengjiang. O cientista atingido pelas musas foi o paleontólogo Niles Eldredge. Um dia, enquanto estava em uma lavanderia self-service em Michigan, após meses coletando fósseis de trilobitas para sua pesquisa de doutorado, Eldredge por acaso colocou a mão no bolso. Ele removeu um dos fósseis que estava coletando, um espécime de uma espécie de trilobita chamada *Phacops rana*. Inicialmente, ao examinar o espécime, ele se sentiu "deprimido". O fóssil era extremamente semelhante a muitos outros que havia encontrado em camadas de estratos durante seu trabalho de campo no Meio-oeste. Seus trilobitas não mostraram nenhuma evidência de mudança gradual, como o neodarwinismo clássico o ensinou a esperar.[1]

Como Eldredge explicou em uma palestra na Universidade de Pittsburgh em 1983, ele então experimentou uma espécie de epifania científica. Ele percebeu que a "ausência de mudança em si" era "um padrão muito interessante". Ou, como ele disse mais tarde, "Estase são dados".[2] "Estase" é o termo que Eldredge e seu colaborador científico, Stephen Jay Gould (ver Fig. 7.1), mais tarde deram ao padrão no qual a maioria das espécies, "durante sua história geológica, não mudam de nenhuma forma apreciável, ou então flutuam levemente na morfologia, sem direção aparente".[3] Enquanto Eldredge examinava aquele trilobita solitário, percebeu que vinha observando evidências de estase por algum tempo, por mais que ele esperasse o oposto. Como ele explicou, "Estase [...] foi de longe o padrão mais importante a emergir de todo o tempo que passei olhando para espécimes de *Phacops*". Ele continuou: "Tradicionalmente visto como um artefato de um registro pobre, como a incapacidade dos paleontólogos de encontrar o que os biólogos evolucionistas que remontavam a Darwin lhes disseram que deveria estar lá, a estase era, como disse Stephen Jay Gould, 'segredo confidencial da paleontologia', uma vergonha por si só."[4]

Essa constatação embaraçosa provou ser fundamental, levando Eldredge e Gould a rejeitar tanto a imagem gradual da mudança evolucionária articulada por Darwin quanto a compreensão neodarwiniana do mecanismo pelo qual tal mudança supostamente ocorre. Também os levou a formular, em uma série de artigos científicos de 1972 a 1980, uma nova teoria da evolução conhecida como "equilíbrio pontuado".[5]

Como consequência dessa teoria, nem Gould nem Eldredge esperavam encontrar uma riqueza de formas intermediárias de transição no registro fóssil. Em sua opinião, os principais períodos de inovação biológica simplesmente ocorreram rápido demais para deixar muitos intermediários fósseis para trás.[6]

FIGURA 7.1

Figura 7.1a (esquerda): Stephen Jay Gould. *Cortesia do Getty Images. Figura 7.1b (direita):* Niles Eldredge. *Copyright © Julian Dufort 2011. Usado com permissão.*

Gould e Eldredge procuraram explicar a ocorrência dos rápidos períodos[7] de mudança (ou seja, as pontuações) como o subproduto de diferentes tipos de mecanismos evolutivos ou processos de mudança. Eles propuseram, primeiro, um mecanismo denominado "especiação alopátrica" para explicar a rápida geração de novas espécies. Gould, Eldredge e outro defensor do equi-

Punk eek! 135

líbrio pontuado chamado Steven Stanley, paleontólogo da Universidade Johns Hopkins, também propuseram que a seleção natural operava em níveis mais elevados. Em vez da seleção natural favorecer os organismos individuais mais aptos dentro de uma espécie, como faz no darwinismo clássico e no neodarwinismo, esses paleontólogos propuseram que ela frequentemente selecionava as espécies mais aptas entre um grupo de espécies concorrentes. Por acharem que a especiação ocorria mais rapidamente e porque pensavam que a seleção natural agia sobre espécies inteiras e não apenas sobre organismos individuais, os defensores do equilíbrio pontuado teorizaram que a mudança morfológica normalmente ocorre em saltos maiores e mais discretos do que Darwin inicialmente imaginou.

Assim, de certa forma, a teoria do equilíbrio pontuado, como a hipótese do artefato, buscou explicar a ausência das formas intermediárias de transição que eram esperadas com base na teoria de Darwin. Ao repudiar o gradualismo darwiniano, os defensores do equilíbrio pontuado procuraram explicar a ausência de formas transicionais no registro fóssil à parte da hipótese do artefato ou, na melhor das hipóteses, usando o que imaginavam como uma versão mais modesta dela. Mas, ao repudiar o gradualismo darwiniano, o equilíbrio pontuado também representou uma visão radicalmente diferente do ritmo e modo de evolução, uma nova teoria da evolução que pretendia identificar um novo mecanismo de mudança evolutiva. Como explica o historiador da ciência David Sepkoski, "Gould e Eldredge propuseram uma revisão radical dessa narrativa padrão [neodarwiniana]. Eles argumentaram que o padrão da história evolutiva realmente foi composto aos trancos e barrancos, consistindo em longos períodos de estase evolutiva (ou 'equilíbrio') 'pontuado' por períodos mais curtos de especiação rápida".[8]

Durante as décadas de 1970 e 1980, a teoria do equilíbrio pontuado, ou "Punk eek" como é carinhosamente conhecida, gerou um intenso debate científico e teve uma extensa cobertura midiática.[9] Os críticos chamaram o modelo de "evolução por idiotas", levando Gould a responder que os proponentes do gradualismo estavam oferecendo "evolução por arrepios".[10] Embora, inicialmente, Eldredge tenha desempenhado um papel maior na formulação da teoria, Stephen Jay Gould emergiu como seu principal porta-voz. Como resultado de sua defesa da teoria, bem como de seus textos científicos populares, Gould alcançou um alto patamar de celebridade, que, por sua vez, garantiu um lugar duradouro para o equilíbrio pontuado na consciência científica.

Então, o que aconteceu com essa ousada proposta científica? O equilíbrio pontuado resolve os problemas que o neodarwinismo tradicional não resolve? Ele ajuda a explicar a explosão Cambriana e os fósseis intermediários ausentes que a tornam tão misteriosa?

136   A DÚVIDA DE DARWIN

PROCURADO: MOTOR RÁPIDO

Depois que decidiram aceitar o registro fóssil pelo que demonstrava sem questioná-lo, a pergunta para Gould e Eldredge era óbvia: o que poderia gerar uma mudança evolutiva tão rapidamente? Para explicar as pequenas explosões ou pontuações, Gould e Eldredge propuseram um mecanismo de especiação rápida ao qual Stanley acrescentou (com seu consentimento) uma nova compreensão do mecanismo de seleção natural.[11]

Enquanto o mecanismo neodarwiniano de seleção natural agindo sobre mutações aleatórias necessariamente age lenta e gradualmente, Gould e Eldredge invocaram um processo chamado "especiação alopátrica" para explicar como novas espécies podem surgir rapidamente. O prefixo *allo* significa "outro" ou "diferente" e o sufixo *patric* significa "pai". Assim, a especiação alopátrica se refere a processos que geram novas espécies a partir de populações separadas de pais (ou "pai"). A especiação alopátrica normalmente ocorre quando parte de uma população de organismos pais torna-se geograficamente isolada, talvez pelo surgimento de uma cordilheira ou pela mudança do curso de um rio, gerando uma população filha que sofre mudanças em resposta a divergentes pressões ambientais.

Gould e Eldredge se basearam em percepções da genética de populações para explicar por que novas características genéticas tinham maior probabilidade de se espalhar e se estabelecer nessas subpopulações menores. A genética populacional, um assunto ao qual voltarei no Capítulo 12, descreve os processos pelos quais as características genéticas mudam e se fixam em uma população de organismos. Ela mostra que em populações tipicamente *grandes* de organismos, é difícil para uma característica genética recém-surgida se espalhar por toda uma população. No entanto, para que qualquer mudança evolutiva ocorra em uma população, novos traços genéticos devem se espalhar, ou "se fixarem", por um processo chamado "fixação".

Em populações menores, entretanto, a probabilidade de uma característica recém-surgida se tornar fixa é muito maior, uma vez que a nova característica precisa se espalhar para um número menor de organismos. A título de ilustração, considere um saco contendo 50 bolas de gude vermelhas e 50 azuis. Suponha que, ao remover bolinhas de gude individuais aleatoriamente, você busque mudar a "população" de bolinhas de gude de cores mistas para uma em que todas as bolinhas sejam vermelhas. Para produzir uma "espécie" completamente vermelha, devemos gerar uma população na qual todas as bolinhas azuis tenham sido eliminadas. Se alguém tirar ao acaso metade das 100 bolinhas de gude do saco, é extremamente improvável que todas as bolinhas assim eliminadas sejam de apenas uma cor. Na verdade, há menos de uma chance em 10^{30} de que todas as bolas de gude selecionadas para remoção sejam azuis.[12] Por outro lado, há uma probabilidade extremamente alta de que o lote restante ainda incluirá bolinhas azuis e vermelhas.

Em um grupo muito menor de, digamos, 8 bolinhas, divididas igualmente entre 4 vermelhas e 4 azuis, a probabilidade de selecionar 4 bolinhas azuis aleatoriamente e deixar apenas bolinhas vermelhas, embora improvável, não é proibitivamente pequena. Agora há uma chance muito maior, 1 em 70, de que a população restante de bolinhas seja toda vermelha.[13] Começando com um número menor de bolinhas, a probabilidade de que a seleção aleatória resulte em uma população de cor uniforme é muito maior. De forma semelhante, a probabilidade de fixar uma característica genética em uma população de organismos *diminui* exponencialmente com o tamanho da população.

Ao formular o equilíbrio pontuado, Gould percebeu que novas espécies inevitavelmente teriam que surgir em populações menores, onde processos aleatórios poderiam ter uma chance maior de fixar características. Entre esses processos aleatórios, destaca-se o conhecido como deriva genética. Isso ocorre quando as mudanças genéticas se espalham ou desaparecem aleatoriamente em uma população, sem levar em conta seus efeitos na sobrevivência e reprodução.

Na visão de Gould e Eldredge, a especiação alopátrica ajudou a explicar como a evolução poderia ocorrer em saltos maiores e mais discretos do que o gradualismo darwiniano prevê (ver Fig. 7.2). Conforme a especiação alopátrica ocorre, ela pode gerar o que Gould e Eldredge conceberam como espécie irmã ou prole. Eles acreditavam que os processos que impulsionam esses eventos de especiação ocorrem com relativa rapidez em populações menores, ajudando assim a explicar os saltos repentinos no registro fóssil. Como eles colocam: "Números pequenos e evolução rápida praticamente impossibilitam a preservação de eventos de especiação no registro fóssil."[14] Se o processo evolutivo ocorresse da forma que eles imaginaram, os galhos da árvore da vida se separariam tão abruptamente que apareceriam como linhas essencialmente "horizontais", produzindo descontinuidades repentinas no registro fóssil e, portanto, menos intermediários fossilizados. Eldredge e Gould explicaram desta forma: "A teoria da especiação alopátrica (ou geográfica) sugere uma interpretação diferente dos dados paleontológicos. Se novas espécies surgem muito rapidamente em pequenas populações perifericamente isoladas, a expectativa de fósseis de gradação imperceptível é uma quimera. Uma nova espécie não evolui na área de seus ancestrais; não surge da lenta transformação de todos os seus antepassados." Assim, eles concluíram: "Muitas quebras no registro fóssil são reais."[15]

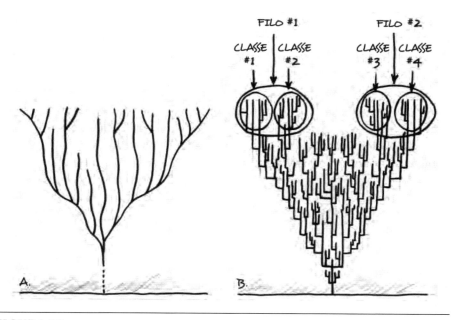

FIGURA 7.2
Duas visões da história da vida. *Figura 7.2a (esquerda)*: A imagem darwiniana tradicional mostrando uma mudança lenta e gradual. *Figura 7.2b (direita)*: A história da vida conforme representada pela teoria do equilíbrio pontuado mostrando rápida especiação.

Gould, Eldredge e Stanley pensavam que os membros dessas espécies irmãs ou proles competiriam, subsequentemente à sua origem por especiação alopátrica, entre si por recursos e sobrevivência, assim como, no neodarwinismo, organismos individuais ou irmãos podem competir para sobreviver e se reproduzir dentro de uma população. Em sua opinião, se os membros de uma espécie forem bem-sucedidos em relação a outra por causa de algumas vantagens seletivas que possuem, essa espécie sobreviverá e predominará, transmitindo suas características. Gould chamou esse processo de competição interespécie ou interpopulação (em oposição à competição intraespécie) de "seleção de espécies".[16]

Como o próprio Gould explicou: "Proponho, como a proposição central da macroevolução, que as espécies desempenham o mesmo papel de indivíduo fundamental que os organismos assumem na microevolução. As espécies representam as unidades básicas nas teorias e mecanismos de mudança macroevolutiva."[17] Visto que a seleção natural então agiria sobre grandes diferenças na forma biológica geral, diferenças entre espécies inteiras em oposição a indivíduos dentro das espécies, a mudança evolutiva ocorreria em saltos maiores e mais discretos.[18]

Portanto, Gould e Eldredge não esperavam que o registro fóssil documentasse muitos intermediários. Em vez disso, eles acreditavam que as "lacunas" no registro fóssil eram "o resultado lógico e esperado do modelo alopátrico de especiação", bem como o mecanismo intimamente relacionado de seleção de espécies.[19] A seleção de espécies tornou "as espécies" a unidade de seleção; o modelo alopátrico de especiação afirmava que novas espécies surgem rapidamente de populações menores de organismos. Ambos os mecanismos implicaram que menos intermediários fósseis seriam preservados. De acordo com o equilíbrio pontuado, os intermediários de transição há muito tempo "ausentes", no fim das contas, não estão ausentes. No processo de seleção de espécies, a espécie, em vez do organismo individual, compete pela sobrevivência e assim torna-se, no jargão da biologia evolutiva, a principal "unidade de seleção" na macroevolução.

"PUNK EEK" E O REGISTRO FÓSSIL

Eldredge e Gould desenvolveram a teoria do equilíbrio pontuado para eliminar o conflito entre o registro fóssil e a teoria evolucionária. No entanto, o equilíbrio pontuado enfrenta seus próprios problemas para explicar o registro fóssil. Um deles é o padrão de aparência fóssil no período Cambriano que é inconsistente em relação à maneira como o equilíbrio pontuado representa a história da vida e com a ideia de que a especiação alopátrica e a seleção de espécies são responsáveis por esse padrão. Há várias razões para isso.

Em primeiro lugar, o padrão ascendente de aparição das formas animais Cambrianas que vimos no Capítulo 2 contradiz a descrição do equilíbrio pontuado da história da vida quase tanto quanto a imagem darwiniana (ver Fig. 2.11). Lembre-se de que Darwin pensava que os primeiros representantes das categorias taxonômicas superiores surgiram após o primeiro aparecimento de representantes de cada um dos táxons de nível inferior, que pequenas diferenças distinguindo, por exemplo, uma espécie de outra deveriam gradualmente se acumular até que produzissem organismos diferentes o suficiente para serem classificados, primeiro, como diferentes gêneros, depois, como diferentes famílias e, finalmente, como diferentes ordens, classes e assim por diante. Em vez disso, as primeiras formas animais Cambrianas são diferentes o suficiente umas das outras para justificar classificá-las como classes, subfilos e filos separados *desde sua primeira aparição no registro fóssil* (ver Fig. 7.3).

Esse padrão cria um grande problema para a teoria do equilíbrio pontuado. Primeiro, devido à ação da especiação alopátrica e seleção de espécies, os defensores do equilíbrio pontuado visualizam a mudança morfológica (representada como distância horizontal na Figura 7.2) surgindo em incrementos maiores e mais descontínuos de mudança. No entanto, como os neodarwinistas, eles também veem as diferenças no nível dos filos surgindo de forma "ascendente", começando com diferenças taxonômicas de nível inferior, embora ocorrendo em incrementos envolvendo novas espécies em vez de indivíduos ou variedades dentro das espécies. De fato, de acordo com a teoria do equilíbrio pontuado, a especiação alopátrica primeiro produz novas *espécies* em populações menores geograficamente isoladas. Para que surjam representantes de categorias taxonômicas superiores, essas novas espécies devem acumular novos traços e evoluir ainda mais. Por essa razão, o equilíbrio pontuado também espera que a diversidade em pequena escala e a diferenciação de novas espécies precedam o surgimento de disparidades morfológicas e diferenças taxonômicas em grande escala. Ele também espera um padrão de aparência "ascendente" em vez de "descendente" (ver Fig. 7.3).

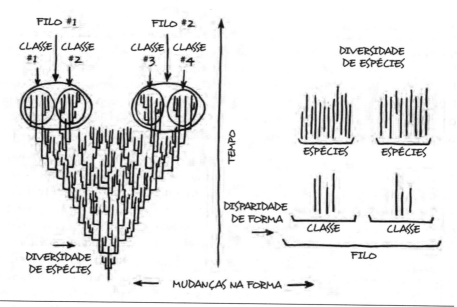

FIGURA 7.3

Esta figura mostra que a teoria do equilíbrio pontuado (*à esquerda*), como o neodarwinismo, antecipa a diversidade em pequena escala precedendo a disparidade em grande escala na forma em contraste com o padrão no registro fóssil (*mostrado à direita*). O equilíbrio pontuado também antecipa um padrão "ascendente", em vez de um padrão "descendente".

Em segundo lugar, para que a seleção de espécies produza muitas espécies novas, como aquelas que surgem na explosão Cambriana, um grande grupo de diferentes espécies deve existir primeiro. O registro fóssil Pré-cambriano não documenta, entretanto, a existência de um pool tão grande e diverso de espécies Pré-cambrianas concorrentes sobre as quais a seleção de espécies (via especiação alopátrica) pode operar. Os paleontólogos Douglas Erwin e James Valentine expuseram esse problema em 1987 em um artigo seminal intitulado "Interpreting Great Developmental Experiments: The Fossil Record." [Interpretando Grandes Experimentos de Desenvolvimento: O Registro Fóssil, em tradução livre].[20] Eles questionaram a capacidade de ambas as principais teorias evolucionárias da época, equilíbrio pontuado e neodarwinismo, de explicar o padrão de aparência fóssil no registro fóssil Pré-cambriano–Cambriano.[21] Claramente, o neodarwinismo não explica esse padrão. Mas, como Valentine e Erwin argumentam, o equilíbrio pontuado também não. Como eles concluíram, o mecanismo de seleção de espécies requer um grande conjunto de espécies sobre as quais agir. Assim, Valentine e Erwin concluem: "A probabilidade de que a seleção de espécies seja uma solução geral para a origem de táxons superiores não é grande."[22]

Os registros fósseis do Pré-cambriano tardio e do Cambriano apresentam outro obstáculo para o equilíbrio pontuado. Embora Gould e Eldredge tenham imaginado novas características que se tornariam fixas em pequenas populações isoladas onde a especiação eventualmente ocorre, eles imaginaram essas características surgindo primeiro durante os períodos de estase nas grandes populações das quais as populações menores posteriormente se separaram. Gould percebeu que apenas grandes populações estáveis proporcionariam oportunidades suficientes para que as mutações *gerassem* as novas características que a macroevolução requer.[23] Ao mesmo tempo, ele reconheceu que essas novas características teriam uma chance muito maior de serem fixadas em populações pequenas e isoladas, onde a perda aleatória de algumas características torna a fixação de outras mais provável (lembre-se do exemplo das bolinhas). Ao contar com grandes populações para gerar novos traços e pequenas populações para fixá-los em toda a população, Gould queria fornecer um mecanismo plausível (se bem ajustado) para explicar a mudança macroevolutiva e a ausência de intermediários fósseis.[24] O falecido Thomas J. M. Schopf paleontólogo da Universidade de Chicago descreveu o equilíbrio desta forma, sob equilíbrio pontuado, a evolução prossegue "em populações grandes o suficiente para ser razoavelmente variável, mas pequenas o suficiente para permitir grandes mudanças nas frequências gênicas devido à deriva aleatória".[25]

Mas, ao contar com o acúmulo de novos traços dentro de grandes populações parentais, Gould enfraqueceu seu próprio raciocínio para concluir que o

142   A DÚVIDA DE DARWIN

registro fóssil não deve preservar muitas formas intermediárias. A razão para isso é óbvia: se novos traços genéticos surgem e se espalham dentro de uma grande população de organismos, é mais provável que deixem para trás evidências fósseis de sua existência. Organismos com combinações novas e únicas ou mosaicos de características representam nada menos do que novas formas de vida. Assim, o processo pelo qual Gould imagina novos traços genéticos surgindo em grandes populações implica que novas formas de vida, algumas presumivelmente em transição para outras formas, deveriam ser preservados no registro fóssil. No entanto, o registro fóssil Pré-cambriano falha em preservar tal riqueza de experimentos biológicos durante os longos períodos de estabilidade relativa em grandes populações que a teoria de Gould prevê.

O TESTEMUNHO DA PALEONTOLOGIA ESTATÍSTICA

Estudos em paleontologia estatística levantaram questões adicionais sobre se o registro fóssil documenta intermediários de transição suficientes para tornar o equilíbrio pontuado confiável. No Capítulo 3, discuti o trabalho do paleontólogo estatístico Michael Foote. Foote usou a teoria da amostragem para argumentar que o registro fóssil fornece um quadro razoavelmente completo das formas de vida que existiram na terra e para sugerir que os paleontólogos provavelmente não encontrarão as muitas formas intermediárias que a teoria neodarwiniana requer.

Foote também analisou a questão de se o registro fóssil documenta o número de formas intermediárias que o equilíbrio pontuado requer. Sua resposta foi: depende.

Foote observa que se uma versão particular da teoria da evolução pode explicar os padrões no registro fóssil ou não, depende do tipo de mecanismo de mudança que ela invoca. O neodarwinismo depende de um mecanismo de mudança lento e de ação gradual e, portanto, tem dificuldade em explicar as evidências de aparecimento súbito. Foote analisa se o número de espécies transicionais propostas no registro fóssil é consistente com o equilíbrio pontuado e conclui que depende da rapidez com que os mecanismos em que se baseia podem gerar novas formas de vida. Embora seus proponentes visualizem a evolução de novas formas de vida surgindo mais abruptamente do que os neodarwinistas, eles ainda esperariam que o registro fóssil tivesse preservado alguns fósseis de transição. O registro fóssil preserva sequer as relativamente poucas formas intermediárias que a teoria do equilíbrio pontuado implica?

Para responder a essa pergunta, Foote desenvolveu um método estatístico de testar a adequação de diferentes modelos evolutivos contra muitas variáveis.[26] Ele observou que para o equilíbrio pontuado ter sucesso como uma explicação para os dados do registro fóssil, ele precisa de um mecanismo capaz de produzir mudanças evolutivas importantes rapidamente, porque apenas essa mudança de ação rápida poderia explicar a relativa escassez de formas de transição no registro fóssil. Como Foote explicou (escrevendo com Gould) a adequação do equilíbrio pontuado como um relato do registro fóssil depende da existência de um mecanismo "de velocidade e flexibilidade incomuns".[27]

Mas a teoria identifica tal mecanismo?

DE ONDE VÊM NOVAS CARACTERÍSTICAS E FORMAS?

Nem a especiação alopátrica nem a seleção de espécies podem gerar as novas características genéticas e anatômicas necessárias para produzir formas animais, muito menos no tempo relativamente curto da explosão Cambriana. Conforme concebida por Gould e outros defensores do equilíbrio pontuado, a especulação alopátrica apenas permite a possibilidade de *fixação* rápida de características preexistentes, não a *geração* de novas características. Quando uma população parental se divide em duas ou mais populações filhas, cada uma das populações filhas retém uma parte, mas geralmente não o todo, do pool genético da população original. Nenhuma nova característica genética é gerada pelo isolamento geográfico de uma parte da população.

Pode-se argumentar, é claro, que mutações podem ocorrer durante o processo de especiação, gerando assim novos traços genéticos. Mas, como Gould e Eldredge a conceberam, a especiação alopátrica ocorre muito rapidamente para ter uma chance razoável de que as mutações gerem algo fundamentalmente novo. Darwin reconheceu em *A Origem das Espécies* que a evolução é um jogo de números: populações maiores e mais gerações oferecem mais oportunidades para o surgimento de novas variações favoráveis. Como ele explicou: "As formas existentes em maiores números sempre terão uma chance melhor [...] de apresentar futuras variações favoráveis para a seleção natural se aproveitar, do que as formas mais raras que existem em menor número."[28] Ainda assim, para o mecanismo de especiação alopátrica gerar novas características, ele precisaria gerar mudanças significativas na forma em pequenas populações "isoladas perifericamente" ao longo de relativamente poucas gerações.[29] Por causa dessas restrições, muitos biólogos concluíram que a especiação alopátrica requer muita mudança em pouco tempo para fornecer à teoria do equilíbrio pontuado um

144 A DÚVIDA DE DARWIN

mecanismo biologicamente plausível para a produção de novas características ou formas de vida animal.

E é por isso que Gould e Eldredge, especialmente em suas formulações posteriores da teoria, imaginaram novas características surgindo durante longos períodos de estase em populações maiores, e não durante curtas explosões de especiação. Mas um processo em que as características surgem "durante longos períodos de estase" não constitui um "mecanismo de velocidade e flexibilidade incomuns", embora seja precisamente isso que, de acordo com Gould e Foote, o equilíbrio pontuado requer para explicar o aparecimento de novas formas animais.

Se a especiação alopátrica não produz um mecanismo gerador de características de ação rápida, a seleção de espécies o faz? Novamente, a resposta é não. A seleção de espécies não é responsável pela origem dos diferentes traços anatômicos que distinguem uma espécie de outra. A seleção de espécies, conforme concebida pelos proponentes do equilíbrio pontuado, atua sobre as espécies e características *já* existentes. Na verdade, quando Stanley, Gould e Eldredge imaginaram a seleção natural agindo para favorecer a espécie mais adequada em relação a outra em uma competição pela sobrevivência, eles pressupuseram a existência de um pool de espécies diferentes e, portanto, também a existência de algum mecanismo produzindo os traços que caracterizam essas diferentes espécies. Esse mecanismo, entretanto, precisaria necessariamente gerar essas características diferenciadoras antes que as espécies pudessem entrar em competição umas com as outras. A seleção de espécies *elimina* espécies menos aptas em uma competição pela sobrevivência; não *gera* as características que distinguem as espécies e estabelecem a base para a competição entre elas.

Então, de onde vêm essas características? Quando pressionado, Gould acabou reconhecendo que a origem dos próprios traços anatômicos resultam da boa e antiquada seleção natural agindo sobre mutações e variações aleatórias, isto é, do mecanismo neodarwiniano agindo por longos períodos de tempo em grandes populações relativamente estáveis. Mas isso significava que o equilíbrio pontuado, na medida em que depende de mutação e seleção natural, está sujeito aos mesmos problemas evidenciais e teóricos do neodarwinismo. E um desses problemas é que o mecanismo neodarwiniano não age rápido o suficiente para explicar o aparecimento explosivo de novas formas fósseis no período Cambriano. Como a especiação alopátrica, a seleção de espécies não se qualifica como o tipo de mecanismo rápido e flexível que Gould anteriormente insistiu que sua teoria deve ter para explicar o aparecimento abrupto de formas animais no registro fóssil.

NOVA FORMA E MECANISMO

Um problema ainda mais profundo do equilíbrio pontuado como uma explicação para a explosão Cambriana permanece. Nem a seleção de espécies nem a especiação alopátrica explicam a origem dos representantes das categorias taxonômicas mais altas, isto é, os novos animais representando novos filos e classes. Nem explica as características estruturais e morfológicas que distinguem os animais uns dos outros e as formas de vida anteriores. A especiação alopátrica explica como as populações se separam umas das outras para formar *espécies* diferentes. A seleção de espécies descreve como mais *espécies* fi predominam sobre outras espécies em uma competição pela sobrevivência. Nenhum dos mecanismos dá qualquer explicação de como surgiram os animais que representam os táxons especificamente superiores ou suas novidades anatômicas distintas. Nenhum deles explica, por exemplo, a origem do olho composto de um trilobita, nem das guelras de um peixe cambriano,[30] nem do plano corporal do equinoderma.

Muitos críticos do equilíbrio pontuado notaram esse problema. Como escreveu Richard Dawkins em 1986: "O que eu quero principalmente que uma teoria da evolução faça é explicar mecanismos complexos e bem projetados como corações, mãos, olhos e ecolocalização. Ninguém, nem mesmo o mais fervoroso selecionista, pensa que a seleção de espécies pode fazer isso."[31] Ou, como o paleontólogo Jeffrey Levinton argumentou em 1988: "É inconcebível como a seleção entre as espécies pode produzir a evolução de estruturas morfológicas detalhadas. [...] A seleção de espécies não formou um olho."[32]

Então, de onde vêm essas estruturas intrincadas? Novamente, quando pressionado, Gould recorreu ao suposto poder do mecanismo neodarwiniano. Como ele escreveu em seu grosso e magistral livro *The Structure of Evolutionary Theory* [*A Estrutura da Teoria da Evolução*, em tradução livre], publicado em 2002, o ano de sua morte: "Não nego a maravilha, nem a poderosa importância da complexidade adaptativa organizada." Ele prosseguiu, admitindo: "Reconheço que não conhecemos nenhum mecanismo para a origem de tais características do organismo além da seleção natural convencional no nível do organismo."[33]

Por essa razão, poucos, se é que algum, biólogos evolucionistas agora consideram o equilíbrio pontuado como uma solução para o problema da origem da forma biológica e da inovação. Como concluíram os biólogos evolucionistas Brian Charlesworth, Russel Lande e Montgomery Slatkin, "os mecanismos genéticos que foram propostos [pelos proponentes do equilíbrio pontuado] para explicar o aparecimento abrupto e a estase prolongada de muitas espécies carecem visivelmente de suporte empírico".[34]

146 A DÚVIDA DE DARWIN

EXPLOSÃO DE INTERESSE E DECLÍNIO GRADUAL

Ainda assim, pode não ser inteiramente justo criticar o equilíbrio pontuado por falhar em explicar a explosão Cambriana. Gould, em particular, questionou se ele acreditava que o equilíbrio pontuado deveria servir como uma teoria abrangente da mudança macroevolutiva ou apenas um relato de como novas espécies emergiram de um pool de espécies preexistentes. Estritamente falando, os mecanismos de especiação alopátrica e seleção de espécies procuraram explicar o padrão de estase e descontinuidade entre diferentes espécies e não entre os táxons superiores. Assim, perto do final de sua carreira, Gould queixou-se de seus críticos que "interpretavam mal" sua teoria, afirmando que ele "proclamou a derrubada total do darwinismo" e "pretendia que o equilíbrio pontuado fosse um agente de destruição e substituição".[35]

Ainda assim, Gould e Eldredge, pelo menos inicialmente, estudaram o equilíbrio pontuado como uma nova e ousada teoria da biologia evolutiva, dando a impressão de que fornecia uma solução ambiciosa para o problema da macroevolução e, por implicação, eventos como a explosão Cambriana. De 1972 a 1980, Eldredge e Gould apresentaram uma série de artigos científicos provocativos que retratavam o equilíbrio pontuado como uma teoria alternativa ousada e até revolucionária da macroevolução. Na verdade, o próprio Gould se referiu a ela explicitamente como "uma teoria especiativa da *macroevolução*".[36]

Em seu segundo artigo principal, publicado em 1977, Gould e Eldredge explicitaram sua intenção de posicionar sua teoria como um desafio "radical"[37] ao gradualismo neodarwiniano e substituí-lo por uma compreensão completamente diferente do modo e mecanismo de mudança evolutiva. Sepkoski observa que neste artigo de 1977 "os autores foram mais explícitos sobre a natureza exata da reconfiguração conceitual que sua teoria trouxe para a macroevolução".[38] Em particular, ele argumenta que Gould e Eldredge "estenderam seu modelo para propor uma nova e 'geral filosofia de mudança' no mundo natural".[39] Gould não foi menos radical em um artigo amplamente citado de 1980 no periódico *Paleobiology*, no qual ofereceu o equilíbrio pontuado como "uma teoria nova e geral" da evolução. Lá, ele também declarou a famosa teoria sintética do neodarwinismo "efetivamente morta, apesar de sua persistência como ortodoxia de livro didático".[40]

Só depois que os críticos expuseram o equilíbrio pontuado por falta de um mecanismo adequado, Gould recuou para uma formulação mais conservadora da teoria, tornando explícita sua dependência no mecanismo neodarwiniano. Do início dos anos 1980 até sua morte em 2002, Gould fez uma série de concessões, em particular sobre a inadequação da especiação e da seleção de espécies

Punk eek! 147

como mecanismos para gerar adaptações complexas. Assim, como Sepkoski observa: "Apesar da ousadia de muitas de suas reivindicações em nome do equilíbrio pontuado ao longo dos anos, Gould diversas vezes se reconciliou, até mesmo realizou justificativas conservadoras para sua teoria", particularmente, observa ele, em *The Structure of Evolutionary Theory*, escrito nos anos imediatamente anteriores à morte de Gould.[41]

No final, as concessões de Gould ao neodarwinismo trouxeram seu pensamento de volta ao conflito com o padrão de aparecimento súbito no registro fóssil que a teoria do equilíbrio pontuado foi projetada para explicar. Se Gould e Eldredge estavam certos sobre o aparecimento abrupto de novas formas de vida no registro fóssil, e se o mecanismo neodarwiniano precisa de tanto tempo quanto os biólogos evolucionistas e geneticistas populacionais (ver Capítulos 8 e 12) calculam, então a mutação e o mecanismo de seleção não têm tempo suficiente para produzir os novos traços necessários para construir as formas de vida que aparecem pela primeira vez no período Cambriano. Mas o equilíbrio pontuado, como inicialmente formulado para depender principalmente da especiação alopátrica e da seleção de espécies, não se saiu melhor, uma vez que nenhum dos mecanismos explica a origem de novos traços. Sendo assim, no fim das contas, o equilíbrio pontuado destacou, em vez de resolver um profundo dilema para a teoria evolucionária: o neodarwinismo supostamente tem um mecanismo capaz de produzir novos traços genéticos, mas parece produzi-los muito lentamente para explicar o aparecimento abrupto de nova forma no registro fóssil; o equilíbrio pontuado tenta abordar o padrão no registro fóssil, mas falha em fornecer um mecanismo que pode produzir novas características de forma abrupta ou não. Não é de se admirar, então, que os principais paleontólogos do Cambriano, como James Valentine e Douglas Erwin, concluíram em 1987, que "nenhuma das teorias contrárias da mudança evolutiva no nível da espécie, gradualismo filético ou equilíbrio pontuado, parece aplicável para [explicar] a origem de novos planos corporais".[42]

ANDANDO EM CÍRCULOS

Em um súbito insight de percepção na monotonia de uma lavanderia, Niles Eldredge percebeu que a estase no registro fóssil representava evidências e não mero fracasso investigativo. Mas, como a roupa suja girando em uma máquina de lavar, a própria teoria do equilíbrio pontuado foi apanhada em um ciclo enfadonho de contradição. Por um lado, "punk eek" fez uma tentativa ousada de descrever com mais precisão, e até explicar, o padrão decididamente descontínuo do registro fóssil. Por outro, seus defensores foram forçados a admitir tanto a inadequação de seus mecanismos propostos quanto sua necessidade de confiar no processo neodarwiniano de mutação e seleção para dar conta da origem de novos traços genéticos e inovações anatômicas. Depois que Gould pareceu descartar o gradualismo e a confiança no mecanismo neodarwiniano para trazer a teoria da evolução em conformidade com o registro fóssil, ele finalmente reconheceu que não poderia explicar a origem das formas de vida documentadas no registro fóssil à parte daquele mesmo mecanismo de ação lenta e gradual. Assim, embora a teoria do equilíbrio pontuado tenha sido inicialmente apresentada como uma solução para a origem misteriosa e repentina das formas animais, após uma inspeção mais detalhada, ela falhou em oferecer tal solução.

No entanto, a falha do equilíbrio pontuado em fornecer um mecanismo competente levantou questões sobre a adequação do mecanismo que Gould fundamentalmente reafirmou como a explicação para a origem da nova forma biológica. O mecanismo neodarwiniano de seleção natural agindo sobre mutações aleatórias pode construir novas formas de vida animal com todas as suas complexas adaptações? Em caso afirmativo, é possível que pudesse fazê-lo no breve tempo permitido pelo registro fóssil? Se não, é razoável pensar que ele poderia construir novas formas de vida animal apenas se mais tempo estivesse disponível? Em caso afirmativo, quanto tempo o mecanismo darwiniano precisaria para construir adaptações complexas e novas formas de vida animal? Nos próximos capítulos, abordarei essas questões fundamentais no cerne do mistério cambriano, questões, em resumo, sobre como construir um animal.

PARTE DOIS

COMO CONSTRUIR UM ANIMAL

8

A EXPLOSÃO DE INFORMAÇÃO CAMBRIANA

Quando eu era um professor universitário, costumava fazer uma pergunta aos meus alunos: "Se você deseja que seu computador adquira uma nova função ou capacidade, o que você tem que dar para ele?" Normalmente, eu ouviria algumas respostas semelhantes da classe: "código", "instruções", "software", "informações". Claro, tudo isso está correto. E, graças às descobertas da biologia moderna, agora sabemos que algo semelhante é verdadeiro para a vida: construir uma nova forma de vida a partir de uma forma preexistente mais simples requer novas informações.

Até este ponto, examinei um aspecto principal do mistério em torno da explosão Cambriana: o mistério das formas ancestrais Pré-cambrianas ausentes, esperadas com base na teoria de Darwin. O próximo grupo de capítulos examinará um segundo, e talvez mais profundo, aspecto do mistério Cambriano: a *causa* da explosão Cambriana. Por qual meio, processo ou mecanismo algo tão complexo como um trilobita poderia ter surgido? A seleção natural poderia ter realizado tal feito? Para responder a essa pergunta, teremos que analisar mais a fundo o que é necessário para construir uma nova forma de vida animal. E veremos que uma parte importante da resposta para essa pergunta terá algo a ver com o conceito de *informação*.

O RELATO DARWINIANO DA
ORIGEM DA FORMA ANIMAL

Como Darwin imaginou o processo, a seleção natural não pode realizar nada sem um suprimento constante de variação como fonte de novas características, formas e estruturas biológicas. Só depois que surgem novas variações úteis, a seleção natural pode separar o trigo do joio de variações inúteis. Se, entretanto, a quantidade de variação disponível para a seleção natural for limitada, então a seleção natural encontrará limites sobre quanta nova forma e estrutura biológica ela pode construir.

Mesmo no final do século XIX, muitos cientistas importantes reconheceram isso. Por esse motivo, há uma longa história de controvérsia científica sobre quantas novidades a seleção natural pode produzir e se a seleção natural é um processo verdadeiramente criativo. Na verdade, entre 1870 e 1920 o darwinismo clássico entrou em um período de eclipse, porque muitos cientistas pensaram que ele não poderia explicar a origem e a transmissão de novas variações hereditárias.[1]

Darwin defendia uma teoria da herança combinada, que parecia implicar em limitações na quantidade de variabilidade genética.[2] Ele pensava que, quando pais com características diferentes combinavam células germinativas durante a reprodução sexual, a prole resultante não receberia um ou outro conjunto de características diferentes, mas, em vez disso, uma versão da harmonização de ambos. Por exemplo, se um pássaro macho com penas vermelhas nas asas acasalasse com uma ave fêmea da mesma espécie com penas brancas, a teoria implicava que os dois provavelmente produziriam descendentes com penas rosas. Como muitos dos contemporâneos de Darwin apontaram, tais instâncias de herança combinada envolviam limitações estritas na *gama* de características que poderiam surgir, privando a seleção natural do amplo suprimento de variação de que precisaria para produzir mudanças verdadeiramente fundamentais na forma dos animais. A prole de penas rosa pode mais tarde se reproduzir com um pássaro de penas brancas ou vermelhas da mesma espécie, produzindo um tom ligeiramente mais claro ou mais escuro de penas rosa. No entanto, os descendentes do par original de penas brancas e vermelhas nunca produziriam penas verdes, azuis ou amarelas nas gerações subsequentes. Se correta, a herança combinada acabaria por levar a um estado brando, homogêneo e sem variação em uma população.

Na década de 1860, o monge austríaco Gregor Mendel, amplamente considerado o fundador da genética moderna, mostrou em seu trabalho com ervilhas que as suposições de Darwin sobre a herança combinada estavam incorretas.

A explosão de informação cambriana   153

Os resultados de seus estudos criaram, pelo menos inicialmente, mais problemas para o darwinismo. Mendel mostrou que as características genéticas dos organismos normalmente têm uma integridade que resiste à combinação. Ele mostrou isso através da polinização cruzada de plantas com ervilhas amarelas e ervilhas verdes. As plantas das gerações subsequentes produziram ervilhas amarelas *ou* verdes, mas nada no meio e nada com uma cor totalmente diferente.[3]

Ele também mostrou que as plantas carregavam algum tipo de sinal ou instruções para construir características diferentes, mesmo quando a característica não estava em exibição em uma planta em particular. Ele percebeu, por exemplo, que ao cruzar ervilhas com sementes verdes e amarelas, a geração seguinte tinha apenas sementes amarelas, quase como se a capacidade de gerar ervilhas verdes tivesse sido perdida. Mas quando ele fez a polinização cruzada das plantas da segunda geração, aquelas com apenas ervilhas amarelas, ele descobriu que ervilhas amarelas e verdes emergiam na terceira geração, em uma proporção de 3 para 1. A partir disso, Mendel hipotetizou que as plantas de segunda geração continuavam a transportar sinais, que ele chamou de "fatores", e mais tarde os cientistas chamaram de genes, para gerar ervilhas verdes, mesmo quando essas plantas não apresentavam essa característica.

A genética mendeliana clássica que substituiu a teoria de herança combinada de Darwin também sugeriu limitações na quantidade de variabilidade genética disponível para a seleção natural. Se a reprodução das plantas produziu ervilhas verdes ou amarelas, mas nunca alguma forma intermediária, e se os sinais para a produção das características verdes e amarelas persistiram inalteradas de geração em geração, era difícil ver como a reprodução sexual e a recombinação genética poderiam produzir algo mais do que combinações únicas de características já existentes.

Nas décadas imediatamente posteriores ao trabalho de Mendel, os geneticistas passaram a entender os genes como unidades discretas ou pacotes de informações hereditárias que podiam ser classificados de forma independente e embaralhados dentro do cromossomo. Isso também sugeriu que uma quantidade significativa, mas ainda estritamente limitada, de variação genética poderia surgir por recombinação genética durante a reprodução sexual. Assim, a genética mendeliana levantou questões significativas sobre se o processo de seleção natural tem acesso a variação suficiente (que, depois de Mendel, foi concebida como variação genética) para permitir que ele produza alguma novidade morfológica significativa. Por um tempo, a teoria de Darwin estava sendo posta de lado.

DARWINISMO SOFRE MUTAÇÕES

Entretanto, durante as décadas de 1920, 1930 e 1940 os desenvolvimentos na genética reviveram a seleção natural como o principal motor da mudança evolutiva. Experimentos realizados por Hermann Muller em 1927 mostraram que os raios X podem alterar a composição genética das moscas-das-frutas, resultando em variações incomuns.[4] Muller chamou essas mudanças induzidas por raios X de "mutações". Outros cientistas logo relataram que haviam produzido mutações nos genes de outros organismos, incluindo humanos. Seja lá do que fossem feitos os genes, os biólogos ainda não sabiam, esses desenvolvimentos sugeriam que eles podiam variar mais do que Darwin ou a genética mendeliana clássica supunham. Os geneticistas da época também descobriram que essas mudanças em pequena escala nos genes eram potencialmente hereditárias.[5] Mas se as versões variantes dos genes fossem hereditárias, então presumivelmente a seleção natural poderia favorecer as variantes genéticas vantajosas e eliminar as outras. Essas mutações poderiam, então, influenciar a direção futura da evolução e, pelo menos, em teoria, fornecer um suprimento ilimitado de variação para o workshop da seleção natural.

A descoberta de mutações genéticas também sugeriu uma maneira de reconciliar a teoria darwiniana com os *insights* da genética mendeliana. Durante as décadas de 1930 e 1940, um grupo de biólogos evolucionistas, incluindo Sewall Wright, Ernst Mayr, Theodosius Dobzhansky, J. B. S. Haldane e George Gaylord Simpson, tentou demonstrar essa possibilidade usando modelos matemáticos para mostrar que variações e mutações em pequena escala poderiam se acumular ao passar do tempo em populações inteiras, eventualmente produzindo mudanças morfológicas em larga escala.[6] Esses modelos matemáticos formaram a base de uma subdisciplina da genética conhecida como genética populacional. A síntese geral da genética mendeliana com a teoria darwiniana veio a ser chamada de "neodarwinismo" ou simplesmente a "Nova Síntese".

De acordo com essa nova teoria sintética, o mecanismo de seleção natural agindo sobre mutações genéticas é suficiente para explicar a origem de novas formas biológicas. Mudanças "microevolutivas" em pequena escala podem se acumular para produzir inovações "macroevolutivas" em grande escala. Os neodarwinistas argumentaram que haviam revivido a seleção natural ao descobrir um mecanismo específico de variação que poderia gerar novas formas de vida a partir de formas preexistentes mais simples. Com a celebração do centenário da *A Origem das Espécies* de Darwin em 1959, foi amplamente assumido que a seleção natural e as mutações aleatórias poderiam de fato construir novas formas de vida ao longo do tempo com seus planos corporais distintos e novas

A explosão de informação cambriana   155

estruturas anatômicas. Na celebração, Julian Huxley, neto de T. H. Huxley, resumiu esse otimismo em uma grande proclamação:

> Os historiadores do futuro talvez considerem esta Semana do Centenário como a epítome de um importante período crítico na história desta nossa terra, o período em que o processo de evolução, na forma de homem inquiridor, começou a ter verdadeira consciência de si mesmo. Esta é uma das primeiras ocasiões públicas em que foi francamente encarado que todos os aspectos da realidade estão sujeitos à evolução, de átomos e estrelas a peixes e flores, de peixes e flores a sociedades e valores humanos, na verdade, que toda a realidade é um único processo de evolução.[7]

Em uma transmissão de televisão que antecedeu a celebração do centenário, Huxley capturou o clima otimista de forma mais sucinta: "O darwinismo atingiu a maioridade, por assim dizer. Não temos mais que nos preocupar em estabelecer o fato da evolução."[8]

VARIAÇÃO COMO INFORMAÇÃO

Inicialmente, a elucidação da estrutura do DNA por James Watson e Francis Crick em 1953 contribuiu para essa euforia.[9] Na verdade, parecia levantar a névoa do mecanismo de variação genética e mutação e colocá-lo na luz clara da ciência emergente da biologia molecular. A elucidação de Watson e Crick da estrutura de dupla hélice do DNA sugeriu que o DNA armazenava informações genéticas na forma de um código digital e químico de quatro caracteres (ver Fig. 8.1). Mais tarde, seguindo a formulação da famosa "hipótese de sequência" de Francis Crick, os biólogos moleculares confirmaram que as subunidades químicas ao longo da espinha da molécula de DNA chamadas bases de nucleotídeos funcionam como caracteres alfabéticos em uma linguagem escrita ou caracteres digitais em um código de máquina. Os biólogos estabeleceram que o *arranjo* preciso dessas bases de nucleotídeos transmitia instruções para a construção de proteínas.[10] (Ver Fig. 8.2.) Os biólogos moleculares também determinaram que esse armazenamento de informações genéticas no DNA é transmitido de uma geração de células e organismos para outra. Em suma, foi estabelecido que o DNA armazena informações hereditárias para a construção de proteínas e, portanto, presumivelmente, para a construção de características e estruturas anatômicas de ordem superior.

FIGURA. 8.1
James Watson (*esquerda*) e Francis Crick (*direita*) apresentando seu modelo da estrutura da molécula de DNA em 1953. *Cortesia de A. Barrington Brown/Science Source.*

A explicação da dupla hélice parecia resolver alguns problemas antigos da biologia evolutiva. Os darwinistas há muito sustentavam que a seleção natural produzia novas formas separando o trigo do joio da variação genética, mas não sabiam onde residia a matéria-prima para todas as variações concorrentes. Eles também não sabiam como os genes armazenavam informações para produzir os traços associados a eles. Além disso, mesmo depois que os geneticistas descobriram que características genéticas estáveis podem ser alteradas por mutações, eles permaneceram incertos sobre o que exatamente estava sendo "mutado". Consequentemente, os biólogos não tinham certeza sobre exatamente onde ocorriam as variações e mutações.

O modelo de Watson e Crick sugeriu uma resposta a essa pergunta: os genes correspondem a longas sequências de bases em uma fita de DNA. Com base nesse *insight*, os biólogos evolucionistas propuseram que *novas* variações surgiram, primeiro, da recombinação genética de diferentes seções do DNA (genes diferentes) durante a reprodução sexual e, segundo, de um tipo especial de variação chamada mutações, que ocorrem a partir de mudanças aleatórias no arranjo de bases de nucleotídeos no DNA. Assim como alguns erros tipográficos em uma frase em português podem alterar o significado de algumas palavras ou mesmo de toda a frase, uma mudança no arranjo sequencial das bases no "texto" genético no DNA também pode produzir novas proteínas ou traços morfológicos.

A explosão de informação cambriana   157

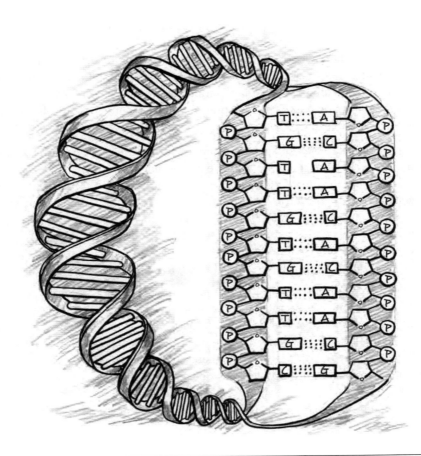

FIGURA 8.2
O modelo (ou fórmula estrutural) da molécula de DNA mostrando o caráter digital ou alfabético das bases de nucleotídeos armazenadas ao longo da estrutura açúcar-fosfato da molécula.

A descoberta de Watson e Crick também levantou novas questões, em particular, questões sobre as informações necessárias para construir formas de vida completamente novas durante o curso da evolução biológica. É verdade que as mutações desempenham um papel nesse processo, mas será que elas podem gerar informações suficientes para produzir novas formas de vida animal como as que surgiram no período cambriano, uma explosão, uma vasta proliferação, de novas informações biológicas?

A EXPLOSÃO DE INFORMAÇÃO CAMBRIANA

Considere os coanoflagelados, um grupo de organismos eucarióticos unicelulares com flagelo. O que separa esses organismos de um trilobita, de um molusco ou mesmo de uma simples esponja? Claramente, todas as três formas superiores de vida são mais complexas do que qualquer organismo unicelular. Mas quanto mais complexo exatamente?

James Valentine observou que uma maneira útil de comparar os graus de complexidade é avaliar o número de tipos de células em diferentes organismos (ver Fig. 8.3).[11] Embora um eucarioto unicelular tenha muitas estruturas internas especializadas, como um núcleo e várias organelas, ele ainda, obviamente, representa apenas um único tipo de célula. Animais funcionalmente mais complexos requerem mais tipos de células para realizar suas funções mais diversas. Artrópodes e moluscos, por exemplo, têm dezenas de tecidos e órgãos específicos, cada um dos quais requer tipos de células "funcionalmente dedicados" ou especializados.

Esses novos tipos de células, por sua vez, requerem muitas proteínas novas e especializadas. Uma célula epitelial que reveste uma víscera ou um intestino, por exemplo, secreta uma enzima digestiva específica. Essa enzima requer proteínas estruturais para modificar sua forma e enzimas reguladoras para controlar a secreção da própria enzima digestiva. Assim, construir novos tipos de células normalmente requer construir novas proteínas, o que requer instruções de montagem para construir proteínas, isto é, informação genética. Assim, um aumento no número de tipos de células implica um aumento na quantidade de informação genética.

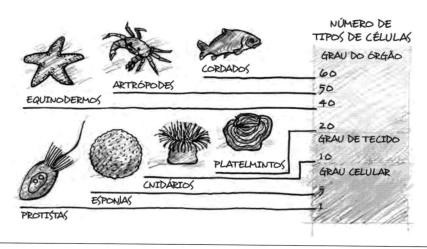

FIGURA 8.3
Escala de complexidade biológica medida em número de tipos de células de diferentes organismos.

A *explosão de informação cambriana*   159

Aplicar esse insight a antigas formas de vida ressalta o quão dramática foi a explosão Cambriana. Por mais de 3 bilhões de anos, o mundo vivo incluiu pouco mais do que organismos unicelulares, como bactérias e algas.[12] Então, começando no final do período Ediacarano (cerca de 555–570 milhões de anos atrás), os primeiros organismos multicelulares complexos apareceram nos estratos de rocha, incluindo esponjas e a peculiar biota Ediacarana discutida no Capítulo 4.[13] Isso representou um grande aumento na complexidade. Estudos com animais modernos sugerem que as esponjas que apareceram no final do Pré-cambriano, por exemplo, provavelmente exigiam cerca de dez tipos de células.[14]

Então, 40 milhões de anos depois, ocorreu a explosão Cambriana.[15] De repente, os oceanos se encheram de animais como trilobitas e anomalocaridídeos que provavelmente exigiam 50 ou mais tipos de células, um salto ainda maior em complexidade. Além disso, como Valentine observa, medir as diferenças de complexidade medindo as diferenças no número de tipos de células provavelmente "subestimam muito os diferenciais de complexidade entre os planos corporais".[16]

Uma maneira de estimar a quantidade de nova informação genética que apareceu com os animais Cambrianos é medir o tamanho dos genomas dos representantes modernos dos grupos Cambrianos e compará-lo com a quantidade de informações em formas de vida mais simples. Os biólogos moleculares estimaram que um organismo unicelular minimamente complexo exigiria entre 318 mil e 562 mil pares de bases de DNA para produzir as proteínas necessárias para manter a vida.[17] Células individuais mais complexas podem exigir mais de um milhão de pares de bases de DNA. No entanto, para reunir as proteínas necessárias para tornar possível um artrópode complexo, como um trilobita, seriam necessárias ordens de magnitude mais instruções codificadoras de proteínas. A título de comparação, o tamanho do genoma de um artrópode moderno, a mosca-da-fruta *Drosophila melanogaster*, é de aproximadamente 140 milhões de pares de bases.[18] Assim, as transições de uma única célula para colônias de células para animais complexos representam aumentos significativos, e em princípios mensuráveis, na informação genética.

Durante o período Cambriano, surgiu um verdadeiro festival de novas formas biológicas. Mas, como a nova forma biológica requer novos tipos de células, proteínas e informações genéticas, a explosão Cambriana da vida animal também gerou uma explosão de informações genéticas sem paralelo precedente na história da vida.[19] (No Capítulo 14, veremos que construir um novo plano corporal animal também requer outro tipo de informação, não armazenada em genes, chamada de informação epigenética.)

160   A DÚVIDA DE DARWIN

Então, o mecanismo neodarwiniano pode explicar o aumento dramático na informação genética que aparece na explosão cambriana? Antes de abordar essa questão, ajudará definir o conceito de informação e identificar o tipo de informação que o DNA contém.

INFORMAÇÃO BIOLÓGICA: SHANNON OU OUTRA?

Os cientistas normalmente reconhecem, pelo menos, dois tipos básicos de informação, a informação funcional (ou significativa) e a chamada informação de Shannon, que não é necessariamente significativa ou funcional. A distinção surgiu em parte devido ao desenvolvimento de um ramo da matemática aplicada conhecido como teoria da informação. Durante o final dos anos 1940, o matemático Claude Shannon, trabalhando nos Laboratórios Bell, desenvolveu uma teoria matemática da informação. Shannon comparou a quantidade de informação transmitida por uma sequência de símbolos ou caracteres com a quantidade de incerteza reduzida ou eliminada pela transmissão dessa sequência.[20]

Shannon pensou que um evento ou comunicação que não eliminou muitas incertezas também não foi muito informativo. Considere uma ilustração. Na década de 1970, quando eu era adolescente, se alguém fizesse uma declaração completamente óbvia, diríamos: "Me diz outra coisa que eu não sabia." Imagine que um dos meus colegas do time de beisebol acabou de correr para me "informar" sem fôlego que o arremessador estrela de nosso time está planejando lançar a bola para o receptor no próximo jogo. Tal declaração ganharia a resposta desdenhosa: "Me diz outra coisa que eu não sabia."

A declaração óbvia sobre as intenções do arremessador também ilustra por que Shannon comparou a eliminação da incerteza à transmissão de informações. Visto que os arremessadores estrela que querem continuar sendo arremessadores estrela não têm escolha a não ser jogar a bola através da base para o receptor, a declaração de meu amigo extenuado não eliminou nenhuma incerteza anterior. Não foi nada informativo. Se, por outro lado, após dias de especulação no campus sobre qual dos quatro arremessadores de nosso time o treinador de beisebol escolheria para arremessar no jogo do campeonato, meu amigo corresse até mim e revelasse a identidade do arremessador inicial, seria diferente. Nesse caso, ele teria eliminado alguma incerteza significativa de minha parte com uma declaração decididamente informativa.

A teoria de Shannon quantificou a conexão intuitiva entre a redução da incerteza e a informação, afirmando que quanto *mais* incerteza um evento ou co-

A explosão de informação cambriana 161

municação eliminou, *mais* informações ele transmitiu. Imagine que, depois de me revelar a identidade do arremessador titular antes do jogo do campeonato de beisebol na primavera, ele também me revelou a identidade do quarterback titular antes da próxima temporada de futebol americano. Imagine também que nosso time de beisebol tivesse *quatro* arremessadores igualmente competentes e o time de futebol tivesse apenas *dois* quarterbacks igualmente competentes. Diante desses fatos, a decisão do meu amigo de me informar sobre a identidade do arremessador titular eliminou mais incertezas do que a sua decisão de me revelar a identidade do quarterback titular.

Para atribuir medidas quantitativas precisas de informação, Shannon ainda vinculou a redução da incerteza e da informação a medidas quantitativas de probabilidade (ou improbabilidade). Observe que, em minha ilustração, a comunicação mais informativa reduziu mais a incerteza e também descreveu um evento mais improvável. A probabilidade de qualquer um dos quatro arremessadores ser selecionado era de 1 em 4. A probabilidade de um dos quarterbacks ser selecionado, dada a mesma suposição, era de apenas 1 em 2. O evento mais improvável eliminou mais possibilidades e mais incertezas. Assim, transmitiu mais informações.

Shannon aplicou essas intuições para quantificar as informações presentes em sequências de símbolos ou caracteres armazenados em textos ou códigos ou transmitidos através de canais de comunicação. Assim, em sua teoria, a presença de uma letra inglesa em uma sequência de outras letras transmite mais informações do que um único dígito binário (zero ou um) em uma seção de código de computador. Por quê? Novamente, a letra do alfabeto inglês reduz a incerteza entre 26 possibilidades, enquanto um único dígito binário reduz a incerteza entre apenas 2. A probabilidade de qualquer caractere do alfabeto inglês ocorrer em uma sequência de outras letras (desconsiderando a necessidade de espaços e pontuação) é de 1 em 26. A probabilidade de zero ou um surgir em uma sequência de caracteres binários é de 1 em 2. Na teoria de Shannon, a presença do personagem mais improvável transmite mais informações.

No entanto, mesmo um alfabeto binário pode transmitir uma quantidade ilimitada de informações, porque, na teoria de Shannon, informações adicionais são transmitidas conforme as improbabilidades se multiplicam. Imagine um saco de ladrilhos com 0 ou 1 gravado em cada um. Imagine alguém produzindo uma série de 0 e 1 ao colocar a mão na sacola e colocá-los um a um em um tabuleiro. A probabilidade de escolher 1 zero na primeira escolha é de apenas 1 em 2. Mas a probabilidade de escolher 2 zeros consecutivos após colocar o primeiro de volta na bolsa (e sacudir as peças) é de 1 chance em 2 × 2, ou 1 chance em 4. Isso ocorre porque há 4 combinações possíveis de dígitos que poderiam

162   A DÚVIDA DE DARWIN

ter sido escolhidos, 00, 01, 10 ou 11. Da mesma forma, a probabilidade de produzir qualquer sequência de 3 letras como resultado da escolha consecutiva dessa maneira é 1 em $2 \times 2 \times 2$ ou 1 em 2^3 (ou 1 em 8). A improbabilidade de qualquer sequência específica de caracteres aumenta exponencialmente com o número de caracteres na sequência. Assim, sequências cada vez mais longas podem gerar quantidades cada vez maiores de informações, mesmo usando um alfabeto binário simples.

Os cientistas da informação medem esses aumentos informacionais por meio de uma unidade que eles chamam de *bit*. Um bit representa a quantidade mínima de informação que pode ser transmitida (ou a incerteza reduzida) por um único dígito em um alfabeto de dois caracteres.[21]

Os biólogos podem aplicar prontamente a teoria da informação de Shannon para medir a quantidade de informações de Shannon em uma sequência de bases de DNA (ou a sequência de aminoácidos em uma proteína) avaliando a probabilidade de ocorrência da sequência e, em seguida, convertendo essa probabilidade em uma medida de informação em bits.[22] O DNA transmite informações, na explicação de Shannon, em virtude de conter arranjos há muito improváveis de quatro produtos químicos, as quatro bases que fascinavam Watson e Crick, adenina, timina, guanina e citosina (A, T, G e C). Como Crick percebeu ao formular sua hipótese de sequência, essas bases de nucleotídeos funcionam como caracteres alfabéticos ou digitais em uma matriz linear. Uma vez que cada uma das quatro bases tem uma chance igual de 1 em 4 de ocorrer em cada local ao longo da espinha da molécula de DNA, os biólogos podem calcular a probabilidade e, portanto, a informação de Shannon, ou o que é tecnicamente conhecido como "capacidade de transporte de informação", de qualquer sequência particular de n bases de comprimento. Por exemplo, qualquer sequência particular de 3 bases tem uma probabilidade de 1 chance em $4 \times 4 \times 4$, ou 1 chance em 64, de ocorrer, o que corresponde a 6 bits de informação de Shannon. (Na verdade, cada base em uma sequência de DNA transmite 2 bits de informação, uma vez que 1 em 4 é igual a 1 chance em 2×2.)

No entanto, a aplicabilidade da teoria da informação de Shannon à biologia molecular obscureceu, até certo ponto, uma distinção fundamental sobre o tipo de informação que o DNA possui. Embora a teoria de Shannon meça a *quantidade* de informações em uma sequência de símbolos ou caracteres (ou produtos químicos funcionando como tal), ela não distingue uma sequência significativa ou funcional de uma tagarelice inútil. Por exemplo:

"Consideramos essas verdades como evidentes por si mesmas"

"ntnyhiznslhtgeqkahgdsjnfplknejmsedntnyhiznslhtgeqkahgd"

A *explosão de informação cambriana*   163

Essas duas sequências são igualmente longas e igualmente improváveis se as imaginarmos sendo desenhadas ao acaso. Portanto, elas contêm a mesma quantidade de informações de Shannon. Ainda assim, há uma distinção qualitativa importante entre elas que a medição de Shannon não capta. A primeira sequência significativa executa uma função de comunicação, enquanto a segunda não.

Shannon enfatizou que o tipo de informação que sua teoria descreveu precisa ser cuidadosamente distinguido de nossas noções comuns de informação. Como Warren Weaver, um dos colaboradores próximos de Shannon, deixou claro em 1949, "A palavra 'informação' nesta teoria é usada em um sentido especial matemático que não deve ser confundido com seu uso comum".[23] Pelo uso comum, Weaver, é claro, estava se referindo à ideia de comunicação significativa ou funcional.

O dicionário Webster define informação como "a comunicação ou recepção de conhecimento ou inteligência". Ele também define informação como "o atributo inerente e comunicado por sequências ou arranjos alternativos de algo que produz um efeito específico". Uma sequência de caracteres que possui uma grande quantidade de informações de Shannon pode transmitir significado (como em um texto em português) ou desempenhar uma função que "produz um efeito específico" (como fazem as frases em português e os códigos de computador, por exemplo) ou não (como seria o caso com uma pilha de letras sem sentido ou uma tela de código de computador embaralhado). Em qualquer caso, a teoria puramente matemática da informação de Shannon não distingue a presença de sequências significativas ou funcionais de sequências *meramente* improváveis, embora sem significado. Ele apenas fornece uma medida matemática da improbabilidade, ou capacidade de transporte de informações, de uma sequência de caracteres. Em certo sentido, fornece uma medida da *capacidade* de uma sequência de transportar informações funcionais ou significativas. Não determina e não pode determinar se a sequência em questão *transmite* significado ou gera um efeito funcionalmente significativo.

Fitas de DNA contêm capacidade de transporte de informações, algo que a teoria de Shannon pode medir.[24] Mas o DNA, como as linguagens naturais e os códigos de computador, também contém informações *funcionais*.[25]

Em idiomas como o português, caracteres organizados especificamente transmitem informações funcionais para agentes conscientes. No código de computador ou de máquina, caracteres especificamente organizados (zeros e uns) produzem resultados funcionalmente significativos dentro de um ambiente computacional sem um agente consciente recebendo o significado do código dentro da máquina. Da mesma forma, o DNA armazena e transmite informa-

164   A DÚVIDA DE DARWIN

ções funcionais para a construção de proteínas ou moléculas de RNA, mesmo que não sejam recebidas por um agente consciente. Como no código de computador, o arranjo preciso dos caracteres (ou substâncias químicas funcionando como caracteres) permite que a sequência "produza um efeito específico". Por esse motivo, também gosto de usar o termo *informação especificada* como sinônimo de informação funcional, porque a função de uma sequência de caracteres depende do arranjo *específico* desses caracteres.

E o DNA contém informações específicas, não apenas informações de Shannon ou capacidade de transporte de informações. Como o próprio Crick colocou em 1958: "Por informação, quero dizer a especificação da sequência de aminoácidos na proteína. [...] Informação significa aqui a determinação *precisa* da sequência, seja das bases no ácido nucleico ou nos resíduos de aminoácidos da proteína."[26]

A MENSAGEM COMO O MISTÉRIO

Portanto, se a origem dos animais cambrianos exigia grandes quantidades de novas informações funcionais ou específicas, o que produziu essa explosão de informações? Desde que a revolução biológica molecular destacou pela primeira vez a primazia da informação para a manutenção e função dos sistemas vivos, as questões sobre a origem da informação passaram para a linha de frente das discussões sobre a teoria da evolução. Além disso, a compreensão de que a especificidade do arranjo, em vez de mera improbabilidade, caracteriza o texto genético levantou algumas questões desafiadoras sobre a adequação do mecanismo neodarwiniano. É plausível pensar que a seleção natural trabalhando em mutações aleatórias no DNA poderia produzir os arranjos e bases altamente *específicos* necessários para gerar blocos de construção de proteínas para novos tipos de células e novas formas de vida? Talvez tais questões representem um desafio maior para a teoria neodarwiniana nas discussões sobre a explosão Cambriana do que sobre qualquer outro tema.

9

INFLAÇÃO COMBINATÓRIA

Murray Eden (ver Fig. 9.1), professor de engenharia e ciência da computação no MIT, estava acostumado a pensar sobre como construir coisas. Mas quando ele começou a considerar a importância da informação para a construção de organismos vivos, percebeu que algo não fazia sentido. Seus críticos disseram que ele conhecia o suficiente de biologia para ser perigoso. Em retrospecto, eles provavelmente estavam certos.

No início dos anos 1960, assim que os biólogos moleculares confirmaram a famosa hipótese da sequência de Francis Crick, Eden começou a pensar sobre o desafio de construir um organismo vivo. Claro, Eden não estava pensando em ele próprio construir um organismo. Em vez disso, estava pensando sobre o que seria necessário para que o mecanismo neodarwiniano de seleção natural agindo em mutações aleatórias fizesse o trabalho. Ele se perguntou se a mutação e a seleção poderiam gerar as informações funcionais necessárias.

Em sua maneira de pensar, a *especificidade* era uma grande parte do problema. Obviamente, se o DNA contivesse uma sequência improvável de bases de nucleotídeos em que o arranjo das bases não importasse para a função da molécula, então as mudanças mutacionais aleatórias na sequência de bases não teriam um efeito prejudicial na função da molécula. Mas, é claro, a sequência *afeta* a função. Eden sabia que em todos os códigos de computador ou textos escritos nos quais a especificidade da sequência determina a função, mudanças aleatórias na sequência degradam consistentemente a função ou o significado. Como ele explicou: "Nenhuma linguagem formal atualmente existente pode tolerar mudanças aleatórias nas sequências de símbolos que expressam suas sentenças. O significado é quase invariavelmente destruído."[1] Assim, ele suspeitava que a necessidade de especificidade no arranjo das bases do DNA tornava extremamente improvável que mutações aleatórias gerassem novos genes ou proteínas funcionais, em oposição à degradação dos existentes.

FIGURA 9.1
Murray Eden. *Cortesia do MIT Museum.*

Mas quão improvável? Quão difícil seria para mutações aleatórias gerar, ou tropeçar, nas sequências geneticamente significativas ou funcionais necessárias para fornecer à seleção natural a matéria-prima, a informação genética e a variação, necessárias para produzirem novas proteínas, órgãos e formas de vida? Eden não foi o único matemático ou cientista a fazer essas perguntas. Mas o desafio de base matemática à teoria da evolução que ele ajudou a iniciar se mostraria realmente perigoso para a ortodoxia neodarwiniana.

A CONFERÊNCIA DO INSTITUTO WISTAR

Durante o início da década de 1960, Eden começou a discutir a plausibilidade da teoria neodarwiniana da evolução com vários colegas do MIT das áreas de matemática, física e ciência da computação. À medida que a discussão cresceu para incluir matemáticos e cientistas de outras instituições, surgiu a ideia de uma conferência. Em 1966, um célebre grupo de matemáticos, engenheiros e cientistas convocou uma conferência no Instituto Wistar, na Filadélfia, chamada "Desafios Matemáticos para a Interpretação Neodarwiniana da Evolução". Entre os participantes destacaram-se Marcel-Paul Schützenberger, um matemá-

Inflação combinatória   167

tico e médico da Universidade de Paris; Stanislaw Ulam, codesigner da bomba de hidrogênio; e o próprio Eden. A conferência também incluiu vários biólogos proeminentes, incluindo Ernst Mayr, um arquiteto do neodarwinismo moderno, e Richard Lewontin, na época professor de genética e biologia evolutiva na Universidade de Chicago.

Sir Peter Medawar, vencedor do Prêmio Nobel e diretor dos laboratórios do North London Medical Research Council, presidiu a reunião. Em suas observações iniciais, ele disse: "A causa urgente desta conferência é um sentimento bastante difundido de insatisfação sobre o que passou a ser pensado como a teoria evolucionária aceita no mundo de língua inglesa, a chamada teoria neodarwiniana."[2]

Para muitos, as dúvidas sobre o poder criativo da mutação e do mecanismo de seleção surgiram da elucidação da natureza da informação genética por biólogos moleculares no final dos anos 1950 e início dos 1960.

A descoberta de que a informação genética no DNA é armazenada como uma matriz linear de bases de nucleotídeos precisamente sequenciadas no início ajudou a esclarecer a natureza de muitos processos mutacionais. Assim como uma sequência de letras em um texto em inglês pode ser alterada pela mudança de letras individuais uma por uma ou pela combinação e recombinação de seções inteiras do texto, o texto genético também pode ser alterado uma base de cada vez ou pela combinação e recombinação de diferentes seções de genes de várias maneiras aleatoriamente. De fato, a genética moderna estabeleceu vários mecanismos de mudança mutacional, não apenas "mutações pontuais" ou mudanças em bases individuais, mas também duplicações, inserções, inversões, recombinações e eliminações de seções inteiras do texto genético.

Embora totalmente ciente dessa gama de opções mutacionais à disposição da natureza, Eden argumentou no Wistar que tais mudanças aleatórias em textos escritos ou seções de código digital inevitavelmente degradariam a função de sequências portadoras de informações, particularmente quando permitidas a se acumular.[3] Por exemplo, a frase simples: "Um se por terra e dois se por mar" será significativamente degradada por apenas um punhado de mudanças aleatórias, como aquelas em negrito: "**Im** se **pbr terre** e dois **sa ptr Nar**." Na conferência, o matemático francês Marcel Schützenberger concordou com as preocupações de Eden sobre o efeito das alterações aleatórias. Ele observou que, se alguém fizer algumas mudanças aleatórias no arranjo dos caracteres digitais em um programa de computador, "descobrimos que não temos chance (ou seja, menos de $1/10^{1000}$) até mesmo de ver o que o programa modificado computaria: apenas travaria".[4] Eden argumentou que quase o mesmo problema se aplica ao DNA, que na medida em que arranjos específicos de bases no DNA funcionam como o código digital, mudanças aleatórias nesses arranjos provavelmente apagariam sua função, enquanto tentativas de gerar seções completamente novas de texto genético através de meios aleatórios provavelmente estavam fadadas ao fracasso.[5]

A explicação para essa diminuição inevitável da função é encontrada em um ramo da matemática chamado Combinatória. A Combinatória estuda o número de maneiras pelas quais um grupo de coisas pode ser *combinado* ou organizado. Até certo ponto, o assunto é bastante intuitivo. Se um ladrão dobrar a esquina de um dormitório depois de horas procurando uma bicicleta para roubar, ele examinará o bicicletário em busca de um alvo fácil. Se ele visse um cadeado simples de bicicleta com apenas três mostradores de dez números cada, e no rack ao lado um com cinco mostradores de dez números cada, o ladrão não precisaria de um diploma em matemática para perceber qual ele deveria tentar abrir. Ele sabe que precisaria testar um número menor de possibilidades no cadeado de três dígitos.

Um cálculo direto apoia sua intuição. O bloqueio mais simples tem apenas 10×10×10, ou 1000, combinações possíveis de dígitos, ou o que os matemáticos chamam de possibilidades "combinatórias". O cadeado de cinco dígitos tem 10×10×10×10×10, ou 100.000, possibilidades combinatórias. Com muita paciência, o ladrão pode optar por trabalhar sistematicamente seu caminho através das diferentes combinações de dígitos no cadeado mais simples, sabendo que em algum momento ele encontrará a combinação correta. Ele nem deveria se preocupar com a fechadura de cinco mostradores, já que testar todas as combinações possíveis levaria 100 vezes mais tempo. O cadeado de cinco dígitos simplesmente tem muitas possibilidades para o ladrão ter uma chance razoável de abri-lo por tentativa e erro no tempo disponível para ele.

Vários dos cientistas em Wistar notaram que o mecanismo de mutação e seleção enfrenta um problema semelhante. O neodarwinismo prevê novas informações genéticas decorrentes de mutações aleatórias no DNA. Se a qualquer momento, do nascimento à reprodução, a mutação ou combinação certa de mutações se acumular no DNA das células envolvidas na reprodução (sejam sexuadas ou assexuadas), então a informação para construir uma nova proteína ou proteínas passará para a próxima geração. Quando ocorre dessa nova proteína conferir uma vantagem de sobrevivência a um organismo, a mudança genética responsável pela nova proteína tenderá a ser passada para as gerações subsequentes. Conforme as mutações favoráveis se acumulam, as características de uma população mudam gradualmente com o tempo.

Claramente, a seleção natural desempenha um papel crucial neste processo. Mutações favoráveis são transmitidas; mutações desfavoráveis são eliminadas.

Inflação combinatória 169

No entanto, o processo só pode selecionar variações no texto genético que foram anteriormente produzidas pelas mutações. Por essa razão, os biólogos evolucionistas normalmente reconhecem que a mutação, e não a seleção natural, fornece a fonte de variação e inovação no processo evolutivo. Como os biólogos evolucionistas Jack King e Thomas Jukes colocaram em 1969: "A seleção natural é o editor, e não o compositor, da mensagem genética."[6]

E esse era o problema, como os céticos em Wistar o viam: mutações aleatórias devem fazer o trabalho de compor novas informações genéticas, ainda que o número absoluto de combinações possíveis de bases de nucleotídeos ou aminoácidos (ou seja, o tamanho do "espaço" combinatório) associado a um único gene ou proteína, até mesmo de um comprimento modesto, torne a probabilidade de montagem aleatória proibitivamente pequena. Para cada sequência de aminoácidos que gera uma proteína funcional, há uma miríade de outras combinações que não geram. À medida que o comprimento da proteína necessária aumenta, o número de combinações de aminoácidos possíveis aumenta exponencialmente. À medida que isso acontece, a probabilidade de uma mutação aleatória algum dia tropeçar em uma sequência funcional diminui rapidamente.

Considere outra ilustração. As duas letras X e Y podem ser combinadas em 4 combinações diferentes de 2 letras (XX, XY, YX e YY). Elas podem ser combinadas de 8 maneiras diferentes para combinações de 3 letras (XXX, XXY, XYY, XYX, YXX, YYX, YXY, YYY), 16 maneiras para combinações de 4 letras e assim por diante. O número de combinações possíveis cresce exponencialmente, 2^2, 2^3, 2^4 e assim por diante, conforme o número de letras na sequência aumenta. O matemático David Berlinski chama isso de problema de "inflação combinatória", porque o número de combinações possíveis "aumenta" dramaticamente à medida que o número de caracteres em uma sequência aumenta (ver Fig. 9.2).

As combinações de bases no DNA estão sujeitas à inflação combinatória exatamente desse tipo. As sequências portadoras de informações no DNA consistem em arranjos específicos das quatro bases de nucleotídeos. Consequentemente, existem quatro bases possíveis que poderiam ocorrer em cada sítio ao longo da coluna vertebral do DNA e 4×4, ou 4^2 ou 16 possíveis sequências de duas bases (AA AT AG AC TA TG TC TT CG CT CC CA GA GG GC GT). Da mesma forma, existem 4×4×4, ou 4^3, ou 64 possíveis sequências de três bases. (Vou abster-me de listar todas.) Ou seja, aumentar o número de bases em uma sequência de 1 para 2 para 3 aumenta o número de possibilidades de 4 para 16 para 64. À medida que o comprimento da sequência continua a crescer, o número de possibilidades combinatórias que correspondem às sequências de comprimento crescente infla exponencialmente. Por exemplo, existem 4^{100}, ou 10^{60}, maneiras possíveis de organizar cem bases em uma fileira.

170   A DÚVIDA DE DARWIN

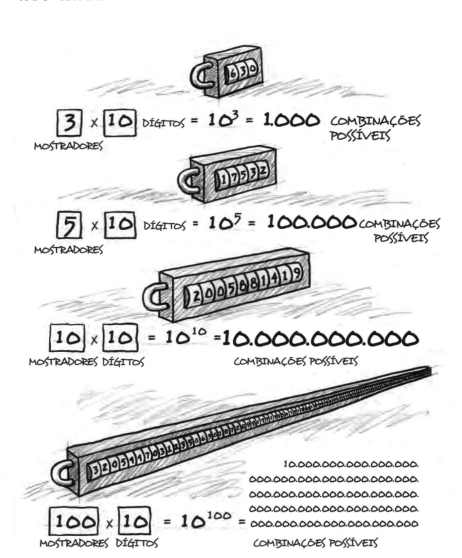

FIGURA 9.2
O problema da inflação combinatória ilustrado por travas de bicicletas de vários tamanhos. Conforme o número de mostradores nos cadeados da bicicleta aumenta, o número de combinações possíveis aumenta exponencialmente.

As cadeias de aminoácidos também estão sujeitas a essa inflação. Uma cadeia de dois aminoácidos poderia exibir 20^2, 20×20 ou 400 combinações possíveis, uma vez que cada um dos 20 aminoácidos formadores de proteínas poderiam

Inflação combinatória 171

se combinar com qualquer um do mesmo grupo de 20 na segunda posição de uma curta cadeia de peptídeo. Com uma sequência de 3 aminoácidos, estamos olhando para 20^3, ou 8 mil, sequências possíveis. Com 4 aminoácidos, o número de combinações aumenta exponencialmente para 20^4, ou 160 mil, combinações totais e assim por diante.

Agora, o número de possibilidades combinatórias correspondendo a uma cadeia com 4 aminoácidos supera apenas marginalmente as possibilidades combinatórias associadas ao cadeado de 5 mostradores em minha primeira ilustração (160.000 vs. 100.000). Entretanto, acontece que muitas das proteínas funcionais necessárias nas células exigem muito, muito mais do que apenas 4 aminoácidos ligados em sequência, e os genes necessários exigem muito, muito mais do que apenas algumas bases. A maioria dos genes, seções de DNA que codificam uma proteína específica, consistem em, pelo menos, mil bases de nucleotídeos. Isso corresponde a 4^{1000} possíveis sequências de base desse comprimento, um número inimaginavelmente grande.

Além disso, são necessárias 3 bases em um grupo chamado códon para designar 1 dos 20 aminoácidos formadores de proteínas em uma cadeia crescente durante a síntese proteica. Se um gene médio tem cerca de 1000 bases, então uma proteína média teria mais de 300 aminoácidos, cada um dos quais são chamados de "resíduos" pelos químicos de proteínas. E, de fato, as proteínas normalmente requerem centenas de aminoácidos para desempenhar suas funções. Isso significa que uma proteína de comprimento médio representa apenas uma sequência possível entre um número astronomicamente grande, 20^{300}, ou mais de 10^{390}, de possíveis sequências de aminoácidos desse comprimento. Colocando esses números em perspectiva, existem apenas 10^{65} átomos em nossa galáxia, a Via Láctea, e 10^{80} partículas elementares no universo conhecido.

Isso é o que incomodou Eden e outros cientistas inclinados à matemática no Wistar. Eles compreenderam a imensidão dos espaços combinatórios associados até mesmo a genes ou proteínas individuais de comprimento médio. Eles perceberam que se as próprias mutações fossem verdadeiramente aleatórias, isto é, se não fossem dirigidas por uma inteligência nem influenciadas pelas necessidades funcionais do organismo (como o neodarwinismo estipula), então a probabilidade de o mecanismo de mutação e seleção produzir um novo gene ou proteína poderia ser absurdamente pequeno. Por quê? As mutações teriam que gerar, ou "buscar" por tentativa e erro, um enorme número de possibilidades, muito mais do que o realístico no tempo disponível para o processo evolutivo.

Eden apontou em sua apresentação no Wistar que o espaço combinatório correspondente a uma proteína de comprimento médio (que ele presumiu ter cerca de 250 aminoácidos de comprimento) é 20^{250}, ou cerca de 10^{325}, arranjos de aminoácidos possíveis. O mecanismo de mutação e seleção teve tempo suficiente, desde o início do próprio universo, para gerar até mesmo uma pequena fração do número total de possíveis sequências de aminoácidos correspondentes a uma única proteína funcional daquele comprimento? Para Eden, a resposta claramente era não.

Por essa razão, Eden pensou que as mutações não tinham praticamente nenhuma chance de produzir novas informações genéticas. Ele comparou a probabilidade de produzir o genoma humano contando com mutações aleatórias àquela de gerar uma biblioteca de mil volumes, fazendo alterações ou acréscimos aleatórios a uma única frase, de acordo com as seguintes instruções: "Comece com uma frase significativa, redigite-a com alguns erros, torne-a mais longa adicionando letras [aleatoriamente] e reorganize as subsequências na sequência de letras; em seguida, examine o resultado para ver se a nova frase é significativa. Repita esse processo até que a biblioteca esteja completa."[7] Tal exercício teria uma chance realista de sucesso, mesmo tendo disponíveis bilhões de anos? Eden achava que não.

Além disso, Schützenberger enfatizou que cortar e colar aleatoriamente blocos maiores de texto, como os biólogos evolucionistas frequentemente imaginam, não faria nenhuma diferença apreciável para a eficácia de uma busca aleatória no espaço da sequência. Imagine um computador "mutando" aleatoriamente o texto da peça *Hamlet*, seja por substituições de letras individuais ou por duplicação, troca, inversão ou recombinação de seções inteiras do texto de Shakespeare. Essa simulação de computador teria uma chance realista de gerar um texto completamente diferente e igualmente informativo, como, digamos, *O relojoeiro cego* de Richard Dawkins, até mesmo podendo realizar vários milhões de iterações mutacionais não direcionadas?

Schützenberger acreditava que não. Ele observou que fazer alterações aleatórias "no nível tipográfico" em um programa de computador inevitavelmente degrada sua função, sejam essas alterações feitas "por letras ou blocos, o tamanho da unidade realmente não importa".[8] Assim, ele pensava que um processo de embaralhar blocos de texto aleatoriamente em qualquer "tipologia tipográfica" inevitavelmente degradaria o significado da mesma forma que uma série de substituições de letras individuais o faria.

Schützenberger insistiu que o processo evolutivo enfrentou limitações semelhantes. Para ele, parecia extremamente improvável que mutações aleatórias de qualquer tipo produzissem quantidades significativas de informações *novas e funcionalmente especificadas* dentro do tempo disponível para o processo evolutivo.

Após a confirmação da hipótese da sequência de Crick, todos os presentes no Wistar entenderam que as entidades que conferem vantagens funcionais aos organismos, novos genes e seus correspondentes produtos proteicos, constituem longas matrizes lineares de subunidades precisamente sequenciadas, bases de nucleotídeos, no caso dos genes, e aminoácidos, no caso das proteínas. Entretanto, de acordo com a teoria neodarwiniana, essas entidades complexas e altamente especificadas devem primeiro surgir e fornecer alguma vantagem *antes* que a seleção natural possa agir para preservá-las. Dado o número de bases presentes nos genes e aminoácidos presentes nas proteínas funcionais, um grande número de mudanças no arranjo dessas subunidades moleculares normalmente teria que ocorrer antes que uma nova proteína funcional e selecionável pudesse surgir. Até mesmo para a menor unidade de inovação funcional, uma nova proteína, surgir, muitos rearranjos improváveis de bases de nucleotídeos precisariam ocorrer antes que a seleção natural tivesse algo novo e vantajoso para selecionar.

Eden e outros questionaram se as mutações forneciam uma explicação adequada para a origem da informação genética necessária para construir novas proteínas, quem dirá formas de vida totalmente novas. Como o físico Stanislaw Ulam explicou na conferência, o processo evolutivo "parece exigir muitos milhares, talvez milhões, de mutações sucessivas para produzir até mesmo as complexidades mais simples que vemos na vida agora. Parece, pelo menos, ingênuo, que não importa quão grande seja a probabilidade de uma única mutação, se ela fosse tão grande quanto a metade, você elevaria essa probabilidade a um milionésimo, que é tão próximo de zero que as chances de tal cadeia parecem ser praticamente inexistentes".[9]

PROCURANDO UMA BRECHA

Em sua apresentação na conferência, o próprio Eden reconheceu uma maneira possível de resolver esse dilema. Ele sugeriu que era, pelo menos, possível que "proteínas funcionalmente úteis são muito comuns neste espaço [combinatório] de modo que quase qualquer polipeptídeo que se possa encontrar [como resultado de mutação e seleção] tem uma função útil".[10] Muitos biólogos neodarwinistas subsequentemente passaram a proteger essa possível solução. A solução era esta: embora o tamanho do espaço combinatório que as mutações precisavam pesquisar fosse enorme, *a proporção* de bases funcionais para não funcionais ou sequências de aminoácidos em seus espaços combinatórios relevantes poderia ser muito maior do que Eden e outros haviam assumido. Se essa proporção fosse alta o suficiente, então o mecanismo de mutação e seleção frequentemente tropeçaria em novos genes e proteínas e poderia facilmente pular de uma ilha de proteína funcional para a próxima, com a seleção natural descartando os resultados não funcionais e se aproveitar das raras (mas não muito raras) sequências funcionais.

Como um engenheiro elétrico acostumado a trabalhar com códigos de computador, Eden era intuitivamente pouco inclinado a abraçar essa possibilidade. Ele observou que todos os códigos e sistemas de linguagem podem transmitir informações precisamente porque têm regras gramaticais e de sintaxe. Essas regras garantem que não é qualquer arranjo de caracteres que é capaz de transmitir informações funcionais. Por esse motivo, as sequências funcionais em sistemas de comunicação em funcionamento são normalmente cercadas no espaço combinatório maior por uma infinidade de sequências não funcionais, sequências que não obedecem às regras.

Em códigos e sistemas de linguagem conhecidos, as sequências funcionais de fato representam pequenas ilhas de significado em meio a um grande mar de rabiscos. O geneticista Michael Denton demonstrou que, em inglês, palavras e frases significativas são extremamente raras entre o conjunto de combinações possíveis de letras de um determinado comprimento e se tornam proporcionalmente mais raras à medida que o comprimento da sequência aumenta.[11] A proporção de palavras significativas de 12 letras para sequências de 12 letras é $1/10^{14}$; a proporção de sentenças significativas de 100 letras para possíveis sequências de 100 letras foi estimada em $1/10^{100}$. Denton usou esses números em 1985 para explicar por que substituições aleatórias de letras inevitavelmente degradam o significado no texto em inglês depois de apenas algumas mudanças e por que a mesma coisa pode ser verdade para o texto genético.

Dado o caráter alfabético ou "tipográfico" das informações genéticas armazenadas no DNA, Murray Eden e outros no Wistar suspeitaram que o mesmo tipo de problema afetaria mudanças mutacionais aleatórias no DNA. Parecia lógico que genes e proteínas funcionais também estivessem rodeados em seus espaços combinatórios relevantes por um grande número de sequências não funcionais, e, além disso, que a proporção de sequências funcionais para não funcionais também seria extremamente pequena.

Ainda assim, em 1966, nenhum dos cientistas de ambos os lados dos debates no Wistar sabia quão raros ou comuns genes funcionais e sequências de aminoácidos são no espaço correspondente de possibilidades totais. Eles ocorrem com uma frequência de 1 em 10, 1 em 1 milhão ou 1 em 1 milhão de bilhões de trilhões? Na época, essas perguntas não podiam ser respondidas.

Inflação combinatória   175

A maioria dos biólogos evolucionistas permaneceu otimista de que a resposta a essa pergunta justificaria o modelo neodarwiniano.[12] E alguns desenvolvimentos apoiaram sua confiança. No final da década de 1960, os biólogos moleculares aprenderam que a maioria das funções funcionais desempenhadas pelas proteínas são desempenhadas não apenas por um tipo preciso de proteína, mas por uma ampla variedade, cada uma com sua própria sequência de aminoácidos. Isso é diferente de um cadeado de bicicleta, que possui apenas uma combinação funcional. Na verdade, os biólogos moleculares aprenderam que, embora alguns aminoácidos em alguns sítios sejam absolutamente essenciais para o funcionamento de qualquer proteína em particular, a maioria dos sítios tolera substituições de aminoácidos sem perda da função da proteína. Para muitos biólogos, isso sugeriu que afinal a mutação e a seleção tinham uma chance razoável de gerar sequências funcionais de bases de nucleotídeos ou aminoácidos, que a proporção de sequências funcionais para não funcionais era muito maior do que os céticos haviam previsto.

Quão maior? Quanta variabilidade é permitida nas sequências de aminoácidos das proteínas? Existem proteínas funcionais suficientes dentro de um espaço combinatório relevante de possibilidades para tornar plausível uma busca mutacional aleatória por novas proteínas?

Quando Denton comparou texto linguístico e genético para explicar a gravidade potencial da inflação combinatória diante do mecanismo neodarwiniano, ele observou que os biólogos ainda não sabiam o suficiente "para calcular com algum grau de certeza a real raridade das proteínas funcionais". No entanto, ele concluiu que uma vez que experimentos futuros certamente continuariam a aprofundar o fundo de conhecimento da biologia molecular, "pode ser que em breve estimativas bastante rigorosas sejam possíveis".[13]

EM BUSCA DA PROPORÇÃO

A previsão de progresso iminente de Denton provou-se correta. Durante o final da década de 1980 e início da de 1990, Robert Sauer, biólogo molecular do MIT, realizou a primeira série de experimentos para tentar medir a raridade das proteínas no espaço da sequência de aminoácidos.

O trabalho de Sauer explorou, pela primeira vez, uma nova tecnologia que permitiu a manipulação sistemática de sequências de genes. Antes do final dos anos 1970, os cientistas normalmente usavam radiação e produtos químicos para produzir formas mutantes de DNA. Embora essas técnicas às vezes rendessem resultados dramáticos, como moscas-das-frutas mutantes com patas

176   A DÚVIDA DE DARWIN

saindo de suas cabeças (a famosa mutação *Antennapedia*), elas não permitiam que os cientistas ditassem ou visassem qualquer mudança específica em uma sequência de bases no DNA. Os tratamentos usados simplesmente replicaram as condições sob as quais as mutações ocorrem naturalmente.

Durante o final dos anos 1970 e início dos anos 1980, entretanto, biólogos moleculares desenvolveram tecnologias para fazer moléculas de DNA sintéticas personalizadas. Robert Sauer usou essas técnicas para fazer alterações dirigidas nas sequências de DNA de genes específicos de função conhecida e, em seguida, inserir essas variantes nas células bacterianas. Ele poderia então avaliar o efeito de várias alterações direcionadas a uma sequência de DNA sobre a função de seus produtos de proteína em uma cultura de células bacterianas.

A técnica de Sauer permitiu que ele começasse a avaliar quantas das sequências variantes, como uma porcentagem do total, ainda produziam uma forma funcional da proteína relevante (ver Fig. 9.3). Seus resultados iniciais confirmaram que as proteínas poderiam de fato tolerar uma variedade de substituições de aminoácidos em muitos sítios da cadeia proteica. No entanto, seus experimentos também sugeriram que proteínas funcionais podem ser incrivelmente raras no espaço de todas as sequências de aminoácidos possíveis. Com base em um conjunto de experimentos de mutagênese, Sauer e seus colegas estimaram a proporção de sequências de aminoácidos funcionais para não funcionais em cerca de 1 a 10^{63} para uma proteína curta de 92 aminoácidos de comprimento.[14]

FIGURA 9.3

Figura 9.3a (topo) descreve o problema da inflação combinatória no que se refere às proteínas. À medida que o número de aminoácidos necessários para produzir uma proteína ou dobra proteica cresce, o número correspondente de combinações de aminoácidos possíveis cresce exponencialmente. *Figura 9.3b (base)* coloca graficamente a questão da raridade das proteínas no vasto espaço de sequência de aminoácidos.

Esse resultado estava de acordo com uma estimativa anterior do teórico da informação Hubert Yockey.[15] Yockey não realizou experimentos para derivar sua estimativa da raridade de proteínas no espaço de sequência combinatória. Em vez disso, ele usou dados já publicados para comparar variantes das proteínas semelhantes do citocromo c (proteínas envolvidas nas vias bioquímicas que geram energia nas células) em diferentes espécies. Ele fez isso para ver quanta variabilidade existia em cada sítio de aminoácido nas moléculas que desempenhavam a mesma função com a mesma estrutura básica. Usando esses dados sobre a variabilidade permitida em cada local, ele estimou a probabilidade de encontrar uma das sequências permitida entre o número total de sequências correspondentes a uma proteína 100 do citocromo c de comprimento residual. Ele determinou a proporção de sequências funcionais para não funcionais em cerca de 1 a 10^{90} para cadeias de aminoácidos deste comprimento.[16] Assim, embora os resultados derivados experimentalmente de Sauer fossem numericamente diferentes dos de Yockey, ambas as abordagens deram proporções extremamente baixas, sugerindo que proteínas funcionais são realmente raras no espaço de sequência, mesmo se as proteínas admitirem variabilidade significativa nos aminoácidos específicos presentes em várias posições.

Levados ao pé da letra, os experimentos de Sauer pareceram produzir conclusões contraditórias. Por um lado, seus resultados mostraram que muitos arranjos de aminoácidos poderiam produzir a mesma estrutura e função de proteína, que *numerosas* sequências de aminoácidos povoavam o espaço de sequência de aminoácidos. Por outro lado, a proporção de sequências funcionais para o número total de sequências possíveis correspondentes a uma sequência de aproximadamente 100 aminoácidos parecia ser incrivelmente baixa, apenas 1 para 10^{63}.

No entanto, não é difícil ver como as duas conclusões aparentemente contraditórias de Sauer podem ser verdadeiras. Lembre-se dos cadeados enfrentando meu hipotético ladrão de bicicletas. Normalmente, os cadeados de bicicletas fabricados comercialmente têm apenas uma combinação de dígitos que permitem que sejam abertos. A combinação que abrirá um cadeado de bicicleta típico especifica um dígito em cada mostrador. Nenhuma variabilidade em qualquer dígito é permitida.

Agora imagine um novo tipo de cadeado com três diferenças cruciais de um cadeado comum. Primeiro, com este novo cadeado alternativo, há quatro posições em cada mostrador que podem, em combinação com outras posições em outros mostradores, abrir o cadeado. Meu ladrão de bicicletas gostaria desse recurso desse tipo de cadeado, já que parece permitir mais opções de acerto para cada mostrador. Mas ele não gosta dos outros dois recursos deste cadeado. Para começar, cada dígito exibe uma das 20 letras em vez de um dos 10 dígitos numéricos. Em segundo lugar, em vez de 5 mostradores, existem 100 mostradores. No lado positivo, como 4 das 20 letras em cada um dos 100 mostradores podem funcionar, existem 4^{100}, ou incríveis 10^{60}, combinações corretas que abrirão a fechadura. Esse é um número astronomicamente grande de combinações corretas. Mas, no lado negativo, existem 20 configurações possíveis em cada um dos 100 mostradores, o que calcula para 20^{100}, ou 10^{130}, combinações possíveis, um número que diminui totalmente o número de combinações corretas de configurações do mostrador.

Inflação combinatória   179

O ladrão de bicicletas ficaria feliz em saber que cada mostrador tem "apenas" quatro posições corretas possíveis, mas em um processo de tentativa e erro, ele ainda tem apenas 1 chance em 5 (4 de 20) de colocar um dígito possivelmente funcional para qualquer mostrador; e essa chance de 1 em 5 deve ser negociada 100 vezes. Em outras palavras, a chance de 1 em 5 deve ser multiplicada pelos 100 mostradores na monstruosa fechadura para chegar à probabilidade de o ladrão acertar em uma combinação funcional em uma determinada tentativa. As chances são de 1 em 5^{100} ou, se quisermos converter isso para a base 10, aproximadamente 1 chance em 10^{70}. As chances são tão pequenas porque as combinações funcionais, por mais que numerosas, são diminuídas pelo número de combinações totais. Da mesma forma, Sauer estabeleceu que, embora muitas combinações diferentes de aminoácidos produzam aproximadamente a mesma estrutura e função proteica, as sequências capazes de produzir esses resultados funcionais ainda são extremamente raras. Ele mostrou que para cada sequência funcional de 92 aminoácidos há aproximadamente outras 10^{63} sequências não funcionais do mesmo comprimento. Para colocar essa proporção em perspectiva, a probabilidade de obter uma sequência correta por pesquisa aleatória seria aproximadamente igual à probabilidade de um astronauta cego encontrar um único átomo marcado por acaso entre todos os átomos na galáxia da Via Láctea, claramente um resultado improvável.[17]

SITUAÇÃO INCERTA

No entanto, durante a década de 1990, logo após a publicação dos resultados de Sauer, as implicações de seu trabalho para a teoria da evolução não eram inteiramente claras. Mesmo no artigo científico em que Sauer relatou seu trabalho, o resumo enfatizou a tolerância à substituição de aminoácidos que as proteínas permitem demonstrada em seus resultados. Consequentemente, os cientistas de ambos os lados da discussão sobre a evolução darwiniana aproveitaram diferentes aspectos das descobertas de Sauer para apoiar ou desafiar a plausibilidade do relato neodarwiniano da origem dos genes e proteínas.

Cientistas favoráveis ao neodarwinismo enfatizaram a tolerância das proteínas à substituição de aminoácidos; os críticos da teoria enfatizaram a raridade das proteínas no espaço de sequência. Um cientista, Ken Dill, biofísico da Universidade da Califórnia, São Francisco, citou o trabalho de Sauer para sugerir que quase qualquer aminoácido funcionaria em qualquer local da cadeia proteica, desde que os aminoácidos em questão exibissem a hidrofobicidade correta (repelente a água) ou propriedades de hidrofilicidade (atração de água).[18]

180   A DÚVIDA DE DARWIN

No entanto, pelo menos, um cientista, o bioquímico da Lehigh University Michael Behe, citou a estimativa quantitativa de Sauer da raridade das proteínas como uma refutação decisiva do poder criativo da mutação e do mecanismo de seleção juntos.[19] Portanto, em meados da década de 1990, embora Sauer e seu grupo tivessem iniciado um programa de pesquisa experimental que abordava a questão-chave que Murray Eden levantou no Wistar, essa questão ainda não havia sido completamente resolvida. O mecanismo de mutação e seleção natural tinha uma chance realista de encontrar os novos genes e proteínas necessários para construir, por exemplo, um novo animal Cambriano? Responder a isso esperaria um regime experimental ainda mais sistemático e abrangente.

10

A ORIGEM DOS GENES E PROTEÍNAS

Como um estudante Ph.D. de engenharia química no Instituto de Tecnologia da Califórnia no final da década de 1980, Douglas Axe (ver Fig. 10.1) passou a se interessar pela teoria da evolução depois que vários colegas estudantes de pós-graduação leram o livro *O Relojoeiro Cego*, então best-seller de Richard Dawkins. Os compatriotas de Axe foram rapidamente convertidos em defensores zelosos dos argumentos de Dawkins e o incentivaram a ler o livro por si mesmo. Axe ficou impressionado com a clareza da escrita e das ilustrações de Dawkins, mas ele achou seu argumento para o poder criativo da seleção natural e mutações aleatórias pouco persuasivo. Seja nas analogias que ele traçou com a criação de animais ou nas simulações de computador que ele usou para demonstrar a suposta capacidade de mutação e seleção para gerar novas informações genéticas, Dawkins repetidamente utilizava exatamente a mesma técnica que ele insistia que o conceito de seleção natural expressamente evitava: a mão orientadora de um agente inteligente.

Ele achou a simulação de computador de Dawkins particularmente interessante. Em *O Relojoeiro Cego*, Dawkins descreveu como programou um computador para gerar a frase de Shakespeare: "Eu acho que é como uma doninha."[1] Dawkins fez isso para simular como as mutações aleatórias e a seleção natural poderiam gerar novas informações funcionais.

Dawkins programou o computador primeiro para gerar muitas cordas (sequências) separadas de letras em inglês. Ele então o programou para comparar cada corda com a frase alvo de Shakespeare e selecionar apenas a corda que mais se assemelhava a esse alvo.[2] O programa então gerou versões variantes daquela corda recém-selecionada e comparou essas sequências ao alvo, selecionando, novamente, apenas aquela que mais se assemelhava ao alvo desejado. Isso acabou gerando, depois de muitas iterações, uma corda que combinava perfeitamente com o alvo.

Axe reconheceu imediatamente o papel que a própria inteligência de Dawkins havia desempenhado. Dawkins não apenas forneceu ao programa as informações que ele queria gerar ("Eu acho que é como uma doninha"), ele imbuiu o computador com uma espécie de previsão ao direcioná-lo para comparar as sequências variantes de letras com o alvo desejado. Axe percebeu que o programa de Dawkins não simula a seleção natural, que por definição não é direcionada nem recebe informações sobre as gerações de resultados desejados no futuro.

Axe começou a se perguntar se havia alguma outra maneira de avaliar o poder criativo do mecanismo de mutação e seleção natural, não com analogias inteligentes ou simulações de computador simplistas, mas com rigor experimental e matemático.

FIGURA 10.1
Douglas Axe. *Cortesia de Brittnay Landoe.*

Axe percebeu que Dawkins estava certo sobre uma coisa: a importância da informação genética. Como seu colega engenheiro Murray Eden, a tendência de Axe de ver a biologia como um engenheiro o levou a perguntar se a seleção e a mutação poderiam realmente *construir* novos organismos. A própria pesquisa de Axe explorou a conexão entre o *controle de processo* (um campo de estudo em engenharia) e a regulação genética, uma versão sofisticada de controle de processo automatizado em funcionamento em escala molecular dentro de células vivas. Uma vez que as células usam proteínas para realizar vários feitos de regulação, Axe tinha plena consciência de que construir novos organismos envolvia necessa-

A origem dos genes e proteínas   183

riamente construir novas proteínas, que por sua vez exigiriam novas informações genéticas.

Mas será que a mutação e a seleção poderiam gerar os arranjos precisos de bases de nucleotídeos necessários para construir estruturas de proteínas fundamentalmente novas? O interesse de Axe nessa questão eventualmente o levou aos artigos científicos de Robert Sauer e aos eventos de uma conferência aparentemente obscura na Filadélfia de 1966 chamada "Desafios matemáticos para a interpretação neodarwiniana da evolução".

QUESTÕES NÃO RESOLVIDAS

Enquanto Axe lia os artigos que o grupo de pesquisa de Sauer havia produzido, percebeu sua importância como um primeiro passo para responder às questões que Murray Eden havia levantado no Wistar. Se as medidas quantitativas de raridade de Sauer se mantivessem, Axe achava óbvio que a mutação e a seleção não poderiam pesquisar adequadamente um espaço tão grande. Se, por outro lado, experimentos de mutagênese subsequentes derrubaram o trabalho de Sauer e mostraram que a função da proteína era amplamente indiferente às mudanças na sequência de aminoácidos, então o número de sequências funcionais pode ser grande o suficiente para que a mutação e a seleção tivessem uma boa chance de encontrar novos genes e proteínas funcionais em um período de tempo razoável.

Depois de completar seu Ph.D., Axe fez perguntas sobre como fazer uma pesquisa de pós-doutorado em um laboratório de pesquisa de ponta, onde pudesse responder a essas perguntas não respondidas. Ele logo foi convidado por Alan Fersht, professor da Universidade de Cambridge e diretor do Center for Protein Engineering, parte do mundialmente famoso Medical Research Council (MRC) Center em Cambridge, para se juntar ao seu grupo de pesquisa.

A decisão de aceitar a oferta de Fersht foi fácil. A história repleta de estrelas do Laboratório de Biologia Molecular (LMB) adjacente, provavelmente o berço da biologia molecular, incluiu luminares como James Watson, Francis Crick, Max Perutz, John Kendrew, Sidney Brenner e Fred Sanger. Começando no departamento de química e depois indo para o MRC Center, Axe esperava aplicar seu treinamento em pesquisa para resolver a incerteza que cercava a interpretação dos resultados de Sauer. Especificamente, ele queria eliminar o que via como duas fontes de erro no método de Sauer, a fim de obter uma estimativa mais definitiva da frequência das sequências funcionais no espaço de sequência.

Axe pensou, primeiro, que a equipe de Sauer pode ter *subestimado* a raridade das proteínas funcionais. Em seus experimentos, o grupo de Sauer testou a tolerância das proteínas à substituição de aminoácidos, alterando os aminoácidos em um ou alguns sítios consecutivos, sem fazer nenhuma outra alteração em outros

184 A DÚVIDA DE DARWIN

sítios ao mesmo tempo, como um digitador introduzindo um erro tipográfico isolado em um texto transcrito com precisão. Não surpreendentemente, Sauer e seus colegas descobriram que muitos sítios ao longo de uma cadeia de proteína poderiam tolerar essas substituições de aminoácidos isoladas, assim como o leitor de um texto com apenas alguns erros de digitação pode muitas vezes entender seu significado. A equipe de Sauer *parecia* assumir que uma tolerância semelhante teria surgido se eles tivessem mudado muitos sítios simultaneamente.

Axe pensou que essa suposição ignorava a importância do contexto mais amplo fornecido pela proteína quase inalterada. Um único erro tipográfico normalmente não destruirá totalmente o significado de uma seção do texto em inglês, por causa do contexto circundante fornecido pelas outras palavras, bem como pelas letras corretas na palavra alterada. No entanto, isso não significa que a especificidade da sequência não importa. Em vez disso, o significado de uma frase com um erro tipográfico pode ser discernido apenas *porque o resto das letras são especificamente organizadas* em palavras e frases significativas que fornecem um contexto para determinar o significado da palavra escrita incorretamente. Esse é justamente o motivo do significado de uma frase ser rapidamente degradado se os erros se acumulam em vários locais.

Axe se perguntou se o mesmo poderia ser verdade para genes e proteínas. Ele se perguntou se as mudanças de posição múltiplas, em oposição a uma única, degradariam rapidamente a função e se uma tolerância para substituições em locais individuais dependia do contexto, se a tolerância para substituição em um local poderia depender de sequências altamente específicas em outros sítios. Assim, sem questionar as descobertas experimentais de Sauer, Axe acreditava que o resultado de Sauer se prestava a interpretações erradas. Para muitos biólogos moleculares, os resultados sugeriam que as proteínas podem facilmente acomodar *muitas* mudanças simultâneas em suas sequências de aminoácidos em muitas posições e permanecerem funcionais.

Acontece que Sauer reconheceu o potencial para má interpretação de seus resultados. Como ele explicou no próprio artigo em que desenvolveu sua estimativa quantitativa de raridade, "este cálculo superestima o número de sequências funcionais, uma vez que mudanças em posições individuais têm menos probabilidade de serem independentes umas das outras, pois mais posições podem variar".[3]

Outra suposição sobre a abordagem de Sauer teve potencialmente o efeito oposto, *exagerando* a raridade de proteínas funcionais. Axe pensou que o teste que Sauer e seus colegas usaram para decidir se suas proteínas mutantes eram funcionais exigia um nível de função mais alto do que a seleção natural poderia exigir. Sauer e sua equipe julgaram que as proteínas com menos de 5% a 10% da função observada na proteína natural não eram funcionais. Mesmo assim, Axe sabia que mesmo enzimas danificadas com menos de 5% da atividade normal poderiam

A *origem dos genes e proteínas*   185

agregar significativamente mais benefícios do que nenhuma atividade enzimática. Assim, de um ponto de vista neodarwiniano, mesmo o surgimento dessas proteínas deficientes pode conferir uma vantagem selecionável a um organismo. Axe pensou que, ao rejeitar tais sequências mutantes como não funcionais, a equipe de Sauer provavelmente havia introduzido outro erro de estimativa. Esses erros concorrentes dificultavam saber se a estimativa feita pela equipe de Sauer era muito alta ou muito baixa ou se talvez eles pudessem se cancelar perfeitamente. Para eliminar ambas as fontes de possíveis erros, Axe projetou cuidadosamente uma nova série de experimentos.

A IMPORTÂNCIA DAS DOBRAS

Axe teve uma visão chave que deu vida ao desenvolvimento de seu programa experimental. Ele queria se concentrar no problema da origem de novas *dobras* de proteínas e na informação genética necessária para produzi-las como um teste crítico do mecanismo neodarwiniano. As proteínas possuem, pelo menos, três níveis distintos de estrutura:[4] primária, secundária e terciária, o último correspondendo a uma dobra proteica. A sequência específica de aminoácidos em uma proteína ou cadeia polipeptídica constitui sua *estrutura primária*. Os motivos estruturais recorrentes, como hélices alfa e fitas beta, que surgem de sequências específicas de aminoácidos, constituem sua *estrutura secundária*. As dobras maiores ou "domínios" que se formam a partir dessas estruturas secundárias são chamadas de *estruturas terciárias* (ver Fig. 10.2).

Axe sabia que, à medida que novas formas de vida surgiram durante a história da vida, em eventos como a explosão Cambriana, muitas novas proteínas também deveriam ter surgido. Novos animais normalmente têm novos órgãos e tipos de células, e novos tipos de células frequentemente exigem novas proteínas para servi-las. Em alguns casos, novas proteínas, embora *funcionalmente* novas, desempenhariam suas diferentes funções com essencialmente a mesma dobra ou estrutura terciária das proteínas anteriores. Porém, com mais frequência, as proteínas capazes de realizar novas funções requerem novas dobras para realizar essas funções. Isso significa que as explosões de novas formas de vida também devem ter envolvido novas dobras de proteínas.

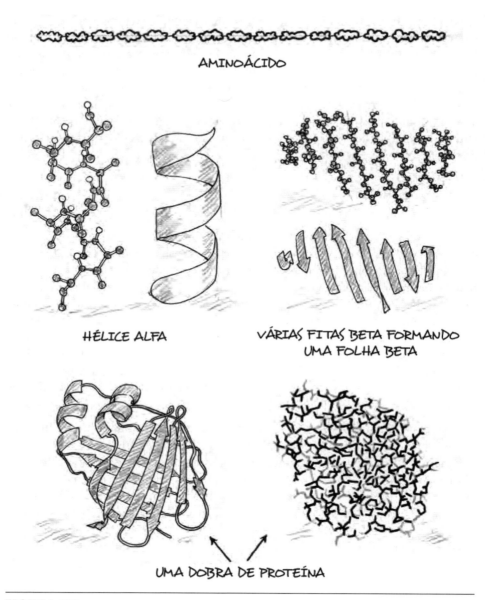

FIGURA 10.2

Diferentes níveis de estrutura proteica. O primeiro painel na parte superior mostra a estrutura primária de uma proteína: uma sequência de aminoácidos formando uma cadeia polipeptídica. O segundo painel mostra, de duas maneiras diferentes, duas estruturas secundárias: uma hélice alfa (*esquerda*) e fitas beta formando uma folha beta (*direita*). O terceiro painel na parte inferior mostra, de duas maneiras diferentes, uma estrutura terciária, ou seja, uma dobra de proteína.

A origem dos genes e proteínas 187

O falecido geneticista e biólogo evolucionista Susumu Ohno observou que os animais Cambrianos precisavam de novas proteínas complexas, como, por exemplo, a lisil oxidase para sustentar suas robustas estruturas corporais. Quando essas moléculas se originaram em animais cambrianos, provavelmente também representaram uma estrutura dobrada completamente nova, diferente de qualquer coisa presente nas formas de vida Pré-cambrianas, como esponjas ou organismos unicelulares. Assim, Axe estava convencido de que explicar o tipo de inovação que ocorreu durante a explosão Cambriana e muitos outros eventos na história da vida exigia um mecanismo que pudesse produzir, pelo menos, dobras proteicas distintamente novas.

Ele tinha outra razão para pensar que a capacidade de produzir novas dobras de proteína fornecia um teste crítico para o poder criativo da mutação e do mecanismo de seleção. Como engenheiro, Axe entendeu que construir um novo animal exigia inovação na forma e na estrutura. Como cientista de proteínas, ele entendeu que as novas dobras de proteínas poderiam ser vistas como a *menor unidade de inovação estrutural* na história da vida.

Segue-se que novas dobras de proteínas representam a menor unidade de inovação estrutural que a seleção natural pode selecionar. Claro, a seleção natural pode operar em unidades menores de mudança, mudanças individuais de aminoácidos que resultam em ligeiras vantagens funcionais ou ganhos de aptidão, mas não novas dobras, por exemplo. Mas e se os ganhos funcionais ou de aptidão que a seleção natural preserva e transmite nunca geram inovações estruturais? E se, em vez disso, ele apenas preserva pequenas diferenças na sequência ou função das proteínas que conferem uma vantagem sem alterar a estrutura? Então, é claro que não ocorrerão mudanças fundamentais na forma de um organismo. Construir formas de vida fundamentalmente novas requer inovação estrutural. E as novas dobras de proteína representam a menor unidade selecionável dessa inovação. Portanto, as mutações devem gerar novas dobras de proteínas para que a seleção natural tenha uma oportunidade de preservar e acumular inovações estruturais. Assim, Axe percebeu que a capacidade de produzir novas dobras de proteínas representa uma condição *sine qua non* para a inovação macroevolutiva.

As mutações aleatórias podem gerar essas novas dobras de proteínas? Axe percebeu que responder a essa pergunta dependia de medir a raridade de genes e proteínas funcionais no espaço de sequência e determinar se mutações genéticas aleatórias teriam oportunidades suficientes para pesquisar os espaços de sequência relevantes dentro do tempo evolutivo.

188   A DÚVIDA DE DARWIN

OS RESULTADOS INICIAIS DE AXE

Axe leu o artigo de Sauer e seu colega John Reidhaar-Olson, que estimou a proporção de sequências de proteínas funcionais como extremamente baixa (1 em 10^{63}). Ele notou que os autores optaram por não enfatizar essa medida de raridade, mas sim a variedade de substituições de aminoácidos que a proteína em estudo poderia tolerar.

Em seu artigo, Reidhaar-Olson e Sauer também repetiram uma ideia então popular de que os aminoácidos enterrados no interior de uma proteína dobrada (formando o que é conhecido como *núcleo hidrofóbico*) são os mais importantes para especificar a estrutura, enquanto o arranjo dos aminoácidos externos não importava tanto.[5] Eles pensaram que os aminoácidos ocultos nas proteínas dobradas normalmente só precisam ser hidrofóbicos (repelem a água), enquanto os aminoácidos externos, em sua maior parte, precisam ser hidrofílicos (atraem água). Na verdade, alguns cientistas de proteínas pensaram que essas restrições simples podem ser a história completa, que uma dobra funcional de proteína pode exigir nada mais do que um arranjo apropriado de aminoácidos hidrofóbicos e hidrofílicos em uma determinada sequência.

No laboratório de Fersht em Cambridge, Axe conduziu um teste experimental dessa ideia e se surpreendeu com o primeiro resultado. Em um artigo no qual foi coautor no *Proceedings of the National Academy of Sciences* em 1996, ele relatou suas descobertas. Quando ele substituiu todo o núcleo hidrofóbico de 13 resíduos de uma pequena enzima por combinações aleatórias de outros aminoácidos hidrofóbicos, uma alta fração das proteínas randomizadas (cerca de 1/5) ainda desempenhava sua função original. Isso sugeria que as proteínas eram, talvez, menos suscetíveis à perda funcional como resultado de mudanças na sequência do que Axe pensava.

Em seguida, ele se concentrou no exterior das proteínas, randomizando porções de exteriores de duas proteínas diferentes da mesma forma que havia alterado aleatoriamente o interior de uma delas. Desta vez, sua abordagem falhou em produzir quaisquer variantes funcionais. Percebendo que isso parecia contradizer o que Sauer e outros supunham, Axe decidiu fazer apenas mudanças muito mais restritivas no próximo teste. Ele substituiu cada resíduo de aminoácido externo apenas por sua alternativa de aminoácido *mais semelhante*. No entanto, ambas as proteínas que ele estudou ainda perderam *todas* as funções no momento em que ele substituiu um quinto de seus resíduos externos. Assim, ele concluiu que as partes externas das proteínas eram muito mais suscetíveis à perda funcional como resultado de mudanças de aminoácidos do que era amplamente suposto.

Em todo esse trabalho, Axe projetou seus experimentos para remediar as duas fontes de erro de estimativa inerentes ao método de Sauer. Em primeiro lugar, ao

A origem dos genes e proteínas   189

estudar as mudanças de aminoácidos em combinação, em vez de isoladamente, ele determinou que o contexto circundante normalmente influenciava se uma mudança de aminoácido em um determinado local causava perda funcional. Em outras palavras, ele descobriu que negligenciar a influência do contexto circundante tinha o efeito de exagerar a tolerância às mudanças de aminoácidos em locais específicos, como ele (e Sauer) havia suspeitado.

Em segundo lugar, as proteínas que Axe escolheu para seu estudo possibilitaram que a função fosse detectada em níveis muito mais baixos do que era possível nos estudos de Sauer. Para uma proteína que Axe estudou, o teste de função mais sensível permitiu, de fato, uma proporção maior de mutantes singulares reter alguma função, com cerca de 95% das proteínas mutantes alcançando a designação de "ativa". Isso sugeriu que o teste menos sensível de Sauer contribuiu para outra fonte de erro de estimativa, desta vez na direção oposta. No entanto, o teste mais sensível de Axe também permitiu que ele estabelecesse que, embora mutações singulares permitam que muitas proteínas retenham alguma função, elas ainda diminuem ou danificam a função da proteína, com frequência suficiente para garantir que serão eliminadas pelo efeito purificador de seleção. Além disso, devido à extrema sensibilidade de seu teste de função, Axe aprendeu que qualquer mutação que falhasse em seu teste estava destruindo a função *sozinha*. Ele determinou que 5% dessas mudanças destruíram a função da proteína.

No geral, portanto, ele mostrou que, apesar de alguma variabilidade permitida, as proteínas (e os genes que as produzem) são de fato altamente especificadas em relação às suas funções biológicas, especialmente em suas porções externas cruciais. Axe mostrou que enquanto as proteínas admitem alguma variação na maioria dos sítios se o resto da proteína for deixado inalterado, variações múltiplas ao contrário das substituições de um único aminoácido resultam consistentemente em rápida perda da função da proteína. Este foi o caso mesmo quando essas mudanças ocorrem em locais que permitem variação quando alterados de forma isolada.[6] Seu novo experimento também confirmou aproximadamente a avaliação quantitativa anterior de Sauer sobre a raridade de proteínas funcionais, apesar dos erros de estimativa inerentes ao método de Sauer. Por quê? Porque parecia que os dois erros de estimativa de Sauer, ignorar o contexto e usar um teste insuficientemente sensível para a função, de fato, cancelaram um ao outro.

Apesar desses avanços na compreensão, Axe ainda não havia determinado se o quadro muito restrito de tolerância que seu trabalho havia exposto causaria problemas para a evolução de novas dobras de proteínas. Para responder a essa pergunta, ele precisaria obter uma estimativa quantitativa mais precisa da raridade das proteínas no espaço de sequência.

Tendo desenvolvido um método que eliminava as principais fontes de erro de estimativa em experimentos anteriores de mutagênese, Axe estava agora em

190 A DÚVIDA DE DARWIN

posição de responder a essa pergunta com um rigor sem precedentes. Uma vez que o fizesse, ele poderia determinar se as mudanças genéticas aleatórias teriam oportunidades suficientes, mesmo na escala do tempo evolutivo, para pesquisar os espaços de sequência relevantes para genes e proteínas funcionais.

NÃO SAIA DA DOBRA

É claro que Axe entendeu que os neodarwinistas não imaginam uma jornada completamente aleatória através do espaço da sequência de nucleotídeos ou aminoácidos. Eles veem a *seleção natural* agindo para preservar variações mutacionais úteis e eliminar as deletérias. Richard Dawkins, por exemplo, compara um organismo ao pico de uma montanha alta.[7] Ele compara escalar o precipício na parte da frente da montanha com a construção de um novo organismo puramente por acaso, apenas mutações aleatórias. Ele reconhece que essa abordagem de subida ao "Monte Improvável" não terá sucesso. No entanto, ele afirma que há uma inclinação gradual na parte de trás da montanha que pode ser escalada em pequenos degraus incrementais. Em sua analogia, a parte de trás do "Monte Improvável" corresponde ao processo de seleção natural agindo em muitas pequenas mudanças aleatórias no texto genético. O que o acaso sozinho não pode fazer, a seleção natural agindo em mutações aleatórias pode realizar por meio do efeito cumulativo de muitos passos sucessivos leves.

No entanto, os resultados experimentais de Axe apresentaram um problema não apenas para cenários envolvendo mutações aleatórias agindo sozinhas, mas também para cenários que previam seleção e mutação aleatória agindo em conjunto. Além disso, seus experimentos de mutagênese lançam dúvidas sobre cada um dos dois cenários pelos quais os biólogos evolucionistas podem imaginar novas dobras de proteínas (e as informações necessárias para produzi-las) surgindo como resultado do mecanismo de mutação e seleção.

Em teoria, novos genes capazes de produzir uma nova dobra de proteína podem surgir de (a) genes preexistentes ou de (b) seções não funcionais do genoma. Ou seja, para adaptar a analogia visual de Dawkins, a mutação e a seleção natural podem gerar um novo gene funcional a partir de (a) outro pico de montanha (um gene funcional preexistente diferente) ou (b) do fundo do vale (uma seção não funcional do genoma). No entanto, os resultados experimentais de Axe mostrariam que a ação da seleção natural não ajudaria a resolver o problema de pesquisa que confronta o mecanismo de mutação em nenhum desses dois casos. Para visualizar o motivo, precisamos entender um pouco mais sobre cada um desses dois cenários neodarwinianos possíveis, bem como as descobertas experimentais subsequentes de Axe.

DE PICO A PICO

No primeiro caso, os biólogos evolucionistas podem imaginar a mutação e a seleção alterando gradualmente um gene preexistente (e seu produto de proteína) para produzir outro gene funcional (e um produto de proteína diferente). Esse cenário envolve mover-se metaforicamente de um pico funcional para outro sem adentrar em um vale (uma zona de aptidão diminuída ou não funcional).

A maioria dos biólogos evolucionistas rejeita esse primeiro cenário.[8] Eles o rejeitam porque reconhecem que mutações em genes preexistentes tipicamente degradarão a informação genética funcional. Eles também sabem que, quando os genes perdem a função, a seleção natural eliminará os organismos que possuem esses genes. Os genes que contribuem para o funcionamento saudável de um organismo, que sofreram mutação de forma a diminuir essa função, estarão sujeitos ao que os biólogos evolucionistas chamam de "seleção purificadora". Ou seja, a seleção natural normalmente *eliminará* os organismos que possuem variantes genéticas induzidas por mutação que diminuem a função ou aptidão. (Quando a seleção natural *preserva* as mudanças genéticas que aumentam a função ou aptidão, os biólogos evolucionistas chamam isso de "seleção positiva".)

Os experimentos de mutagênese de Axe confirmaram essas razões para duvidar do primeiro dos possíveis cenários neodarwinianos, pelo menos, como uma explicação para a origem de novas dobras de proteínas. No trabalho que publicou em 2000, ele mostrou que é, de fato, extremamente difícil fazer mudanças extensas nas sequências de aminoácidos funcionais sem desestabilizar uma dobra proteica. Mesmo as mudanças na melhor das hipóteses envolvendo os aminoácidos mais quimicamente semelhantes no exterior das proteínas tendem a desestabilizar as dobras proteicas.

Nesses experimentos, Axe alterou um gene que produziu uma proteína exibindo uma única dobra e função. Ele descobriu que, conforme alterava essa proteína, várias mudanças de posição no exterior da molécula da proteína rapidamente apagavam ou destruíam sua função.[9] No entanto, transformar uma proteína com uma estrutura dobrada distinta em outra com uma estrutura e função completamente novas requer mudanças específicas em muitos, muitos locais, muito mais do que Axe alterou em seus experimentos.[10] O número de alterações necessárias para produzir uma nova dobra de proteína normalmente excede o número de alterações que resultarão em perda funcional. Diante disso, a probabilidade de o processo evolucionário atravessar com sucesso uma paisagem funcional de um pico funcional para outro, o tempo todo escapando da perda funcional a cada etapa ao longo do caminho, é extremamente pequena, com a probabilidade diminuindo exponencialmente com cada mudança de requisito adicional.[11] Na verdade, ao mostrar que as proteínas funcionais com dobras distintas são muito mais sensíveis à perda funcional do que os cientistas de proteínas haviam assumido anteriormente, os

192   A DÚVIDA DE DARWIN

experimentos de Axe confirmaram o que a maioria dos biólogos evolucionistas suspeitava, a saber, que a evolução de proteína a proteína (ou gene funcional, a evolução do gene para funcional) é um impedimento para o mecanismo de mutação e seleção produzirem, onde necessário, uma nova dobra de proteína (ver Fig. 10.3).

Axe tinha uma razão mais fundamental para considerar o primeiro cenário evolucionário implausível. Com base nos princípios físicos da função das proteínas, a grande maioria das funções das proteínas simplesmente não pode ser realizada por proteínas não dobradas. Em outras palavras, a estabilidade da estrutura da proteína é uma pré-condição da função da proteína. As dobras de proteínas desestabilizadas não apenas perdem as estruturas tridimensionais de que precisam para realizar tarefas funcionais, mas também são vulneráveis ao ataque de outras proteínas chamadas proteases, que devoram proteínas ou polipeptídeos desdobrados na célula.[12]

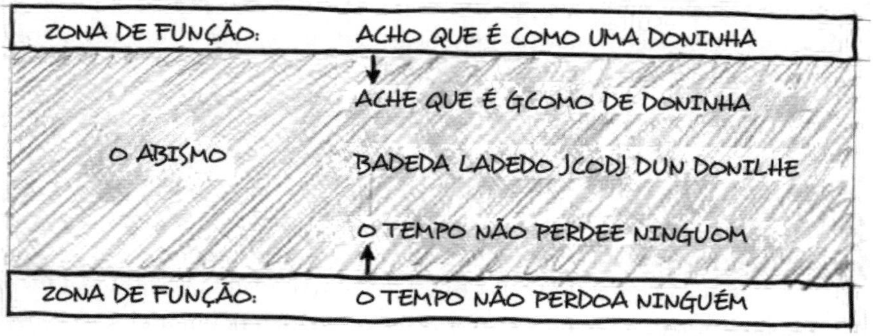

ZONA DE FUNÇÃO:	ACHO QUE É COMO UMA DONINHA
	ACHE QUE É GCOMO DE DONINHA
O ABISMO	BADEDA LADEDO JCODJ DUN DONILHE
	O TEMPO NÃO PERDEE NINGUOM
ZONA DE FUNÇÃO:	O TEMPO NÃO PERDOA NINGUÉM

FIGURA 10.3

Esta figura ilustra por que muitos biólogos evolucionistas rejeitam a ideia de que genes e proteínas sob pressão de seleção evoluirão para novos genes e proteínas funcionais. Uma vez que os genes, como as frases em português, contêm informações funcionais específicas da sequência, várias mudanças no texto genético inevitavelmente degradarão a função (ou perfeição) muito antes de uma nova sequência funcional surgir, assim como mudanças aleatórias em uma frase significativa em português normalmente destruirão o significado muito antes de tais mudanças produzirem uma sentença com conteúdo significativamente diferente.

Como uma estrutura é degradada como resultado de várias mudanças na sequência, ela *necessariamente* perderá a estabilidade estrutural, resultando em uma perda catastrófica de função. No entanto, qualquer diminuição na função de uma proteína também diminuirá a aptidão de uma forma que sujeitará a proteína (e seu gene correspondente) à ação purificadora da seleção natural.[13] De fato, de acordo com as equações da genética populacional, a expressão matemática padrão da teoria neodarwiniana, mesmo pequenas perdas na aptidão sujeitarão os traços

A origem dos genes e proteínas   193

desfavoráveis que produzem tais perdas à seleção purificadora, assim eliminan-do-os. Isso significa que mesmo muitas sequências de proteínas que retêm uma porção significativa, embora diminuída, de sua função original, não sobrevive-rão aos efeitos de limpeza do mecanismo neodarwiniano. Assim, a transformação gradual de uma dobra funcional em outra era um sólido obstáculo.

A pesquisa realizada no Laboratório Europeu de Biologia Molecular pelo bió-logo molecular Francisco Blanco, desde então, confirmou essa conclusão. Usando mutagênese local dirigida, a equipe de Blanco descobriu que o espaço de sequên-cia entre dois domínios de proteína de ocorrência natural não é continuamente povoado por proteínas dobradas ou funcionais. Ao amostrar sequências interme-diárias entre duas sequências que adotam dobras diferentes, Blanco descobriu que as sequências intermediárias "carecem de uma estrutura tridimensional bem definida". Assim, ele concluiu que "o aparecimento de uma dobra completamente nova a partir de uma existente é improvável de ocorrer pela evolução por meio de uma rota de sequências intermediárias dobradas".[14]

Assim, tanto os resultados experimentais quanto a física do enovelamento de proteínas implicavam que pesquisas aleatórias por novas proteínas a partir de ge-nes codificadores de proteínas preexistentes resultariam em perda funcional mui-to antes que uma proteína com uma nova dobra emergisse, como muitos biólogos evolucionistas já suspeitavam. Embora o primeiro dos dois cenários evolutivos possíveis tenha a vantagem de começar em um pico de montanha, com um gene e uma proteína funcionais, ele também tem uma desvantagem letal: a mutação alea-tória do gene logo desestabilizará uma dobra de proteína e/ou gerará sequências intermediárias não funcionais e estruturas muito antes de um novo gene (capaz de gerar uma nova dobra) surgir. Por essa razão, este cenário envolve não tanto uma escalada do Monte Improvável, mas um passo além do Vale Intransponível.

ESCALANDO O MONTE IMPROVÁVEL

Por todas essas razões, como a maioria dos biólogos evolucionistas, Axe pensou que o segundo cenário neodarwiniano, no qual novos genes e proteínas emergem de regiões não funcionais ou neutras do genoma, fornece um meio muito mais plausível de produzir as informações necessárias para construir novas dobras de proteínas. Foi para esse cenário que Axe voltou suas energias experimentais.

Nesse cenário, os neodarwinistas imaginam novas informações genéticas sur-gindo de seções do texto genético que podem variar livremente sem consequência para o organismo. De acordo com esse cenário, seções não codificantes do genoma ou seções duplicadas de regiões codificantes passam por um período prolongado de "evolução neutra"[15], no qual alterações nas sequências de nucleotídeos não têm efeito discernível na aptidão do organismo. Os genes e proteínas funcionais so-

194   A DÚVIDA DE DARWIN

bem gradualmente de um fundo de vale não funcional para um pico de montanha funcional, gerando um novo gene. A seleção natural desempenha um papel, mas não até que um novo gene funcional surja.

Os biólogos evolucionistas normalmente imaginam esse processo começando com um evento de duplicação de genes. Embora vários mecanismos diferentes possam gerar duplicatas de genes no DNA,[16] o mecanismo mais comum ocorre durante a etapa de *crossing-over* da meiose (um tipo de divisão celular que produz células sexuais, ou gametas, em organismos que se reproduzem sexualmente). Durante a meiose, os cromossomos homólogos trocam segmentos de DNA. Em um evento de *crossing-over* normal, segmentos cromossômicos correspondentes de tamanho igual são trocados entre os dois cromossomos homólogos, garantindo que ambos os cromossomos não experimentem nenhum ganho líquido ou perda de genes. Às vezes, entretanto, os cromossomos trocam material genético de comprimento *desigual*. Quando isso acontece, um cromossomo (aquele que fica com o pedaço menor) acaba perdendo parte do DNA, enquanto o cromossomo que recebe o maior segmento de material genético acaba com um novo trecho de DNA cromossômico, que pode incluir um gene ou genes que já possuía. Isso resulta em cópias *duplicadas* de um gene em um cromossomo.

Quando isso ocorre, um dos dois genes pode começar a variar, a sofrer mutações, sem afetar adversamente a função do organismo, enquanto o outro executa a função original. No jargão da biologia evolutiva, as mudanças mutacionais em duplicatas de genes são "seletivamente neutras", inicialmente não fornecem nenhuma vantagem ou desvantagem para um organismo ou população. Esses eventos de duplicação de genes permitem que a natureza faça experiências com segurança. Novidades genéticas inúteis, mas inofensivas, podem ser transmitidas às gerações futuras, nas quais mutações adicionais um dia podem tornar o material genético em evolução útil. Eventualmente, conforme as mudanças mutacionais se acumulam, uma nova sequência de genes pode surgir em um novo organismo, que pode codificar para uma nova dobra e função de proteína. Nesse ponto, a seleção natural pode favorecer o novo gene e seu produto proteico, preservando e transmitindo-os às gerações futuras, ou assim a história conta.

Esse cenário, que muitos biólogos evolucionistas agora se referem como o "modelo clássico" da evolução do gene, tem a vantagem de permitir que partes do genoma variem livremente por muitas gerações, dando às mutações muitas oportunidades de "pesquisar" o espaço de possíveis sequências de base sem serem punidas por adentrarem em vales de função perdida ou diminuída.

Mas esse cenário enfrenta um problema primordial: a extrema raridade de sequências capazes de formar dobras estáveis e desempenhar funções biológicas. Uma vez que a seleção natural não faz nada para ajudar a *gerar* novas sequências dobradas e funcionais, mas apenas pode *preservar* essas sequências uma vez que

A origem dos genes e proteínas   195

tenham surgido, as mutações aleatórias sozinhas devem procurar as sequências dobradas e funcionais *extremamente* raras dentro do vasto mar de possibilidades combinatórias.

E *essa* é a grande história associada aos experimentos de Axe. Sua pesquisa mostrou que sequências dobradas e funcionais de aminoácidos são de fato extremamente raras no espaço de sequência. Depois de sua rodada inicial de experimentos, Axe realizou outra série de experimentos de mutagênese local dirigida em um domínio de dobramento de proteína de 150 aminoácidos dentro de uma enzima β-lactamase e publicou os resultados no *Journal of Molecular Biology*.[17] Lembre-se de que um domínio de dobramento é uma porção de uma proteína maior que exibe uma dobra distinta. Uma vez que as cadeias de aminoácidos devem primeiro dobrar em estruturas tridimensionais estáveis, Axe realizou experimentos que lhe permitiram estimar a frequência de sequências que produzirão dobras estáveis, qualquer dobra estável, antes de estimar a frequência de sequências realizando uma função específica (β-lactamase). Seu método experimental aprimorado produziu um resultado quantitativo preciso. Ele estimou (a) o número de sequências de 150 aminoácidos de comprimento capaz de dobrar em estruturas dobradas "prontas para a função" estáveis em comparação com (b) todo o conjunto de possíveis sequências de aminoácidos desse comprimento (lembre-se da Fig. 9.3). Com base em seus experimentos de mutagênese dirigida ao local, ele determinou que essa proporção era um número cada vez menor de 1 em 10^{74}. Em outras palavras, para sequências de 150 aminoácidos de comprimento, apenas 1 em 10^{74} sequências será capaz de se dobrar em uma proteína estável.

Porém, para uma sequência atingir uma dobra de proteína é apenas um primeiro passo. Uma proteína deve ser dobrada para ser funcional, mas uma proteína dobrada não é necessariamente uma proteína funcional. E embora as sequências capazes de formar dobras de proteínas estáveis sejam necessárias para qualquer inovação evolutiva significativa, a seleção natural não pode selecionar a presença de uma dobra, a menos que também desempenhe uma função que confere uma vantagem funcional específica a um organismo. Assim, Axe também estimou (a) o número de proteínas de comprimento modesto (150 resíduos) que executam uma *função especificada* por meio de qualquer estrutura dobrada em comparação com (b) todo o conjunto de possíveis sequências de aminoácidos desse tamanho. Com base em seus experimentos e dados sobre o número de proteínas dobradas estáveis que existem, Axe estimou essa proporção em cerca de 1 para 10^{77}. Uma conclusão reveladora segue a partir desses dados experimentais: a probabilidade de qualquer ensaio mutacional gerar (ou "encontrar") uma proteína funcional específica entre todas as sequências de aminoácidos de 150 resíduos possíveis é de 1 chance em 10^{77}, isto é, uma chance em cem mil, trilhões, trilhões, trilhões, trilhões, trilhões, trilhões.

196 A DÚVIDA DE DARWIN

Obviamente, essa é uma probabilidade incrivelmente pequena, mas é pequena o suficiente para justificar a rejeição do modelo clássico de evolução do gene? Ou é plausível pensar que mutações aleatórias na parte não funcional do genoma poderiam superar essas longas probabilidades de gerar a informação genética necessária para produzir uma nova dobra de proteína com uma função selecionável específica?

QUANTAS TENTATIVAS?

Quando estatísticos ou cientistas avaliam se uma hipótese do acaso fornece uma explicação plausível para a ocorrência de um evento, eles não avaliam apenas a probabilidade desse evento específico ocorrer uma vez; eles avaliam a probabilidade de o evento ocorrer dado *o número de oportunidades que ele tem de ocorrer*.

Por exemplo, se nosso hipotético ladrão de bicicletas do capítulo anterior teve tempo suficiente para tentar mais da metade (mais de 500 das 1000) das combinações totais de um cadeado de bicicleta com três dígitos, então a probabilidade de que ele tropece na combinação certa excederá a probabilidade de ele falhar. Nesse caso, é mais provável que ele *consiga* abrir o cadeado por acaso. Nesse caso, a hipótese do acaso, a hipótese de que ele conseguirá abrir a fechadura por acaso, tem mais probabilidade de ser verdadeira do que falsa. Por outro lado, se logo depois de começar a tentar abrir o cadeado, ele ouviu um guarda de segurança virando a esquina e só teve tempo de explorar uma pequena fração do número total de combinações possíveis, bem menos da metade, então será *muito mais provável* que ele *não consiga* abrir o cadeado por acaso. Consequentemente, qualquer pessoa que conhecesse sua situação poderia concluir que a hipótese do acaso é, nesse caso, muito mais provável de se revelar falsa do que verdadeira.

Quando estatísticos ou cientistas avaliam a probabilidade de um evento ocorrer por acaso, eles frequentemente avaliam o que é chamado de probabilidade *condicional*. Ao decidir a plausibilidade de uma hipótese aleatória, eles avaliam a probabilidade do evento dado ou *"condicionado"* ao que mais sabemos sobre ele, especialmente o que mais se sabe sobre o número de oportunidades que o evento tem de ocorrer. E eles se referem ao número de oportunidades que um evento tem de ocorrer como "os recursos probabilísticos".[18]

Se a probabilidade condicional da hipótese do acaso, dado o número de oportunidades que tem de ocorrer, for menor que ½, então é mais provável que o evento não aconteça por acaso. Isso será visto como implausível, mais provável de ser falso do que verdadeiro. Por outro lado, se a probabilidade condicional da hipótese do acaso, dado o número de oportunidades que ela tem de ocorrer, for maior que ½, então é mais provável que o evento em questão ocorra por acaso. Será considerado plausível, mais provável de ser verdadeiro do que falso. E, é claro, quanto

A origem dos genes e proteínas   197

menor a probabilidade condicional associada a uma hipótese, mais implausível a hipótese, é *mais* provável que a hipótese do acaso seja falsa do que verdadeira.

Então como devemos avaliar a hipótese do acaso para a origem da informação biológica, em particular, a hipótese de que mutações aleatórias geraram a informação necessária para produzir uma nova dobra de proteína com uma função selecionável? Qual é a probabilidade condicional de que tal proteína dobrada possa surgir como resultado de mutações aleatórias em seções não funcionais duplicadas de um genoma? Axe percebeu que, para responder a essa pergunta, ele precisava de uma maneira de estimar o número de oportunidades que as mutações aleatórias tinham para produzir uma nova dobra de proteína com uma função selecionável durante toda a história da vida na Terra.

O LIMITE DE PROBABILIDADE UNIVERSAL BIOLÓGICA

Aqui, a própria teoria da evolução fornece a resposta. Axe estava interessado no número de vezes que as mutações poderiam ter produzido novas sequências de bases no DNA que eram capazes de produzir uma nova sequência de aminoácidos, uma das 10^{77} sequências possíveis no espaço de sequência relevante. No entanto, nem toda sequência de bases que as mutações podem gerar constituiu um ensaio relevante. Em teoria, as mutações podem alterar um gene muitas vezes durante o ciclo de vida de um organismo. No entanto, a seleção natural só pode atuar sobre a nova sequência de bases que é de fato passada para a prole. Pode parecer difícil quantificar o número de testes mutacionais em cada geração. Mas mesmo se pensarmos em mutações que repetidamente embaralham e reorganizam o arranjo de bases durante o ciclo de vida de um organismo, apenas essas mutações nos genes (ou DNA) das *células reprodutivas* dos organismos parentais podem ter algum efeito na próxima geração. Como Axe queria saber quantas sequências novas capazes de gerar uma função *selecionável* poderiam ter surgido na história da vida, ele só precisava se preocupar com aquelas sequências que poderiam ser transmitidas durante a reprodução.

Isso significava que se ele pudesse estimar o número total de organismos que viveram durante a história da vida na Terra e o número de novos genes que as mutações podem produzir e passar para a próxima geração, poderia estabelecer um limite superior no número de ensaios relevantes para o processo evolutivo.

Axe sabia que o enorme tamanho da população de procariontes, como as bactérias, supera o tamanho da população de todos os outros organismos combinados. Assim, as estimativas para o tamanho da população bacteriana, mais uma pequena quantidade para todo o resto, se aproximaria do tamanho do número de organismos vivos em qualquer determinado momento. Com base na duração média de uma geração bacteriana e desde o primeiro aparecimento da vida bac-

198   A DÚVIDA DE DARWIN

teriana na Terra (3,8 bilhões de anos atrás), os cientistas estimaram que um total de cerca de 10^{40} organismos viveram na Terra desde que a vida apareceu pela primeira vez.[19] Axe fez a suposição de que cada novo organismo recebia uma nova sequência de bases (um gene potencial) capaz de gerar uma das possíveis sequências de aminoácidos no espaço de sequência por geração.

Essa foi uma suposição extremamente generosa. Uma vez que as mutações devem ser bastante raras para a vida sobreviver, a maioria das células bacterianas herda uma cópia exata do DNA de seus pais. Além disso, aqueles que diferem de seus pais provavelmente carregam uma mutação que já ocorreu muitas vezes em outras células. Por essas razões, o número real de novas sequências amostradas na história da vida é muito menor do que o número total de células bacterianas existentes. Apesar disso, Axe presumiu que um novo gene por organismo foi transmitido para a próxima geração. Assim, ele usou 10^{40} sequências de genes como uma estimativa liberal do número total de sequências de genes (testes evolutivos) que foram gerados para pesquisar o espaço de sequência na história da vida.

Mesmo assim, 10^{40} representa apenas uma pequena fração, 1 dez trilhões, trilhões, trilionésimos, de 10^{77}. Então, a probabilidade condicional de gerar uma sequência de genes capaz de produzir uma nova dobra e função proteica ainda é de apenas 1 em 10^{37}. Isso significa que se cada organismo desde o início dos tempos tivesse gerado, por mutação aleatória, uma nova sequência de base no espaço de sequência de interesse, isso equivaleria a apenas 10 trilhões, trilhões, trilionésimos de sequências naquele espaço, o espaço que precisa ser pesquisado. E, uma vez que a probabilidade condicional de um novo gene surgir da maneira prevista pelo modelo clássico acaba sendo quase inimaginavelmente menor que ½, o modelo clássico acaba sendo muito mais provável de ser falso do que verdadeiro. Assim, Axe concluiu que uma pessoa sensata deveria rejeitá-lo. Os recursos probabilísticos disponíveis para o modelo clássico de evolução do gene são simplesmente pequenos demais para domar 1 chance em 10^{77} (ver Fig. 10.4).

Para entender por que esse modelo falha, considere a ilustração a seguir. Depois que o filme de Steven Spielberg, *Tubarão*, de 1975, se tornou um grande sucesso, um motel de uma pequena cidade anunciou "Piscina livre de tubarões". Os proponentes do segundo cenário evolucionário (duplicação de genes, seguida de evolução neutra), imaginam um reservatório evolucionário onde não há consequências para erros mutacionais, por analogia, um reservatório sem predadores. Mas, para ampliar a ilustração, imagine uma piscina sem predadores do tamanho de nossa galáxia. Agora imagine um homem vendado caído no meio dela. Ele deve nadar para o outro lado, para o único ponto na borda da piscina onde uma escada lhe daria uma saída. Ele está a salvo de predadores, mas isso não vai adiantar de nada. Ele precisa de direção, alguma forma de medir seu progresso e uma quantidade imensa de tempo. Mas ele não tem nada disso e, portanto, não chegará à escada em cem anos, nem em cem bilhões. Da mesma forma, no modelo clássico da evolução do gene, as mutações aleatórias devem se debater sem rumo no imenso espaço combinatório, um espaço que não poderia ser explorado por este meio em toda a história da vida na Terra, muito menos nos poucos milhões de anos da explosão Cambriana.

$$\frac{\text{DOBRAS FUNCIONAIS DE UM DETERMINADO COMPRIMENTO}}{\text{NÚMERO DE SEQUÊNCIAS DE UM DETERMINADO COMPRIMENTO}} = \frac{1}{10^{77}}$$

$$\frac{\text{NÚMERO DE ENSAIOS OU ORGANISMOS NA HISTÓRIA DA VIDA}}{\text{NÚMERO DE SEQUÊNCIAS A SEREM PESQUISADAS}} = \frac{10^{40}}{10^{77}}$$

FIGURA 10.4

O painel superior neste diagrama representa os resultados dos experimentos de mutagênese de Axe, mostrando a extrema raridade de proteínas funcionais no espaço de sequência. Com base em seus experimentos, Axe estimou que existem 10^{77} sequências possíveis correspondentes a uma sequência funcional específica de 150 aminoácidos de comprimento. O segundo painel mostra que as sequências de aminoácidos funcionais são extremamente raras, mesmo em relação ao número total de oportunidades que o processo evolutivo teria de gerar novas sequências (na suposição de que cada organismo que já viveu durante a história da vida produziu uma tal sequência por geração).

PARA CONSTRUIR UM ANIMAL

No entanto, os cálculos de Axe apenas indicam o problema completo da teoria neodarwiniana. Desdobrando-se para não exagerar a improbabilidade de gerar uma nova dobra de proteína e se concentrando estritamente naquele aspecto do desafio que confronta a teoria da evolução, suas figuras *subestimam* amplamente a improbabilidade de construir um animal Cambriano. Há várias razões para isso.

200   A DÚVIDA DE DARWIN

Em primeiro lugar, a explosão Cambriana datada por evidências fósseis levou muito menos tempo do que se passou desde a origem da vida na Terra até o presente (cerca de 3,8 bilhões de anos).[20] Menos tempo disponível para uma dada transição evolutiva significa menos gerações de novos organismos e menos oportunidades de gerar novos genes para pesquisar o espaço de sequência relevante. Isso torna ainda mais difícil gerar uma nova dobra de proteína por acaso no período de tempo relevante.

Em segundo lugar, as bactérias são de longe o tipo mais comum de organismos incluídos na estimativa de Axe do número total de organismos que viveram na Terra. No entanto, ninguém pensa que os animais Cambrianos evoluíram diretamente das bactérias. Nem ninguém pensa que os supostos ancestrais multicelulares das formas Cambrianas teriam sido tão abundantes quanto as populações bacterianas que Axe usou como base principal de sua estimativa. Uma hipótese mais realista para o número de possíveis ancestrais animais necessariamente resultaria em uma estimativa muito mais baixa para o número de sequências de genes disponíveis para a busca no espaço de sequência (correspondendo a uma única proteína de comprimento modesto em um único animal Cambriano). Lembre-se de que, com base nas conjecturas de Axe, a probabilidade de gerar apenas um gene (para uma nova dobra de proteína funcional) de todas as bactérias (e outros organismos) que já viveram na Terra é de apenas 1 em 10 trilhões, trilhões, trilhões. Consequentemente, o mecanismo de busca no espaço de sequência que Axe determinou ser extremamente implausível deve ser julgado muito mais implausível como um mecanismo para produzir a explosão de informação Cambriana, uma vez que havia muito menos organismos multicelulares presentes no período Précambriano do que o total de organismos presentes em toda a história da vida.

Terceiro, construir novas formas animais requer gerar muito mais do que apenas uma proteína de comprimento modesto. Os novos animais Cambrianos precisariam de proteínas muito mais longas do que 150 aminoácidos para desempenhar funções especializadas necessárias.[21] Por exemplo, como observado anteriormente, muitos desses animais Cambrianos precisavam da complexa proteína lisil oxidase para sustentar suas robustas estruturas corporais. Além de uma nova dobra proteica, essas moléculas (em organismos vivos) compreendem mais de 400 aminoácidos sequenciados com precisão (não repetidos). Extrapolação razoável de experimentos de mutagênese feitos em moléculas de proteína mais curtas sugere que a *improbabilidade* de produzir aleatoriamente proteínas sequenciadas funcionalmente desse comprimento seria extremamente improvável de ocorrer, dados os recursos probabilísticos (e duração) de todo o Universo.[22]

O mecanismo de mutação e seleção enfrenta um obstáculo relacionado. Os animais Cambrianos exibem estruturas que teriam exigido muitos novos *tipos* de células, cada uma exigindo muitas novas proteínas para desempenhar suas funções especializadas. Mas novos tipos de células requerem não apenas uma ou duas

A origem dos genes e proteínas   201

novas proteínas, mas sistemas coordenados de proteínas para desempenhar suas funções celulares distintas. A unidade de seleção em tais casos ascende ao sistema como um todo. A seleção natural seleciona para vantagem funcional, mas nenhuma vantagem advém de um novo tipo de célula até que um sistema de proteínas de serviço esteja estabelecido. Mas isso significa que as mutações aleatórias devem, novamente, fazer o trabalho de geração de informações sem a ajuda da seleção natural, e, agora, não apenas para uma proteína, mas para muitas, que surgem juntas. No entanto, as chances de isso ocorrer apenas por acaso são, é claro, muito menores do que as chances de origem aleatória de um único novo gene ou proteína, tão pequenas que tornam a origem aleatória da informação necessária para construir uma nova célula tipo fantasticamente improvável (e implausível), dadas até mesmo as estimativas mais otimistas para a duração da explosão Cambriana.

Richard Dawkins observou que as teorias científicas podem contar apenas com um limite de "sorte" antes de deixarem de ser confiáveis.[23] Mas o segundo cenário, envolvendo duplicação de genes e evolução neutra, por sua própria lógica, impede a seleção natural de desempenhar um papel na geração de informação genética até depois do fato. Portanto, depende inteiramente de "muita sorte". A sensibilidade das proteínas à perda funcional, a raridade das proteínas no espaço da sequência combinatória, a necessidade de longas proteínas para construir novos tipos de células e animais, a necessidade de novos *sistemas* de proteínas para servir a novos tipos de células, e a brevidade da explosão Cambriana em relação às taxas de mutação, todas conspiram para sublinhar a imensa implausibilidade de qualquer cenário para a origem da informação genética Cambriana que depende apenas da variação aleatória, sem ajuda da seleção natural.

No entanto, o modelo clássico de evolução do gene, que depende da evolução neutra, requer que novos genes e proteínas surjam, precisamente, apenas por mutação aleatória. A vantagem adaptativa surge *após* a geração de novos genes e proteínas funcionais. A seleção natural não pode desempenhar um papel *até* que novas moléculas portadoras de informações funcionais tenham surgido independentemente. Assim, para retornar às imagens de Dawkins, os teóricos evolucionistas vislumbraram a necessidade de escalar a face íngreme de um precipício do qual não há efetivamente *nenhum* lado posterior inclinado gradualmente, desde o menor incremento de inovação estrutural na história da vida, uma nova dobra de proteína, ela própria apresentando um Monte Improvável formidável.

A propósito, os experimentos posteriores de Axe estabelecendo a extrema raridade de dobras de proteínas no espaço de sequência também mostram *por que* mudanças aleatórias em genes existentes apagam ou destroem a função inevitavelmente antes de gerar dobras ou funções fundamentalmente novas (cenário um). Se apenas uma em cada 10^{77} das sequências alternativas for funcional, um gene em evolução *inevitavelmente* vagará por um beco sem saída evolucionário muito antes de se tornar um gene capaz de produzir uma nova dobra de proteína.

A extrema raridade das dobras de proteína também acarreta seu *isolamento* umas das outras no espaço de sequência.

UM ARDIL 22

Os resultados de Douglas Axe destacam um dilema agudo para o neodarwinismo, um "Ardil 22". Por um lado, se a seleção natural não desempenha nenhum papel na geração de novos genes, como a ideia de evolução neutra implica, então as mutações sozinhas devem escalar um Monte Improvável em um único salto, uma situação que, dados os resultados de Axe e a própria lógica de Dawkins, é probabilisticamente insustentável. Por outro lado, qualquer modelo para a origem da informação genética que vislumbre um papel significativo para a seleção natural, ao assumir um gene ou proteína preexistente sob pressão seletiva, encontra outras dificuldades igualmente intratáveis. Os genes e proteínas em evolução variam em uma série de intermediários desvantajosos ou não funcionais que a seleção natural não favorecerá ou preservará, mas, em vez disso, eliminará. Nesse ponto, a evolução orientada pela seleção cessará, travando os genes e proteínas existentes no lugar.

Assim, quer se vislumbre o processo evolutivo começando com um gene funcional preexistente ou uma região não codificadora duplicada do genoma, os resultados dos experimentos de mutagênese apresentam um desafio quantitativo preciso para a eficácia do mecanismo neodarwiniano. Na verdade, nosso conhecimento crescente sobre a raridade e o isolamento de proteínas e genes funcionais no espaço de sequência implica que nenhum dos cenários neodarwinianos para a produção de novos genes é plausível. Assim, o neodarwinismo não explica a explosão de informação Cambriana.

11

ASSUMIR UM GENE

Quando soube pela primeira vez que Douglas Axe conseguiu fazer uma estimativa rigorosa da raridade das proteínas no espaço de sequência, me perguntei o que os neodarwinistas diriam em resposta. Dado o rigor experimental e a precisão matemática do trabalho que ele relatou no *Journal of Molecular Biology* em 2004, e as baixas probabilidades de mutação e seleção encontrarem um novo gene ou proteína funcional, o que eles poderiam dizer? Que a probabilidade de uma busca bem-sucedida por novos genes e proteínas era maior do que os experimentos de Axe sugeriam? Que seus métodos ou cálculos eram falhos? Que ninguém mais obteve resultados semelhantes? Uma vez que o trabalho de Axe confirmou outras análises e experimentos, e uma vez que seu artigo passou pelo escrutínio cuidadoso da revisão por pares, nenhuma dessas respostas parecia plausível. No entanto, os defensores da adequação do mecanismo neodarwiniano estavam longe de admitir a derrota, como eu logo descobriria.

No mesmo ano, publiquei um artigo científico revisado por pares sobre a explosão Cambriana e o problema da origem da informação biológica necessária para explicá-la.[1] No artigo, citei os resultados de Axe e expliquei por que a raridade de proteínas funcionais no espaço de sequência representava um desafio tão sério para a adequação do mecanismo neodarwiniano. O artigo apareceu em um periódico de biologia, *Proceedings of the Biological Society of Washington*, publicado fora do Smithsonian Institution por cientistas que trabalham para o Museu Nacional de História Natural do Smithsonian (NMNH). Como o artigo também argumentou que a teoria do design inteligente poderia ajudar a explicar a origem da informação biológica (ver Capítulo 18), sua publicação criou uma tempestade de controvérsias.

204   A DÚVIDA DE DARWIN

Cientistas de museus e biólogos evolucionistas de todo o país ficaram furiosos com o periódico e seu editor, Richard Sternberg, por permitir que o artigo fosse revisado por pares e publicado. Seguiram-se recriminações. Funcionários do museu tiraram as chaves de Sternberg, seu escritório e seu acesso a amostras científicas. Ele passou de um supervisor amigo para um supervisor hostil. Posteriormente, uma equipe de subcomissão do Congresso investigou e descobriu que os funcionários do museu iniciaram uma campanha de desinformação intencional contra Sternberg na tentativa de fazê-lo renunciar. Seus detratores espalharam falsos rumores: "Sternberg não tem graduação em biologia" (na verdade, ele tem dois Ph.Ds, um em biologia evolutiva e outro em biologia de sistemas); "Ele é um padre, não um cientista" (Sternberg não é um padre, mas um cientista pesquisador); "Ele é um operativo republicano que trabalha para a campanha de Bush" (ele estava muito ocupado fazendo pesquisas científicas para se envolver em campanhas políticas, republicanas ou não); "Ele recebeu dinheiro para publicar o artigo" (não é verdade); e assim por diante. Por fim, apesar da comprovada falsidade das acusações, ele foi rebaixado.[2]

As principais notícias sobre a controvérsia saíram na *Science, Nature, The Scientist* e *The Chronicle of Higher Education*.[3] Em seguida, artigos apareceram na grande imprensa, incluindo o *Washington Post* e o *Wall Street Journal*.[4] Uma história importante foi ao ar no *National Public Radio*.[5] O próprio Sternberg até apareceu no *The O'Reilly Factor*.

Apesar do furor intenso, não houve uma resposta científica formal ao meu artigo: nem o *Proceedings* nem qualquer outro periódico científico publicou uma refutação científica. Os membros do Conselho da Sociedade Biológica de Washington que supervisionaram a publicação da revista insistiram que não queriam dignificá-lo dando uma resposta.

Por fim, dois cientistas e um defensor da política de educação científica, cada um associado ao National Center for Science Education, um grupo que faz lobby para ensinar evolução nas escolas públicas, deram um passo à frente. Os três autores, o geólogo Alan Gishlick, o defensor da política educacional Nicholas Matzke e o biólogo da vida selvagem Wesley R. Elsberry, publicaram uma resposta ao meu artigo no TalkReason.org, um proeminente site ateísta.[6] Embora as diretrizes do site proíbam "argumentos ad hominem", a regra foi aplicada de forma um tanto vaga no caso da resposta de Gishlick, Matzke e Elsberry, que eles intitularam de "Meyer's Hopeless Monster" [O Monstro Desesperado de Meyer, em tradução livre].

Gishlick, Matzke e Elsberry tentaram refutar meu argumento central citando um artigo científico que acreditavam ter resolvido o problema da origem da informação genética. O artigo, um ensaio de revisão científica intitulado "The Origin of New Genes: Glimpses from the Young and Old" [A Origem dos Novos Genes: Vislumbres de Jovens e Velhos, em tradução livre], apareceu na *Nature*

Reviews Genetics em 2003. Gishlick, Matzke e Elsberry afirmaram que esse artigo, com coautoria de Manyuan Long, um biólogo evolucionista da Universidade de Chicago, e vários colegas, era representativo de uma extensa "literatura científica documentando a origem de novos genes".[7]

Outros biólogos seguiram a afirmação de Gishlick, Matzke e Elsberry no contexto de outra controvérsia pública. Durante o julgamento *Kitzmiller vs. Dover* de 2005 sobre uma tentativa imprudente de exigir que os professores de um distrito escolar da Pensilvânia lessem uma declaração sobre design inteligente, o biólogo da Universidade Brown, Kenneth Miller, citou o artigo de Long em seu depoimento. Ele disse que mostra como a nova informação genética evolui. O juiz do caso, John E. Jones, então citou o testemunho de Miller sobre o artigo de Long em sua própria decisão. O juiz Jones afirmou que há "mais de três dezenas de publicações científicas revisadas por pares mostrando a origem de novas informações genéticas por processos evolutivos".[8] Em outro lugar Matzke, com o biólogo Paul Gross, afirmou que o artigo de Long "analisa todos os processos mutacionais envolvidos na origem de novos genes e, em seguida, lista dezenas de exemplos em que grupos de pesquisa reconstruíram as origens dos genes".[9] Em sua opinião, "Cientistas competentes sabem como surgem novas informações genéticas".[10]

Mas os biólogos evolucionistas realmente sabem isso?

Vamos dar uma olhada mais de perto no artigo que supostamente mostra "como novas informações genéticas surgem".[11]

ERA UMA VEZ UM GENE

O artigo de Long, muito citado, aponta para uma variedade de estudos que pretendem explicar a evolução de vários genes. Esses estudos geralmente começam pegando um gene e, em seguida, procurando encontrar outros genes que sejam semelhantes (ou homólogos) a ele. Eles então procuram rastrear a história de genes homólogos ligeiramente diferentes de volta a um hipotético gene ancestral comum (ou genes). Para fazer isso, os estudos pesquisam bancos de dados de sequências de genes procurando sequências semelhantes em representantes de diferentes grupos taxonômicos, geralmente em espécies estreitamente relacionadas. Alguns estudos também tentam estabelecer a existência de um gene ancestral comum com base em genes semelhantes dentro do mesmo organismo. Eles, então, propõem cenários evolutivos nos quais um gene ancestral se duplica,[12] e então a duplicata e o original evoluem de maneira diferente como resultado de mutações subsequentes em cada gene.

Em seguida, esses cenários invocam vários tipos de mutações, eventos de duplicação, embaralhamento de éxons, retroposicionamento, transferência lateral de genes e mutações pontuais subsequentes, bem como a atividade de seleção natural (ver Fig. 11.1). Os biólogos evolucionistas que conduzem esses estudos *postulam* que os genes modernos surgiram como resultado desses vários processos mutacionais, que eles imaginam como tendo moldado os genes durante uma longa história evolutiva. Uma vez que a informação nos genes modernos é presumivelmente diferente da informação nos genes antecessores hipotéticos, eles consideram os mecanismos mutacionais que são alegadamente responsáveis por essas diferenças como a explicação para a *origem* da informação genética.

Após um exame mais minucioso, entretanto, nenhum desses artigos demonstra *como* as mutações e a seleção natural poderiam encontrar genes ou proteínas verdadeiramente novos no espaço de sequência em primeiro lugar; nem mostram que é razoavelmente provável (ou plausível) que esses mecanismos o fariam no tempo disponível. Esses artigos *pressupõem* a existência de quantidades significativas de informações genéticas *preexistentes* (na verdade, muitos genes inteiros e únicos) e, em seguida, *sugerem* vários mecanismos que podem ter alterado ligeiramente ou fundido esses genes em compostos maiores. Na melhor das hipóteses, esses cenários "traçam" a história de genes preexistentes, em vez de *explicar* a origem dos próprios genes originais (ver Fig. 11.2).

Esse tipo de construção de cenários pode sugerir caminhos de pesquisa potencialmente frutíferos. Mas um erro óbvio se dá por confundir um cenário hipotético com uma demonstração de fato ou uma explicação adequada. Nenhum dos cenários que o artigo de Long cita demonstra a plausibilidade matemática ou experimental dos mecanismos mutacionais que afirmam como explicações para a origem dos genes. Nem observam diretamente os processos mutacionais presumidos em ação. Na melhor das hipóteses, eles fornecem reconstruções hipotéticas e posteriores de alguns eventos fora de uma sequência de muitos eventos supostos, começando com a existência de um suposto gene ancestral comum. Mas esse gene em si não representa um ponto de dados sólido. Infere-se que existiu com base na semelhança de dois ou mais genes existentes, que são as únicas peças reais de evidência observacional nas quais esses cenários frequentemente elaborados se baseiam.

O fato de esses cenários dependerem de várias inferências e postulações não os desqualifica por si só. No entanto, se eles explicam adequadamente a origem da informação genética depende da evidência da existência das entidades que inferem (os genes ancestrais) e da plausibilidade dos mecanismos mutacionais que postulam. Vejamos ambas as partes desses cenários.

FIGURA 11.1

Vários tipos de mutações que supostamente resultam na modificação de genes: embaralhamento de éxon, retroposicionamento, transferência lateral de genes e fusão gênica.

A. EMBARALHAMENTO DE EXON

1. GENE COM DOIS EXONS E UM INTRON ENTRE ELES:

2. TRANSCRIÇÃO DE MRNA DO GENE (INTRONS REMOVIDOS):

3. MUTAÇÃO INSERE EXON DE OUTRO GENE DENTRO DESSE GENE:

4. TRANSCRIÇÃO DE MRNA DO NOVO GENE COM TRÊS EXONS:

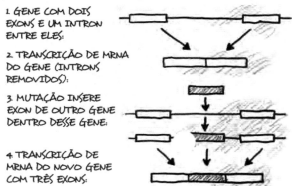

B. RETROPOSICIONAMENTO DA TRANSCRIÇÃO DE RNA MENSAGEIRO

1. DOIS GENES, GENE A E GENE B, ESTÃO LADO A LADO EM UM CROMOSSOMO:

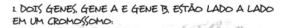

2. O TRANSCRITO DO MRNA DE OUTRO GENE, GENE C, É RETRANSPOSTO ENTRE OS GENES A E B:

TRANSCRIÇÃO DE MRNA PARA O GENE C

3. O GENE C AGORA ESTÁ INSERIDO ENTRE OS GENES A E B NO CROMOSSOMO.

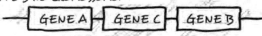

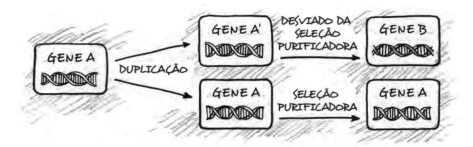

FIGURA 11.2
Descrição de como a duplicação de genes e a evolução subsequente dos genes podem ocorrer. Enquanto o gene na parte inferior permanece sob pressão seletiva e não pode sofrer muitas mutações sem perda de habilidade ou função (ver Figura 10.3), o gene duplicado na parte superior pode, em teoria, variar sem consequências nocivas para o organismo.

GENES ANCESTRAIS EM COMUM?

Quase todos os cenários desenvolvidos nos artigos que Long cita começam com um gene ancestral em comum inferido a partir do qual dois ou mais genes modernos divergiram e se desenvolveram. Esses cenários tratam a similaridade de sequência (a informação) em dois ou mais genes como evidência inequívoca de um gene ancestral comum (ver Fig. 11.2). Como observei nos Capítulos 5 e 6, os métodos padrão de reconstrução filogenética *pressupõem*, em vez de demonstrar, que a semelhança biológica resulta da ancestralidade compartilhada. No entanto, como vimos no Capítulo 6, a similaridade de sequência por si só nem sempre é um indicador inequívoco de ancestralidade comum. Às vezes, a semelhança aparece entre as espécies onde não pode ser explicada pela herança de um ancestral comum (por exemplo, os membros anteriores semelhantes em toupeiras e grilos-toupeiras) e, no mínimo, há outras explicações possíveis para a similaridade de sequência.

Em primeiro lugar, sequências de genes semelhantes podem ter evoluído independentemente em duas linhas de descendência paralelas, começando com dois genes diferentes, como afirma a hipótese de evolução convergente. Exemplos recentes de evolução *genética* convergente agora abundam na literatura da biologia molecular e evolutiva.[13] Por exemplo, biólogos moleculares descobriram que tanto as baleias quanto os morcegos usam sistemas semelhantes, envolvendo genes e proteínas semelhantes, para a ecolocalização. A notável semelhança desses sistemas usados em duas espécies de mamíferos díspares levou biólogos a postularem a evolução paralela da ecolocalização, incluindo as sequências de genes e proteínas que a tornam possível, a partir de um ancestral comum que não possuía esse sistema.[14]

Além disso, é possível que genes semelhantes possam ter sido *projetados* separadamente para atender a necessidades funcionais semelhantes em contextos orgânicos diferentes. Vista dessa maneira, a similaridade de sequência não reflete necessariamente a descendência com modificação de um ancestral comum, mas pode refletir o *design* de acordo com considerações, restrições ou objetivos funcionais comuns. Reconheço, é claro, que até este ponto não dei nenhuma razão independente para considerar a hipótese do design e que, como uma hipótese para a similaridade de sequência por si só, o design inteligente pode não parecer convincente. (Para obter razões mais convincentes para considerar o design inteligente, consulte os Capítulos 17 a 19.) Não obstante, menciono essas duas outras explicações possíveis para a similaridade das sequências de genes, a fim de demonstrar que a similaridade de sequência não indica *necessariamente*, ou deriva de, um gene ancestral comum.

GENES ÓRFÃOS

Alguns genes e as sequências ricas em informações que eles contêm certamente não podem ser explicados por referência ao tipo de cenários que Long cita. Todos esses cenários tentam explicar a origem de dois genes semelhantes por referência à descendência com modificação (via mutação) de genes ancestrais comuns. Ainda assim, os estudos genômicos estão agora revelando centenas de milhares de genes em muitos organismos diversos, que não exibem nenhuma semelhança significativa na sequência com qualquer outro gene conhecido.[15] Esses "genes taxonomicamente restritos" ou "órfãos" (para "quadros de leitura abertos de origem desconhecida") agora pontilham a paisagem filogenética. Os genes órfãos surgiram em todos os principais grupos de organismos, incluindo plantas e animais, bem como organismos unicelulares eucarióticos e procarióticos. Em alguns organismos, até metade de todo o genoma é composto por genes órfãos.[16]

Assim, mesmo se pudesse ser assumido que sequências de genes semelhantes sempre apontam para um gene ancestral comum, esses genes órfãos não podem ser explicados usando o tipo de cenários que o artigo de Long cita. Uma vez que os genes órfãos não têm similaridade de sequência com qualquer gene conhecido, isto é, eles não têm homólogos conhecidos, mesmo em espécies distantemente relacionadas, é impossível postular um gene ancestral comum do qual um gene órfão particular e seu homólogo possam ter evoluído. Lembre-se: órfãos, por definição, não possuem homólogos. Esses genes são únicos, sem igual, um fato reconhecido tacitamente por um número crescente de biólogos evolucionistas que tentam "explicar" a origem de tais genes por meio da origem *de novo* ("do nada").

210   A DÚVIDA DE DARWIN

Alguns podem argumentar que, à medida que os biólogos mapeiam a sequência de mais genomas e adicionam mais sequências de genes aos bancos de dados de proteínas, os homólogos desses genes órfãos eventualmente aparecerão, eliminando gradualmente o mistério que cerca o fenômeno órfã. No entanto, até o momento, a tendência segue na direção oposta. Conforme os cientistas exploraram e sequenciaram mais genomas, eles descobriram mais e mais órfãos sem encontrar nada parecido com um número correspondente de homólogos. Em vez disso, o número de genes órfãos "não pareados" continua a crescer sem nenhum sinal de reversão da tendência.[17]

A PLAUSIBILIDADE DOS PROCESSOS MUTACIONAIS

Mesmo se os biólogos evolucionistas pudessem estabelecer a existência de genes ancestrais comuns a partir dos quais seus cenários começam, isso não estabeleceria a plausibilidade de um mecanismo neodarwiniano para gerar as informações genéticas daquele ancestral. Além disso, o termo "plausibilidade" neste contexto tem um significado científico específico e metodologicamente significativo. Estudos em filosofia da ciência mostram que explicações bem-sucedidas nas ciências históricas, como a biologia evolutiva, precisam fornecer explicações "causalmente adequadas", isto é, explicações que citam uma causa ou mecanismo capaz de produzir o efeito em questão. Em *A Origem das Espécies*, Darwin tentou repetidamente mostrar que sua teoria satisfazia esse critério, que era então chamado de critério *vera causa* (ou "causa verdadeira"). No terceiro capítulo da *Origem*, por exemplo, ele procurou demonstrar a adequação causal da seleção natural traçando analogias entre ela e o poder da criação animal e extrapolando a partir de exemplos observados de mudança evolutiva em pequena escala em curtos períodos de tempo.

Nisso, Darwin seguiu um princípio de raciocínio científico que um cientista que ele tinha como referência, o grande geólogo Charles Lyell, usou como guia para raciocinar sobre eventos no passado remoto. Lyell insistiu que boas explicações para a origem das características geológicas deveriam citar "causas agora em operação", causas conhecidas pela experiência atual como tendo a capacidade de produzir os efeitos em estudo.[18]

Os cenários desenvolvidos por vários biólogos evolucionistas citados no ensaio crítico de Long atendem a esse critério? Mutações de duplicação e vários outros modos de mudança mutacional aleatória, juntamente com a seleção natural, constituem claramente "causas agora em operação". Ninguém contesta isso. Mas terão esses processos demonstrado capacidade de produzir o efeito em questão, a saber,

Assumir um gene   211

a informação genética necessária para a inovação estrutural na história da vida? Existem vários bons motivos para acreditar que não.

PERGUNTAS URGENTES

Em primeiro lugar, a maioria dos processos mutacionais que os biólogos evolucionistas invocam nos cenários citados no ensaio de Long pressupõem quantidades significativas de informações genéticas *preexistentes* sobre genes *preexistentes* ou seções modulares de DNA ou RNA. O ensaio de Long destaca sete mecanismos mutacionais principais em ação na modelagem de novos genes: (1) embaralhamento de éxons, (2) duplicação de genes, (3) retroposicionamento de transcritos de RNA mensageiro, (4) transferência lateral de genes, (5) transferência de unidades ou elementos genéticos móveis, (6) fissão ou fusão gênica e (7) origem *de novo* (ver Fig. 11.1). No entanto, cada um desses mecanismos, com exceção da geração *de novo*, começa com genes preexistentes ou seções extensas de texto genético. Essa informação preexistente funcionalmente especificada é, em alguns casos, suficiente para codificar a construção de uma proteína inteira ou uma dobra de proteína distinta. Além disso, esses cenários não apenas pressupõem fontes preexistentes inexplicáveis de informação biológica, mas o fazem *sem explicar ou mesmo tentar explicar* como qualquer um dos mecanismos que imaginam poderia ter resolvido o problema de busca combinatória descrito nos Capítulos 9 e 10.

Um exame mais detalhado de cada um desses mecanismos mostrará por que cenários que dependem deles levantam questões importantes sobre a origem da informação genética.

Os defensores do embaralhamento de éxons imaginam seções modulares de um genoma que se organizam e reorganizam aleatoriamente para gerar genes inteiramente novos, não muito diferente de reorganizar parágrafos inteiros em um ensaio para gerar um novo artigo. Em genomas que possuem regiões que codificam a produção de proteínas intercaladas com regiões que não codificam proteínas, o termo "éxons" se refere a uma região codificadora de proteína do genoma. Essas regiões codificadoras de proteínas do genoma são frequentemente interrompidas por seções do genoma que não codificam proteínas (chamadas de íntrons) que servem a outras funções, como a codificação para a produção de RNAs reguladores. Em qualquer caso, os éxons armazenam quantidades significativas de informações preexistentes funcionalmente especificadas.

Embora a maioria das proteínas seja codificada por múltiplos éxons, um único éxon pode codificar uma unidade substancial da estrutura da proteína, como uma dobra de proteína funcional, um fato que os defensores do embaralhamento de éxons contam em suas próprias tentativas de explicar novas proteínas. Eles presumem que os éxons podem ser embaralhados às cegas e misturados para formar genes. No entanto, esse mecanismo não pode produzir novas dobras proteicas. Ou um éxon é grande o suficiente para já codificar uma dobra de proteína, caso em que não está criando uma nova dobra, ou é muito pequeno, o suficiente para que vários éxons devam ser combinados para formar uma dobra de proteína estável. Neste último caso, outros problemas, em particular algo chamado interação adversa da cadeia lateral, impedirão o sucesso, como veremos.

Cenários evolutivos que vislumbram outros mecanismos mutacionais também pressupõem fontes importantes de informação genética preexistente. A duplicação de genes, como o nome indica, envolve a produção de uma cópia duplicada de um gene *preexistente*, já rico em informações funcionalmente especificadas. O retroposicionamento de transcritos de RNA mensageiro ocorre quando uma enzima chamada transcriptase reversa pega uma fita preexistente de RNA mensageiro e insere sua sequência de DNA correspondente em um genoma, produzindo também uma duplicata da porção codificadora de um gene preexistente. A transferência lateral de genes envolve a transferência de um gene preexistente de um organismo (geralmente uma bactéria) para o genoma de outro. A transferência de elementos genéticos móveis ocorre da mesma forma quando genes preexistentes encerrados em fitas circulares de DNA chamadas plasmídeos entram em um organismo a partir de outro e acabam sendo incorporados a um novo genoma. Esse processo também ocorre principalmente em organismos unicelulares. Um processo semelhante pode ocorrer em eucariotos, onde elementos genéticos móveis chamados transpósons, frequentemente chamados de "genes saltadores"[19], podem pular de um lugar para outro no genoma. A fusão de genes ocorre quando dois genes preexistentes adjacentes, cada um rico em informações genéticas especificadas, se ligam após a exclusão do material genético intermediário.[20]

Cada um desses mecanismos mutacionais pressupõe módulos preexistentes de informação genética especificada. Alguns desses mecanismos mutacionais também dependem de sofisticadas máquinas moleculares preexistentes, como a enzima transcriptase reversa usada no retroposicionamento ou outra maquinaria celular complexa envolvida na replicação do DNA. Uma vez que construir essas máquinas requer outras fontes de informação genética, cenários que pressupõem a disponibilidade de tais máquinas moleculares para auxiliar no corte, emenda ou posicionamento de seções modulares de informação genética claramente expõem a verdadeira questão.

No geral, o que os biólogos evolucionistas têm em mente é algo como tentar produzir um novo livro copiando as páginas de um livro existente (duplicação de genes, transferência lateral de genes e transferência de elementos genéticos móveis), reorganizando blocos de texto em cada página (embaralhamento de éxons, retroposicionamento e fusão de genes), fazendo alterações ortográficas aleatórias para palavras em cada bloco de texto (mutações pontuais) e, em seguida, reorganizando aleatoriamente as novas páginas. Claramente, tais rearranjos e mudanças aleatórias não terão nenhuma chance realista de gerar uma obra-prima literária, muito menos uma leitura coerente. Ou seja, esses processos provavelmente não gerarão especificidade de arranjo e sequência e, portanto, não resolverão o problema da busca combinatória. Em qualquer caso, todos esses cenários também levantam dúvidas. Há uma grande diferença entre embaralhar e alterar ligeiramente módulos de informações funcionais específicos de sequência preexistentes e explicar como esses módulos passaram a possuir sequências ricas em informações em primeiro lugar.

EVOLUÇÃO *EX NIHILO?*

Long cita, pelo menos, um tipo de mutação que não pressupõe a existência de informação genética, a origem *de novo* de novos genes. Por exemplo, um artigo que ele discute buscou explicar a origem de uma região promotora para um gene (a parte do gene que ajuda a iniciar a transcrição das instruções do gene) e descobriu que "essa região regulatória incomum não 'evoluiu' de verdade". Em vez disso, de alguma forma surgiu: "Era aborígene, criado *de novo* pela fortuita justaposição de sequências adequadas."[21]

Muitos outros artigos invocam a origem *de novo* de genes. Long mencionou, por exemplo, um estudo que busca explicar a origem de uma proteína anticongelante em um peixe antártico que cita "amplificação *de novo* de uma sequência curta de DNA para gerar uma nova proteína com uma nova função".[22] Da mesma forma, Long cita um artigo da *Science* para explicar a origem de dois genes humanos envolvidos no neurodesenvolvimento que apelava para a "geração *de novo* de blocos de construção, genes únicos ou segmentos de genes que codificam para domínios de proteínas", onde um éxon espontaneamente "é originado de uma sequência não codificadora única".[23] Outros artigos fazem apelos semelhantes. Um artigo de 2009 relatou "a origem *de novo* de, pelo menos, três genes codificadores de proteínas humanas desde a divergência com chimpanzés", na qual cada um deles "não tem homólogos codificadores de proteínas em nenhum outro genoma".[24] Um artigo ainda mais recente na *PLoS Genetics* relatou "60 novos genes codificadores de proteínas que se originaram *de novo* na linhagem humana desde a divergência do chimpanzé",[25] uma descoberta que foi vista como "muito maior do que a estimativa anterior, reconhecidamente conservadora".[26]

Outro artigo de 2009 na revista *Genome Research* foi apropriadamente intitulado "Darwinian Alchemy: Human Genes from Noncoding RNA" [Alquimia Darwiniana: Genes Humanos de RNA Não Codificador, em tradução livre]. Ele investigou a origem *de novo* dos genes e reconheceu: "O surgimento de genes completos e funcionais, com promotores, estruturas de leitura aberta (ORFs) e proteínas funcionais, do DNA 'lixo' pareceria altamente improvável, quase como a

214 A DÚVIDA DE DARWIN

transmutação elusiva de chumbo em ouro que era procurado por alquimistas medievais."[27] No entanto, o artigo afirmava sem dizer *como*: "A evolução por seleção natural pode forjar elementos funcionais completamente novos a partir de DNA aparentemente não funcional, o processo pelo qual a evolução molecular transforma chumbo em ouro."[28]

A presença de sequências gênicas únicas força os pesquisadores a invocarem a origem *de novo* dos genes com mais frequência do que gostariam. Depois que um estudo de moscas-das-frutas relatou que "até ~12% dos genes recém-emergidos no subgrupo *Drosophila melanogaster* podem ter surgido *de novo* do DNA não codificador",[29] o autor passou a reconhecer que invocar esse "mecanismo" representa um severo problema para a teoria da evolução, uma vez que ele realmente não explica a origem de nenhum de seus "requisitos não triviais de funcionalidade".[30] O autor propõe que a "pré-adaptação" pode ter desempenhado algum papel. Mas isso não acrescenta nada como explicação, uma vez que apenas especifica quando (antes da seleção desempenhar um papel) e onde (no DNA não codificador), e não como os genes em questão surgiram pela primeira vez. Detalhes sobre como o gene se tornou "pré-adaptado" para alguma função futura nunca são explicados. Na verdade, os biólogos evolucionistas normalmente usam o termo "origem *de novo*" para descrever aumentos *inexplicados* na informação genética; ele não se refere a nenhum processo mutacional conhecido.

Fazendo um balanço, então, de muitos dos processos mutacionais que Long cita: (1) ignorar a questão quanto à origem da informação especificada contida em genes ou partes de genes, ou (2) invoca saltos *de novo* completamente inexplicáveis, criação essencialmente evolutiva *ex nihilo* ("do nada").

Assim, em última análise, os cenários apresentados no ensaio de revisão de Long não *explicam* a origem da informação especificada em genes ou seções de genes. Isso exigiria uma causa capaz de resolver o problema da inflação combinatória discutido nos capítulos anteriores. Mas nenhum dos cenários discutidos no artigo de Long nem sequer aborda esse problema, muito menos demonstra a plausibilidade matemática dos mecanismos que eles citam. Ainda assim, Gishlick, Matzke e Elsberry citaram Long originalmente como uma refutação definitiva de meu artigo, aquele em que argumentei que a raridade de genes e proteínas no espaço de sequência lançava dúvidas sobre o poder da seleção e mutações para gerar novas informações genéticas. O professor Miller, em seu depoimento no célebre julgamento de Dover, até convenceu um juiz federal a afirmar em uma memorável decisão legal que Long havia conseguido demonstrar como a informação genética se origina. Claramente, não se pode resolver um problema ou refutar um argumento deixando de abordá-lo.[31]

DOBRAS DE PROTEÍNA: CENÁRIOS
PLAUSÍVEIS, MAS IRRELEVANTES

Há uma segunda dificuldade intimamente relacionada aos cenários citados por Long. Normalmente, eles nem mesmo tentam explicar a origem de novas *dobras* de proteínas, e poucos deles analisam genes diferentes o suficiente uns dos outros para que seus produtos proteicos pudessem, até concebivelmente, exemplificar dobras diferentes. Em vez disso, eles geralmente tentam explicar a origem dos genes homólogos, genes que produzem proteínas com a mesma estrutura dobrada, desempenhando a mesma função ou outra intimamente relacionada.

Por exemplo, Long cita um estudo comparando os dois genes *RNASE1* e *RNASE1B*, que codificam para enzimas digestivas homólogas.[32] As duas proteínas desempenham quase a mesma função: quebrar moléculas de RNA no trato digestivo de macacos colobinae comedores de folhas, embora cada uma faça seu trabalho em um pH químico ideal ligeiramente diferente. Mais importante, dado que as sequências de aminoácidos das duas enzimas são 93% idênticas, os biólogos estruturais esperariam que ambas as enzimas utilizassem a mesma dobra proteica para realizar suas tarefas intimamente relacionadas.

Long também faz referência a um estudo de um gene que codifica uma proteína histona, CID, em duas espécies intimamente relacionadas de moscas-das-frutas, *Drosophila melanogaster* e *Drosophila simulans*. O estudo não tentou explicar a "origem" do gene; ele simplesmente comparou o gene nas duas espécies, catalogou algumas pequenas diferenças entre elas e perguntou como essas diferenças surgiram. O estudo identificou cerca de duas dúzias de diferenças de nucleotídeos entre os genes para CID nas duas espécies, apenas 17 dos quais podem ter alterado um aminoácido na sequência de 226 aminoácidos totais na proteína CID.[33] Seria extremamente improvável que uma diferença tão pequena (7,5%) se traduzisse em *dobras* diferentes de proteínas. Na verdade, as sequências naturais conhecidas por terem dobras diferentes não têm nada parecido com o grau correspondentemente alto (92,5%) de identidade de sequência. Em vez disso, as sequências naturais conhecidas com esse alto nível de identidade de sequência têm a mesma dobra.

Long também cita dois estudos de *FOXP2*, um gene envolvido na regulação da expressão gênica em humanos, chimpanzés, outros primatas e mamíferos. Em humanos e outros mamíferos, esse gene está envolvido no desenvolvimento do cérebro.[34] No entanto, de acordo com um estudo, a proteína codificada por esse gene em humanos adquiriu apenas "duas mudanças de aminoácidos na linhagem humana"[35] durante todo o curso de sua evolução a partir de um ancestral humano chimpanzé comum, novamente, provavelmente não é uma mudança suficiente para gerar uma nova dobra de proteína.

216   A DÚVIDA DE DARWIN

O ensaio crítico de Long cita vários cenários desse tipo, cenários que tentam explicar a evolução de pequenas variantes de genes (e suas proteínas semelhantes), não a origem de novas dobras de proteínas. Essa é uma distinção importante porque, como vimos no Capítulo 10, novas dobras de proteínas representam a menor unidade de inovação estrutural selecionável, e inovações estruturais muito maiores na história da vida dependem delas. Explicar a origem da inovação estrutural requer mais do que apenas explicar a origem de versões variantes do mesmo gene e proteína ou mesmo a origem de novos genes capazes de codificar para novas funções de proteínas. Isso requer a produção de informação genética suficiente, genes verdadeiramente novos, para produzir novas dobras de proteínas.

Assim, mesmo quando esses cenários são plausíveis, eles não são *relevantes* para explicar a origem da informação genética necessária para produzir o tipo de inovação estrutural que ocorre na explosão Cambriana (ou em muitos outros eventos na história da vida).

DOBRAS DE PROTEÍNA: CENÁRIOS RELEVANTES, MAS IMPLAUSÍVEIS

Em alguns casos, os cenários evolutivos citados no artigo de Long parecem ser tentativas de explicar genes que são diferentes o suficiente uns dos outros para que pudessem codificar proteínas com dobras diferentes. Por exemplo, Long discute vários artigos que equiparam o embaralhamento de éxons ao embaralhamento de domínios de proteínas. Lembre-se de que um domínio de proteína é uma estrutura de proteína "terciária" estável ou dobra feita de muitas estruturas "secundárias" menores, como hélices alfa ou fitas beta (ver Fig. 10.2). Muitas proteínas complexas têm vários domínios, cada um exibindo uma única dobra ou estrutura terciária. Uma versão da hipótese de embaralhamento de éxons assume que cada éxon codifica um domínio específico de proteína. Ele prevê corte e splicing aleatórios, excisão, embaralhamento e recombinação, das porções do éxon do genoma, resultando no rearranjo modular da informação genética. O gene composto resultante então codificará para uma nova estrutura de proteína composta. Como Long propõe, "o embaralhamento de éxons, que também é conhecido como embaralhamento de domínio, muitas vezes recombina sequências que codificam vários domínios de proteínas para criar proteínas de mosaico".[36]

Dos mecanismos que Long discute, o embaralhamento de éxons (e a ideia intimamente relacionada de fusão de genes) fornece talvez o meio mais plausível de gerar novas proteínas (compostas).[37] No entanto, a ideia de que o embaralhamento de éxons pode explicar a origem da informação genética necessária para produzir novas dobras de proteínas ou proteínas compostas inteiras é problemática por várias razões.

Primeiro, a hipótese de embaralhamento de éxons parece assumir que cada éxon envolvido no processo codifica para um domínio de proteína que se dobra em uma estrutura terciária distinta. Para um cientista de proteínas, um domínio de proteína é equivalente a uma dobra de proteína, embora estruturas de proteínas distintas (dobras) possam ser compostas de vários domínios menores (ou dobras). Assim, no mínimo, a hipótese de embaralhamento de éxons pressupõe a existência prévia de uma quantidade significativa de informação genética, informação suficiente para construir um domínio ou dobra proteica independente. Sendo assim, falha como uma explicação para a *origem* das dobras proteicas e as informações necessárias para produzi-las.

Alguns defensores do embaralhamento de éxons, no entanto, podem estar usando o termo "domínio de proteína" de uma forma um pouco mais vaga. Eles podem estar igualando domínios com unidades estruturais menores, como fragmentos de uma dobra feita de várias unidades de estrutura secundária, como hélices alfa ou fitas beta. Concebida dessa forma, a hipótese de embaralhamento de éxons implicaria então a construção de uma nova estrutura de proteína combinando esses "fragmentos" menores.

Mas, na maioria dos casos, se a cadeia de aminoácidos que forma um domínio for cortada em fragmentos, os pedaços isolados resultantes deixarão de reter suas formas originais. Por quê? Porque a forma tridimensional de uma pequena seção de uma proteína é fortemente dependente da estrutura geral e da forma do resto da proteína. Corte uma seção ou fragmento, ou sintetize um fragmento isolado do resto da proteína, e terá como resultado uma cadeia flexível de aminoácidos, uma que perdeu totalmente sua forma original, ou capacidade de formar uma estrutura estável. Assim, essa versão da hipótese de embaralhamento de éxons carece de credibilidade porque assume incorretamente que fragmentos de proteínas disformes podem ser misturados e combinados de uma forma modular para formar novas dobras de proteínas funcionais e estáveis. Além disso, mesmo que tal embaralhamento fosse fisicamente plausível, essa versão da hipótese teria outro problema. Ele ainda pressupõe informações funcionais inexplicáveis, em particular, as informações necessárias para especificar, não apenas os fragmentos menores, mas também as informações necessárias para *organizar* essas unidades menores em dobras estáveis e, em última instância, proteínas funcionais.

Em segundo lugar, uma vez que a hipótese de embaralhamento de éxons assume que cada éxon está envolvido nos códigos de embaralhamento para um domínio de proteína específico, ela também assume que os limites do éxon correspondem aos limites dos domínios ou dobras da proteína. Em genes existentes, entretanto, os limites do éxon não correspondem tipicamente aos limites dos domínios dobrados dentro das proteínas maiores.[38] Se o embaralhamento dos éxons explica como as proteínas reais passaram a existir, então deveria haver uma correspondência ou correlação clara entre os limites dos éxons dentro dos genes

218   A DÚVIDA DE DARWIN

e os domínios correspondentes das proteínas dentro de estruturas compostas maiores (ou seja, proteínas inteiras). A ausência de tal correspondência sugere que o embaralhamento de éxons não é responsável pela origem de estruturas conhecidas de proteínas compostas.

Terceiro, depender do embaralhamento de éxons para remendar uma nova dobra proteica a partir de unidades menores da estrutura da proteína é fisicamente implausível por outra razão. Para ver por quê, precisamos examinar o que é uma "cadeia lateral". Todos os vinte aminoácidos formadores de proteínas têm uma estrutura comum (feita de nitrogênio, carbono e oxigênio), mas cada um tem um grupo químico diferente chamado de cadeia lateral, que se projeta dessa estrutura em ângulos retos. As interações entre as cadeias laterais determinam se as unidades secundárias da estrutura da proteína feitas de cadeias de aminoácidos se dobrarão em dobras tridimensionais estáveis maiores.[39] Embora muitas sequências diferentes gerem estruturas secundárias (hélices alfa e fitas beta), gerar dobras estáveis é muito mais difícil e requer muito mais especificidade no arranjo dos aminoácidos e suas cadeias laterais. Especificamente, uma vez que os elementos em unidades estruturais secundárias menores em proteínas são rodeados por cadeias laterais, eles não podem ser combinados em novas dobras, a menos que os elementos tenham a especificidade de sequência necessária para as cadeias laterais se complementarem.[40] Isso significa que unidades estruturais secundárias menores raramente[41] se fundirão para formar estruturas terciárias estáveis ou dobras. Em vez disso, as tentativas de formar novas dobras a partir de unidades menores de estrutura repetidamente encontram interações adversas *entre as cadeias laterais* dos aminoácidos dentro de unidades de estrutura secundária.

A necessidade de extrema especificidade nos arranjos sequenciais de aminoácidos, discutida no capítulo anterior, significa que a esmagadora maioria das sequências de aminoácidos em unidades de estrutura secundária não resultará em dobras estáveis à medida que essas unidades de estrutura surgem em contato uma com a outra. Conforme discutido no Capítulo 10, a extrema raridade de proteínas funcionais (com dobras estáveis) no espaço de sequência garante que a probabilidade de encontrar uma sequência de estabilização de dobra correta será surpreendentemente pequena. Por esse motivo, até mesmo cientistas especializados em proteínas têm se esforçado para projetar sequências que produzam dobras de proteína estáveis.[42] Quase invariavelmente, as unidades de estrutura secundária que eles tentam combinar ou de outra forma colocar em estruturas compostas estáveis não se dobrarão por causa das interações de suas cadeias laterais de aminoácidos.[43] Como a bióloga molecular Ann Gauger explica, "assim, hélices [alfa] e fitas [beta] são elementos estruturais dependentes da sequência dentro das dobras proteicas. Você não pode trocá-los como se fossem peças de Lego".[44]

Nem é uma questão fácil encontrar diferentes sequências de aminoácidos que estabilizarão dobras de unidades secundárias menores de estrutura, novamente,

Assumir um gene 219

por causa da extrema raridade de sequências funcionais (e dobráveis) dentro do espaço da sequência de aminoácidos. Gerar sequências específicas que se dobrarão em estruturas estáveis, seja no laboratório ou durante a história da vida, requer a solução do problema da inflação combinatória. Mesmo pequenas dobras exigirão 5 ou 6 unidades de estrutura secundária com cerca de 10 aminoácidos em cada unidade, ou seja, 60 ou mais aminoácidos sequenciados com precisão. As dobras de tamanho modesto exigirão uma dúzia ou mais de unidades de estrutura secundária e 150 a 200 aminoácidos organizados especificamente para estabilizar uma dobra. Dobras maiores de proteínas exigirão muito mais unidades secundárias e aminoácidos especificamente organizados. Uma vez que, no entanto, muitas funções de missão crítica dentro até mesmo da célula mais simples requerem muitas dobras (de, pelo menos, 150 aminoácidos) trabalhando em coordenação, a necessidade de produzir proteínas, pelo menos, deste comprimento inúmeras vezes ao longo da história da vida não pode ser evitada.

Tudo isso requer a busca de uma agulha funcional em um vasto palheiro de possibilidades combinatórias. Lembre-se de que Douglas Axe estimou a proporção de agulhas (sequências funcionais) para fios de palha no palheiro (sequências não funcionais) em 1 em 10^{77} para sequências de comprimento modesto (150 aminoácidos).

Claro, em proteínas de ocorrência natural, as interações entre cadeias laterais em unidades de estrutura secundária mantêm dobras estáveis. Mas essas proteínas, com suas estruturas dobradas tridimensionais estáveis, dependem de sequências de aminoácidos extremamente raras e precisamente organizadas. A questão não é se o problema de busca combinatória necessário para produzir dobras de proteínas já foi resolvido, mas se um mecanismo neodarwiniano baseado em mutações aleatórias (neste caso, embaralhamento aleatório de éxons) fornece uma explicação plausível de *como* poderia ter sido resolvido.

Os artigos que Long cita não dão motivos para pensar que o embaralhamento de éxons (ou qualquer outro mecanismo mutacional) tenha resolvido esse problema. A hipótese do embaralhamento de éxons ignora a necessidade de especificidade de cadeia lateral, embora a necessidade de tal especificidade tenha derrotado repetidamente as tentativas em laboratório de construir novas proteínas a partir de unidades de estrutura secundária da maneira exigida.

Mas os defensores do embaralhamento de éxons não fazem nenhuma tentativa de mostrar como rearranjos aleatórios de domínios de proteínas, sejam os domínios concebidos como fragmentos de uma dobra ou dobras inteiras, resolveriam o problema combinatório. Nem desafiam as estimativas quantitativas derivadas experimentalmente de Sauer ou Axe da raridade de genes ou proteínas funcionais. Eles não desafiam os cálculos de probabilidade com base nessas estimativas. E não mostram que existe um mecanismo que pode pesquisar espaços de sequência de

220 A DÚVIDA DE DARWIN

aminoácidos de forma mais eficaz ou eficiente do que a mutação e seleção aleatórias. Nem demonstram a eficácia do embaralhamento de éxons em um sistema modelo no laboratório. Em vez disso, as considerações básicas da estrutura da proteína implicam na *implausibilidade* do embaralhamento de éxons como um meio de gerar a informação genética necessária para produzir uma nova dobra proteica.[45] Então, no final, com poucas palavras e aparente confiança, os defensores do embaralhamento de éxons simplesmente afirmam, como o artigo de Long faz, que o "embaralhamento de éxons frequentemente recombina sequências que codificam vários domínios de proteína para criar proteínas de mosaico".

SALADA DE PALAVRAS

A afirmação de Long e seus colegas sobre o embaralhamento de éxons, como muitas outras afirmações sobre os mecanismos mutacionais postulados, confunde a distinção entre teoria e evidência. Apesar do tom autoritário de tais declarações, os biólogos evolucionistas raramente observam diretamente os processos mutacionais que imaginam. Em vez disso, eles veem padrões de semelhanças e diferenças nos genes e, em seguida, os atribuem aos processos que postulam. No entanto, os artigos que Long cita não oferecem demonstração matemática, nem evidência experimental, do poder desses mecanismos para produzir ganhos significativos em informações biológicas.

Na ausência de tais demonstrações, os biólogos evolucionistas passaram a oferecer o que um biólogo que conheço chama de "salada de palavras", descrições com jargão de eventos passados não observados, alguns possíveis, talvez, mas nenhum com a capacidade demonstrada de gerar as informações necessárias para produzir novas formas de vida. Esse gênero de literatura evolucionária prevê éxons sendo "recrutados"[46] e/ou "doados"[47] de outros genes ou de uma "fonte desconhecida"[48]; ele apela à "remodelação extensiva"[49] dos genes; atribui "justaposição fortuita de sequências adequadas"[50] a mutações ou "aquisição fortuita"[51] de elementos promotores; assume que a "mudança radical na estrutura" de um gene se deve à "evolução rápida e adaptativa";[52] afirma que "a seleção positiva desempenhou um papel importante na evolução"[53] dos genes, mesmo nos casos em que a função do gene em estudo (e, portanto, a característica sendo selecionada) é completamente desconhecida;[54] ele imagina genes sendo "remendados a partir de DNA sem função relacionada (ou sem função alguma)";[55] pressupõe a "criação" de novos éxons "de uma sequência genômica não codificadora única que evoluiu fortuitamente";[56] invoca "a fusão quimérica de dois genes";[57] explica proteínas "quase idênticas"[58] em linhagens díspares como "um caso notável de evolução convergente";[59] e quando nenhum material de origem para a evolução de um novo gene pode ser identificado, afirma que "os genes surgem e evoluem muito rapidamente, gerando cópias que têm pouca semelhança com seus precursores ancestrais" por-

Assumir um gene 221

que aparentemente são "hipermutáveis".[60] Finalmente, quando todas as opções falham, os cenários invocam a "origem *de novo*" de novos genes, como se essa frase, mais do que as outras mencionadas, constituísse uma demonstração científica do poder dos mecanismos mutacionais para produzir quantidades significativas de novas informações genéticas.[61]

Essas vagas narrativas se assemelham a nada mais do que os jogos de nomenclatura dos filósofos escolásticos da Idade Média. Por que o ópio faz as pessoas dormirem? Porque tem uma virtude "dormitiva". O que faz com que novos genes evoluam tão rapidamente? Sua "hipermutabilidade" ou talvez sua capacidade de sofrer "evolução rápida e adaptativa". Como podemos explicar a origem de dois genes semelhantes em duas linhagens separadas, mas de outra forma amplamente díspares? Evolução convergente, é claro. O que é evolução convergente? A presença de dois genes semelhantes em duas linhagens separadas, mas de outra forma amplamente díspares. Como ocorre a evolução convergente, dada a improbabilidade de encontrar até mesmo um gene funcional no espaço de sequência, quanto mais o mesmo gene surgindo duas vezes independentemente? Ninguém sabe exatamente, mas talvez tenha sido uma "justaposição fortuita de sequências adequadas", ou "seleção positiva" ou "origem *de novo*". Precisa explicar dois genes semelhantes em linhagens mais estreitamente relacionadas? Tente "duplicação de genes" ou "fusão de genes quiméricos" ou "retroposicionamento" ou "remodelação extensiva do genoma" ou alguma outra combinação de palavras que soe científica.

A imprecisão desses cenários levanta sérias questões sobre como os cientistas poderiam considerá-los como demonstrações ou refutações decisivas de qualquer coisa, quanto mais refutações do tipo de desafios baseados em experiências e matematicamente precisos à mutação e seleção descritos no capítulo anterior.

Portanto, apesar do pronunciamento oficial de um juiz federal e alegações de extensa "literatura científica documentando a origem de novos genes", os biólogos evolucionistas não demonstraram como novas informações genéticas surgem, pelo menos, não em quantidades suficientes para construir dobras de proteínas, ou unidades cruciais de inovação biológica. Os biólogos não resolveram o problema da inflação combinatória nem refutaram o argumento quantitativo preciso contra o poder criativo do mecanismo de seleção e mutação apresentado no capítulo anterior (ou em meu artigo de 2004). Nem ninguém apresentou uma refutação convincente da avaliação de Douglas Axe da raridade de genes e proteínas em que esse argumento se baseia.

Para ser justo, os biólogos neodarwinistas têm seus próprios modelos matemáticos, modelos que indicam a eles que mudanças evolutivas quase ilimitadas podem ocorrer nas condições certas. A suposição de que esses modelos, que são baseados nas equações da genética populacional, representam com precisão quanta evolução pode ocorrer, deixou muitos biólogos evolucionistas confiantes no poder criativo de vários mecanismos mutacionais. Mas eles deveriam estar?

No próximo capítulo, abordarei essa questão. Ao fazer isso, explicarei por que os biólogos evolucionistas, até o momento, não se sentem incomodados pelos desafios matemáticos ao neodarwinismo. Também mostrarei por que isso começou a mudar à medida que novos desenvolvimentos em genética molecular introduziram outro desafio matemático formidável ao poder criativo do mecanismo neodarwiniano, um desafio que surge *de dentro da estrutura neodarwiniana* e levanta novas questões sobre a adequação causal do mecanismo neodarwiniano.

12

ADAPTAÇÕES COMPLEXAS E A MATEMÁTICA NEODARWINIANA

O biólogo da Universidade de Illinois, Tom Frazzetta, conhecia a história dos livros didáticos tão bem quanto qualquer pessoa. De acordo com a teoria neodarwiniana, os organismos com todos os seus sistemas complexos passaram a existir por meio da seleção natural, agindo em variações e mutações de pequena escala que surgem aleatoriamente. Como Frazzetta entendeu, esse mecanismo evolutivo necessariamente transforma os organismos gradualmente, com modificações parceladas em incrementos "como uma espécie de mudança contínua, em que uma condição estrutural se funde gradualmente em outra".[1]

No entanto, Frazzetta tinha suas dúvidas. Como um especialista em biomecânica funcional, estudando como os animais realmente funcionam, ele dissecou os crânios de cobras raras encontradas apenas nas Ilhas Maurício, no Oceano Índico. Essas cobras, chamadas bolyeridaes, são semelhantes a jiboias, mas possuem uma especialização anatômica que não é encontrada em nenhum outro vertebrado. Sua maxila, o osso que sustenta os dentes da mandíbula superior, é dividida em *dois* segmentos, ligados por uma articulação flexível e servida por muitos nervos especializados, ossos extras, tecidos e ligamentos dispostos de maneira diferente. Essa característica única permite que as cobras dobrem a metade frontal de sua mandíbula para trás quando atacam a presa (ver Fig. 12.1).

Esse sistema complexo de ossos, articulações, tecidos e ligamentos poderia ter evoluído gradualmente? "Uma articulação móvel que divide a maxila em dois segmentos", observou Frazzetta, "parece ter uma presença ou ausência, sem intermediário para conectar as duas condições".[2] Isto é, ou a maxila ocorre como um osso (como ocorre em todos os outros vertebrados) ou como dois segmentos com todas as articulações, ossos, ligamentos e tecidos que a acompanham, necessários para fazê-la funcionar, como acontece nas cobras bolyeridae. Nenhuma condição intermediária, uma maxila quebrada com dois pedaços de osso sem as articulações, tecidos e ligamentos necessários, por exemplo, parece viável. Como Stephen Jay Gould perguntou sobre o mesmo sistema: "Como pode uma mandíbula estar meio quebrada?"[3] Ou, como o próprio Frazzetta observou: "Portanto, acho difícil imaginar uma transição suave de uma única maxila para a condição dividida observada em bolyeridaes."[4] No entanto, como as formas intermediárias não seriam viáveis, a construção de uma mandíbula bolyeridae exigiria que todas as partes necessárias, a maxila articulada, os ligamentos adjacentes e os músculos e tecidos, surgissem juntas.

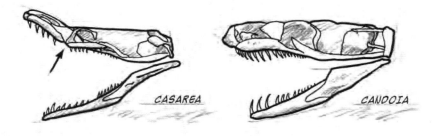

FIGURA 12.1
Uma adaptação complexa: a mandíbula superior articulada da cobra bolyeridae, possibilitada pelos tendões, ligamentos e musculatura que a acompanham. O outro crânio mostra a mandíbula de osso único, encontrada em outras cobras relacionadas.

No entanto, Frazzetta percebeu que o problema para a teoria neodarwiniana se estendia muito além das peculiaridades anatômicas de cobras raras. Como um jovem professor de biologia evolutiva, ele estudou características complexas em uma ampla variedade de espécies. Ele sabia que quase qualquer estrutura biológica de interesse (o ouvido interno, o óvulo amniótico, os olhos, os órgãos olfativos, as guelras, os pulmões, as penas, os sistemas reprodutivo, circulatório e respiratório) possuem vários componentes necessários. Para mudar tais sistemas, é necessário alterar cada uma das muitas partes independentes nas quais suas funções se baseiam. Isso não pode ser feito de qualquer forma. Por exemplo, mudar qualquer um dos três ossos do ouvido interno dos mamíferos, bigorna, estribo ou martelo, exigirá necessariamente mudanças correspondentes nos outros ossos e em outras partes da orelha também, como a membrana timpânica ou a cóclea. Para suas funções, sistemas biológicos complexos dependem de dezenas ou centenas dessas

Adaptações complexas e a matemática neodarwiniana   225

partes independentes, mas necessárias em conjunto. Conforme o número de componentes necessários aumenta, o número necessário de mudanças coordenadas também aumenta, aumentando rapidamente a dificuldade de manter a integridade funcional do sistema enquanto modifica qualquer uma de suas partes.

E esse era o problema, como Frazzetta o entendeu. Qualquer sistema que dependa para a sua função da ação coordenada de muitas partes, não poderia ser alterado gradualmente sem perder a função. Mas no esquema neodarwiniano das coisas, a seleção natural atua para preservar apenas as vantagens funcionais. Mudanças que resultam em morte ou função reduzida não serão preservadas. Portanto, a complexidade integrada de muitos sistemas biológicos impõe limitações ao processo evolutivo, limitações que os engenheiros humanos não enfrentam quando projetam sistemas integrados complexos. Em 1975, Frazzetta escreveu um clássico intitulado *Complex Adaptations in Evolving Populations* [*Adaptações Complexas em Populações em Evolução*, em tradução livre] explicando essa preocupação. Ele escreveu:

> *Ao modificar o projeto de uma máquina, um engenheiro não está limitado pela necessidade de manter uma continuidade real entre a primeira máquina e a modificação. Mas, na evolução, as transições de um tipo para o outro presumivelmente envolvem uma continuidade maior por meio de um grande número de tipos intermediários. Não apenas o produto final, a máquina final, deve ser viável, mas também todos os intermediários. O problema evolutivo é, em um sentido real, a melhoria gradual de uma máquina enquanto ela está em funcionamento!*[5]

Historicamente, os biólogos evolucionistas tentaram resolver esse problema com uma variação ou mutação vantajosa de cada vez. Começando com o próprio Darwin, eles tentaram explicar como a seleção natural e a variação aleatória poderiam construir sistemas complexos como resultado de uma série de mudanças incrementais, cada uma das quais podendo conferir alguma vantagem selecionável. Darwin empregou essa estratégia para explicar a origem do olho, pedindo a seus leitores que imaginassem uma série de mudanças incrementais e vantajosas em um simples "nervo sensível à luz".[6]

Enquanto Frazzetta pensava sobre o problema de explicar a origem dos sistemas complexos, ele passou a duvidar tanto das descrições darwinianas clássicas quanto das modernas de tais sistemas. Frazzetta reconheceu que foi influenciado em parte pelo ceticismo expresso pelos "excluídos" de Wistar (ver Capítulo 9). Ele admitiu "revelar algumas *personalia* horríveis" ao confessar que foi atraído pelas preocupações sobre o neodarwinismo expressas por Murray Eden e outros céticos de Wistar.[7]

As preocupações de Frazzetta sobre a adequação do mecanismo neodarwiniano, como as de Eden, se voltaram para a crescente valorização da natureza e importância da informação genética. Embora os biólogos da época (como agora) não entendessem totalmente como a informação genética no DNA se correlaciona ou "mapeia" com essas estruturas morfológicas complexas de nível superior, em 1975 eles sabiam que muitas centenas de genes podem estar envolvidos na codificação de uma única estrutura complexa integrada. Assim, alterar a estrutura anatômica da orelha dos mamíferos ou do olho dos vertebrados, por exemplo, envolveria a alteração dos genes que codificam seus constituintes, o que implica que *múltiplas* mutações coordenadas ocorreriam praticamente de forma simultânea, o que é muito implausível.

Como Frazzetta explicou, "a alteração fenotípica de sistemas integrados requer uma improvável coincidência de modificações genéticas (e, portanto, fenotípicas hereditárias) de um tipo extremamente específico".[8] No entanto, a extrema especificidade do ajuste dos componentes e a dependência funcional de todo o sistema em relação a esse ajuste implicam limites para a possível mudança genética. A mudança genética que afete qualquer um dos componentes necessários, a menos que combinada com muitas mudanças genéticas correspondentes e amplamente improváveis, resultará em perda funcional e, muitas vezes, morte. Por esse motivo, como Frazzetta concluiu: "ainda somos deixados com a necessidade inabalável de explicar as mudanças evolutivas em sistemas que têm a característica de integração operacional de coisas que reconhecemos como 'máquinas'".[9] Na época, as dúvidas que ele expressou ganharam pouca força na comunidade da biologia evolutiva, porque os biólogos evolucionistas neodarwinianos presumiram que a mutação e a seleção tinham um poder criativo quase ilimitado, o suficiente para gerar até mesmo sistemas complexos do tipo descrito no livro de Frazzetta.

A expressão matemática da teoria neodarwiniana, representada nas equações de uma subdisciplina da biologia conhecida como genética populacional, parecia confirmar essa convicção. A genética populacional modela como as frequências gênicas mudam como resultado de processos como mutação, deriva genética (mudanças neutras no genoma que a seleção natural não favorece nem elimina) e seleção natural. Partindo do pressuposto de que variações ou características vantajosas surgirão como resultado até mesmo de mutações singulares, os modelos matemáticos da genética populacional descrevem quanta mudança evolutiva pode ocorrer em um determinado período de tempo. Essas estimativas são baseadas, entre outros, em três fatores primários: taxas de mutação, tamanhos populacionais efetivos e o tempo das gerações. Quando os biólogos evolucionistas inserem estimativas para esses fatores nas equações da genética populacional, seus cálculos parecem implicar que os mecanismos evolucionários padrão podem gerar quantidades significativas de mudanças evolutivas em muitos grupos de organismos, até mesmo o suficiente para construir sistemas complexos. Enquanto as mutações geram um suprimento contínuo de novas características, qualquer sistema, por mais complexo que seja, pode ser construído uma característica por vez, característica sobre característica, por meio do poder criativo da seleção natural. Pelo menos, é isso que a história conta.

A confiança nesses modelos matemáticos (e em suas suposições subjacentes) levou muitos neodarwinistas a desconsiderar a necessidade de fornecer relatos detalhados dos caminhos evolutivos específicos pelos quais sistemas complexos podem ter surgido. Por exemplo, em um texto de biologia evolucionária amplamente usado na época em que Frazzetta apresentou esse desafio pela primeira vez, os biólogos evolucionistas Paul Ehrlich e Richard Holm aconselharam:

> Não é necessário entrar em detalhes da evolução da asa do pássaro, do pescoço da girafa, do olho dos vertebrados, da construção do ninho de alguns peixes etc., pois as origens seletivas dessas e de outras estruturas e de padrões de comportamento podem ser assumidas como ter basicamente o mesmo contorno que aqueles, como o melanismo industrial, que já foram discutidos. Mesmo uma ligeira vantagem ou desvantagem em uma mudança genética particular fornece um diferencial suficiente para a operação da seleção natural.[10]

A frase "diferencial suficiente para a operação da seleção natural" refere-se às equações da genética populacional e a um dos fatores (o chamado coeficiente de seleção) que determina a rapidez com que características particulares provavelmente se disseminariam pela população. A mensagem era clara: a matemática conta a história; os detalhes biológicos da origem de sistemas complexos não importam.

O foco neodarwiniano na modelagem matemática ajuda a explicar por que os biólogos evolucionistas convencionais não se preocuparam com o problema da origem de novos genes e proteínas ou com o problema da inflação combinatória, discutido nos Capítulos 9 e 10. Muitos biólogos evolucionistas contemporâneos, como os fundadores da genética populacional, presumiram que já existia algum mecanismo para construir novos genes. Na verdade, eles presumiram que novos traços (e os genes para construí-los) podem surgir como resultado até mesmo de mutações singulares (ou uma série de mutações que conferem uma pequena vantagem incremental selecionável). Assim, a expressão matemática da teoria neodarwiniana parecia certificar mesmo a plausibilidade de mudanças evolutivas em grande escala, novamente, desde que essas mudanças pudessem ocorrer uma mutação de cada vez.

Mas e se houverem sistemas nos organismos vivos que *não podem* ser construídos com uma mutação de cada vez e, em vez disso, devam ser construídos por mudanças coordenadas simultâneas? E se construir apenas um único novo gene ou proteína exigir essas mudanças mutacionais coordenadas? E se genes individuais se revelassem *adaptações complexas*?

228 · A DÚVIDA DE DARWIN

Desafios matemáticos como os que foram apresentados pela primeira vez no Wistar e que as descobertas experimentais de Douglas Axe exacerbaram, inicialmente não abalaram a confiança na adequação das explicações neodarwinistas. Muitos biólogos evolucionistas simplesmente consideraram os desafios matemáticos relacionados ao poder criativo do mecanismo, vindos de cientistas e engenheiros de outras áreas, como costumam vir, como exóticos ou irrelevantes.

Isso começou a mudar. E começou a mudar de uma forma que não só introduziu um novo desafio matemático ao poder criativo do mecanismo neodarwiniano, mas também de uma forma que confirma indiretamente o *insight* chave de Axe sobre a raridade de genes e proteínas. Na última década, desenvolvimentos em genética molecular e genética de populações expuseram uma conexão entre o problema da origem de novos genes e proteínas e a origem de adaptações complexas, uma conexão que Tom Frazzetta foi o primeiro a perceber em 1975. À medida que mais biólogos reconheceram essa conexão, eles também começaram a compartilhar da dúvida de Frazzetta.

GENÉTICA POPULACIONAL E A ORIGEM DA INFORMAÇÃO GENÉTICA

A síntese neodarwiniana foi formulada durante a década de 1930, antes da elucidação da estrutura do DNA. Os biólogos da época ainda não entendiam a natureza, estrutura ou localização precisa da informação genética.[11] Eles não associaram genes a longas cadeias de bases de nucleotídeos ao longo da espinha da molécula de DNA. Eles não pensavam nos genes como longas seções de código digital armazenadas em biomacromoléculas complexas. Em vez disso, depois de Mendel, mas antes de Watson e Crick, os genes foram definidos operacionalmente como aquelas entidades, associadas aos cromossomos, que produziam traços anatômicos visíveis ou selecionáveis específicos, como a cor dos olhos ou o formato do bico.

Os arquitetos do neodarwinismo que trabalharam na década de 1930 reformularam a teoria da evolução para enfatizar a importância das mutações como fonte da variação genética. Portanto, acreditava-se que as mutações, que eles consideram a fonte da variação hereditária, deveriam operar nos genes. Sem conhecer a natureza dos genes, eles também presumiram que *uma mutação singular poderia alterar um gene de modo a produzir uma nova característica.*

As equações da genética populacional são baseadas nessa suposição. A taxa de mutação, portanto, emerge como um fator importante no cálculo da quantidade de mudança evolutiva que pode ocorrer em qualquer população. Se cada mutação individual pode produzir um traço novo e potencialmente selecionável, então a taxa em que essa variação se acumula determina parcialmente quanta mudança pode ocorrer em um determinado momento.

Depois de 1953, os biólogos não concebiam mais o gene como uma entidade abstrata. Watson e Crick mostraram que o gene tinha um lócus e uma estrutura definidos e que os genes individuais contêm centenas ou milhares de bases de nucleotídeos precisamente sequenciadas, cada uma funcionando como um caractere digital em um conjunto de instruções maior. Consequentemente, os biólogos também mudaram sua compreensão das mutações. Os biólogos passaram a entender as mutações como algo semelhante a erros tipográficos em longas cadeias de código digital. Como resultado, muitos cientistas começaram a perceber que mutações individuais provavelmente não produziriam novos traços benéficos. Alguns cientistas perceberam que as mutações eram, em vez disso, muito mais prováveis de *degradar* a informação contida em um gene do que de produzir uma nova função ou traço, e que o acúmulo de mutações acabaria e normalmente resultaria na *perda* de função.

Essa mudança de perspectiva exigia uma explicação de como as mutações poderiam gerar novos genes, uma explicação que foi fornecida no início da década de 1970 com as ideias de duplicação de genes, evolução neutra subsequente e seleção positiva.

Embora a teoria da duplicação de genes não desempenhasse nenhum papel formal na estrutura matemática da genética populacional, ela serviu para sustentar uma suposição crítica de todo o empreendimento. Após a década de 1950, os biólogos evolucionistas não presumiam mais que mutações únicas gerariam necessariamente características totalmente novas. Isso deixou uma suposição crítica da genética populacional essencialmente indefesa. Para muitos biólogos evolucionistas, a teoria da duplicação de genes fechou essa lacuna conceitual. Depois que a teoria foi formulada, muitos biólogos evolucionistas pensaram que um mecanismo havia sido descoberto pelo qual seções do texto genético poderiam acumular múltiplas mudanças sem comprometer a aptidão de um organismo, garantindo assim a produção final de novos genes e um suprimento constante de novos traços.

Assim, quando Frazzetta confrontou a biologia evolucionária com o problema das adaptações complexas em meados da década de 1970, a maioria dos biólogos neodarwinistas respondeu com um bocejo coletivo, se é que o notaram. Afinal, seu desafio não era um desafio. Tão implícita a matemática da genética populacional, *desde que fossem válidas suas suposições sobre a facilidade com que novas mutações poderiam gerar novos traços.*

Mas elas eram válidas? Poderia uma série de mutações separadas gerar os novos genes necessários para construir novas proteínas e novos traços, ou construir genes exigia múltiplas mutações coordenadas?

OS GENES SÃO ADAPTAÇÕES COMPLEXAS?

Classicamente, os biólogos darwinianos presumiram que pequenas mudanças, ocorrendo separadas passo a passo, poderiam produzir todas as estruturas e características biológicas, desde que cada mudança conferisse alguma vantagem de sobrevivência ou reprodução. Em seu capítulo na antologia de 1909, *Darwin and Modern Science* [*Darwin e a Ciência Moderna*, em tradução livre], o geneticista britânico William Bateson descreveu ironicamente como essa suposição generalizada impedia os biólogos evolucionistas de confrontar a dificuldade real de explicar a origem de adaptações complexas:

> *Ao sugerir que as etapas por meio das quais surge um mecanismo adaptativo são indefinidas e insensíveis, todos os problemas futuros são poupados. Embora pudesse ser dito que as espécies surgem por um processo de variação insensível e imperceptível, claramente não havia utilidade em nos cansarmos tentando perceber esse processo. Esse conselho para economizar trabalho foi muito bem recebido.*[12]

Um dos primeiros biólogos evolucionistas proeminentes a considerar a possibilidade de que a construção de novos genes e proteínas possa exigir múltiplas mutações coordenadas foi John Maynard Smith. Maynard Smith trabalhou como engenheiro aeronáutico durante a Segunda Guerra Mundial, mas após a guerra iniciou um estudo formal da biologia evolutiva. Ele acabou ajudando a fundar a Universidade de Sussex, onde também atuou como um notável professor de biologia até meados da década de 1980.[13]

Em 1970, Maynard Smith escreveu um artigo na *Nature* respondendo a um artigo anterior de Frank Salisbury, biólogo da Universidade Estadual de Utah. Salisbury havia levantado questões sobre se as mutações aleatórias poderiam explicar a especificidade do arranjo das bases de nucleotídeos necessária para produzir proteínas funcionais. Após discussões no Wistar, Salisbury passou a se preocupar com a probabilidade de mutações aleatórias gerando arranjos funcionais de bases ou aminoácidos ser proibitivamente baixa. De acordo com os cálculos de Salisbury, "o mecanismo mutacional, conforme imaginado atualmente, pode ficar aquém de centenas de ordens de magnitude de produzir até mesmo um único gene necessário, em apenas quatro bilhões de anos".[14]

Para superar essa improbabilidade, Maynard Smith propôs um modelo de evolução de proteínas. Embora admitindo que a origem das primeiras proteínas permanecesse um mistério, ele sugeriu que uma proteína poderia evoluir para outra como resultado de pequenas mudanças incrementais nas sequências de aminoácidos, desde que cada sequência mantivesse alguma função em cada etapa ao longo do caminho. Maynard Smith comparou a evolução de proteína a proteína com a mudança de uma letra em uma palavra em inglês para gerar uma palavra diferente (enquanto em cada etapa gerava uma palavra significativa diferente). Ele usou este exemplo para transmitir como ele pensava que a evolução da proteína poderia funcionar:

WORD → WORE → GORE → GONE → GENE

(palavra, usava, sangue, ido, gene; palavras que podem ser formadas em inglês alterando apenas uma letra da anterior)

Ele explicou:

As palavras [nesta analogia] representam proteínas; as letras representam aminoácidos; a alteração de uma única letra corresponde ao passo evolutivo mais simples, a substituição de um aminoácido por outro; e o requisito de significado corresponde ao requisito de que cada etapa unitária na evolução deve ser de uma proteína funcional para outra.[15]

Como um autoproclamado "darwinista convicto", Maynard Smith percebeu que a seleção natural e a mutação aleatória só poderiam construir novas estruturas biológicas a partir de estruturas preexistentes *se* cada estrutura intermediária ao longo do caminho conferisse alguma vantagem adaptativa. Ele achava que esse requisito se aplicava tanto à evolução de novos genes e proteínas quanto à evolução de novos traços fenotípicos ou estruturas anatômicas em maior escala.[16]

No entanto, o caractere essencialmente digital ou alfabético da informação genética que direciona a síntese de proteínas apresentava um problema para Maynard Smith. Ele se perguntou como poderia um gene ou proteína evoluir para outro se tal transformação exigisse múltiplas mudanças simultâneas nas bases do texto genético (ou arranjo de aminoácidos)? Se construir novos genes exigisse múltiplas mutações coordenadas, então a probabilidade de gerar um novo gene ou proteína cairia precipitadamente, uma vez que tal transformação exigiria não apenas um evento mutacional improvável, mas dois, três ou mais, ocorrendo mais ou menos ao mesmo tempo. Veja como ele descreveu o problema potencial:

Suponha que uma proteína ABCD [...] existe, e que uma proteína abCD [...] seria favorecida pela seleção se surgisse. Suponha ainda que os intermediários aBCD [...] e AbCD não são funcionais. Essas formas surgiriam por mutação, mas geralmente seriam eliminadas por seleção antes que uma segunda mutação pudesse ocorrer. O passo duplo de abCD para ABCD seria, portanto, muito improvável de ocorrer.[17]

Na visão de Maynard Smith, a improbabilidade associada a mutações coordenadas de "passo duplo" ou múltiplos passos apresentou um problema potencial significativo para a evolução molecular. No final, entretanto, ele concluiu que tais mutações eram tão improváveis que não *devem* ter desempenhado um papel signi-

232 A DÚVIDA DE DARWIN

ficativo na evolução de novas estruturas. Como ele explicou: "Esses passos duplos podem ocorrer ocasionalmente, mas provavelmente são muito raros para serem importantes na evolução."[18]

Por várias décadas, o problema que ele sinalizou caiu na obscuridade. Como o bioquímico H. Allen Orr apontou em 2005 na revista *Nature Reviews Genetics*, "embora o trabalho de Maynard Smith tenha aparecido no início da revolução molecular", suas ideias sobre os problemas enfrentados pela evolução das proteínas "foram quase totalmente ignoradas por duas décadas".[19] Assim, Orr observou que os biólogos evolucionistas pararam de pensar na evolução molecular como uma consequência das mudanças adaptativas no nível dos aminoácidos. Somente na primeira década do século XXI os biólogos enfrentariam o desafio de fazer uma análise *quantitativa* rigorosa da plausibilidade da evolução de proteína em proteína.

ESPERANDO POR ADAPTAÇÕES COMPLEXAS

Em 2004, Michael Behe, um bioquímico da Lehigh University (ver Fig. 12.2), apresentado brevemente no final do Capítulo 9, e o físico David Snoke da Universidade de Pittsburgh publicaram um artigo na revista *Protein Science* que retornou ao problema descrito pela primeira vez por Maynard Smith.[20] Nessa época, Behe havia se estabelecido como um crítico proeminente do neodarwinismo, argumentando que o mecanismo neodarwiniano não fornecia uma explicação adequada para a origem das máquinas moleculares funcionalmente integradas "irredutivelmente complexas". Em seu artigo de 2004, Behe procurou estender sua crítica ao neodarwinismo, avaliando sua adequação como uma explicação para novos genes e proteínas. Ele e Snoke tentaram avaliar a plausibilidade da evolução da proteína no caso de ela realmente exigir múltiplas mutações coordenadas. Eles aplicaram modos neodarwinianos padrão de análise derivados da genética populacional para fazer sua avaliação. Consideraram a plausibilidade do principal modelo neodarwiniano de evolução gênica, no qual os biólogos evolucionistas visualizam novos genes surgindo por duplicação gênica e subsequentes mutações no gene duplicado.

Behe e Snoke avaliaram a plausibilidade desse modelo para organismos multicelulares no caso em que múltiplas (duas ou mais) mutações pontuais devem ocorrer *simultaneamente* para gerar um novo gene ou proteína selecionável. Enquanto Maynard Smith via a necessidade de múltiplas mutações coordenadas como um problema *potencial*, que em última análise não precisava incomodar os biólogos evolucionistas, Behe e Snoke argumentaram que os biólogos evolucionistas *precisam* se preocupar com isso e quantificaram sua gravidade.

Behe e Snoke notaram primeiro que muitas proteínas, como condição de sua função, requerem *combinações* únicas de aminoácidos interagindo de forma coordenada. Por exemplo, sítios de ligação para ligantes em proteínas, lugares onde pequenas moléculas se ligam a grandes proteínas para formar complexos funcionais maiores, normalmente requerem uma combinação de vários aminoácidos. Behe e Snoke argumentaram que, em tais casos, as combinações de aminoácidos teriam que surgir de forma coordenada, uma vez que a capacidade de ligação do ligante depende de todos os aminoácidos necessários estarem presentes juntos. Em apoio a essa inferência, eles citaram um livro didático renomado, *Molecular Evolution* [*Evolução Molecular*, em tradução livre], de Wen-Hsiung Li, biólogo evolucionário da Universidade de Chicago. Nele, Li observa que a evolução da capacidade de ligação do ligante em proteínas como a hemoglobina pode exigir "muitas etapas de mutação",[21] embora os primeiros passos no caminho para a construção de tal capacidade não conferissem nenhuma vantagem seletiva. Como Li explica: "Adquirir uma nova função pode exigir muitas etapas mutacionais, e um ponto que precisa ser enfatizado é que as etapas iniciais podem ter sido seletivamente neutras [não vantajosas] porque a nova função pode não se manifestar até um certo número de etapas ocorrerem."[22]

FIGURA 12.2
Michael Behe. *Cortesia de Laszlo Bencze.*

Behe e Snoke apontam que essa observação implica que uma série de mutações separadas não poderia gerar uma função de ligação para ligante em uma proteína que anteriormente não tinha essa capacidade, uma vez que as alterações individuais de aminoácidos não confeririam inicialmente nenhuma vantagem selecionável na proteína sem essa função. Em vez disso, a evolução da capacidade de ligação do ligante exigiria múltiplas mutações *coordenadas*. Behe e Snoke apresentam

234 A DÚVIDA DE DARWIN

um argumento semelhante sobre os requisitos para a evolução das interações proteína com proteína. Eles observam que para as proteínas interagirem umas com as outras de maneiras específicas, geralmente, pelo menos, alguns aminoácidos individualmente necessários devem estar presentes em combinação em cada proteína, novamente, sugerindo a necessidade de múltiplas mutações coordenadas.

TANTAS MUDANÇAS, TÃO POUCO TEMPO

Behe e Snoke usaram os princípios da genética populacional para avaliar a probabilidade de vários números de mudanças mutacionais coordenadas ocorrerem em um determinado período de tempo. Eles perguntaram: é provável que tenha havido tempo suficiente na história evolutiva para gerar mutações coordenadas? Em caso afirmativo, quantas mutações coordenadas é razoável esperar em um período de tempo, dados os vários tamanhos de população, taxas de mutação e tempo das gerações? Em seguida, para diferentes combinações desses vários fatores, avaliaram quanto tempo normalmente levaria para gerar duas ou três ou mais mutações coordenadas. Eles determinaram que geralmente a probabilidade de múltiplas mutações surgirem em coordenação próxima (funcionalmente relevante) entre si era "proibitivamente" baixa, provavelmente levaria um tempo imensamente longo, normalmente muito mais do que a idade da Terra.

A GENÉTICA POPULACIONAL DA
LOTERIA *POWERBALL* FACILITADA

Antes de continuar, pode ser útil entender um pouco mais sobre como as equações e os princípios da genética populacional podem ser usados para calcular o que os biólogos evolucionistas chamam de "tempos de espera", o tempo que é esperado ser necessário para uma determinada característica surgir através de vários processos evolutivos. Em seu livro *The Edge of Evolution* [*O Limite da Evolução*, em tradução livre], Michael Behe ilustra esses princípios usando uma analogia fascinante com o jogo de loteria *Powerball* que muitos governos estaduais americanos usam para arrecadar dinheiro.

Para ganhar na *Powerball*, os competidores devem comprar bilhetes com seis números que correspondam aos números impressos em seis bolas tiradas de dois tambores. Cinco das bolas são selecionadas de um tambor contendo 59 bolas brancas, numeradas de 1 a 59. Uma sexta bola vermelha, a chamada *Power ball*, é escolhida de um tambor de 35 bolas vermelhas numeradas de 1 a 35. Para ganhar o jackpot, que pode exceder US$100 milhões, um jogador deve comprar um bilhete listando todos os seis números escolhidos em qualquer ordem. O site do *Powerball* lista a probabilidade de acertar todas as seis bolas em cerca de 1 em 175 milhões.

Dependendo de quantos bilhetes foram comprados e da frequência com que os sorteios ocorrem, pode levar muito tempo para alguém ganhar.

Behe pediu a seus leitores que primeiro considerassem quanto tempo levaria, em média, para gerar um bilhete de loteria com os números vencedores. Ele observa que saber a probabilidade de tirar esse bilhete premiado não é suficiente. O cálculo *também* exige saber com que frequência os sorteios ocorrem e quantos bilhetes são vendidos. Behe explica que: "Se as chances de ganhar são de 1 em 100 milhões, e se 1 milhão de pessoas jogar todas as vezes, então levará em média cerca de 100 sorteios para alguém vencer." Se houver cerca de 100 sorteios por ano, com 1 milhão de pessoas jogando por sorteio, "demoraria cerca de um ano até que alguém ganhasse. Mas se houvesse apenas 1 sorteio por ano, em média demoraria um século para alguém ganhar o prêmio".[23] Sorteios mais frequentes resultam em tempos de espera mais curtos. Sorteios menos frequentes tendem a exigir tempos de espera mais longos. Da mesma forma, mais jogadores diminuirão o tempo médio necessário para produzir um vencedor, enquanto menos jogadores resultarão em esperas mais longas.

Princípios matemáticos semelhantes se aplicam ao cálculo dos tempos de espera previsto para a evolução das características biológicas por mutação e seleção. Os biólogos precisam primeiro avaliar a complexidade do sistema, ou seu inverso, a improbabilidade das características ocorrerem. Como no *Powerball*, entretanto, saber a probabilidade de um evento por si só não permite que alguém calcule quanto tempo provavelmente levará para que o evento ocorra. Esse cálculo requer também o conhecimento do tamanho da população (equivalente a quantas pessoas estão jogando *Powerball*) e com que frequência surgem novas sequências genéticas (equivalente à frequência com que os sorteios são realizados).

No *Powerball*, uma nova sequência de números surge em cada sorteio. Mas, quando os organismos se reproduzem, nem sempre geram uma nova sequência de bases de nucleotídeos em seus genes individuais. Por essa razão, para calcular a taxa de surgimento de novas sequências em organismos vivos, é necessário conhecer dois fatores: o tempo de geração e a taxa de mutação. Taxas mais rápidas de mutação e/ou tempos de geração mais curtos aumentarão a taxa de surgimento de novas sequências genéticas, resultando em tempos de espera mais curtos. Taxas mais lentas de mutação e/ou tempos mais longos entre as gerações produzem tempos de espera mais longos. Além disso, como no *Powerball*, o número de "jogadores" é importante. Populações maiores geram novas sequências genéticas com mais frequência do que as menores e, assim, *diminuem* o tempo de espera previsto. Populações menores reduzem a taxa de geração de novas sequências, *aumentando* o tempo de espera.

Agora, segundo as regras do *Powerball*, você pode "ganhar" sem escolher todos os seis números corretamente, você simplesmente não ganhará o prêmio inteiro.[24]

Se você escolher apenas o número da "powerball" vermelha corretamente, ganha US$4. Escolha três bolas brancas corretamente e você ganha US$7. Se você escolher corretamente os números de quatro bolas brancas, ganha US$100. Adivinhe todas as cinco bolas brancas corretamente (mas não a bola vermelha) e você pode ganhar US$1 milhão.

Com cada bola adicional necessária para garantir um novo nível de ganhos, a probabilidade de ganhar diminui exponencialmente, enquanto os valores dos prêmios aumentam dramaticamente. O site do *Powerball* lista a probabilidade de ganhar um prêmio de US$4 em apenas 1 em 55, a probabilidade de ganhar US$1 milhão em cerca de 1 em 5 milhões e a probabilidade de ganhar o jackpot como 1 em 175 milhões (ver Fig. 12.3)[25]

NÚMERO DE BOLAS QUE DEVEM SER ADIVINHADAS CORRETAMENTE	CHANCES DE GANHAR	PRÊMIO
1 (VERMELHA)	1 EM 55,41	US$4
3 (TODAS BRANCAS)	1 EM 360,14	US$7
4 (TODAS BRANCAS)	1 EM 19087,53	US$100
5 (4 BRANCAS, 1 VERMELHA)	1 EM 648975,96	US$10.000
5 (TODAS BRANCAS)	1 EM 5153.632,65	US$1.000.000
6 (5 BRANCAS, 1 VERMELHA)	1 EM 175223510,00	JACKPOT

FIGURA 12.3

Um gráfico que mostra a probabilidade de ganhar e os pagamentos correspondentes para diferentes combinações de bolas no jogo da loteria *Powerball*.

Os neodarwinistas há muito presumem que a evolução biológica funciona de maneira semelhante à combinação de números no *Powerball*. Em sua opinião, a seleção natural age para recompensar ou preservar mudanças pequenas, mas *relativamente* prováveis nas sequências de genes, como ganhar o pequeno, mas mais provável, prêmio de US$4 no Powerball repetidamente. Eles assumem que o mecanismo de mutação e seleção não depende de ganhar "prêmios" extremamente improváveis (como todo jackpot da Powerball) de uma só vez.

Mas e se, para produzir uma vantagem funcional no nível genético, o mecanismo de mutação e seleção tivesse que gerar o equivalente biológico de todas as seis (ou mais) bolas corretas na loteria *Powerball*, sem recompensa por adivinhar um número menor de bolas corretamente primeiro? Claramente, a probabilidade disso seria extremamente pequena. E o *tempo de espera* para ganhar essa loteria pode se tornar proibitivamente longo.

Adaptações complexas e a matemática neodarwiniana 237

DE VOLTA À BIOLOGIA

Isso nos traz de volta à conclusão de Behe e Snoke. Em seu artigo de 2004, eles argumentaram que a geração de uma única nova proteína frequentemente exigirá muitas mutações improváveis ocorrendo ao mesmo tempo. Eles levaram em consideração a improbabilidade de múltiplas mutações funcionalmente necessárias aparecendo juntas, o equivalente a precisar obter um bilhete do *Powerball* combinando vários números para ganhar algum dinheiro. Em seguida, eles procuraram determinar quanto tempo levaria e/ou quão grande o tamanho da população precisaria ser para gerar um novo gene por meio de várias mudanças mutacionais coordenadas, o equivalente genético ao "cenário do jackpot".

Behe e Snoke descobriram que, *se* a geração de um novo gene exigisse múltiplas mutações coordenadas, o tempo de espera aumentaria exponencialmente com cada mudança mutacional necessária. Eles também avaliaram como o tamanho da população afetava quanto tempo levaria para gerar novos genes, *se* múltiplas mutações coordenadas fossem necessárias para produzir esses genes. Eles descobriram, não surpreendentemente, que, assim como populações maiores diminuem os tempos de espera esperados, populações menores os aumentam dramaticamente.

Mais importante, eles descobriram que mesmo se a construção de um novo gene exigisse apenas duas mutações coordenadas, o mecanismo neodarwiniano provavelmente exigiria populações enormes ou tempos de espera extremamente longos, ou ambos. Se mutações coordenadas fossem necessárias, então a evolução no nível genético enfrentaria um Ardil-22: para o mecanismo neodarwiniano padrão gerar apenas duas mutações coordenadas, ele normalmente precisava de tempos de espera excessivamente longos, tempos que excediam a duração da vida na Terra, ou precisava de tamanhos populacionais excessivamente grandes, populações que excediam o número de organismos multicelulares que já existiram. Para obter tamanhos de população razoáveis, precisavam ter tempos de espera exorbitantes. Para obter tempos de espera razoáveis, precisavam ter tamanhos de população exorbitantes. Como eles colocaram, de qualquer forma, os "números parecem proibitivos".[26]

Behe e Snoke descobriram que mutação e seleção poderiam gerar duas mutações coordenadas em apenas 1 milhão de gerações, um período de tempo razoável considerando a idade da Terra. Mas isso ocorreu apenas em uma população de 1 trilhão ou mais de organismos multicelulares, um *número que excede o tamanho das populações reprodutoras efetivas de praticamente todas as espécies animais individuais que viveram em qualquer época.*[27] Por outro lado, descobriram que a mutação e a seleção poderiam gerar duas mutações coordenadas em uma população de apenas 1 milhão de organismos, mas somente se o mecanismo tivesse 10 bilhões de gerações à sua disposição. Ainda assim, supondo que cada organismo multicelular viveu apenas um ano, 10 bilhões de gerações computam para 10 bilhões de anos, mais do que o dobro da idade da Terra. Esse é claramente um período de tempo irracional a esperar pelo surgimento de um único gene, quem dirá por inovações evolutivas mais significativas.

Behe e Snoke encontraram, no entanto, um pequeno "ponto ideal" no qual um gene que requeria apenas duas mutações coordenadas poderia surgir (ver Fig. 12.4). Tal gene poderia surgir de 1 bilhão de organismos em "meros" 100 milhões de gerações. Como muitos mais de 1 bilhão de organismos multicelulares viveram na Terra durante sua história e como a vida multicelular na Terra existe há mais de 500 milhões de anos, esses números oferecem (assumindo, novamente, um ano por geração) a perspectiva de tempo e organismos suficientes para gerar um novo gene, se apenas duas mutações coordenadas forem necessárias. (Claro, se a população que evolui com uma característica de duas mutações tinha menos de 1 bilhão de organismos, então os tempos de espera aumentaram novamente para extensões exorbitantes.)

FIGURA 12.4
Este diagrama mostra os tamanhos e tempos da população (medidos em número de gerações) necessários para produzir um gene ou característica se a construção desse gene ou característica exigir múltiplas mutações coordenadas. A área cinza sombreada mostra o "ponto ideal", tamanhos de população e tempo disponível suficiente para gerar as mutações coordenadas necessárias para produzir um novo gene. Observe que qualquer característica de múltiplas mutações exigindo mais de duas mutações não poderia, com toda probabilidade, evoluir por duplicação de genes e subsequente mutação coordenada em uma população de organismos multicelulares, por maior que seja. Observe também que para a maioria dos tamanhos populacionais normais e tempos de geração

Adaptações complexas e a matemática neodarwiniana 239

razoáveis, mesmo a evolução de duas mutações está além do alcance da duplicação, mutação e seleção de genes. *Cortesia de John Wiley and Sons e The Protein Society.*

No entanto, esses números só se aplicam ao caso em que apenas duas mutações coordenadas são necessárias para construir um novo gene. Behe e Snoke descobriram que *se* a geração de um novo gene ou característica funcional exigisse mais de duas mutações coordenadas, então tempos de espera excessivamente longos seriam necessários, independentemente do tamanho da população. Se três ou mais mutações coordenadas fossem necessárias, seus cálculos não geravam nenhum "ponto ideal". Assim, concluíram que "o mecanismo de duplicação de genes e mutação pontual por si só seria ineficaz, pelo menos, para espécies multicelulares".[28] Em suma, Behe e Snoke aplicaram os princípios derivados da genética populacional para avaliar o poder criativo do modelo neodarwiniano padrão de evolução genética. Eles mostraram que o modelo padrão encontra limites probabilísticos claros *se* as estruturas que ele precisa construir exigirem mais de duas mutações coordenadas em organismos eucarióticos multicelulares.

O LIMITE DA EVOLUÇÃO E SEUS CRÍTICOS

Behe e Snoke são críticos bem conhecidos do poder criativo do mecanismo neodarwiniano, de modo que sua conclusão pode parecer suspeita para alguns observadores. No entanto, biólogos evolucionistas que tentam defender o poder criativo do mecanismo neodarwiniano acidentalmente confirmaram as conclusões de Behe e Snoke.

Duas publicações científicas recentes contam essa história. Primeiro, em 2007, Michael Behe publicou o livro *The Edge of Evolution*, ampliando os resultados de seu artigo de 2004 com David Snoke. Usando dados de saúde pública sobre uma característica genética, resistência a cloroquina, droga antimalárica, no organismo unicelular que causa a malária, Behe forneceu outra linha de evidência e argumento para apoiar a conclusão de que múltiplas mutações coordenadas *são* frequentemente necessárias para produzir até mesmo pequenas adaptações genéticas.

Com base em dados de saúde pública, Behe determinou que a resistência à cloroquina surge apenas uma vez em cada 10^{20} células causadoras da malária. Behe inferiu, trabalhando o problema de trás para a frente, que a característica provavelmente exigia múltiplas mutações, embora não necessariamente coordenadas, para se desenvolver. Ele chamou esse traço de "aglomerado de complexidade da cloroquina" ou "CCC".[29] Behe queria explorar o que chamou de "limite da evolução", os limites do poder criativo de mutação e seleção no nível genético. Tendo estabelecido que essa característica poderia surgir por mutação aleatória em um

240   A DÚVIDA DE DARWIN

período de tempo razoavelmente curto, ele se perguntou quanto tempo seria necessário para produzir características de maior complexidade em populações de vários tamanhos.

Pediu a seus leitores que considerassem um traço genético hipotético duas vezes mais complexo que um aglomerado CCC, um recurso que requer a origem de dois traços *coordenados*, cada um tão complexo quanto um CCC. Em outras palavras, Behe se perguntou quanto tempo levaria para desenvolver um traço hipotético que exigisse duas mudanças genéticas tão complexas quanto um aglomerado de complexidade de cloroquina, *se* ambas as mudanças tivessem que ocorrer juntas no mesmo organismo, de forma coordenada, a fim de gerar o traço. Ele então mostrou, usando os princípios da genética populacional, que os traços de mutação dessa complexidade, o equivalente molecular de dois CCCs coordenados, exigiriam muito mais organismos ou muito mais tempo do que o razoável, dada a história da vida. Lembre-se da loteria *Powerball*: os tempos de espera aumentam *exponencialmente* com cada mudança coordenada adicional ou elemento vencedor necessário. Behe mostrou, por exemplo, que se 10^{20} organismos fossem necessários para obter um CCC, então o quadrado dessa quantidade, 10^{40} organismos, seria necessário para desenvolver uma característica que exigisse dois CCCs *coordenados* antes de fornecer qualquer vantagem.[30] Mas, como vimos no Capítulo 10, apenas um total de 10^{40} organismos já existiram na Terra, o que implica que toda a história da Terra dificilmente forneceria oportunidades suficientes para gerar uma característica dessa complexidade.[31]

Da mesma forma, Behe raciocinou que, para organismos com tamanhos populacionais menores, o desenvolvimento de uma característica com o dobro da complexidade de um CCC exigiria tempos de espera imensamente longos. Ele também determinou que tempos de espera excessivamente longos são normalmente necessários para gerar adaptações genéticas ainda menos complexas em populações menores.

Behe mostrou que o problema das mutações coordenadas era particularmente agudo para organismos de vida mais longa com tamanhos populacionais pequenos, organismos como mamíferos ou, mais especificamente, seres humanos e seus supostos ancestrais pré-humanos. Behe estimou, com base nas taxas de mutação relevantes, tamanhos conhecidos da população humana e tempos de geração, o tempo necessário para que duas mutações coordenadas ocorressem na linhagem hominídea. Ele calculou que mesmo a produção de uma mudança evolutiva tão modesta exigiria muitas centenas de milhões de anos. Ainda assim, acredita-se que humanos e chimpanzés tenham divergido de um ancestral comum há apenas 6 milhões de anos. O cálculo de Behe implicava que o mecanismo neodarwiniano não tem a capacidade de gerar nem mesmo duas mutações coordenadas no tempo disponível para a evolução humana, e, portanto, não explica como os humanos surgiram.

Aqui a história fica realmente interessante. Logo após a publicação de *The Edge of Evolution*, dois biólogos matemáticos da Universidade Cornell, Rick Durrett e Deena Schmidt, ambos defensores do neodarwinismo, tentaram refutar a conclusão de Behe fazendo seus próprios cálculos. Seu artigo, "Esperando por duas mutações: com aplicações para a evolução da sequência regulatória e os limites da evolução darwiniana", também aplicou um modelo baseado na genética da população para calcular a quantidade de tempo necessária para gerar duas mutações coordenadas na linhagem hominídea. Embora tenham calculado um tempo de espera mais curto do que Behe, seu resultado ressaltou a implausibilidade de confiar no mecanismo neodarwiniano para gerar mutações coordenadas durante a escala de tempo evolutiva relevante. Seu cálculo sugeriu que não levaria várias centenas de milhões de anos, mas "apenas" 216 milhões de anos para gerar e corrigir duas mutações coordenadas na linhagem hominídea, mais de 30 vezes a quantidade de tempo disponível para produzir humanos e chimpanzés e todas as suas adaptações e diferenças complexas desde seu ancestral comum inferido.

Ao tentar refutar Behe, Durrett e Schmidt acidentalmente confirmaram sua tese principal. Como eles reconheceram, seu cálculo implica que a geração de duas ou mais mutações coordenadas é "muito improvável de ocorrer em uma escala de tempo razoável".[32] Em suma, cálculos realizados por críticos *e defensores* da evolução neodarwiniana agora reforçam a mesma conclusão: *se* mutações coordenadas são necessárias para gerar novos genes e proteínas, então a própria matemática neodarwiniana, expressa nos princípios da genética populacional, estabelece a implausibilidade do mecanismo neodarwiniano.

TESTANDO A OPÇÃO DE COOPTAÇÃO

Mas a geração de novos genes e proteínas *requer* mutações coordenadas? Behe e Snoke *inferiram* isso com base em um fato indiscutível da biologia molecular: muitas proteínas dependem de conjuntos de aminoácidos que atuam em estreita coordenação para desempenhar suas funções. Além disso, em *The Edge of Evolution*, Behe argumentou em bases funcionais que muitos sistemas biológicos complexos *exigiriam* mutações adaptativas coordenadas, uma vez que, nesses sistemas, a ausência de até mesmo um ou alguns produtos gênicos (proteínas ou características) fará com que percam a função. Behe mostrou especificamente que várias máquinas moleculares dentro das células (como o cílio e o sistema de transporte intraflagelar, e o motor flagelar bacteriano[33]) requerem a interação coordenada de várias partes de proteínas para manter sua função. No entanto, ao fazer esse argumento, Behe não abordou uma ideia alternativa sobre o caminho pelo qual novos genes e proteínas poderiam ter evoluído e, portanto, não estabeleceu conclusivamente que novos genes e proteínas em si representam adaptações complexas.

Alguns neodarwinistas propuseram um modelo de evolução de proteínas conhecido como "cooptação". Nesse modelo, uma proteína que desempenha uma função é transformada ou "cooptada" para desempenhar alguma outra função. Esse modelo prevê novos recursos que requerem múltiplas "mutações" que surgem passo a passo para produzir alguma proteína, chame-a de "Proteína B", a partir de alguma outra proteína que não tinha esses recursos, chame-a de "Proteína A". Ao propor uma série de mutações separadas, os defensores da cooptação reconhecem que as mudanças de aminoácidos individuais iniciais, os primeiros passos na evolução, da Proteína A, a proteína sem a característica de vários locais, não permitiria a Proteína A desempenhar a função da proteína B. No entanto, eles propõem que essas mudanças iniciais podem ter permitido à Proteína A realizar alguma *outra* função vantajosa, tornando-a selecionável e evitando que a evolução da proteína termine devido à diminuição ou perda de sua função inicial. Por fim, à medida que as mutações continuassem a gerar novas proteínas com funções ligeiramente diferentes, elas teriam gerado uma proteína próxima o suficiente na sequência e estrutura que apenas uma ou muito poucas mudanças adicionais seriam suficientes para convertê-la em Proteína B.

Ciente desses cenários imaginativos, Douglas Axe e sua colega, a bióloga molecular Ann Gauger (ver Fig. 12.5), agora trabalhando juntos no Biologic Institute em Seattle, decidiram submetê-los a um engenhoso teste experimental.[34] Ao fazê-lo, procuraram determinar se a evolução de novos recursos multissítios de fato normalmente requer múltiplas mutações *coordenadas* ou, em vez disso, se tal recurso poderia surgir por cooptação.

FIGURA 12.5
Ann Gauger. *Cortesia de Laszlo Bencze.*

Axe e Gauger vasculharam bancos de dados de proteínas em busca de proteínas que sejam tão semelhantes quanto possível em sequência e estrutura, mas que, no entanto, desempenhem funções diferentes. Eles identificaram duas proteínas que atendem a esses critérios. Uma dessas proteínas (Kbl_2) é necessária para quebrar um aminoácido chamado treonina, e a outra ($BioF_2$) é necessária para construir uma vitamina chamada biotina. (Ver Fig. 12.6.)

Gauger e Axe perceberam que se eles pudessem transformar Kbl_2 em uma proteína desempenhando a função da $BioF_2$ com apenas uma ou pouquíssimas mudanças de aminoácidos coordenados, então isso poderia demonstrar (dependendo de quão poucas) que as duas proteínas estavam próximas o suficiente na sequência para que uma conversão em função do tipo imaginado pelos defensores da cooptação seja plausível no tempo evolutivo. Além do mais, porque eles sabiam da dificuldade que os cientistas tiveram em mostrar que qualquer mudança real na função da proteína era viável, um resultado positivo sugeriria que eles haviam finalmente descoberto uma lacuna funcional que uma ou poucas mutações poderiam plausivelmente saltar, como a cooptação previu.

Se, entretanto, eles descobrissem que *muitas* mudanças mutacionais coordenadas eram necessárias, isso poderia estabelecer, dependendo de *quantas* fossem necessárias, que o mecanismo darwiniano não poderia realizar o salto funcional de A para B em um tempo razoável. Isso implicaria que um grau ainda maior de similaridade estrutural entre as proteínas seria necessário para que a hipótese de cooptação fosse plausível. Tendo examinado cuidadosamente as similaridades estruturais entre os membros de uma grande classe de enzimas estruturalmente semelhantes, eles sabiam que Kbl_2 e $BioF_2$ eram tão próximas em sequência e estrutura quanto quaisquer duas proteínas conhecidas que desempenhavam funções diferentes. Assim, se descobrissem que converter uma função de proteína na outra requeria muitas mutações coordenadas, mais do que se poderia esperar que ocorresse em um tempo razoável, então o resultado de seu experimento teria implicações devastadoras para as considerações padrão da evolução de proteínas. Se as proteínas que desempenham duas funções diferentes tiverem que ser ainda mais semelhantes do que Kbl_2 e $BioF_2$ para que as mudanças mutacionais convertam a função de uma na outra, então, para todos os fins práticos, a cooptação não funcionaria. Simplesmente não há muitos saltos conhecidos tão pequenos.

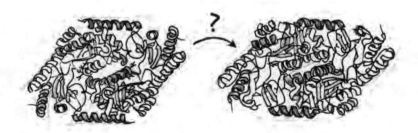

FIGURA 12.6

As proteínas Kbl_2 (esquerda) e $BioF_2$ (direita) são enzimas que usam mecanismos catalíticos semelhantes para acelerar diferentes reações químicas na bactéria *E. coli*. *Cortesia de Ann Gauger e Douglas Axe*.

Axe e Gauger identificaram primeiro os sítios de aminoácidos que eram mais prováveis, se sofressem mutações, de causar uma mudança da função Kbl_2 para a função $BioF_2$. Em seguida, mudaram sistematicamente esses locais individualmente e em grupos envolvendo várias combinações de aminoácidos. Seus resultados foram claros. Eles descobriram que não podiam induzir, com um aminoácido ou um pequeno número deles, a mudança na função que buscavam. Na verdade, descobriram que não poderiam fazer com que Kbl_2 desempenhasse a função de $BioF_2$, mesmo se realizassem a mutação em um grande número de aminoácidos em conjunto, isto é, mesmo que fizessem muito mais mutações coordenadas do que poderia plausivelmente ocorrer por acaso em toda a história evolutiva.

Embora suas tentativas de converter a Kbl_2 para desempenhar a função da $BioF_2$ tenham falhado, seu experimento não. Ele permitiu estabelecer experimentalmente pela primeira vez que a hipótese de cooptação da evolução da proteína carece de credibilidade, muitas mutações coordenadas seriam necessárias para converter uma função de proteína em outra, mesmo no caso de proteínas extremamente semelhantes. Isso implicou que a geração de novos genes e proteínas exigiria múltiplas mutações coordenadas e, portanto, os tempos de espera que Behe e Snoke haviam calculado *apresentam* um problema para a teoria neodarwiniana.

O trabalho experimental também permitiu que Axe calculasse os tempos de espera estimados para vários números de mutações coordenadas de acordo com diferentes variáveis e fatores. Axe desenvolveu um modelo matemático de genética populacional refinado para calcular vários tempos de espera. Seus resultados confirmaram grosseiramente os cálculos anteriores de Behe e Snoke. Ele descobriu, por exemplo, que se levasse em consideração o provável custo de adequação a um organismo de carregar duplicatas de genes desnecessários (como era necessário para dar à evolução de um novo gene uma chance razoável), que o tempo de espera provável para até três mutações coordenadas excederam a duração da vida na Terra.

Ele, portanto, efetivamente determinou um *limite máximo* de dois para o número de mutações coordenadas que poderiam ocorrer em um gene duplicado durante a história da vida na Terra (levando em consideração os efeitos negativos de carregar duplicatas de genes no processo evolutivo). Também calculou seis mutações coordenadas como um limite máximo, negligenciando o custo de adequação de carregar duplicatas de genes. No entanto, em seus experimentos, ele e Gauger não conseguiram induzir uma mudança funcional em um único gene com *mais* de seis mutações coordenadas. Portanto, mesmo esse limite superior mais generoso, ressaltando irrealisticamente, pouco contribui para tornar crível a hipótese da cooptação. De fato, os experimentos de Axe e Gauger mostraram que o menor passo realisticamente concebível excedia o que era plausível, dado o tempo disponível

Adaptações complexas e a matemática neodarwiniana 245

para o processo evolutivo. Em suas palavras: "Inovações evolutivas que exigem tantas mudanças [...] seriam extraordinariamente raras, tornando-se prováveis apenas em escalas de tempo muito mais longas do que a idade da vida na Terra."

O QUE TUDO ISSO SIGNIFICA

Ao mostrar a implausibilidade do modelo de cooptação da evolução da proteína e a necessidade de múltiplas mutações coordenadas a fim de gerar recursos multissítios em proteínas, Axe e Gauger confirmaram que os *próprios* genes e proteínas representam adaptações complexas, entidades que dependem das interações coordenadas de múltiplas subunidades que devem surgir como um grupo para conferir qualquer vantagem funcional.

A necessidade de mutações coordenadas significa que os biólogos evolucionistas não podem simplesmente presumir que as mutações gerarão prontamente novos genes e características, como os neodarwinistas há muito pressupõem. Na verdade, ao aplicar modelos matemáticos baseados nos princípios padrão da genética populacional às questões da origem dos próprios genes, Behe e Snoke, Durrett e Schmidt (acidentalmente), Axe e Gauger, e outros biólogos[35] mostraram recentemente que a geração do número de múltiplas mutações coordenadas necessárias para produzir até mesmo um novo gene ou proteína é improvável de ocorrer dentro de um tempo de espera realista. Assim, esses biólogos estabelecem a implausibilidade do mecanismo neodarwiniano como meio de geração de novas informações genéticas.

Existe um outro aspecto disso. Os trabalhos publicados entre 2004 e 2011 também fornecem confirmação adicional da pesquisa de Axe mostrando a raridade de genes e proteínas no espaço de sequência. Na verdade, essa pesquisa ajuda a explicar *por que* tempos de espera tão longos são necessários. Se as sequências funcionais são raras no espaço de sequência, é lógico que encontrá-las por meios puramente aleatórios e não direcionados levará muito tempo. Além disso, os tempos de espera aumentam exponencialmente com cada mutação adicional necessária. Assim, longos tempos de espera para a produção de novos genes e proteínas funcionais é exatamente o que deveríamos esperar se, de fato, genes e proteínas funcionais forem raros e se mutações coordenadas forem necessárias para produzi-los. Assim, os vários experimentos e cálculos realizados entre 2004 e 2011 confirmam indiretamente a conclusão anterior de Axe sobre a raridade de genes e proteínas funcionais e fornecem mais evidências de que o mecanismo neodarwiniano não pode gerar as informações necessárias para construir novos genes, muito menos uma nova forma de vida animal, no tempo disponível para o processo evolutivo.

A MATEMÁTICA E O MECANISMO

Há uma ironia conclusiva em tudo isso. Os pesquisadores que calculam os tempos de espera para o surgimento de adaptações complexas, em cada caso, o fizeram usando modelos baseados nos princípios fundamentais da genética populacional, a expressão matemática da teoria neodarwiniana. Portanto, na verdade, a própria matemática neodarwiniana está mostrando que o mecanismo neodarwiniano não pode construir adaptações complexas, incluindo os novos genes e proteínas ricos em informações que teriam sido necessários para construir os animais Cambrianos. Para adaptar uma metáfora que Tom Frazzetta possa apreciar, a cobra comeu sua própria cauda.

13

A ORIGEM DOS PLANOS CORPORAIS

Raramente, as implicações de uma descoberta científica vencedora do Prêmio Nobel receberam tão pouca atenção. Claro, a própria descoberta recebeu grande aclamação. Mas com o seu significado mais profundo não foi bem assim.

A partir do outono de 1979, no Laboratório Europeu de Biologia Molecular em Heidelberg, dois jovens geneticistas aventureiros, Christiane Nüsslein-Volhard e Eric Wieschaus (ver Fig. 13.1), geraram milhares de mutações para investigar os genomas de dezenas de milhares de moscas-das-frutas (espécie: *Drosophila melanogaster*). Eles esperavam que o estudo revelasse os segredos do desenvolvimento embriológico. No jargão técnico, Nüsslein-Volhard e Wieschaus realizaram experimentos de "mutagênese de saturação". Depois de alimentar as moscas machos com um potente produto químico causador de mutações (isto é, mutagênico) o etilmetanossulfonato (EMS), Nüsslein-Volhard e Wieschaus cruzaram os machos com fêmeas virgens. Eles então examinaram as larvas da prole em busca de defeitos visíveis.

Ao gerar muitos milhares de mutantes, "saturando" assim o genoma da *Drosophila*, Nüsslein-Volhard e Wieschaus induziram variações no pequeno subconjunto de genes que regulam especificamente o desenvolvimento embrionário. Esses genes reguladores normalmente controlam a expressão de muitos outros genes que constroem o embrião da mosca, subdividindo-o progressivamente em regiões que se tornarão cabeça, tórax e abdômen da mosca adulta. O mutagênico EMS afeta a replicação do DNA, causando mutações nos genes. Essas mutações afetam o processo de desenvolvimento, deixando defeitos vi-

248 A DÚVIDA DE DARWIN

síveis nas larvas da mosca. Ao observar as larvas danificadas, Wieschaus e Nüsslein-Volhard inferiram como genes específicos regulam o desenvolvimento de diferentes partes do plano corporal da mosca. Em essência, Wieschaus e Nüsslein-Volhard fizeram a engenharia reversa do genoma da mosca para determinar a função dos diferentes genes, incluindo os genes reguladores cruciais para o desenvolvimento da mosca.[1]

O rigor e a novidade das "amostragens de Heidelberg" (como os experimentos passaram a ser conhecidos) e sua importância para revelar os mecanismos de controle regulatório durante a embriogênese animal chamaram a atenção do comitê do Nobel. Em 1995, o comitê concedeu o Prêmio Nobel de Medicina ou Fisiologia a Nüsslein-Volhard e Wieschaus. "Este trabalho foi revolucionário, porque foi a primeira mutagênese em qualquer organismo multicelular que tentou encontrar a maioria ou todas as mutações que afetam [...] os genes de padronização essenciais que são usados ao longo do desenvolvimento", explicou o geneticista Daniel St. Johnston da Universidade de Cambridge.[2]

Essa é a história como geralmente é contada. E está correta, até onde vai. Mas as moscas-das-frutas mutantes obtidas por Nüsslein-Volhard e Wieschaus contam outra história, uma menos conhecida, mas que contém pistas importantes para o mistério não resolvido da origem dos planos corporais dos animais.

O próprio Wieschaus aludiu a essas pistas em uma interação memorável na reunião de 1982 da American Association for the Advancement of Science (AAAS). Depois de uma sessão sobre os processos de macroevolução em que Wieschaus apresentou um artigo, um membro da audiência perguntou-lhe o que ele queria dizer com o termo "forte" quando o usava para descrever as mutações que ele e Nüsslein-Volhard haviam induzido em moscas. Wieschaus explicou com uma risada que "forte" certamente não significava *vivo*. Sem exceção, os mutantes que ele estudou morreram como larvas deformadas muito antes de atingirem a idade reprodutiva. "Não, morto *é* morto", brincou ele, "e você não pode estar mais morto."[3]

Outro questionador perguntou a Wieschaus sobre as implicações de suas descobertas para a teoria da evolução. Aqui Wieschaus respondeu com mais sobriedade, perguntando-se em voz alta se sua coleção de mutantes oferecia alguma compreensão de como o processo evolutivo poderia ter construído novos planos corporais. "O problema é que achamos que atingimos todos os genes necessários para especificar o plano corporal da *Drosophila*, e, ainda assim, esses resultados obviamente não são promissores como matéria-prima para a macroevolução. A próxima pergunta então, eu acho, é quais *são*, ou quais *seriam*, as mutações certas para uma grande mudança evolutiva? E não sabemos a resposta para isso."[4]

Trinta anos depois, os biólogos do desenvolvimento e da evolução ainda não sabem a resposta para essa pergunta. Ao mesmo tempo, experimentos de mutagênese, em moscas-das-frutas, bem como em outros organismos, como nematoides (lombrigas), camundongos, sapos e ouriços-do-mar, levantaram questões preocupantes sobre o papel das mutações na origem dos planos corporais dos animais. Se a mutação dos genes que regulam a construção do plano corporal destrói as formas animais à medida que se desenvolvem a partir de um estado embrionário, então como as mutações e a seleção constroem os planos corporais dos animais em primeiro lugar?

O mecanismo neodarwiniano falhou em explicar a geração de novos genes e proteínas necessários para a construção das novas formas animais que surgiram na explosão Cambriana. Mas mesmo que a mutação e a seleção pudessem gerar genes e proteínas fundamentalmente novos, um problema mais assombroso permanece. Para construir um novo animal e estabelecer seu plano corporal, as proteínas precisam ser organizadas em estruturas de nível superior. Em outras palavras, uma vez que surgem novas proteínas, algo deve organizá-las para desempenhar seus papéis em tipos distintos de células. Esses tipos distintos de células devem, por sua vez, ser organizados para formar tecidos, órgãos e planos corporais distintos. Esse processo de organização ocorre durante o desenvolvimento embriológico. Assim, para explicar como os animais são realmente construídos a partir de componentes proteicos menores, os cientistas devem compreender o processo de desenvolvimento embriológico.

FIGURA 13.1

Figura 13.1a (esquerda): Christiane Nüsslein-Volhard. *Cortesia do Wikimedia Commons, usuário Rama. Figura 13.1b (direita):* Eric F. Wieschaus.

O PAPEL DOS GENES E PROTEÍNAS
NO DESENVOLVIMENTO ANIMAL

Tanto quanto qualquer outra especialidade da biologia, a biologia do desenvolvimento levantou questões inquietantes para o neodarwinismo. A biologia do desenvolvimento descreve os processos, chamados de *ontogenia*, pelos quais os embriões se desenvolvem em organismos maduros. Nas últimas três décadas, o campo avançou dramaticamente em nossa compreensão de como os planos corporais surgem durante a ontogenia. Muito desse novo conhecimento veio do estudo dos chamados sistemas modelo, organismos nos quais os biólogos podem facilmente realizar mutações em laboratório, como a mosca-das-frutas *Drosophila* e o nematoide *Caenorhabditis elegans.*

Embora os detalhes exatos do desenvolvimento animal possam variar de maneiras desconcertantes, dependendo da espécie, todo desenvolvimento animal exemplifica um imperativo comum: começar com uma célula e terminar com muitas células diferentes. Na maioria das espécies animais, o desenvolvimento começa com o óvulo fertilizado. Uma vez que o óvulo se divide em células-filhas, tornando-se um embrião, o organismo começa a se dirigir a um alvo bem definido, a saber, uma forma adulta que pode se reproduzir. Chegar a esse alvo distante exige que o embrião produza muitos tipos de células especializadas, nas posições corretas e no momento certo.

A diferenciação celular envolve a coordenação da expressão de genes específicos no espaço e no tempo, à medida que o número de células, assumindo seus diferentes papéis, aumenta de um para dois, para quatro, para oito, dobrando e dobrando até atingir milhares, milhões e até trilhões, dependendo da espécie. O número de divisões celulares e o total de células refletem o número de diferentes tipos de células de que o adulto necessita. Isso, por sua vez, requer a produção de proteínas diferentes para diferentes tipos de células.

Por exemplo, as proteínas digestivas especializadas que atendem às células que revestem o intestino adulto diferem das proteínas expressas em um neurônio localizado no trato nervoso de um membro. Eles devem ser diferentes porque cada um desempenha funções drasticamente diferentes. Portanto, durante o desenvolvimento, os genes apropriados devem ser ativados, ou "regulados para cima" e desligados ou "regulados para baixo", para garantir a produção dos produtos de proteína corretos no momento certo e nos tipos de células certos.

Proteínas específicas desempenham papéis ativos na regulação da expressão de genes para a construção de outras proteínas. Os agentes proteicos que desempenham esses papéis coordenadores são conhecidos como reguladores da transcrição (TRs) ou fatores de transcrição (TFs). Os TRs (ou TFs) geralmente se ligam diretamente a locais específicos no DNA, tanto prevenindo (reprimindo) ou permitindo (ativando) a transcrição de genes específicos em RNA. TRs ou TFs transmitem instruções sobre quais genes ativar ou desativar. Suas geometrias tridimensionais exibem características de ligação ao DNA características, incluindo um domínio específico de 61 aminoácidos que envolve a dupla hélice do DNA. Outros fatores de transcrição incluem o dedo de zinco e os motivos do zíper de leucina que também se ligam ao DNA. Os reguladores e fatores transcricionais são controlados por circuitos e sinais complexos transmitidos por outros genes e proteínas, cuja complexidade e precisão gerais são de tirar o fôlego.

Uma pesquisa genética meticulosa, realizada por Nüsslein-Volhard e Wieschaus e muitos outros biólogos do desenvolvimento[5], revelou muitos dos principais genes reguladores embrionários que ajudam a transformar as células em seus tipos adultos diferenciados. Essa pesquisa também revelou uma profunda dificuldade que vai ao cerne da visão neodarwiniana da vida.

MUTAÇÕES PRECOCES NO PLANO CORPORAL E LETAIS PARA OS EMBRIÕES

Criar mudanças significativas nas formas dos animais requer atenção ao tempo certo. Mutações em genes expressos tardiamente no desenvolvimento de um animal afetarão relativamente poucas células e características arquitetônicas. Isso porque, no final do desenvolvimento, os contornos básicos do plano corporal já foram estabelecidos.[6] Mutações de ação tardia, portanto, não podem causar quaisquer mudanças significativas ou hereditárias na forma ou no plano corporal de todo o animal. Mutações que são expressas no início do desenvolvimento, entretanto, podem afetar muitas células e podem produzir mudanças significativas na forma ou no plano corporal, especialmente se essas mudanças ocorrerem em genes reguladores importantes.[7] Assim, as mutações que são expressas no início do desenvolvimento dos animais provavelmente são as únicas com uma chance realista de produzir mudanças macroevolutivas em grande escala.[8] Como explicam os geneticistas evolucionistas Bernard John e George Miklos, "mudança macroevolutiva" requer mudanças "muito precoces na embriogênese".[9] O ex-biólogo evolucionário da Universidade de Yale Keith Thomson concorda: apenas mutações expressas no início do desenvolvimento dos organismos podem produzir mudanças macroevolutivas em grande escala.[10]

No entanto, desde os primeiros experimentos do geneticista TH Morgan, que realizaram mutações de forma sistemática nas moscas-das-frutas, no início do sé-

252   A DÚVIDA DE DARWIN

culo XX até hoje, visto que muitas espécies modelo foram submetidas à mutagênese, a biologia do desenvolvimento mostrou que as mutações que afetam a formação do plano corporal expressa no início do desenvolvimento inevitavelmente danificam o organismo.[11] (Veja a Fig. 13.2, para exemplos.) Como um dos fundadores do neodarwinismo, o geneticista R. A. Fisher observou que tais mutações são "definitivamente patológicas (na maioria das vezes letais) em seus efeitos" ou resultam em um organismo que não pode sobreviver "no estado selvagem".[12]

O desenvolvimento normal em qualquer animal pode ser representado como uma rede de decisões em expansão, onde as primeiras decisões (a montante) têm maior impacto do que as que ocorrem depois. Os genes reguladores e seus produtos de proteína de ligação ao DNA ajudam a controlar essa rede de decisões em desenvolvimento, de modo que, se as proteínas regulatórias forem alteradas ou destruídas por mutação, os efeitos se propagam em cascata em todo o processo de desenvolvimento. Quanto mais cedo o fracasso, mais generalizada será a destruição. O geneticista Bruce Wallace explica por que as mutações de ação precoce têm uma probabilidade esmagadora de interromper o desenvolvimento animal. Ele observa que "a extrema dificuldade encontrada ao tentar transformar um organismo em outro [...] ainda funcional reside na dificuldade em redefinir um número de muitos interruptores de controle de uma maneira que ainda permita o desenvolvimento ordenado (somático) do indivíduo".[13]

Nüsslein-Volhard e Wieschaus descobriram esse problema em experimentos realizados com moscas-das-frutas depois de seus primeiros esforços vencedores do Prêmio Nobel. Nesses experimentos posteriores, eles estudaram moléculas de proteína que influenciam a organização de diferentes tipos de células no início do processo de desenvolvimento embriológico. Essas moléculas, chamadas de "morfógenos", incluindo uma chamada Bicoid, são essenciais para estabelecer o eixo cabeça-cauda da mosca-das-frutas. Eles descobriram que, quando essas moléculas de ação precoce, e que afetam o plano do corpo, são perturbadas, o desenvolvimento é interrompido. Quando ocorrem mutações no gene que codifica para a Bicoid, os embriões resultantes morrem[14], como ocorre em todos os outros casos conhecidos em que as mutações ocorrem nos primeiros genes reguladores que afetam a formação do plano corporal.

Existem boas razões funcionais para isso, que conhecemos da lógica de outros sistemas complexos. Se um fabricante de automóveis modifica a cor da pintura ou as capas dos assentos de um carro, nada mais precisa ser alterado para que o carro funcione, porque o funcionamento normal do carro não depende desses recursos. Mas se um engenheiro alterar o comprimento das hastes do pistão no motor do carro e não modificar o virabrequim de acordo, o motor não funcionará. Da mesma forma, o desenvolvimento animal é um processo fortemente integrado no qual várias proteínas e estruturas celulares dependem umas das outras para sua função, e eventos posteriores dependem crucialmente de eventos anteriores. Como resultado, uma mudança no início do desenvolvimento de um animal exigirá uma série de outras mudanças coordenadas em processos e entidades de desenvolvimento separados, mas funcionalmente inter-relacionados.[15] Essa integração funcional estreita ajuda a explicar por que mutações no início do desenvolvimento resultam inevitavelmente em morte embrionária e por que mesmo mutações expressas um pouco mais tarde no desenvolvimento comumente deixam os organismos aleijados.

Olhar mais de perto um resultado experimental específico desse tipo ilumina ainda mais o problema. Uma mutação no gene regulador do *ultrabitórax* (expresso no meio do desenvolvimento de uma mosca) produz um par extra de asas em uma criatura que normalmente possui duas asas. Embora um conjunto extra de asas possa soar como uma peça útil de equipamento, não é. Essa "inovação" resulta em um inseto aleijado que não pode voar porque lhe falta, entre outras coisas, uma musculatura para suportar o uso de suas novas asas. Como a mutação de desenvolvimento não foi acompanhada por muitas outras mudanças de desenvolvimento coordenadas que seriam necessárias para tornar as asas úteis, a mutação é definitivamente prejudicial.

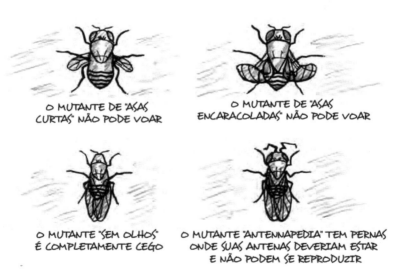

FIGURA 13.2
Exemplos de macromutações deletérias produzidas por experimentos com moscas-das-frutas, incluindo as "asas curtas", "asas encaracoladas", "sem olhos" e mutantes *Antennapedia*.

254   A DÚVIDA DE DARWIN

Esse problema levou ao que o geneticista John F. McDonald, da Georgia Tech, chamou de "grande paradoxo darwiniano".[16] Ele observa que os genes que são obviamente variáveis dentro das populações naturais parecem afetar apenas aspectos menores de forma e função, enquanto os genes que governam as principais mudanças, a própria matéria da macroevolução, aparentemente não variam ou variam apenas em detrimento do organismo. Como ele coloca: "Aqueles *loci* [genéticos] que são obviamente variáveis dentro das populações naturais não parecem estar na base de muitas mudanças adaptativas importantes, enquanto aqueles *loci* que aparentemente constituem a base de muitas, senão a maioria das mudanças adaptativas principais, não são variáveis dentro das populações naturais."[17] Em outras palavras, os tipos de mutações que o processo evolutivo precisaria para produzir novos planos corporais animais, ou seja, mudanças regulatórias *benéficas* expressas no início do desenvolvimento, não ocorrem. Considerando que, o tipo de que não precisa, mutações genéticas viáveis no DNA geralmente expressas no final do desenvolvimento, ocorrem. Ou, dito de forma mais sucinta, não obtemos o tipo de mutações de que precisamos para uma grande mudança evolutiva; obtemos o tipo que não precisamos.

Meu colega do Discovery Institute, Paul Nelson (ver Fig. 13.3), um filósofo da biologia que se especializou em teoria da evolução e biologia do desenvolvimento, resume o desafio ao neodarwinismo apresentado pelo desenvolvimento animal como três premissas:

1. Os planos do corpo animal são construídos em cada geração por um processo gradual, desde o óvulo fertilizado até as muitas células do adulto. Os primeiros estágios desse processo determinam o que virá a seguir.

2. Assim, para desenvolver qualquer plano corporal, as mutações expressas no início do desenvolvimento devem ocorrer, devem ser viáveis e devem ser transmitidas de forma estável para a prole.

3. Essas mutações de ação precoce de efeito global no desenvolvimento animal, no entanto, são as *menos prováveis* de serem toleradas pelo embrião e, de fato, nunca foram toleradas em quaisquer animais que os biólogos do desenvolvimento tenham estudado.

A origem dos planos corporais   255

FIGURA 13.3
Paul Nelson. *Cortesia de Paul Nelson.*

Nelson passou a apreciar a profundidade do problema colocado por esses fatos depois de muitos anos de discussão com dois membros do comitê do Ph.D. na Universidade de Chicago, o biólogo evolucionário Leigh Van Valen (1935–2010) e o teórico evolucionário e filósofo da biologia William Wimsatt. Van Valen, famoso por sua "hipótese da Rainha Vermelha", sobre a necessidade de os organismos continuarem a evoluir para se manterem capazes, tinha um interesse apaixonado pelos mecanismos da macroevolução. Wimsatt originou a teoria do "entrincheiramento generativo", um relato das "assimetrias causais" em ação em sistemas complexos, incluindo aqueles responsáveis pelo desenvolvimento animal.[18] Ambos reconheceram a Nelson que a literatura científica não oferece exemplos de mutações viáveis que afetam o desenvolvimento animal inicial e a formação do plano corporal (Premissa 3, na página anterior) e também que a macroevolução da nova forma animal requer exatamente essas mutações de ação precoce (Premissa 2, na página anterior). No entanto, Van Valen e Wimsatt permaneceram comprometidos com a descendência de formas animais de um ancestral comum por meio de algum tipo de mutações não direcionadas. Nelson argumenta, no entanto, que essas premissas implicam fortemente que o mecanismo neodarwiniano não fornece, e de fato não pode, fornecer um mecanismo adequado para a produção de novos planos corporais animais. Como ele me disse: "Se o único tipo de mutação que pode produzir mudanças morfológicas suficientes para alterar os planos do corpo inteiro nunca causa mudanças *benéficas* e *hereditárias*, então é difícil ver como a mutação e a seleção poderiam produzir novos planos corporais em primeiro lugar."[19]

Assim, ele conclui:

Pesquisas sobre desenvolvimento animal e macroevolução nos últimos trinta anos, pesquisas feitas a partir da estrutura neodarwiniana, mostraram que a explicação neodarwiniana para a origem de novos planos corporais é extremamente provável de ser falsa, e por razões que o próprio Darwin teria entendido.

Na verdade, o próprio Darwin insistiu que "nada pode ser afetado" por seleção natural, "a menos que ocorram variações favoráveis".[20] Ou como o biólogo evolucionário sueco Søren Løvtrup explica sucintamente: "Sem variação, não há seleção; sem seleção, não há evolução. Essa afirmação é baseada no tipo mais simples de lógica. A pressão de seleção como um agente evolucionário torna-se vazia de sentido, a menos que a disponibilidade das mutações adequadas seja assumida."[21] Ainda assim, o tipo "adequado" de mutações, as mutações que produzem mudanças favoráveis para genes reguladores de ação precoce, modeladores do plano corporal, não ocorrem.

A mudança microevolutiva é insuficiente; macromutações, mudanças em grande escala, são prejudiciais. Esse paradoxo tem afetado o darwinismo desde o seu início, mas as descobertas sobre a regulação genética do desenvolvimento em animais o tornaram mais agudo e lançaram sérias dúvidas sobre a eficácia do mecanismo neodarwiniano moderno como uma explicação para os novos planos corporais que surgem no período Cambriano.

REDES REGULATÓRIAS DE GENES DE DESENVOLVIMENTO

Outra linha de pesquisa em biologia do desenvolvimento revelou um desafio relacionado ao poder criativo do mecanismo neodarwiniano. Biólogos do desenvolvimento descobriram que muitos produtos gênicos (proteínas e RNAs), necessários para o desenvolvimento de planos corporais animais específicos, transmitem *sinais* que influenciam a maneira como as células individuais se desenvolvem e se diferenciam. Além disso, esses sinais afetam como as células são organizadas e interagem umas com as outras durante o desenvolvimento embriológico. Essas moléculas de sinalização influenciam umas às outras para formar circuitos ou redes de interação *coordenada*, de maneira muito semelhante a circuitos integrados em uma placa de circuito. Por exemplo, o *momento* exato da transmissão de uma molécula de sinalização, muitas vezes depende de quando um sinal de outra molécula é recebido, o que por sua vez afeta a transmissão de outras, todas as quais são coordenadas e integradas para executar funções específicas sensíveis ao tempo. A coordenação e integração dessas mo-

A origem dos planos corporais 257

léculas sinalizadoras nas células garantem a diferenciação e organização adequadas de diferentes tipos de células durante o desenvolvimento de um plano corporal animal. Consequentemente, assim como a mutação de um gene regulador individual no início do desenvolvimento de um animal inevitavelmente interromperá o desenvolvimento, o mesmo acontecerá com as mutações ou alterações em toda a rede de moléculas sinalizadoras em interação que destroem um embrião em desenvolvimento.

Nenhum biólogo explorou a lógica regulatória do desenvolvimento animal mais profundamente do que Eric Davidson, do Instituto de Tecnologia da Califórnia. No início de sua carreira, colaborando com o biólogo molecular Roy Britten, Davidson formulou uma teoria de "regulação gênica para células superiores".[22] Por "células superiores" Davidson e Britten se referiam às células diferenciadas, ou especializadas, encontradas em qualquer animal após os primeiros estágios de desenvolvimento embriológico. Davidson observou que as células de um animal individual, não importa quão variadas sejam em forma ou função, "geralmente contêm genomas idênticos".[23] Durante o ciclo de vida de um organismo, os genomas dessas células especializadas expressam apenas uma pequena fração de seu DNA em um determinado momento e produzem diferentes RNAs como resultado. Esses fatos sugerem fortemente a existência de algum sistema de controle genético que abrange todo o animal com a função de ligar e desligar genes específicos conforme necessário ao longo da vida do organismo, e que tal sistema funciona durante o desenvolvimento de um animal do óvulo ao adulto conforme diferentes tipos de células são construídos.

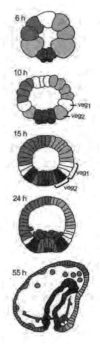

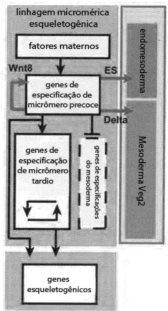

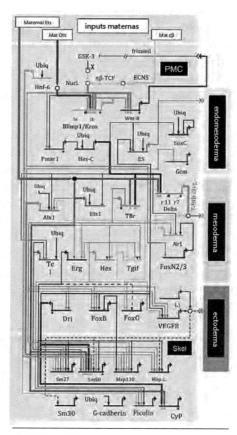

FIGURA 13.4
Redes reguladoras de genes de desenvolvimento (dGRNs) e desenvolvimento no ouriço-do-mar roxo, *Strongylocentrotus purpuratus. Figura 13.4a (superior, esquerda):* mostra o embrião, começando às 6h e progredindo através da divisão celular até 55h, quando o esqueleto larval aparece. *Figura 13.4b (embaixo, esquerda):* mostra as principais classes de genes envolvidos na especificação do esqueleto larval. *Figura 13.4c (topo, direita):* mostra os circuitos genéticos detalhados implicados na "rede reguladora de genes" geral ("GRN") que controla a construção do esqueleto larval. *Cortesia da National Academy of Sciences, U.S.A.*

A *origem dos planos corporais*   259

Quando propuseram sua teoria em 1969, Britten e Davidson reconheceram que "pouco se sabe [...] dos mecanismos moleculares pelos quais a expressão do gene é controlada em células diferenciadas".[24] No entanto, eles deduziram que esse sistema deve funcionar. Dado que: (1) dezenas ou centenas de tipos de células especializadas surgem durante o desenvolvimento de animais, e (2) cada célula contém o mesmo genoma, eles raciocinaram (3) que algum sistema de controle deve determinar quais genes são expressos em diferentes células, em momentos diferentes, para garantir a diferenciação dos tipos de células entre si, alguma lógica regulatória de todo o sistema deve supervisionar e coordenar a expressão do genoma.[25]

Davidson dedicou sua carreira a descobrir e descrever os mecanismos pelos quais esses sistemas de regulação e controle de genes funcionam durante o desenvolvimento embriológico. Durante as últimas duas décadas, pesquisas em genômica revelaram que regiões não codificantes de proteínas do genoma controlam e regulam o tempo de expressão das regiões codificantes de proteínas do genoma. Davidson demonstrou que as regiões não codificadoras de proteínas do DNA que regulam e controlam a expressão gênica e as regiões codificadoras de proteínas do genoma funcionam juntas, como circuitos. Esses circuitos, que Davidson chama de "redes reguladoras de genes de desenvolvimento" (ou dGRNs), controlam o desenvolvimento embriológico dos animais.

Ao chegar à Caltech em 1971, Davidson escolheu o ouriço-do-mar roxo, *Strongylocentrotus purpuratus*, como seu sistema modelo experimental. A biologia do *S. purpuratus* torna-o uma matéria de laboratório atraente: a espécie surge abundantemente ao longo da costa do Pacífico, produz enormes quantidades de óvulos facilmente fertilizáveis em laboratório e vive por muitos anos.[26] Davidson e seus colegas de trabalho foram os pioneiros na tecnologia e nos protocolos experimentais necessários para dissecar o sistema regulatório genético do ouriço-do-mar.

A notável complexidade do que eles encontraram precisa ser retratada visualmente. A Figura 13.4a mostra o embrião do ouriço como aparece 6h após o início do desenvolvimento (canto superior esquerdo do diagrama). Este é o estágio de 16 células, o que significa que quatro rodadas de divisão celular já ocorreram (1 → 2 → 4 → 8 → 16). À medida que o desenvolvimento prossegue nos quatro estágios seguintes, tanto o número de células quanto o grau de especialização celular aumentam, até que, às 55h, elementos do esqueleto do ouriço entrem em foco. A Figura 13.4b mostra, correspondendo a esses desenhos do desenvolvimento do embrião, um diagrama esquemático com as principais classes de genes (para tipos de células e tecidos) representadas como caixas, ligadas por setas de controle. Por último, a Figura 13.4c mostra o que Davidson

260   A DÚVIDA DE DARWIN

chama de "o circuito genético" que ativa os genes de biomineralização específicos que produzem as proteínas estruturais necessárias para construir o esqueleto do ouriço.[27]

Este último diagrama representa uma rede reguladora de genes de desenvolvimento (ou dGRN), uma rede integrada de proteínas e moléculas sinalizadoras de RNA responsáveis pela diferenciação e arranjo das células especializadas que estabelecem o esqueleto rígido do ouriço-do-mar. Observe que, para expressar os genes de biomineralização que produzem proteínas estruturais que compõem o esqueleto, os genes bem a montante, ativados muitas horas antes no desenvolvimento, devem primeiro desempenhar seu papel.

Esse processo não ocorre fortuitamente no ouriço-do-mar, mas por meio de sistemas de controle altamente regulados e precisos, como acontece com todos os animais. Na verdade, mesmo um dos animais mais simples, o verme *C. elegans*, que possui pouco mais de mil células quando adulto, é construído durante o desenvolvimento por dGRNs de notável precisão e complexidade. Em todos os animais, os vários dGRNs direcionam o que Davidson descreve como o "aumento progressivo da complexidade" do embrião, um aumento, que segundo ele, pode ser medido em "termos informativos".[28]

Davidson observa que, uma vez estabelecida, a complexidade dos dGRNs como circuitos integrados os torna teimosamente resistentes à mudança mutacional, um ponto que ele enfatizou em quase todas as publicações sobre o assunto nos últimos quinze anos. Ele observa que "no embrião de ouriço-do-mar, desarmar qualquer um desses subcircuitos produz alguma anormalidade na expressão".[29]

As redes reguladoras de genes de desenvolvimento resistem à mudança mutacional porque são organizadas hierarquicamente. Isso significa que algumas redes reguladoras de genes de desenvolvimento controlam outras redes reguladoras de genes, enquanto algumas influenciam apenas os genes e proteínas individuais sob seu controle. No centro dessa hierarquia regulatória estão as redes reguladoras que especificam o eixo e a forma global do plano corporal animal durante o desenvolvimento. Esses dGRNs não podem variar sem causar efeitos catastróficos ao organismo.

Na verdade, não há exemplos desses circuitos profundamente arraigados, funcionalmente críticos, variando. Na periferia da hierarquia estão as redes reguladoras de genes que especificam os arranjos para características em menor escala que às vezes podem variar. No entanto, para produzir um novo plano corporal, é necessário alterar o eixo e a forma global do animal. Isso requer a mutação dos próprios circuitos que não variam sem efeitos catastróficos. Como

A *origem dos planos corporais* 261

Davidson enfatiza, as mutações que afetam os dGRNs que regulam o desenvolvimento do plano corporal levam à "perda catastrófica da parte do corpo ou perda total da viabilidade".[30] Ele explica com mais detalhes:

> *Sempre há uma consequência observável se um subcircuito dGRN for interrompido. Como essas consequências são sempre catastroficamente ruins, a flexibilidade é mínima e, como os subcircuitos estão todos interconectados, toda a rede compartilha da característica de haver apenas uma maneira de as coisas funcionarem. E, de fato, os embriões de cada espécie se desenvolvem apenas de uma maneira.*[31]

RESTRIÇÕES DE ENGENHARIA

As descobertas de Davidson apresentam um profundo desafio à adequação do mecanismo neodarwiniano. Construir um novo plano corporal animal requer não apenas novos genes e proteínas, mas novos dGRNs. Mas construir um novo dGRN a partir de um dGRN preexistente por mutação e seleção requer necessariamente a alteração da rede reguladora do gene de desenvolvimento preexistente (o mesmo tipo de mudança que, como vimos no Capítulo 12, não pode surgir sem múltiplas mutações coordenadas). Em qualquer caso, o trabalho de Davidson também mostrou que tais alterações inevitavelmente têm consequências catastróficas.

O trabalho de Davidson destaca uma contradição profunda entre o relato neodarwiniano de como os novos planos corporais dos animais são construídos e um dos princípios mais básicos da engenharia, o princípio das restrições. Os engenheiros há muito entenderam que quanto mais funcionalmente integrado for um sistema, mais difícil será mudar qualquer parte dele sem danificar ou destruir o sistema como um todo. O trabalho de Davidson confirma que esse princípio se aplica ao desenvolvimento dos organismos. O sistema regulador de genes que controla o desenvolvimento do plano corporal animal é primorosamente integrado, de modo que alterações significativas nessas redes reguladoras de genes inevitavelmente danificam ou destroem o animal em desenvolvimento.[32] Mas, dado isso, como poderia um novo plano corporal animal, e os novos dGRNs necessários para produzi-lo, evoluir gradualmente por meio de mutação e seleção a partir de um plano corporal e conjunto de dGRNs preexistentes?

Davidson deixa claro que ninguém realmente sabe: "Ao contrário da teoria da evolução clássica, os processos que impulsionam as pequenas mudanças

262 A DÚVIDA DE DARWIN

observadas conforme as espécies divergem não podem ser tomados como modelos para a evolução dos planos corporais dos animais".[33] Ele elabora:

A evolução neodarwiniana [...] assume que todos os processos funcionam da mesma maneira, de modo que a evolução das enzimas ou das cores das flores pode ser usada como proxies atuais para o estudo da evolução do plano corporal. Ela assume erroneamente que a mudança na sequência codificadora da proteína é a causa básica da mudança no programa de desenvolvimento; e assume erroneamente que a mudança evolutiva na morfologia do plano corporal ocorre por um processo contínuo. Todas essas suposições são basicamente contrafactuais. Isso não pode ser surpreendente, uma vez que a síntese neodarwiniana da qual essas ideias derivam foi uma mistura de biologia pré-molecular focada na genética populacional e na história natural, nenhuma das quais tem qualquer importância mecanística direta para os sistemas reguladores genômicos que impulsionam o desenvolvimento embrionário do plano corporal.[34]

AGORA E ANTERIORMENTE

O trabalho de Eric Davidson, como o de Nüsslein-Volhard e Wieschaus, destaca uma dificuldade de relevância óbvia para a explosão Cambriana. Normalmente, os paleontólogos entendem a explosão Cambriana como o surgimento geologicamente súbito de novas *formas* de vida animal. A construção dessas formas requer novos programas de desenvolvimento, incluindo novos genes reguladores de ação precoce e novas redes reguladoras de genes de desenvolvimento. No entanto, se nem os genes reguladores de ação precoce nem os dGRNs podem ser alterados por mutação sem destruir os programas de desenvolvimento existentes (e, portanto, a forma animal), então a mutação dessas entidades deixará a seleção natural sem nada favorável para selecionar e a evolução da forma animal terminará naquele momento.

A dúvida de Darwin sobre a explosão Cambriana centrava-se no problema da falta de intermediários fósseis. Não apenas essas formas não foram encontradas, mas a própria explosão Cambriana ilustra um profundo problema de engenharia que a evidência fóssil não aborda, o problema de construir uma nova forma de vida animal transformando gradualmente um sistema fortemente integrado de componentes genéticos e seus produtos em outro. Ainda assim, no próximo capítulo, veremos que um problema ainda mais formidável permanece.

14

A REVOLUÇÃO EPIGENÉTICA

Em 1924, dois cientistas alemães, Hans Spemann e Hilda Mangold, relataram um experimento intrigante, cujo significado não poderia ter sido totalmente avaliado na época, três décadas antes da descoberta das propriedades portadoras de informação do DNA. Usando microcirurgia, Spemann e Mangold extirparam uma parte de um embrião de salamandra e a transplantaram em outro embrião de salamandra em desenvolvimento.[1]

Eles alcançaram um resultado surpreendente. O segundo embrião produziu dois corpos, cada um com cabeça e cauda, unidos pela barriga, não muito diferentes de gêmeos siameses. No entanto, apesar de alterar drasticamente a anatomia do embrião, Spemann e Mangold não alteraram seu DNA.

Mais tarde, seu experimento sugeriu uma possibilidade radical: que algo além do DNA influencie profundamente o desenvolvimento dos planos corporais dos animais. Outros experimentos também sugeriram isso. Nas décadas de 1930 e 1940, a bióloga americana Ethel Harvey mostrou experimentalmente que embriões de ouriço-do-mar podem sofrer desenvolvimento de até cerca de quinhentas células após a remoção de seus núcleos, em outras palavras, *sem* seu DNA nuclear.[2] Na década de 1960, cientistas belgas bloquearam quimicamente a transcrição de DNA em RNA em embriões de anfíbios e descobriram que os embriões ainda podiam se desenvolver a ponto de conter vários milhares de células.[3] Na década de 1970, biólogos canadenses mostraram que um embrião de rã poderia se desenvolver precocemente sem seu núcleo, se o aparelho de divisão celular de um ouriço-do--mar fosse injetado no óvulo.[4]

Nenhum desses resultados indica que os embriões podem se desenvolver totalmente sem DNA. Em todos os casos, o DNA acabou sendo necessário para completar o desenvolvimento embrionário. No entanto, esses resultados sugerem que o DNA não é tudo; que outras fontes de informação estão desempenhando papéis importantes no direcionamento, pelo menos, dos estágios iniciais do desenvolvimento animal.

ACIMA E ALÉM: INFORMAÇÃO EPIGENÉTICA

Em 2003, o MIT Press publicou uma coleção inovadora de ensaios científicos intitulada *Origination of Organismal Form: Beyond the Gene in Developmental and Evolutionary Biology* [Originação da Forma Organismal: Além do Gene na Biologia do Desenvolvimento e Evolutiva, em tradução livre], editada por dois ilustres biólogos desenvolvimentistas e evolutivos, Gerd Müller, da Universidade de Viena, e Stuart Newman, do New York Medical College. Em seus ensaios, Müller e Newman incluíram vários artigos científicos que descrevem descobertas recentes em genética e biologia do desenvolvimento, descobertas sugerindo que os genes por si só não determinam a forma e a estrutura tridimensionais de um animal. Em vez disso, muitos dos cientistas mencionados relataram que a chamada informação epigenética, informação armazenada em estruturas celulares, mas não em sequências de DNA, desempenha um papel crucial. O prefixo grego *epi* significa "acima" ou "além", então epigenética se refere a uma fonte de informação que está além dos genes. Como Müller e Newman explicam em sua introdução: "Informações detalhadas no nível do gene não servem para explicar a forma."[5] Em vez disso, como Newman explica, "epigenética" ou "informação contextual" desempenha um papel crucial na formação de "conjuntos corporais" animais durante o desenvolvimento embriológico.[6]

Müller e Newman não apenas destacaram a importância das informações epigenéticas para a formação dos planos corporais durante o desenvolvimento; também argumentaram que elas devem ter desempenhado um papel igualmente importante na origem e evolução dos planos do corpo animal. Eles concluíram que as recentes descobertas sobre o papel da informação epigenética no desenvolvimento animal representam um grande desafio para o relato neodarwiniano padrão da origem desses planos corporais, talvez o maior de todos.

No ensaio introdutório de seu livro, Müller e Newman listam uma série de "questões em aberto" na biologia evolucionária, incluindo a questão da origem dos planos corporais dos animais da era Cambriana e a origem da forma do organismo em geral, sendo esta última o tópico central de seu livro. Eles observam que embora "o paradigma neodarwiniano ainda represente a estrutura explicativa central da evolução", ele não tem "nenhuma teoria do gerador".[7] Em sua opinião, o neodarwinismo "evita completamente [a questão da] a origem de características fenotípicas e da forma do organismo".[8] Como eles e outros em seu livro afirmam, o neodarwinismo carece de uma explicação para a origem da forma do organismo precisamente porque não pode explicar a origem da informação epigenética.

Aprendi sobre o problema da informação epigenética e o experimento de Spemann e Mangold enquanto dirigia para uma reunião privada de cientistas que duvidavam de Darwin na costa central da Califórnia em 1993. No carro estava Jonathan Wells (veja a Figura 14.1), que estava terminando o doutorado em biologia do desenvolvimento na Universidade da Califórnia em Berkeley. Como alguns outros em seu campo, Wells rejeitou a visão (exclusivamente) "centrada no gene" do desenvolvimento animal e reconheceu a importância das fontes de informação não genéticas.

FIGURA 14.1
Jonathan Wells. *Cortesia de Laszlo Bencze.*

Naquela época, eu havia estudado muitas questões e desafios para as teorias evolucionárias padrão decorrentes da biologia molecular. Mas a epigenética era nova para mim. Em nosso passeio, perguntei a Wells por que a biologia do desenvolvimento era tão importante para a teoria evolucionista e para avaliar o neodarwinismo. Nunca vou esquecer sua resposta: "Porque é aí que toda a teoria vai se desvendar."

Nos anos seguintes, Wells desenvolveu um argumento poderoso contra a adequação do mecanismo neodarwiniano como explicação para a origem dos planos corporais dos animais. Seu argumento gira em torno da importância da informação epigenética para o desenvolvimento animal. Para entender por que a informação epigenética representa um desafio adicional para o neodarwinismo e o

266　A DÚVIDA DE DARWIN

que exatamente os biólogos querem dizer com informação "epigenética", vamos examinar a relação entre a forma biológica e a informação biológica.

FORMA E INFORMAÇÃO

Os biólogos geralmente definem "forma" como um formato e arranjo distintos de partes do corpo. As formas orgânicas existem em três dimensões espaciais e surgem com o tempo, no caso dos animais durante o desenvolvimento do embrião ao adulto. A forma animal surge quando os constituintes materiais são forçados a estabelecer arranjos específicos com uma forma tridimensional identificável ou "topografia", uma que reconheceríamos como o plano corporal de um tipo particular de animal. Portanto, uma "forma" particular representa um arranjo altamente específico de componentes materiais entre um conjunto muito maior de arranjos possíveis.

Compreender a forma dessa maneira sugere uma conexão com a noção de informação em seu sentido mais geral, teoricamente. Como observei no Capítulo 8, a teoria matemática da informação de Shannon igualou a quantidade de informação transmitida com a quantidade de incerteza reduzida ou eliminada em uma série de símbolos ou caracteres. Na teoria de Shannon, a informação é assim transmitida à medida que algumas opções, ou arranjos possíveis, são excluídos e outros são efetivados. Quanto maior o número de arranjos excluídos, maior a quantidade de informações veiculadas. Restringir um conjunto de arranjos materiais possíveis, por quaisquer meios, envolve a exclusão de algumas opções e a efetivação de outras. Tal processo gera informações no sentido mais geral da teoria de Shannon. Conclui-se que as restrições que produzem a forma biológica também transmitem *informações*, mesmo que essas informações não sejam codificadas em formato digital.

O DNA contém não apenas informações de Shannon, mas também informações *funcionais* ou *específicas*. Os arranjos de nucleotídeos no DNA ou de aminoácidos em uma proteína são altamente improváveis e, portanto, contêm grandes quantidades de informações de Shannon. Mas a função do DNA e das proteínas depende de arranjos extremamente *específicos* de bases e aminoácidos. Similarmente, os planos do corpo animal representam não apenas arranjos altamente improváveis, mas também arranjos altamente específicos da matéria. A forma e a função organismal dependem do arranjo preciso dos vários constituintes à medida que surgem durante o desenvolvimento embriológico ou contribuem para ele. Assim, o *arranjo* específico dos outros blocos de construção da forma biológica, células, grupos de tipos de células semelhantes, dGRNs, tecidos e órgãos, também representam um tipo de informação especificada ou funcional.

No Capítulo 8, observei que, por a teoria da informação de Shannon se aplicar à biologia molecular com facilidade, às vezes levou à confusão sobre o tipo de informação contida no DNA e nas proteínas. Também pode ter criado confusão sobre os locais onde as informações especificadas podem residir nos organismos. Talvez porque a capacidade de transporte de informações do gene possa ser facilmente medida, os biólogos frequentemente tratam o DNA, o RNA e as proteínas como os únicos repositórios de informações biológicas. Os neodarwinistas presumiram que os genes possuem todas as informações necessárias para especificar a forma de um animal. Eles também presumiram que as mutações nos genes serão suficientes para gerar as novas informações necessárias para construir uma nova forma de vida animal.[9] No entanto, se os biólogos entendem a forma do organismo como resultante de restrições sobre os possíveis arranjos da matéria em muitos níveis da hierarquia biológica, de genes e proteínas, a tipos de células e tecidos, a órgãos e planos corporais, então os organismos biológicos podem muito bem exibir muitos níveis de estrutura rica em informações. As descobertas na biologia do desenvolvimento confirmaram essa possibilidade.

ALÉM DOS GENES

Muitos biólogos não acreditam mais que o DNA direciona praticamente tudo que acontece dentro da célula. Os biólogos do desenvolvimento, em particular, estão descobrindo agora mais e mais maneiras pelas quais informações cruciais para a construção de planos corporais são transmitidas pela forma e estrutura das células embrionárias, incluindo informações do óvulo não fertilizado e fertilizado.

Os biólogos agora se referem a essas fontes de informação como "epigenéticas".[10] O experimento de Spemann e Mangold é apenas um dos muitos que sugere que algo além do DNA pode estar influenciando o desenvolvimento dos planos corporais dos animais. Desde a década de 1980, biólogos do desenvolvimento e da célula, como Brian Goodwin, Wallace Arthur, Stuart Newman, Fred Nijhout e Harold Franklin, descobriram ou analisaram muitas fontes de informação epigenética. Até mesmo biólogos moleculares como Sidney Brenner, que foi o pioneiro da ideia de que os programas genéticos dirigem o desenvolvimento animal, agora insistem que as informações necessárias para codificar sistemas biológicos complexos superam em muito as informações do DNA.[11]

O DNA ajuda a direcionar a síntese de proteínas. Partes da molécula de DNA também ajudam a regular o tempo e a expressão da informação genética e a síntese de várias proteínas dentro das células. No entanto, uma vez que as proteínas são sintetizadas, elas devem ser organizadas em sistemas de proteínas e estruturas de nível superior. Genes e proteínas são feitos de blocos de construção simples, bases de nucleotídeos e aminoácidos, respectivamente, organizados de maneiras específicas. Da mesma forma, tipos de células distintos são feitos de, entre outras coisas, sistemas de proteínas especializadas. Os órgãos são feitos de arranjos especializados de tipos de células e tecidos. E os planos corporais incluem arranjos específicos de órgãos especializados. Entretanto, as propriedades das proteínas individuais não determinam totalmente a organização dessas estruturas e padrões de nível superior.[12] Outras fontes de informação devem ajudar a organizar proteínas individuais em sistemas de proteínas, sistemas de proteínas em tipos de células distintos, tipos de células em tecidos e diferentes tecidos em órgãos. E diferentes órgãos e tecidos devem ser organizados para formar planos corporais.

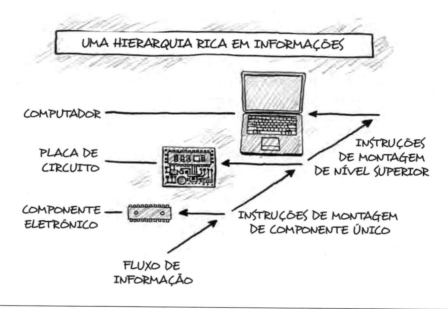

FIGURA 14.2
As camadas hierárquicas ou organização de diferentes fontes de informação. Observe que as informações necessárias para construir os componentes eletrônicos de nível inferior não determinam a disposição desses componentes na placa de circuito ou a disposição da placa de circuito e das outras partes necessárias para fazer um computador. Isso requer entradas de informações adicionais.

Duas analogias podem ajudar a esclarecer o ponto. Em um canteiro de obras, os construtores farão uso de muitos materiais: madeira, arames, pregos, drywall, tubulações e janelas. Porém, os materiais de construção não determinam a planta baixa da casa ou a disposição das casas em um bairro. Da mesma forma, os circuitos eletrônicos são compostos de muitos componentes, como resistores, capacitores e transistores. Mas esses componentes de nível inferior não determinam seu próprio arranjo em um circuito integrado (ver Fig. 14.2).

A *revolução epigenética*   269

De maneira semelhante, o DNA por si só não direciona como as proteínas individuais são reunidas nesses sistemas ou estruturas maiores, tipos de células, tecidos, órgãos e planos corporais, durante o desenvolvimento animal.[13] Em vez disso, a estrutura tridimensional ou arquitetura espacial das células embrionárias desempenha papéis importantes na determinação da formação do plano corporal durante a embriogênese. Os biólogos do desenvolvimento identificaram várias fontes de informação epigenética nessas células.

MATRIZES CITOESQUELÉTICAS

As células eucarióticas têm esqueletos internos para dar-lhes forma e estabilidade. Esses "citoesqueletos" são feitos de vários tipos diferentes de filamentos, incluindo aqueles chamados de "microtúbulos". A estrutura e localização dos microtúbulos no citoesqueleto influenciam a padronização e o desenvolvimento dos embriões. "Matrizes" de microtúbulos dentro das células embrionárias ajudam a distribuir proteínas essenciais usadas durante o desenvolvimento para locais específicos nessas células. Uma vez entregues, essas proteínas desempenham funções críticas para o desenvolvimento, mas só podem fazê-lo se forem entregues aos seus locais corretos com a ajuda de microtúbulos preexistentes e precisamente estruturados ou arranjos citoesqueléticos (ver Fig. 14.3). Assim, o arranjo preciso dos microtúbulos no citoesqueleto constitui uma forma de informação estrutural crítica.

Essas matrizes de microtúbulos são feitas de proteínas chamadas tubulina, que são produtos gênicos. No entanto, como tijolos que podem ser usados para montar muitas estruturas diferentes, as proteínas tubulina nos microtúbulos da célula são idênticas umas às outras. Assim, nem as subunidades de tubulina, nem os genes que as produzem, são responsáveis pelas diferenças na forma dos arranjos de microtúbulos que distinguem diferentes tipos de embriões e vias de desenvolvimento. Em vez disso, a própria estrutura da matriz de microtúbulos é, mais uma vez, determinada pela localização e disposição de suas subunidades, não pelas propriedades das próprias subunidades. Jonathan Wells explica desta forma: "O que importa no desenvolvimento [embriológico] é a forma e a localização das matrizes de microtúbulos, e a forma e a localização de uma matriz de microtúbulos não são determinadas por suas unidades."[14] Por essa razão, como observa o biólogo celular da Universidade do Colorado, Franklin Harold, é impossível prever a estrutura do citoesqueleto da célula a partir das características dos constituintes de proteínas que formam essa estrutura.[15]

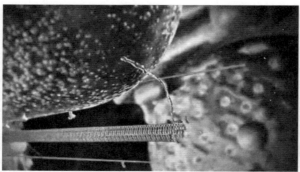 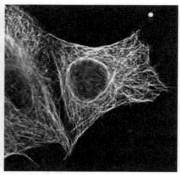

FIGURA 14.3
A *Figura 14.3a (esquerda)* mostra uma foto de uma animação de microtúbulo (na parte inferior da imagem) feito de proteínas tubulinas. *Cortesia de Joseph Condeelis*. A *Figura 14.3b (direita)* mostra uma imagem microscópica de uma grande seção do citoesqueleto feito de muitos microtúbulos (e outros elementos) dentro da célula em seção transversal. *Cortesia da The Company of Biologists e do Journal of Cell Science.*

Outra estrutura celular influencia a disposição das matrizes de microtúbulos e, portanto, as estruturas precisas que formam e as funções que desempenham. Em uma célula animal, essa estrutura é chamada de centrossomo (literalmente, "corpo central"), uma organela microscópica que fica próxima ao núcleo entre as divisões celulares em uma célula indivisível. Emanando do centrossomo está o arranjo de microtúbulos que dá a uma célula sua forma tridimensional e fornece trilhas internas para o transporte direcionado de órgãos e moléculas essenciais de e para o núcleo.[16] Durante a divisão celular, o centrossomo se duplica. Os dois centrossomos formam os polos do aparelho de divisão celular e cada célula filha herda um dos centrossomos; no entanto, o centrossomo não contém DNA.[17] Embora os centrossomos sejam feitos de proteínas, produtos gênicos, a estrutura do centrossomo não é determinada apenas pelos genes.

PADRÕES DE MEMBRANA

Outra fonte importante de informação epigenética reside nos padrões bidimensionais das proteínas nas membranas celulares.[18] Quando os RNAs mensageiros são transcritos, seus produtos proteicos devem ser transportados para os locais apropriados nas células embrionárias para funcionar corretamente. O transporte dirigido envolve o citoesqueleto, mas também depende de alvos espacialmente localizados na membrana que estão no lugar antes do transporte ocorrer. Biólogos desenvolvimentistas demonstraram que esses padrões de membrana desempenham um papel crucial no desenvolvimento embriológico das moscas-das-frutas.

Alvos de membrana

Por exemplo, o desenvolvimento inicial do embrião na mosca-das-frutas *Drosophila melanogaster* requer as moléculas reguladoras Bicoid e Nanos (entre outras). A primeira é necessária para o desenvolvimento anterior (cabeça) e a última, é necessária para o desenvolvimento posterior (cauda).[19] Nos estágios iniciais do desenvolvimento embriológico, as células nutridoras bombeiam RNAs Bicoid e Nanos para o óvulo. (As células nutridoras fornecem a célula que se tornará o óvulo, conhecida como oócito, e o embrião com proteínas e RNAs mensageiros maternos codificados.) Em seguida, as matrizes do citoesqueleto transportam esses RNAs através do oócito, onde se fixam em alvos específicos na superfície interna do óvulo.[20] Uma vez em seu devido lugar, mas só então, Bicoid e Nanos desempenham papéis essenciais na organização do eixo da cabeça à cauda da mosca-das-frutas em desenvolvimento. Eles fazem isso formando dois gradientes (ou concentrações diferenciais), um com a proteína Bicoid mais concentrada na extremidade anterior e outro com a proteína Nanos mais concentrada na extremidade posterior.

Na medida em que essas duas moléculas são RNAs, isto é, produtos gênicos, a informação genética desempenha um papel importante nesse processo. Mesmo assim, as informações contidas nos genes *bicoid* e *nanos* não garantem por si só o funcionamento adequado dos RNAs e proteínas para os quais os genes codificam. Em vez disso, os alvos de membrana preexistentes, já posicionados na superfície interna da célula-óvulo, determinam onde essas moléculas se fixarão e como funcionarão. Esses alvos de membrana fornecem informações cruciais, coordenadas espaciais, para o desenvolvimento embriológico.

Canais de íons e campos eletromagnéticos

Os padrões de membrana também podem fornecer informações epigenéticas pelo arranjo preciso dos canais iônicos, aberturas na parede celular através das quais partículas elétricas carregadas passam em ambas as direções. Por exemplo, um tipo de canal usa uma bomba alimentada pela molécula rica em energia ATP para transportar três íons de sódio para fora da célula para cada dois íons de potássio que entram na célula. Como os dois íons têm carga de mais um (Na+, K+), a diferença líquida cria um campo eletromagnético através da membrana celular.[21]

Experimentos mostraram que os campos eletromagnéticos têm efeitos "morfogenéticos", em outras palavras, efeitos que influenciam a forma de um organismo em desenvolvimento. Em particular, alguns experimentos mostraram que a perturbação direcionada desses campos elétricos interrompe o desenvolvimento normal de maneiras que sugerem que os campos estão controlando a morfogênese.[22] Campos elétricos aplicados artificialmente podem induzir e guiar a migração celular. Também há evidências de que a corrente contínua pode afetar a expressão gênica, o que significa que campos elétricos gerados internamente podem fornecer coordenadas espaciais que orientam a embriogênese.[23] Embora os canais iônicos que geram os campos consistam em proteínas que podem ser codificadas pelo DNA (assim como os microtúbulos consistem em subunidades codificadas pelo DNA), seu padrão na membrana não é. Assim, além das informações contidas no DNA que codificam as proteínas morfogenéticas, o arranjo espacial e a distribuição desses canais iônicos influenciam o desenvolvimento do animal.

O código do açúcar

Os biólogos conhecem uma fonte adicional de informação epigenética armazenada no arranjo das moléculas de açúcar na superfície externa da membrana celular. Os açúcares podem ser anexados às moléculas lipídicas que compõem a própria membrana (nesse caso, eles são chamados de "glicolipídeos"), ou podem ser anexados às proteínas embutidas na membrana (neste caso, são chamadas de "glicoproteínas"). Como os açúcares simples podem ser combinados de um número muito maior de maneiras do que os aminoácidos, que constituem as proteínas, os padrões de superfície celular resultantes podem ser enormemente complexos. Como explica o biólogo Ronald Schnaar: "Cada bloco de construção [do açúcar] pode assumir várias posições diferentes. É como se um A pudesse servir como quatro letras diferentes, dependendo se ele estava em pé, virado de cabeça para baixo ou deitado para qualquer um dos lados. Na verdade, 7 açúcares simples podem ser reorganizados para formar centenas de milhares de palavras únicas, a maioria das quais não tem mais do que 5 letras."[24]

Essas estruturas ricas em informações específicas de sequência influenciam o arranjo de diferentes tipos de células durante o desenvolvimento embriológico. Assim, alguns biólogos celulares agora se referem aos arranjos de moléculas de açúcar como o "código do açúcar" e comparam essas sequências às informações codificadas digitalmente armazenadas no DNA.[25] Como observa o bioquímico Hans-Joachim Gabius, os açúcares fornecem um sistema com "codificação de alta densidade" que é "essencial para permitir que as células se comuniquem com eficiência e rapidez por meio de complexas interações de superfície".[26] De acordo com Gabius: "Essas moléculas [de açúcar] ultrapassam de longe os aminoácidos e nucleotídeos em capacidade de armazenamento de informações."[27] Portanto, as moléculas de açúcar dispostas com precisão na superfície das células representam claramente outra fonte de informação independente daquela armazenada nas sequências de bases do DNA.

NEODARWINISMO E O DESAFIO DA INFORMAÇÃO EPIGENÉTICA

Essas diferentes fontes de informação epigenética em células embrionárias representam um enorme desafio para a suficiência do mecanismo neodarwiniano. De acordo com o neodarwinismo, novas informações, formas e estruturas surgem da seleção natural agindo sobre mutações aleatórias que surgem em um nível muito baixo dentro da hierarquia biológica, dentro do texto genético. Ainda assim, tanto a formação do plano corporal durante o desenvolvimento embriológico quanto a grande inovação morfológica durante a história da vida dependem de uma especificidade de arranjo em um nível muito mais alto da hierarquia organizacional, um nível que o DNA sozinho não determina. Se o DNA não é totalmente responsável pela maneira como um embrião se desenvolve, para morfogênese do plano corporal, então as sequências de DNA podem sofrer mutação indefinidamente e ainda não produzir um novo plano corporal, independentemente da quantidade de tempo e do número de testes mutacionais disponíveis para o processo evolutivo. As mutações genéticas são simplesmente a ferramenta errada para o trabalho em questão.

Mesmo na melhor das hipóteses, que ignora a imensa improbabilidade de gerar novos genes por mutação e seleção, as mutações na sequência de DNA apenas produziriam novas informações *genéticas*. Mas construir um novo plano corporal requer *mais* do que apenas informações genéticas. Requer informações genéticas e *epigenéticas*, informações por definição que não são armazenadas no DNA e, portanto, não podem ser geradas por mutações no DNA. Segue-se que o mecanismo de seleção natural agindo sobre mutações aleatórias no DNA não pode por si só gerar novos planos corporais, como aqueles que surgiram pela primeira vez na explosão Cambriana.

RESPOSTAS CENTRADAS NO GENE

Muitas das estruturas biológicas que transmitem importantes informações espaciais tridimensionais, como arranjos citoesqueléticos e canais de íons de membrana, são feitas de proteínas. Por essa razão, alguns biólogos têm insistido que a informação genética no DNA que codifica essas proteínas, afinal, é responsável pela informação espacial nessas várias estruturas. Entretanto, em cada caso essa visão exclusivamente "centrada no gene" da localização da informação biológica, e da origem da forma biológica, se mostrou inadequada.

Em primeiro lugar, pelo menos, no caso das moléculas de açúcar na superfície da célula, os produtos gênicos não desempenham um papel direto. A informação genética produz proteínas e moléculas de RNA, não açúcares e carboidratos.

274   A DÚVIDA DE DARWIN

É claro que importantes glicoproteínas e glicolipídeos (moléculas compostas de açúcar-proteína e açúcar-gordura) são modificados como resultado de vias biossintéticas envolvendo redes de proteínas. No entanto, a informação genética que gera as proteínas nessas vias apenas determina a função e a estrutura das proteínas individuais; não especifica a interação coordenada entre as proteínas nas vias que resultam na modificação dos açúcares.[28]

Mais importante, a *localização* de moléculas de açúcar específicas na superfície externa das células embrionárias tem um papel crítico na função que essas moléculas de açúcar desempenham na comunicação e no arranjo intercelular. No entanto, a sua localização não é determinada pelos genes que codificam as proteínas às quais essas moléculas de açúcar podem estar ligadas. Em vez disso, a pesquisa sugere que os *padrões* de proteína na membrana celular são transmitidos diretamente da membrana parental para a membrana filha durante a divisão celular, e não como resultado da expressão gênica em cada nova geração de células.[29] Visto que as moléculas de açúcar no exterior da membrana celular estão ligadas a proteínas e lipídios, segue-se que sua posição e disposição provavelmente resultam também da transmissão membrana a membrana. Considere a seguir os alvos de membrana que desempenham um papel crucial no desenvolvimento embriológico, atraindo moléculas morfogenéticas para locais específicos na superfície interna da célula. Esses alvos de membrana consistem principalmente de proteínas, a maioria das quais é principalmente especificada pelo DNA. Mesmo assim, muitas proteínas "intrinsecamente desordenadas"[30] dobram-se de maneira diferente, dependendo do contexto celular circundante. Esse contexto, portanto, fornece informações epigenéticas. Além disso, muitos alvos de membrana incluem mais de uma proteína, e essas estruturas multiproteicas não se auto-organizam automaticamente para formar alvos adequadamente estruturados.[31] Finalmente, não é apenas a estrutura molecular desses alvos de membrana, mas também a sua *localização* e distribuição específicas que determinam sua função. No entanto, a localização desses alvos na superfície interna da célula não é determinada pelos produtos gênicos a partir dos quais eles são feitos mais do que, por exemplo, as localizações das pontes sobre o rio Sena em Paris são determinadas pelas propriedades das pedras com as quais são feitas.

Da mesma forma, as bombas de íon sódio-potássio nas membranas celulares são realmente feitas de proteínas. No entanto é, novamente, a localização e distribuição desses canais e bombas na membrana celular que estabelecem os contornos do campo eletromagnético que, por sua vez, influencia o desenvolvimento embrionário. Os constituintes proteicos desses canais não determinam onde os canais iônicos estão localizados.

Como os alvos de membrana e os canais iônicos, os microtúbulos também são feitos de muitas subunidades de proteínas, eles próprios inegavelmente produtos da informação genética. No caso de arranjos de microtúbulos, os defensores da

A *revolução epigenética* 275

visão centrada no gene não afirmam que as proteínas tubulinas individuais determinam a estrutura desses arranjos. No entanto, alguns sugeriram que outras proteínas, ou comitivas de proteínas, agindo em conjunto podem determinar essa forma de nível superior. Por exemplo, alguns biólogos notaram que as chamadas proteínas auxiliares, que são produtos gênicos, chamadas de "proteínas associadas a microtúbulos" (MAPs) ajudam a montar as subunidades de tubulina nas matrizes de microtúbulos.

Ainda assim, os MAPs, e de fato muitas outras proteínas necessárias, são apenas parte da história. As localizações de sítios-alvo específicos no interior da membrana celular também ajudam a determinar a forma do citoesqueleto. E, como observado, os produtos gênicos dos quais esses alvos são feitos não determinam a localização desses alvos. Da mesma forma, a posição e a estrutura do centrossomo, o centro organizador dos microtúbulos, também influenciam a estrutura do citoesqueleto. Embora os centrossomos sejam feitos de proteínas, as proteínas que formam essas estruturas não determinam inteiramente sua localização e forma. Como Mark McNiven, um biólogo molecular da Mayo Clinic, e o biólogo celular Keith Porter, que foi da Universidade do Colorado, mostraram, a estrutura do centrossomo e os padrões de membrana como um todo transmitem informações estruturais tridimensionais que ajudam a determinar a estrutura do citoesqueleto e a localização de suas subunidades.[32] Além disso, como vários outros biólogos mostraram, os centríolos que compõem os centrossomos se replicam independentemente da replicação do DNA: os centríolos filhos recebem sua forma da estrutura geral do centríolo mãe, não dos produtos gênicos individuais que os constituem.[33]

Evidências adicionais desse tipo vêm de ciliados, grandes organismos eucarióticos unicelulares. Biólogos demonstraram que a microcirurgia nas membranas celulares dos ciliados pode produzir mudanças hereditárias nos padrões da membrana sem alterar o DNA.[34] Isso sugere que os padrões da membrana (em oposição aos constituintes da membrana) são impressos diretamente nas células-filhas. Em ambos os casos, em padrões de membrana e centrossomos, a forma é transmitida diretamente das estruturas tridimensionais parentais para as estruturas tridimensionais filhas. Não está inteiramente contido nas sequências de DNA ou nas proteínas para as quais essas sequências codificam.[35]

Em vez disso, em cada nova geração, a forma e a estrutura da célula surgem como resultado de produtos gênicos *e* da estrutura e organização tridimensional preexistente inerente às células, membranas celulares e citoesqueletos. Muitas estruturas celulares são construídas a partir de proteínas, mas as proteínas encontram seu caminho para os locais corretos em parte por causa dos padrões tridimensionais preexistentes e da organização inerente às estruturas celulares. Nem as proteínas estruturais nem os genes que as codificam podem por si só determinar a forma tridimensional e a estrutura das entidades que constroem.

276 A DÚVIDA DE DARWIN

Os produtos genéticos fornecem as condições necessárias, mas não suficientes, para o desenvolvimento da estrutura tridimensional dentro das células, órgãos e planos corporais.[36] Se for assim, então a seleção natural, agindo apenas na variação genética e nas mutações, não pode produzir as novas formas que surgem na história da vida.

MUTAÇÕES EPIGENÉTICAS

Quando explico isso em palestras públicas, posso contar que farão a mesma pergunta. Alguém na plateia perguntará se as mutações podem alterar as estruturas nas quais reside a informação epigenética. O questionador indaga se mudanças na informação epigenética poderiam fornecer a variação e inovação que a seleção natural precisa para gerar uma nova forma, da mesma maneira que os neodarwinistas imaginam que as mutações genéticas o façam. É uma pergunta razoável, mas acontece que a mutação da informação epigenética não oferece uma maneira realista de gerar novas formas de vida.

Primeiro, as estruturas nas quais a informação epigenética é inerente, por exemplo, arranjos do citoesqueleto e padrões de membrana, são muito maiores do que as bases individuais de nucleotídeos ou mesmo trechos de DNA. Por esse motivo, essas estruturas não são vulneráveis à alteração por muitas das fontes típicas de mutação que afetam genes, como radiação e agente químico.

Segundo, na medida em que as estruturas celulares podem ser alteradas, essas alterações têm uma probabilidade esmagadora de ter consequências prejudiciais ou catastróficas. O experimento original de Spemann e Mangold, é claro, envolveu a alteração forçada de um importante repositório de informações epigenéticas em um embrião em desenvolvimento. Ainda assim, o embrião resultante, embora interessante e ilustrativo da importância da informação epigenética, não seria capaz de sobreviver na natureza, muito menos de se reproduzir.

Alterar as estruturas celulares nas quais a informação epigenética é inerente provavelmente resultará na morte do embrião ou em uma prole estéril, pela mesma razão que genes reguladores mutantes ou redes reguladoras de genes de desenvolvimento também produzem becos sem saída evolutivos. A informação epigenética fornecida por várias estruturas celulares é crítica para o desenvolvimento do plano corporal, e muitos aspectos do desenvolvimento embriológico dependem do posicionamento tridimensional preciso e da localização dessas estruturas celulares ricas em informações. Por exemplo, a função específica de proteínas morfogenéticas, as proteínas regulatórias produzidas por genes reguladores principais (*Hox*) e redes reguladoras de genes de desenvolvimento (dGRNs) dependem da localização de estruturas celulares específicas, ricas em informações e preexistentes. Por essa razão, alterar essas estruturas celulares provavelmente danificará outra *coisa* crucial durante a trajetória de desenvolvimento do organismo. Muitas entidades diferentes envolvidas no desenvolvimento dependem, para seu funcionamento adequado, da informação epigenética para que tais mudanças tenham um efeito benéfico ou mesmo neutro.

No Capítulo 16, examinarei várias novas teorias da evolução, incluindo uma conhecida como "herança epigenética". Veremos que existem algumas dificuldades adicionais associadas à ideia de que mutações em estruturas epigenéticas podem produzir inovação evolutiva significativa.

A ANOMALIA CRESCENTE DE DARWIN

Com a publicação de *A Origem das Espécies* em 1859, Darwin apresentou, antes de mais nada, uma explicação para a origem da forma biológica. Na época, ele reconheceu que o padrão de aparecimento dos animais Cambrianos não se encaixava em sua imagem gradualista da história da vida. Assim, considerou a explosão Cambriana primeiramente como um problema de incompletude no registro fóssil.

Nos Capítulos 2, 3 e 4, expliquei por que o problema da descontinuidade fóssil exemplificado pelas formas Cambrianas, desde a época de Darwin, apenas se intensificou. No entanto, claramente um problema mais fundamental agora aflige toda a estrutura da teoria neodarwiniana moderna. O mecanismo neodarwiniano não leva em conta a origem da informação genética ou *epigenética* necessária para produzir novas formas de vida. Consequentemente, os problemas colocados à teoria pela explosão Cambriana permanecem sem solução. Além disso, o problema central que Darwin se propôs a responder em 1859, isto é, a origem da forma animal em geral, permanece sem resposta, como Müller e Newman, em particular, observaram.[37]

Os críticos contemporâneos do neodarwinismo reconhecem, é claro, que formas preexistentes de vida podem se *diversificar* sob as influências gêmeas da seleção natural e da mutação genética. Processos microevolutivos conhecidos podem ser responsáveis por pequenas mudanças na coloração das *Biston betularia*, a aquisição de resistência a antibióticos em diferentes cepas de bactérias e variações cíclicas no tamanho do bico dos tentilhões de Galápagos. No entanto, muitos biólogos agora argumentam que a teoria neodarwiniana não fornece uma explicação adequada para a origem de novos planos corporais ou eventos, como a explosão Cambriana.

Por exemplo, o biólogo evolucionista Keith Stewart Thomson, ex-integrante da Universidade de Yale, expressou dúvidas de que mudanças morfológicas em grande escala poderiam se acumular por pequenas mudanças no nível genético.[38] O geneticista George Miklos, da Universidade Nacional Australiana, argumentou que o neodarwinismo falha em fornecer um mecanismo que pode produzir inovações em grande escala na forma e estrutura.[39] Os biólogos Scott Gilbert, John Opitz e Rudolf Raff tentaram desenvolver uma nova teoria da evolução para suplementar o neodarwinismo clássico, que, eles argumentam, não pode explicar adequadamente a mudança macroevolutiva em grande escala. Como eles observam:

> *A partir da década de 1970, muitos biólogos começaram a questionar sua adequação [do neodarwinismo] para explicar a evolução. A genética pode ser adequada para explicar a microevolução, mas as mudanças microevolutivas na frequência do gene não foram vistas como capazes de transformar um réptil em um mamífero ou de converter um peixe em um anfíbio. A microevolução é voltada para as adaptações que dizem respeito à sobrevivência do mais apto, não para como chegar no mais apto. Como Goodwin (1995) aponta, "a origem das espécies, o problema de Darwin, permanece sem solução".*[40]

Gilbert e seus colegas tentaram resolver o problema da origem da forma invocando mutações em genes chamados genes *Hox*, que regulam a expressão de outros genes envolvidos no desenvolvimento animal, uma abordagem que examinarei no Capítulo 16.[41] Não obstante, muitos biólogos e paleontólogos importantes, Gerry Webster e Brian Goodwin, Günter Theissen, Marc Kirschner e John Gerhart, Jeffrey Schwartz, Douglas Erwin, Eric Davidson, Eugene Koonin, Simon Conway Morris, Robert Carroll, Gunter Wagner, Heinz-Albert Becker e Wolf-Eckhart Lönnig, Stuart Newman e Gerd Müller, Stuart Kauffman, Peter Stadler, Heinz Saedler, James Valentine, Giuseppe Sermonti, James Shapiro e Michael Lynch, para citar alguns, levantaram questões sobre a adequação do padrão do mecanismo neodarwiniano e/ou o problema da novidade evolutiva em particular.[42] Por essa razão, a explosão Cambriana agora se parece menos com a pequena anomalia que Darwin acreditava ser, e mais com um enigma profundo, que exemplifica um problema fundamental e ainda não resolvido, a origem da forma animal.

PARTE TRÊS

APÓS DARWIN, O QUÊ?

15

O MUNDO PÓS-DARWINIANO E A AUTO-ORGANIZAÇÃO

O ano de 2009 marcou o 150º aniversário da publicação de *A Origem das Espécies*. Naquele ano, o renomado paleontólogo cambriano Simon Conway Morris publicou um ensaio no periódico *Current Biology* intitulado "Walcott, the Burgess Shale and rumours of a post-Darwinian world" [Walcott, o Folhelho de Burgess e rumores de um mundo pós-darwiniano, em tradução livre], avaliando o estado atual da biologia evolutiva. "Em todos os pontos de *A Origem*, os argumentos se encaixam habilmente um a um, o alto edifício se ergue e os criacionistas são deixados permanentemente em sua sombra", escreveu ele. "Mas não quando se trata do aparecimento aparentemente abrupto de fósseis de animais."[1] Em vez disso, os problemas não resolvidos expostos pela explosão Cambriana, na visão de Conway Morris, "abriram o caminho para um mundo pós-darwiniano".[2] As evidências que analisamos nas seções anteriores do livro, evidências para uma explosão *real*, em vez de apenas aparente, da forma animal no registro fóssil e contra o mecanismo neodarwiniano como explicação para a origem da forma e da informação, podem ajudar a explicar por que a biologia começou a entrar em tal mundo.

Além disso, quaisquer dúvidas de que, pelo menos, alguns biólogos começaram a abraçar uma perspectiva pós-darwiniana deveriam ter sido colocadas de lado no verão de 2008, quando 16 biólogos *evolucionistas* influentes se reuniram para uma conferência privada no Instituto Konrad Lorenz em Altenberg,

282 A DÚVIDA DE DARWIN

Áustria. Os cientistas, que a mídia científica mais tarde apelidou de "Altenberg 16",[3] se encontraram para explorar o futuro da teoria da evolução. Esses biólogos tinham muitas ideias diferentes, e às vezes conflitantes, sobre como novas formas de vida poderiam ter evoluído. Mas todos estavam unidos pela convicção de que a síntese neodarwiniana havia chegado ao fim de sua vida e que novos mecanismos evolutivos eram necessários para explicar a origem da forma biológica. Como o paleontólogo Graham Budd, que estava presente, explicou: "Quando o público pensa sobre a evolução, eles pensam sobre [coisas como] a origem das asas. Mas essas são coisas sobre as quais a teoria evolucionária pouco nos disse."[4]

Claro, explicar a origem da forma é precisamente o que tornou a explosão Cambriana tão misteriosa. No Capítulo 7, ao discutir a ideia de equilíbrio pontuado, citei os paleontólogos Cambrianos James Valentine e Douglas Erwin, que chegaram a essa mesma conclusão. Eles argumentaram que nem o equilíbrio pontuado nem o neodarwinismo foram responsáveis pela origem de novos planos corporais e que, consequentemente, a biologia precisa de uma nova teoria para explicar "a evolução da novidade".[5]

O Altenberg 16 procurou enfrentar esse desafio. Desde a conferência, e por quase duas décadas antes dela, muitos biólogos evolucionistas têm trabalhado para formular novas teorias da evolução, ou, pelo menos, novas ideias sobre mecanismos evolutivos com mais poder criativo do que a mutação e a seleção natural sozinhas. Cada uma dessas novas teorias tenta responder à pergunta cada vez mais urgente: depois de Darwin, ou do neodarwinismo, *o quê*?

A TRÍADE NEODARWINIANA

O mecanismo neodarwiniano baseia-se em três afirmações centrais: primeiro, que a mudança evolutiva ocorre como resultado de variações (ou mutações) minúsculas e aleatórias; em segundo lugar, que o processo de seleção natural peneira entre essas variações e mutações, de modo que alguns organismos deixam mais descendentes do que outros (reprodução diferencial) com base na presença ou ausência de certas variações; e terceiro, as variações favorecidas devem ser *herdadas* fielmente nas gerações subsequentes de organismos, fazendo com que a população em que residem mude ou evolua com o tempo.[6] Os biólogos Marc Kirschner e John Gerhart chamam esses três elementos, variação, seleção natural e herdabilidade, de os "três pilares" da evolução neodarwiniana.[7]

Os biólogos evolucionistas que agora duvidam da teoria neodarwiniana ortodoxa normalmente questionam ou rejeitam um ou mais dos elementos dessa

O mundo pós-darwiniano e a auto-organização   283

tríade neodarwiniana (ver Fig. 16.1). Eldredge e Gould questionaram o gradualismo darwiniano, o que os levou a rejeitar a ideia de que a mudança mutacional ocorre em incrementos mínimos (ou seja, o primeiro elemento da tríade neodarwiniana que acabamos de mencionar). Desde então outros biólogos evolucionistas rejeitaram outros elementos centrais do mecanismo neodarwiniano e procuraram substituí-los por outros mecanismos ou processos. Este capítulo examinará uma nova classe de modelos evolutivos pós-neodarwinianos que tentam explicar a origem da forma biológica reduzindo a ênfase no papel das mutações aleatórias. Em vez disso, esses modelos enfatizam a importância das leis ou processos "auto-organizacionais" para a evolução da forma biológica.

MODELOS AUTO-ORGANIZACIONAIS

Muito antes da reunião de Altenberg 16, um número significativo de teóricos da evolução já haviam começado a explorar alternativas para a síntese neodarwiniana. O equilíbrio pontuado era uma dessas alternativas. Mas, à medida que as críticas científicas a essa teoria começaram a crescer durante as décadas de 1980 e 1990, um grupo de cientistas associados a um grupo de reflexão no Novo México, o Instituto Santa Fé, desenvolveu uma nova abordagem teórica. Eles chamaram de "auto-organização".

Considerando que o neodarwinismo explica a origem da forma e estrutura biológicas como consequência da seleção natural agindo em mutações aleatórias, os teóricos da auto-organização sugerem que a forma biológica muitas vezes surge (ou "auto-organiza") espontaneamente como consequência das leis da natureza (ou "leis da forma"). Eles teorizam que a seleção natural atua para preservar essa ordem que surge espontaneamente. Eles acham que a ordem auto-organizada espontânea, e não as mutações genéticas aleatórias, normalmente fornece a fonte final da nova forma biológica. Assim, eles diminuem a ênfase em duas das três partes da tríade neodarwiniana clássica: mutações aleatórias e, em menor grau, seleção natural.

Em 1993, o mais proeminente cientista associado ao Instituto Santa Fé, o ex-bioquímico da Universidade da Pensilvânia Stuart Kauffman (ver Fig. 15.1), lançou uma dissertação muito aguardada, *The Origins of Order: Self-Organization and Selection in Evolution* [*As Origens da Ordem: Auto-Organização e Seleção na Evolução*, em tradução livre].[8] Kauffman articulou uma crítica incisiva ao poder criativo do mecanismo de mutação e seleção, enfatizando algumas das críticas descritas nos capítulos anteriores. Kauffman apresentou uma teoria alternativa abrangente para explicar o surgimento de uma nova forma. Além disso, apresentou uma proposta específica para explicar a explosão Cambriana.[9]

FIGURA 15.1
Stuart Kauffman. *Cortesia do Wikimedia Commons, usuário Teemu Rajala.*

Kauffman observa que o desenvolvimento dos planos corporais animais envolve duas fases: diferenciação celular e morfogênese do plano corporal (organização celular). Ele explora a possibilidade de que os processos auto-organizacionais em ação hoje, especificamente na diferenciação celular e na formação do plano corporal, possam ajudar a explicar como novas formas animais se originaram no passado.

Primeiro Kauffman propõe que as redes reguladoras de genes em células animais, genes que regulam outros genes, influenciam a diferenciação celular. Elas fazem isso gerando "vias de diferenciação"[10] previsíveis, padrões pelos quais um tipo de célula emergirá de outro ao longo do desenvolvimento embriológico à medida que as células se dividem. Por exemplo, no início do desenvolvimento embriológico, um tipo de célula (chame-o de tipo de célula "A") se dividirá e dará origem a dois outros tipos de células (chame-os de tipos "B" e "C"), que eventualmente gerarão os tipos de células "D" e "E," e "F e G," respectivamente, e muitos outros tipos de células conforme o processo continua. Kauffman sugere que essas vias de diferenciação "podem refletir características de auto-organização de redes reguladoras de genes complexas".[11] Em outras palavras, redes reguladoras de genes em células embrionárias determinam as vias pelas quais as células se dividem e se diferenciam. Uma vez que esses padrões de diferenciação celular podem ser *determinados* por genes reguladores, Kauffman os considera os subprodutos inevitáveis dos processos auto-organizacionais. Além disso, uma vez que "as vias de diferenciação celular [estiveram] presentes em todos os organismos multicelulares, presumivelmente desde o Pré-cambriano",[12] ele sugere que as propriedades de auto-ordenação "ineren-

O *mundo pós-darwiniano e a auto-organização* 285

tes a uma ampla classe de redes reguladoras de genes"[13] desempenharam um papel significativo na origem das formas animais.

Kauffman defende a importância dos processos auto-organizacionais durante a morfogênese do plano corporal, a segunda fase do desenvolvimento animal. Essa fase não envolve tanto a diferenciação de um tipo de célula de outro, mas o arranjo e organização de diferentes tipos de células em tecidos e órgãos distintos que, juntos, constituem vários planos do corpo animal.

Kauffman novamente aponta para processos conhecidos de desenvolvimento do plano corporal e sugere que eles poderiam ter desempenhado um papel importante na formação dos primeiros planos corporais dos animais. Ele cita a importância da informação estrutural ou "posicional"[14] nas células e membranas celulares como os determinantes cruciais de como diferentes tipos de células são organizados em diferentes formas animais. Discuti a importância de tais informações "epigenéticas" para o desenvolvimento animal no Capítulo 14 e expliquei por que elas representam um problema para a teoria neodarwiniana. Ao reconhecer a importância de tais informações, Kauffman também rejeita a suposição neodarwiniana de que um "programa genético" determina inteiramente o desenvolvimento animal. Ele ainda considera os padrões de desenvolvimento que resultam dessa informação posicional como evidência de tendências de auto-ordenação na matéria e da existência de leis da forma biológica.

Essas tendências auto-ordenadoras ou leis da forma, se existem, explicam a origem dos planos corporais animal e as informações necessárias para construí-los? Elas não explicam.

Auto-organização e informação epigenética

Para entender por que, vamos primeiro ver como Kauffman tenta explicar a informação epigenética "posicional" que direciona a organização das células na segunda fase do desenvolvimento animal. Kauffman tenta explicar essa informação "posicional" oferecendo uma proposta inteiramente hipotética e, fundamentalmente, sem nenhuma evidência. Ele invoca uma ideia esboçada na década de 1940 pelo famoso matemático inglês Alan Turing.[15] Turing propôs que arranjos específicos de células no desenvolvimento animal podem, em última instância, derivar da difusão e arranjo específico de moléculas cruciais, provavelmente algo como as proteínas morfogênicas presentes nas células embrionárias. (Lembre-se de que os morfogênicos, ou proteínas morfogênicas, influenciam a diferenciação e a organização das células durante o desenvolvi-

286   A DÚVIDA DE DARWIN

mento animal.) Em vez de atribuir a distribuição dessas proteínas morfogênicas a informações genéticas e epigenéticas preexistentes nas células, como ocorre durante o desenvolvimento em animais modernos, Turing postulou que a distribuição dessas moléculas pode ter se originado inicialmente, independentemente de informações como o resultado de reações químicas simples. Ele imaginou uma molécula produzindo uma cópia de si mesma ("autocatalisando") e, além disso, produzindo uma molécula diferente também. Em seguida, ele vislumbrou uma dessas moléculas inibindo a produção da outra, permitindo assim, por meio de ciclos repetidos, a produção de mais e mais de uma molécula e cada vez menos da outra. Turing pensava que as não uniformidades resultantes nos padrões de distribuição dessas moléculas acabariam por resultar em padrões não uniformes nas distribuições de diferentes células, possivelmente resultando em diferentes formas animais.

Kauffman expandiu essa proposta como uma forma de entender como a informação posicional crucial pode se organizar como resultado de interações químicas de diferentes moléculas. No entanto, sua proposta sofre com um problema óbvio: carece de qualquer especificidade química ou biológica. Ao explicar a proposta, Kauffman não menciona quaisquer produtos químicos ou proteínas específicas que se comportariam da maneira que ele imagina. Em vez disso, descreve o comportamento de moléculas hipotéticas que ele rotula com os apelidos indistintos "X" e "Y". Mais importante, Kauffman não oferece nenhuma evidência de que os produtos químicos interagindo da maneira que ele imagina possam criar configurações ou distribuições *biologicamente relevantes* específicas de proteínas morfogênicas, isto é, dos processos que geram distribuições especificamente arranjadas dessas proteínas em células embrionárias *ricas em informações preexistentes* nos dias de hoje.

Em vez disso, é inerentemente implausível pensar que a especificidade necessária para coordenar os movimentos e arranjos dos bilhões ou trilhões de células presentes em formas de animais adultos poderia ser estabelecida pelas interações de um ou dois produtos químicos simples, mesmo que se formassem ciclos autocatalíticos. O próprio Kauffman parece reconhecer tacitamente a dificuldade de gerar especificidade biológica apenas a partir das reações de produtos químicos. Ele observa, em uma crítica a seu próprio modelo, que os padrões de difusão molecular produzidos por autocatálise química dependeriam crucialmente das "condições iniciais".[16] Em outras palavras, obter um arranjo rico em informações biologicamente relevantes de proteínas morfogênicas exigiria começar com um arranjo muito específico (presumivelmente rico em informações) de moléculas autocatalisadoras.

O *mundo pós-darwiniano e a auto-organização*   287

Kauffman encontra esse mesmo problema ao tentar explicar a origem da primeira vida como o resultado de reações autocatalíticas iniciadas por uma sopa pré-biótica. Em *The Origins of Order* [*As Origens da Ordem*, em tradução livre], ele reconhece que a geração de um conjunto de moléculas autocatalíticas ou autorreprodutoras, uma etapa crucial em seu cenário de origem da vida, exigiria "alta especificidade molecular"[17] no conjunto inicial de peptídeos ou moléculas RNA. Em outras palavras, exigiria especificidade de *arranjo* e estrutura, ou seja, informações funcionais.

Auto-organização e informação genética

E quanto à informação especificamente *genética*, necessária para a fase anterior do desenvolvimento animal? A teoria auto-organizacional de Kauffman explica a origem das "redes reguladoras de genes" necessárias para a diferenciação celular? Novamente, não explica. Em vez disso, de uma forma ainda mais óbvia, levanta a questão da origem dessas redes reguladoras. Na verdade, embora Kauffman discuta a diferenciação celular como uma espécie de "auto-ordenação" ou processo auto-organizacional, ele reconhece que as vias previsíveis de diferenciação que caracterizam esse processo *derivam de* redes reguladoras de genes *preexistentes*. Como Kauffman observa, as tendências de ordenação espontânea na diferenciação celular são "*inerentes* a uma ampla classe de redes reguladoras de genes".[18] Na verdade, a informação genética nessas redes não *vem* de processos de auto-ordenação de diferenciação celular. Em vez disso, a diferenciação celular, na medida em que pode ser apropriadamente descrita como "auto-ordenação", *resulta* de fontes genéticas de informação preexistentes. Assim, o processo auto-organizacional que Kauffman cita não pode *explicar* a origem da informação genética porque deriva dela, como revela a própria descrição de Kauffman.

Em um livro posterior, *At Home in the Universe: The Search for the Laws of Self-Organization and Complexity* [*Em Casa no Universo: A Busca pelas Leis de Auto-Organização e Complexidade*, em tradução livre], Kauffman oferece simulações de computador de dois "sistemas modelo"[19] que procuram explicar, pelo menos em princípio, como a informação genética pode ter se auto-organizado. Em um exemplo, ele descreve um sistema de botões conectados por cordas.[20] Os botões representam novos genes ou proteínas e os fios representam forças auto-organizacionais de atração entre as proteínas. Kauffman sugere que quando a complexidade desse sistema atinge um limite crítico (conforme representado pelo número de botões e cordas), novos modos de organização podem surgir

288   A DÚVIDA DE DARWIN

no sistema "do nada"[21], sem orientação inteligente, semelhante à forma como a água muda espontaneamente para gelo ou vapor sob condições específicas.

Kauffman pede a seus leitores que imaginem um sistema de muitas luzes interconectadas. Cada luz pode acender em vários estados, ligada, desligada, piscando e assim por diante. Visto que cada luz pode adotar mais de um estado possível, o sistema pode adotar um grande número de estados possíveis. Além disso, em seu sistema, as regras determinam como os estados passados influenciam os estados futuros. Kauffman afirma que, como resultado dessas regras, o sistema, se *devidamente ajustado*, acabaria por produzir um tipo de ordem em que alguns padrões básicos de atividade de luz recorrem com frequência maior do que a aleatória. Uma vez que esses padrões representam uma pequena porção do número total de estados possíveis nos quais o sistema pode residir, Kauffman sugere que as leis auto-organizacionais podem, da mesma forma, encontrar resultados biológicos altamente improváveis, talvez até mesmo sequências funcionais de bases ou aminoácidos dentro de uma sequência muito maior do espaço de possibilidades.[22] Não é difícil ver por que essas simulações também falhariam em explicar a origem dos novos genes e proteínas necessários para produzir os animais Cambrianos. Em ambos os exemplos, Kauffman *pressupõe* fontes significativas de informações preexistentes. Em sua simulação de botões e cordas, ele pretende que os botões representem proteínas, eles próprios o resultado de informações genéticas preexistentes. De onde veio essa informação? Kauffman não diz, mas é uma parte essencial do que precisa de explicação na história da vida. Da mesma forma, em seu sistema de luz, a ordem que supostamente surge "de graça", isto é, além de uma entrada inteligente de informações, só o faz se, como Kauffman reconhece, o programador "ajustar" o sistema para impedi-lo de (a) gerar uma ordem excessivamente rígida ou (b) cair no caos.[23] Esse ajuste presumivelmente envolve um inteligente programador selecionando certos parâmetros e excluindo outros, isto é, inserindo informações. Na verdade, ao resumir a importância desta ilustração, Kauffman insiste que ela mostra como a "ordem da célula, há muito atribuída ao aperfeiçoamento da evolução darwiniana, parece provavelmente surgir da *dinâmica da rede do genoma*",[24] isto é, de fontes preexistentes, inexplicadas, de informação genética.

Além disso, os sistemas modelo de Kauffman não são análogos aos sistemas biológicos porque não são limitados por considerações funcionais. Um sistema de luzes interconectadas governado por regras pré-programadas pode muito bem se estabelecer em um pequeno número de padrões dentro de um espaço muito maior de possibilidades. Mas, uma vez que esses padrões não têm função e não precisam atender a nenhum requisito funcional, eles não têm

O *mundo pós-darwiniano e a auto-organização*   289

especificidade análoga à dos genes dos organismos reais. Os sistemas de modelo de Kauffman não produzem sequências ou sistemas caracterizados por complexidade *especificada* ou informações funcionais. Eles produzem módulos de ordem repetitiva distribuídos de forma aperiódica, gerando mera complexidade (ou seja, informações apenas no sentido de Shannon).[25] Fazer com que um sistema governado por leis gere padrões repetitivos de luzes piscantes, mesmo com uma certa variação, é interessante, mas não biologicamente relevante. Um sistema de luzes piscando "Vote em Jones", por outro lado, modelaria um resultado biologicamente relevante, pelo menos, se tal sequência funcional de letras surgisse sem agentes inteligentes programando o sistema com quantidades equivalentes de informações funcionalmente especificadas.

Kauffman no Cambriano

Kauffman também propõe um mecanismo auto-organizacional específico para explicar alguns aspectos da explosão Cambriana. De acordo com Kauffman, novos animais Cambrianos surgiram por meio de mutações de "salto à distância", que estabeleceram novos planos corporais de maneira discreta, em vez de gradual.[26] Ele reconhece que as mutações que afetam o desenvolvimento inicial são quase que inevitavelmente prejudiciais.[27] Assim, conclui que os planos corporais, uma vez estabelecidos, não mudarão, independentemente da evolução subsequente que possa ocorrer. Isso mantém sua proposta consistente com um padrão descendente no registro fóssil no qual táxons superiores (e os planos corporais que representam) aparecem primeiro, para serem apenas mais tarde seguidos pela multiplicação de táxons inferiores representando variações dentro dos desenhos originais dos corpos.

Mesmo assim, a proposta de Kauffman levanta a questão mais importante: *o que produz os novos planos corporais Cambrianos em primeiro lugar?* Ao invocar "mutações de salto à distância", ele não identifica nenhum processo auto-organizacional específico que possa produzir tais mudanças. Além disso, ele admite um princípio que prejudica sua própria proposta. Como observado acima, Kauffman reconhece que as mutações no início do desenvolvimento são quase inevitavelmente deletérias. No entanto, os biólogos do desenvolvimento sabem que esses são os únicos tipos de mutações que têm uma chance realista de produzir mudanças evolutivas em larga escala, os grandes saltos que Kauffman invoca. Embora Kauffman repudie a confiança neodarwiniana em mutações aleatórias, ele deve invocar o tipo mais implausível de mutação aleatória para fornecer um relato auto-organizacional dos novos planos corporais Cambrianos.

KITS DE FERRAMENTAS DE DESENVOLVIMENTO
E PROCESSOS AUTO-ORGANIZACIONAIS

Mais recentemente, outro defensor da auto-organização, Stuart Newman, biólogo celular do New York Medical College, publicou vários artigos sugerindo que os processos auto-organizacionais podem ajudar a explicar a origem dos planos corporais. Em um artigo no volume produzido na conferência de Altenberg 16, Newman desenvolve um modelo que se assemelha ao de Kauffman, mas que oferece mais especificidade biológica.[28]

Newman, como Kauffman, invoca processos auto-organizacionais. Mas Newman vê esses processos atuando dinamicamente e em *coordenação* com um "kit de ferramentas" genéticas. Seu modelo enfatiza a importância de um conjunto altamente conservado (ou seja, semelhante) de genes regulatórios em todos os principais táxons do Cambriano. Em sua opinião, esse "kit de ferramentas genéticas de desenvolvimento"[29] tem sido usado "para gerar planos corporais animal e formas de órgãos por mais de meio bilhão de anos"[30] desde o início do reino animal.

Mas se todos os táxons animais têm o mesmo kit de ferramentas, por que as várias formas animais e os táxons de metazoários superiores são tão diferentes um do outro? Para Newman, a resposta a essa questão requer a compreensão de como os processos de auto-organização influenciam a interação das células durante o desenvolvimento e como eles fazem com que os genes adquiram diferentes funções que afetam as interações das células.

Por exemplo, ele atribui o surgimento da multicelularidade às células que adquirem a capacidade de "permanecer ligadas umas às outras após a divisão".[31] Essa capacidade, por sua vez, não deriva da geração de novos genes e proteínas (como o neodarwinismo assumiria). Em vez disso, deriva do reaproveitamento de genes e proteínas antigos em resposta a processos auto-organizacionais (e epigenéticos) específicos, como a "força física de adesão".[32] Newman propõe, ainda, que uma vez que os primeiros organismos multicelulares tenham surgido, eles teriam "preparado o terreno para processos físicos adicionais entrarem em ação"[33], processos que poderiam alterar a expressão e função de outros genes no kit de ferramentas genéticas de desenvolvimento, resultando em planos corporais totalmente novos e diferentes. Como Newman explica: "o fenômeno da multicelularidade abriu possibilidades para que essas moléculas se envolvessem na moldagem de corpos e órgãos."[34]

Newman imagina novos planos corporais animais resultantes de células diferentes aderindo umas às outras em configurações diferentes devido a diferentes forças de atração entre as moléculas na superfície das células e diferentes padrões de distribuição de moléculas cruciais dentro das células. Ele chama essas forças e fatores auto-organizacionais de "módulos de padronização dinâmica" (ou DPMs).[35] A Figura 15.2 mostra algumas maneiras típicas pelas quais as células se agrupam ou se organizam como resultado dessas forças auto-organizacionais. Newman lista muitos "módulos de padronização dinâmica", ou forças auto-organizacionais, responsáveis pelo surgimento espontâneo desses diferentes grupos de células, incluindo "adesão, forma e polarização de superfície, alternando entre estados bioquímicos alternativos, oscilação bioquímica e a secreção de difusíveis e fatores não difusíveis".[36]

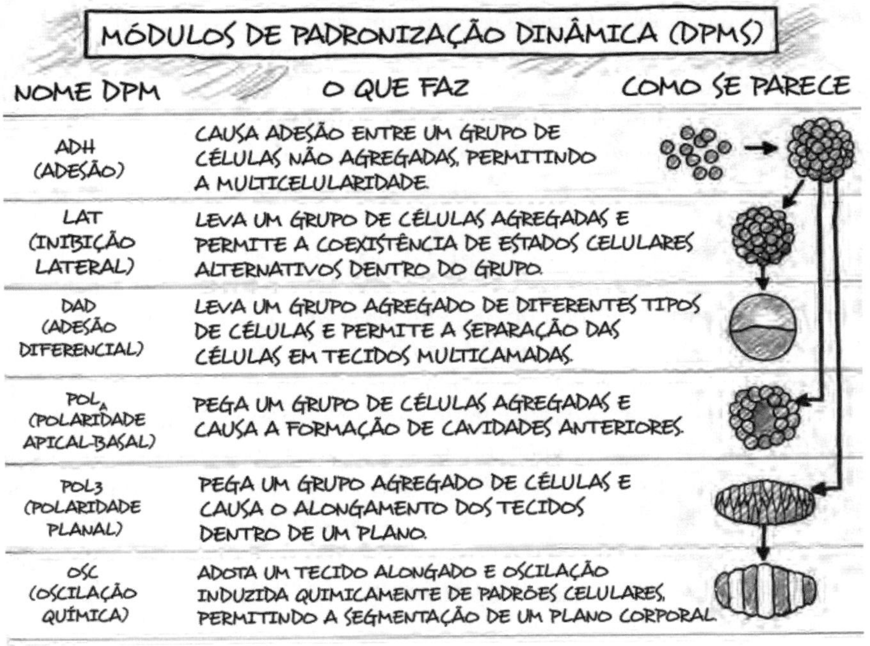

MÓDULOS DE PADRONIZAÇÃO DINÂMICA (DPMS)		
NOME DPM	O QUE FAZ	COMO SE PARECE
ADH (ADESÃO)	CAUSA ADESÃO ENTRE UM GRUPO DE CÉLULAS NÃO AGREGADAS, PERMITINDO A MULTICELULARIDADE.	
LAT (INIBIÇÃO LATERAL)	LEVA UM GRUPO DE CÉLULAS AGREGADAS E PERMITE A COEXISTÊNCIA DE ESTADOS CELULARES ALTERNATIVOS DENTRO DO GRUPO.	
DAD (ADESÃO DIFERENCIAL)	LEVA UM GRUPO AGREGADO DE DIFERENTES TIPOS DE CÉLULAS E PERMITE A SEPARAÇÃO DAS CÉLULAS EM TECIDOS MULTICAMADAS.	
POL$_A$ (POLARIDADE APICAL-BASAL)	PEGA UM GRUPO DE CÉLULAS AGREGADAS E CAUSA A FORMAÇÃO DE CAVIDADES ANTERIORES.	
POL3 (POLARIDADE PLANAR)	PEGA UM GRUPO AGREGADO DE CÉLULAS E CAUSA O ALONGAMENTO DOS TECIDOS DENTRO DE UM PLANO.	
OSC (OSCILAÇÃO QUÍMICA)	ADOTA UM TECIDO ALONGADO E OSCILAÇÃO INDUZIDA QUIMICAMENTE DE PADRÕES CELULARES, PERMITINDO A SEGMENTAÇÃO DE UM PLANO CORPORAL.	

FIGURA 15.2

Módulos de Padronização Dinâmica (DPMs), mostrando as diferentes maneiras pelas quais, segundo o biólogo Stuart Newman, as células podem colar umas às outras ("agregar") e formar estruturas durante o desenvolvimento animal.

Para entender o que Newman tem em mente, pense nas células como blocos de Lego. Existem muitas maneiras diferentes de conectar blocos de Lego, dependendo da forma dos blocos e do padrão de saliências e reentrâncias neles. Esses padrões permitem que pequenos grupos de Legos sejam organizados em

292 A DÚVIDA DE DARWIN

diferentes estruturas modulares: cubos, paredes, anéis circulares e assim por diante. Cada uma dessas estruturas modulares menores pode então ser combinada para fazer muitas estruturas maiores diferentes, de aviões e arranha-céus a submarinos e castelos. De forma semelhante, Newman sugere que diferentes forças de adesão entre as células e diferentes padrões de difusão molecular dentro e entre as células gerarão muitos padrões ou motivos diferentes de organização multicelular, que por sua vez funcionam como elementos modulares que podem ser combinados de várias maneiras para fazer diversas formas animais.[37]

Esses processos auto-organizacionais explicam a origem dos planos corporais animais na explosão Cambriana ou as informações necessárias para produzir novas formas animais? Novamente, não explicam. Em vez disso, Newman, como Kauffman, ou falha em oferecer um mecanismo adequado para gerar fontes cruciais de informação biológica, ou simplesmente assume estar certo pressupondo a existência de várias fontes de informação.

ASSUMIR UM KIT DE FERRAMENTAS

Em primeiro lugar, Newman obviamente *pressupõe* a existência de um "kit de ferramentas genéticas de desenvolvimento", isto é, todo um conjunto de genes, incluindo genes reguladores, que ajudam a direcionar o desenvolvimento dos planos corporais dos animais. De onde vem essa informação genética? Ele não especifica, embora presumivelmente possa assumir que o mecanismo neodarwiniano, de alguma forma, produziu a informação genética do kit de ferramentas. Nesse caso, deixa seu modelo vulnerável às críticas descritas nos Capítulos 9 a 12. Ele certamente não cita nenhum processo especificamente auto-organizacional para explicar a origem do kit de ferramentas genéticas. Ele também parece pressupor incorretamente que os genes presentes neste kit de ferramentas comum fornecem todas as informações *genéticas* necessárias para especificar os planos corporais individuais. Mas isso ignora uma série de descobertas recentes que mostram que espécies individuais dentro de táxons específicos frequentemente requerem genes para o desenvolvimento que são específicos para essas espécies e táxons.[38] Assim, esses genes não estariam presentes em um kit de ferramentas de metazoários *comum* do tipo postulado por Newman.

Em segundo lugar, Newman não leva em conta a origem das informações necessárias para organizar arranjos modulares ou grupos de células em planos corporais animais inteiros. As forças em ação em seus módulos de padronização dinâmica explicam, na melhor das hipóteses, apenas os arranjos de

O *mundo pós-darwiniano e a auto-organização* 293

pequenos grupos de células, não os arranjos desses agrupamentos celulares modulares em tecidos, órgãos e planos de todo o corpo.

Pense, novamente, em organizar blocos de Lego. Existem muitas maneiras de organizar pequenos números desses blocos. Esses vários arranjos formam designs estruturais comuns, tais como: dois blocos unidos em ângulos retos; vários blocos curvos formando anéis circulares, blocos empilhados formando quadrados ocos, paredes ou formas semelhantes a cubos; blocos dispostos como prismas ou cilindros; camadas planas de blocos empilhados com duas ou três saliências de espessura ou mais. Embora esses elementos estruturais fiquem juntos devido às interações entre as saliências e endentações em cada bloco, essas saliências e endentações em si não especificam nenhuma estrutura maior particular, um castelo ou um avião, por exemplo, porque cada design pode ser combinado ou recombinado com muitos outros designs estruturais de inúmeras maneiras diferentes. A forma e as propriedades dos elementos modulares não ditam o tipo de estrutura maior que deve ser construída a partir deles. Em vez disso, para construir uma estrutura particular, os elementos modulares devem ser organizados de maneiras particulares. E uma vez que existem muitas maneiras possíveis de organizar esses elementos modulares, apenas uma ou algumas delas resultarão em uma estrutura desejada, cada conjunto de Lego inclui um projeto com instruções passo a passo, em outras palavras, informações adicionais.

De forma semelhante, a produção de um plano corporal a partir dos diferentes tipos de aglomerados de células gerados pelos módulos de padronização dinâmica (DPMs) de Newman também exigiria informações adicionais. Newman não explica de onde vem essa informação. Ele destaca corretamente a maneira como certos designs recorrentes para organizar grupos de células parecem se formar espontaneamente como resultado de interações físicas entre células individuais (seus DPMs). Ele não estabelece, entretanto, que esses grupos de células devem se organizar em tecidos, órgãos ou planos corporais específicos em resposta a qualquer lei ou processo físico conhecido. Em vez disso, parece inteiramente possível que esses elementos modulares (aglomerados de células) tenham muitos "graus de liberdade" e possam ser organizados de inúmeras maneiras. Nesse caso, algumas informações adicionais, um projeto geral do organismo ou um conjunto de instruções de montagem, precisariam direcionar o arranjo desses elementos modulares. Newman não considera essa possibilidade. Ele também não cita qualquer processo auto-organizacional semelhante a uma lei que eliminaria a necessidade de tais informações para direcionar o desenvolvimento animal.

294 A DÚVIDA DE DARWIN

Há ainda um outro problema com a proposta de Newman. Mesmo a capacidade das células de se auto-organizarem em módulos de padronização dinâmica provavelmente deriva de fontes prévias de informação inexplicadas. Os DPMs de Newman, sem dúvida, se formam como resultado de interações entre moléculas na superfície das células e como resultado de gradientes químicos entre as células, com a configuração e propriedades específicas dessas moléculas determinando a estrutura exata dos DPMs individuais. Nesse sentido, os DPMs, é claro, se auto-organizam, mas claramente as maneiras específicas pelas quais as células normalmente se agrupam dependerão de forças altamente *específicas* e *complexas* de interação entre as moléculas e grupos de moléculas na superfície dessas células. Muitas das moléculas que contribuem para essas interações são, sem dúvida, proteínas, produtos óbvios da informação genética. Mas, além disso, as interações célula a célula são afetadas pelo arranjo das proteínas e outras moléculas na superfície das células (como os açúcares no código do açúcar, consulte o Capítulo 14), bem como pelo *arranjo das estruturas* feito de proteínas. Mas esses arranjos moleculares são, por sua vez, especificados por fontes genéticas preexistentes ou, mais provavelmente, por fontes *epigenéticas* de informação e estrutura. Assim, a análise de Newman mostra que as tendências de auto-ordenação (ou leis biológicas da forma), na medida em que existem, dependem de fontes preexistentes de *informação* biológica. Newman, novamente, não explica de onde vem essa informação.

Newman enfatiza como as fontes epigenéticas de informação afetam a manifestação e a função dos produtos gênicos durante o processo de desenvolvimento animal. Ele observa que diferentes produtos gênicos podem desempenhar diferentes funções, dependendo do contexto do organismo em que se encontram. Mas Newman não explica com nenhuma especificidade como os genes no kit de ferramentas comum adquirem funções diferentes em resposta a processos auto-organizacionais ou de onde vem a informação epigenética que determina essas funções. Porém, a expressão do gene claramente depende da existência de uma série de outras fontes epigenéticas *preexistentes* de informação e estrutura.

Lembre-se, por exemplo, da discussão sobre os alvos da membrana celular do Capítulo 14. Esses alvos fornecem uma importante fonte de informação epigenética, influenciando o posicionamento de proteínas morfogênicas cruciais. No entanto, os arranjos dos alvos na membrana celular não se auto-organizam como resultado de simples interações químicas entre as proteínas das quais são feitos[39], isto é, as proteínas não determinam a localização dos alvos de membrana no interior da célula. Em vez disso, a localização e a estrutura dos alvos da membrana são transmitidos da membrana parental para a membrana filha, um processo que transmite informações estruturais epigenéticas *preexistentes*

O *mundo pós-darwiniano e a auto-organização*   295

da membrana parental. Em vez disso, a localização e a estrutura dos alvos da membrana são transmitidos da membrana parental para a membrana filha, um processo que transmite as informações epigenéticas preexistentes da membrana parental. Em vez disso, a evidência indica que os alvos de membrana interna e externa, arranjos citoesqueléticos, o código do açúcar e muitas outras fontes de informação estrutural epigenética não se auto-organizam como resultado de interações físicas entre suas respectivas subunidades moleculares.[40]

ORDEM VS. INFORMAÇÃO

Além disso, os teóricos da auto-organização enfrentam uma distinção conceitual que lançou dúvidas sobre a relevância de suas teorias para os sistemas biológicos. Os teóricos da auto-organização procuram explicar a origem da "ordem" nos sistemas vivos por referência a processos puramente físicos ou químicos (ou leis que descrevem esses processos). Mas o que precisa ser explicado nos sistemas vivos não é principalmente a ordem no sentido de padrões simples, repetitivos ou geométricos. Em vez disso, o que requer explicação é a complexidade adaptativa e as informações, genéticas e epigenéticas, necessárias para construí-la.

No entanto, os defensores da auto-organização falham em oferecer exemplos de informações biológicas ou de estruturas anatômicas complexas decorrentes apenas da física e da química. Eles também apontam, como fazem Newman e Kauffman, para o desenvolvimento embriológico que se desdobra previsivelmente como resultado de produtos de genes *preexistentes* ricos em informações, membranas celulares e outras estruturas celulares preexistentes. Ou oferecem exemplos de processos puramente físicos e químicos que geram um tipo de ordem que tem pouca relevância para as características dos sistemas vivos que mais precisam de explicação.

No último caso, os teóricos da auto-organização frequentemente apontam para formas geométricas simples ou formas repetitivas de ordem que surgem ou são modificadas por processos puramente físicos ou químicos. Eles sugerem que tal ordem fornece um modelo para a compreensão da origem da informação biológica ou morfogênese do plano corporal.[41] Teóricos da auto-organização citaram cristais, vórtices e correntes de propagação (ou padrões estáveis de luzes piscando) para ilustrar o suposto poder dos processos físicos para gerar "ordem de graça". Cristais de sal se formam como resultado de forças de atração entre os íons de sódio e cloro; os vórtices podem resultar de forças gravitacionais e outras forças agindo sobre a água em uma banheira de drenagem; correntes de convecção emergem do ar quente (ou rocha derretida) subindo em espaços fechados. E algumas moléculas encontradas em sistemas vivos adotam estruturas altamente ordenadas e formas geométricas reconhecíveis como resultado apenas das interações físicas de suas partes constituintes. No entanto, o tipo de ordem evidente nessas moléculas ou sistemas físicos nada tem a ver com a "ordem" específica de arranjo, a informação ou complexidade especificada, que caracteriza o código digital no DNA e outras estruturas biológicas ricas em informações de nível superior.

Isso é mais fácil de ver no caso das informações codificadas no DNA e no RNA. Algumas das coisas que se seguem podem ser familiares a partir de minha discussão no Capítulo 8, mas vale a pena repetir. As bases na região codificadora de uma seção de DNA ou em um transcrito de RNA são tipicamente arranjadas de forma não repetitiva ou aperiódica. Essas seções de texto genético exibem o que os cientistas chamam de "complexidade", não simplesmente "ordem" ou "redundância".

Para ver a diferença entre ordem e complexidade, considere a diferença entre as seguintes sequências:

Na-Cl-Na-Cl-Na-Cl-Na-Cl
AZFRT < MPGRTSHKLKYR

A primeira sequência, que descreve a estrutura química dos cristais de sal, exibe o que os cientistas da informação chamam de "redundância" ou "ordem" simples. Isso ocorre porque os dois constituintes, Na e Cl (sódio e cloro), são altamente ordenados no sentido de serem arranjados de uma forma simples e rigidamente repetitiva. A sequência na parte inferior, ao contrário, exibe complexidade. Nessa sequência de caracteres gerada aleatoriamente, não existe um padrão repetitivo simples. Enquanto a sequência no topo poderia ser gerada por uma regra simples ou algoritmo de computador, como "cada vez que um Na surge, anexe um Cl a ele, e vice-versa", nenhuma regra mais curta do que a própria sequência poderia gerar a segunda sequência.

As sequências ricas em informações no DNA, RNA e proteínas, por contraste, são caracterizadas não por ordem simples ou mera complexidade, mas sim pela "complexidade especificada". Em tais sequências, o arranjo irregular e imprevisível dos caracteres (ou constituintes) é crítico para a função que a sequência executa. As três sequências abaixo ilustram essas distinções:

Na-Cl-Na-Cl-Na-Cl-Na-Cl (Ordem)

AZFRT< MPGRTSHKLKYR (Complexidade)

O tempo não perdoa ninguém (Complexidade especificada)

O que tudo isso tem a ver com auto-organização? Simplesmente isto: os processos de auto-organização semelhantes a leis que geram o tipo de ordem presente em um cristal ou vórtice também não geram sequências ou estruturas complexas; muito menos complexidade especificada, o tipo de "ordem" presente em um gene ou órgão funcionalmente complexo.

As leis da natureza, por definição, descrevem fenômenos repetitivos, ordem nesse sentido, que podem ser descritos com equações diferenciais ou declarações universais do tipo "se-então". Considere, por exemplo, estas expressões informais da lei da gravidade: "Todos os corpos sem suporte caem" ou "*Se* um corpo elevado for deixado sem suspensão, *então* ele cairá". Essas declarações representam descrições razoavelmente precisas, semelhantes a leis, de fenômenos gravitacionais naturais, precisamente porque temos repetidas experiências de corpos sem apoio caindo ao solo. Na natureza, a repetição fornece material para descrições em forma de leis.

Entretanto, as sequências portadoras de informações em moléculas de DNA e RNA que codificam proteínas não exibem tal "ordem" repetitiva. Sendo assim, essas sequências não podem ser descritas nem explicadas por referência a uma lei natural ou processo "auto-organizacional" semelhante a uma lei. O tipo de "ordem" não repetitiva em exibição no DNA e RNA, uma "ordem" sequencial precisa necessária para garantir a função, não é o tipo que as leis da natureza ou processos auto-organizacionais semelhantes a leis podem, em princípio, gerar ou explicar.

Caso contrário, as bases de nucleotídeos se repetiriam rigidamente, como ACA-CACACACACACAC, de uma forma que não permitiria ao DNA armazenar ou transmitir informações especificadas. Uma característica curiosa da química do DNA permite que qualquer uma das quatro bases de nucleotídeos se fixe em qualquer local da estrutura interna da molécula de DNA. Essa indeterminação química torna possível ao DNA e ao RNA armazenar qualquer número virtualmente ilimitado de diferentes arranjos de bases de nucleotídeos, na verdade, codificar qualquer mensagem genética. Mas essa indeterminação também desafia categoricamente a explicação por forças determinísticas semelhantes a leis de atração química. E como as forças de atração não determinam a sequência das bases nucleotídicas no DNA ou RNA, a *origem* do arranjo específico das bases, as informações no DNA e no RNA, também não pode ser atribuída a forças de atração auto-organizadas.

Hubert Yockey, um inovador líder na aplicação da teoria da informação à biologia molecular, primeiro reconheceu os problemas associados à invocação da auto-organização para explicar a origem da informação biológica. Ele argumentou que essas teorias falham por duas razões. Primeiro, elas não distin-

298 A DÚVIDA DE DARWIN

guem ordem de informação. E, em segundo lugar, a informação na molécula de DNA não deriva de forças de atração semelhantes a leis.[42] Como ele explicou em 1977: "Tentativas de relacionar a ideia de ordem [...] com organização biológica ou especificidade devem ser consideradas como um jogo de palavras que não é capaz de suportar um escrutínio cuidadoso. As macromoléculas informativas podem codificar mensagens genéticas e, portanto, podem transportar informações porque a sequência de bases ou resíduos é muito pouco afetada, se é que é afetada, por fatores físico-químicos [auto-organizados]."[43]

Quase a mesma coisa é verdade para muitas fontes vitais de informação epigenética. As forças de atração entre as proteínas constituintes em alvos de membrana ou arranjos citoesqueléticos, por exemplo, não determinam a estrutura ou localização dessas estruturas epigenéticas e as informações posicionais que elas fornecem. A *origem* dessas estruturas também não pode ser atribuída a forças de atração auto-organizadas. Em vez disso, em cada caso, estruturas epigenéticas ricas em informações são geradas a partir de fontes preexistentes de informações epigenéticas.

Assim, as teorias auto-organizacionais explicam bem o que não precisa ser explicado principalmente em biologia, isto é, formas geométricas repetitivas ou de ordem simples. Os teóricos da auto-organização citam estruturas que podem ter se auto-organizado. Mas esses exemplos são tipicamente extremamente modestos em escopo. Eles incluem padrões repetidos de átomos em cristais; figuras geométricas simples; padrões de linhas, triângulos e listras; vórtices; correntes de ondas espirais; e formas simples que deslizam pelas telas do computador.[44] Nenhum exibe a complexidade especificada que caracteriza a informação digital em DNA e RNA ou os arranjos complexos de proteínas, células, tecidos e órgãos necessários para construir uma forma funcional de vida animal.

MAGIA NATURAL OU CAUSA VERDADEIRA?

Em 2007, participei de uma reunião privada de biólogos evolucionistas e outros cientistas que compartilhavam a convicção de que uma nova teoria das origens biológicas agora é necessária. Estiveram presentes vários defensores proeminentes da abordagem de auto-organização. Durante a reunião, esses cientistas apresentaram analogias intrigantes da física e da química para mostrar como a ordem pode ter surgido "de graça", isto é, sem orientação inteligente, no reino biológico. No entanto, a ordem que eles descreveram nessas analogias parecia não ter relevância direta para a complexidade, na verdade, a complexidade especificada, dos genes ou membranas celulares ou planos do corpo animal. Outros cientistas na conferência desafiaram os defensores da auto-organização

O *mundo pós-darwiniano e a auto-organização* 299

a citarem processos conhecidos que poderiam produzir formas e informações biologicamente relevantes.

Perto do final da reunião, um defensor da auto-organização reconheceu para mim em particular a validade dessas críticas, admitindo que, por enquanto, "a auto-organização é realmente mais um slogan do que uma teoria". Stuart Kauffman, talvez tentando fazer da necessidade de aceitar esse deficit explicativo uma virtude, recentemente celebrou a perspectiva auto-organizacional para abraçar o que ele chama de "magia natural". Em uma palestra no MIT, ele concluiu: "A vida borbulha em uma magia natural além dos limites da lei envolvente, além da matematização."[45] Ele passou a explicar que um benefício da perspectiva auto-organizacional é que ela nos permite ser "reencantados" com a natureza e "encontrar um caminho além da modernidade".[46]

Desde o início da ciência moderna, os cientistas defendem um princípio de raciocínio científico de senso comum conhecido como princípio *vera causa*. Esse princípio sustenta que explicar um determinado fenômeno ou evento requer a identificação de uma "causa verdadeira", que é conhecida por ter o poder de produzir o evento ou fenômeno em questão. Os primeiros cientistas modernos afirmaram esse princípio como um dos principais aspectos de uma abordagem científica para a compreensão da natureza. Isso se opunha ao pensamento mágico anterior, no qual as pessoas atribuíam poderes à natureza que nunca haviam observado manifestar-se. Com o amadurecimento da revolução científica, empreendimentos como a alquimia, por exemplo, acabaram sendo rejeitados precisamente porque os alquimistas não conseguiam identificar uma causa que pudesse efetuar a transformação que buscavam demonstrar.

As teorias auto-organizacionais claramente falharam em fornecer uma *vera causa* para a origem de formas biologicamente relevantes de "ordem", a complexidade funcional e as informações específicas presentes nos sistemas vivos. Em vez disso, eles supõem a origem da informação biológica ou apontam para processos físicos e químicos que não produzem a complexidade especificada que caracteriza animais reais.

Visto sob esta luz, a recente discussão de Kauffman sobre magia natural e apelos por um "reencantamento" com a natureza soa menos como uma nova iniciativa ousada para reconciliar ciência e espiritualidade (que é o que ele pretendia) do que uma admissão tácita de que as teorias auto-organizacionais falharam para identificar processos físicos e químicos *conhecidos*, capazes de gerar a forma e a informação presentes nos sistemas vivos reais. Na verdade, depois de anos tentando resolver o problema da origem da forma, as ruminações recentes de Kauffman sobre "magia natural" soam muito como uma admissão de que um mistério profundo permanece.

16

OUTROS MODELOS PÓS-NEODARWINIANOS

Quando Stephen Jay Gould enfrentou pela primeira vez a questão de como novas formas de vida animal poderiam ter surgido tão rapidamente no registro fóssil, considerou muitos mecanismos possíveis de mudança. No famoso artigo de 1980 em que declarou o neodarwinismo "efetivamente morto",[1] ele não apenas propôs a especiação alopátrica e a seleção de espécies como novos mecanismos evolucionários. Ele também concedeu espaço a uma ideia há muito desacreditada. Especificamente, argumentou que as "macromutações" em grande escala podem gerar inovações significativas na forma com relativa rapidez.[2]

Nas décadas de 1930 e 1940, essa ideia foi associada ao geneticista Richard Goldschmidt da Universidade da Califórnia em Berkeley. Ciente das muitas descontinuidades no registro fóssil, Goldschmidt imaginou transformações radicais na forma de animais surgindo em apenas uma geração como resultado de tais mutações em grande escala. Ele endossou, por exemplo, a visão do paleontólogo alemão Otto Schindewolf (1896–1971) de que "o primeiro pássaro eclodiu de um ovo reptiliano" e, portanto, nas palavras de Goldschmidt, "que os muitos elos ausentes no registro paleontológico são procurados em vão porque eles nunca existiram".[3] Se um pássaro eclodiu diretamente de um ovo reptiliano como resultado de mutações hereditárias em grande escala, então um salto repentino ou "saltação" obviamente não deixaria nenhum intermediário fóssil para trás.

Os neodarwinistas rejeitaram essa ideia como biologicamente implausível ao extremo. Eles argumentaram que mudar tantos sistemas anatômicos e fisiológicos funcionalmente integrados tão rapidamente resultaria inevitavelmente em mutantes deformados, não em diferentes sistemas integrados de órgãos constituindo um animal totalmente novo.[4] Eles argumentaram que as macromutações de Goldschmidt produziriam não o que Goldschmidt chamou de "monstros esperançosos", mas "monstros sem esperança", isto é, organismos inviáveis.[5]

Embora Gould quisesse reconsiderar o papel das mutações em grande escala, ele desassociou cuidadosamente sua proposta da ideia muito ridicularizada de Goldschmidt. Em vez disso, sugeriu que as mutações que afetam os genes no desenvolvimento animal podem gerar incrementos maiores de inovação morfológica do que as mutações que afetam outros genes. Essas "mutações de desenvolvimento", pensou ele, podem gerar partes modulares de sistemas biológicos em um curto espaço de tempo, sem a necessidade de gerar formas completamente novas de vida em uma única geração. Ele ofereceu, como exemplo, a possibilidade de que os ossos do arco branquial de peixes primitivos sem mandíbula, embora não o peixe inteiro, possam ter surgido em uma etapa como resultado de uma macromutação de desenvolvimento. Gould explicou: "Não me refiro à origem saltacionista de projetos inteiramente novos, completos em todos os seus recursos complexos e integrados. Em vez disso, imagino uma origem saltacionista potencial para os recursos essenciais das adaptações-chave."[6]

Em resposta às fortes críticas dos neodarwinistas, Gould posteriormente minimizou o papel dessas mutações de desenvolvimento em larga escala na teoria do equilíbrio pontuado. No entanto, outros biólogos evolucionistas tomaram sua ideia como inspiração e desenvolveram teorias que enfatizam essas mutações de desenvolvimento como uma força motriz na macroevolução. Teóricos da evolução e biólogos do desenvolvimento, como Rudolf Raff, Sean B. Carroll e Wallace Arthur, desenvolveram uma subdisciplina da biologia conhecida como biologia evolutiva do desenvolvimento, ou "evo-devo", para abreviar. Os biólogos da evolução do desenvolvimento, desde então, formularam modelos alternativos que desafiam um aspecto-chave da tríade neodarwiniana. Enquanto o neodarwinismo prevê o surgimento de uma nova forma como resultado de acumulações lentas e incrementais de mutações menores, os biólogos da evolução do desenvolvimento argumentam que as mutações que afetam os genes envolvidos no desenvolvimento animal podem causar mudanças morfológicas em grande escala e até mesmo planos corporais totalmente novos.

Este capítulo não examinará apenas as ideias dos biólogos da evolução do desenvolvimento, mas três das outras alternativas mais proeminentes ao neodarwinismo, algumas propostas por membros do Altenberg 16 (ver Fig. 16.1). Cada uma dessas alternativas enfatiza certos elementos da "tríade" em detrimento de outros. Enquanto as alternativas auto-organizacionais que discuti no capítulo anterior enfatizam o papel dos processos semelhantes a leis sobre as mutações aleatórias, essas outras novas teorias reafirmam a importância das mutações, embora cada uma também reconceitue como as mutações agem. Uma abordagem se enquadra na ideia da "evo-devo" e concebe as mutações que produzem modificações em *incrementos maiores*. Outra, a teoria neutra da evolução, vê as mutações agindo na *ausência de seleção*. Já a "herança epigenética" neolamarckiana, prevê alterações hereditárias na informação epigenética influenciando o curso futuro da evolução. E a última, chamada de "engenharia genética natural", afirma que rearranjos genéticos *não aleatórios* impulsionam a inovação evolutiva.[7]

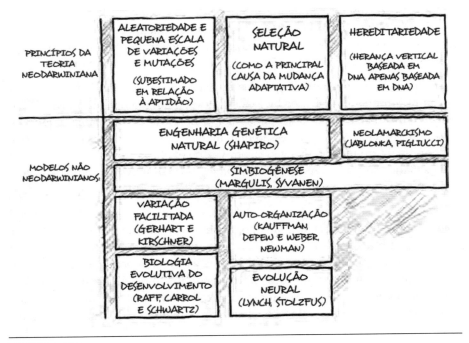

FIGURA 16.1

Os princípios da ortodoxia neodarwiniana e as diferentes maneiras como os vários modelos não darwinianos de evolução se desviam desses princípios. As caixas que representam novos modelos evolutivos são posicionadas sob os títulos dos princípios neodarwinistas que eles desafiam.

304 A DÚVIDA DE DARWIN

Vejamos se uma dessas propostas resolve o duplo problema da origem da forma e da informação e se, portanto, também pode ajudar a resolver o mistério da explosão Cambriana.[8]

EVO-DEVO E SUAS PROPOSTAS

A síntese neodarwiniana enfatizou por muito tempo que a mudança macroevolutiva em grande escala ocorre como o subproduto inevitável do acúmulo de mudanças "microevolutivas" em pequena escala dentro das populações. O consenso em apoio a essa ideia começou a se desgastar na biologia evolucionária durante o início dos anos 1970, quando jovens paleontólogos como Gould, Niles Eldredge e Steven Stanley perceberam que o registro fóssil não mostrava um padrão gradual de mudança "micro a macro". Em 1980, em um simpósio agora famoso sobre macroevolução no Field Museum em Chicago, a rebelião veio à tona, expondo o que o biólogo do desenvolvimento Scott Gilbert chamou de "uma corrente subterrânea na teoria evolucionária" entre os teóricos que concluíram que "a macroevolução poderia não ser derivada de microevolução".[9]

Na conferência, paleontólogos que duvidaram do consenso "micro-macro" encontraram aliados entre os biólogos do desenvolvimento mais jovens. Eles estavam insatisfeitos com o neodarwinismo em parte porque sabiam que a genética populacional, sua expressão matemática, buscava apenas quantificar as mudanças na frequência dos genes, em vez de explicar a origem dos genes ou novos planos corporais. Assim, muitos biólogos do desenvolvimento pensavam que o neodarwinismo não oferecia uma teoria convincente da macroevolução.[10]

Para formular uma teoria mais robusta, muitos biólogos do desenvolvimento, como Rudolf Raff, um biólogo do desenvolvimento da Universidade de Indiana e um dos fundadores da "evo-devo", incitaram os teóricos da evolução a incorporar os *insights* de sua disciplina.[11] Por exemplo, biólogos do desenvolvimento sabem que mutações expressas no início do desenvolvimento dos animais são necessárias para alterar a morfogênese do plano corporal. Assim, argumentam que essas mutações devem ter desempenhado um papel significativo na geração de novas formas de animais durante a história da vida. Eles afirmam que essa compreensão dos processos de desenvolvimento é crucial para a compreensão da evolução animal. Alguns defensores da evo-devo, como Sean B. Carroll e Jeffrey Schwartz, apontaram especificamente os genes homeóticos (ou *Hox*), genes reguladores mestres que afetam a localização, o tempo e a expressão de outros genes, como entidades capazes de produzir tais mudanças em grande escala na forma animal.[12] Esses defensores da evo-devo romperam com o neodarwinismo clássico principalmente em sua compreensão do tamanho ou incremento da mudança mutacional.

Outros modelos pós-neodarwinianos   305

GRANDIOSO, MAS NÃO VIÁVEL, VIÁVEL, MAS NÃO GRANDIOSO

Apesar do entusiasmo em torno da teoria, evo-devo falha, e por uma razão óbvia: sua proposta principal, que mutações de desenvolvimento de ação precoce podem causar mudanças hereditárias de grande escala nos planos do corpo animal, contradiz os resultados de cem anos dos experimentos da mutagênese.[13] Como vimos no Capítulo 13, os experimentos de cientistas como Nüsslein-Volhard e Wieschaus mostraram definitivamente que as mutações de ação precoce no plano corporal invariavelmente geram problemas embrionários letais, animais mortos incapazes de evolução posterior. Os resultados desses experimentos geraram um dilema para os biólogos evolucionistas que o geneticista John McDonald apropriadamente descreveu como o "grande paradoxo darwiniano". Lembre-se de que McDonald observou que as mutações regulatórias de ação precoce não produzem alterações viáveis na forma que persistirão nas populações, como a evolução necessariamente requer. Em vez disso, essas mutações são eliminadas imediatamente pela seleção natural por causa de suas consequências invariavelmente destrutivas. Por outro lado, mutações de ação tardia podem gerar mudanças viáveis nas características dos animais, mas essas mudanças não afetam a arquitetura animal global. Isso gera um dilema: grandes mudanças não são viáveis; mudanças viáveis não são grandiosas. Em nenhum dos casos os tipos de mutação que realmente ocorrem produzem grandes mudanças viáveis do tipo necessário para construir novos planos corporais.

Em 2007, fui coautor de um livro didático com vários colegas intitulado *Explore Evolution* [*Explore a Evolução*, em tradução livre]. Nele, explicamos este dilema "ambos/ou" ("grandioso-não-viável, viável-não-grandioso") e sugerimos que representava um desafio para as teorias que dependem do mecanismo de mutação e seleção para explicar a origem das principais mudanças morfológicas.[14] O National Center for Science Education (NCSE), um influente grupo ativista que se opõe a permitir que os alunos aprendam sobre as críticas científicas à teoria da evolução, desafiou a nossa crítica. Eles acusaram nosso livro de "não reconhecer a extensa pesquisa sobre mutações em sequências de DNA que não codificam proteínas, mas que têm importantes efeitos morfológicos".[15] Em outras palavras, eles alegaram que algumas mutações viáveis produzem grandes mudanças em grande escala.

O NCSE citou artigos da literatura "evo-devo" que afirmam que um tipo de mutação nas regiões regulatórias do genoma, regiões "cis-regulatórias", demonstrou produzir mudanças em larga escala em insetos alados. De acordo com o NCSE, as mutações nesses elementos cis-reguladores (ou CREs) são "consideradas por muitos biólogos evolucionistas como tendo o maior potencial para gerar mudança evolutiva".[16] Além do mais, eles insistiram que "mutações em CREs desempenham um papel importante na evolução morfológica".[17] O NCSE citou um artigo no *Proceedings of the National Academy of Sciences* de três biólogos do desenvolvimento, Benjamin Prud'homme, Nicolas Gompel e Sean B. Carroll.[18]

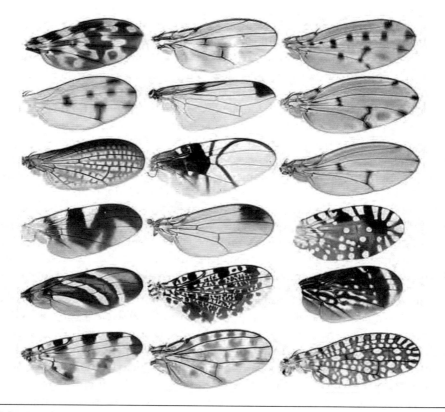

FIGURA 16.2
Mudanças superficiais na coloração das asas dos insetos, provavelmente causadas por mutações em elementos cis-reguladores. Tais exemplos mostram que as mutações que afetam o desenvolvimento e também resultam em descendentes viáveis tendem a ser menores. *Cortesia da National Academy of Sciences, U.S.A.*

No entanto, o artigo não demonstrou o que o NCSE alegou. Ele afirmou que as mudanças no DNA regulador produzem "diferenças morfológicas relativamente modestas entre espécies intimamente relacionadas e divergências

Outros modelos pós-neodarwinianos 307

anatômicas mais profundas entre grupos em níveis taxonômicos mais eleva-dos".[19] Mas o estudo apenas mostrou como as mudanças nos elementos cis-re-guladores no DNA da mosca-das-frutas podem ter afetado a *coloração* das man-chas das asas em vários tipos diferentes de insetos voadores. Ele não relatou nenhuma mudança significativa na forma ou no plano corporal desses insetos. Em vez disso, o estudo destacou um caso claro de uma mutação viável gerando apenas uma mudança menor ou superficial (ver Fig. 16.2).

Não é de surpreender que muitos biólogos evolucionistas reconheçam que tais mutações regulatórias não explicam a evolução dos novos planos corporais. Por exemplo, Hopi Hoekstra, da Universidade de Harvard, e Jerry Coyne, dois neodarwinistas tradicionais, publicaram um artigo analisando várias propos-tas da evo-devo no periódico *Evolution*. Eles observam: "os estudos genômicos dão pouco suporte à teoria cis-regulatória" da mudança evolutiva.

Eles também argumentam, de forma reveladora, que a maioria das muta-ções cis-regulatórias resultam na *perda* de características genéticas e anatômi-cas, incluindo um caso famoso em que biólogos evolucionistas atribuíram a perda de espinhas pélvicas em peixes esgana-gatas a mutações em elementos cis-reguladores.[20] No entanto, como eles argumentam, "apoiar a afirmação da evo-devo de que as mudanças cis-regulatórias são responsáveis por inovações morfológicas requer mostrar que os promotores são importantes na evolução de *novas* características, não apenas nas perdas das antigas". Hoekstra e Coyne concluem: "No momento não há evidências de que as mudanças cis-regulató-rias desempenhem um papel grandioso, muito menos proeminente, na evolu-ção adaptativa."[21] Dado seu compromisso com o neodarwinismo, é justo supor que Hoekstra e Coyne provavelmente não pretendiam, ao fazer esse argumen-to, refutar a crítica do NCSE ao nosso livro *Explore Evolution*. No entanto, a ciên-cia, como a política, às vezes formam parcerias estranhas.

E OS GENES *HOX*?

Quando os alunos de biologia ouvem meu colega Paul Nelson descrever o "grande paradoxo darwiniano" (ver Capítulo 13) em palestras públicas em cam-pos universitários, eles costumam perguntar: "E os genes *Hox*?" Lembre-se de que os genes *Hox* (ou homeóticos) regulam a expressão de outros genes codifi-cadores de proteínas durante o processo de desenvolvimento animal. Alguns biólogos os compararam ao maestro de uma orquestra que desempenha o papel de coordenar as contribuições dos músicos. E como os genes *Hox* afetam tantos outros genes, muitos defensores da evo-devo pensam que mutações nesses ge-nes podem gerar mudanças em grande escala na forma.

308 A DÚVIDA DE DARWIN

Por exemplo, Jeffrey Schwartz, da Universidade de Pittsburgh, invoca mutações nos genes *Hox* para explicar o súbito aparecimento de formas animais no registro fóssil. Em seu livro *Sudden Origins* [*Origens Repentinas*, em tradução livre], Schwartz reconhece as descontinuidades no registro fóssil. Como ele observa: "Ainda não sabemos sobre a origem da maioria dos principais grupos de organismos. Eles aparecem no registro fóssil como Atena apareceu na cabeça de Zeus, totalmente desenvolvidos e ansiosos para viver, em contradição com a descrição de Darwin da evolução como resultante do acúmulo gradual de incontáveis variações infinitesimalmente mínimas."[22] O que resolve esse mistério? Schwartz, um defensor da evo-devo, revela sua resposta: "Uma mutação que afeta a atividade de um gene homeobox [Hox] pode ter um efeito profundo, como a rotação [...] transformação dos tunicados larvais nos primeiros cordados. Claramente, o potencial dos genes homeóticos para realizar o que chamamos de mudança evolutiva parece ser quase incomensurável."[23] Mas as mutações nos genes *Hox* podem transformar uma forma de vida animal, um plano corporal, em outra? Existem várias razões para duvidar disso.

Primeiro, precisamente *porque os genes Hox* coordenam a expressão de tantos outros genes diferentes, mutações geradas experimentalmente em genes *Hox* se mostraram prejudiciais. William McGinnis e Michael Kuziora, dois biólogos que estudaram os efeitos das mutações nos genes *Hox*, observaram que nas moscas-das-frutas "a maioria das mutações nos genes homeóticos [Hox] causa defeitos de nascença".[24] Em outros casos, o fenótipo mutante *Hox* resultante, embora viável a curto prazo, é, no entanto, marcadamente menos adequado do que o tipo selvagem. Por exemplo, ao transformar um gene *Hox* em uma mosca-das-frutas, os biólogos produziram o dramático mutante *Antennapedia*, uma mosca infeliz com pernas crescendo de sua cabeça onde deveriam estar as antenas (ver Fig. 16.3).[25] Outras mutações *Hox* produziram moscas-das-frutas nas quais os balanceadores (minúsculas estruturas atrás das asas que estabilizam o inseto em voo, chamados de "halteres") foram transformados em um par extra de asas.[26] Essas mutações alteram a estrutura do animal, mas não de forma benéfica ou hereditária permanente. O mutante *Antennapedia* não pode sobreviver na natureza; tem dificuldade em se reproduzir e sua prole morre facilmente. Da mesma forma, os mutantes da mosca-das-frutas que ostentam um conjunto extra de asas não têm musculatura para fazer uso delas e, sem seus balanceadores, não podem voar. Como o biólogo evolucionista húngaro Eörs Szathmáry observa com eufemismo cauteloso no periódico *Nature*, "macromutações desse tipo [isto é, em genes *Hox*] são provavelmente frequentemente prejudiciais para a adaptação".[27]

Em segundo lugar, os genes *Hox* em todas as formas animais são expressos após o início do desenvolvimento animal e bem depois de o plano corporal ter começado a ser estabelecido. Nas moscas-das-frutas, quando os genes *Hox* são expressos, cerca de 6 mil células já se formaram e a geometria básica da mosca, seus eixos anterior, posterior, dorsal e ventral, já estão bem estabelecidos.[28] Portanto, os genes *Hox* não determinam a formação do plano corporal. Eric Davidson e Douglas Erwin destacaram que a expressão do gene *Hox*, embora necessária para a diferenciação *regional* ou local correta dentro de um plano corporal, ocorre muito mais tarde durante a embriogênese do que a própria especificação global do plano corporal, que é regulada por genes inteiramente diferentes. Assim, a origem primária dos planos corporais animais na explosão Cambriana não é meramente uma questão da ação do gene *Hox*, mas do aparecimento de elementos de controle muito mais profundos, as "redes reguladoras de genes do desenvolvimento" de Davidson (dGRNs).[29] E ainda, como vimos no Capítulo 13, Davidson argumenta que é extremamente difícil alterar os dGRNs sem prejudicar sua capacidade de regular o desenvolvimento animal.

FIGURA 16.3
Fotografia de um mutante *Antennapedia* com um par de pernas saindo de sua cabeça, onde as antenas normalmente se desenvolveriam. Tais exemplos mostram que as mutações que ocorrem no início do desenvolvimento animal e que também produzem grandes mudanças normalmente resultam em descendentes menos aptos, neste caso, descendentes que não podem se reproduzir. *Cortesia da Elsevier, Inc.*

Terceiro, os genes *Hox* fornecem apenas informações para a construção de proteínas que funcionam como interruptores que ligam e desligam outros genes. Os genes que eles regulam contêm informações para a construção de proteínas que formam as partes de outras estruturas e órgãos. Os próprios genes *Hox*, no entanto, não contêm informações para construir essas partes estruturais. Em outras palavras, as mutações nos genes *Hox* não têm todas as informações *genéticas* necessárias para gerar novos tecidos, órgãos ou planos corporais.

310   A DÚVIDA DE DARWIN

No entanto, Schwartz argumenta que os biólogos podem explicar estruturas complexas como o olho apenas invocando mutações *Hox*. Ele afirma que "existem genes homeobox para a formação do olho e que quando um deles, o gene Rx em particular, é ativado no lugar certo e na hora certa, um indivíduo tem um olho".[30] Ele também acha que as mutações nos genes *Hox* ajudam a organizar os órgãos para formar planos corporais.

Em uma resenha do livro de Schwartz, Eörs Szathmáry considera o raciocínio de Schwartz deficiente. Ele também observa que os genes *Hox* não codificam para as proteínas das quais as partes do corpo são feitas. Ele insiste, que as mutações nos genes *Hox* não podem por si mesmas construir novas partes ou planos corporais. Como ele explica: "Schwartz ignora o fato de que os genes homeobox são genes seletores. Eles não podem fazer nada se os genes regulados por eles não estiverem lá."[31] Embora Schwartz diga que "ficou maravilhado" com "a importância dos genes homeobox para nos ajudar a entender os fundamentos da mudança evolutiva",[32] Szathmáry duvida que as mutações nesses genes tenham muito poder criativo. Depois de questionar se Schwartz consegue explicar a origem de novas formas de vida apelando para mutações nos genes *Hox*, Szathmáry conclui: "Temo que, em geral, ele não consegue."[33]

E é claro que os genes *Hox* também não possuem a informação epigenética necessária para a formação do plano corporal. Na verdade, mesmo no melhor dos casos, as mutações nos genes *Hox* ainda alteram apenas os *genes*. Mutações nos genes *Hox* só podem gerar novas informações *genéticas* no DNA. Eles não geram e não podem gerar informações epigenéticas.

Em vez disso, as informações e estruturas epigenéticas realmente determinam a função de muitos genes *Hox*, e não o contrário. Isso pode ser visto quando o mesmo gene *Hox* (conforme determinado pela homologia da sequência de nucleotídeos) regula o desenvolvimento de diferentes características anatômicas encontradas em diferentes filos. Por exemplo, em artrópodes, o gene *Hox Distal-less* é necessário para o desenvolvimento normal de suas pernas articuladas. Mas em vertebrados, um gene homólogo (por exemplo, o gene *Dlx* em camundongos) constrói um tipo diferente de perna (não homóloga). Outro homólogo do gene *Distal-less* em equinodermos regula o desenvolvimento de pés tubulares e espinhas, características anatômicas classicamente consideradas não homólogas a membros de artrópodes, nem a membros de tetrápodes.[34] Em cada caso, os *Distal-less* homólogos desempenham papéis diferentes determinados pelo contexto do organismo de nível superior. E como as mutações nos genes *Hox* não alteram os contextos epigenéticos de nível superior,[35] elas não podem explicar a origem das novas informações epigenéticas e estrutura que estabelecem o contexto e são necessárias para construir um novo plano corporal animal.[36]

Outros modelos pós-neodarwinianos 311

EVOLUÇÃO NEUTRA OU NÃO ADAPTATIVA

Michael Lynch, um geneticista da Universidade de Indiana, ofereceu um mecanismo diferente de mudança evolutiva e uma explicação diferente para a origem (ou crescimento) do genoma, bem como a origem da novidade anatômica. Lynch propõe uma teoria da evolução neutra ou "não adaptativa" na qual a seleção natural desempenha um papel amplamente insignificante. Sua teoria é baseada em observações contrastantes sobre as características e a força dos mecanismos evolutivos em ação em populações de diferentes tamanhos.

Primeiro ele observa que, em geral, quanto maior a população de organismos, menor a taxa de mutação e (em eucariotos que se reproduzem sexualmente) maior a taxa de recombinação genética. Ele observa que os genomas de organismos em populações maiores (como os de bactérias e organismos eucarióticos unicelulares) tendem a ser menores e mais simples, o que significa que têm menos sequências intermediárias de codificação não proteica (ou seja, íntrons). Mais importante, ele observa que em grandes populações, a seleção natural tende a ser relativamente eficaz na eliminação de mutações deletérias e na fixação de mutações benéficas, enquanto o processo de deriva genética (a tendência para que as variantes gênicas sejam perdidas por meio de processos aleatórios) tem um papel relativamente menos significativo.

Em contraste, Lynch observa que pequenas populações, que incluiriam quase todos os grupos de animais, são caracterizadas por taxas de mutação mais altas e taxas mais baixas de recombinação genética. Eles também tendem a ter grandes genomas com muito DNA codificador de proteínas, íntrons, pseudogenes, transposons e vários elementos repetitivos de DNA, bem como duplicatas de genes. Lynch argumenta que, nessas pequenas populações, a seleção natural tende a ser fraca, incapaz de remover mutações levemente deletérias ou de corrigir as levemente benéficas com eficiência. Como Lynch resume: "Três fatores (tamanhos populacionais baixos, taxas de recombinação baixas e taxas de mutação altas) conspiram para reduzir a eficiência da seleção natural com o aumento do tamanho do organismo."[37] Consequentemente, os elementos não codificadores de proteínas não são removidos do genoma, mas tendem a se acumular, fazendo com que os genomas de organismos que vivem em pequenas populações cresçam, mesmo que essas sequências possam ser neutras ou mesmo deletérias. Além disso, em pequenas populações, processos "neutros", como mutação aleatória, recombinação genética e deriva genética predominam em seus efeitos sobre a seleção natural.

O que tudo isso tem a ver com a origem dos animais e a explosão Cambriana? Os biólogos evolucionistas pensam que os grupos ancestrais dos animais

312 A DÚVIDA DE DARWIN

Cambrianos provavelmente teriam existido em populações relativamente pequenas. Lynch argumenta que, em pequenas populações, os gêneros animais *inevitavelmente crescerão* com o tempo, à medida que seções de DNA que não codificam proteínas (bem como duplicatas de genes) se acumulam devido à fraqueza da seleção natural. Ele acha que essas mutações neutras impulsionam a evolução e o crescimento da complexidade genômica e fenotípica dos animais. Em suma, Lynch tenta explicar a expansão do genoma e a origem da complexidade anatômica como resultado de processos neutros e não adaptativos de acréscimo genético, em vez de um processo adaptativo envolvendo seleção natural agindo em mutações aleatórias. Como ele afirma, "muitas das complexidades únicas do gene eucariótico surgiram por processos semineutros com pouco ou nenhum envolvimento direto da seleção positiva".[38]

Em seu trabalho, Lynch também apresentou uma poderosa crítica matemática da eficácia do mecanismo neodarwiniano. Ele argumentou que a seleção natural desempenha um papel menor na formação das características das populações em evolução do que muitos teóricos da evolução presumiram anteriormente, especialmente no caso de populações relativamente pequenas. Lynch argumentou, em vez disso, que fatores ambientais aleatórios, um organismo estando no lugar certo na hora certa (por exemplo, perto de uma fonte de alimento abundante) ou no lugar errado na hora errada (por exemplo, em uma região atingida pela seca ou perto de um vulcão em erupção), terá um papel mais importante na determinação do sucesso reprodutivo do que variações na adequação de organismos dentro da mesma população.

APROXIMAÇÃO CONTRAINTUITIVA

Lynch desenvolve sua crítica matemática do poder criativo da seleção natural com base nos princípios da genética populacional. No entanto, não decorre de sua análise que mostra a fraqueza da seleção natural que os processos naturais por si só são suficientes para construir novos genes e proteínas funcionais. Nem se segue que os processos neutros por si só podem ser responsáveis pelos muitos sistemas anatômicos complexos que requerem novas fontes de informação genética (e epigenética) para a sua construção. De fato, pode parecer contraintuitivo, pelo menos, de um ponto de vista neodarwiniano, pensar que o acúmulo de mutações aleatórias por si só pode realizar ambos os fatores que os neodarwinistas há muito acreditam serem necessários para tal, as mutações e a seleção natural. A teoria de Lynch tenta explicar a origem da complexidade anatômica por referência ao que pareceria ser um mecanismo menos, não mais, potente do que aquele oferecido pelo neodarwinismo. Poderia tal teoria contraintuitiva estar correta?

Outros modelos pós-neodarwinianos 313

Talvez, mas como uma teoria abrangente de como a informação biológica e a complexidade anatômica surgem, a teoria neutra de Lynch deixa muito a desejar.

Em primeiro lugar, a teoria de Lynch não oferece nenhuma explicação para algumas das máquinas moleculares cruciais presentes nos eucariotos, máquinas que são necessárias para tornar seu mecanismo de acumulação e expressão subsequente de informação genética confiável. Lembre-se de que Lynch pensa que pequenas populações de organismos multicelulares, em particular, teriam inevitavelmente acumulado muitos elementos genômicos insercionais. Mas para que as informações funcionais nesses genomas em crescimento sejam expressas, a célula deve ter alguma maneira de extirpar os elementos genéticos não funcionais que se acumulam aleatoriamente, pelo menos, até que alguns deles sofram mutação a ponto de contribuir para a produção de genes e proteínas *funcionais*.

Os organismos eucarióticos existentes dependem de uma máquina molecular sofisticada chamada spliceossomo, uma máquina que extrai íntrons e funde éxons (as porções do genoma que codificam as proteínas) antes que a expressão gênica ocorra. A bióloga celular Melissa Jurica observa: "Este grande complexo é composto por mais de 150 proteínas individuais" e vários RNAs estruturais, portanto, "pode de fato merecer o apelido de 'a máquina macromolecular mais complicada na célula'".[39]

Então, de onde vêm os spliceossomos e os genes necessários para produzi-los? Lynch não menciona, embora reconheça, é claro, a importância dessa maquinaria molecular para a expressão gênica e seu cenário. Como ele explica: "O problema é que os íntrons estão dentro dos genes e são transcritos para o mRNA, mas precisam ser combinados perfeitamente. Se você está com um nucleotídeo fora do lugar, você obtém uma transcrição morta."[40] No entanto, a teoria de Lynch pressupõe, mas não explica, a origem da informação genética necessária para produzir os spliceossomos que desempenham essa função. Ele certamente não explica a origem desses complexos multiproteínas e multi-RNA por referência a qualquer processo evolutivo neutro. Nem pode, uma vez que sua teoria de acréscimo e expressão genômica *pressupõe* precisamente a existência dessas máquinas intrincadas. Em vez disso, como meu colega Paul Nelson colocou de forma bastante explícita, "para colocar a teoria de Lynch de acréscimo genômico em funcionamento, uma grande quantidade de maquinário molecular complicado deve ser implementado de fora da cena".

Claro, pode-se argumentar que essas máquinas e sistemas surgiram muito antes, com a origem da célula eucariótica como resultado da evolução orientada pela seleção nas grandes populações de organismos unicelulares mais simples em que, de acordo com a teoria de Lynch, a seleção natural desempenhou um papel mais significativo. No entanto, Lynch não apresenta esse argumento, e por boas razões. A maioria dos biólogos evolucionistas hoje reconhece a origem da célula eucariótica como um problema *completamente* não resolvido, inexplicado por teorias da evolução neutras ou adaptativas.[41]

Claro, na medida em que essas máquinas moleculares estão presentes mesmo em organismos eucarióticos unicelulares, elas teriam surgido, presumivelmente, bem antes da origem dos animais. Assim, explicar sua origem não é, estritamente falando, diretamente relevante para explicar a explosão Cambriana. No entanto, a incapacidade de Lynch de explicar sua origem reflete diretamente na credibilidade de sua teoria, pelo menos, na medida em que procura oferecer uma descrição *abrangente* dos mecanismos pelos quais as informações biológicas e a complexidade surgem durante a história da vida.

Entrando e saindo

Em qualquer caso, há boas razões para duvidar que o mecanismo neutro de Lynch possa gerar a nova informação biológica e a forma necessária para explicar a origem dos animais, mesmo admitindo a existência prévia da maquinaria molecular (em pequenas populações de organismos eucarióticos) que seu cenário exige.

Primeiro, Lynch assume uma falsa visão centrada no gene da origem da forma biológica. Como ele escreve: "A maior parte da diversidade fenotípica que percebemos no mundo natural é *diretamente atribuível* à estrutura peculiar do *gene eucariótico*."[42] Sua visão negligencia o papel crucial da informação *epigenética* e da estrutura na origem da forma animal discutida no Capítulo 14 e, portanto, não faz nada para explicar sua origem.

Em segundo lugar, processos neutros, como a deriva genética, não favorecem mutações benéficas e, portanto, não garantem, com nenhuma *eficiência*, essas características *genéticas* induzidas por mutação em pequenas populações.[43] A seleção natural, como vimos no Capítulo 10, é uma espécie de faca de dois gumes. Por um lado, a seleção natural ajuda a fixar características benéficas em uma população. Por outro lado, a seleção natural também torna difícil para genes funcionais variarem amplamente sem serem eliminados. Teorias neutras da evolução tentam evitar o último problema invocando a duplicação de genes e outros processos que podem adicionar sequências não funcionais ao genoma, sequências que não são afetadas, pelo menos inicialmente, por pressão seletiva. Entretanto, ao fazer isso, essas formulações teóricas diminuem signi-

Outros modelos pós-neodarwinianos 315

ficativamente o papel da seleção natural como um mecanismo que pode fixar mutações benéficas no lugar, uma vez que tenham surgido. Assim, em todas as teorias neutras, incluindo a de Lynch, qualquer mutação benéfica que surja e comece a se espalhar por uma população pode também facilmente, sem uma influência significativa da seleção natural para impedi-la, sumir da população. Essa limitação aumenta muito o tempo que os processos neutros levam para fixar mudanças genéticas benéficas em uma população. Tanto os céticos quanto os proponentes do neodarwinismo reconheceram essa deficiência no modelo de Lynch.[44]

Terceiro, e mais importante, a teoria de Lynch não só falha em explicar a *fixação* de novos genes e características em pequenas populações, mas também em explicar sua *origem*. O mecanismo de mudança mutacional neutra de Lynch prevê a *adição* de complexidade genômica bruta como resultado do acréscimo de elementos genéticos preexistentes (íntrons, transposons, pseudogênicos e duplicatas de genes). No entanto, a adição desses elementos não gera nenhuma nova informação genética *funcional* (ou especificada). Em vez disso, meramente transfere sequências genéticas preexistentes de um contexto organismal onde essas sequências podem ter desempenhado uma função, para outro onde provavelmente não o farão. Na verdade, o objetivo da teoria neutra é postular a adição de elementos genéticos que, inicialmente, não desempenham funções cruciais de modo que possam sofrer mutações sem consequências deletérias para o organismo. O próprio Lynch pressupõe que esses elementos adicionados não desempenharão funções em seu novo contexto, razão pela qual ele prevê a necessidade de spliceossomos para extirpá-los, pelo menos, inicialmente. Em vez disso, para a teoria de Lynch explicar a origem de genes e proteínas novos *e funcionais* (e as complexidades anatômicas que dependem deles), sua teoria teria que resolver o problema de inflação combinatória discutido no Capítulo 10. Ele teria que mostrar que mutações puramente aleatórias poderiam pesquisar eficientemente o espaço combinatório relevante de possíveis sequências correspondentes a um novo gene ou proteína funcional. Não obstante, Lynch nem mesmo aborda o problema da inflação combinatória ou o problema intimamente relacionado da raridade de genes e proteínas no espaço de sequência. Ele não fornece nenhuma evidência experimental de que a recombinação e/ou a mutação (dada a deriva genética) realmente produzirá complexidade genética *funcional* ou *especificada*. Em vez disso, os exemplos que ele fornece são inteiramente hipotéticos. Além disso, ele não oferece nenhuma razão para pensar que a probabilidade de uma busca bem-sucedida por genes ou proteínas funcionais seria maior (ou seja, maior probabilidade de ocorrer) do que as probabilidades calculadas no Capítulo 10. Ele não responde, portanto, ao desafio do problema

316   A DÚVIDA DE DARWIN

da inflação combinatória e da raridade de genes e proteínas funcionais no espaço de sequência.

Lynch fornece, talvez, uma caracterização mais detalhada do que outras teorias neutras de onde os processos neutros e não adaptativos devem predominar. No entanto, ele não mostra que tais processos, mutações genéticas aleatórias desvinculadas da seleção natural, são suficientes para gerar novos genes e proteínas funcionais, muito menos novidades anatômicas complexas que requerem a origem de muitos desses genes e proteínas. Em vez disso, como os resultados experimentais de Axe mostraram, mutações aleatórias de qualquer tipo não gerarão testes suficientes para tornar provável (ou plausível) uma busca bem-sucedida do espaço de sequência correspondente a um determinado gene ou proteína *funcional*.

LYNCH E TEMPOS DE ESPERA

Lynch afirma em um artigo que os processos evolutivos neutros podem gerar novas adaptações complexas, adaptações que requerem múltiplas mutações coordenadas, dentro de tempos de espera realistas. Em particular, escrevendo em um artigo recente com o colega Adam Abegg da St. Louis University, ele argumenta que "mecanismos genéticos populacionais convencionais", como mutação aleatória e deriva genética, podem causar o "surgimento relativamente rápido de adaptações complexas específicas".[45] Lynch faz duas afirmações específicas a esse respeito. Primeiro, afirma que em grandes populações, adaptações *arbitrariamente* complexas podem ocorrer se os intermediários mutacionais forem neutros em seus efeitos sobre o organismo. Ou seja, Lynch pretende mostrar que, em grandes populações microbianas, adaptações complexas que requerem um número praticamente *ilimitado* de mutações podem ocorrer dentro de tempos de espera realistas. De acordo com Lynch, isso pode ocorrer desde que cada mutação em uma série de mutações tenha efeitos neutros (mas não deletérios) sobre o organismo. Em segundo lugar, Lynch argumenta que embora geralmente demore mais para construir características complexas em pequenas populações, tais características ainda podem evoluir dentro de tempos de espera realísticos, desde que, novamente, os intermediários mutacionais sejam neutros em seus efeitos. Na verdade, ele conclui que "o elevado poder da deriva genética aleatória e da mutação pode permitir a aquisição de adaptações complexas em espécies multicelulares em proporções que não são significativamente diferentes daquelas alcançáveis em enormes populações microbianas".[46] Embora Lynch faça essas afirmações no contexto de um artigo científico densamente matemático, a importância de suas afirmações, se verda-

Outros modelos pós-neodarwinianos 317

deira, dificilmente pode ser exagerada. Em essência, ele afirma que seu modelo matemático baseado na genética populacional mostra que mutações puramente aleatórias e deriva genética podem gerar adaptações extremamente complexas em tempos de espera realistas, que sua teoria evolucionária neutra *resolve* o problema de adaptações complexas e tempos de espera muito longos discutidos no Capítulo 12.

Mas algumas coisas são boas demais para serem verdade, e acontece que Lynch e Abegg cometeram um erro matemático sutil, mas fundamental, ao chegar à sua conclusão. É possível que a primeira pessoa a demonstrar que a incrível afirmação de Lynch era problemática tenha sido Douglas Axe. Embora Axe pudesse ver que grande parte da matemática no trabalho de Lynch com Abegg estava correta, Axe suspeitou, baseado em seus próprios cálculos e experimentos, que eles tinham cometido algum erro crucial. No fim das contas, ele delineou as afirmações de Lynch e Abegg em duas equações errôneas, ambas baseadas em uma suposição errada. Em essência, Lynch e Abegg presumiram que os organismos adquirirão uma dada adaptação complexa ao percorrer um caminho *direto* para a nova estrutura anatômica. Cada mutação se basearia na anterior da maneira mais eficiente possível, sem contratempos, falsos inícios, perambulação sem objetivo ou degradação genética, até que a estrutura ou sistema (ou gene) desejado seja construído. Assim, eles formularam um modelo não direcionado de mudança evolutiva, e que assume, além disso, que não há mecanismo disponível (como a seleção natural) que possa fixar mudanças mutacionais potencialmente favoráveis no caminho para alguma estrutura vantajosa complexa. Não obstante, eles calcularam os tempos de espera necessários para produzir tais estruturas como *se* um processo para fixar mudanças potencialmente vantajosas existisse, e como se seu mecanismo não direcionado e puramente aleatório fosse de alguma forma direcionado a esses resultados funcionalmente propícios. Como Axe observa em uma crítica matemática incisiva do argumento de Lynch e Abegg: "De todos os caminhos evolutivos possíveis que uma população pode seguir, a análise de Lynch e Abegg considera apenas aqueles caminhos especiais que levam diretamente ao fim desejado, a adaptação complexa."[47]

No entanto, nada no modelo neutro de Lynch garante que mutações potencialmente vantajosas permanecerão no lugar enquanto outras mutações se acumulam. Como Axe explica: "Mudanças produtivas não podem ser 'depositadas', da forma que a Equação 2 [uma das equações de Lynch] pressupõe que podem."[48] Em vez disso, Axe mostra, matematicamente, que a degradação (a fixação de mudanças mutacionais que tornam a adaptação complexa *menos*

provável de surgir) ocorrerá muito mais rapidamente do que mutações constru-
tivas, fazendo com que o tempo de espera previsto aumente exponencialmente.

A ilustração que desenvolvi no Capítulo 10 para explicar o problema que
os modelos neutros da evolução do gene enfrentam pode ajudar a iluminar
a suposição errada subjacente aos cálculos de Lynch e Abegg. Lembre-se que
naquele capítulo que meu hipotético homem de olhos vendados caiu no meio
de uma enorme piscina sem tubarões e não enfrentou nenhum predador (por
analogia, os efeitos purificadores da seleção natural). Mas ele ainda enfrenta-
va o problema de encontrar a escada na beira do enorme corpo d'água (por
analogia, a necessidade de pesquisar um número enorme de caminhos mutacionais possíveis e sequências possíveis para encontrar os raros funcionais).
Agora, suponha que alguém calculasse quanto tempo, em média, o homem de
olhos vendados levaria para nadar até a escada na beira da enorme piscina. Se
alguém simplesmente dividisse a distância até a escada na beira da piscina pela
velocidade máxima que o homem poderia nadar, ele ou ela obteria uma estimativa fantasticamente otimista da gravidade do problema enfrentado por nosso
infeliz nadador. Por quê? Porque calcular o tempo provável de espera dessa
maneira deixaria de lado o principal problema que o homem enfrentou, isto é,
o homem não sabe *onde* está a escada nem *como* chegar lá. Ele também não tem
como avaliar seu progresso.

Assim, qualquer estimativa realista de quanto tempo realmente levará para
ele nadar até a escada, ao contrário de uma estimativa da rota teoricamente
mais rápida possível, deve levar em consideração sua provável perambulação
sem rumo, dificuldades e recomeços, nados em círculos e tempo gasto flutuando em várias direções. Da mesma forma, Lynch e Abegg falham em calcular a
natureza aleatória, não direcionada e, literalmente, sem objetivo do mecanismo
que eles propõem. Em vez disso, eles assumem erroneamente que processos
neutros de evolução pegarão atalhos para alguma adaptação complexa específica. Na verdade, esses processos também vagarão, com toda probabilidade,
sem rumo em um vasto espaço de sequência de possibilidades neutras e sem
função, sem nada para direcioná-los, ou preservá-los em qualquer progresso
que eles façam, em direção às ilhas raras e isoladas de função representado
por adaptações complexas. Por essa razão, Lynch subestima enormemente os
tempos de espera necessários para gerar adaptações complexas e, portanto, não
resolve o problema da origem dos genes e proteínas ou qualquer outra adaptação complexa. Em vez disso, Axe mostra em seu próprio modelo matemático,
que acompanha sua crítica de Lynch, que o problema dos tempos de espera é
tão grave quanto ele (Axe) havia calculado anteriormente.

Outros modelos pós-neodarwinianos 319

HERANÇA EPIGENÉTICA NEOLAMARCKIANA

O terceiro elemento da tríade neodarwiniana diz respeito à transmissão e herança da informação genética. Não é de surpreender que uma nova versão da teoria da evolução questione também a compreensão neodarwiniana da hereditariedade.

O próprio Darwin carecia de uma teoria precisa de como as características dos organismos são transmitidas de uma geração para a próxima. Ele pensava que as mudanças nos organismos que ocorriam durante suas vidas, como resultado do "uso e desuso" de diferentes órgãos e sistemas anatômicos, seriam transmitidas aos descendentes por meio da reprodução.[49] Nesse aspecto, sua teoria da herança se assemelhava à de um teórico evolucionário anterior, Jean-Baptiste de Lamarck (1744–1829), que também acreditava na herança de características adquiridas.

Os mecanismos lamarckianos, embora não apoiados por nenhuma evidência na época, passaram a desempenhar um papel cada vez mais importante no pensamento de Darwin, pois as críticas à seleção natural fizeram com que Darwin colocasse mais peso na influência direta do ambiente na mudança evolutiva. Na verdade, na sexta edição de *A Origem* (1872), Darwin enfatizou especificamente a importância desses modos de herança.[50]

Mas com a redescoberta das leis de Mendel em 1900 e a identificação dos cromossomos como a entidade material responsável pela transmissão da herança, as teorias lamarckianas de herança caíram em desuso. Seguindo o surgimento da síntese neodarwiniana, a maioria dos biólogos evolucionistas passou a considerar o gene como o locus de todas as mudanças hereditárias no organismo. E depois de 1953, os biólogos igualaram o gene a bases de nucleotídeos especificamente organizadas dentro da molécula de DNA.

Recentemente, no entanto, à medida que mais biólogos reconheceram que algumas informações biológicas, informações epigenéticas, residem em estruturas fora do DNA, aumentou o interesse na possibilidade de que essas fontes não genéticas de informação possam influenciar o curso da evolução. A descoberta de que a informação epigenética pode ser alterada e herdada diretamente, independentemente do DNA, atraiu mais atenção. Essa descoberta, por sua vez, levou à formulação de uma teoria "neolamarckiana"[51] contemporânea que prevê mudanças nas estruturas não genéticas de um organismo afetando as gerações subsequentes.

Hoje, defensores proeminentes do neolamarckismo incluem Eva Jablonka, da Universidade de Tel Aviv, e Massimo Pigliucci, da Universidade da Cidade

320   A DÚVIDA DE DARWIN

de Nova York. Lamarck, é claro, nada sabia sobre o papel dos genes e acreditava que a herança das características adquiridas era uma força motriz importante na evolução. Os neolamarckianos modernos, totalmente informados da realidade da herança genética, pensam, entretanto, que fontes não genéticas de informação e estrutura podem desempenhar algum papel na evolução da forma biológica. De acordo com Jablonka, o neolamarckismo "permite possibilidades evolutivas negadas pela versão 'Síntese Moderna' da teoria evolutiva, que afirma que as variações são cegas, genéticas (baseadas em ácido nucleico) e que eventos saltacionais não contribuem significativamente para a mudança evolutiva".[52]

Jablonka coletou várias categorias de evidências em apoio ao que ela chama de "sistemas de herança epigenética". Em primeiro lugar, em alguns organismos unicelulares (como *E. coli* e levedura), as alterações induzidas pelo ambiente nas vias metabólicas podem ser transmitidas para a próxima geração, independentemente de quaisquer alterações no DNA da célula. Em segundo lugar, ela observa que a informação estrutural que medeia a forma (e função) do organismo passa do organismo parental para a prole, independentemente do DNA, por meio de membranas e outros padrões celulares tridimensionais.

Terceiro, ela discute o processo de metilação do DNA, um processo no qual enzimas especiais anexam um grupo metil (CH_3) às bases de nucleotídeos dentro da dupla hélice. Processos como esse podem alterar a regulação gênica e a estrutura da cromatina. Jablonka observa que as mudanças produzidas por processos que alteram a regulação gênica são frequentemente transmitidas às gerações subsequentes de células, sem quaisquer mudanças nas sequências de base do DNA. Para encerrar, ela cita um processo denominado herança epigenética "mediada por RNA", um fenômeno descoberto recentemente. Aqui, pequenos RNAs, agindo novamente em conjunto com enzimas especiais, afetam a expressão gênica e a estrutura da cromatina, e essas modificações parecem ser hereditárias independentemente dos genes.

Algum desses mecanismos pode ajudar a explicar a origem da forma animal na explosão Cambriana? Na verdade não.

Por sua natureza, a macroevolução requer mudanças estáveis, ou seja, permanentemente hereditárias. Mas a evidência de Jablonka mostra que onde a herança não genética ocorre em animais, ela envolve estruturas que (a) não mudam (como padrões de membrana e outros modelos persistentes de informação estrutural), ou (b) não *persistem* por mais do que algumas gerações. E nenhum dos dois casos gera inovação evolutiva significativa na forma animal. Em vez disso, para que a mudança evolucionária direcional ocorra em uma população de organismos, as mudanças devem ser não apenas hereditárias, mas perma-

Outros modelos pós-neodarwinianos 321

nentes. Estabilidade, a hereditariedade irreversível e duradoura das características, é um requisito logicamente inevitável para qualquer teoria da evolução. Isso é precisamente o que "descendência com modificação" significa.

E aqui a evidência de Jablonka para herança não genética *estável* é equivocada na melhor das hipóteses, como ela prontamente admite. A revisão dos dados reunidos de Jablonka para animais não revela nenhum caso em que uma mudança epigenética induzida persistiu permanentemente em qualquer população. A herdabilidade de tais mudanças é transitória, durando (dependendo da espécie em questão) de algumas poucas gerações até no máximo quarenta.

Jablonka aborda abertamente essa falta de evidência de estabilidade, observando: "Acreditamos que as variantes epigenéticas em cada locus no genoma eucariótico podem ser herdadas, *mas de que maneira, por quanto tempo e em que condições ainda não foi qualificado.*"[53] Consequentemente, apesar de seus aspectos intrigantes, o significado evolutivo da herança epigenética neolamarckiana permanece incerto ou, nas próprias palavras de Jablonka, "inevitavelmente, um tanto especulativo".[54]

ENGENHARIA GENÉTICA NATURAL

O geneticista James Shapiro da Universidade de Chicago formulou outra perspectiva pós-darwiniana sobre o funcionamento da evolução, que ele chama de "engenharia genética natural". Shapiro desenvolveu uma compreensão da evolução que leva em conta a complexidade integrada dos organismos, bem como a importância das mutações e variações não aleatórias no processo evolutivo.

Ele observa que os organismos dentro de uma população frequentemente se modificam em resposta a diferentes desafios ambientais. Ele cita evidências que mostram que quando as populações são desafiadas por estresses ambientais, sinais ou gatilhos, os organismos não geram mutações ou fazem alterações genéticas aleatoriamente, isto é, sem respeito ou não guiados por suas necessidades de sobrevivência. Em vez disso, muitas vezes respondem a tensões ou sinais ambientais induzindo mutações de uma forma dirigida ou regulada. Como ele explica: "A contínua insistência na natureza aleatória da mudança genética por parte dos evolucionistas deveria ser surpreendente por uma razão simples: estudos empíricos do processo mutacional inevitavelmente descobriram padrões, influências ambientais e atividades biológicas específicas nas raízes de novas estruturas genéticas e sequências de DNA alteradas."[55]

A profundidade do desafio de Shapiro ao neodarwinismo ortodoxo é muito grande. Ele rejeita a aleatoriedade da variação nova que o próprio Darwin enfatizou e que os teóricos neodarwinistas ao longo do século XX reafirmaram.[56] Em vez disso, ele favorece uma visão do processo evolutivo que enfatiza a capacidade adaptativa pré-programada ou mudança "projetada", onde os organismos respondem de forma "cognitiva" às influências ambientais, reorganizando ou mutando suas informações genéticas de maneiras reguladas para manter a viabilidade.

Como exemplo, Shapiro observa que, ao contrário da suposição neodarwiniana de que "as alterações no DNA são acidentais"[57], todos os organismos possuem sistemas celulares sofisticados para revisar e reparar seu DNA durante sua replicação. Ele observa que esses sistemas são "equivalentes a um sistema de controle de qualidade na fabricação humana", em que as funções de "vigilância e correção" representam "processos cognitivos, em vez de precisão mecânica".[58]

Como um exemplo de mutação regulada, Shapiro observa que em resposta a agressões ambientais, danos UV da luz solar ou a presença de um antibiótico, por exemplo, as bactérias ativam o que é conhecido como sistema de "resposta SOS". Esse sistema faz uso de DNA polimerases especializadas, propensas a erros, normalmente não expressas, que são sintetizadas e postas em ação, permitindo que a população gere uma gama muito maior de variação genética do que o normal. As células bacterianas regulam esse processo usando uma proteína de ligação ao DNA conhecida como LexA, que normalmente reprime as polimerases propensas a erros. Quando o sistema SOS é ativado por dano ambiental, a produção de LexA primeiro cai drasticamente, permitindo a expressão das polimerases propensas a erros, mas depois aumenta, o que "garante que, assim que ocorrer o reparo do DNA, LexA [vai] reacumular e reprimir os genes SOS".[59] Esse sistema permite que as células "repliquem o DNA que carrega danos não reparados"[60], mantendo sua maquinaria de replicação essencial passando por uma parada, sem a qual a bactéria morreria.

Uma analogia pode ajudar a ilustrar o que a célula está fazendo quando confrontada com um desafio ambiental. Imagine uma unidade militar, um batalhão de blindados e infantaria combinados, cruzando uma planície aberta. De repente, o batalhão cai sob uma barreira de artilharia inimiga implacável, ferindo muitos de seus soldados. Para manter os feridos vivos até que a barragem cesse ou os reforços cheguem, o comandante instrui certos membros da unidade com habilidades destrutivas a desmontar (no jargão militar, "canibalizar") alguns dos tanques para fornecer cobertura blindada temporária a novos projéteis disparados. Sua ordem diz a eles, entretanto, para cessarem suas ações de modificação de tanques assim que a barragem terminar. Ou seja, a unidade como um todo tolera "danos" a alguns de seus equipamentos para salvar o máximo possível de seus membros.

Da mesma forma, embora em um nível seu papel "sujeito a erros" possa parecer contraintuitivo, essas DNA polimerases geradoras de mutação do sistema SOS, na verdade, constituem o hardware essencial no arsenal defensivo da célula.[61] Da perspectiva de Shapiro, essa estratégia de sobrevivência não exemplifica a aleatoriedade darwiniana, mas sim uma pré-programação sofisticada, um "aparato que até as menores células possuem" para manter a viabilidade.[62] Além do mais, a expressão cuidadosamente regulada da resposta SOS fornece evidências de que as células empregam o sistema apenas quando necessário.[63]

Além de aumentar suas taxas de mutação em seções específicas do genoma, as células também podem alterar a maneira como expressam a informação genética que já carregam, expressando alguns genes que antes não eram expressos e suprimindo outros. Organismos em populações sob estresses específicos podem recuperar e acessar elementos modulares de informações genéticas armazenadas em locais distintos no genoma ou até mesmo em cromossomos diferentes. As células então reunirão, ou concatenarão, esses elementos modulares para formar um novo gene ou RNA-transcrito capaz de dirigir a síntese de uma nova proteína ou proteínas que podem ajudar o organismo a sobreviver.

Shapiro argumenta que esses e outros tipos de mudanças genéticas direcionadas, em vez de aleatórias, e respostas a estímulos ocorrem sob "controle de algoritmo". Ele descreve a célula como "um poderoso sistema de computação distribuída em tempo real"[64] implementando várias sub-rotinas "se-então". Isso desafia enfaticamente um dos três elementos-chave da tríade neodarwiniana: a afirmação de que as mutações e variações ocorrem de forma estritamente aleatória.

Durante os últimos quinze anos, Shapiro publicou uma série de artigos fascinantes sobre as capacidades recém-descobertas das células para direcionar ou "projetar" as mudanças genéticas de que precisam para permanecerem viáveis em uma série de condições ambientais. Seu trabalho representa um caminho promissor para novas pesquisas biológicas, trazendo *insights* sobre como o sistema de processamento de informações da célula modifica e direciona a expressão de suas informações genéticas em tempo real em resposta a diferentes sinais. O trabalho de Shapiro também fornece novos *insights* sobre como as mudanças evolutivas observáveis ocorrem em populações vivas.

Poderia, então, fornecer também uma solução para o problema da origem das informações necessárias para a construção de um plano corporal animal? Poderia, exceto por uma questão que a brilhante caracterização de Shapiro de como os organismos se modificam não aborda.

De onde vem a programação que explica a "capacidade adaptativa pré-programada" dos organismos vivos? Se, como argumenta James Shapiro, a seleção natural e as mutações exclusivamente aleatórias não produzem essa pré-programação rica em informações, o que a produz? Nos próximos capítulos, vou precisamente propor uma resposta para essa questão.

17

A POSSIBILIDADE DE DESIGN INTELIGENTE

O proprietário de uma propriedade em uma ilha remota foi assassinado enquanto cavalgava. Quando o xerife local chega, descobre que há vários suspeitos óbvios: o volátil guarda-caça, o proprietário de uma propriedade vizinha com quem a vítima tinha uma rivalidade de longa data e a ex-esposa do proprietário, que vivia na ilha em uma pequena cabana adjacente. O xerife aprende rapidamente os fatos básicos do caso. A vítima foi encontrada morta, de bruços na praia, com seu cavalo parado por perto. Qualquer um dos três suspeitos poderia ter pego um rifle, de um galpão destrancado nos limites da propriedade. Todos eram saudáveis o suficiente para terem caminhado até a cena do crime. Cada um deles tem um motivo. E nenhum tem um álibi.

Mas, à medida que a investigação se desenvolve, fatos adicionais vêm à tona. Mais importante ainda, quando o legista chega, ele determina que embora a vítima tenha levado um tiro no estômago e sua cabeça tenha sido duramente golpeada pela coronha do rifle, esses ferimentos serviram apenas para esconder o ferimento à bala que realmente o matou. O homem estava morto quando caiu no chão. O que o matou foi um tiro perfeito entrando na cabeça logo atrás da orelha direita, exatamente onde um atirador experiente colocaria uma bala. Além disso, a balística mostra que essa bala veio de uma arma completamente diferente daquela armazenada no galpão, uma arma provavelmente disparada de uma distância considerável.

O xerife então retorna à lista de suspeitos e, um a um, os elimina. Evidências abundantes mostram que nenhum dos três principais suspeitos é um atirador particularmente bom, muito menos um atirador de classe mundial. A ex-mulher do proprietário tem uma mão trêmula e não tem experiência com armas de fogo. O volátil guarda-caça tem uma visão extremamente ruim. E o vizinho acabou tendo um álibi, além de um braço quebrado, o que o teria impedido de segurar o tipo de rifle com o qual a bala foi disparada. No entanto, há outra pessoa morando na propriedade, embora nem mesmo os outros suspeitos suspeitem dele. Ele é o leal e antigo assistente pessoal da vítima, um homem idoso tímido, muito amado pela família e pelos outros empregados. Ninguém quer considerá-lo um possível suspeito. Mas afinal, é possível que ele tenha algo a ver com o crime? Será que um suspeito inesperado, na verdade "o mordomo", pode ter feito isso?

Claramente, a teoria evolucionária padrão atingiu um impasse. Nem o neo-darwinismo, nem uma série de propostas mais recentes (equilíbrio pontuado, auto-organização, biologia evolucionária do desenvolvimento, evolução neutra, herança epigenética, engenharia genética natural) conseguiram explicar a origem das novas formas animais que surgiram no período Cambriano. No entanto, todas essas teorias evolutivas têm duas coisas em comum: elas se baseiam em processos estritamente materiais e também não conseguiram identificar uma causa capaz de gerar as informações necessárias para produzir novas formas de vida.

Isso levanta uma questão. É possível que um tipo diferente ou inesperado de causa possa fornecer uma explicação mais adequada para a origem da nova *forma* e *informação*, bem como as outras características distintivas, presentes na explosão Cambriana? Em particular, é possível que o design inteligente, a ação intencional de um agente consciente e racional, possa ter desempenhado um papel na explo-são Cambriana?

APRESENTANDO O DESIGN INTELIGENTE

Quando o caso para design inteligente é construído, muitas vezes é difícil fazer com que biólogos evolucionistas contemporâneos vejam por que tal ideia deve ser considerada ou por que as discussões sobre design devem sequer desempenhar um papel na biologia. Embora muitos biólogos agora reconheçam sérias deficiên-cias nas atuais teorias estritamente materialistas da evolução, eles resistem em considerar alternativas que envolvam orientação, direção ou design inteligente.

Muito dessa resistência parece vir simplesmente de não entender o que é a teoria do design inteligente. Muitos biólogos evolucionistas veem o design inte-ligente como uma ideia baseada na religião, uma forma de criacionismo bíblico. Outros pensam que a teoria nega todas as formas de mudança evolutiva. Mas, ao contrário dos relatos da mídia, o design inteligente não é uma ideia baseada na Bíblia, mas sim uma teoria baseada em evidências sobre as origens da vida, uma que desafia alguns, mas não todos, significados do termo "evolução".

A possibilidade de design inteligente   327

Talvez a melhor maneira de explicar a teoria do design inteligente seja contrastá-la com o aspecto específico da teoria da evolução darwiniana que ela desafia diretamente. Lembre-se de nossa discussão inicial no Capítulo 1 que o termo "evolução" tem muitos significados diferentes e que a teoria da evolução de Darwin por seleção natural afirmou vários deles: primeiro, mudança ao longo do tempo; segundo, descendência comum universal; e terceiro, o poder criativo da seleção natural agindo em variações aleatórias. Ao afirmar este terceiro significado da evolução, tanto o darwinismo clássico quanto o neodarwinismo moderno também afirmam o que o neodarwinista Richard Dawkins chamou de hipótese do "relojoeiro cego". Essa hipótese sustenta que o mecanismo de seleção natural agindo sobre variações genéticas aleatórias (e mutações) pode produzir não apenas uma nova forma e estrutura biológica, mas também o *aparecimento* de design em organismos vivos.[1]

Darwin defendeu essa ideia em *A Origem das Espécies*, bem como em suas cartas. Lembre-se da ilustração da criação de ovelhas no Capítulo 1, onde descrevi como tanto criadores humanos inteligentes quanto mudanças ambientais (uma série de invernos extremamente frios) podem produzir uma vantagem adaptativa em uma população de ovelhas. Durante o século XIX, os biólogos consideraram a adaptação dos organismos ao seu ambiente como uma das mais poderosas evidências de design no mundo vivo. Ao observar que a seleção natural tinha o poder de produzir tais adaptações, Darwin não apenas afirmou que seu mecanismo poderia gerar mudanças biológicas significativas, mas que poderia explicar o *surgimento do design*, sem invocar a atividade de uma inteligência projetista real. Ao fazer isso, ele procurou refutar a hipótese do design fornecendo uma explicação materialista para a origem do *design aparente* nos organismos vivos. Os neodarwinistas modernos também afirmam que os organismos aparentam ter sido projetados. Eles também afirmam a suficiência de um mecanismo natural não inteligente, mutação e seleção natural, como uma explicação para essa aparência. Assim, tanto no darwinismo quanto no neodarwinismo, o mecanismo de seleção/variação (ou seleção/mutação) funciona como uma espécie de "substituto do designer". Como explica o falecido biólogo evolucionário de Harvard Ernst Mayr: "O verdadeiro cerne do darwinismo é a teoria da seleção natural. Essa teoria é tão importante para o darwinista porque permite a explicação da adaptação, o 'design' do teólogo natural, por meios naturais."[2] Ou, como outro biólogo evolucionista proeminente, Francisco Ayala, colocou de forma sucinta, a seleção natural explica o "design sem um designer".[3]

Outros biólogos neodarwinistas contemporâneos, incluindo Richard Dawkins, Francis Crick e Richard Lewontin, também enfatizaram que os organismos biológicos apenas *aparentam* ter sido projetados.[4] Eles reconhecem que muitas estruturas biológicas, sejam os *Nautilus pompilius*, o olho composto de um trilobita, o sistema elétrico do coração dos mamíferos ou várias máquinas moleculares, atraem nossa

328 A DÚVIDA DE DARWIN

atenção porque a organização sofisticada de tais sistemas é uma reminiscência de nossos próprios projetos. Dawkins observou, por exemplo, que a informação digital no DNA tem uma semelhança fantástica com o software de computador ou código de máquina.[5] Ele explica que muitos aspectos dos sistemas vitais "dão a aparência de terem sido projetados para um propósito".[6]

Não obstante, os neodarwinistas consideram essa aparência de design totalmente ilusória, assim como o próprio Darwin, porque pensam que processos puramente irracionais e materialistas, como seleção natural e mutações aleatórias, podem produzir as intrincadas estruturas semelhantes a design em organismos vivos. Nessa visão, a seleção natural e a mutação aleatória imitam os poderes de uma inteligência projetada sem que sejam dirigidas ou guiadas de maneira inteligente.

É aí que a teoria do design inteligente entra em jogo. O design inteligente desafia a ideia de que a seleção natural e a mutação aleatória (e outros processos materialistas não direcionados) podem explicar as aparências mais marcantes do design nos organismos vivos. Em vez disso, ele afirma que há certas características dos sistemas vivos que são mais bem explicadas pelo projeto de uma inteligência real, um agente consciente e racional, uma mente, em oposição a um processo materialista irracional. A teoria do design inteligente *não* rejeita a "evolução" definida como "mudança ao longo do tempo" ou mesmo ancestralidade comum universal, mas contesta a ideia de Darwin de que a causa da grande mudança biológica e a aparência do design são totalmente cegas e não direcionadas.

A teoria também não busca inserir na biologia um conceito religioso irrelevante. O design inteligente aborda uma questão científica fundamental que há muito faz parte da biologia evolutiva: o design é real ou ilusório? Na verdade, parte do que Darwin se propôs a explicar foi precisamente a aparência do design. Com as atuais teorias evolutivas materialistas falhando em explicar muitas das aparências mais marcantes do design nos animais Cambrianos, incluindo a presença de informações digitais, bem como outras adaptações complexas, surge a possibilidade de que essas aparências de design possam não ser *apenas* aparências, afinal. A formulação darwiniana da teoria da evolução em oposição à hipótese do design,[7] juntamente com a incapacidade das teorias neodarwinianas e outras teorias materialistas de explicar as aparências salientes do design, pareceria logicamente reabrir a possibilidade de um (ao contrário aparente) design real na história da vida animal.

Ou a vida surgiu como resultado de processos materiais puramente não direcionados ou uma inteligência orientadora ou planejadora desempenhou um papel. Os defensores do design inteligente favorecem a última opção e argumentam que os organismos vivos parecem projetados porque realmente foram projetados. Os proponentes do design argumentam que os sistemas vivos exibem indicadores reveladores de atividade inteligente anterior que justificam essa afirmação, indicadores que tornam o design inteligente *cientificamente* detectável a partir das evidências do mundo vivo.

Mas isso, para muitos biólogos evolucionistas, é precisamente o problema. Por pensarem no design inteligente como uma ideia de base religiosa, eles entendem que as pessoas podem querer afirmar o design inteligente de vida como parte de suas crenças religiosas, mas não como consequência de evidências científicas. Na verdade, a maioria dos biólogos evolucionistas não vê como a ideia de design inteligente pode contribuir para uma explicação científica das origens da vida, nem como o design inteligente poderia ser *detectado* ou *inferido* cientificamente a partir de evidências na natureza. Exatamente *como* os pesquisadores justificariam tal inferência?

MINHA HISTÓRIA

Quando saí para fazer minha pós-graduação na Inglaterra em 1986, estava fazendo perguntas semelhantes. Naquela época, não estava pensando na legitimidade científica da hipótese do design inteligente como uma explicação para a origem dos animais. Em vez disso, queria saber se o design inteligente poderia ajudar a explicar a origem da própria vida. Minhas perguntas acabaram me levando a aprender sobre um método distinto de investigação científica *histórica*. Essa descoberta me levou a um método de raciocínio que permite a detecção ou inferência de causas passadas, incluindo causas *inteligentes*.

Um ano antes, em 1985, conheci um dos primeiros cientistas contemporâneos a reviver a ideia de que o design inteligente pode ter desempenhado um papel causal nas origens da vida. O químico Charles Thaxton (ver Fig. 17.1) havia publicado recentemente um livro, *The Mystery of Life's Origin* [*O Mistério da Origem da Vida*, em tradução livre]. Seus coautores foram o cientista de polímeros e engenheiro Walter Bradley e o geoquímico Roger Olsen. Seu livro foi aclamado como uma crítica inovadora das teorias atuais da evolução química. Eles mostraram que as tentativas de explicar a origem da primeira célula viva a partir de substâncias químicas não vivas mais simples falharam e que essas teorias falharam especificamente em explicar a origem da informação necessária para produzir a primeira vida.

Mas foi no epílogo do livro que os três cientistas propuseram uma alternativa radical. Lá, eles sugeriram que as propriedades portadoras de informações do DNA podem apontar para a atividade de uma inteligência planejadora, para o trabalho de uma mente, ou uma "causa inteligente", como eles dizem.[8] Baseando-se na análise do físico-químico britânico-húngaro Michael Polanyi, eles argumentaram que a química e a física sozinhas não poderiam produzir a informação no

DNA mais do que tinta e papel sozinhos poderiam produzir a informação em um livro. Em vez disso, eles argumentaram que nossa experiência uniforme sugere uma relação de causa e efeito entre a atividade inteligente e a produção de informação.[9]

FIGURA 17.1
Charles Thaxton. *Cortesia de Charles Thaxton.*

Na época em que o livro foi publicado, eu trabalhava como geofísico para uma empresa de petróleo em Dallas, onde Thaxton morava. Eu o conheci em uma conferência científica e fiquei intrigado com seu trabalho. No ano seguinte, comecei a passar por seu escritório para discutir seu livro e a ideia radical que ele estava desenvolvendo sobre o DNA.

A primeira parte do argumento de Thaxton fez sentido para mim. A experiência realmente parece afirmar que a informação (especificada ou funcional) normalmente surge da atividade de agentes inteligentes, de mentes em oposição a processos materiais e irracionais. Quando um "tweet" aparece no feed do Twitter do seu smartphone (se você gosta desse tipo de coisa), ele claramente se originou primeiro na mente de uma pessoa que criou uma conta do Twitter, escreveu o script do "tweet" e depois o enviou pela internet. A informação surge de mentes.

Mas Thaxton foi mais longe. Ele reconheceu que a maioria dos ramos da ciência não considerava a atividade inteligente como uma explicação porque, ele pensava, agentes inteligentes geralmente não geram fenômenos repetíveis ou previsíveis e porque eles são difíceis de estudar em condições controladas de laboratório. No entanto, Thaxton argumentou que os cientistas podem propor uma causa inteligente como uma explicação *científica* positiva para alguns eventos no passado, como parte de um modo especial de investigação científica que ele chamou de *ciência das origens*. Ele observou que disciplinas científicas como arqueologia, biologia evolucionária, cosmologia e paleontologia frequentemente inferem na ocorrência de eventos singulares e não repetíveis e que os métodos usados para fazer tais inferências também podem ajudar os cientistas a identificar indicadores positivos de causas inteligentes no passado.

Aqui eu não estava inicialmente tão certo. As ideias de Thaxton sobre um método distinto de ciência voltado para as origens, ou, pelo menos, para o passado em geral, pareciam intuitivamente plausíveis. Afinal, biólogos evolucionistas e paleontólogos parecem usar um método de investigação diferente daquele empregado por químicos de laboratório. No entanto, eu não tinha certeza do que eram esses métodos, como eles eram diferentes daqueles usados em outras ciências, e se usá-los de alguma forma justificava considerar o design inteligente como uma hipótese científica.

Portanto, no ano seguinte, quando deixei Dallas, Texas, e fui para Cambridge, Inglaterra, para prosseguir meus estudos em história e filosofia da ciência, eu tinha muito em que pensar. Existe um método distinto de investigação científica histórica? Em caso afirmativo, esse método de raciocínio e investigação justifica uma reformulação científica da hipótese de design? Em particular, a conexão intuitiva entre a informação e a atividade anterior de uma inteligência projetista justifica uma inferência científica *positiva* (histórica) para o design inteligente? Isso torna o design inteligente detectável?

MÉTODO CIENTÍFICO HISTÓRICO E A HIPÓTESE DE DESIGN

Em minha pesquisa, descobri que os cientistas históricos costumam fazer inferências com uma forma lógica distinta. Esse tipo de inferência é conhecido tecnicamente como inferência *abdutiva*.[10] Durante o século XIX, o lógico norte-americano C. S. Peirce caracterizou esse modo de raciocínio e o distinguiu de duas formas mais conhecidas, o raciocínio indutivo e o dedutivo. Ele observou que, no raciocínio indutivo, as regras gerais são inferidas de fatos particulares, enquanto no raciocínio dedutivo, as regras gerais são aplicadas a fatos particulares para deduzir resultados específicos. No raciocínio abdutivo, entretanto, as inferências são frequentemente feitas sobre eventos ou causas *passados* com base em pistas ou fatos presentes.[11]

Para visualizar a diferença entre esses três tipos de inferência, considere as seguintes formas de argumento: Argumento indutivo:

332   A DÚVIDA DE DARWIN

A_1 é B.

A_2 é B.

A_3 é B.

A_4 é B.

A_n é B.

Todos os As são B.

Argumento dedutivo:

premissa principal:	Se A ocorreu, então B seguirá como uma coisa natural.
premissa secundária:	*A ocorreu.*
conclusão:	Portanto, B seguirá também.

Argumento abdutivo:

premissa principal:	Se A ocorrer, então B seria esperado como uma coisa natural.
premissa secundária:	*O surpreendente fato B é observado.*
conclusão:	Portanto, há motivos para suspeitar que A ocorreu.

Observe a diferença entre as formas dedutiva e abdutiva de inferência. Na dedução, a premissa secundária afirma a variável *antecedente* ("A"), enquanto a conclusão deduz a variável consequente ("B"), um resultado *antecipado*. Nesse sentido, as inferências dedutivas visam algo que vai acontecer no futuro. Uma ilustração clássica de raciocínio dedutivo tem este caráter:

premissa principal:	Todos os homens são mortais.
premissa secundária:	*Sócrates é um homem.*
conclusão:	Portanto, Sócrates é um mortal (ou seja, ele morrerá).

Em um argumento abdutivo, a premissa secundária afirma a variável *consequente* ("B") e sua conclusão infere a variável *antecedente* ("A"), a variável se referindo a algo que veio *antes*, seja lógica ou temporalmente. O raciocínio abdutivo, portanto, frequentemente afirma uma ocorrência passada. Por esse motivo, cientistas forenses ou históricos, como geólogos, paleontólogos, arqueólogos e biólogos evolucionistas, costumam usar o raciocínio abdutivo para inferir condições ou causas

A *possibilidade de design inteligente* 333

passadas a partir de pistas *atuais*. Como Stephen Jay Gould observa, os cientistas históricos normalmente "inferem a história a partir de seus resultados".[12]

Por exemplo, um geólogo pode raciocinar da seguinte forma:

premissa principal: Se ocorresse um deslizamento de terra, esperaríamos encontrar árvores derrubadas.

premissa secundária: *Encontramos evidências de árvores derrubadas.*

conclusão: Portanto, temos motivos para pensar que um deslizamento de terra pode ter ocorrido.

Na forma dedutiva, se as premissas forem verdadeiras, com certeza, a conclusão seguirá. Entretanto, a lógica dos argumentos abdutivos é diferente. Argumentos abdutivos não produzem certeza, mas meramente plausibilidade ou possibilidade. Para visualizar o motivo, considere a seguinte variação do argumento abdutivo anterior:

premissa principal: Se ocorresse um deslizamento de terra, esperaríamos encontrar árvores derrubadas.

premissa secundária: *Encontramos árvores derrubadas.*

conclusão: Portanto, ocorreu um deslizamento de terra.

ou simbolicamente:

premissa principal: Se MS, então FT.

premissa secundária: *FT.*

conclusão: Portanto, MS.

Observe que, ao contrário da primeira versão do argumento abdutivo em que a conclusão foi afirmada provisoriamente ("temos motivos para pensar que um deslizamento de terra pode ter ocorrido"), nesta versão a conclusão é afirmada definitivamente ("*ocorreu* um deslizamento de terra"). Obviamente, esta última forma de argumento tem um problema. A isso não se segue que, porque as árvores caíram, *necessariamente* ocorreu um deslizamento de terra. As árvores podem ter caído por algum outro motivo. Um furacão pode tê-las derrubado; talvez tenha ocorrido uma nevasca e as árvores tenham caído sob o peso do gelo acumulado; ou madeireiros podem tê-las cortado. Na lógica, afirmar a variável consequente de uma premissa secundária (com certeza) constitui uma falácia formal, uma falácia que deriva do fracasso em reconhecer que mais de uma causa (ou antecedente) pode produzir a mesma evidência (ou resultado).

334 A DÚVIDA DE DARWIN

Mesmo assim, a presença de madeira derrubada *pode* indicar que ocorreu um deslizamento de terra. Assim, alterar o argumento acima para concluir: "temos motivos para pensar que um deslizamento de terra *pode* ter ocorrido" não comete uma falácia. Mesmo que não possamos afirmar o resultado com certeza, podemos afirmar isso como uma possibilidade. Isso é exatamente o que o raciocínio abdutivo faz. Ele fornece uma razão para considerar que uma hipótese, e frequentemente uma hipótese sobre o passado, pode ser verdadeira, mesmo que não se possa afirmar a hipótese (ou conclusão) com certeza.[13]

O MÉTODO DE MÚLTIPLAS HIPÓTESES CONCORRENTES

Para abordar essa limitação do raciocínio abdutivo e possibilitar o fortalecimento das inferências sobre o passado, o geólogo do século XIX Thomas Chamberlain desenvolveu uma forma de raciocínio que chamou de "o método das múltiplas hipóteses em trabalho".[14] Cientistas históricos e forenses empregam esse método quando mais de uma causa ou hipótese pode ser responsável pela mesma evidência. Eles o usam para julgar hipóteses concorrentes, comparando-as para ver qual delas explica *melhor* não apenas uma parte da evidência, mas, geralmente, uma classe mais ampla de fatos relevantes.

Por exemplo, considere como esse método de raciocínio foi usado para estabelecer a hipótese da deriva continental como a melhor explicação para uma ampla gama de observações geológicas. Durante o início dos anos 1900, um geólogo e meteorologista alemão chamado Alfred Wegener ficou fascinado com a maneira como os continentes africano e sul-americano se encaixam no mapa como peças de um quebra-cabeça.[15] Ele propôs que os continentes já haviam sido fundidos como um único continente gigante que ele chamou de "Pangeia", que mais tarde se separou e se afastou.

Inicialmente, muitos geólogos ridicularizaram a ideia de Wegener. Eles pensaram que, dadas as vastas distâncias que separam os continentes, as formas correspondentes eram provavelmente apenas uma coincidência. Os críticos de Wegener rejeitaram sua teoria da deriva continental como "devaneios delirantes", "pseudociência germânica" ou um "conto de fadas".[16] Mas Wegener citou outras evidências que acreditava que poderiam ser explicadas pela deriva continental e que a hipótese da coincidência falhava em explicar. Ele notou que as formas fósseis descobertas na costa leste da América do Sul combinavam com as da costa oeste da África em lugares e estratos sedimentares correspondentes. Esse fato parecia *muita* coincidência para ser explicado apenas por acaso. No entanto, outros geólogos tentaram explicar a correspondência de formas fósseis a um oceano de distância, não como resultado do movimento dos continentes, mas como resultado da migração da flora e da fauna, seja através dos oceanos ou de pontes terrestres

A possibilidade de design inteligente   335

antigas.[17] Isso introduziu uma terceira hipótese na mistura, que, em conjunto com a hipótese da coincidência, poderia explicar cada um dos mesmos fatos que a hipótese de Wegener poderia.

Mais tarde, entretanto, um conjunto adicional de fatos veio à tona, um que ajudou os cientistas a decidir entre as hipóteses concorrentes. Durante a Segunda Guerra Mundial, a Marinha dos Estados Unidos pesquisou a topografia do fundo do mar e mediu o campo magnético da Terra nos oceanos. Essas pesquisas magnéticas mostraram faixas paralelas de rocha magnetizada, cada uma com a mesma polaridade em ambos os lados das encostas que correm pelo meio do fundo do oceano a distâncias iguais das cordilheiras meso-oceânicas.[18] Os geólogos também aprenderam que o magma vazava continuamente no meio dessas cadeias de montanhas meso-oceânicas. Eles descobriram que, à medida que o magma esfria, ele "adquire" uma assinatura magnética característica, que reflete a polaridade do campo magnético da Terra naquele local no momento de seu resfriamento. Quando os navios que rebocavam magnetômetros sensíveis mediam essa "magnetização remanescente", os cientistas aprenderam que a magnetização do fundo do mar alternava entre seções de polaridade "normal" e "reversa" à medida que o magnetômetro era rebocado de uma dorsal meso-oceânica em cada direção. Isso levou à descoberta de um famoso padrão simétrico de "tecla de piano" em cada lado da dorsal meso-oceânica, visto na Figura 17.2.

Para explicar esse padrão simétrico de magnetismo alternado, os geólogos propuseram que as faixas magnéticas foram formadas como resultado do fundo do mar se espaçando a partir da dorsal meso-oceânica quando o magma foi expelido e resfriado na presença do campo magnético em mudança, em outras palavras, que os continentes estavam literalmente se separando. Essa hipótese não apenas explica o padrão simétrico das tarjas magnéticas, mas também outras evidências relevantes. Embora as outras hipóteses possam explicar (ou dispensar) o ajuste dos continentes e/ou o padrão semelhante de fossilização nos oceanos, apenas a deriva continental (impulsionada pela expansão do fundo do mar) poderia explicar as faixas magnéticas do fundo do mar *e* essas outras evidências. Consequentemente, como resultado de seu poder explicativo superior, um caso decisivo para a deriva continental foi logo estabelecido, fortalecendo uma inferência abdutiva meramente plausível sobre o movimento passado dos continentes, mostrando que essa inferência forneceu a melhor (e a única adequada) explicação de todos os fatos relevantes.[19]

Filósofos contemporâneos da ciência, como Peter Lipton, chamaram esse método de raciocínio de "inferência para a melhor explicação".[20] Os cientistas costumam usar esse método ao tentar explicar a origem de um evento ou estrutura do passado. Eles comparam várias hipóteses para ver qual seria, se verdadeira, a que explicaria melhor o fato.[21] Eles então afirmam provisoriamente a hipótese que melhor explica os dados como aquela que tem mais probabilidade de ser verdadeira.

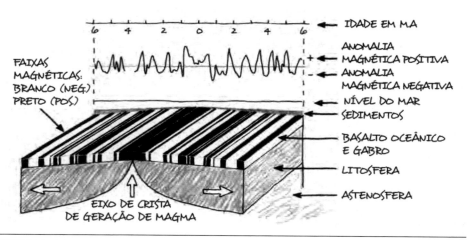

FIGURA 17.2
Este diagrama mostra o padrão simétrico de faixas magnéticas alternadas de polaridade "normal" ou "invertida" em ambos os lados de uma dorsal meso-oceânica. Como esse padrão de "tecla de piano" só poderia ser explicado pelas placas tectônicas e pela expansão do fundo do mar, ele contribuiu para a ampla aceitação dessas teorias na geologia contemporânea.

Obviamente, dizer "A melhor explicação é aquela que melhor explica os fatos ou que melhor explica a maioria dos fatos", levanta uma questão importante. O que significa explicar algo bem ou melhor?

Acontece que os cientistas históricos desenvolveram critérios para decidir qual explicação, entre um grupo de hipóteses concorrentes possíveis, fornece a melhor explicação para algum evento no passado remoto. O mais importante desses critérios é a "adequação causal". Como condição para formular uma explicação bem-sucedida, os cientistas históricos devem identificar as causas que são conhecidas por terem o poder de produzir o tipo de efeito, característica ou evento em questão. Na tentativa de identificar tais causas, os cientistas históricos avaliam hipóteses à luz de seu conhecimento atual de causa e efeito. As causas que são conhecidas por produzirem o efeito em questão (ou são consideradas capazes de fazê-lo) são consideradas melhores candidatas do que aquelas que não o são. Por exemplo, uma erupção vulcânica fornece uma explicação melhor para uma camada de cinzas na terra do que um terremoto ou uma enchente, porque foi observado que erupções produzem camadas de cinzas, enquanto terremotos e enchentes não.

Um dos primeiros cientistas históricos a desenvolver o critério de adequação causal foi o geólogo Charles Lyell (1797–1875), que por sua vez influenciou Charles Darwin. Darwin leu a *magnum opus* de Lyell, *Princípios de Geologia*, durante sua viagem no *HMS Beagle* e empregou os princípios de raciocínio de Lyell em

A Origem das Espécies. O subtítulo do livro de Lyell resumiu seu princípio metodológico central: *Sendo uma Tentativa de Explicar as Mudanças Anteriores da Superfície da Terra, por Referência às Causas Agora em Operação* (1830–1833). Lyell argumentou que, quando os cientistas procuram explicar eventos no passado, não deveriam invocar algum tipo desconhecido de causa, cujos efeitos não observamos. Em vez disso, eles deveriam citar causas conhecidas por nossa experiência uniforme como tendo o poder de produzir o efeito em questão.[22] Os cientistas históricos devem citar as causas atualmente atuantes, ou seja, *"as causas agora em operação"*. Essa era a ideia por trás de seu método uniformitarista e sua famosa frase: "O presente é a chave do passado." De acordo com Lyell, nossa experiência *presente* de causa e efeito deve guiar nosso raciocínio sobre as causas de eventos *passados*. Darwin adotou esse princípio metodológico ao procurar demonstrar que a seleção natural qualificava como *vera causa*, ou seja, uma causa verdadeira, conhecida ou real de mudança biológica significativa.[23] Em outras palavras, ele procurou mostrar que a seleção natural era "casualmente adequada" para produzir os efeitos que ele estava tentando explicar.

A ÚNICA CAUSA CONHECIDA

Os filósofos da ciência e os principais cientistas históricos enfatizaram a adequação causal como o critério-chave pelo qual as hipóteses concorrentes são julgadas. Mas os filósofos da ciência têm insistido que as avaliações do poder explicativo levam a inferências conclusivas somente quando há *apenas uma causa conhecida* para o efeito ou evidência[24] (ver Fig. 17.3) em questão. Se houver muitas causas que podem produzir o mesmo efeito, então a presença do efeito não estabelece definitivamente a causa. Quando os cientistas conhecem apenas uma causa para um determinado efeito, no entanto, eles podem inferir essa causa e ainda assim evitar a falácia de afirmar o consequente, o erro de ignorar outras causas possíveis com o poder de produzir o mesmo efeito.[25] Nesse caso, podem inferir ou detectar uma causa passada *exclusivamente* plausível a partir das pistas que foram deixadas para trás.

Isso pode acontecer de duas maneiras. Primeiro, os cientistas históricos podem concentrar suas investigações em um *único* fato (isoladamente), para o qual apenas uma causa é conhecida. Nesse caso, eles podem inferir a causa de forma rápida e decisiva apenas a partir do efeito, sem risco de afirmar o consequente, porque nenhuma outra causa conhecida produz o mesmo efeito. Por exemplo, como uma erupção vulcânica é a única causa conhecida de uma camada de cinzas vulcânicas, a presença dessa camada em um sítio arqueológico indica fortemente a erupção anterior de um vulcão.

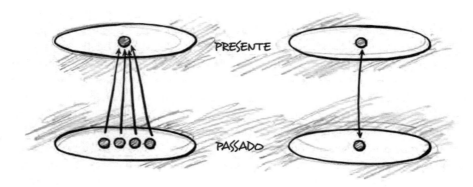

FIGURA 17.3
Esquema do problema lógico da retrodição. Se é possível reconstruir o passado de forma definitiva ou não, depende se há uma única causa ou condição que dá origem a um estado presente ou se há muitas causas passadas possíveis ou condições que dão origem a um dado estado presente. O diagrama à esquerda retrata uma situação de destruição de informações na qual *muitas* causas (ou condições) passadas correspondem a um determinado estado atual. O diagrama à direita retrata uma situação de preservação de informações na qual apenas uma causa (ou condição) passada corresponde a um estado atual. Adaptado de Sober, *Reconstructing the Past*, 4.

Em outros casos em que os cientistas históricos encontram evidências para as quais existem *muitas* causas conhecidas, eles frequentemente ampliarão sua investigação além de um fato inicial ou conjunto de fatos. Nesses casos, usarão a estratégia descrita acima (como parte do método de múltiplas hipóteses concorrentes), procurando por evidências adicionais até que encontrem uma peça para a qual haja apenas uma causa conhecida. Com isso, podem comparar o poder explicativo das hipóteses concorrentes. Usando essa estratégia, os cientistas históricos escolherão a causa proposta com o poder demonstrado para produzir *todas* as evidências relevantes, incluindo o novo fato ou peça de evidência para a qual há apenas uma causa conhecida. Por exemplo, a descoberta do padrão simétrico do magnetismo do fundo do oceano em lados opostos de uma dorsal meso-oceânica permitiu uma comparação do poder explicativo das três hipóteses em consideração, deixando apenas a propagação do fundo do mar como uma explicação causalmente adequada de *todos* os fatos relevantes.

Tal abordagem muitas vezes permite que os cientistas históricos selecionem uma evidência (de alguma combinação de efeitos) para a qual há apenas uma causa conhecida (ou teoricamente plausível), tornando assim possível estabelecer uma causa passada de forma decisiva. Embora essa estratégia envolva olhar para uma classe de fatos mais ampla do que a primeira estratégia, o status lógico das inferências envolvidas é o mesmo. Em cada caso, a presença de um fato (in-

A *possibilidade de design inteligente*   339

dependente ou em combinação com outros fatos) para o qual apenas uma causa é conhecida permite que os cientistas históricos façam uma inferência definitiva sobre a história causal em questão, sem cometer a falácia de afirmar o consequente. Logicamente, se uma causa postulada é conhecida como uma condição *necessária* ou causa de um determinado evento ou efeito, os cientistas históricos podem validamente inferir essa condição ou causa a partir da presença do efeito. Se for verdade que onde há fumaça sempre há fogo primeiro, então a presença de fumaça flutuando sobre uma cordilheira distante indica decisivamente a presença anterior de um incêndio do outro lado da cordilheira.

INFERÊNCIA HISTÓRICA E DESIGN INTELIGENTE

O que tudo isso tem a ver com a explosão Cambriana?

Bastante. Em minha investigação do método científico histórico, descobri que, quer eles sempre percebam isso ou não, os cientistas históricos normalmente usam o método de inferência para a melhor explicação. Eles fazem inferências indutivas sobre causas passadas a partir de pistas, evidências ou efeitos presentes. Isso mais tarde me sugeriu que se houvesse características da explosão Cambriana ou dos animais Cambrianos que seriam "esperadas como uma coisa natural" se um designer inteligente tivesse desempenhado um papel naquele evento, então seria, pelo menos, possível formular a hipótese do design inteligente como uma inferência científica histórica (abdutiva). Um defensor do design inteligente poderia raciocinar de uma forma científica histórica padrão:

premissa principal:	Se o design inteligente desempenhasse um papel na explosão Cambriana, então o traço (X) conhecido por ser produzido por atividade inteligente seria esperado como algo natural.
premissa secundária	*A característica (X) é observada na explosão Cambriana da vida animal.*
conclusão:	Portanto, há razões para suspeitar que uma causa inteligente desempenhou um papel na explosão Cambriana.

Claro, um cientista histórico só teria justificativa para fazer tal inferência abdutiva para a atividade passada de uma causa inteligente se a "característica X" fosse evidente na explosão Cambriana e se o design inteligente fosse conhecido por produzir a "característica X". Além disso, só porque a explosão Cambriana pode exibir alguma característica ou características para as quais o design inteligente é uma causa conhecida não significa que o design inteligente foi necessariamente

340   A DÚVIDA DE DARWIN

a *causa real* (ou a melhor explicação) dessas características. Somente se o evento Cambriano e os animais exibirem características para as quais o design inteligente é a *única* causa conhecida, um cientista histórico pode fazer uma inferência decisiva para uma causa inteligente passada.

Ficamos com duas questões cruciais. Existem de fato tais características presentes no registro da explosão Cambriana ou nos animais que surgem nela, características que são conhecidas por nossa experiência como sendo produzidas por causas inteligentes de tal forma que justificariam fazer uma inferência abdutiva provisória ao design inteligente? Talvez haja também características do evento Cambriano que, por nossa experiência, sabemos serem produzidas por causas inteligentes, e *apenas* por causas inteligentes, justificando uma inferência mais definitiva sobre a atividade inteligente passada como a *melhor* explicação para a evidência relevante? Será que "o mordomo" fez isso afinal?

18

SINAIS DE DESIGN NA EXPLOSÃO CAMBRIANA

Romances de mistério bem elaborados, como investigações de crimes do mundo real, se desenvolvem com uma lógica distinta. Há uma morte a ser explicada e, no início, um universo indefinidamente grande de possíveis causas. Esse universo pode ser reduzido, estreitando-se para a única causa verdadeira, à medida que mais e mais pistas vêm à luz. Essas pistas normalmente vêm em duas formas: evidências *positivas* ou indicadores do que *provavelmente* aconteceu (por exemplo, cartuchos de calibre 38 no solo e ferimentos de bala em um corpo) e evidências *negativas* ou indicadores do que não poderia ter acontecido.

Digamos que o xerife local que descobriu o corpo do proprietário da fazenda (da minha ilustração no capítulo anterior) o tenha feito enquanto fazia sua ronda em uma estrada de terra que se aproxima da praia no final da propriedade onde o dono morreu. E digamos que, como resultado, o xerife por acaso encontrou o corpo logo após o assassinato. Suponhamos, além disso, que o xerife teve o bom senso de medir imediatamente a temperatura do corpo apenas para descobrir que a vítima ainda estava quente, na verdade quase tão quente quanto uma pessoa viva. Claramente, nesta situação, o xerife concluiria que a vítima acabara de morrer. Nesse ponto da investigação, uma regularidade física governaria o raciocínio do xerife, que diz muito sobre quem *não* cometeu o assassinato. Após a morte, o corpo humano esfria até a temperatura ambiente a uma velocidade conhecida. Assim, levando em consideração o transporte veicular, quem cometeu o crime *não* poderia ter ido além de uma certa distância do local remoto no momento em que o corpo foi encontrado.

342   A DÚVIDA DE DARWIN

Esses fatos forneceriam imediatamente um álibi sólido para a vasta maioria da humanidade, qualquer um localizado em segurança fora desse raio quando o corpo foi descoberto. É claro que chamar essa informação de pista *negativa* é, na verdade, apenas uma convenção de nomenclatura. "Negativo" e "positivo" referem-se a como concebemos as *implicações* de um fato, mas não ao fato em si: a evidência, afinal, é o que é. Mesmo assim, os fatos tanto excluem quanto permitem hipóteses concorrentes possíveis. À medida que se acumulam, normalmente pintam um quadro, um perfil, da causa real do evento que precisa de explicação. Assim, quando dizemos "a temperatura corporal do falecido exclui os 7 bilhões de pessoas que estavam bem além do raio definido pela taxa de resfriamento", poderíamos igualmente ter dito, "a temperatura corporal implica em alguma pessoa dentro de 30 milhas da propriedade quando o xerife chegou", uma população de possíveis suspeitos muito menor do que quando começamos.

Conforme descrevi as muitas tentativas de explicar o enigma científico que motiva este livro, esse mistério foi, em certo sentido, progressivamente aprofundado. À medida que mais e mais tentativas de explicar a explosão Cambriana da vida animal falharam, a evidência de que essas várias teorias concorrentes falham em explicar pode ser considerada um conjunto de pistas negativas, evidências que efetivamente excluem certas causas ou explicações possíveis. Já expliquei por que a versão recebida da teoria evolucionária, o neodarwinismo, falha em explicar a explosão de informações e formas no período Cambriano. Também examinei teorias evolutivas mais recentes e mostrei por que elas também falham em explicar os principais aspectos da evidência. Até este ponto, então, muitas das evidências retornaram um veredito *negativo*. Elas nos dizem muito sobre o que, com toda probabilidade, não causou a explosão Cambriana. Mas, como em nosso caso hipotético de assassinato, um conjunto de evidências que torna um conjunto de explicações cada vez menos plausível também pode começar a pintar um quadro de uma causa alternativa e da verdadeira explicação.

PERFIL DO SUSPEITO

Muito antes de os detetives saberem a identidade real de um suspeito, costumam criar um perfil da pessoa que procuram. Um importante paleontologista usou essa estratégia para começar a desenhar um cenário provável para a causa responsável pela explosão Cambriana. Douglas Erwin dedicou sua carreira a resolver o problema da origem dos planos corporais dos animais (ver Fig. 18.1). Treinado na Universidade da Califórnia por James Valentine, outro especialista em Cambriano, Erwin trabalhou em estreita colaboração na última década com Eric Davidson, que conhecemos no Capítulo 13, tentando determinar o que aconteceu para fazer com que dezenas de novos planos corporais aparecessem, e aparecem rapidamente, no período Cambriano.

Tanto Erwin quanto Davidson agora descartaram a teoria neodarwiniana padrão, veementemente no caso de Davidson. Ele diz que a teoria padrão "dá origem a erros letais".[1] Mas Erwin e Davidson vão além. Eles reuniram o que é, em essência, uma folha de pistas, uma lista de evidências-chave que devem ser explicadas. Usando essa lista, começaram a esboçar, pelo menos em linhas gerais, um perfil da causa por trás da explosão Cambriana.

No lado positivo do registro, eles concluem que essa causa deve ter vários atributos para explicar os principais fatos sobre o registro fóssil, bem como o que é necessário para construir animais. Em particular, a causa deve ser capaz de gerar um padrão de aparência descendente; deve ser capaz de gerar uma nova forma biológica com relativa rapidez; e deve ser capaz de construir, não apenas modificar, complexos circuitos genéticos integrados (especificamente, as redes regulatórias de genes de desenvolvimento discutidas no Capítulo 13).

Do lado negativo, Davidson e Erwin descartam tanto os processos microevolutivos observados quanto os mecanismos macroevolutivos postulados (como equilíbrio pontuado e seleção de espécies) como explicações para a origem das características principais da explosão Cambriana. Eles insistem que os requisitos para a construção de planos corporais animais *de novo*, "não podem ser acomodados pela teoria microevolutivos [ou] macroevolutivos".[2]

FIGURA 18.1
Douglas Erwin. *Cortesia da UPHOTO/Cornell University.*

No Capítulo 13, discuti a razão para chegar a esta conclusão: as redes regulatórias de genes do desenvolvimento, uma vez estabelecidas, não podem ser perturbadas (ou sofrerem mutações) sem consequências "catastróficas"[3] para o animal em desenvolvimento. Assim, fundamentalmente novas redes reguladoras de genes (dGRNs) não podem evoluir gradualmente de dGRNs preexistentes, se essas mudanças evolutivas exigirem perturbar os nós mais profundos dos dGRNs anteriores. No entanto, construir novos dGRNs capazes de produzir novos animais

344 A DÚVIDA DE DARWIN

requer precisamente essas alterações fundamentais em dGRNs preexistentes. Mas, então, como surgiriam novas redes regulatórias? Davidson e Erwin insistem que nenhuma teoria atual da evolução explica a origem desses sistemas. Assim, eles concluem que a causa da explosão Cambriana não é descrita por *nenhuma* teoria atualmente proposta de micro ou macroevolução.

Ao dizer isso, Erwin enfatiza a singularidade das inovações que ocorreram na explosão Cambriana. Ele explica: "Ao contrário dos eventos posteriores, os eventos de desenvolvimento mais significativos da radiação Cambriana envolveram a proliferação de tipos de células, hierarquias de desenvolvimento e cascatas epigenéticas."[4] Consequentemente, ele conclui: "A diferença crucial entre os eventos de desenvolvimento do Cambriano e os eventos subsequentes é que os primeiros envolveram o *estabelecimento* desses padrões de desenvolvimento, não sua *modificação*."[5] Por essa razão, Erwin nega que o evento central da explosão Cambriana, a origem de novos planos corporais, tenha qualquer paralelo com os processos biológicos atualmente observados. Em vez disso, insiste que os eventos do passado foram *fundamentalmente diferentes*, que existem profundas assimetrias entre a evolução de então e a evolução de agora.[6] Assim, ele amplia sua negação da suficiência da teoria evolucionária atual ao adicionar um atributo adicional, embora negativo, ao seu retrato do "suspeito": a causa responsável pela geração das novas formas animais, seja ela qual for, *deve ter sido diferente de qualquer processo biológico observado operando em populações vivas atuais.*

TRAÇANDO O PERFIL DE UMA CAUSA

Tudo isso levanta uma questão óbvia. Poderiam as pistas negativas que cada vez mais refutam as teorias evolucionistas materialistas também serem indicadores positivos de um tipo diferente de causa, talvez até mesmo uma causa inteligente?

Ao esboçar o perfil do tipo de causa necessária para explicar a origem da vida animal, Davidson, Erwin e muitos outros biólogos evolucionistas podem ter, inadvertidamente, tornado a ideia de design inteligente um pouco menos inconcebível. Para ver por que, vamos revisar rapidamente o perfil do suspeito de Erwin e Davidson. Eles concluíram que a causa da origem das novas formas animais na explosão Cambriana deve ser capaz de:

- gerar uma nova forma rapidamente
- gerar um padrão de surgimento descendente
- construir, não apenas modificar, circuitos integrados complexos

Eles também concluíram que essa causa:

- não é descrita por qualquer teoria atualmente proposta de micro ou macroevolução
- é diferente de qualquer processo biológico observado operando em populações vivas atuais

Erwin e Davidson, que não são adeptos do design inteligente, traçaram um perfil parcial de uma causa adequada de acordo com seu interesse particular na importância das redes reguladoras de genes (Davidson) e da descontinuidade fóssil (Erwin). Mas outros biólogos evolucionistas também contribuíram para esse quadro. Simon Conway Morris maravilha-se com "a incrível capacidade da evolução de navegar para a solução apropriada por meio de imensos 'hiperespaços' de possibilidade biológica".[7] Como resultado, ele argumenta que a evolução pode de alguma forma ser "canalizada" em direção a pontos finais funcionais e/ou estruturais propícios, sem especificar qualquer mecanismo evolutivo conhecido que possa direcionar a evolução para tais pontos finais.[8] James Shapiro propõe um mecanismo de mudança evolutiva que se baseia na capacidade adaptativa pré-programada, sem explicar de onde vem essa pré-programação.[9] Várias das novas teorias evolutivas discutidas nos capítulos anteriores pressupõem, mas não explicam, a existência de formas genéticas e epigenéticas de informação, destacando a necessidade de uma causa capaz de gerar tais informações em primeiro lugar.

Erwin e Davidson fizeram um início ousado com sua lista de pistas descartando o neodarwinismo. Mas a evidência explorada nestas páginas sugere atributos complementares que precisam ser adicionados ao seu perfil da causa real da explosão Cambriana. Nossas investigações anteriores sugeriram que construir um animal requer informações específicas ou funcionais e que qualquer explicação para a origem dos animais Cambrianos deve identificar uma causa capaz de gerar:

- informação digital
- informações estruturais (epigenéticas)
- *camadas* de informação funcionalmente integradas e hierarquicamente organizadas

Ainda assim, alguma dessas pistas ou mesmo todas elas contribuem para considerar que um tipo alternativo de causa, uma inteligência projetista, pode ter desempenhado um papel na origem da vida animal?

Elas contribuem. Acontece que cada uma das características dos animais Cambrianos e do registro fóssil Cambriano que constituem pistas negativas,

346 A DÚVIDA DE DARWIN

pistas que tornam o neodarwinismo e outras teorias materialistas inadequadas como explicações causais, também são características de sistemas conhecidos por experiência surgidos como resultado de atividade inteligente. Em outras palavras, as teorias evolucionárias materialistas padrão falharam em identificar um mecanismo ou causa adequada *para precisamente aqueles atributos* de formas vivas que sabemos por experiência que *apenas a inteligência,* atividade racional consciente, é capaz de produzir. Isso sugere, de acordo com o método de raciocínio científico histórico elucidado no capítulo anterior, a possibilidade de fazer uma forte inferência histórica sobre o design inteligente como a melhor explicação para a origem desses atributos.

Vamos dar uma olhada em cada uma dessas características do evento Cambriano, começando com as principais características dos próprios animais Cambrianos, para ver como eles podem apontar para a atividade passada de uma inteligência projetista, tornando assim o design inteligente cientificamente detectável.

A EXPLOSÃO DE INFORMAÇÃO CAMBRIANA

Vimos que construir um animal Cambriano (ou qualquer outro) exigiria uma vasta informação digital nova e funcionalmente especificada. Além disso, a presença de tais informações codificadas digitalmente no DNA apresenta, pelo menos, uma *aparência impressionante de design* em todos os organismos vivos. Como Richard Dawkins observa, por exemplo, "o código de máquina dos genes é estranhamente semelhante ao de um computador".[10] Da mesma forma, o pioneiro da biotecnologia Leroy Hood se refere às informações armazenadas no DNA como "código digital" e as descreve em termos que lembram softwares de computador.[11] E, como vimos, Bill Gates da Microsoft observa: "O DNA é como um programa de computador, mas muito, muito mais avançado do que qualquer software já criado."[12]

No entanto, também vimos que nem o neodarwinismo nem qualquer outro modelo ou mecanismo evolucionário materialista explica a origem da informação genética (o código digital) necessária para produzir os animais Cambrianos ou mesmo as inovações estruturais mais simples que eles exibem. Poderia esta aparência *inexplicada* de design, de um ponto de vista materialista, apontar para um design *inteligente* real?

Eu acho que sim. Mas, para explicar por quê, preciso contar um pouco mais sobre a "evolução" de meu próprio pensamento sobre o assunto.

Depois de aprender como os cientistas históricos fazem inferências sobre as causas dos eventos no passado remoto, primeiro apliquei esses métodos de raciocínio à questão da origem da informação necessária para produzir a primeira

Sinais de design na explosão cambriana 347

célula viva. Meu livro *Signature in the Cell* usou o método de múltiplas hipóteses concorrentes (ou inferência para a melhor explicação) para avaliar a "adequação causal" das explicações propostas para a origem real da informação biológica. Mostrei que os modelos evolutivos químicos (sejam baseados no acaso, na necessidade físico-química ou na combinação dos dois) não conseguiram identificar uma causa capaz de produzir a informação digital no DNA e no RNA. No entanto, sabemos de uma causa que demonstrou o poder causal de produzir código digital. Essa causa é um agente inteligente. Visto que o agente inteligente é a única causa conhecida como capaz de gerar informações (pelo menos, começando com produtos químicos não vivos), o design inteligente oferece a melhor explicação para a origem da informação necessária para produzir o primeiro organismo.

O caso do design inteligente em *Signature* foi cuidadosamente limitado como um desafio à evolução *química*. Muitos biólogos evolucionistas reconhecem que a teoria da evolução química falhou em explicar a origem da primeira vida. Muitos citam sua incapacidade de explicar a origem da informação biológica como uma das principais razões para essa falha. Além disso, porque eles não acham que a seleção natural poderia ter desempenhado um papel significativo na evolução até o surgimento dos primeiros organismos autorreplicantes, a maioria dos biólogos evolucionistas também pensa que explicar a origem da informação em um contexto pré-biótico é muito mais difícil do que explicar a origem de novas informações em organismos já vivos.

Por essa razão, em *Signature*, não tentei argumentar que o design inteligente pode ajudar a explicar a origem da informação necessária para explicar a origem de novos animais a partir de formas de vida preexistentes mais simples. Isso teria exigido uma demonstração separada mostrando a inadequação da seleção natural e mutação como um mecanismo para gerar novas informações genéticas em organismos já vivos. Este livro, nos Capítulos 9–14, oferece essa demonstração. Esses capítulos mostram como o neodarwinismo falha em explicar a origem da informação genética, pelo menos, nas quantidades necessárias para construir uma nova dobra proteica. Os Capítulos 15 e 16 mostraram, além disso, que as outras principais teorias evolutivas materialistas também falham em dar conta das informações necessárias para construir novas formas de vida animal. Essas teorias pressupõem, em vez de explicar, a origem das informações necessárias para a inovação estrutural na história da vida. E como a explosão Cambriana da vida animal é uma explosão de informações e inovação estrutural, isso levanta uma questão. É possível que esse aumento de informações biológicas não apenas represente evidências contra as teorias materialistas da evolução biológica, mas também evidências positivas para o design inteligente?

348   A DÚVIDA DE DARWIN

Uma causa agora em operação

É verdade. Agentes inteligentes, devido à sua racionalidade e consciência, demonstraram o poder de produzir informações específicas ou funcionais na forma de arranjos de caracteres específicos de sequência linear. Formas digitais e alfabéticas de informação surgem rotineiramente por meio de agentes inteligentes. Um usuário de computador que rastreia as informações em uma tela de volta à sua fonte invariavelmente vem à *mente*, um engenheiro de software ou programador. As informações em um livro ou inscrição derivam, em última análise, de um escritor ou escriba. Nosso conhecimento baseado na experiência do fluxo de informações confirma que os sistemas com grandes quantidades de informações especificadas ou funcionais invariavelmente se originam de uma fonte inteligente. A geração de informações funcionais *é* "habitualmente associada à atividade consciente".[13] Nossa experiência uniforme confirma essa verdade óbvia.

Também sugere, portanto, que o design inteligente atende ao requisito-chave de "adequação causal" de uma boa explicação científica histórica. Certamente, inteligência é uma "causa agora em operação" capaz de gerar informações funcionais ou específicas em formato digital. Enquanto escrevo isso, minha mente está gerando informações específicas. Agentes inteligentes geram informações na forma de código de software, inscrições antigas, livros, códigos militares criptografados e muito mais. E uma vez que não conhecemos nenhuma causa materialista "atualmente atuante" que também gere grandes quantidades[14] de informações especificadas (especialmente em uma forma digital ou alfabética), apenas o design inteligente atende ao requisito de adequação causal de uma explicação científica histórica. Em outras palavras, nossa experiência uniforme de causa e efeito mostra que o design inteligente é a *única causa conhecida* da origem de grandes quantidades de informações digitais especificadas funcionalmente. Segue-se que a grande infusão de tal informação na explosão Cambriana aponta decisivamente para uma causa inteligente.

O design inteligente é a única explicação plausível para a origem da informação genética por outro motivo: os agentes intencionais têm exatamente aqueles poderes necessários que a seleção natural carece como condição para sua adequação causal. Vimos que a seleção natural carece da capacidade de gerar novas informações precisamente porque só pode agir *depois* que novas informações funcionais surgirem. A seleção natural pode favorecer novas proteínas e genes, mas somente depois que eles desempenham alguma função (influenciando a produção reprodutiva). A tarefa de gerar novos genes funcionais, proteínas e sistemas de proteínas, portanto, recai inteiramente sobre mutações aleatórias. No entanto, sem critérios funcionais para guiar uma busca através do espaço de sequências possíveis, a variação aleatória está probabilisticamente condenada. O que é necessário não é apenas uma fonte de variação (ou seja, a liberdade de pesquisar um espaço de possibilidades) ou um modo de seleção que pode operar após o fato de uma pesquisa bem-sucedida, mas em vez disso, um meio de seleção que (a) opera durante uma busca, antes do sucesso, e que (b) é guiado por informações ou conhecimento de um alvo funcional.

A demonstração desse requisito veio de um quarto improvável: algoritmos genéticos. Algoritmos genéticos são programas que supostamente simulam o poder criativo de mutação e seleção. Richard Dawkins, Bernd-Olaf Küppers e outros desenvolveram programas de computador que supostamente simulam a produção de informação genética por mutação e seleção natural.[15] No entanto, esses programas são bem-sucedidos apenas pelo expediente ilícito de fornecer ao computador uma "sequência alvo" e, em seguida, tratar a proximidade com a função *futura* (ou seja, a sequência alvo), e não a função presente real, como um critério de seleção. Como mostra o matemático David Berlinski, algoritmos genéticos precisam de algo semelhante a uma "memória voltada para o futuro" para ter sucesso.[16] No entanto, essa seleção previdente não tem um análogo na natureza. Em biologia, onde a sobrevivência diferencial depende da manutenção da função, a seleção natural não pode ocorrer antes que surjam novas sequências funcionais. A seleção natural carece de previsão; o processo, como observam os teóricos evolucionistas Rodin e Szathmáry, funciona estritamente "'no momento presente', aqui e agora [...] faltando a previsão de potenciais vantagens futuras".[17]

O que falta à seleção natural, o design inteligente fornece: seleção objetiva e direcionada a objetivos. Os agentes racionais podem organizar a matéria e os símbolos com objetivos distantes em mente. Eles também resolvem rotineiramente problemas de inflação combinatória. Ao usar a linguagem, a mente humana rotineiramente "encontra" ou gera sequências linguísticas altamente improváveis para transmitir uma ideia pretendida ou *preconcebida*. No processo de pensamento, objetivos funcionais precedem e restringem a seleção de palavras, sons e símbolos para gerar sequências funcionais (e significativas) a partir de um vasto conjunto de combinações possíveis alternativas sem sentido de som ou símbolo.[18] Da mesma forma, a construção de objetos e produtos tecnológicos complexos, como pontes, placas de circuito, motores e software, resulta da aplicação de restrições direcionadas a um objetivo.[19] De fato, em todos os sistemas complexos funcionalmente integrados onde a causa é conhecida por experiência ou observação, engenheiros projetistas ou outros agentes inteligentes aplicaram restrições sobre os arranjos possíveis da matéria para limitar as possibilidades a fim de produzir formas, sequências ou estruturas improváveis. Agentes racionais têm demonstrado repetidamente a capacidade de restringir resultados possíveis para atualizar funções futuras improváveis, mas inicialmente não realizadas. A experiência repetida afirma que agentes inteligentes (mentes) possuem exclusivamente tais poderes causais.

A análise do problema da origem da informação biológica, portanto, expõe uma deficiência nos poderes causais da seleção natural e outros mecanismos evolutivos não direcionados que correspondem precisamente aos poderes que os agentes são exclusivamente conhecidos por possuírem. Agentes inteligentes têm a capacidade de prever. Esses agentes podem determinar ou selecionar objetivos funcionais *antes* de serem fisicamente instanciados. Eles podem conceber ou selecionar meios materiais para atingir esses fins entre uma série de possibilidades. Podem, então, atualizar essas metas de acordo com um plano de design preconcebido ou conjunto de requisitos funcionais. Os agentes racionais podem restringir o espaço combinatório com resultados ricos em informações distantes em mente. Os poderes causais que faltam à seleção natural, por definição, estão associados aos atributos de consciência e racionalidade, à inteligência intencional. Assim, ao invocar o design inteligente para superar um vasto problema de pesquisa combinatória e explicar a origem de novas informações especificadas, os defensores contemporâneos do design inteligente não estão postulando um elemento explicativo arbitrário, desmotivado por uma consideração das evidências. Em vez disso, postulamos uma entidade que possui precisamente os poderes causais que uma característica-chave da explosão Cambriana, o aumento explosivo em informações específicas, requer como condição para sua produção e explicação.

CIRCUITOS INTEGRADOS: REDES REGULADORAS DE GENES DE DESENVOLVIMENTO

Lembre-se também de que as formas animais têm mais do que apenas informações genéticas. Elas também precisam de redes fortemente integradas de genes, proteínas e outras moléculas para regular seu desenvolvimento, em outras palavras, exigem redes reguladoras de genes de desenvolvimento, os dGRNs que Eric Davidson mapeou tão meticulosamente ao longo de sua carreira. Animais em desenvolvimento enfrentam dois desafios principais. Primeiro, eles devem produzir diferentes tipos de proteínas e células e, em segundo lugar, devem colocar essas proteínas e células no lugar certo na hora certa.[20] Davidson demonstrou que os embriões realizam essa tarefa confiando em redes de proteínas de ligação ao DNA reguladoras (chamadas de fatores de transcrição) e seus alvos físicos. Esses alvos físicos são tipicamente seções de DNA (genes) que produzem outras proteínas ou moléculas de RNA, que por sua vez regulam a expressão de outros genes.

Essas redes interdependentes de genes e produtos gênicos apresentam uma aparência impressionante de design. As representações gráficas de Davidson desses dGRNs parecem, para todo o mundo, diagramas de fiação em um projeto de engenharia elétrica ou um esquema de um circuito integrado, uma semelhança estranha que o próprio Davidson destacava com frequência. "O que emerge da análise de dGRNs animais", ele pondera, "é quase surpreendente: uma rede de

Sinais de design na explosão cambriana 351

interações lógicas programadas na sequência de DNA que equivale essencialmente a um dispositivo computacional biológico conectado."[21] Essas moléculas formam coletivamente uma rede fortemente integrada de moléculas de sinalização que funcionam como um circuito integrado. Circuitos integrados em eletrônica são sistemas de componentes individualmente funcionais, como transistores, resistores e capacitores que são conectados uns aos outros para desempenhar uma função abrangente. Da mesma forma, os componentes funcionais de dGRNs, as proteínas de ligação ao DNA, suas sequências alvo de DNA e as outras moléculas que as proteínas de ligação e moléculas alvo produzem e regulam, também formam um circuito integrado, que contribui para cumprir a função geral de produzir uma forma animal adulta.

No entanto, conforme explicado no Capítulo 13, o próprio Davidson deixou claro que as rígidas restrições funcionais sob as quais esses sistemas de moléculas (os dGRNs) operam impedem sua alteração gradual pelo mecanismo de mutação e seleção. Por esse motivo, o neodarwinismo não conseguiu explicar a origem desses sistemas de moléculas e sua integração funcional. Como os defensores da biologia evolutiva do desenvolvimento, o próprio Davidson defende um modelo de mudança evolutiva que prevê mutações gerando efeitos de desenvolvimento em grande escala, talvez contornando circuitos ou sistemas intermediários não funcionais. No entanto, nem os proponentes da "evo-devo", nem os proponentes de outras teorias materialistas da evolução recentemente propostas, identificaram um mecanismo mutacional capaz de gerar um dGRN ou qualquer coisa mesmo remotamente semelhante a um circuito integrado complexo. Ainda assim, em nossa experiência, circuitos integrados complexos, e a integração funcional de peças em sistemas complexos em geral, são conhecidos por serem produzidos por agentes inteligentes, especificamente, por engenheiros. Além disso, a inteligência é a *única* causa conhecida de tais efeitos. Uma vez que os animais em desenvolvimento empregam uma forma de circuito integrado, e certamente uma que manifesta um sistema integrado de partes e subsistemas de forma rígida e funcional, e uma vez que a inteligência é a única causa conhecida dessas características, a presença necessária dessas características nos animais Cambrianos em desenvolvimento parecem indicar que a agência inteligente desempenhou um papel em sua origem (ver Fig. 13.4).

A ORGANIZAÇÃO HIERÁRQUICA DA INFORMAÇÃO GENÉTICA E EPIGENÉTICA

Além das informações armazenadas em genes individuais e das informações presentes nas *redes integradas* de genes e proteínas em dGRNs, as formas animais exemplificam arranjos *hierárquicos* ou camadas de moléculas, sistemas e estruturas ricas em informações. Por exemplo, embriões em desenvolvimento requerem

352 A DÚVIDA DE DARWIN

informações epigenéticas na forma de (a) alvos e padrões de membrana (b) arranjos citoesqueléticos, (c) canais iônicos e (d) moléculas de açúcar no exterior das células (o código do açúcar) especificamente organizados. Conforme observado no Capítulo 13, muitas dessas informações epigenéticas residem na estrutura do óvulo materno e são herdadas diretamente de membrana para membrana, independentemente do DNA.

Essa informação estrutural tridimensional *interage* com outras moléculas ricas em informações e sistemas de moléculas para garantir o desenvolvimento adequado de um animal. Em particular, a informação epigenética influencia o posicionamento adequado e, portanto, a função das proteínas reguladoras (incluindo proteínas de ligação ao DNA), RNAs mensageiros e vários componentes da membrana. A informação epigenética também influencia a função das redes reguladoras de genes do desenvolvimento. Assim, a informação em um nível estrutural superior no óvulo materno ajuda a determinar a função de redes inteiras de genes e proteínas (dGRNs) e moléculas individuais (produtos gênicos) em um nível inferior dentro de um animal em desenvolvimento. A informação genética é necessária para especificar o arranjo de aminoácidos em uma proteína ou bases em uma molécula de RNA. Da mesma forma, dGRNs são necessários para especificar a localização e/ou função de muitos produtos gênicos. E, de forma semelhante, a informação epigenética é necessária para especificar a localização e determinar a função de moléculas de nível inferior e sistemas de moléculas, incluindo os próprios dGRNs.

Além disso, o papel da informação epigenética fornece apenas um dos muitos exemplos do arranjo hierárquico (ou camadas) de estruturas, sistemas e moléculas ricos em informações nos animais. Além disso, o papel da informação epigenética oferece apenas um dos muitos exemplos do arranjo hierárquico (ou camadas) de estruturas, sistemas e moléculas ricos em informações nos animais. Os genes requerem arranjos específicos de bases de nucleotídeos; as proteínas requerem arranjos específicos de aminoácidos; estruturas celulares e tipos celulares requerem arranjos específicos de proteínas ou sistemas de proteínas; tecidos e órgãos requerem arranjos específicos de tipos específicos de células; e os planos corporais requerem arranjos especializados de tecidos e órgãos. As formas animais contêm componentes de nível inferior ricos em informações (como proteínas e genes). Mas elas também contêm *arranjos* ricos em informações desses componentes (como o arranjo de genes e produtos gênicos em dGRNs ou proteínas em arranjos citoesqueléticos ou alvos de membrana). Finalmente, os animais também exibem arranjos ricos em informações de *sistemas e estruturas de nível superior* (como os arranjos de tipos específicos de células, tecidos e órgãos que formam planos corporais específicos).

Os arranjos hierárquicos altamente especificados e fortemente integrados de componentes moleculares e sistemas dentro dos planos corporais animais também sugerem design inteligente. Novamente, isso se deve à nossa experiência

Os agentes conscientes e racionais têm, como parte de seus poderes de inteligência intencional, a capacidade de projetar partes ricas em informações e organizá-las em sistemas e hierarquias ricas em informações funcionais. Não conhecemos nenhuma outra entidade ou processo causal que tenha essa capacidade.

com os recursos e sistemas que os agentes inteligentes, e apenas os agentes inteligentes, produzem. De fato, com base em nossa experiência, sabemos que agentes humanos inteligentes têm a capacidade de gerar arranjos de matéria complexos e funcionalmente especificados, isto é, gerar complexidade ou informações especificadas. Além disso, os agentes humanos muitas vezes projetam hierarquias ricas em informações, nas quais os módulos individuais e a disposição desses módulos exibem complexidade e especificidade, informações especificadas conforme definido no Capítulo 8. Transistores, resistores e capacitores individuais em um circuito integrado exibem considerável complexidade e especificidade de design. Ainda assim, em um nível mais alto de organização, o arranjo específico e a conexão desses componentes dentro de um circuito integrado requerem informações adicionais e refletem o design adicional (ver Fig. 14.2).

Os agentes conscientes e racionais têm, como parte de seus poderes de inteligência intencional, a capacidade de projetar partes ricas em informações e organizá-las em sistemas e hierarquias ricas em informações funcionais. Não conhecemos nenhuma outra entidade ou processo causal que tenha essa capacidade. Claramente, temos boas razões para duvidar que mutação e seleção, processos auto-organizacionais ou qualquer um dos outros processos não direcionados citados por outras teorias evolucionárias materialistas possam fazer isso. Assim, com base em nossa experiência atual dos poderes causais de várias entidades e uma avaliação cuidadosa da eficácia de vários mecanismos evolutivos, podemos inferir o design inteligente como a melhor explicação para a origem das camadas hierarquicamente organizadas de informações necessárias para construir as formas animais que surgiram no período Cambriano.

LOCALIZAÇÃO, LOCALIZAÇÃO, LOCALIZAÇÃO

Há outro aspecto notável da organização hierárquica da informação nas formas animais. Muitos dos mesmos genes e proteínas desempenham papéis muito diferentes, dependendo do contexto maior do organismo e das informações em que se encontram em diferentes grupos de animais.[22] Por exemplo, o mesmo gene (*Pax-6* ou seu homólogo, denominado *eyeless*), ajuda a regular o desenvolvimento dos olhos de moscas-das-frutas (artrópodes), lulas e camundongos (cefalópodes e vertebrados, respectivamente). No entanto, os olhos de artrópodes exemplificam uma estrutura completamente diferente dos olhos de vertebrados ou cefalópodes. A mosca-das-frutas possui um olho composto com centenas de lentes separadas (omatídios), enquanto os ratos e as lulas empregam um olho do tipo câmera com uma única lente e superfície retiniana. Além disso, embora os olhos das lulas e dos camundongos se pareçam opticamente (lente única, câmara interna grande, superfície retiniana única), eles focam de forma *diferente*. Eles passam por padrões de desenvolvimento completamente diferentes e utilizam diferentes estruturas internas e conexões nervosas com os centros visuais do cérebro. Ainda assim, o gene *Pax-6* e seus homólogos desempenham um papel fundamental na regulação da construção de todas as três diferentes estruturas sensoriais adultas. Além disso, biólogos evolutivos e de desenvolvimento descobriram que esse padrão de "mesmos genes, anatomia diferente" ocorre em todos os filos bilaterais, para características tão fundamentais como apêndices, segmentação, intestino, coração e órgãos dos sentidos (ver Fig. 18.2).[23]

Esse padrão contradiz as expectativas da teoria da evolução dos livros didáticos. O neodarwinismo prevê que *estruturas* adultas díspares devem ser produzidas por *genes* diferentes. Essa previsão segue diretamente da suposição neodarwiniana de que todas as transformações evolutivas (incluindo anatômicas) começam com mutações em sequências de DNA, mutações que são fixadas em populações por seleção natural, deriva genética ou outros processos evolutivos. A seta da causalidade flui em uma única direção dos genes (DNA) para o desenvolvimento e a anatomia adulta. Assim, se os biólogos observam diferentes formas animais, segue-se que eles devem esperar que *diferentes genes* especificarão essas formas durante o desenvolvimento animal. Dadas as profundas diferenças entre o olho composto da mosca-das-frutas e o olho de câmera dos vertebrados, a teoria neodarwiniana *não* preveria que os "mesmos" genes estariam envolvidos na construção de olhos diferentes em artrópodes e cordados.[24]

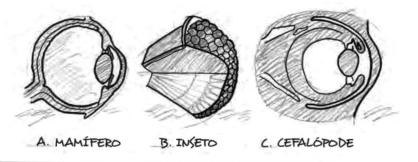

FIGURA 18.2

Os mesmos genes podem ser usados em diferentes animais para produzir estruturas dramaticamente diferentes, contradizendo as expectativas neodarwinistas.

Muitos dos principais teóricos da evolução reconheceram esse problema. Sean B. Carroll, pesquisador de "evo-devo" da Universidade de Wisconsin, observou que a previsão neodarwiniana de genes semelhantes produzindo estruturas semelhantes é "totalmente incorreta".[25] Stephen Jay Gould descreveu a descoberta do papel polifuncional de genes semelhantes como "explicitamente inesperado" e "perturbador para as expectativas confiantes da teoria ortodoxa."[26] A teoria do design inteligente sugere uma solução para o problema, uma solução familiar para nós a partir da construção e operação de nossos próprios artefatos. A Figura 18.3 mostra um transistor de chaveamento de uso geral. Esses componentes eletrônicos podem ser usados para ajudar a construir muitos sistemas eletrônicos, de um computador a um forno de micro-ondas e um rádio. E o papel funcional exato que o transistor desempenhará será governado pelo sistema no qual ele se encontra. (Deve-se, é claro, levar em consideração as especificações particulares do próprio transistor; um transistor não pode funcionar como uma bateria.) Entretanto, em nenhum lugar esta característica da modularidade polifuncional é mais intuitivamente clara do que em nosso uso de linguagens naturais, como o inglês. Para ilustrar isso, meu colega Paul Nelson uma vez "desmontou" as últimas 44 palavras do Discurso de Gettysburg de Abraham Lincoln (ver Fig. 18.4) em um léxico. Usando as mesmas palavras, mais ou menos na mesma frequência, ele escreveu um "Manifesto do Anarquista", com um significado diametralmente oposto ao de Lincoln. O que mudou não foram as palavras, isto é, os módulos de nível inferior. Em vez disso, o contexto de nível superior, ou o sistema como um todo, era diferente. Lincoln escreveu com um significado em mente, o anarquista com outro, e isso fez toda a diferença para as funções dos elementos, ou módulos, dentro dos respectivos sistemas. Nelson chama essa dependência de contexto de "o princípio do contexto do organismo" quando ocorre na biologia e ele a compara à dependência de contexto de palavras na linguagem ou partes de baixo nível em um sistema tecnológico.

FIGURA 18.3
Um transistor de uso geral, um exemplo de componente que pode ser usado para executar funções diferentes em sistemas projetados diferentes.
Cortesia de iStockphoto.com/S230.

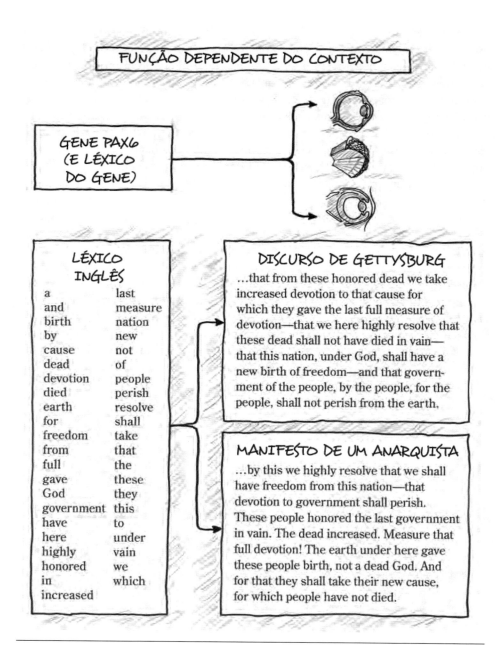

FIGURA 18.4
Esta comparação do Discurso de Gettysburg de Lincoln e um "Manifesto do Anarquista" mostra como os mesmos elementos modulares (palavras) podem executar funções diferentes dependendo do contexto circundante, assim como muitos genes fazem em sistemas biológicos. *Cortesia de Paul Nelson.*

Ele também argumenta que o design inteligente fornece uma explicação convincente para a presença de modularidade polifuncional em sistemas vivos. Por quê? Não apenas a polifuncionalidade dos módulos genéticos é inesperada em uma visão neodarwiniana, mas também uma característica comum dos sistemas projetados de forma inteligente. Como observam Nelson e Jonathan Wells: "Uma causa inteligente pode reutilizar ou reimplantar o mesmo módulo em sistemas diferentes, sem que haja necessariamente qualquer conexão material ou física entre esses sistemas."[27] Eles também observam que os agentes inteligentes "podem gerar padrões idênticos de forma independente" e colocá-los em usos diferentes em diferentes sistemas de peças:

Se supormos que um projetista inteligente construiu organismos usando um conjunto comum de módulos genéticos polifuncionais, exatamente como os projetistas humanos, por exemplo, podem empregar o mesmo transistor ou capacitor em um rádio de carro ou computador, [...] então podemos explicar por que encontramos os "mesmos" genes expressos no desenvolvimento de organismos muito diferentes. Um determinado gene, empregado por suas propriedades de ligação ao DNA, encontra seu papel funcional em um sistema de nível superior cuja origem final foi causada de forma inteligente.[28]

Wells e Nelson continuam explicando que "o sistema geral, não o próprio gene" determina o significado funcional final dos módulos de nível inferior, assim como o faz em todos os sistemas humanos tecnológicos ou de comunicação. Certamente, tanto o software de computador quanto o hardware de computador (circuitos integrados) exibem esse recurso, o que pode ser chamado de "modularidade polifuncional dependente do contexto". Da mesma forma, em textos ricos em informações, como o Discurso de Gettysburg ou o Manifesto do Anarquista, os humanos transmitem diferentes significados com os mesmos módulos de baixo nível (palavras), dependendo do contexto circundante. A experiência mostra que, quando sabemos como surgiram os sistemas que possuem essa característica, invariavelmente eles surgiram por design inteligente.

CARACTERÍSTICAS DO REGISTRO FÓSSIL PRÉ-CAMBRIANO–CAMBRIANO

O design inteligente não apenas ajuda a explicar muitas características-chave dos próprios animais Cambrianos; também ajuda a explicar muitas características anômalas do registro fóssil do Cambriano.

358 A DÚVIDA DE DARWIN

Um cone invertido: disparidade que precede a diversidade

Conforme discutido no Capítulo 2, o registro fóssil mostra um padrão "descendente" no qual a disparidade morfológica no nível dos filos aparece primeiro, seguida apenas mais tarde pela diversidade no nível da espécie. As grandes inovações nos planos corporais precedem as variações menores nos designs básicos.[29] Esse "cone invertido da diversidade" também sugere o design inteligente.

O neodarwinismo procura explicar a origem de novos planos corporais começando com planos corporais mais simples e gradualmente montando animais com planos corporais mais complexos por meio do acúmulo gradual de pequenas variações materiais sucessivas. Assim, o neodarwinismo emprega um modo de causalidade "ascendente". Com uma abordagem ascendente, a diversificação em pequena escala deve eventualmente produzir disparidade morfológica em grande escala, diferenças no plano corporal. A metáfora "ascendente" descreve, portanto, uma espécie de automontagem, em que a produção gradual das partes materiais acaba gerando a organização do todo. Isso sugere, por sua vez, que as partes são causalmente anteriores à organização do todo. Como argumentei, no entanto, essa abordagem encontra dificuldades paleontológicas e biológicas: o registro fóssil não deixa nenhuma evidência de tal processo e a inovação morfológica e as transformações que ele requer são, em qualquer caso, biologicamente implausíveis.

Mas se uma abordagem ascendente falha, talvez uma "descendente" tenha sucesso. A causação "descendente" começa com uma arquitetura, projeto ou plano básico e, em seguida, passa a montar as peças de acordo com ele. O projeto se encontra causalmente anterior à montagem e disposição das peças. Mas de onde poderia vir esse projeto? Uma possibilidade envolve um modo mental de causalidade. Agentes inteligentes muitas vezes concebem planos antes de sua instanciação material, isto é, o projeto preconcebido de um projeto frequentemente precede a montagem das partes de acordo com ele. Um observador visitando a seção de peças de uma fábrica da General Motors não verá nenhuma evidência direta de um projeto anterior para os novos modelos da GM, mas perceberá o plano de design básico imediatamente ao observar o produto acabado no final da linha de montagem. Os sistemas projetados, sejam automóveis, aviões ou computadores, invariavelmente manifestam um plano de projeto que precedeu sua primeira instanciação material. Mas as partes não geram o todo. Em vez disso, uma ideia de todo direcionou a montagem das partes.

Essa forma de causalidade pode certamente explicar o padrão no registro fóssil. À medida que novas espécies aparecem no Cambriano, elas manifestam planos corporais completamente novos, morfologicamente díspares e funcionalmente integrados. Assim, embora o registro fóssil não estabeleça diretamente a existência de um plano ou projeto mental anterior, tal plano certamente poderia explicar,

Sinais de design na explosão cambriana 359

ou ser inferido do padrão descendente da evidência fóssil. Em outras palavras, se os planos corporais dos animais Cambrianos surgiram como resultado de um modo de causação "descendente" envolvendo um plano de design preconcebido, esperaríamos, com base em nossa experiência de sistemas projetados complexos, encontrar precisamente o padrão de evidência que vemos no registro fóssil. Além disso, os modelos materialistas "ascendentes" de causalidade falham em explicar esse mesmo padrão de evidência fóssil. Assim, o design inteligente fornece uma explicação melhor desta característica do registro fóssil Cambriano do que as teorias evolucionárias materialistas concorrentes.

A hipótese do projeto também pode explicar por que a diversidade em escala menor surge *depois*, não antes, da disparidade morfológica no registro fóssil ou, para ser mais poético, por que os temas básicos da vida precedem a variação desses temas. Sistemas complexos projetados têm uma integridade funcional fundamental que torna sua alteração difícil. Por esse motivo, não devemos esperar que mecanismos graduais de mudança produzam novos planos corporais ou os alterem fundamentalmente após seu surgimento. Podemos, entretanto, esperar encontrar *variações* sobre esses temas básicos dentro dos limites funcionais estabelecidos por uma arquitetura básica ou projeto corporal. Formas fundamentalmente novas de organização exigem um design do zero. Por exemplo, os aviões não surgiram de forma gradual ou incremental dos automóveis. No entanto, as inovações muitas vezes agregam-se a novos designs, desde que o plano organizacional fundamental não seja alterado.

Desde a invenção do automóvel, todos os carros incluíram os mesmos elementos estruturais e funcionais básicos, incluindo um motor, pelo menos três (e geralmente quatro) rodas, uma carruagem com assentos para passageiros, uma estrutura que liga as rodas à carruagem, um volante e coluna (ou mecanismo análogo), e um meio de traduzir a energia gerada pelo motor para as rodas. Esses são requisitos mínimos, é claro; muitos carros usaram eixos para conectar as rodas, embora alguns não o tenham feito e uma limusine "extensível" pode precisar de eixos ou rodas adicionais. De fato, embora muitas novas variações do modelo original tenham surgido *após* a invenção do design básico do automóvel, todas exemplificam esse mesmo design básico. Curiosamente, também observamos esse padrão no registro fóssil. Os principais planos corporais animais aparecem primeiro instanciados por uma única (ou muito poucas) espécie ou gênero. Então, mais tarde, muitas outras variedades surgem com muitos recursos novos, mas todas ainda exibem o mesmo plano corporal básico.

A experiência mostra uma relação hierárquica entre recursos funcionalmente *necessários* e funcionalmente *opcionais* em sistemas projetados. Um automóvel não pode funcionar sem um motor ou mecanismo de direção; pode funcionar com ou sem suspensão I-beam dupla, freios antitrava ou "som surround estéreo". Essa distinção entre recursos funcionalmente necessários e opcionais sugere a

360 A DÚVIDA DE DARWIN

possibilidade de inovações e variações futuras nos planos básicos de projeto, mesmo que imponha limites na extensão em que os próprios projetos básicos podem ser alterados. A lógica dos sistemas projetados, portanto, sugere precisamente o tipo de padrão descendente que vemos tanto na história de nossa própria inovação tecnológica[30] quanto na história da vida após a explosão Cambriana (compare as Figs. 18.5a e 18.5b). Por outro lado, teorias evolucionárias materialistas concorrentes não nos levariam a esperar que o registro fóssil manifestasse tal padrão "descendente", mas o contrário.

Aparência repentina e ancestrais desaparecidos

A teoria do design inteligente também *pode* ajudar a explicar o aparecimento abrupto de estruturas anatômicas complexas e planos corporais animais no registro fóssil. Agentes inteligentes às vezes produzem entidades materiais por meio de uma série de modificações graduais (como quando um escultor molda uma escultura ao longo do tempo). No entanto, os agentes inteligentes também têm a capacidade de introduzir sistemas tecnológicos complexos no mundo totalmente formados. Frequentemente, tais sistemas não têm nenhuma semelhança com sistemas tecnológicos anteriores, sua *invenção* ocorre sem uma conexão *material* com tecnologias anteriores e mais rudimentares. Quando o rádio foi inventado, ele era diferente de tudo o que havia antes, até mesmo outras formas de tecnologia de comunicação. Por esse motivo, embora os agentes inteligentes não precisem gerar novas estruturas abruptamente, eles podem fazê-lo. Assim, invocar a atividade de uma mente fornece uma explicação causalmente adequada para o padrão de aparecimento abrupto no registro fóssil Cambriano.

Por outro lado, as teorias estritamente materialistas da evolução necessariamente vislumbram um modo de causação "ascendente" no qual as partes materiais ou formas intermediárias materialmente instanciadas de organização necessariamente precedem o surgimento de planos corporais totalmente desenvolvidos. Por esse motivo, o súbito aparecimento de novas formas animais contradiz as expectativas da maioria das teorias evolucionistas materialistas. O neodarwinismo, em particular, não esperava o súbito aparecimento de formas animais. Como o próprio Darwin insistia: *"Natura non facit saltum"* ("A natureza não dá saltos"). No entanto, os agentes inteligentes podem agir repentina ou discretamente de acordo com seus poderes de escolha ou volição racional, mesmo que nem sempre o façam. Assim, o súbito aparecimento dos animais Cambrianos sugere, pelo menos, a possibilidade de um ato volitivo de um agente consciente, um designer.

Sinais de design na explosão cambriana 361

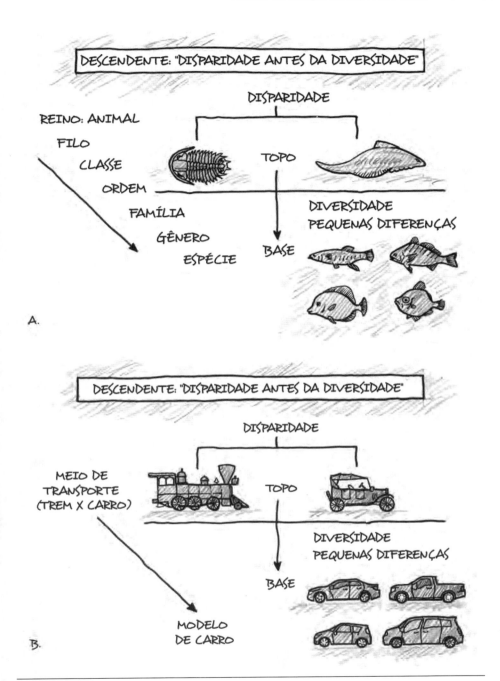

FIGURA 18.5

Figura 18.5a (em cima): Um padrão de aparência descendente encontrado na história da vida animal.

Figura 18.5b (embaixo): Um padrão de aparência descendente na tecnologia humana.

362   A DÚVIDA DE DARWIN

O design inteligente também ajuda a explicar a ausência de precursores ancestrais. Se os planos corporais surgiram como resultado de um agente inteligente
atualizando um plano ou ideia imaterial, então uma extensa série de precursores
materiais para os primeiros animais não precisa existir no registro fóssil, mais do
que tal série se encontra na história da tecnologia. O rádio não evoluiu gradualmente a partir do telégrafo. Os planos ou conceitos mentais não precisam deixar
rastros materiais. Assim, o design inteligente pode explicar a escassez de precursores materiais nos estratos Pré-cambrianos, enquanto as teorias evolutivas materialistas "ascendentes" não podem, especialmente devido ao fracasso da hipótese
do artefato discutida anteriormente.

Estase (ou isolamento morfológico persistente)

Finalmente, o design inteligente também explica a estase observada no registro fóssil. Como defensores do equilíbrio pontuado estabelecido, as espécies Cambrianas
tendem a persistir inalteradas em suas formas básicas ao longo do tempo. Os planos corporais animais que definem os táxons superiores, incluindo classes e filos,
também permanecem especialmente estáveis em seus projetos arquitetônicos básicos, não mostrando "mudança direcional"[31] ao longo da história geológica após sua
primeira aparição no Cambriano. Como resultado, a disparidade morfológica entre
os planos corporais de animais distintos permanece sem limites. Além disso, conforme observado no Capítulo 13, os mecanismos de desenvolvimento restringem o
grau em que os organismos podem variar sem consequências deletérias.

A disparidade morfológica persistente e o isolamento dos planos corporais animais são completamente inesperados pelos neodarwinistas e por todas as outras
teorias evolucionistas graduadas, pelo menos. Dados esses modelos de mudança
evolucionária, os teóricos deveriam esperar que o registro fóssil exibisse formas
de vida que mudam imperceptivelmente de uma para a outra. Na verdade, na
ausência de uma versão convincente da hipótese do artefato ou de um mecanismo
adequado de mudança evolutiva em larga escala pontuada, o "morfoespaço" deve
ser praticamente todo preenchido. O registro fóssil não deve exibir formas morfologicamente díspares ou separadas de vida animal.

No entanto, se os sistemas vivos surgiram como resultado do design inteligente, então tal isolamento morfológico, e tal isolamento *persistente* ao longo do tempo,
é exatamente o que devemos esperar ver, precisamente porque é isso que vemos
na história de outros sistemas projetados de forma inteligente (ver Fig. 18.6). Na
verdade, a experiência sugere que os objetos projetados têm uma integridade funcional que torna difícil ou impossível a modificação de algumas de suas partes
essenciais e de sua organização e arquitetura básicas. Embora o Modelo-A tenha
sido substituído por tudo, desde o Yugo até o Honda Accord, a "planta da carro-
ceria" do automóvel com vários elementos funcionais e/ou estruturais essenciais
permaneceu inalterada desde sua primeira aparição no final do século XIX.

Sinais de design na explosão cambriana 363

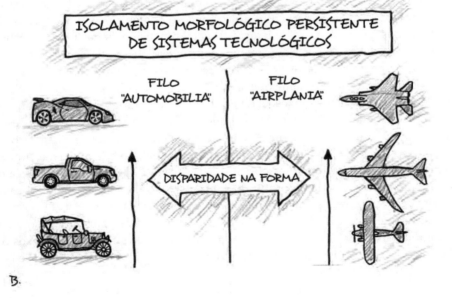

FIGURA 18.6
Comparação do isolamento morfológico persistente em duas formas animais que surgiram pela primeira vez no período Cambriano, e isolamento morfológico semelhante em dois sistemas tecnológicos.

364   A DÚVIDA DE DARWIN

Além disso, apesar do design de muitas variações inovadoras, os automóveis mantiveram sua "distância morfológica" ou disparidade estrutural de outros dispositivos tecnológicos funcionalmente distintos. De fato, disparidade morfológica persistente em sistemas biológicos (manifestada como estase no registro fóssil) tem um paralelo direto em nossa própria tecnologia. Em biologia, o que reconhecemos como diferentes planos corporais organismais são sistemas que diferem fundamentalmente uns dos outros em sua organização geral. Um caranguejo e uma estrela-do-mar, por exemplo, podem apresentar algumas semelhanças em suas partes de proteína de baixo nível, mas diferem fundamentalmente em seus sistemas digestivo e nervoso e na organização geral de seus órgãos e partes do corpo. Da mesma forma, automóveis e aviões podem ter muitas partes semelhantes, mesmo que difiram na composição de suas partes distintas e organização geral.

A presença de tais disparidades estruturais e isolamento entre sistemas complexos funcionalmente integrados representa outra característica distintiva dos sistemas inteligentemente projetados, conhecidos em nosso próprio mundo da tecnologia. Por exemplo, a tecnologia básica do CD-ROM (conforme empregado em sistemas de áudio e computadores) não "evoluiu" incrementalmente das tecnologias anteriores, como mídia magnética (por exemplo, fita digital ou armazenamento em disco) ou sistemas analógicos, como o antigo disco de longa duração (LP). Na verdade, não poderia. Em uma gravação analógica, as informações são armazenadas como ranhuras microscópicas tridimensionais em uma superfície de vinil e são detectadas mecanicamente por um estilete de diamante. Esse meio de armazenar e detectar informações difere fundamentalmente, como *sistema*, das fendas codificadas digitalmente que armazenam dados na superfície prateada de um CD-ROM, onde a informação é detectada opticamente, e não mecanicamente, por um feixe de laser. O CD-ROM teve que ser projetado do zero e, como resultado, exibe uma notável diferença estrutural e isolamento de outros dispositivos tecnológicos, mesmo aqueles que executam aproximadamente a mesma função. Embora novos recursos menores possam "agregar-se" à sua arquitetura básica de design, um abismo funcional profundo e intransponível separa o CD-ROM como um sistema de outros sistemas tecnológicos. Como o biólogo Michael Denton expressa: "O que é verdade para frases e relógios também é verdade para programas de computador, motores de avião e, de fato, para todos os sistemas complexos conhecidos. Quase invariavelmente, a função é restrita a combinações únicas e fantasticamente improváveis de subsistemas, pequenas ilhas de significado perdidas em um mar infinito de incoerência."[32] Na verdade, essa disparidade estrutural ou isolamento morfológico constitui um diagnóstico de sistemas projetados, ou seja, uma característica de sistemas para os quais apenas um tipo de causa, uma causa inteligente, é conhecido.

ATOS DA MENTE

Estudos em história e filosofia da ciência mostraram que, para explicar um evento ou um conjunto de fatos, os cientistas normalmente devem citar uma *causa* capaz de produzir esse evento ou esses fatos. Quando os cientistas não têm o luxo de observar diretamente a causa de um determinado evento ou efeito em estudo, o que os cientistas históricos normalmente não fazem, eles devem citar uma causa, que é conhecida por produzir os fatos em questão. Isso significa que os cientistas históricos devem mostrar que o evento ou fatos de interesse devem, de alguma forma, representar o resultado *esperado* de uma causa específica que agiu no passado; que o evento ou fatos deveriam ter ocorrido "como uma coisa natural". Para muitos cientistas, especialmente aqueles imersos nas suposições materialistas da cultura científica contemporânea, a ideia de design inteligente parece inerentemente implausível ou até mesmo incoerente. Ciência para eles envolve não apenas observar e estudar entidades e fenômenos materiais, mas explicá-los por referência a entidades materialistas. Para esses cientistas, não faz sentido nem sequer considerar a ideia de design inteligente, com sua referência explícita à atividade de uma mente projetista.

Ainda assim, verifica-se que tanto as formas dos animais Cambrianos quanto seu padrão de surgimento no registro fóssil exibem precisamente aquelas características que *deveríamos esperar ver* se uma causa inteligente agisse para produzi-los (ver Fig. 18.7). Além disso, as formas animais Cambrianas e sua maneira de aparecer contradizem o que deveríamos esperar encontrar no registro fóssil e no mundo animal, dado um processo de evolução puramente materialista "ascendente". Assim, apesar de seu potencial para perturbar as sensibilidades materialistas de muitos cientistas, é logicamente difícil evitar a conclusão de que a hipótese do projeto realmente fornece uma explicação melhor e mais casualmente adequada para as principais características do evento Cambriano.

Quando Darwin reconheceu pela primeira vez o problema do registro fóssil do Cambriano, e a pequena, mas persistente dúvida que levantou para ele sobre sua teoria, seu nêmesis Louis Agassiz não apenas rejeitou sua teoria da evolução, mas também afirmou uma compreensão alternativa da natureza e origem de vida animal. Para Agassiz, o padrão de classificação animal e o registro fóssil reforçavam a ideia de que as formas vivas exemplificavam "tipos" básicos, ideias que se originaram na mente de uma inteligência projetista. Assim, ele argumentaria que os fósseis do Cambriano nos contam sobre "atos da mente".[33]

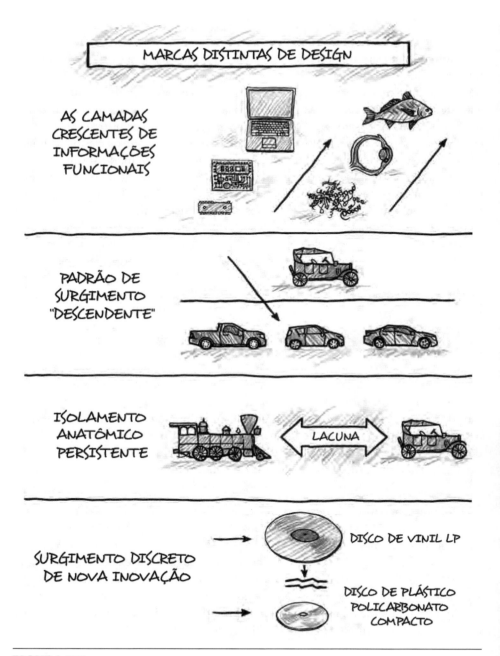

FIGURA 18.7
Tanto as formas animais Cambrianas quanto seu padrão de aparência no registro fóssil exibem características distintas ou características dos sistemas projetados, características que deveríamos esperar ver se uma inteligência agisse para produzi-las.

Sinais de design na explosão cambriana 367

Conforme observado no Capítulo 1, o próprio Darwin reconheceu o imenso conhecimento paleontológico de Agassiz e a validade dos problemas que Agassiz levantou. Mesmo assim, sua afirmação de uma alternativa positiva à teoria de Darwin na forma de uma hipótese de design pode muito bem ter parecido prematura na década de 1860 e certamente refletiu algo do preconceito da época. Mas, mais de um século e meio depois, após muitas tentativas fracassadas de descobrir, e explicar, os ancestrais fósseis ausentes, e depois que descobertas em biologia molecular e de desenvolvimento revolucionaram nossa compreensão da complexidade da vida animal, continuar a considerar a explosão Cambriana como meramente um problema incômodo para a teoria estabelecida, um ponto de interrogação solitário ou uma pista negativa, agora parece não ser tão cauteloso, mas simplesmente não responder às evidências.

As formas animais que surgiram no Cambriano não só o fizeram sem qualquer antecedente material claro; elas entraram em cena completas com código digital, circuitos integrados expressos dinamicamente e sistemas de armazenamento e processamento de informações hierarquicamente organizados em várias camadas.

À luz dessas maravilhas e do padrão persistente do registro fóssil, devemos agora continuar, como fez Darwin (que nada sabia sobre elas), a considerar a explosão Cambriana apenas como uma anomalia? Ou podemos agora considerar as características do evento Cambriano como evidência que apoia outra visão da origem da vida animal? Em caso afirmativo, existe agora uma lógica convincente para considerar um tipo diferente de história causal?

Na verdade, existe. As características do evento cambriano apontam decisivamente em outra direção, não para algum processo materialista ainda não descoberto que meramente imita os poderes de uma mente planejadora, mas, em vez disso, para uma causa inteligente real. Quando encontramos objetos que manifestam qualquer uma das características-chave presentes nos animais Cambrianos, ou eventos que exibem os padrões presentes no registro fóssil Cambriano, e sabemos como essas características e padrões surgiram, invariavelmente descobrimos que o design inteligente desempenhou um papel causal em sua origem. Assim, quando encontramos essas mesmas características no evento Cambriano, podemos inferir, com base em relações de causa e efeito estabelecidas e princípios uniformitários, que o mesmo tipo de causa operou na história da vida. Em outras palavras, o design inteligente constitui a explicação melhor e mais causalmente adequada para a origem da informação e dos circuitos necessários para construir os animais Cambrianos. Também fornece a melhor explicação para o padrão de aparecimento descontinuo, explosivo e descendente dos animais cambrianos no registro fóssil.

19

AS REGRAS DA CIÊNCIA

O argumento do capítulo anterior levanta uma questão óbvia. Se o design inteligente fornece uma resolução tão clara e satisfatória para o mistério da explosão Cambriana, por que tantos cientistas brilhantes não chegaram a essa conclusão?

Enquanto refletia sobre essa questão, me deparei com um conto de G. K. Chesterton chamado "O Homem Invisível", que pode lançar alguma luz sobre ela. Em "O Homem Invisível", Chesterton conta a história de alguém que é assassinado em um apartamento com apenas uma entrada, vigiada por quatro homens honestos. Esses homens insistem que, durante a vigília, ninguém entrou ou saiu do prédio. Um brilhante detetive francês investiga o caso, com seu amigo, um padre católico antiquado. Eles interrogam os guardas, cada um dos quais insiste que ninguém entrou ou saiu do prédio. Mas então o padre de aparência inexpressiva, Padre Brown, quase esquecido no fundo, pergunta: "Ninguém subiu e desceu escadas desde que a neve começou a cair?"

"Certamente que não", asseguram-lhe.

"Então eu me pergunto o que é isso?" Padre Brown pergunta, olhando para a neve branca nas escadas externas da entrada. Todos se viram para encontrar ali um "padrão fibroso de pegadas cinza".

"Deus!" um deles grita: "Um homem invisível!"

Depois de fazer mais algumas perguntas, Padre Brown rapidamente desvenda o mistério. "Quando aqueles quatro homens bastante honestos disseram que nenhum homem havia entrado nas mansões, eles não queriam realmente dizer que nenhum homem havia entrado nelas", Padre Brown explica ao seu amigo detetive. "Eles queriam dizer nenhum homem de quem eles pudessem suspeitar ser seu homem. Um homem entrou na casa e saiu dela, mas eles nunca o notaram."

370 A DÚVIDA DE DARWIN

"Um homem invisível?"

"Um homem mentalmente invisível", explica o padre.

Como é um homem mentalmente invisível?

"Ele está muito bem vestido de vermelho, azul e dourado", explica o padre, "e com essa roupa marcante e até vistosa, ele entrou nas Mansões Himalaia [nome do complexo de apartamentos] sob oito olhos humanos; matou [a vítima de assassinato] a sangue frio e desceu para a rua carregando o cadáver. Você não notou um homem como este."

Naquele momento, ele estende a mão e a põe em "um carteiro comum que passava", aquele que quase passou despercebido por eles.

"Ninguém nunca nota os carteiros de alguma forma", diz Padre Brown. "Ainda assim, eles têm paixões como os outros homens e até carregam grandes bolsas onde um pequeno cadáver pode ser guardado com bastante facilidade".[1]

O carteiro que passa, é claro, é o assassino. Ele subiu e desceu as escadas sob o nariz dos quatro homens, mas por causa de suas vendas mentais dizendo a quem considerar e a quem ignorar, ignoraram o carteiro por completo.

O tema é um dos favoritos dos autores de histórias de detetive: a possibilidade óbvia perdida pelos especialistas, porque suas suposições os impedem de considerar o que poderia parecer uma possibilidade óbvia. Poderia algo assim estar em ação na investigação da explosão Cambriana? Estariam os biólogos evolucionistas e paleontólogos usando vendas mentais que os impedem de considerar uma possível explicação do mistério Cambriano?

Por mais estranho que pareça, é exatamente isso o que está acontecendo na investigação da explosão Cambriana. Nesse caso, entretanto, aqueles que usam as vendas mentais elevaram a relutância em considerar certas explicações a um princípio do método científico. Esse princípio é chamado de "naturalismo metodológico" ou "materialismo metodológico". O naturalismo metodológico afirma que, para se qualificar como científica, uma teoria deve explicar os fenômenos e eventos da natureza, até mesmo eventos como a origem do universo e a vida ou fenômenos como a consciência humana, por referência a causas estritamente materiais. De acordo com esse princípio, os cientistas não podem invocar a atividade de uma mente ou, como diz um filósofo da ciência, qualquer "inteligência criativa".[2]

Para ver como a adesão a esse princípio evitou que os cientistas considerassem uma explicação possivelmente verdadeira (mesmo "causalmente adequada") para a explosão Cambriana, vamos rever o caso relatado no Capítulo 11 de Richard Sternberg (ver Fig. 19.1), o biólogo evolucionário do Museu Nacional Smithsonian de História Natural. Depois que Sternberg publicou meu artigo defendendo o design inteligente como a melhor explicação para a explosão de informações

Cambrianas no periódico técnico *Proceedings of the Biological Society of Washington*,[3] ele sofreu retribuição profissional nas mãos dos administradores do Smithsonian.[4] A Sociedade Biológica de Washington, o órgão governante que supervisiona a publicação da revista que Sternberg então editava, também emitiu uma declaração pública repudiando sua decisão.[5] Sua declaração, no entanto, não citou quaisquer erros factuais no artigo ou procurou refutá-lo. Além disso, Roy McDiarmid, presidente da sociedade e zoólogo do Smithsonian, escreveu a Sternberg em particular para dizer que ele (McDiarmid) havia revisado o arquivo contendo os relatórios de revisão por pares e descoberto que tudo estava em ordem.[6]

O que, então, Sternberg fez para merecer repreensão pública?

FIGURA 19.1
Richard Sternberg. *Cortesia de Laszlo Bencze.*

Sternberg publicou um artigo que violava uma suposta regra da ciência: o naturalismo metodológico. Sem dizer com tantas palavras, a Sociedade Biológica deixou claro que essa era a questão crucial. Quando se distanciou de Sternberg e do ensaio de revisão, não convidou a uma refutação científica do artigo, como se o problema tivesse sido uma deturpação ou má interpretação das evidências. Em vez disso, tentou resolver a questão lançando uma declaração *política*. Como um redator do *Wall Street Journal* relatou na época: "A Sociedade Biológica de Washington divulgou uma declaração vagamente eclesiástica, lamentando sua associação com o artigo. Não abordou seus argumentos, mas negou sua ortodoxia, citando uma resolução da Associação Americana para o Avanço da Ciência que definia o DI [a teoria do design inteligente] como, por sua própria natureza, não científico."[7]

A Sociedade Biológica de Washington "considerou o artigo impróprio para as páginas do *Proceedings*".[8] A Sociedade tentou justificar essa afirmação, primeiro, com base no procedimento, alegando que um artigo sobre a origem dos planos corporais dos animais representava um "afastamento" de sua preocupação mais típica com questões de classificação animal. Em segundo lugar, e de forma mais reveladora, citou a declaração de política da Associação Americana para o Avanço da Ciência (AAAS) "conclamando seus membros a compreender a natureza da ciência" e a reconhecer "a inadequação da 'teoria do design inteligente' como matéria para o ensino de ciências".[9] Deixando de lado o ponto óbvio de que meu artigo foi escrito não como um manifesto curricular, mas como um argumento científico baseado em evidências, a declaração da AAAS afirmava uma compreensão implícita e estritamente materialista da natureza da ciência. Fez isso para desqualificar a possibilidade do design inteligente ser considerado, não apenas no ensino de ciências, mas na própria ciência.

O caso Sternberg, como muitos outros em que a liberdade acadêmica de cientistas que defendem o design inteligente foi diminuída[10], contribui muito para responder à questão de por que tantos cientistas brilhantes e bem informados negligenciaram uma resposta possível aparentemente óbvia ao enigma Cambriano. Como na história de Chesterton sobre o carteiro invisível, eles aceitaram uma limitação autoimposta nas hipóteses que estão dispostos a considerar. Esses cientistas acham que estão cumprindo seu dever para com a ciência. No entanto, se os pesquisadores se recusarem por uma questão de princípio a considerar a hipótese do design, eles obviamente perderão qualquer evidência que venha a apoiá-la. E a pressão cultural dentro da biologia para evitar considerar a hipótese do design inteligente há muito não é trivial. Francis Crick, por exemplo, advertiu os biólogos famosos para "manter constantemente em mente que o que eles veem não foi projetado, mas sim evoluído".[11] Em 1997, em um artigo na *New York Review of Books*, o geneticista Richard Lewontin de Harvard tornou explícito um compromisso semelhante com uma explicação estritamente materialista, qualquer que seja a evidência que pareça indicar. Como ele explicou em uma passagem frequentemente citada:

> *Nós tomamos o lado da ciência apesar do absurdo patente de alguns de seus construtos, apesar de seu fracasso em cumprir muitas de suas promessas extravagantes de saúde e vida, apesar da tolerância da comunidade científica para histórias justas sem fundamento porque temos um compromisso prévio, um compromisso com o materialismo. Não é que os métodos e instituições da ciência, de alguma forma, nos obriguem a aceitar uma explicação material do mundo fenomenal, mas, pelo contrário, que somos forçados por nossa adesão a priori às causas materiais a criar um aparelho de investigação e um conjunto de conceitos que produzem explicações materiais, não importa quão contraintuitivos, não importa quão mistificadores para os não iniciados. Além disso, esse materialismo é absoluto, pois não podemos permitir um Pé Divino na porta.*[12]

O compromisso com o naturalismo metodológico que Lewontin descreve, bem como o comportamento dos cientistas em casos como o de Sternberg, não deixa dúvidas de que muitos na ciência simplesmente não considerarão a hipótese do design como uma explicação para a explosão Cambriana ou qualquer outro evento na história da vida, quaisquer que sejam as evidências. Fazer isso seria violar as "regras da ciência" como eles as entendem.

MAS É CIÊNCIA?

Mas esses cientistas estão certos? Talvez a ciência deva se limitar a explicações puramente naturalistas ou materialistas. Em caso afirmativo, talvez haja boas razões para excluir a possibilidade da hipótese de design de ser considerada como uma hipótese científica? O naturalismo metodológico é a política correta para a ciência?

Embora os cientistas rotineiramente afirmem o naturalismo metodológico como uma norma científica, esse princípio e sua exclusão da hipótese do design têm se mostrado difíceis de justificar. Afirmar que uma teoria específica não se qualifica como científica requer uma definição de ciência ou um conjunto de critérios de definição pelos quais fazer esse tipo de julgamento. Alguns filósofos e cientistas afirmam que, para uma teoria ser qualificada como científica, ela deve atender a vários critérios de testabilidade, falseabilidade, observabilidade, repetibilidade e semelhantes. Os filósofos da ciência chamam isso de "critérios de demarcação" porque alguns cientistas pretendem usá-los para definir ou "demarcar" a ciência e para distingui-la da pseudociência ou de outras formas de investigação, como história, religião ou metafísica.[13]

O PROBLEMA GERAL DA DEMARCAÇÃO

A questão da demarcação há muito tempo é incômoda. Historicamente, cientistas e filósofos da ciência pensaram que a ciência poderia ser distinguida por seu método de estudo especialmente rigoroso. Mas as tentativas de definir ciência por referência a um método distinto têm se mostrado problemáticas porque diferentes ramos e tipos de ciência usam métodos diferentes.

Por exemplo, algumas disciplinas científicas distinguem e classificam entidades naturais, enquanto outras tentam formular leis abrangentes que se aplicam a todas as entidades. Algumas disciplinas realizam experimentos de laboratório sob condições controladas e replicáveis, enquanto outras tentam reconstruir ou explicar eventos singulares no passado, frequentemente com base em estudos de campo de evidências ou pistas, em vez de experimentos de laboratório. Algumas disciplinas geram descrições matemáticas de fenômenos naturais sem postular

374 A DÚVIDA DE DARWIN

mecanismos para explicá-los. Outros procuram mecanismos ou explicam regularidades semelhantes a leis por referência aos mecanismos subjacentes. Algumas disciplinas científicas fazem previsões para testar teorias, enquanto outras testam teorias concorrentes comparando seu poder explicativo. Algumas disciplinas usam ambos os métodos, enquanto algumas conjecturas (particularmente em física teórica) podem não ser testáveis. E assim por diante.

Um episódio na história da ciência ilustra o problema. Durante o século XVII, um grupo de cientistas chamados de "filósofos mecânicos" insistiu, em grande parte com base nos avanços da química inicial, que as teorias científicas deveriam fornecer explicações mecanicistas. Essas explicações tinham de envolver uma entidade material empurrando ou puxando outra. Ainda assim, na física, Isaac Newton (1642–1727) formulou uma importante teoria que não forneceu nenhuma explicação mecanicista. Sua teoria da gravitação universal descrevia matematicamente, mas não explicava de forma mecanicista, a atração gravitacional entre corpos planetários, corpos separados uns dos outros por quilômetros de espaço vazio, sem nenhum meio de interação mecânica entre si.[14] Apesar da provocação do matemático alemão Gottfried Wilhelm Leibniz (1646–1716), que defendia o ideal mecanicista, Newton expressamente se recusou a dar qualquer explicação, mecanicista ou não, para a misteriosa "ação à distância" que sua teoria descreve.[15]

Isso tornava a teoria de Newton não científica? Estritamente falando, a resposta depende de *qual* definição de ciência alguém escolhe aplicar. Hoje seria difícil encontrar alguém que negue que a famosa teoria de Newton se qualifique como científica. Ainda assim, poderíamos facilmente encontrar cientistas ainda dispostos a dizer que as teorias científicas devem fornecer mecanismos tão bem quanto outros que negariam isso.

E esse é o problema. Se os cientistas e filósofos da ciência não têm uma definição consensual de ciência, como eles podem resolver questões sobre quais teorias se qualificam ou não como científicas? Se os cientistas carecem de tal definição, é difícil argumentar que qualquer teoria em particular seja *não científica* por definição. Por essa razão, os filósofos da ciência, os estudiosos que estudam a natureza e a definição da ciência, agora rejeitam quase universalmente o uso de argumentos de demarcação para decidir a validade das teorias ou resolver a competição entre elas.[16] Eles consideram cada vez mais a demarcação como uma questão essencialmente semântica e nada mais. A teoria X é científica ou não? Resposta: isso depende de qual definição de ciência é usada para decidir a questão.

Além disso, como o filósofo da ciência Larry Laudan mostrou em um artigo seminal, "The Demise of the Demarcation Problem" [O Fim do Problema de Demarcação, em tradução livre], tentativas de aplicar critérios de demarcação para decidir o status científico de teorias específicas invariavelmente geraram contradições irreconciliáveis.[17] A teoria da gravidade do vórtice, que a teoria de Newton

As regras da ciência 375

substituiu, alegava que os planetas giravam em torno do Sol empurrados por uma substância chamada éter.[18] Ela forneceu uma explicação mecanicista para a atração gravitacional. Entretanto falhou em explicar as evidências e foi julgado por Newton e pelos físicos que o seguiram como manifestamente falso. No entanto, por propor uma causa mecânica da gravitação, qualificou-se como "científica", pelo menos, dada a concepção de ciência defendida por Leibniz e os filósofos mecânicos.[19] Por outro lado, a teoria de Newton falhou em ser científica por sua definição, embora se encaixe com muito mais precisão nas evidências.

Essas contradições há muito tempo afetam todo o empreendimento de demarcação. As teorias que os cientistas rejeitaram como falsas por causa de sua incapacidade de explicar ou descrever as evidências frequentemente atendem aos próprios critérios ou características metodológicas (testabilidade, falseabilidade, repetibilidade, observabilidade etc.) que supostamente caracterizam a verdadeira ciência. Por outro lado, muitas teorias altamente apreciadas ou bem-sucedidas muitas vezes carecem de características supostamente necessárias da ciência genuína.

Assim, os filósofos da ciência geralmente pensam que é muito mais importante avaliar se uma teoria é verdadeira, ou se a evidência a apoia, do que se ela deve ou não ser classificada como "ciência". A questão sobre se uma teoria é ou não "científica" é realmente uma pista falsa. O que realmente queremos saber é se uma teoria é verdadeira ou falsa, apoiada em evidências ou não, digna de nossa crença ou não. E não podemos decidir essas questões aplicando um conjunto de critérios abstratos que pretendem dizer com antecedência como devem ser todas as boas teorias científicas.[20]

DEFINIR E DESCARTAR: ARGUMENTOS DE DEMARCAÇÃO CONTRA O DESIGN INTELIGENTE

A rejeição dos argumentos de demarcação entre os filósofos da ciência não impediu os críticos do design inteligente de tentarem resolver os debates sobre as origens biológicas através do recurso de formular tais argumentos contra o design inteligente. Alguns usam esses argumentos para justificar o naturalismo metodológico (que tem o mesmo efeito).

Os defensores do naturalismo metodológico argumentaram que a teoria do design inteligente é inerentemente não científica por alguns, ou todos, dos seguintes motivos: (a) não é testável,[21] (b) não é falseável,[22] (c) não faz previsões,[23] (d) não descreve fenômenos repetíveis, (e) não explica por referência à lei natural,[24] (f) não cita um mecanismo,[25] (g) não faz reivindicações provisórias,[26] e (h) não tem a capacidade de resolução de problemas.[27] Eles também alegaram que não é ciência porque (i) se refere a uma entidade não observável.[28] Esses críticos também presumem,

376 A DÚVIDA DE DARWIN

implicam ou afirmam que as teorias evolucionistas materialistas atendem a tais critérios de método científico adequado.

Os leitores podem desejar consultar o *Signature in the Cell* para uma resposta mais detalhada a esses argumentos específicos. Lá eu mostro que muitas dessas afirmações são simplesmente falsas (por exemplo, ao contrário das afirmações de seus críticos, o design inteligente é testável; ele faz previsões; formula suas afirmações provisoriamente; e tem capacidade de resolução científica de problemas). Mas também mostro que, quando as alegações daqueles que fazem os argumentos de demarcação são verdadeiras, quando o design inteligente não atende a um critério específico, esse fato não fornece uma boa razão para excluir o design inteligente da consideração como uma teoria científica. Por quê? Porque as teorias evolucionárias materialistas que o design inteligente desafia, as teorias amplamente consideradas pela convenção como "científicas", *falham em cumprir o mesmo padrão de demarcação*. Em outras palavras, não existe uma definição defensável de ciência, e nenhum critério de demarcação específico, que justifique *excluir* o design inteligente da ciência e *incluir* teorias evolucionárias materialistas concorrentes. Em vez disso, as tentativas de usar critérios de demarcação especificamente para desqualificar o design inteligente como uma teoria científica falharam repetidamente em *diferenciar* o status científico do design inteligente daquele de teorias concorrentes. Dependendo de quais critérios são usados para julgar seu status científico, e desde que critérios metafisicamente neutros sejam selecionados para fazer tais avaliações, o design inteligente e as teorias das origens materialistas invariavelmente se provam *igualmente* científicas ou não científicas.

Por exemplo, alguns críticos do design inteligente argumentaram que ele falha em se qualificar como uma teoria científica porque faz referência a uma entidade invisível ou inobservável, isto é, uma mente projetista no passado remoto. No entanto, muitas teorias aceitas, teorias consideradas científicas, postulam eventos e entidades inobserváveis. Os físicos postulam forças, campos e quarks; os bioquímicos inferem estruturas submicroscópicas; psicólogos discutem os estados mentais de seus pacientes. Os próprios biólogos evolucionistas inferem mutações passadas não observadas e invocam a existência de organismos extintos e formas de transição para as quais não restaram fósseis. Essas coisas, como as ações de um projetista inteligente, são *inferidas* de evidências observáveis no presente, por causa do poder explicativo que podem oferecer.

Se o critério de demarcação de observabilidade for aplicado rigidamente, tanto o design inteligente quanto as teorias materialistas da evolução deixam de ser qualificados como científicos. Se o padrão for aplicado de forma mais liberal (ou realística), reconhecendo a maneira pela qual as teorias científicas históricas frequentemente inferem eventos, causas ou entidades passadas inobserváveis, então ambas as teorias se qualificam como científicas.

E o mesmo ocorre com outros critérios semelhantes. Não existe um critério de demarcação específico (sem suposições) que consiga desqualificar a teoria do design inteligente como uma teoria científica, *sem também fazer o mesmo com seus rivais materialistas.*

RAZÕES PARA CONSIDERAR O DESIGN INTELIGENTE UMA TEORIA CIENTÍFICA

Os argumentos de demarcação falham em justificar a *exclusão* do design inteligente da ciência. Mas acontece que existem algumas boas razões, se dependentes de convenções, para considerar o design inteligente uma teoria científica.

Por exemplo, muitos cientistas e filósofos da ciência consideram a testabilidade uma característica importante da investigação científica. E o design inteligente pode ser testado de três maneiras específicas e inter-relacionadas. Primeiro, como outras teorias científicas preocupadas em explicar eventos no passado remoto, o design inteligente pode ser testado comparando seu poder explicativo com o de teorias concorrentes. Em segundo lugar, o design inteligente, como outras teorias científicas históricas, é testado em relação ao nosso conhecimento da estrutura de causa e efeito do mundo. Como já discutimos, as teorias científicas históricas fornecem explicações adequadas quando citam causas que são conhecidas por produzir os efeitos em questão ou "causas agora em operação".[29] Por causa disso, a plausibilidade das teorias científicas históricas, incluindo o design inteligente, pode ser testada por referência ao conhecimento independente das relações de causa e efeito. Terceiro, embora as teorias científicas históricas normalmente não possam ser testadas em condições controladas de laboratório, às vezes elas geram previsões que permitem aos cientistas comparar seu mérito com o de outras teorias. O design inteligente gerou uma série de previsões empíricas específicas que o distinguem das teorias evolutivas concorrentes e que servem para confirmar a hipótese do design sobre suas concorrentes. (Em *Signature in the Cell*, descrevi dez dessas previsões que a teoria do design inteligente gerou.)[30]

Há outra razão convincente, embora dependente de convenção, para considerar o design inteligente uma teoria científica. A inferência para o design inteligente é baseada no mesmo método de raciocínio científico histórico e nos mesmos princípios uniformitários que Charles Darwin usou em *A Origem das Espécies*. A semelhança na estrutura lógica é bastante profunda. Tanto o argumento a favor do design inteligente quanto o argumento darwiniano a favor do declínio com modificação foram formulados como inferências abdutivas para a melhor explicação. Ambas as teorias tratam de questões históricas, caracteristicamente; ambas empregam formas tipicamente históricas de explicação e teste; e ambas têm implicações metafísicas. Na medida em que consideramos a teoria de Darwin como uma teoria científica, parece apropriado qualificar a teoria do design inteligente como uma teoria científica também.

Na verdade, o neodarwinismo e a teoria do design inteligente não são dois tipos diferentes de investigação, como alguns críticos afirmam. São duas respostas diferentes, formuladas usando uma lógica e método de raciocínio semelhantes, para a mesma pergunta: "O que fez com que formas biológicas e o surgimento do design surgissem na história da vida?" É lógico que, se considerarmos uma teoria, neodarwinismo ou design inteligente, como científica, também devemos considerar a outra. Claro, se uma das teorias é verdadeira ou não, é outra questão. Uma ideia pode ser científica e incorreta. Na história da ciência, muitas teorias provaram ser. A teoria da gravidade do vórtice, à qual me referi anteriormente, seria uma das quase incontáveis ilustrações.

Para leitores que gostariam de considerar respostas mais detalhadas a argumentos sobre se o design inteligente se qualifica como "ciência", recomendo os Capítulos 18 e 19 do *Signature in the Cell*.[31] Em *Signature*, eu respondo em detalhes a outras objeções filosóficas ao caso do design inteligente. Isso inclui desafios como: (a) o design inteligente é religião, não ciência,[32] (b) o caso do design inteligente é baseado em raciocínio analógico falho, (c) o design inteligente é um argumento falacioso da ignorância, às vezes chamado de objeção "Deus das lacunas", (d) o design inteligente é uma rolha científica, (e) o famoso zinger, popularizado por Richard Dawkins, que pergunta "Quem desenhou o designer?"[33] e muitos outros.

UMA NOVA OBJEÇÃO AO STATUS CIENTÍFICO DO DESIGN INTELIGENTE

Desde a publicação de *Signature in the Cell*, Robert Asher, paleontólogo da Universidade de Cambridge, ofereceu outro motivo para contestar minha caracterização do design inteligente como uma teoria científica. Em seu livro, *Evolution and Belief* [*Evolução e Crença*, em tradução livre], ele desafia minha afirmação de ter usado o método uniformitarista de Lyell e Darwin para desenvolver a defesa do design inteligente. Como sua objeção é nova, publicada apenas em 2012 pela Cambridge University Press, ela merece discussão.

Asher caracteriza meu pensamento da seguinte maneira: "Os processos que conhecemos e observamos hoje são relevantes para explicar os fenômenos do passado, e sabemos que coisas particularmente complicadas que vemos hoje têm uma inteligência por trás delas."[34] Ele observa que eu argumento que certas tecnologias complexas, como software de computador, têm "apenas uma fonte: a engenhosidade humana".[35] Segue-se, de acordo com a paráfrase de Asher do meu argumento, que "um dispositivo similarmente complexo que observamos no passado geológico também deve ter surgido como resultado de algo como engenhosidade humana, ou seja, inteligência".[36]

Asher não parece entender a importância de informações especificadas, em oposição a "coisas complicadas", como um indicador-chave de design. Deixando isso de lado, ele afirma reconhecer o papel dos princípios uniformitários de raciocínio em meu argumento a favor do design inteligente. Apesar disso, Asher em outro momento contesta que eu empregue o método uniformitarista de raciocínio. Por quê? De acordo com Asher, a inferência para o design inteligente é na verdade "antiuniformitarista" porque não fornece um "mecanismo". Como ele coloca: "Ao tentar substituir um mecanismo causal (seleção natural) por uma atribuição de agência (design), os defensores do DI como Meyer são decididamente antiuniformitarianos. Que processo de hoje poderia possivelmente levar à sua compreensão do passado?"[37]

A resposta à pergunta de Asher parece bastante óbvia. A resposta é: inteligência. Atividade consciente. A escolha deliberada de um agente racional. Na verdade, temos experiência abundante no presente de agentes inteligentes gerando informações específicas. Nossa experiência dos poderes causais de agentes inteligentes, de "atividade consciente" como "uma causa agora em operação", fornece uma base para fazer inferências sobre a melhor explicação da origem da informação biológica no passado. Em outras palavras, nossa experiência da estrutura de causa e efeito do mundo, especificamente *a* causa conhecida por produzir grandes quantidades de informações especificadas no presente, fornece uma base para a compreensão do que provavelmente causou grandes aumentos nas informações específicas nos sistemas vivos no passado. É justamente minha confiança em tal experiência que possibilita compreender o tipo de causas em ação na história da vida. Também torna o caráter do meu argumento decididamente uniformitarista, *não* "antiuniformitarista".

Asher confunde o imperativo uniformitarista nas explicações científicas históricas (a necessidade de citar uma causa atualmente conhecida ou adequada) com a exigência de citar uma causa *material*, ou mecanismo. A teoria do design inteligente cita uma causa e, de fato, uma causa conhecida por produzir os efeitos em questão, mas não necessariamente cita uma causa mecanicista ou materialista. Os proponentes do design inteligente *podem* conceber a inteligência como um fenômeno estritamente materialista, algo redutível à neuroquímica de um cérebro, mas também podem concebê-la como parte de uma realidade mental que é irredutível à química cerebral ou a qualquer outro processo físico. Eles também podem compreender e definir inteligência por referência à sua própria experiência introspectiva de consciência racional e não tomar nenhuma posição em particular sobre a questão mente-cérebro.

380   A DÚVIDA DE DARWIN

Asher assume que o design inteligente nega uma descrição materialista ou "física" da mente (como eu pessoalmente faço, de fato) e a rejeita como não científica considerando essa base. Mas ele não oferece nenhuma razão não circular para fazer esse julgamento. Ele não pode dizer que o princípio do naturalismo metodológico requer que todas as teorias genuinamente científicas invoquem apenas causas mecânicas, porque o próprio princípio do naturalismo metodológico precisa de justificativa. E afirmar que "todas as teorias genuinamente científicas devem fornecer mecanismos" é apenas reafirmar o princípio do naturalismo metodológico em outras palavras. Na verdade, dizer que todas as explicações científicas devem fornecer um mecanismo é equivalente a dizer que elas devem citar causas *materialistas*, precisamente o que o princípio do naturalismo metodológico afirma. Asher parece assumir sem justificativa que todas as causas cientificamente aceitáveis são *mecanicistas* ou *materialistas*. Seu argumento, portanto, assume um ponto-chave em questão, que é se existem razões independentes, isto é, metafisicamente neutras, para exigir que as teorias científicas históricas citem causas materialistas em suas explicações em oposição a explicações que invocam entidades possivelmente imateriais, como inteligência criativa, mente, ação mental, agência ou design inteligente.

Em qualquer caso, ele confunde a exigência lógica de citar uma *vera causa*, uma causa verdadeira ou conhecida, com uma exigência arbitrária de citar apenas causas *materialistas*. Ele confunde uniformitarismo com naturalismo metodológico.[38] Ele então critica meu argumento do design para rejeitar o primeiro, embora apenas rejeite o último. Ao fazer isso, impõe um requisito adicional às explicações de eventos passados que o leva a confundir meu argumento como antiuniformitarista e não ser capaz de ver as evidências do design inteligente. Seu comprometimento implícito com o naturalismo metodológico torna a evidência do design inteligente, "o carteiro", por assim dizer, mentalmente invisível para ele.

No entanto, a preocupação que ele levanta sobre a teoria do design inteligente não citar um mecanismo ainda preocupa as pessoas. Na verdade, recebo perguntas sobre esse problema com frequência. As pessoas vão perguntar algo como: "Eu posso ver o seu ponto sobre o código digital fornecer evidências para o design inteligente, mas como exatamente a inteligência projetista gerou essa informação ou organizou a matéria para formar células ou animais?" Ou: "Como o designer inteligente que você infere imprimiu suas ideias na matéria para formar animais?" Como Asher coloca: "Como um fenômeno biológico, mesmo se projetado, pode simplesmente existir sem um mecanismo real?"[39]

Para ajudar a esclarecer as coisas, vários pontos precisam ser considerados. Primeiro, a teoria do design inteligente não fornece uma explicação mecanicista da *origem* da informação ou forma biológica, nem tenta fazê-lo. Em vez disso, oferece uma explicação causal *alternativa* envolvendo uma causa mental, em vez de necessariamente ou exclusivamente material, para a origem dessa realidade.

As regras da ciência 381

Ela atribui a origem da informação nos organismos vivos ao pensamento, à atividade racional de uma mente, não a um processo ou mecanismo estritamente material. Isso não a torna deficiente como explicação materialista ou mecanicista. Isso a torna uma *alternativa* a esse tipo de explicação. Os defensores do design inteligente não propõem causas inteligentes porque não conseguem pensar em uma possível explicação mecanicista para a origem da forma ou da informação. Eles propõem o design inteligente porque acham que ele fornece uma explicação melhor e mais causalmente adequada para essas realidades. Dado o que sabemos por experiência sobre a origem da informação, explicações materialistas são as explicações deficientes.

Existe um contexto diferente no qual alguém pode querer perguntar sobre um mecanismo. Ele ou ela pode desejar saber através de quais meios a informação, uma vez originada, é transmitida ao mundo da matéria. Em nossa experiência, os agentes inteligentes, depois de gerarem informações, costumam usar meios materiais para transmitir essas informações. Um professor pode escrever no quadro-negro com um pedaço de giz ou um antigo escriba pode ter talhado uma inscrição em um pedaço de rocha com um instrumento de metal. Frequentemente, aqueles que desejam saber sobre o mecanismo do design inteligente não estão necessariamente desafiando a ideia de que a informação, em última análise, se origina no pensamento. Eles querem saber como, ou por *quais meios materiais*, o agente inteligente responsável pela informação nos sistemas vivos transmitiu essa informação a uma entidade material, como uma fita de DNA. Para usar um termo da filosofia, eles querem saber sobre "a causa eficiente" que está agindo.

A resposta é: simplesmente não sabemos. Não temos evidências ou informações suficientes sobre o que aconteceu, na explosão Cambriana ou em outros eventos na história da vida, para responder a perguntas sobre o que exatamente aconteceu, embora possamos estabelecer a partir das pistas deixadas que um designer inteligente representou um papel causal na origem das formas vivas.

Uma ilustração da arqueologia ajuda a explicar como isso pode acontecer (ver Fig. 19.2). Anos atrás, exploradores de uma ilha remota no sudoeste do Oceano Pacífico descobriram um grupo de enormes figuras de pedra. As figuras exibiam formas distintas de rostos humanos. Essas figuras não deixaram dúvidas quanto à sua origem no pensamento. No entanto, os arqueólogos ainda não sabem os meios exatos pelos quais foram esculpidos ou erguidos. Os escultores de cabeças ancestrais podem ter usado martelos metálicos, cinzéis de pedra ou lasers. Embora os arqueólogos não tenham evidências para decidir entre várias hipóteses sobre *como* as figuras foram construídas, eles ainda podem inferir definitivamente que *foram* feitas por agentes inteligentes. Da mesma forma, podemos inferir *que* uma inteligência desempenhou um papel causal na origem dos animais Cambrianos, mesmo que não possamos decidir quais meios materiais, se houver, a inteligência projetista usou para transmitir a informação, ou forma à matéria, ou transmitir suas ideias de design para a forma viva. Embora a teoria do design inteligente deduza *que* uma causa inteligente desempenhou um papel na formação da história da vida, ela não diz *como* a causa inteligente afetou a matéria. Nem tem que fazer isso.

FIGURA 19.2
Grupo de esculturas de cabeças gigantes, chamadas "Moais", na Ilha de Páscoa. *Cortesia do iStockphoto/Think-stock.*

Há uma razão lógica pela qual não podemos, sem mais informações, determinar o mecanismo ou meio pelo qual o agente inteligente responsável pela vida transmitiu seu design à matéria. Podemos inferir uma causa inteligente a partir de certas características do mundo físico, porque se sabe que a inteligência é uma causa necessária, a única conhecida, dessas características. Isso nos permite inferir retrospectivamente a inteligência como uma causa, observando seus efeitos distintivos. No entanto, não podemos estabelecer um cenário único descrevendo *como* o agente inteligente responsável pela vida arrumou ou imprimiu suas ideias na matéria, porque existem muitos meios diferentes pelos quais uma ideia na mente de um agente inteligente poderia ser transmitida ou fundamentada no mundo físico.

Há outra razão ainda mais profunda pela qual o design inteligente, na verdade, a própria ciência, pode não ser capaz de oferecer uma explicação completamente

As regras da ciência 383

mecanicista da instanciação do pensamento na matéria. Robert Asher se preocupa sobre como "um fenômeno biológico, mesmo se projetado", poderia ser "simplesmente criado pela vontade sem um mecanismo real". Na compreensão de Asher, o princípio uniformitarista pede um precedente, uma causa conhecida que não apenas gera informações, mas traduz o pensamento imaterial em realidade material, imprimindo-se e moldando o mundo físico. Asher reclama que o argumento a favor do design inteligente não pode citar tal precedente e é, portanto, "antiuniformitarista".

No entanto, um precedente vem prontamente à mente, um precedente intimamente familiar para todos nós. No momento, ninguém tem ideia de como nossos pensamentos, as decisões e escolhas que ocorrem em nossa mente consciente, afetam nossos cérebros, nervos e músculos materiais, passando a instanciar nossa vontade no mundo material dos objetos. No entanto, sabemos que é exatamente isso que nossos pensamentos fazem. Não temos nenhuma explicação mecanicista para o mistério da consciência, nem o que é chamado de "problema mente-corpo", o enigma de como o pensamento afeta o estado material de nossos cérebros, corpos e do mundo que afetamos com eles. No entanto, não há dúvida de que podemos, como resultado de eventos em nossas mentes conscientes chamados de decisões ou escolhas, "trazer à existência através da força de vontade" arranjos da matéria ricos em informações ou de outra forma afetar os estados materiais no mundo. O professor Asher fez isso quando escreveu o capítulo de seu livro, representando suas ideias impressas como palavras em um objeto material, uma página impressa, tentando refutar o design inteligente. Estou fazendo isso agora. Este exemplo, representativo de inúmeras experiências cotidianas da vida, com certeza satisfaz as exigências do uniformitarismo.

Embora a neurociência não possa dar nenhuma explicação mecanicista para a consciência ou o problema mente-corpo, também sabemos que podemos reconhecer o produto do pensamento, o efeito do design inteligente, em suas manifestações ricas em informações. O professor Asher reconheceu evidências de pensamento quando leu o texto em meu livro; eu fiz isso quando li o dele; você está fazendo isso agora. Assim, embora seja inteiramente possível que nunca saibamos como as mentes afetam a matéria e, portanto, que pode sempre haver uma lacuna em nossa tentativa de explicar *como* uma mente projetista afetou o material a partir do qual os sistemas vivos foram formados, não se segue que não possamos reconhecer evidências da atividade da mente nos sistemas vivos.

POR QUE É IMPORTANTE PARA A CIÊNCIA

Mas se os proponentes do design inteligente admitem que não respondem, ou talvez não possam, responder à questão de como a mente responsável pelo design

384   A DÚVIDA DE DARWIN

da vida animal imprimiu suas ideias na matéria, por que então é importante reconhecermos as evidências do design inteligente? Se o design inteligente apenas substitui um mistério por outro, por que não nos limitarmos às explicações materialistas, afinal, como o naturalismo metodológico exige, e nos contentarmos em aceitar o mistério que já temos? Não seria mais simples e mais econômico intelectualmente?

Possivelmente. Mas coloca o mistério no lugar errado. Sabemos de uma causa que pode produzir as informações funcionais necessárias para construir sistemas complexos. Mas não sabemos exatamente como a mente se relaciona com a matéria. Se perguntássemos o que causou o surgimento da Pedra de Roseta e depois insistíssemos, apesar de todas as evidências em contrário, de que um processo puramente material é capaz de produzir gravuras ricas em informações nessa pedra, estaríamos nos iludindo. As informações gravadas naquela placa negra de rocha ígnea no Museu Britânico fornecem evidências esmagadoras de que um agente inteligente causou essas inscrições. Qualquer regra que nos impeça de considerar tal explicação diminui a racionalidade da ciência, porque impede os cientistas de considerar uma possível, e, neste caso, obviamente, explicação verdadeira. E a verdade é importante, principalmente na ciência. Por esta razão, as "regras da ciência" não devem nos comprometer a rejeitar teorias possivelmente verdadeiras antes mesmo de considerarmos as evidências. Mas é exatamente isso que o naturalismo metodológico faz.

Além disso, aderir ao naturalismo metodológico e recusar-se a considerar as evidências do design inteligente na vida não afeta apenas as explicações que estamos dispostos a considerar sobre as *origens* e a *história* da vida. Eles também afetam as perguntas que fazemos sobre a vida como ela existe e, portanto, toda a agenda de pesquisa biológica que buscamos.

Uma analogia com um artefato humano mostra novamente por quê. Se perguntarmos exatamente *como* o escriba responsável pelas inscrições na Pedra de Roseta realizou sua tarefa, com um cinzel de metal, uma peça afiada de obsidiana, um estilete de diamante ou algum outro meio material, podemos não ter evidências suficientes para responder a essa pergunta. No entanto, ajudará os arqueólogos a saber que estão olhando para um artefato da inteligência, e não um subproduto de processos estritamente naturais. Isso os levará a fazer outras perguntas mais relevantes sobre a Pedra, como: "O que significam as inscrições?" "Quem as escreveu?" e "O que elas nos dizem sobre as culturas da época?" De forma semelhante, o que pensamos sobre como a vida animal surgiu e se desenvolveu nos levará a fazer diferentes perguntas sobre as formas vivas, perguntas que talvez nunca pensássemos fazer se estivéssemos presumindo que elas surgiram por um mecanismo puramente não direcionado, como a seleção natural.

As agentes inteligentes e a seleção natural fazem seu trabalho de maneira muito diferente. O mecanismo de mutação e seleção é um processo cego de tentativa e erro, que deve manter ou otimizar a vantagem funcional por meio de uma série de etapas incrementais. Dadas as suposições darwinianas, não esperaríamos ver estruturas ou sistemas nos organismos vivos que exigissem previsão. Nem esperaríamos ver estruturas que precisassem ser produzidas todas de uma vez em grandes saltos, em vez de por uma série de etapas incrementais que preservam a função. Esperaríamos, entretanto, ver evidências de um processo de tentativa e erro nos genomas dos organismos.

Mas o que acontece se nos abrirmos para a possibilidade de detectar o design na vida? Nós sabemos muito sobre como designers inteligentes fazem seu trabalho. Os designers inteligentes usam muitas estratégias de design estabelecidas (ou "padrões de design", como diriam os engenheiros). Eles também têm a capacidade de prever o que lhes permite atingir objetivos funcionais sem a necessidade de manter a função por meio de uma série de estruturas intermediárias. Eles normalmente projetam novos sistemas do zero, sem depender de modificações aleatórias, incrementais, de tentativa e erro em um sistema para produzir outro.

Como esses dois tipos diferentes de causas operam de maneira diferente e frequentemente produzem diferentes tipos de estruturas e sistemas, os cientistas devem esperar que os sistemas vivos (e a história da vida) tenham uma aparência diferente, dependendo do tipo de causa que produziu os organismos ou estruturas em questão. E essas diferentes perspectivas e expectativas podem levar os cientistas a fazerem diferentes perguntas de pesquisa e diferentes previsões sobre o que devemos encontrar na própria estrutura da vida.

O PROJETO DE CODIFICAÇÃO E UMA PREVISÃO DE DI

Em 2012, uma confirmação dramática de uma dessas previsões feita por defensores do design inteligente ocorreu no campo da genômica. Três importantes jornais científicos, *Nature*, *Genome Research* e *Genome Biology*, publicaram uma série de artigos inovadores relatando os resultados de um estudo massivo do genoma humano denominado projeto ENCODE (abreviação de Encyclopedia of DNA Elements).[40] A conclusão: pelo menos, 80% do genoma desempenha funções biológicas significativas, "eliminando a visão amplamente aceita de que o genoma humano é principalmente 'DNA lixo'".[41]

A descoberta desafiou uma interpretação neodarwiniana do genoma. De acordo com o neodarwinismo, o genoma como um todo deve exibir evidências do processo aleatório de tentativa e erro que deu origem a novas informações genéticas. A descoberta, na década de 1970, de que apenas uma pequena porcentagem do genoma contém informações para a construção de proteínas foi saudada na época

386 A DÚVIDA DE DARWIN

como uma confirmação poderosa da visão darwiniana da vida. As regiões não codificantes do genoma foram consideradas detritos não funcionais do processo mutacional de tentativa e erro, o mesmo processo que produziu o código funcional no genoma. Como resultado, essas regiões não codificantes foram consideradas "DNA lixo", inclusive por ninguém menos que o luminar científico Francis Crick.[42]

Como o design inteligente afirma que uma causa inteligente produziu o genoma, os defensores do design há muito previram que a maioria das sequências não codificantes de proteínas no genoma devem desempenhar alguma função biológica, mesmo que não direcionem a síntese de proteínas. Os teóricos do design não negam que os processos mutacionais podem ter degradado algum DNA anteriormente funcional, mas previmos que o DNA funcional (o sinal) deveria diminuir o DNA não funcional (o ruído), e não o contrário. Como William Dembski, um dos principais defensores do design, previu em 1998: "Em uma visão evolucionária, esperamos muito DNA inútil. Se, por outro lado, os organismos são projetados, esperamos que o DNA, tanto quanto possível, exiba função."[43]

O projeto ENCODE e outras pesquisas recentes em genômica confirmaram essa previsão. Conforme relatado no artigo principal da *Nature*, o ENCODE "nos permitiu atribuir funções bioquímicas para 80% do genoma, em particular fora das regiões de codificação de proteínas bem estudadas".[44] Outra pesquisa em genômica mostrou que, em geral, as regiões não codificantes do genoma funcionam de forma muito semelhante ao sistema operacional de um computador. Na verdade, as regiões não codificantes do genoma direcionam o tempo e regulam a expressão dos módulos de dados ou regiões codificantes do genoma, além de possuir uma miríade de outras funções.[45] Antes do ENCODE, os neodarwinistas costumavam perguntar: se a informação no DNA fornece evidências tão convincentes para a atividade de uma inteligência projetada, por que mais de 90% do genoma é composto de sequências sem sentido e função? A última pesquisa genômica agora fornece uma resposta pronta para essa pergunta: não possui.

O significado dessas descobertas na genômica para o debate sobre o design passou amplamente despercebido na mídia. Mas as repetidas tentativas de estigmatizar os pesquisadores do ENCODE como auxiliando e incentivando os "criacionistas do design inteligente" inadvertidamente destacaram o que está em jogo. Nesse esforço, um bioquímico da Universidade de Toronto, Laurence A. Moran, surgiu como um homem com um ponto. A estratégia Moran centrou-se em atrapalhar cientistas e jornalistas científicos que publicaram o ENCODE e suas implicações com o pincel de "Criacionismo de Design Inteligente", uma fusão muito familiar de design inteligente com uma ideia muito diferente, o literalismo bíblico do criacionismo de terra jovem. Quando o distinto periódico *Science* selecionou o ENCODE como uma das dez principais notícias de ciência de 2012, lembrando aos leitores que ele havia detonado a noção de DNA lixo ao revelar funcionalidade

As regras da ciência 387

esmagadora no genoma,[46] Moran zombou: "Bem, acho que terei que me contentar em apontar que muitos cientistas são tão estúpidos quanto muitos criacionistas do Design Inteligente!"[47] No mundo da ciência, como na mídia, "criacionista" é um palavrão; é como chamar alguém de comunista nos anos 1950. Essas tentativas de estigmatizar resultados que desafiam uma teoria preferida ilustram como um monopólio ideológico na ciência pode sufocar a investigação e a discussão.

O fim da ideia do DNA lixo também ilustra, de maneira mais positiva, como uma perspectiva competitiva pode inspirar pesquisas que contribuam para novas descobertas. Embora claramente nem todos os cientistas que realizaram pesquisas para ajudar a estabelecer o significado funcional do DNA não codificador de proteínas tenham sido inspirados pela teoria do design inteligente, pelo menos, um cientista notável o foi. Durante a primeira parte da década, antes de ENCODE chegar às manchetes, esse cientista publicou muitos artigos desafiando a ideia de DNA lixo com base na pesquisa genômica que ele conduzia no National Institutes of Health. Após a publicação do ENCODE em 2012, seu coautor em muitos desses artigos, o proeminente geneticista da Universidade de Chicago James Shapiro, escreveu um artigo no *Huffington Post* elogiando o cientista por sua pesquisa inovadora e por antecipar os resultados do ENCODE anos antes. No artigo, Shapiro reconheceu que ele e seu coautor tinham "filosofias evolucionárias diferentes", sua maneira caridosa de se referir ao crescente interesse de seu coautor na teoria do design inteligente.

Quem era aquele outro cientista? Ninguém menos que Richard Sternberg, o biólogo evolucionário que foi punido por sua abertura ao design inteligente enquanto servia no Smithsonian Institution (e no National Institutes of Health) em 2004. Naquela época, as dúvidas de Sternberg sobre o neodarwinismo e seu crescente interesse pelo design inteligente o levaram a considerar a possibilidade de que a maior parte do genoma pudesse ser realmente funcional.[48] Sua pesquisa posteriormente confirmou o que era para ele, uma ideia inspirada em parte pelo design inteligente.

Em *Signature in the Cell*, eu descrevi muitas outras previsões características da teoria do design inteligente, previsões que diferem daquelas das teorias evolucionárias materialistas concorrentes, e como essas previsões podem ajudar a guiar novas pesquisas em várias subdisciplinas da biologia, incluindo algumas em medicina. Essas previsões também podem levar os cientistas a fazerem novas descobertas, que os proponentes de uma perspectiva competitiva podem não estar inclinados a fazer, ou a aceitar.

VISTAS ABERTAS

A esta altura, deve estar claro por que tantos cientistas brilhantes perderam as evidências do design na explosão Cambriana. Scott Todd, um biólogo que escreveu na *Nature*, declarou sucintamente o motivo: "Mesmo que todos os dados apontem para um designer inteligente, tal hipótese é excluída da ciência porque não é naturalista."[49] Quando os cientistas decidem por decreto que o design inteligente está além dos limites da ciência, sua decisão os impedirá de considerar esta explicação possível ou provavelmente verdadeira para a origem da forma animal. Mas também vai privá-los de uma nova perspectiva que pode gerar novas questões de pesquisa e promover novos caminhos de descoberta. Saber disso ajuda a resolver o mistério final deste livro, mas também sugere uma maneira mais produtiva de abordar mistérios ainda não resolvidos. Os cientistas comprometidos com o naturalismo metodológico nada têm a perder, exceto suas correntes, grilhões que os prendem a um materialismo esgotado e desgastado do século XIX. O futuro está aberto diante deles e de nós. Como nós, na comunidade de pesquisa de design inteligente, gostamos de dizer, vamos quebrar algumas regras e seguir as evidências onde quer que elas levem.

20

O QUE ESTÁ EM JOGO

No verão de 2002, tive a oportunidade de caminhar até o Folhelho de Burgess com um grupo de geólogos, geofísicos e biólogos marinhos. Nosso grupo também incluía meu filho, então com 11 anos, e um amigo adolescente dele, que estava interessado nos fósseis Cambrianos e no debate sobre darwinismo e design.

Quando chegamos ao topo da montanha, eu não estava preparado para o impacto que os fósseis teriam sobre mim. Eu já tinha visto muitos fósseis antes, é claro. Mas ver *esses* fósseis, animais marinhos da aurora da vida animal no topo de uma montanha com seus apêndices e órgãos lindamente preservados, tornou a ideia da "explosão Cambriana" muito menos teórica para mim do que antes. Essas complexas criaturas marinhas, agora escovadas pelo ar rarefeito a uma altitude de 7.500 pés no meio das Montanhas Rochosas Canadenses, aparentemente surgiram de repente, quase do nada, por meio de formas ancestrais, no registro sedimentar. Tudo sobre eles clamava por uma história, uma grande história. Isso fez com que minha mente e minha imaginação acelerassem (veja a Fig. 20.1).

Por mais maravilhosos que os fósseis fossem, nossa viagem para vê-los ficou ainda mais memorável por duas coisas que aconteceram no caminho, uma subindo a montanha e outra descendo. Quando estávamos subindo, cruzando uma grande encosta de talude, uma seção da montanha vazia de vegetação e coberta apenas com fragmentos de rocha sedimentar, ouvi meu filho me chamar inesperadamente da frente de nosso grupo. Sua voz tinha uma qualidade trêmula. Eu olhei para a frente para vê-lo, normalmente um garoto destemido

390 A DÚVIDA DE DARWIN

abençoado por energia sem limites, parado no lugar, pálido e de olhos arregalados. Contornei vários dos outros caminhantes na trilha para alcançá-lo. Acontece que ele estava sentindo uma espécie de vertigem, embora a montanha não fosse perigosamente íngreme naquele ponto (ver Fig. 20.2). Ao atravessar o caminho que cortava a encosta rochosa, ele cometeu o erro de olhar montanha abaixo. Sem árvores como ponto de referência e com centenas de metros de fragmentos de rocha soltos acima e abaixo, ele ficou desorientado e assustado. Eu o estabilizei enquanto caminhávamos passo a passo, comigo diretamente atrás dele através daquele trecho aberto da montanha. Em pouco tempo, estávamos de volta a um ponto da trilha onde árvores e outras plantas apareciam, proporcionando uma presença firme como ponto de referência. A perspectiva do meu filho voltou rapidamente. Ele relaxou e logo estava sorrindo e saltando com confiança à minha frente novamente. Na descida da montanha, tive uma interação impressionante com um membro do nosso grupo, que deu voz a um tipo diferente de desorientação. Tudo começou como uma conversa entre o amigo do meu filho e nosso guia de campo oficial, que nos havia sido designado pela Fundação Geocientífica do Folhelho de Burgess local. Nosso guia era um paleontólogo e fez um trabalho excelente. Ele contou muitas belas histórias sobre a história geológica das formações circundantes, sobre a descoberta dos fósseis e, claro, sobre a história evolutiva da vida animal. Na verdade, pouco antes de dobrarmos a esquina final na trilha para ascender a uma grande coleção de excelentes fósseis disponíveis para visualização no topo da montanha, ele incluiu uma declaração de apoio à ortodoxia evolucionária em sua descrição do sítio fóssil. Nosso guia claramente não sabia que muitos de nós no grupo sabíamos que os fósseis que estávamos prestes a ver desafiavam a história darwiniana padrão.

O que está em jogo   391

FIGURA 20.1
Fóssil de trilobita encontrado no Folhelho de Burgess. *Cortesia de Michael Melford/National Geographic Image Collection/Getty Images.*

FIGURA 20.2
Figura 20.a (esquerda): Fotografia do autor e seu filho Jamie na pedreira Walcott do Folhelho de Burgess em British Columbia, Canadá. *Figura 20.2b (direita):* Pausando por um momento para refletir na encosta abaixo do afloramento do Folhelho de Burgess.

392 A DÚVIDA DE DARWIN

Não havíamos exposto nossas opiniões, é claro, mas quase todos os cientistas na caminhada eram céticos em relação ao neodarwinismo. Paul Chien, biólogo marinho da Universidade de São Francisco que havia trabalhado com J. Y. Chen na China nos fósseis de embriões de esponja, estava na viagem e tinha mais do que um conhecimento passageiro da paleontologia da era Cambriana, assim como vários geólogos canadenses conosco. Ainda assim, não querendo introduzir nenhuma discórdia desnecessária, evitamos cuidadosamente nos envolver com a questão. Queríamos apenas ver os fósseis.

Enquanto descíamos a montanha, no entanto, o jovem amigo de meu filho perguntou ao nosso guia como ele ajustava o que acabamos de ver com seu apoio à evolução darwiniana. O guia a princípio manteve seu compromisso com a linha partidária darwiniana. Ele disse que achava que Darwin se sentiria "justificado" pela descoberta dos fósseis de Burgess. Isso foi demais para o adolescente precoce e intelectual, que soltou em voz alta: "O quê?! Darwin se sentiria justificado? Pelo súbito aparecimento de todos aqueles animais sem qualquer ancestral no registro fóssil! Você está de brincadeira?!"

Você precisaria conhecer esse jovem cativante para entender como sua explosão desinibida apenas encantou e divertiu nosso guia. Mas felizmente aconteceu. Entretanto o resto de nós ficou, inicialmente, mortificados. Essa era a discussão que estávamos tentando evitar, sabendo exatamente as emoções intensas que muitas vezes provoca. Com cientistas, geralmente é mais seguro discutir religião e política.

No entanto, para seu crédito, nosso guia aceitou o desafio com calma. Ele explicou como os fósseis de Burgess demonstraram evidências de mudança ao longo do tempo, como a coluna de rocha mostrou a grande idade da Terra e como a descoberta dos fósseis no alto de uma montanha revelou a evolução do planeta. Nosso jovem amigo havia passado muito tempo lendo sobre o assunto para deixar o assunto por aí. Ele deixou de lado a questão da idade da Terra, que, como nosso guia, ele calculou em bilhões de anos, e garantiu ao homem que aceitava evidências de mudança ao longo do tempo no registro sedimentar. Ele não questionou a evolução nesse sentido. Ele questionou a evolução *darwiniana*. "Onde está a evidência de mudança *gradual*?" ele exigiu, enquanto sua voz adolescente falhava com entusiasmo ao passar para o registro superior. Ele continuou: "Que mecanismo poderia produzir *tantos novos* animais *tão rapidamente*?"

Então aconteceu uma coisa estranha. O paleontólogo que agora nos conduzia pela trilha repentinamente deixou de desempenhar o papel de "guia". Ele abandonou qualquer pretensão de autoridade superior e disse: "Sabe, eu também me perguntei sobre isso." Achei que podia ouvir em sua voz o espanto sincero do garoto de 14 anos que *ele* foi um dia.

"Como *você* explica isso?" ele perguntou ao amigo do meu filho.

Nosso jovem porta-voz interveio com segurança e afirmou: "Design inteligente, é claro!"

Nesse ponto, nosso guia começou a fazer perguntas de sondagem. Logo o amigo de meu filho esgotou seu estoque de conhecimento e começou a procurar por mim para participar da conversa. Eu fiz isso, relutantemente no início. Expliquei o argumento da informação para o design inteligente e como a explosão Cambriana contribuiu para isso. Nosso guia me fez as perguntas difíceis: Como podemos detectar o design? O design inteligente é ciência? Não estamos apenas discutindo com base na ignorância e desistindo da ciência, ou, pelo menos, da ciência evolucionária convencional, muito cedo? Ele também queria saber quem eu pessoalmente achava que era o designer. Seus desafios eram difíceis e honestos. Uma ótima conversa seguiu.

Quando chegamos ao início da trilha, ele me surpreendeu, agradecendo a conversa, e agradecendo ao meu jovem amigo por tê-la iniciado. Ele então falou de forma mais pessoal e revelou que às vezes achava perturbador pensar sobre as origens biológicas. Ele disse que, como cientista, estava comprometido com a perspectiva evolucionária. Mas ele também achava a negação de propósito deprimente. Ele se perguntou se havia alguma maneira de afirmar a ciência e o tipo de propósito e significado da vida de que fala a religião. Quando nos separamos, ele disse que gostaria de aprender mais sobre design inteligente. Ele me disse que estava intrigado com a perspectiva que estávamos desenvolvendo. Senti que havíamos feito uma conexão humana genuína em vez de, como às vezes acontece no debate sobre a evolução, meramente um lançamento de afirmações um ao outro.

Ao longo dos anos, conforme pesquisei e pensei sobre as origens biológicas, tive inúmeras conversas semelhantes com pessoas de muitas crenças e origens: religiosas e não religiosas; cientistas, engenheiros, médicos; homens e mulheres de negócios, consertadores de eletrodomésticos e taxistas. Essas conversas geralmente começam inocentemente, como resultado de alguém me perguntar o que eu faço da vida. Embora muitas vezes eu use um eufemismo para a minha resposta ("Eu trabalho para uma organização de pesquisa") para evitar ficar preso em uma conversa pesada em um avião ou por causa de uma máquina de lavar louça quebrada, muitas vezes as conversas acontecem quer eu queira ou não. As pessoas estão interessadas em como a vida começou e instintivamente entendem que qualquer teoria que adotemos tem implicações filosóficas, religiosas ou de visão de mundo maiores. As pessoas geralmente ficam animadas ao considerar essas implicações e questões mais amplas. Muitos gostariam de encontrar uma maneira de harmonizar as evidências da ciência com uma visão de mundo que aborde seus anseios existenciais mais profundos como seres humanos, seu anseio por propósito e significado. Mas, como nosso guia, muitos ficaram frustrados com a dificuldade de chegar a uma síntese coerente.

Não é difícil perceber porquê. Por um lado, muitas pessoas de fé têm pouco interesse real no que a ciência tem a dizer sobre as origens da vida. Na verdade, muitos crentes religiosos bem-intencionados adotaram uma visão da relação entre ciência e fé que rejeita o testemunho da ciência como irrelevante ou mesmo perigoso e afirma que apenas ler a Bíblia dará todo o discernimento necessário para entender como a vida surgiu. Sua abordagem não tenta realmente harmonizar fé e ciência, uma vez que leva à fé na Bíblia, e muitas vezes em uma interpretação particular da Bíblia, como a única fonte confiável de informação sobre a origem da vida.

Por outro lado, muitos cientistas e outros que pensam que a ciência tem algo a nos ensinar sobre as grandes questões começaram assumindo a explicação neodarwiniana das origens biológicas, apesar de suas muitas dificuldades científicas, e apesar de sua negação de qualquer papel para inteligência intencional na história da vida.

Em particular, duas ideias populares sobre como o darwinismo informa a visão de mundo, chegaram a diferentes conclusões sobre a visão de mundo que ele afirma, ou permite. A primeira visão, o "Novo Ateísmo", foi articulada por porta-vozes como Richard Dawkins em seu livro *A Desilusão de Deus* e o falecido Christopher Hitchens em *Deus não é grande*.[1] Ele pretende refutar a existência de Deus como "uma hipótese fracassada"[2], como coloca outro livro do Novo Ateísmo. Por quê? Porque, de acordo com Dawkins e outros, não há evidência de design na natureza. Na verdade, o argumento de Dawkins para o ateísmo depende de sua afirmação de que a seleção natural e a mutação aleatória podem explicar todas as "aparências" de design na natureza. E, uma vez que, ele afirma, o argumento do design sempre forneceu o argumento mais forte para acreditar na existência de Deus, a crença em Deus, ele conclui, é extremamente improvável, equivalente a "uma ilusão". Para os Novos Ateus, o darwinismo torna a crença teísta implausível e desnecessária. Como Dawkins disse: "Darwin tornou possível ser um ateu intelectualmente realizado."[3]

Os Novos Ateus dominaram o mundo editorial em 2006, quando *A Desilusão de Deus* apareceu pela primeira vez. Mas nada sobre o "Novo" Ateísmo era realmente "novo". Em vez disso, representa a popularização de uma filosofia baseada na ciência, chamada materialismo científico, que se tornou comum

O que está em jogo   395

entre cientistas e filósofos durante o final do século XIX, na esteira da revolução darwiniana. Para muitos cientistas e estudiosos da época, uma cosmovisão cientificamente informada era uma cosmovisão materialista na qual entidades como Deus, livre-arbítrio, mente, alma e propósito não desempenhavam nenhum papel. O materialismo científico, seguindo o darwinismo clássico, negou a evidência de qualquer projeto na natureza e, portanto, qualquer propósito derradeiro para a existência humana. Como disse o filósofo e matemático britânico Bertrand Russell no início do século XX: "O homem é o produto de causas que não tinham previsão do fim que estavam alcançando" e que o predestinam "à extinção na vasta morte do sistema solar."[4]

Uma visão alternativa e cada vez mais popular é conhecida como evolução teísta. Popularizada pelo geneticista cristão Francis Collins em seu livro *The Language of God* [*A Linguagem de Deus*, em tradução livre] (também publicado em 2006),[5] essa perspectiva afirma a existência de Deus *e* o relato darwiniano das origens biológicas. Ainda assim, fornece poucos detalhes sobre como Deus pode ou não influenciar o processo evolucionário, ou como reconciliar afirmações aparentemente contraditórias nos relatos darwinianos e judaico-cristãos das origens. Por exemplo, Collins se recusou a dizer se acha que Deus de alguma forma dirigiu ou guiou o processo evolucionário, embora afirme o neodarwinismo, que nega especificamente que a seleção natural seja guiada de alguma forma. O darwinismo e o neodarwinismo insistem que o surgimento do design nos organismos vivos é uma ilusão porque o mecanismo que produz essa aparência não é guiado nem dirigido. Deus, na opinião de Collins, guia o processo não guiado de seleção natural? Ele, e muitos outros evolucionistas teístas, não respondem a essa questão. Essa ambiguidade tornou possível uma difícil reconciliação entre ciência e fé, mas também deixou muitas questões sem resposta. Para ser justo, muitos evolucionistas teístas argumentariam que nem todas essas questões podem ser respondidas, porque a ciência e a fé ocupam domínios separados e não sobrepostos de investigação, conhecimento e experiência. Mas essa resposta por si só ressalta os limites da harmonização da ciência e da fé que Collins e outros que defendem sua opinião alcançaram.

O argumento deste livro apresenta um desafio científico a ambos os pontos de vista. Em primeiro lugar, as evidências e os argumentos que vimos mostram que a premissa científica do argumento do Novo Ateu é falha. O mecanismo de mutação e seleção natural não tem o poder criativo a ele atribuído e, portanto, não pode explicar todas as "aparências" de design na vida. O mecanismo neodarwiniano não explica, por exemplo, as novas informações genéticas ou epigenéticas necessárias para produzir planos corporais animais fundamentalmente novos.

A DÚVIDA DE DARWIN

Este livro apresentou quatro críticas científicas distintas, demonstrando a inadequação do mecanismo neodarwiniano, o mecanismo que Dawkins presume que pode produzir a aparência de design sem orientação inteligente. Ele mostrou que o mecanismo neodarwiniano falha em explicar a origem da informação genética porque: (1) não tem meios de pesquisar eficientemente o espaço de sequência combinatória para genes e proteínas funcionais e, consequentemente, (2) requer de forma irrealista *longos tempos de espera* para gerar até mesmo um único novo gene ou proteína. Também mostrou que o mecanismo não pode produzir *novos planos corporais* porque: (3) mutações de ação precoce, o único tipo capaz de gerar mudanças em grande escala, também são invariavelmente deletérias, e (4) mutações genéticas não podem, em nenhum caso, gerar as informações epigenéticas necessárias para construir um plano corporal. Assim, apesar do sucesso comercial de *A Desilusão de Deus*, e de sua ampla popularidade, a filosofia do Novo Ateu carece de credibilidade porque baseou sua compreensão das implicações metafísicas da ciência moderna em uma teoria científica que carece de credibilidade, até mesmo muitos biólogos evolucionistas líderes agora reconhecem.[6]

Em segundo lugar, este livro representa um grande desafio para evolucionistas teístas como Francis Collins por muitas das mesmas razões científicas. Collins deposita grande confiança no darwinismo moderno como a teoria unificadora da biologia, mas parece completamente inconsciente dos formidáveis problemas científicos que agora afetam a teoria, em particular, os desafios ao poder criativo do mecanismo de seleção natural/mutação. Ele não faz nenhuma tentativa de enfrentar ou responder a qualquer um desses desafios. Além disso, muitos de seus argumentos a favor da descendência comum universal, cuja defesa era sua principal preocupação em *A linguagem de Deus*, baseiam-se na suposta presença de elementos não funcionais ou "lixo" nos genomas de diferentes organismos. Embora a teoria do design inteligente, à qual Collins diz se opor, não desafie necessariamente esta parte (descendência comum) da teoria darwiniana, a base factual de seus argumentos também evaporou amplamente como resultado do ENCODE e outros desenvolvimentos na genômica.[7] Assim, essa visão popular das origens biológicas e sua concepção da relação de Deus com o mundo natural, agora está em total desacordo com as evidências. Mas por que tentar reconciliar a teologia cristã tradicional com a teoria darwiniana, como Collins tenta fazer, se a própria teoria começou a entrar em colapso? A perspectiva deste livro oferece uma maneira potencialmente mais coerente e satisfatória de abordar as grandes questões, de sintetizar ciência e metafísica (ou fé), do que qualquer uma das visões atualmente populares em oferta. A explosão Cambriana, como a própria teoria evolucionária, levanta questões mais amplas de cosmovisões precisamente porque levanta questões de origens e de design e, com elas, a questão que todas as cosmovisões devem abordar: Qual é a coisa ou entidade da qual tudo vem? Mas, ao contrário do estrito materialismo darwiniano e do Novo Ateísmo construído sobre ele, a teoria do design inteligente afirma a realidade de um designer, uma mente ou inteligência pessoal por trás da vida. Essa defesa do design restaura ao pensamento ocidental a possibilidade de que a vida humana em particular possa ter um propósito ou significado além da utilidade material temporária. Sugere a possibilidade de que a vida pode ter sido projetada por uma pessoa inteligente, de fato, alguém que muitos identificariam como Deus.

Ao contrário da evolução teísta de Francis Collins, no entanto, a teoria do design inteligente não busca confinar a atividade de tal agência ao início do Universo, transmitindo a impressão de uma entidade *deísta* decididamente remota e impessoal. Nem meramente afirma a existência de uma inteligência criativa por trás da vida. Ele identifica e detecta a atividade do designer da vida, e o faz em diferentes pontos da história da vida, incluindo a demonstração explosiva de criatividade em exibição no evento Cambriano. A capacidade de detectar design torna a crença em um designer inteligente (ou um criador, ou Deus) não apenas um princípio de fé, mas algo que a evidência da natureza agora dá testemunho. Resumindo, traz ciência e fé em verdadeira harmonia.

Talvez tão importante quanto, seja o caso do design nos apoiar em nosso confronto existencial com o vazio e a aparente falta de sentido da existência física, o senso de sobrevivência pela sobrevivência que segue inexoravelmente da visão de mundo materialista. Richard Dawkins e outros Novos Ateus podem achar desinteressante, até divertido e certamente lucrativo, meditar sobre a perspectiva de um universo sem propósito. Mas para a grande maioria das pessoas pensativas, essa ideia é tingida de terror. A vida moderna suspende muitos de nós, então nos sentimos bem acima do abismo do desespero. Provoca sentimentos de ansiedade atordoante, em uma palavra, vertigem. A evidência de um design intencional por trás da vida, por outro lado, oferece a perspectiva de significado, plenitude e esperança.

Enquanto meu filho caminhava pela montanha bem acima do vale de Yoho, foi cercado por muitas lajes de rocha contendo alguns dos fósseis que havíamos visto. Mas ao examinar aquela parte árida da paisagem, ele perdeu a perspectiva de onde estava e o que tinha vindo fazer. Sem marcos ou pontos de referência firmes, ele se sentiu como se estivesse perdido em um mar de impressões sensoriais. Sem seu senso de equilíbrio, ele temeu até mesmo dar um passo. Ele chamou seu pai.

Só muito mais tarde me ocorreu como sua experiência se assemelha à nossa como seres humanos tentando dar sentido ao mundo ao nosso redor. Para obter uma imagem verdadeira do mundo e nosso lugar nele, precisamos de fatos, dados empíricos. Mas também precisamos da perspectiva, às vezes chamada de sabedoria, os pontos de referência que uma visão coerente do mundo oferece. Historicamente, essa sabedoria foi fornecida a muitos homens e mulheres pelas tradições do monoteísmo ocidental, por nossa crença em Deus. A teoria do design inteligente gera empolgação e repulsa porque, além de fornecer uma explicação convincente dos fatos científicos, oferece a promessa de ajudar na integração de duas coisas de suprema importância, ciência e fé, que há muito tempo são vistas como coisas opostas.[8]

A teoria do design inteligente não se baseia na crença religiosa, nem fornece uma *prova* da existência de Deus. Mas tem implicações de afirmação da fé precisamente porque sugere que o design que observamos no mundo natural é real, assim como uma visão teísta tradicional do mundo nos levaria a esperar. Claro, isso por si só não é uma razão para aceitar a teoria. Mas, tendo-a aceitado por outros motivos, pode ser um motivo para considerá-la importante.

NOTAS

Prólogo

1. Quastler, *The Emergence of Biological Organization*, 16.

2. Para ser justo, devo mencionar que alguns dos meus críticos tentaram refutar os verdadeiros argumentos do livro sobre a origem da vida, e meus colegas e eu abordamos esses argumentos em vários ensaios coletados em um livro chamado *Signature of Controversy*, ed. David Klinghoffer (Seattle: Discovery Institute Press, 2010; http://www.discovery.org/f/6861).

3. Ver Francisco Ayala, "On Reading the Cell's Signature", Biologos.org, 7 de janeiro de 2010, http://biologos.org/blog/on-reading-the-cells-signature.

4. Venema, "Seeking a Signature", 278.

5. Dobzhansky, "Discussion of G. Schramm's Paper", 310.

6. De Duve, *Blueprint for a Cell*, 187.

7. Gould, "Is a New and General Theory of Evolution Emerging?" 120.

8. Para exemplos, veja livros como Kauffman, *The Origins of Order*; Goodwin, *How the Leopard Changed Its Spots*; Eldredge, *Reinventing Darwin*; Raff, *The Shape of Life*; Müller e Newman, *On the Origin of Organismal Form*; Valentine, *On the Origin of Phyla*; Arthur, *The Origin of Animal Body Plans*; e Shapiro, *Evolution*, para citar apenas alguns.

9. Futuyma afirma: "Não há absolutamente nenhuma discordância entre os biólogos profissionais sobre o fato de que a evolução ocorreu. Mas a teoria de como a evolução ocorre é outra questão, objeto de intensa disputa" ("Evolution as Fact and Theory", 8). Claro, admitir que a seleção natural não pode explicar o aparecimento do design é, na verdade, admitir que ela falhou em desempenhar o papel que é reivindicado para ela como um "substituto do designer".

10. Ver Scott Gilbert, Stuart Newman, e Graham Budd, como citado em Whitfield, "Biological Theory"; Mazur, *The Altenberg 16*.

11. Veja, por exemplo, Kauffman, 361; Raff, *The Shape of Life*; Miklos, "Emergence of Organizational Complexities During Metazoan Evolution".

12. Gilbert *et al.*, "Resynthesizing Evolutionary and Developmental Biology".

13. Webster, *How the Leopard Changed Its Spots*, 33; Webster e Goodwin, *Form and Transformation*, x; Gunter Theissen, "The Proper Place of Hopeful Monsters in Evolutionary Biology", 351; Marc Kirschner e John Gerhart, *The Plausibility of Life*, 13; Schwartz, *Sudden Origins*, 3, 299–300; Erwin, "Macroevolution Is More Than Repeated Rounds of Microevolution"; Davidson, "Evolutionary Bioscience as Regulatory Systems Biology", 35; Koonin, "The Origin at 150", 473–75; Conway Morris, "Walcott, the Burgess Shale, and Rumours of a Post-Darwinian World", R928-R930; Carroll, "Towards a New Evolutionary Synthesis", 27; Wagner, "What Is the Promise of Developmental Evolution?"; Wagner e Stadler, "Quasi-independence, Homology and the Unity of Type"; Becker e Lönnig, "Transposons: Eukaryotic", 529–39; Lönnig e Saedler, "Chromosomal Rearrangements and Transposable Elements", 402; Muller e Newman, "Origination of Organismal Form", 7; Kauffman, *At Home in the Universe*, 8; Valentine e Erwin, "Interpreting Great Developmental Experiments", 96; Sermonti, *Why Is a Fly Not a Horse?*; Lynch, *The Origins of Genome Architecture*, 369; Shapiro, Evolution, 89, 128. David J. Depew e Bruce H.

400 *Notas*

Weber, escrevendo no periódico *Biological Theory*, são ainda mais francos, "O darwinismo em sua atual encarnação científica praticamente atingiu o fim de sua corda" (89–102).

14. "Statement on Teaching Evolution by the Board of Directors of the American Association for the Advancement of Science", St. Louis, Missouri, 16 de fevereiro de 2006; www.aaas.org/news/releases/2006/pdf/0219boardstatement.pdf (acessado em 26 de outubro de 2012).

15. Dean, "Scientists Feel Miscast in Film on Life's Origin".

16. Eugenie Scott, citado em Stutz, "State Board of Education Debates Evolution Curriculum"; também citado em Stoddard, "Evolution Gets Added Boost in Texas Schools".

Capítulo 1: Nêmesis de Darwin

1. Darwin, *On the Origin of Species*, 484. Em outros lugares em *A Origem*, Darwin limitou suas apostas, referindo-se à vida "tendo sido originalmente soprada em algumas formas ou em uma". Darwin, *The Origin of Species*, 490.

2. Embora Darwin enfatizasse a seleção natural como o "principal agente de mudança", ele também enfatizou a "seleção sexual", a preferência que os animais que se reproduzem sexualmente têm por algumas características em relação a outras em parceiros em potencial, como um mecanismo responsável por algumas mudanças nas populações em evolução.

3. Darwin, *On the Origin of Species*, 30.

4. Darwin, *On the Origin of Species*, 21.

5. Darwin, *On the Origin of Species*, 306–7.

6. Veja o Museu de Paleontologia da Universidade da Califórnia em Berkeley, "Brachiopoda", www.ucmp.berkeley.edu/brachiopoda/brachiopodamm.html (acessado em 23 de outubro de 2012).

7. Ver www.geo.ucalgary.ca/~macrae/trilobite/siluria.html (acessado em 23 de outubro de 2012), onde os habilidosos desenhos de trilobita de Roderick Murchison são reproduzidos.

8. Agassiz, "Evolution and the Permanence of Type", 99.

9. Ward, *On Methuselah's Trail*, 29.

10. Darwin, *On the Origin of Species*, 307. A citação original de Darwin usava o "Siluriano" em vez do "Cambriano", porque na época de Darwin, o que agora chamamos de período Cambriano foi incluído no conceito de Siluriano inferior. Em uma sexta edição posterior da A Origem, Darwin adotou o termo "Cambriano" no lugar de "Siluriano". Ver Darwin, *On the Origin of Species*; sexta edição, 286.

11. Agassiz, *Essay on Classification*, 102.

12. Agassiz, "Evolution and the Permanence of Type", 10.

13. Murchison, *Siluria*, 469.

14. Carta de Adam Sedgwick para Charles Darwin, 24 de novembro de 1859.

15. Entre aproximadamente 450 e 440 milhões de anos atrás, muitas espécies animais foram extintas. Conhecido como extinção Ordoviciana, esse evento resultou no desaparecimento de um grande número de invertebrados marinhos. Essa foi a segunda maior extinção da história da vida, sendo superada apenas pela grande extinção do Permiano (cerca de 252 milhões de anos atrás). Dott e Prothero, *Evolution of the Earth*, 259.

16. Mintz, *Historical Geology*, 146, 153–54, 124–27.

17. Prothero, *Bringing Fossils to Life: An Introduction to Paleobiology*, 84–85. Dott e Prothero, *Evolution of the Earth*, 376–79.

18. Dott e Prothero, *Evolution of the Earth*, 425–26; Li *et al.*, "An Ancestral Turtle from the Late Triassic of Southwestern China"; Gaffney, "The Comparative Osteology of the Triassic Turtle *Proganochelys*".

19. William Smith, Mapa geológico de 1815 da Inglaterra e do País de Gales.

20. Os métodos de datação radiométrica estimam a idade das rochas com base em medições das proporções de isótopos radioativos instáveis e seus produtos derivados, dadas as taxas de decaimento radioativo conhecidas.

21. Gould, *Wonderful Life*, 54.

22. Darwin, *On the Origin of Species*, 302.

23. Darwin, *On the Origin of Species*, 311.

24. Gould, *Wonderful Life*, 57.

25. Agassiz, "Evolution and the Permanence of Type", 97.

26. Robinson, *Runner on the Mountain Tops*, 215.

27. Lurie, *Louis Agassiz*, vii.

28. Robinson, *Runner on the Mountain Tops*, prefácio.

29. Citado em Holder, *Louis Agassiz*, 180.

30. Dupree, *Asa Gray*, 227.

31. Dupree, *Asa Gray*, 226. Embora os idealistas alemães acreditassem que as formas vivas refletiam arquétipos divinos, nem todos se opunham à ideia da transmutação das espécies. Na visão de Schelling, por exemplo, cada espécie refletia um arquétipo preexistente, mas emergiu no tempo por meio de uma transição gradual de forma.

32. Dupree, *Asa Gray*, 260.

33. Lurie, *Louis Agassiz*, 284.

34. Lurie, *Louis Agassiz*, 88.

35. Lurie, *Louis Agassiz*, 282.

36. Gillespie, *Charles Darwin and the Problem of Creation*.

37. Agassiz, "Evolution and the Permanence of Type", 101.

38. Robinson, *Runner on the Mountain Tops*, 231–34.

39. Citado em Lurie, *Nature and the American Mind*, 41.

40. Citado em Lurie, *Nature and the American Mind*, 42.

41. Agradeço meu ex-aluno Jack Ross Harris e seu ensaio inédito de 1993, não publicado, "Louis Agassiz: A Re-evaluation of the Nature of His Opposition to the Darwinian View of Natural History". Seu trabalho sobre o assunto chamou minha atenção pela primeira vez para a maneira como os historiadores que escreveram após a ampla aceitação do darwinismo tentaram minimizar a base científica das objeções de Agassiz à sua teoria.

42. Lurie, *Louis Agassiz*, 244.

43. Lurie, *Louis Agassiz*, 246.

44. Citado em Lurie, *Louis Agassiz*, 373.

45. Gillespie, *Charles Darwin and the Problem of Creation*, 51.

46. Agassiz, "Evolution and the Permanence of Type", 92–101.

47. Gray, *Darwiniana*, 127.

48. Veja as linhas paralelas nas laterais das colinas de cada lado do vale nesta bela foto: www.swisseduc.ch/glaciers/earth_icy_planet/icons-15/16.jpg (último acesso em 23 de outubro de 2012). www.uh.edu/engines/epi857.htm (último acesso em 23 de outubro de 2012). Veja também Tyndall, "The Parallel Roads of Glen Roy".

49. Darwin, *Autobiography*, 84. Além disso, Gertrude Himmelfarb observa que Darwin levou mais de vinte anos para admitir seu erro. Em sua autobiografia, Darwin o rotulou de "um longo erro gigantesco do começo ao fim. Como nenhuma outra explicação era possível sob nosso estado de conhecimento, argumentei a favor da ação do mar; e meu erro foi uma boa lição para eu nunca confiar na ciência ao princípio da exclusão". Ver a discussão de Himmelfarb em *Darwin and the Darwinian Revolution*, 107.

50. Ver Oosthoek, "The Parallel Roads of Glen Roy and Forestry".

51. Darwin, *On the Origin of Species*, 307.

402   *Notas*

52. Darwin, *On the Origin of Species*, 308.

53. Agassiz, "Evolution and the Permanence of Type", 97. Que a objeção de Agassiz foi, antes de mais nada, empiricamente impulsionada pode ser percebido em seus comentários em outros lugares. Por exemplo, em "Researches on the Fossil Fishes", ele escreve, "Mais de 1.500 espécies de peixes fósseis, que aprendi a conhecer, me dizem que as espécies não passam insensivelmente de umas para outras, mas que aparecem e desaparecem inesperadamente, sem relações diretas com seus precursores; pois acho que ninguém vai fingir seriamente que os numerosos tipos de Cicloides e Ctenoides, quase todos contemporâneos uns dos outros, descendem dos Placoides e dos Ganoides. Assim como ninguém afirmaria que os Mammalia, e junto deles os homens, descendem diretamente dos peixes". Citado em Agassiz, *Louis Agassiz and Correspondence*, 244–45.

Capítulo 2: O Bestiário de Burgess

1. Gould, *Wonderful Life*, 71. Uma versão ligeiramente diferente desta história é encontrada em Charles Schuchert, "Charles Doolittle Walcott", 124. Veja também Schuchert, "Charles Doolittle Walcott Paleontologist—1850–1927", 455–58.

2. Gould, *Wonderful Life*, 71.

3. Gould, *Wonderful Life*, 71–75.

4. Uma relação distante entre *Marrella* e quelicerados é atualmente a hipótese preferida. Ver García-Bellido, D. C. e Collins, D. H., "A New Study of Marrella Splendens (Arthropoda, Marrelomorpha) from the Middle Cambrian Burgess Shale, British Columbia, Canada", 721–42; Hou, X. G., e Bergström, J., "Arthropods of the Lower Cambrian Chengjiang Fauna, Southwest China", 109; Bergström, J. e Hou, X. G., "Arthropod Origins", 323–34.

5. Outras autoridades, como Douglas Erwin no Smithsonian, chegam a um total ligeiramente superior. Ao contar grupos que alguns paleontólogos contam como subfilos ou classes como filos, Erwin argumenta que cerca de 25 filos aparecem pela primeira vez no Cambriano de um total de cerca de 33 (por sua forma de contagem) filos conhecidos do registro fóssil. [Ver Erwin *et al.*, "The Cambrian Conundrum: Early Divergence and Later Ecological Success in the Early History of Animals", 1091–97.] Usei um método ligeiramente mais conservador para estimar o número total de filos que aparecem pela primeira vez no Cambriano (ver Fig. 2.5). Cheguei à minha contagem consultando as seguintes fontes:

Referências de filo listadas na mesma ordem em que aparecem no gráfico.

Cnidaria: Chen *et al.*, "Precambrian Animal Life: Probable Developmental and Adult Cnidarian Forms from Southwest China".

Mollusca: Fedonkin e Waggoner. "The Late Precambrian Fossil *Kimberella* Is a Mollusc-Like Bilaterian Organism".

Porifera: Love, G. D. "Fossil steroids record the appearance of Demospongiae during the Cryogenian period".

Annelida: Conway Morris e Peel, "The Earliest Annelids: Lower Cambrian Polychaetes from the Sirius Passet Lagerstätte, Peary Land, North Greenland".

Brachiopoda: Skovsted e Holmer, "Early Cambrian Brachiopods from North-East Greenland".

Bryozoa: Landing *et al.*, "Cambrian Origin of All Skeletalized Metazoan Phyla—Discovery of Earth's Oldest Bryozoans (Upper Cambrian, southern Mexico)".

Chaetognatha: Szaniawski, H. "Cambrian Chaetognaths Recognized in Burgess Shale Fossils".

Chordata: Chen *et al.*, "A Possible Early Cambrian Chordate"; Chen, "Early Crest Animals and the Insight They Provide into the Evolutionary Origin of Craniates"; Janvier, "Catching the First Fish"; Monnereau, "An Early Cambrian Craniate-Like Chordate"; Conway Morris e Caron, "*Pikaia gracilens* Walcott, a Stem-Group Chordate from the Middle Cambrian of British Columbia"; Sansom *et al.*, "Non-Random Decay of Chordate Characters Causes Bias in Fossil Interpretation"; Shu *et al.*, "An Early Cambrian Tunicate from China"; Shu *et al.* "Lower Cambrian Vertebrates from South China".

Coeloscleritophora: Bengtson e Hou, "The Integument of Cambrian Chancelloriids".

Ctenophora: Chen, J. Y. *et al.* "Raman Spectra of a Lower Cambrian Ctenophore Embryo from Southwestern Shaanxi, China"; Conway Morris e Collins, "Middle Cambrian Ctenophores from the Stephen Formation, British Columbia, Canada".

Echinodermata: Foote, "Paleozoic Record of Morphological Diversity in Blastozoan Echinoderms"; Shu *et al.*, "Ancestral Echinoderms from the Chengjiang Deposits of China"; Zamora *et al.*, "Middle Cambrian Gogiid Echinoderms from Northeast Spain: Taxonomy, Palaeoecology, and Palaeogeographic Implications".

Entoprocta: Zhang *et al.*, "A Sclerite-Bearing Stem Group Entoproct from the Early Cambrian and Its Implications".

Euarthropoda: Cisne, J. L., "Trilobites and the Origin of Arthropods"; Daley, "The Morphology and Evolutionary Significance of the Anomalocaridids"; Grosberg, "Out on a Limb: Arthropod Origins"; Siveter, "A Phosphatocopid Crustacean with Appendages from the Lower Cambrian".

Hemichordata: Shu *et al.*, "Reinterpretation of *Yunnanozoon* as the Earliest Known Hemichordate"; Shu *et al.*, "A New Species of Yunnanozoan with Implications for Deuterostome Evolution".

Hyolitha: Malinky e Skovsted, "Hyoliths and Small Shelly Fossils from the Lower Cambrian of North-East Greenland"; note que alguns autores consideram Hyolitha como pertencente ao filo Mollusca, enquanto outros consideram Hyolitha como um filo independente.

Lobopodia: Liu *et al.*, "A Large Xenusiid Lobopod with Complex Appendages from the Lower Cambrian Chengjiang Lagerstätte"; Liu *et al.*, "Origin, Diversification, and Relationships of Cambrian Lobopods"; Liu *et al.*, "An Armoured Cambrian Lobopodian from China with Arthropod-Like Appendages"; Ou *et al.*, "A Rare Onychophoran-Like Lobopodian from the Lower Cambrian Chengjiang Lagerstätte, Southwestern China, and Its Phylogenetic Implications".

Loricifera: Peel, "A Corset-Like Fossil from the Cambrian Sirius Passet Lagerstatte of North Greenland and Its Implications for Cycloneuralian Evolution".

Nematomorpha: Xian-guang e Wen-guo, "Discovery of Chengjiang Fauna at Meishucun, Jinning, Yunnan".

Phoronida: Erwin *et al.*, "The Cambrian Conundrum: Early Divergence and Later Ecological Success in the Early History of Animals".

Priapulida: Wills *et al.*, "The Disparity of Priapulid, Archaeopriapulid and Palaeoscolecid Worms in the Light of New Data"; Hu *et al.*, "A New Priapulid Assemblage from the Early Cambrian Guanshan Fossil *Lagerstätte* of SW China".

Sipuncula: Huang *et al.*, "Early Cambrian Sipunculan Worms from Southwest China". Alguns consideram os vermes sipúnculos como um subgrupo do filo Annelida com base em análises filogenômicas. Ver Struck *et al.*, "Phylogenomic Analyses Unravel Annelid Evolution".

Tardigrada: Muller *et al.*, "'Orsten' Type Phosphatized Soft-Integument Preservation and a New Record from the Middle Cambrian Kuonamka Formation in Siberia".

Vetulicolia: Shu, "On the Phylum Vetulicolia".

Nematoda: Erwin *et al.*, "The Cambrian Conundrum: Early Divergence and Later Ecological Success in the Early History of Animals".

Nemertea(?): Schram, "Pseudocoelomates and a Nemertine from the Illinois Pennsylvanian". Observe que a presença de Nemertea no registro fóssil é contestada.

Platyhelminthes: Poinar, "A Rhabdocoel Turbellarian (Platyhelminthes, Typhloplanoida) in Baltic Amber with a Review of Fossil and Sub-Fossil Platyhelminths".

404 *Notas*

Rotifera: Swadling *et al.*, "Fossil Rotifers and the Early Colonization of an Antarctic Lake".

6. Erwin e Valentine, *The Cambrian Explosion*, 66–70.

7. Hennig, *Phylogenetic Classification*.

8. No mínimo, usar um sistema de classificação "livre de classificação" serve para intensificar o mistério da explosão Cambriana. Um único filo pode incluir muitos modos exclusivos de organização de tecidos, órgãos e partes do corpo, e essas diferenças na organização podem merecer ser reconhecidas como planos corporais diferentes, tanto quanto as diferenças que distinguem diferentes filos. Como um proponente da abordagem livre de classificação me disse: "Por que os moluscos e lulas [ambos pertencentes ao filo único Mollusca] devem ser reconhecidos como exemplificando arquiteturas corporais únicas, tanto quanto trilobitas e estrelas-do-mar [que pertencem a dois filos diferentes, os artrópodes e os equinodermos]?" No sistema tradicional, entretanto, ambos os moluscos e lulas, e muitos outros animais que exemplificam diferenças igualmente pronunciadas na forma dentro de outros filos, cairão todos dentro de seus respectivos filos individuais. Por esta razão, medir a explosividade da radiação cambriana apenas por referência ao número de filos que aparecem pela primeira vez no cambriano pode, na verdade, minimizar a gravidade do problema, ao passo que dispensar a classificação taxonômica pode tender a acentuá-lo.

9. Além disso, em 1999, paleontólogos no sul da China também encontraram restos fósseis de peixes no período Cambriano. Os peixes são vertebrados e membros do filo chordata. Shu *et al.*, "Lower Cambrian Vertebrates from South China", 42–46; Shu *et al.*, "Head and Backbone of the Early Cambrian Vertebrate *Haikouichthys*".

10. Citado em Yochelson, *Charles Doolittle Walcott, Paleontologist*, 33.

11. Gould, *Wonderful Life*, 49.

12. Gould, *Wonderful Life*, 125–36; Budd, "The Morphology of *Opabinia Regalis* and the Reconstruction of the Arthropod Stem-Group", 1–14.

13. Darwin, *On the Origin of Species*, 307.

14. Ward, *On Methuselah's Trail*, 29–30.

15. A previsão de Darwin é, obviamente, não uma previsão no sentido estrito de prever um evento ou processo futuro. Mas os cientistas históricos falam regularmente de previsões no sentido de expectativas sobre o que será revelado sobre o passado se e quando o corpo de evidências relevantes for descoberto.

16. Great Canadian Parks, Yoho National Park, www.greatcanadianparks.com/bcolumbia/yohonpk/page3.htm (acessado em 23 de outubro de 2012).

17. Dawkins, *Unweaving the Rainbow*, 201.

18. Darwin, *On the Origin of Species*, 120.

19. Darwin, *On the Origin of Species*, 125.

20. Lewin, "A Lopsided Look at Evolution", 292.

21. Erwin, Valentine e Sepkoski, "A Comparative Study of Diversification Events", 1183. Veja também Erwin *et al.*, "The Cambrian Conundrum: Early Divergence and Later Ecological Success in the Early History of Animals", 1091–97; Bowring *et al.*, "Calibrating Rates of Early Cambrian Evolution", 1293–98.

22. Hennig, *Phylogenetic classification*, 219. Erwin e Valentine em seu livro de 2013, *The Cambrian Explosion*, reafirmam a notável disparidade morfológica presente desde o início do período Cambriano, apesar da baixa diversidade de espécies. Eles observam que desde que trouxeram a atenção para o padrão ascendente da disparidade Cambriana precedendo a diversidade usando categorias clássicas de Linna em 1987, os paleontólogos desenvolveram medidas de disparidade dentro do sistema de classificação filogenética, medidas que reafirmam o mesmo padrão dentro de um sistema livre de classificação (217).

Notas 405

23. Para uma descrição mais técnica dos processos por trás da formação fóssil do Folhelho de Burgess, veja Briggs, Erwin, e Collier, *The Fossils of the Burgess Shale*, 21–32; Conway Morris, *The Crucible of Creation*, 106–107.

24. Gould, *Wonderful Life*, 274–75.

25. Walcott, "Cambrian Geology and Paleontology II", 15.

26. Gould, *Wonderful Life*, 108.

27. Gould, *Wonderful Life*, 273.

Capítulo 3: Corpos moles e fatos duros

1. Nash, "When Life Exploded", 66–74.

2. Hoje, os fósseis de Burgess podem ser vistos no Canadá, no Royal Ontario Museum em Toronto, no Tyrell Museum em Drumheller, Alberta, e em uma exposição menor perto do Folhelho de Burgess em Golden, British Columbia.

3. Briggs, Erwin e Collier, *Fossils of the Burgess Shale*.

4. Desmond Collins, *Misadventures in the Burgess Shale*, 952–53.

5. Alguns paleontólogos também chegaram a argumentar que a explosão Cambriana nada mais é do que um artefato de classificação e, portanto, não requer explicação. Budd e Jensen, por exemplo, argumentam que o problema da explosão Cambriana se resolve se alguém tiver em mente a distinção cladística entre os grupos "tronco" e "copa". Uma vez que grupos da copa surgem sempre que novos caracteres são adicionados a grupos de tronco mais simples e ancestrais durante o processo evolutivo, novos filos surgirão inevitavelmente assim que um grupo de tronco tiver surgido. Assim, para Budd e Jensen, o que requer explicação não são os grupos da copa correspondentes aos novos filos, mas os grupos de tronco anteriores, menos derivados, que presumivelmente surgiram nas profundezas do Pré-cambriano. No entanto, uma vez que esses grupos de tronco anteriores são, por definição, menos derivados, explicá-los será, em sua opinião, consideravelmente mais fácil do que explicar a origem *de novo* dos animais Cambrianos. De qualquer forma, para Budd e Jensen, a explosão de novos filos no Cambriano não requer explicação. Como eles colocaram: "Dado que os primeiros pontos de ramificação dos principais clados é um resultado inevitável da diversificação do clado, o alegado fenômeno dos filos que aparecem precocemente e permanecem morfologicamente estáticos não parece exigir uma explicação particular." [Budd e Jensen, "A Critical Reappraisal of the Fossil Record of the Bilaterian Phyla", 253.] No entanto, a tentativa de Budd e Jensen de explicar a explosão Cambriana levanta questões cruciais. É verdade que, à medida que novos caracteres são adicionados às formas existentes, é provável que haja uma nova morfologia e maior disparidade morfológica. Mas o que faz com que surjam novas características? E como se originam as informações biológicas necessárias para produzir novas características. (Ver Capítulos 9–16.) Budd e Jensen não especificam. Nem podem dizer como as formas ancestrais provavelmente foram derivadas e quais processos poderiam ter sido suficientes para produzi-las. Em vez disso, eles simplesmente assumem a suficiência de alguns mecanismos evolutivos não especificados. No entanto, como mostro nos Capítulos 10–16, essa suposição agora é problemática. Em qualquer caso, Budd e Jensen não explicam o que causa a origem da forma biológica e da informação no Cambriano.

6. Ver Cloud, "The Ship That Digs Holes in the Sea", 108. Veja também uma história de perfuração offshore no site da National Ocean Industries Association, http://www.noia.org/website/article.asp?id=123 (acessado em 8 de julho de 2011).

7. Schuchert e Dunbar, *Textbook of Geology, Part II, Historical Geology*, 72–76, 125–30; Stokes, *Essentials of Earth History: An Introduction to Historical Geology*, 162–64; Zumberge, *Elements of Geology*, 62–67, 214–15; Dunbar, *Historical Geology*, 13–15, 129–33.

8. Müller *et al.*, "Digital Isochrons of the World's Ocean Floor", 3212.

9. Walcott, "Cambrian Geology and Paleontology II", 2–4.

10. Gould, *Wonderful Life*, 275.

406 *Notas*

11. Alguns até sugeriram que as formas intermediárias de transição que conduzem aos animais Cambrianos existiam apenas no estágio larval. Ver Davidson, Peterson e Cameron, "Origin of Bilaterian Body Plans", 1319.

12. Wray, Levinton, e Shapiro, "Molecular Evidence for Deep Pre-Cambrian Divergences Among Metazoan Phyla". Para outras expressões recentes desta versão da hipótese do artefato, ver Simpson, *Fossils and the History of Life*, 72–74; Ward, *Out of Thin Air*, 5; Eldredge, *The Triumph of Evolution and the Failure of Creationism*, 46; e Schirber, "Skeletons in the Pre-Cambrian Closet". Embora os paleontólogos contemporâneos comumente atribuam a ausência de formas ancestrais pré-cambrianas à sua alegada falta de partes duras ou tamanho apreciável, os primeiros geólogos e paleontólogos também empregaram essa versão da hipótese do artefato. Por exemplo, em 1941 Charles Schuchert e Carl Dunbar afirmaram: "Podemos inferir, portanto, que a vida provavelmente era abundante nos mares da época Criptozoica e especialmente durante o Proterozoico, mas era de ordem inferior e, sem dúvida, pequena e de tecido macio, de modo que havia pouca chance de preservação real dos fósseis"(*Textbook of Geology, Part II*, 124). E já em 1894 W. K. Brooks afirmou: "as características zoológicas do Baixo Cambriano são de tal caráter que indicam que é uma aproximação decidida e inconfundível da fauna primitiva do fundo, além da qual a vida era representada apenas por minúsculos e simples animais de superfície que não eram prováveis de serem preservados como fósseis" ("The Origin of the Oldest Fossils and the Discovery of the Bottom of the Ocean", 360–61).

13. Marshall, "Explaining the Cambrian 'Explosion' of Animals", 357, 372. Para uma refutação oficial desta versão da hipótese do artefato, consulte Conway Morris, *The Crucible of Creation*, 140–44; Conway Morris, "Darwin's Dilemma: The Realities of the Cambrian 'Explosion'", 1069–83.

14. Schopf e Packer, "Early Archean (3.3-Billion to 3.5-Billion-Year-Old) Microfossils from Warrawoona Group, Australia", 70; Schopf, "Microfossils of the Early Archean Apex Chert".

15. Schopf e Packer, "Early Archean (3.3-Billion- to 3.5-Billion-Year-Old) Microfossils from Warrawoona Group, Australia", 70; Hoffmann *et al.*, "Origin of 3.45 Ga Coniform Stromatolites in Warrawoona Group, Western Australia".

16. Jan Bergström afirma: "Animais como artrópodes e braquiópodes não podem existir sem partes duras. A ausência de restos de esqueletos e conchas no Pré-cambriano, portanto, prova que os filos surgiram com o Cambriano, não antes, mesmo que as linhagens que conduzem aos filos tenham sido separadas antes do Cambriano"("Ideas on Early Animal Evolution", 464).

17. Valentine e Erwin, "Interpreting Great Developmental Experiments".

18. Valentine, "Fossil Record of the Origin of *Bauplan* and Its Implications", especialmente 215.

19. Chen e Zhou, "Biology of the Chengjiang Fauna", 21.

20. Chen e Zhou, "Biology of the Chengjiang Fauna", 21. Ou, como Valentine explica, "a interpretação da explosão como um artefato da evolução de esqueletos duráveis está ao contrário: os esqueletos são artefatos, mais ou menos literalmente, da explosão evolutiva". Valentine, *On the Origin of Phyla*, 181.

21. Ivantsov, "A New Reconstruction of *Kimberella*, a Problematic Metazoan", 3.

22. Edgecombe, "Arthropod Structure and Development", 74–75.

23. Frederick Schram, *The Crustacea*.

24. Simpson, *Fossils and the History of Life*, 73. Na verdade, um exoesqueleto é muito mais do que uma mera cobertura para as partes moles de, digamos, um quelicerado ou crustáceo, porque fornece os locais para a fixação dos músculos e vários outros tecidos. Além disso, os membros (incluindo o aparelho bucal e, em alguns casos, certos componentes reprodutivos) são encerrados em elementos exoesqueléticos que podem se articular, permitindo que o artrópode se mova, se alimente e acasale. Um esqueleto externo de qualquer camarão, por exemplo, também tem projeções internas que compreendem seu sistema endofragmal, que fornece suporte para a musculatura interna e órgãos do animal. Ao mesmo tempo, o esqueleto de qualquer artrópode é um produto e, por sua vez, regula seu metabolismo e fisiologia. Para que os primeiros membros de *Fuxianhuia* ou *Marrella* tivessem crescido (e possivelmente se metamorfoseado durante seu

Notas 407

desenvolvimento), eles teriam que ter secretado sucessivamente um novo esqueleto sob o antigo; ter eliminado os exoesqueletos usados; e ter endurecido cada novo exoesqueleto. Essa integração funcional estreita sugere a implausibilidade de modelos evolutivos que imaginam o exoesqueleto de Artrópode surgindo mais tarde como uma espécie de acréscimo a um sistema já integrado de partes moles.

25. Brocks *et al.*, "Archean Molecular Fossils and the Early Rise of Eukaryotes".

26. Conway Morris, *The Crucible of Creation*, 47–48; Gould, "The Disparity of the Burgess Shale Arthropod Fauna and the Limits of Cladistic Analysis".

27. *Wiwaxia* é considerado de corpo mole, mas tem escamas e espinhas mais duros. Ver Conway Morris, *The Crucible of Creation*, 97–98.

28. Valentine, "The Macroevolution of Phyla", sec. 3.2, "Soft-Bodied Body Fossils", 529–31.

29. Conway Morris, *The Crucible of Creation*, 82.

30. Conway Morris, *The Crucible of Creation*, 76, 99.

31. Conway Morris, *The Crucible of Creation*, 68, 73, 74; "Burgess Shale Faunas and the Cambrian Explosion".

32. Conway Morris, *The Crucible of Creation*, 107.

33. Conway Morris, *The Crucible of Creation*, 92, 184.

34. Conway Morris, "Burgess Shale Faunas and the Cambrian Explosion".

35. Conway Morris, *The Crucible of Creation*, 103; Conway Morris, "Burgess Shale Faunas and the Cambrian Explosion".

36. Um artigo científico recente reinterpreta *Nectocaris* como um molusco cefalópode, embora também reconheça os problemas há muito associados à classificação definitiva desse animal. Ver Smith e Caron, "Primitive Soft-Bodied Cephalopods from the Cambrian".

37. Conway Morris, *The Crucible of Creation*, 140.

38. Hou *et al.*, *The Cambrian Fossils of Chengjiang, China*, 10.

39. Hou *et al.*, *The Cambrian Fossils of Chengjiang, China*, 10, 12.

40. Hou *et al.*, *The Cambrian Fossils of Chengjiang, China*, 13.

41. Hou *et al.*, *The Cambrian Fossils of Chengjiang, China*, 10, 12.

42. Hou *et al.*, *The Cambrian Fossils of Chengjiang, China*, 23.

43. Bergström e Hou, "Chengjiang Arthropods and Their Bearing on Early Arthropod Evolution", 152.

44. Fósseis do Folhelho de Burgess do Cambriano médio (515 milhões de anos atrás) confirmam que muitos desses organismos cambrianos de corpo mole eram longevos e espalhados geograficamente.

45. Chen *et al.*, "Weng'an Biota"; Chien *et al.*, "SEM Observation of Precambrian Sponge Embryos from Southern China".

46. Chen *et al.*, *The Chengjiang Biota: A Unique Window of the Cambrian Explosion*. Este livro está atualmente disponível apenas no idioma chinês. A versão traduzida em inglês está sendo concluída por Paul K. Chien, da Universidade de São Francisco.

47. Chen *et al.*, "Weng'an Biota"; Chien *et al.*, "SEM Observation of Precambrian Sponge Embryos from Southern China".

48. Para outras interpretações alternativas, ver Huldtgren *et al.*, "Fossilized Nuclei and Germination Structures Identify Ediacaran 'Animal Embryos' as Encysting Protists", 1696–99; Xiao *et al.*, "Comment on 'Fossilized Nuclei and Germination Structures Identify Ediacaran 'Animal Embryos' as Encysting Protists'", 1169; Huldtgren *et al.*, "Response to Comment on 'Fossilized Nuclei and Germination Structures Identify Ediacaran 'Animal Embryos' as Encysting Protists'", 1169.

49. Erwin e Valentine, *The Cambrian Explosion*, 778.

50. Chien *et al.*, "SEM Observation of Precambrian Sponge Embryos from Southern China". A maioria dos biólogos evolucionistas presume que as esponjas representam um ramo lateral,

408   *Notas*

não um nó na árvore evolutiva da vida que leva aos filos Cambrianos. Assim, as esponjas não são consideradas intermediários de transição plausíveis entre as formas Pré-cambriana e Cambriana (nem são consideradas ancestrais de outros animais Cambrianos).

51. Alguns questionaram a interpretação desses microfósseis Pré-cambrianos como embriões, argumentando que eles são, em vez disso, grandes microrganismos. Por exemplo, Therese Huldtgren e colegas argumentaram que esses fósseis "têm características incompatíveis com embriões de metazoários multicelulares" e que "o padrão de desenvolvimento é [mais] comparável a holozoários não metazoários", um grupo que inclui protozoários unicelulares. [Huldtgren *et al.*, "Fossilized Nuclei and Germination Structures Identify Ediacaran 'Animal Embryos' as Encysting Protists", 1696–99.]

Os críticos da proposta de Huldtgren, em vez disso, pensam que podem muito bem ser pequenos embriões de metazoários, embora de afiliação desconhecida. [Xiao *et al.*, "Comment on 'Fossilized Nuclei and Germination Structures Identify Ediacaran 'Animal Embryos' as Encysting Protists'", 1169. Huldtgren e colegas defenderam sua interpretação aqui: Huldtgren *et al.*, "Response to Comment on 'Fossilized Nuclei and Germination Structures Identify Ediacaran "Animal Embryos" as Encysting Protists'", 1169.]

Outra interpretação é que os fósseis representam bactérias sulfurosas gigantes, uma vez que "bactérias sulfurosas do gênero *Thiomargarita* têm tamanhos e morfologias semelhantes aos de muitos microfósseis Doushantuo, incluindo aglomerados celulares simétricos que resultam de vários estágios de divisão redutiva em três planos". [Bailey *et al.*, "Evidence of giant sulphur bacteria in Neoproterozoic phosphorites", 198–201.] Os críticos dessa hipótese duvidam que as bactérias sulfurosas possam ser fossilizadas porque "entram em colapso facilmente e têm apenas biofilmes irregulares que são limitados ao envelope de múltiplas camadas". [Cunningham *et al.*, "Experimental taphonomy of giant sulphur bacteria: implications for the interpretation of the embryo-like Ediacaran Doushantuo fossils", 1857–64.]

O debate sobre se os microfósseis Doushantuo devem ser interpretados como embriões metazoários, protozoários ou bactérias sulfurosas gigantes, sem dúvida, continuará. Seja qual for o resultado, no entanto, o fato permanece: organismos pequenos, frágeis e de corpo mole de algum tipo foram encontrados fossilizados nesse estrato Pré-cambriano, levantando a questão de por que as mesmas camadas de rocha foram incapazes de preservar os precursores imediatos dos numerosos filos de metazoários que emergem tão abruptamente nas camadas Cambrianas acima deles.

52. Da mesma forma, os paleontólogos raramente encontram vestígios de parasitas que vivem nas partes moles de outros organismos (na verdade, os organismos parasitas representam vários dos filos que não têm registro fóssil). Como observado, o registro geológico preserva questões brandas, mas apenas raramente. Quando isso acontecer, os pesquisadores que tiverem a sorte de fazer tais descobertas raramente desejarão destruir espécimes importantes (de órgãos de tecidos moles) para examiná-los em busca de vestígios de infecção parasitária ou habitação. Não é de surpreender, portanto, que os paleontólogos não tenham encontrado os restos de muitos organismos parasitas no registro fóssil.

53. *The Emergence of Animals*, 91. Este ponto também é baseado em uma conversa pessoal com o Professor (Mark) McMenamin.

54. Erwin e Valentine, *The Cambrian Explosion*, 8.

55. Foote, "Sampling, Taxonomic Description, and Our Evolving Knowledge of Morphological Diversity", 181. Outro paleontólogo estatístico, Michael J. Benton, e seus colegas chegaram a uma conclusão semelhante. Eles observam que "se dimensionado para o [...] nível taxonômico da família [e acima], os últimos 540 milhões de anos do registro fóssil fornecem uma documentação uniformemente boa da vida do passado" (Benton, Wills e Hitchin, "Quality of the Fossil Record Through Time", 534). Em outro artigo, Benton também escreve: "Pode-se argumentar que existem fósseis à espera de serem encontrados. É fácil descartar o registro fóssil como sendo seriamente e imprevisivelmente incompleto. Por exemplo, certos grupos de organismos são

Notas 409

quase desconhecidos como fósseis. Esse tipo de argumento não pode ser respondido de forma conclusiva. No entanto, um argumento baseado no esforço pode ser feito. Os paleontólogos têm procurado fósseis há anos e, notavelmente, muito pouco mudou desde 1859, quando Darwin propôs que o registro fóssil nos mostraria o padrão da história da vida" ("Early Origins of Modern Birds and Mammals", 1046).

56. Foote, "Sampling Taxonomic Description, and Our Evolving Knowledge of Morphological Diversity", 181. Devo observar que há uma maneira pela qual minha analogia com bolas de gude coloridas em um barril falha em capturar a natureza do desafio da descontinuidade fóssil Cambriana. Se depois de retirar amostras de um barril por um tempo você finalmente obtivesse uma bola verde e laranja para ir junto com as pilhas de bolas vermelhas, azuis e amarelas, você ainda não teria muita confiança de que o barril tinha um arco-íris de cores de bola de forma perfeitamente gradiente. No entanto, você poderia, pelo menos, dizer que a bola laranja está entre as bolas amarela e vermelha, e a bola verde está entre as bolas azul e amarela (como o híbrido produzido a partir de duas plantas). Mas muitas das novas formas animais Cambrianas que foram descobertas desde a época de Darwin não são vistas como intermediários entre as formas animais anteriormente conhecidas que representam filos conhecidos. Elas não são intermediários evolutivos entre um filo existente e outro. Em vez disso, os cientistas os consideram como existindo no espaço morfológico por si mesmos, não como intermediários, mas como filos que eles próprios precisam de formas intermediária, quase como se, estendendo minha analogia, alguma nova cor primária tivesse sido descoberta.

57. Ver Erwin et al., "The Cambrian Conundrum: Early Divergence and Later Ecological Success in the Early History of Animals", 1091–97.

58. Bowring *et al.*, "Calibrating Rates of Early Cambrian Evolution".

59. Bowring *et al.*, "Calibrating Rates of Early Cambrian Evolution", 1297.

60. Lili, "Traditional Theory of Evolution Challenged", 10.

61. Existem alguns sobreviventes putativos da fauna ediacarana. Por exemplo, o enigmático e semelhante a uma fronde *Thaumaptilon* encontrado no Folhelho de Burgess pode ser um descendente das frondes do Ediacarano, embora isso seja contestado. Jensen *et al.*, "Ediacara-Type Fossils Cambrian Sediment", 567–69; Conway Morris, "Ediacaran-like Fossils in Cambrian Burgess Shale-Type Faunas of North America", 593–635.

62. Bowring *et al.*, "Calibrating Rates of Early Cambrian Evolution", 1297. Veja também McMenamin, *The Emergence of Animals*.

63. Erwin *et al.*, "The Cambrian Conundrum: Early Divergence and Later Ecological Success in the Early History of Animals", 1091–97.

64. Shu *et al.*, "Lower Cambrian Vertebrates from South China".

65. Chen *et al.*, "A Possible Early Cambrian Chordate"; Chen e Li, "Early Cambrian Chordate from Chengjiang, China"; Dzik, "*Yunnanozoon* and the Ancestry of Chordates". Observe, entretanto, que a afirmação de que Yunnanozoon é um cordado foi contestada. Ver Shu, Zhang e Chen, "Reinterpretation of *Yunnanozoon* as the Earliest Known Hemichordate"; Shu, Morris e Zhang, "A *Pikaia*-like Chordate from the Lower Cambrian of China". Os paleontólogos também encontraram um único espécime de um possível cefalocordado, *Cathaymyrus*, da Formação Qiongzhusi do Cambriano inferior perto de Chengjiang. O status de *Cathaymyrus* como um táxon válido também foi contestado; alguns paleontólogos argumentam que o único espécime de *Cathaymyrus* pode ser na verdade um *Yunnanozoon* comprimido dorsoventralmente; ver Chen e Li, "Early Cambrian Chordate from Chengjiang, China".

66. Chen, Huang e Li, "An Early Cambrian Craniate-like Chordate", 518.

67. Shu *et al.*, "Lower Cambrian Vertebrates from South China".

68. Shu *et al.*, "An Early Cambrian Tunicate from China".

69. Os cordados descobertos nos estratos cambrianos próximos a Chengjiang representam apenas um dos muitos novos planos corporais de animais encontrados lá, alguns deles designados como novos filos, outros como novos subfilos, classes ou famílias dentro dos filos

410 *Notas*

existentes. Por exemplo, os paleontólogos classificam o *Occacaris oviformis*, um animal redondo em forma de ovo com grandes estruturas semelhantes a uma pinça, como um membro do conhecido filo Arthropoda. [Hou *et al.*, *The Cambrian Fossils of Chengjiang, China*, 130.] No entanto, o *Occacaris*, que foi encontrado apenas no folhelho Maotianshan, exemplifica claramente uma maneira única de organizar órgãos e tecidos, diferente de qualquer artrópode conhecido anteriormente fora da biota de Chengjiang. Indiscutivelmente, representa um plano corporal único. Em outros casos, os paleontólogos chineses descobriram animais com morfologias tão incomuns que não foram capazes de classificá-los dentro de qualquer filo conhecido. Esses chamados de problemáticos, como o misterioso *Batofasciculus ramificans*, um animal semelhante a um cacto em forma de balão de ar quente, receberam um nome de espécie e gênero, mas até agora, nenhuma designação filética específica, embora exemplifique claramente um único plano corporal. [Hou *et al.*, *The Cambrian Fossils of Chengjiang, China*, 196.] Embora tais organismos difíceis de classificar não aumentem a contagem oficial de novos filos que surgiram pela primeira vez durante o Cambriano, eles frequentemente exibem novos planos corporais.

Capítulo 4: Os fósseis que *não* estão desaparecidos?

1. Gradstein, Ogg, Schmitz e Ogg, *The Geological Time Scale 2012*.

2. Grotzinger *et al.*, "Biostratigraphic and Geochronologic Constraints on Early Animal Evolution". Alguns Ediacaranos podem ter sobrevivido até o meio do Cambriano. Ver Conway Morris, "Ediacaran-like Fossils in Cambrian Burgess Shale-Type Faunas of North America".

3. Monastersky, "Ancient Animal Sheds False Identity".

4. Monastersky, "Ancient Animal Sheds False Identity".

5. Monastersky, "Ancient Animal Sheds False Identity".

6. Fedonkin e Waggoner, "The Late Precambrian Fossil *Kimberella* is a Mollusc-like Bilaterian Organism", 868.

7. Por exemplo, Graham Budd, um paleontólogo sueco e especialista em Cambriano, expressou ceticismo sobre essa classificação. Ele reconhece que "o caso mais forte de um fóssil de corpo bilateriano Ediacarano foi feito por Fedonkin e Waggoner (1997) para *Kimberella*", mas, no entanto, contesta a classificação de *Kimberella* como um molusco verdadeiro. Ele argumenta que "*Kimberella* não possui quaisquer características de moluscos derivadas inequívocas, e sua atribuição ao Mollusca ou mesmo à Bilateria deve ser considerada não comprovada" (Budd e Jensen, "A Critical Reappraisal of the Fossil Record of the Bilaterian Phyla", 270).

8. Outra razão pela qual os fósseis de corpo Ediacarano não podem ser atribuídos aos filos animais de maneira decisiva é por causa do tamanho de grão grosso dos leitos em que ocorrem. Os detalhes da forma do corpo são muito vagos para permitir uma decisão clara, e até que melhores meios de análise ou novos leitos com textura de grão mais fina sejam encontrados, esses fósseis permanecerão como intrigantes "problemáticos", formas problemáticas sobre as quais não é possível tomar uma decisão. Ver Miklos, "Emergence of Organizational Complexities During Metazoan Evolution". Veja também Bergström, "Metazoan Evolution Around the Precambrian–Cambrian Transition".

9. Retallack, "Growth, Decay and Burial Compaction of *Dickinsonia*", 215. Como Retallack prossegue explicando: "Como fungos e líquenes, a *Dickinsonia* estava firmemente ligada ao seu substrato, aderente ao solo, moderadamente flexível e muito resistente à compactação de sepultamento" (236).

10. Glaessner, *The Dawn of Animal Life*, 122.

11. Birket-Smith, "A Reconstruction of the Pre-Cambrian *Spriggina*", 237–58.

12. Glaessner, *The Dawn of Animal Life*, 122.

13. Glaessner, *The Dawn of Animal Life*, 122.

14. McMenamin, "*Spriggina* Is a Trilobitoid Ecdysozoan", 105.

Notas 411

15. Glaessner, *The Dawn of Animal Life*, 122–23. McMenamin, *The Emergence of Animals*, 20, 24, 118.

16. Além disso, uma representação recente de um organismo Ediacarano intimamente relacionado a *Spriggina*, chamado *Yorgia*, pelo especialista Ediacarano Andrey Ivantsov, mostra-o exibindo uma borda mais lisa e menos recortada do que os corpos de trilobitas sem espinhos salientes. A reconstrução de Ivantsov parece enfatizar uma mudança de opinião em relação aos organismos semelhantes a *Spriggina* como artrópodes basais que possuem características distintas de artrópodes (como espinhos genais). Ivantsov, "Giant Traces of Vendian Animals". Veja também Ivantsov, "Vendia and Other Precambrian 'Arthropods.'"

17. Brasier e Antcliffe, "*Dickinsonia* from Ediacara", 312.

18. Brasier e Antcliffe, "*Dickinsonia* from Ediacara", 312. Ivantsov, "Vendia and other Precambrian 'Arthropods.'"

19. "Asymmetry in the Fossil Record", 137.

20. Erwin, Valentine e Jablonski, "The Origin of Animal Body Plans", 132.

21. Erwin, Valentine e Jablonski, "The Origin of Animal Body Plans", 132.

22. Erwin, Valentine e Jablonski, "The Origin of Animal Body Plans", 132.

23. Cooper e Fortey, "Evolutionary Explosions and the Phylogenetic Fuse", 151–56.

24. Fortey, "Cambrian Explosion Exploded", 438.

25. Knoll e Carroll, "Early Animal Evolution", 2129.

26. Ward, *On Methuselah's Trail*, 36.

27. "Life on Land", 153–54. Recentemente, Gregory Retallack publicou uma hipótese controversa sobre a fauna do Ediacarano. Retallack estudou os ambientes de deposição de fósseis importantes do Ediacarano, como *Dickinsonia*. Ele concluiu que esses organismos não deveriam ser classificados como animais marinhos, pois foram depositados em terra. De acordo com Retallack, as rochas que abrigam esses fósseis do Ediacarano "têm uma variedade de características que são mais semelhantes às crostas biológicas do solo do deserto e da tundra do que as esteiras microbianas enrugadas e hidratadas de undulose de planícies intertidais e mares rasos". [Retallack, "Ediacaran Life on Land", 89.] A tese de Retallack recebeu uma recepção fria de outros especialistas Ediacaranos, no entanto. Eles não apenas questionaram sua análise de sedimentos antigos, mas apontaram que as formas do Ediacarano que ele analisou da Austrália também estão preservadas em sedimentos claramente marinhos (de Newfoundland, por exemplo) e que é improvável que os mesmos organismos vivam tanto em terra quanto no mar. [Callow, Brasier, Mcilroy, "Discussion: 'Were the Ediacaran siliciclastics of South Australia coastal or deep marine?'" 1–3.]

28. Erwin *et al.*, "The Cambrian Conundrum". Outros acreditam que essas trilhas de "vermes" Pré-cambrianas poderiam ter sido criadas por protistas gigantes. Ver Matz *et al.*, "Giant Deep-Sea Protist Produces Bilaterian-like Traces", 1849–54.

29. Valentine, Erwin e Jablonski, "Developmental Evolution of Metazoan Body Plans"; Runnegar, "Evolution of the Earliest Animals".

30. Runnegar, "Proterozoic Eukaryotes"; Gehling, "The Case for Ediacaran Fossil Roots to the Metazoan Tree".

31. Budd e Jensen, "A Critical Reappraisal of the Fossil Record of the Bilaterian Phyla", 270.

32. Ver Matz *et al.*, "Giant Deep-Sea Protist Produces Bilaterian-like Traces".

33. Erwin *et al.*, "The Cambrian Conundrum".

34. Sperling, Pisani e Peterson, "Poriferan paraphyly and Its Implications for Precambrian Palaeobiology"; Erwin e Valentine, *The Cambrian Explosion*, 80.

35. Conway Morris, "Evolution: Bringing Molecules into the Fold", 5.

36. McMenamin e McMenamin, *The Emergence of Animals*, 167–68.

37. Peterson *et al.*, "The Ediacaran Emergence of Bilaterians".

38. Shen *et al.*, "The Avalon Explosion", 81.

412 *Notas*

39. Ver, por exemplo, Cooper e Fortey, "Evolutionary Explosions and the Phylogenetic Fuse". O período cambriano de 543 milhões de anos atrás. é marcado pelo aparecimento de pequenos fósseis de conchas consistindo de tubos, cones e possivelmente espinhos e escamas de animais maiores. Esses fósseis, com os vestígios de fósseis, tornam-se gradualmente mais abundantes e diversos à medida que se move para cima nos primeiros estratos Cambrianos (o Estágio Manykaian, 543–530 ma).

40. Bowring *et al.*, "Calibrating Rates of Early Cambrian Evolution", 1293–98; Erwin *et al.*, "The Cambrian Conundrum: Early Divergence and Later Ecological Success in the Early History of Animals", 1091–97.

41. Meyer *et al.*, "The Cambrian Explosion: Biology's Big Bang", 323–402.

42. Valentine, "Prelude to the Cambrian Explosion", 289.

43. Animais com simetria quíntupla que se estende de uma cavidade central do corpo são descritos tecnicamente como animais "pentâmeros" radialmente simétricos.

44. Budd e Jensen, "A Critical Reappraisal of the Fossil Record of the Bilaterian Phyla", 261. Como Budd e Jensen explicam com mais detalhes: "embora este fóssil possua simetria pentaradial, seu pequeno tamanho, combinado com a preservação em areia relativamente grossa, significa que outras características específicas do equinoderme não são facilmente visíveis. Sua atribuição ao Echinodermata, portanto, repousa em grande parte nesta única característica, e deve ser atualmente considerada como uma questão em aberto" (261).

45. Valentine, *On the Origin of Phyla*, 287, 397.

46. Bottjer, "The Early Evolution of Animals", 47.

47. Cnidários e ctenóforos, por exemplo, são radialmente simétricos. (Pode-se pensar que equinodermos, que como adultos têm simetria pentaradial [quíntupla], não são bilaterais, mas "no início do desenvolvimento, equinodermos são bilaterais" e, portanto, classificados entre os Bilateria.) Para mais discussão, ver Valentine, *On the Origin of Phyla*, 391.

48. Bengtson e Budd, "Comment on 'Small Bilaterian Fossils from 40 to 55 Million Years Before the Cambrian,' " 1291a.

49. Como Bengtson e Budd explicam, "Os espécimes apresentados por Chen *et al.* representam um modo comum de preservação de microfósseis em sedimentos fosfáticos, incluindo os de Doushantuo". Em particular, eles observam que "as camadas têm uma faixa regular de cor e espessura que é diferente entre as amostras, mas consistente dentro das amostras individuais". Eles argumentam que "esse padrão desafia a explicação biológica, mas é facilmente explicado como representando duas a três gerações de supercrescimento diagenético". Eles também observam que "em vez de serem dobrados sinuosamente, como seria de se esperar de camadas de tecido deformadas", as camadas na impressão exibem características típicas de crostas diagenéticas (inorgânicas). Eles concluem que, embora a impressão possa ter envolvido os restos de microfósseis eucarióticos, "sua morfologia reconstruída como bilaterais é um artefato gerado por cavidades sendo revestidas por crostas diagenéticas. A aparência dos fósseis agora tem pouca semelhança com a dos organismos vivos que os geraram" ("Comment on 'Small Bilaterian Fossils from 40 to 55 Million Years Before the Cambrian,'" 1291a).

50. Bengtson *et al.*, "A Merciful Death for the 'Earliest Bilaterian,' *Vernanimalcula*", 421.

51. Bottjer, "The Early Evolution of Animals", 47.

52. Bengtson *et al.*, "A Merciful Death for the 'Earliest Bilaterian,' *Vernanimalcula*", 426.

53. Bengtson *et al.*, "A Merciful Death for the 'Earliest Bilaterian,' *Vernanimalcula*", 426.

54. Marshall e Valentine, "The Importance of Preadapted Genomes in the Origin of the Animal Bodyplans and the Cambrian Explosion", 1190, ênfase adicionada.

55. Budd e Jensen, "The Limitations of the Fossil Record and the Dating of the Origin of the Bilateria", 183.

56. Budd e Jensen, "The Limitations of the Fossil Record and the Dating of the Origin of the Bilateria", 168.

Notas 413

Capítulo 5: Os genes contam a história?

1. Dawkins, *The Greatest Show on Earth*, 111.

2. De acordo com Zvelebil e Baum, "A suposição principal feita ao construir uma árvore filogenética a partir de um conjunto de sequências é que todas são derivadas de uma única sequência ancestral, ou seja, são homólogas" (*Understanding Bioinformatics*, 239). Lecointre e Le Guyader observam que: "A cladística pode ter dificuldades em sua aplicação porque nem todos os estados de caráter são necessariamente homólogos. Certas semelhanças são convergentes, isto é, o resultado de evolução independente. Nem sempre podemos detectar essas convergências imediatamente, e sua presença pode contrariar outras semelhanças, 'verdadeiras homologias' ainda a serem reconhecidas. Assim, somos obrigados a supor, a princípio, que, para cada característica, estados semelhantes são homólogos, apesar de sabermos que pode haver convergência entre eles". (*The Tree of Life*, 16).

3. Coyne, *Why Evolution Is True*, 10.

4. Budd e Jensen, "A Critical Reappraisal of the Fossil Record of the Bilaterian Phyla", 253–95; Budd e Jensen, "The Limitations of the Fossil Record and the Dating of the Origin of the Bilateria", 166–89 ("O padrão Darwiniano esperado de uma história fóssil profunda dos bilaterais, potencialmente mostrando seu desenvolvimento gradual, estendendo-se por centenas de milhões de anos no Pré-cambriano, falhou singularmente em se materializar [...] qualquer que seja a resolução do desajuste entre o registro fóssil e a evidência molecular da origem dos animais, isso não ocorre por meio de um mal-entendido do registro fóssil conhecido... O registro fóssil conhecido não foi mal interpretado e não há candidatos bilaterais convincentes conhecidos do registro fóssil até pouco antes do início do Cambriano (c. 543 Ma), embora haja muitos sedimentos mais antigos do que este que deveriam revelá-los"); Jensen *et al.*, "Trace fossil preservation and the early evolution of animals", 19–29 ("Uma leitura literal do registro fóssil de corpo sugere que a diversificação de animais bilaterais não precedeu significativamente a fronteira Neoproterozóico-Cambriana (ca. 545 Ma) [...] Apesar de relatos em contrário, não há registro fóssil amplamente aceito de sedimentos mais antigos do que cerca de 560–555 Ma. As conclusões acima colocam sérias restrições no tempo de aparecimento dos animais bilaterais. Por exemplo, assumindo que as principais características bilaterais só poderiam ter sido adquiridas em animais bentônicos moderadamente grandes, a ausência de um registro fóssil antigo sugere que as 'explosões' Cambrianas são uma realidade em termos de aparecimento relativamente rápido e diversificação de bilaterais macroscópicos"; Conway Morris, "Darwin's Dilemma: The Realities of the Cambrian 'Explosion'", 1069–83 ("A 'escola antiga' argumenta que os animais evoluíram muito antes do Cambriano e que a 'explosão' é simplesmente um artefato, gerado pela violação dos limites tafonômicos, como o início da biomineralização e/ou um aumento repentino no tamanho do corpo. A alternativa 'escola realista', que subscrevo amplamente, propõe que, embora o registro fóssil esteja longe de ser perfeito e seja inevitavelmente distorcido de maneiras significativas, nenhum é suficiente para destruir um forte sinal histórico"); Peterson *et al.*, "MicroRNAs and Metazoan Macroevolution: Insights into Canalization, Complexity, and the Cambrian Explosion", 736–47; Fortey, "The Cambrian Explosion Exploded?" 438–39; Wray *et al.*, "Molecular Evidence for Deep Precambrian Divergences Among Metazoan Phyla", 568–73 ("Darwin reconheceu que o súbito aparecimento de fósseis de animais no Cambriano representava um problema para sua teoria da seleção natural. Ele sugeriu que fósseis podem eventualmente ser encontrados documentando um desdobramento prolongado da evolução pré-cambriana dos metazoários. Muitos paleontólogos hoje interpretam a ausência de fósseis de animais Pré-cambrianos que podem ser atribuídos a clados existentes não como um artefato de preservação, mas como evidência de uma origem Cambriana ou Vendiana tardia e divergência de filos metazoários. Isso faria do Cambriano a maior cornucópia evolucionária da história da Terra. Representantes definitivos de todos os filos animais prontamente fossilizáveis (com exceção dos briozoários) foram encontrados em rochas Cambrianas, assim como representantes de vários filos de corpo mole. Estudos geocronológicos recentes reforçaram a impressão de um 'big bang

414 Notas

da evolução animal' ao estreitar a janela temporal de aparentes divergências para apenas alguns milhões de anos") (citações internas omitidas); Erwin *et al.*, "The Cambrian Conundrum: Early Divergence and Later Ecological Success in the Early History of Animals", 1091–97 ("Quando Charles Darwin publicou *A Origem das Espécies* (1), o súbito aparecimento de fósseis de animais no registro de rocha foi um dos fatos mais perturbadores que ele se sentiu obrigado a abordar. Ele escreveu: 'Há outra dificuldade associada, que é muito mais grave. Refiro-me à maneira pela qual um número de espécies do mesmo grupo, de repente aparece nas rochas fossilíferas mais baixas conhecidas' (306). Darwin argumentou que a incompletude do registro fóssil dá a ilusão de um evento explosivo, mas com a eventual descoberta de rochas mais antigas e mais bem preservadas, os ancestrais desses táxons do Cambriano seriam encontrados. Estudos de fósseis Ediacaranos e Cambrianos continuam a expandir a variedade morfológica de clados, mas o aparecimento de restos e vestígios de animais bilaterais no Cambriano permanece abrupto".).

5. Como Alan Cooper e Richard Fortey explicam, "A evidência molecular indica que períodos prolongados de inovação evolutiva e cladogênese acenderam o pavio muito antes das 'explosões' aparentes no registro fóssil. ("Evolutionary Explosions and the Phylogenetic Fuse", 151.) Além disso, de acordo com Welch, Fontanillas e Bromham: "No entanto, uma ampla gama de estudos de datação molecular sugeriram que as principais linhagens de animais surgiram muito antes do Cambriano, por volta de 630 milhões de anos atrás. Isso levanta a possibilidade de que houve um longo período críptico de evolução animal precedendo a explosão de fósseis no Cambriano" ("Molecular Dates for the 'Cambrian Explosion,'" 672–73).

6. "O relógio molecular [...] é a suposição de que as linhagens evoluíram em ritmos iguais" (Felsenstein, *Inferring Phylogenies*, 118).

7. Smith e Peterson, "Dating the Time and Origin of Major Clades", 72.

8. Wray, Levinton e Shapiro, "Molecular Evidence for Deep Precambrian Divergences Among Metazoan Phyla"; para outro estudo semelhante de dados de sequência molecular que chega à mesma conclusão, ver Wang, Kumar e Hedges, "Divergence Time Estimates for the Early History of Animal Phyla and the Origin of Plants, Animals and Fungi", 163; veja também Vermeij, "Animal Origins"; e Fortey, Briggs, e Wills, "The Cambrian Evolutionary 'Explosion' Recalibrated".

9. Essas proteínas foram ATP-ase, citocromo c, citocromo oxidase I e II, alfa e beta hemoglobina e NADH I.

10. O RNA ribossomal que usaram foi rRNA 18S.

11. Essas proteínas foram aldolase, metionina adenosiltransferase, cadeia beta de ATP sintase, catalase, fator de alongamento 1 alfa, triosefosfato isomerase e fosfofrutoquinase.

12. As três moléculas de RNA que eles usaram foram 5,8S rRNA, 18S rRNA e 28S rRNA.

13. Erwin *et al.*, "The Cambrian Conundrum", 1092.

14. Por exemplo, Bronham e colegas descobriram que os dados do DNA mitocondrial e do rRNA 18S produziram datas de divergência que variaram em mais de 1 bilhão de anos ("Testing the Cambrian Explosion Hypothesis by Using a Molecular Dating Technique"); Xun sugere que de um total de 22 genes nucleares o tempo de divergência entre o *Drosophila* e os vertebrados foi de cerca de 830 milhões de anos atrás; "Early Metazoan Divergence Was About 830 Million Years Ago"); Doolittle e seus colegas datam a divisão protostome-deuterostome em 670 milhões de anos atrás ("Determining Divergence Times of the Major Kingdoms of Living Organisms with a Protein Clock"); Nikoh e colegas datam a divisão entre eumetazoários e parazoários, animais com tecidos, como cnidários, daqueles sem, como esponjas, em 940 milhões de anos atrás, e a divisão entre vertebrados e anfioxos em 700 milhões de anos atrás ("An Estimate of Divergence Time of Parazoa and Eumetazoa and That of Cephalochordata and Vertebrata by Aldolase and Triose Phosphate Isomerase Clocks"); e Wang, Kumar e Hedges sugerem que os filos animais basais (Porifera, Cnidaria, Ctenophora) divergiram entre cerca de 1200–1500 milhões de anos atrás, e descobriu-se que os nematoides divergiram da linhagem levando a artrópodes e cordados

Notas   415

em 1177–79 milhões de anos atrás ("Divergence Time Estimates for the Early History of Animal Phyla and the Origin of Plants, Animals and Fungi").

15. Wray, Levinton e Shapiro, "Molecular Evidence for Deep Precambrian Divergences Among Metazoan Phyla", 568.

16. Wray, Levinton e Shapiro, "Molecular Evidence for Deep Precambrian Divergences Among Metazoan Phyla", 569.

17. Wray, Levinton e Shapiro, "Molecular Evidence for Deep Precambrian Divergences Among Metazoan Phyla", 568.

18. Citado em Hotz, "Finding Turns Back Clock for Earth's First Animals", A1, A14.

19. Ver, por exemplo, Xun, "Early Metazoan Divergence Was About 830 Million Years Ago"; Aris Brosou e Yang, "Bayesian Models of Episodic Evolution Support a Late Precambrian Explosive Diversification of the Metazoa". Veja também um estudo anterior de Bruce Runnegar em 1982, que mediu a diferença percentual da sequência entre as moléculas de globina em vários filos animais e, a partir disso, postulou que "a radiação inicial dos filos animal ocorreu, pelo menos, 900–1000 milhões de anos atrás" (Runnegar, "A Molecular-Clock Date for the Origin of the Animal Phyla", 199). Para outros exemplos, ver Bronham *et al.*, "Testing the Cambrian explosion hypothesis by using a molecular dating technique", 12386–12389 (descobrindo que os dados de DNA mitocondrial e 18S rRNA produziram datas de divergência que variaram em mais de 1 bilhão de anos); Xun, "Early Metazoan Divergence Was About 830 Million Years Ago", 369–71 (sugerindo "de um total de 22 genes nucleares, estimamos que o tempo de divergência entre *Drosophila* e vertebrados foi de cerca de 830 milhões de anos atrás"); Doolittle, "Determining Divergence Times of the Major Kingdoms of Living Organisms with a Protein Clock", 470–77 (datando a divisão protostome-deuterostome em 670 milhões de anos atrás); Nikoh *et al.*, "An Estimate of Divergence Time of Parazoa and Eumetazoa and That of Cephalochordata and Vertebrata by Aldolase and Triose Phosphate Isomerase Clocks", 97–106 (datando a divisão entre eumetazoa e parazoa, animais com tecidos daqueles sem, como esponjas, em 940 milhões de anos atrás, e a divisão entre vertebrados e anfioxos em 700 milhões de anos atrás); Wang *et al.*, "Divergence Time Estimates for the Early History of Animal Phyla and the Origin of Plants, Animals and Fungi", 163–71 (sugerindo que "os filos animais basais (Porífera, Cnidaria, Ctenophora) divergiram entre cerca de 1200–1500 Ma" e "Descobriu-se que os nematoides divergiram da linhagem levando a artrópodes e cordados em 1177–79 Ma").

20. Valentine, Jablonski e Erwin, "Fossils, Molecules and Embryos", 851.

21. Nikoh *et al.*, "An Estimate of Divergence Time of Parazoa and Eumetazoa and That of Cephalochordata and Vertebrata by Aldolase and Triose Phosphate Isomerase Clocks".

22. Wang, Kumar e Hedges, "Divergence Time Estimates for the Early History of Animal Phyla and the Origin of Plants, Animals and Fungi", 163.

23. Bronham *et al.*, "Testing the Cambrian Explosion Hypothesis by Using a Molecular Dating Technique".

24. Xun, "Early Metazoan Divergence Was About 830 Million Years Ago".

25. Aris-Brosou e Yang, "Bayesian Models of Episodic Evolution Support a Late Precambrian Explosive Diversification of the Metazoa". Outras pesquisas de literatura relatam que as estimativas baseadas no relógio molecular da divisão entre protostômios e deuterostômios variaram de 588 milhões a 1,5 bilhão de anos atrás. Ver Erwin, Valentine e Jablonski, "The Origin of Animal Body Plans"; e Benton e Ayala, "Dating the Tree of Life".

26. Graur e Martin, "Reading the Entrails of Chickens: Molecular Timescales of Evolution and the Illusion of Precision".

27. Graur e Martin, "Reading the Entrails of Chickens", 85. Smith e Peterson também observaram: "A segunda área em que as moléculas e a morfologia estão em séria discordância diz respeito às origens dos filos metazoários. Embora a diferença entre as estimativas moleculares e morfológicas para as origens de pássaros e mamíferos possa chegar a 50 milhões de anos, a

416 *Notas*

discórdia entre as duas para os filos animais pode chegar a 500 milhões de anos, quase toda a extensão do Fanerozoico" ("Dating the Time and Origin of Major Clades", 79).

28. Ayala, Rzhetsky e Ayala, "Origin of the Metazoan Phyla".

29. Ayala e sua equipe eliminaram o 18S rRNA, um gene codificador de RNA devido a problemas com a obtenção de um alinhamento confiável. Eles também adicionaram mais doze genes codificadores de proteínas.

30. Ayala, Rzhetsky e Ayala, "Origin of the Metazoan Phyla", 611.

31. Valentine, Jablonski e Erwin, "Fossils, Molecules and Embryos", 856.

32. Behe, "Histone Deletion Mutants Challenge the Molecular Clock Hypothesis".

33. Alguns biólogos evolucionistas tentaram explicar sua extrema conservação (similaridade) por "seleção forte" para seu papel funcional essencial: o acondicionamento, ou embrulho, do DNA nos cromossomos eucarióticos. Entretanto, essa hipótese é difícil de ajustar com dados experimentais mostrando que a levedura tolera deleções dramáticas em suas histonas H4. Behe, "Histone Deletion Mutants Challenge the Molecular Clock Hypothesis".

34. Como Baverstock e Moritz explicam com mais detalhes: "O componente mais importante [...] de uma análise filogenética é a decisão sobre quais métodos ou sequência(s) são apropriados para a questão filogenética em questão. O método escolhido deve produzir variação suficiente a ponto de ser filogeneticamente informativo, mas não tanta variação que a convergência e paralelismos superem as mudanças informativas" ("Project Design", 25).

35. Valentine, Jablonski e Erwin, "Fossils, Molecules and Embryos", 856.

36. Ho *et al.*, "Accuracy of Rate Estimation Using Relaxed-Clock Models with a Critical Focus on the Early Metazoan Radiation", 1355.

37. Smith e Peterson, "Dating the Time and Origin of Major Clades", 73.

38. Smith e Peterson, "Dating the Time and Origin of Major Clades", 73. Smith e Peterson elaboram: "Todas as abordagens do relógio molecular requerem um ou mais pontos de calibração usando datas derivadas do registro fóssil ou de restrições biogeográficas. Existem duas abordagens, a calibração pode se basear em uma ou em um pequeno número de datas 'bem documentadas', onde a evidência paleontológica parece altamente confiável, ou a calibração pode ser alcançada usando um grande número de datas independentes para que uma gama de estimativas seja alcançada. A primeira abordagem foi criticada por Lee (1999) e Alroy (1999) por colocar muita confiança em uma única data paleontológica sem considerar seu erro" (75). Ver Lee, "Molecular Clock Calibrations and Metazoan Divergence Dates"; e Alroy, "The Fossil Record of North American Mammals". Dan Graur e William Martin concordam. Eles observam que grandes incertezas costumam afligir suposições sobre (1) a idade dos fósseis usados para calibrar o relógio molecular, (2) a taxa de mutações em vários genes e (3) as conclusões de análises de sequência comparativa com base no uso de relógios ("Reading the Entrails of Chickens").

39. Conway Morris, "Evolution", 5–6.

40. Valentine Jablonski e Erwin, "Fossils, Molecules and Embryos", 856.

41. Zvelebil e Baum, *Understanding Bioinformatics*, 239.

42. Lecointre e Le Guyader, *The Tree of Life*, 16.

43. Para uma discussão relacionada ver Wagner e Stadler, "Quasi-Independence, Homology and the Unity of Type".

44. Osigus, Eitel, Schierwater, "Chasing the Urmetazoon: Striking a Blow for Quality Data?" 551–57; Conway Morris, "The Cambrian 'Explosion' and Molecular Biology", 505–506.

45. Osigus, Eitel, Schierwater, "Chasing the Urmetazoon: Striking a Blow for Quality Data?" 551–57. Como Osigus e colegas observam: "A soma de árvores moleculares com base em um grande número de sequências de genes não resolve as relações filogenéticas na base do Metazoa. Cenários conflitantes foram publicados em sequência curta e cada análise individual pode ser criticada por um ou outro motivo. Não está claro para muitos se a base de Metazoa pode algum

Notas 417

dia ser resolvida por meio de dados de sequência, mesmo se genomas inteiros e amostragem extensa de táxons forem usados"(555).

46. Conway Morris, "Early Metazoan Evolution", 870.

47. Graur e Martin, "Reading the Entrails of Chickens"; Smith e Peterson, "Dating the Time and Origin of Major Clades"; Valentine, Jablonski e Erwin, "Fossils, Molecules and Embryos".

Capítulo 6: A árvore da vida animal

1. "The Darwinian Sistine Chapel", 14 de abril de 2009, www.bbc.co.uk/darwin/?tab=21 (acessado em 31 de outubro de 2012).

2. Hellström, "The Tree as Evolutionary Icon", 1.

3. Ruse, *Darwinism Defended*, 58.

4. Dobzhansky, "Nothing in Biology Makes Sense Except in the Light of Evolution", 125.

5. Dawkins, *The Greatest Show on Earth*, 315.

6. Como Coyne afirmou, "tanto os traços visíveis dos organismos quanto suas sequências de DNA geralmente fornecem as mesmas informações sobre as relações evolutivas" (*Why Evolution Is True*, 10).

7. Atkins, *Galileo's Finger*, 16.

8. Coyne, *Why Evolution Is True*, 7.

9. Existe uma vasta literatura analisando como a "semelhança", que pode ser diretamente observada e mensurada, vem a ser interpretada como "homologia", uma construção teórica que não pode ser diretamente observada. Os dois termos não devem ser igualados. De acordo com Van Valen, "Para os biólogos moleculares [...] um bom ponto de referência é que a homologia é sempre uma inferência, nunca uma observação. O que observamos é semelhança ou identidade, nunca homologia" ("Similar, but Not Homologous", 664).

10. Prothero, *Evolution*, 140.

11. Dawkins, *A Devil's Chaplain: Reflections on Hope, Lies, Science, and Love*, 112.

12. Wiley e Lieberman, *Phylogenetics*, 6.

13. Degnan e Rosenberg, "Gene Tree Discordance, Phylogenetic Inference and the Multispecies Coalescent", 332.

14. Dávalos *et al.*, "Understanding Phylogenetic Incongruence: Lessons from Phyllostomid Bats", 993.

15. Syvanen e Ducore, "Whole Genome Comparisons Reveals a Possible Chimeric Origin for a Major Metazoan Assemblage", 261–75.

16. Citado em Lawton, "Why Darwin Was Wrong About the Tree of Life", 39.

17. Rokas, "Spotlight: Drawing the Tree of Life".

18. Rokas, Krüger e Carroll. "Animal Evolution and the Molecular Signature of Radiations Compressed in Time", 1933–34.

19. Rokas e Carroll, "Bushes in the Tree of Life", 1899–1904.

20. Rokas e Carroll, "Bushes in the Tree of Life", 1899–1904 (citações internas omitidas).

21. Rokas e Carroll, "Bushes in the Tree of Life", 1899–1904 (citações internas omitidas).

22. Rokas e Carroll, "Bushes in the Tree of Life", 1899–1904.

23. Rokas, Krüger e Carroll, "Animal Evolution and the Molecular Signature of Radiations Compressed in Time", 1935.

24. Zuckerkandl e Pauling, "Evolutionary Divergence and Convergence in Proteins", 101.

25. Zuckerkandl e Pauling, "Evolutionary Divergence and Convergence in Proteins", 101.

26. Theobald, "29+ Evidences for Macroevolution".

27. Hyman, *The Invertebrates, vol. 1: Protozoa Through Ctenophora*.

28. Holton e Pisani, "Deep Genomic-Scale Analyses of the Metazoa Reject Coelomata".

418   *Notas*

29. Aguinaldo *et al.*, "Evidence for a Clade of Nematodes, Arthropods and Other Moulting Animals". Veja também Telford *et al.*, "The Evolution of the Ecdysozoa"; Halanych e Passamaneck, "A Brief Review of Metazoan Phylogeny and Future Prospects in Hox-Research"; e Mallatt, Garey e Shultz, "Ecdysozoan Phylogeny and Bayesian Inference".

30. Aguinaldo *et al.*, "Evidence for a Clade of Nematodes, Arthropods and Other Moulting Animals". Veja também Halanych, "The New View of Animal Phylogeny".

31. Telford *et al.*, "The Evolution of the Ecdysozoa".

32. Aguinaldo *et al.*, "Evidence for a Clade of Nematodes, Arthropods and Other Moulting Animals", 492.

33. Em 2004, por exemplo, o pesquisador Yuri Wolf e seus colegas do Centro Nacional de Informações sobre Biotecnologia (NCBI) publicaram uma filogenia baseada em dados moleculares (500 conjuntos de proteínas, bem como padrões de inserção/deleção em proteínas semelhantes) apoiando a hipótese anterior de Coelomata. A equipe de Wolf concluiu: "Todas essas abordagens apoiaram o clado de coelomato e mostraram concordância entre a evolução das sequências de proteínas e eventos evolutivos de nível superior" ("Coelomata and Not Ecdysozoa", 29). Outro estudo do NCBI, por Jie Zheng e colegas publicado em 2007, analisou posições de íntron conservadas nos genomas de vários animais; apoiou o clado Coelomata e rejeitou Ecdysozoa (íntrons são seções do genoma que não codificam informações para a construção de proteínas e ocorrem no genoma entre as regiões, chamadas de éxons, que codificam para proteínas; "Support for the Coelomata Clade of Animals from a Rigorous Analysis of the Pattern of Intron Conservation").

34. Em 2008, por exemplo, Scott Roy (que também trabalha no NCBI) e Manuel Irimia (na Universidade de Barcelona) argumentaram que os dados do íntron na verdade apoiavam a hipótese do Ecdysozoa ("Rare Genomic Characters Do Not Support Coelomata").

35. Holton e Pisani, "Deep Genomic-Scale Analyses of the Metazoa Reject Coelomata".

36. Nessa árvore, agora geralmente conhecida como hipótese Ecdysozoa, os bilaterais são divididos primeiro em protostômios e deuterostômios. Os protostômios (ou Protostomia) são subdivididos em dois grupos distintos: (1) os Lophotrochozoa (assim chamados por causa de dois caracteres anatômicos distintos, uma larva ciliada [trocóforo] e uma estrutura alimentar ciliada [lóforo]) e (2) o Ecdysozoa (os animais que sofrem muda).

37. Maley e Marshall, "The Coming of Age of Molecular Systematics", 505.

38. Como Maley e Marshall concluem, "diferentes espécies representativas, neste caso camarão de salmoura ou tarântula para os artrópodes, produzem relações inferidas extremamente diferentes entre os filos" ("The Coming of Age of Molecular Systematics", 505).

39. De acordo com Valentine, Jablonski e Erwin, "a evidência molecular produziu uma nova visão da filogenia dos metazoários, levando a novas análises de caracteres morfológicos, ultraestruturais e de desenvolvimento" ("Fossils, Molecules and Embryos", 854).

40. Ver Nielsen, *Animal Evolution*, 82.

41. Rokas *et al.*, "Conflicting Phylogenetic Signals at the Base of the Metazoan Tree"; Halanych, "The New View of Animal Phylogeny"; Borchiellini *et al.*, "Sponge Paraphyly and the Origin of Metazoa".

42. Rokas *et al.*, "Conflicting Phylogenetic Signals at the Base of the Metazoan Tree"; Halanych, "The New View of Animal Phylogeny".

43. Gura, "Bones, Molecules ... or Both?" 230. Um artigo de 2004 no *Annual Review of Ecology and Systematics* coloca desta forma: "As ferramentas moleculares reorganizaram profundamente nossa compreensão da filogenia dos metazoários". (Halanych, "The New View of Animal Phylogeny", 229.)

44. Dávalos *et al.*, "Understanding Phylogenetic Incongruence: Lessons from Phyllostomid Bats", 993.

Notas 419

45. Pode-se objetar aqui que construir árvores filogenéticas entre os grupos taxonômicos superiores, como os filos animais, é um negócio intrinsecamente complicado, mas que as árvores filogenéticas que descrevem grupos taxonômicos inferiores, como aquelas dentro dos filos, mostram consistência entre os diferentes tipos de evidências. É claro que, estritamente falando, mesmo se houvesse evidência de uma única árvore coerente conectando grupos dentro de um filo, isso não faria nada para estabelecer ancestrais dos próprios filos, mas apenas membros de grupos menores dentro de filos específicos. No entanto, mesmo entre táxons mais baixos, a literatura primária sobre inferência filogenética desafia o quadro semelhante a uma árvore da história animal.

Considere os crustáceos, por exemplo, um grande grupo dentro do filo Arthropoda. Os crustáceos incluem criaturas familiares como camarão e lagosta. (O próprio Darwin publicou seu principal trabalho técnico em biologia sobre a classificação de cracas, um grupo [Cirripedia] dentro dos crustáceos.) Dadas as afirmações de Dawkins, Coyne e Atkins, poderíamos ter esperado que os biólogos evolucionistas tivessem estabelecido há muito tempo uma única história evolutiva unívoca para um grupo bem estudado, como os crustáceos, e que os dados moleculares agora estariam apenas confirmando o que os biólogos sempre souberam. Mas observe, em vez disso, que Ronald Jenner, zoólogo e especialista em crustáceos do Museu Britânico de História Natural, descreve a filogenia de crustáceos como "essencialmente não resolvida". Conforme ele explica a situação, "o conflito é abundante, independentemente de se comparar diferentes estudos morfológicos, estudos moleculares ou ambos" ("Higher-Level Crustacean Phylogeny", 143). A área de estudo permanece "intensamente contenciosa", continua ele, e "os estudos publicados mostram muito poucos pontos de consenso, mesmo que se restrinja a comparação apenas às análises mais abrangentes e cuidadosas" (151).

Outros estudos de diferentes classes de organismos dentro dos filos de artrópodes introduzem mais incertezas. Os insetos fornecem outro exemplo importante dessa incongruência. Com base em evidências anatômicas, os sistematistas há muito sustentam que os insetos estão mais intimamente relacionados ao grupo que contém centopeias e milípedes (chamado de grupo miriápode). No entanto, estudos moleculares de F. Nardi e colegas indicam que os insetos estão mais intimamente relacionados aos crustáceos. Da mesma forma, o mesmo estudo molecular sugeriu que alguns insetos sem asas estão mais intimamente relacionados aos crustáceos do que a outros insetos, embora estudos anatômicos indiquem o oposto por razões óbvias. Isso levou os autores do artigo a concluir que os insetos (hexápodes) não são monofiléticos, uma visão nunca antecipada pela maioria dos biólogos evolucionistas. Por causa das incongruências entre as árvores moleculares e as baseadas na morfologia, a equipe de Nardi ofereceu uma observação intrigada: "Embora esta árvore mostre muitos resultados interessantes, ela também contém algumas relações evidentemente insustentáveis, que, no entanto, têm um forte suporte estatístico" ("Hexapod Origins", 1887). Mas veja Delsuc *et al.*, "Comment on 'Hexapod Origins: Monophyletic or Paraphyletic?'" 1482d; Nardi *et al.*, "Response to Comment on 'Hexapod Origins: Monophyletic or Paraphyletic?'" 1482e.

Estudos com vertebrados, um subfilo de outro filo, os cordados, revelaram relações filogenéticas contraditórias semelhantes. Por exemplo, um artigo recente sobre a filogenética de morcegos observou que "Por mais de uma década, as relações evolutivas entre membros da família de morcegos do Novo Mundo Phyllostomidae inferidas de dados morfológicos e moleculares estiveram em conflito". Os autores "descartaram paralogia, transferência lateral de genes e amostragem pobre de táxons e escolhas de grupos externos entre os processos que levam a árvores gênicas incongruentes em morcegos filostomídeos". Os autores observam ainda que "taxas diferenciais de mudança e mecanismos evolutivos que impulsionam essas taxas produzem filogenias incongruentes. A incongruência entre as filogenias estimadas de diferentes conjuntos de caracteres é generalizada. O conflito filogenético se tornou um problema mais agudo com o advento dos conjuntos de dados em escala de genoma. Esses grandes conjuntos de dados confirmaram que o conflito filogenético é comum e, frequentemente, a norma, e não a exceção". Dávalos *et al.*, "Understanding phylogenetic incongruence: lessons from phyllostomid bats", 991–

420 *Notas*

1024 (citações internas omitidas). Veja também Patterson *et al.*, "Congruence Between Molecular and Morphological Phylogenies", 153–88.

46. Schwartz e Maresca, "Do Molecular Clocks Run at All?" 357.

47. James Valentine, por exemplo, contesta a realidade do celoma como uma característica compartilhada que define um grupo, como sustentam os defensores da hipótese do Coelomata. Como Valentine observa, a "suposição da monofilia dos espaços celômicos" foi um dos "principais princípios usados para relacionar os filos". Em sua opinião, no entanto, o celoma evoluiu várias vezes de forma independente e, portanto, não pode ser usado como um caráter homólogo definindo um grupo monofilético. Ele argumenta, em vez disso, que "os cólomos são polifiléticos. Poucas características são mais simples do que cavidades cheias de fluido, e não é difícil visualizá-los evoluindo muitas vezes para uma série de propósitos" (*On the Origin of Phyla*, 500).

48. Figura 6.2 derivada de: Figura 1 de Edgecombe *et al.*, "Higher-Level Metazoan Relationships: Recent Progress and Remaining Questions".

49. Para uma discussão mais aprofundada sobre a posição central das células germinativas na evolução, ver Ewen-Campen, Schwager e Extavour, "The Molecular Machinery of Germ Line Specification". Como eles explicam: "Os animais que se reproduzem sexualmente devem garantir que um tipo de célula particularmente importante seja determinado: as células germinativas. Essas células serão as únicas progenitoras de óvulos e espermatozoides no adulto sexualmente maduro e, como tal, sua especificação correta durante o desenvolvimento embrionário é crítica para o sucesso reprodutivo e sobrevivência da espécie" (3).

50. Como é o caso com mutações que afetam outras características importantes do organismo, há uma notável ausência de exemplos de mutações bem-sucedidas (isto é, transmitidas de forma estável) que modificam significativamente a formação de PGC em qualquer grupo animal. Pesquisando a literatura experimental dos sistemas modelo em biologia do desenvolvimento, como moscas-das-frutas (Drosophila), ratos (Mus) e nematoides (C. elegans), em vez disso, revela muitos exemplos de perda de função ou perda de estrutura, incluindo ausência total de células-óvulo (oócitos) em moscas-das-frutas (Lehmann, "Germ-Plasm Formation and Germ-Cell Determination in *Drosophila*"), redução de células germinativas e esterilidade em camundongos (Pellas *et al.*, "Germ-Cell Deficient [*gcd*], an Insertional Mutation Manifested as Infertility in Transgenic Mice"), e eliminação de oócitos com consequente esterilidade em nematoides hermafroditas (Kodoyianni, Maine e Kimble, "Molecular Basis of Loss-of-Function Mutations in the *glp–1* Gene of *Caenorhabditis elegans*"). Veja também Youngren, "The *Ter* mutation in the dead end gene causes germ cell loss and testicular germ cell tumours", 360–64. Esses exemplos de mutações deletérias ou catastróficas poderiam ser multiplicados indefinidamente a partir desses e de outros sistemas modelo.

51. Andrew Johnson, professor associado e leitor de genética na Universidade de Nottingham, e vários coautores estruturam a questão da seguinte maneira: "O desenvolvimento de células germinativas atuando como uma restrição na morfogênese embrionária é, a princípio, difícil de aceitar. No entanto, a retenção de um pool de PGCs, que mais tarde produzirá gametas, é uma restrição fundamental em qualquer organismo que se reproduz sexualmente, *porque a incapacidade de passar características herdadas para as gerações subsequentes encerrará a linhagem de um indivíduo. Portanto, as mudanças nos processos de desenvolvimento que colocam em risco a manutenção de PGCs não serão mantidas*" ("Evolution of Predetermined Germ Cells in Vertebrate Embryos: Implications for Macroevolution", 425, ênfase adicionada).

52. Extavour, "Evolution of the Bilaterian Germ Line", 774. Ver Fig. 6.4.

53. Extavour, "Gray Anatomy", 420. Em vez disso, ela postula que "a evolução convergente resultou em muitas soluções morfológicas diferentes, e possivelmente genéticas moleculares, para os vários problemas colocados pela reprodução sexual".

54. Willmer e Holland, "Modern Approaches to Metazoan Relationships", 691, ênfase no original.

55. Willmer e Holland, "Modern Approaches to Metazoan Relationships", 690.

Notas   421

56. Brusca e Brusca, *Invertebrates*, 120; 2ª ed., 115.

57. Jenner, "Evolution of Animal Body Plans", 209.

58. Além da evolução convergente, os biólogos evolucionistas ofereceram uma série de explicações para os muitos casos em que a semelhança anatômica e molecular compartilhada não é explicável por referência à descendência vertical de um ancestral comum, incluindo: diferentes taxas de evolução (resultante da seleção positiva ou seleção purificadora), atração de ramo longo, evolução rápida, fusão do genoma inteiro, coalescente (por exemplo, classificação de linhagem incompleta), contaminação por DNA e transferência horizontal de genes.

A transferência horizontal de genes (HGT) ocorre quando organismos (geralmente procariontes, como bactérias) transferem genes para indivíduos vizinhos. Esse mecanismo fornece uma explicação plausível para alguma incongruência filogenética em procariontes, embora alguns genes de manutenção de missão crítica sejam considerados resistentes ao HGT. Os mecanismos pelos quais HGT ocorre são bem caracterizados e incluem transformação (incorporação de DNA livre do ambiente em uma célula receptora), transdução (transferência de DNA de uma célula para outra por um vírus bacteriano denominado bacteriófago) e conjugação (transferência de DNA por contato direto célula a célula através de um pilus). A transferência horizontal de genes é menos plausível, no entanto, em eucariotos, onde ocorre com muito menos frequência e os mecanismos potenciais são muito menos bem caracterizados, embora acredita-se que ocorra raramente entre eucariotos e procariotos, é ainda mais raro, se é que ocorre, entre animais diferentes. [Ver Doolittle, "Phylogenetic Classification and the Universal Tree", 2124–28; Hall, "Contribution of Horizontal Gene Transfer to the Evolution of *Saccharomyces cerevisiae*", 1102–15; Kondo, "Genome Fragment of *Wolbachia* Endosymbiont Transferred to X Chromosome of Host Insect", 14280–85.]

Outra explicação proposta para o conflito filogenético é chamada de atração de ramo longo, um artefato dos algoritmos filogenéticos, que resulta no agrupamento preferencial de linhagens relacionadas que divergiram rapidamente e então evoluíram separadamente por longos períodos de tempo. [Bergsten, "A Review of Long-Branch Attraction", 163–93.]

Outra causa proposta para a incongruência é um fenômeno chamado classificação de linhagem incompleta. Isso ocorre quando uma linhagem se divide e, em seguida, rapidamente se divide novamente para produzir três espécies filhas. Esta segunda divisão ocorre antes que o processo de classificação esteja completo (ou seja, o processo pelo qual uma espécie filha adquire gradualmente seu próprio conjunto único de variantes genéticas). Esse evento é seguido pela perda de uma variante aleatória por deriva genética, e isso pode fazer com que duas espécies se agrupem, o que de outra forma não aconteceria. Entretanto, esse processo apenas explica a incongruência filogenética entre espécies estreitamente relacionadas.

Embora algumas dessas explicações possam ser plausíveis em alguns casos, elas permanecem o que são: tentativas de explicar como dois genes ou características semelhantes poderiam ter surgido sem que esses genes ou características tivessem sido herdados de um ancestral comum. Assim, em cada caso, eles fornecem contraexemplos à premissa na qual toda reconstrução filogenética se baseia, isto é, que a similaridade é um indicador de ancestralidade comum.

Capítulo 7: Punk eek!

1. Notas da palestra, Paul Nelson, Universidade de Pittsburgh, 28-09-1983.

2. Gould e Eldredge, "Punctuated Equilibrium: The Tempo and Mode of Evolution Reconsidered", 147.

3. Gould e Eldredge, "Punctuated Equilibrium: The Tempo and Mode of Evolution Reconsidered", 115.

4. Eldredge, *The Pattern of Evolution*, 21.

5. Sepkoski, "'Radical' or 'Conservative'? The Origin and Early Reception of Punctuated Equilibrium", 301–25. Gould e Eldredge continuaram a oferecer trabalhos conjuntos elaborando

422 *Notas*

e refinando a teoria do equilíbrio pontuado até 1993. Ver Gould e Eldredge, "Punctuated Equilibrium Comes of Age", 223–27.

6. Como explicou a Academia Nacional de Ciências dos EUA, o equilíbrio pontuado procurou explicar a ausência de intermediários de transição, mostrando que "mudanças nas populações podem ocorrer muito rapidamente para deixar muitos fósseis de transição" (*Teaching About Evolution and the Nature of Science*, 57).

7. Embora Gould e Eldredge tenham formulado o equilíbrio pontuado vários anos antes dos estudos das evidências moleculares discutidas no Capítulo 6, sua teoria também poderia ajudar a explicar as histórias filogenéticas conflitantes discutidas ali também. Como Rokas, Krüger e Carroll mais tarde argumentariam ("Animal Evolution and the Molecular Signature of Radiations Compressed in Time"), se o processo evolutivo age com rapidez suficiente, deixando pouco tempo para que as diferenças se acumulem em marcadores moleculares importantes, então os biólogos devem esperar que os estudos filogenéticos gerem árvores conflitantes.

8. Sepkoski, "'Radical' or 'Conservative'?" 304.

9. Gould e Eldredge, "Punctuated Equilibrium Comes of Age"; Theobald, "Punctuated Equilibrium" ("O equilíbrio pontuado acendeu imediatamente uma controvérsia científica que ardeu desde então"); Bell, "Gould's Most Cherished Concept" ("Quer você concorde ou não com Gould que o equilíbrio pontuado se tornou a sabedoria convencional, ele certamente levou a um debate saudável sobre a suficiência da teoria neodarwiniana para explicar a macroevolução, a análise de sequências bioestratigráficas e a incorporação crescente de dados paleontológicos em teoria evolutiva"); Dawkins, *The Blind Watchmaker*, 240–41; Dennett, *Darwin's Dangerous Idea*, 282–99; Ridley, "The Evolution Revolution"; Gould, "Evolution: Explosion, Not Ascent"; Boffey, "100 Years after Darwin's Death, His Theory Still Evolves"; Gleick, "The Pace of Evolution"; Maynard Smith, "Darwinism Stays Unpunctured"; Levinton, "Punctuated Equilibrium"; Schopf, Hoffman e Gould, "Punctuated Equilibrium and the Fossil Record"; Lewin, "Punctuated Equilibrium Is Now Old Hat" (observando que "o teor do debate" sobre o equilíbrio pontuado "às vezes foi estridente"); Levinton, "Bryozoan Morphological and Genetic Correspondence"; Lemen e Freeman, "A Test of Macroevolutionary Problems with Neontological Data"; Charlesworth, Lande e Slatkin, "A Neo-Darwinian Commentary on Macroevolution"; Douglas e Avise, "Speciation Rates and Morphological Divergence in Fishes".

10. Rose, ed. *The Richness of Life: The Essential Stephen Jay Gould*, 6. Veja também Turner, "Why We Need Evolution by Jerks"; Rée, "Evolution by Jerks".

11. Sepkoski, "'Radical' or 'Conservative'?"

12. Para uma urna com 100 bolas, sendo 50 vermelhas e 50 azuis, a probabilidade de obter apenas bolas azuis ao tirar 50 bolas aleatoriamente da urna é dada pelas seguintes considerações:

Primeiro, só há uma maneira de selecionar apenas bolas azuis. Em segundo lugar, em geral, para uma urna com N bolas, existem C (N, k) maneiras diferentes de escolher k bolas entre esses N (com k maior ou igual a 0, mas menor ou igual a N). C (N, k) é igual a N! dividido pelo produto de k! e (N-k)!, onde o ponto de exclamação é lido como "fatorial" e é igual ao produto de todos os números menores ou iguais ao número em questão até 1. Assim, "seis fatoriais" = 6! = 6 x 5 x 4 x 3 x 2 x 1 = 720. Os fatoriais aumentam muito rapidamente, mais rápido do que os exponenciais. C (N, k) é lido "N escolha k".

Portanto, para o problema acima, o número total de maneiras de escolher 50 bolas específicas de 100 bolas, ignorando a cor, é C (100,50), que é igual a 100! dividido por 50! vezes 50! ou 100!/(50! x 50!).

Este número admite um cálculo exato, que pode ser expresso na Matemática da seguinte forma:

C(100,50) = 100,891,344,545,564,193,334,812,497,256 que é aproximadamente 1.00891×10^{29}.

Assim, a probabilidade de selecionar k bolas específicas de um total de N bolas é, naturalmente, o inverso desse número e pode ser destilada para a seguinte equação:

$$p = k! \times (N - k)!/N!$$

Notas 423

Aplicado a este problema, a probabilidade de selecionar aleatoriamente todas as 50 bolas azuis em uma coleção de 50 bolas azuis e 50 vermelhas é 1 dividido por C(100,50), ou aproximadamente 9.91165×10^{-30}.

13. Usando a mesma equação discutida na nota acima, a probabilidade de selecionar 4 bolas específicas de um total de 8 bolas é dada pela mesma seguinte equação: 4! x (8 - 4)!/8! = 1 em 70.

14. Gould e Eldredge, "Punctuated Equilibria: The Tempo and Mode of Evolution Reconsidered", 117.

15. Eldredge e Gould, "Punctuated Equilibria: An Alternative to Phyletic Gradualism", 84.

16. Lieberman e Vrba, "Stephen Jay Gould on Species Selection: 30 Years of Insight"; Gould, "The Meaning of Punctuated Equilibrium and Its Role in Validating a Hierarchical Approach to Macroevolution".

17. Gould, *The Structure of Evolutionary Theory*, 703. Como Gould e Eldredge também enfatizaram em outro lugar: "O principal insight para revisão [da teoria da evolução] sustenta que toda mudança evolutiva substancial deve ser reconcebida como classificação de nível superior com base no sucesso diferencial de certos tipos de espécies estáveis, em vez de transformação progressiva dentro das linhagens [ou seja, espécies]" ("Punctuated Equilibrium Comes of Age", 224).

18. Se a seleção natural atua sobre uma unidade maior de seleção, a espécie em vez do indivíduo, segue-se logicamente que a evolução ocorreria em saltos maiores e mais discretos. No entanto, Gould e Eldredge raramente enfatizavam essa implicação de sua concepção de seleção de espécies explicitamente, em vez disso destacando a especiação alopátrica como a principal razão para a descontinuidade fóssil. Stanley, entretanto, muitas vezes traçou uma conexão entre a atividade de seleção de espécies com um mecanismo de mudança evolutiva e descontinuidade fóssil. Como ele observou, "A validade das espécies como a unidade fundamental da evolução em grande escala depende da presença de descontinuidades entre muitas espécies na árvore da vida" (*Macroevolution*, 3).

19. Schopf, Introdução editorial a Eldredge e Gould, "Punctuated Equilibria: An Alternative to Phyletic Gradualism", 82; Stanley, *Macroevolution: Pattern and Process*, 3.

20. Valentine e Erwin, "Interpreting Great Developmental Experiments"; ver diagrama na pág. 92.

21. Valentine e Erwin observam que "as alianças de transição são desconhecidas ou não confirmadas para qualquer um dos filos [Cambrianos]", e ainda que "a explosão evolucionária perto do início do tempo Cambriano foi real e produziu vários [novos] planos corporais"("Interpreting Great Developmental Experiments", 84, 89).

22. Valentine e Erwin, "Interpreting Great Developmental Experiments", 96.

23. Gould e Eldredge, "Punctuated Equilibrium Comes of Age".

24. Gould e Eldredge, "Punctuated Equilibrium Comes of Age".

25. Schopf, Introdução editorial a Eldredge e Gould, "Punctuated Equilibria: An Alternative to Phyletic Gradualism", 84.

26. Foote argumentou que "dadas as estimativas de [a] completude [do registro fóssil], [b] duração média das espécies, [c] o tempo necessário para as transições evolutivas e [d] o número de [...] transições de nível superior, poderíamos obter uma estimativa do número de transições principais que devemos esperar ver no registro fóssil". Seu método forneceu uma maneira de avaliar, como ele coloca, "se o pequeno número de transições importantes documentadas fornece fortes evidências contra a evolução" ("On the Probability of Ancestors in the Fossil Record", 148). Porque as variáveis [a], [b] e [d] são razoavelmente bem estabelecidas, [c] o tempo necessário para mecanismos plausíveis para produzir transições macroevolutivas permanece como a variável crucial na análise de qualquer modelo evolutivo específico, incluindo equilíbrio pontuado. Se o tempo necessário para produzir uma grande mudança evolutiva é alto, como é para o mecanismo neodarwiniano de mudança, dadas as estimativas atuais de [a], [b] e [d], o neodarwinismo falha em explicar os dados do registro fóssil. Por outro lado, se uma teoria como o equilíbrio pontuado

424 *Notas*

pode identificar um mecanismo de ação rápido o suficiente, então ela poderia explicar a escassez de intermediários de transição.

27. Foote e Gould, "Cambrian and Recent Morphological Disparity", 1816.

28. Darwin, *On the Origin of Species*, 177.

29. Como Gould e Eldredge explicaram: "A maioria das mudanças evolutivas, argumentamos, está concentrada em eventos rápidos (muitas vezes geologicamente instantâneos) de especiação em pequenas populações isoladas perifericamente (a teoria da especiação alopátrica)" ("Punctuated Equilibria: The Tempo and Mode of Evolution Reconsidered", 116–17). Veja também Lewin, "Punctuated Equilibrium Is Now Old Hat".

30. Shu *et al.*, "Lower Cambrian Vertebrates from South China".

31. Dawkins, *The Blind Watchmaker*, 265.

32. Levinton, *Genetics, Paleontology, and Macroevolution*, 208.

33. Gould, *The Structure of Evolutionary Theory*, 710.

34. Charlesworth, Lande e Slatkin, "A Neo-Darwinian Commentary on Macroevolution", 493. Como David Jablonski concluiu em 2008, "A extensão e eficácia dos processos específicos [de seleção de espécies] permanecem pouco conhecidos" ("Species Selection", 501).

35. Gould, *The Structure of Evolutionary Theory*, 1005.

36. Gould, *The Structure of Evolutionary Theory*, 55, ênfase adicionada.

37. Gould e Eldredge, "Punctuated Equilibria: The Tempo and Mode of Evolution Reconsidered", 134.

38. Sepkoski, "'Radical' or 'Conservative'?" 307.

39. Sepkoski, "'Radical' or 'Conservative'?" 7.

40. Gould, "Is a New and General Theory of Evolution Emerging?" 120. Como seus colegas entenderam que Gould estava oferecendo uma teoria da macroevolução, muitos dos colegas científicos de Gould na época pensavam nele, como Sepkoski observa, como um "defensor ardente de uma visão radical (e talvez equivocada) da mudança evolutiva" ("'Radical' or 'Conservative'?" 302).

41. Sepkoski, "'Radical' or 'Conservative'?" 302.

42. Valentine e Erwin, "Interpreting Great Developmental Experiments", 96.

Capítulo 8: A explosão de informação cambriana

1. Bowler, *Theories of Human Evolution*, 44–50.

2. Vorzimmer, "Charles Darwin and Blending Inheritance", 371–90.

3. Jenkins, *Genetics*, 13–15.

4. Muller, "Artificial Transmutation of the Gene", 84–87.

5. Como Mayr e Provine colocaram, "Vários geneticistas [...] demonstraram que a variação aparentemente contínua é causada por fatores genéticos descontínuos [mutações] que obedecem às regras Mendelianas em seu modo de herança" (*The Evolutionary Synthesis*, 31).

6. Bowler, *Evolution: The History of an Idea*, 331–39.

7. Huxley, "The Evolutionary Vision", 249, 253.

8. Huxley, Citado em "'At Random': A Television Preview", 45.

9. Watson e Crick, "A Structure for Deoxyribose Nucleic Acids", 737–38.

10. Para uma demonstração animada, veja o breve vídeo "Journey Inside the Cell" no meu site em SignatureintheCell.com.

11. Valentine, "Late Precambrian Bilaterians".

12. Brocks *et al.*, "Archean Molecular Fossils and the Early Rise of Eukaryotes".

13. Grotzinger *et al.*, "Biostratigraphic and Geochronologic Constraints on Early Animal Evolution".

14. Ruppert *et al*, *Invertebrate Zoology*, 82.

Notas 425

15. Bowring *et al.*, "Calibrating Rates of Early Cambrian Evolution".
16. Valentine, *Origin of the Phyla*, 73.
17. Koonin, "How Many Genes Can Make a Cell?"
18. Gerhart e Kirschner, *Cells, Embryos, and Evolution*, 121; Adams *et al.*, "The Genome Sequence of *Drosophila melanogaster*"; veja também www.ncbi.nlm.nih.gov/ genome/?term=drosophila%20melanogaster (acessado em 1 de novembro de 2012).
19. Além disso, além de exigir uma grande quantidade de novas informações genéticas, construir um novo animal a partir de um organismo unicelular também requer uma maneira de organizar produtos genéticos, proteínas, em níveis mais elevados de organização, incluindo tipos de células, órgãos e planos corporais. Posteriormente, no Capítulo 14, discutirei a importância desses arranjos de nível superior e por que eles também constituem um tipo de informação, uma informação que, embora não seja armazenada apenas nos genes, ainda assim deve ser explicada.
20. Shannon, "A Mathematical Theory of Communication".
21. Para determinar quanta informação de Shannon está presente em qualquer sequência de caracteres, os cientistas da informação usam uma fórmula que converte medidas de probabilidade em medidas informativas usando uma função logarítmica negativa. Uma forma simples dessa equação pode ser expressa como $I = -\log_2 p$, na qual o sinal negativo indica a relação inversa entre probabilidade e informação.
22. Yockey, *Information Theory and Molecular Biology*, 110.
23. Shannon e Weaver, *The Mathematical Theory of Communication*, 8.
24. Schneider, "Information Content of Individual Genetic Sequences"; Yockey, *Information Theory and Molecular Biology*, 58–177.
25. O DNA claramente não transmite informações significativas no sentido de "conhecimento" transmitido e compreendido por um agente consciente, embora as sequências precisas de bases possam ser consideradas significativas no sentido de que são "significativas" para a função que o DNA executa. Claramente, no entanto, a maquinaria celular que usa e "lê" as informações no DNA para construir proteínas não é consciente. No entanto, informações semanticamente significativas, uma mensagem, cujo significado é compreendido por um agente consciente, representa apenas um tipo especial de informação funcional. E todas as sequências de caracteres contendo informações funcionais podem ser distinguidas das meras informações de Shannon, pois o arranjo preciso dos caracteres ou símbolos em tais sequências é importante para a função que desempenham.
26. Crick, "On Protein Synthesis", 144, 153. Veja também Sarkar, "Biological Information", 191.

Capítulo 9: Inflação combinatória

1. Eden, "Inadequacies of Neo-Darwinian Evolution as a Scientific Theory", 11.
2. A citação e o material histórico sobre o encontro de Genebra foram extraídos de G. R. Taylor, *Great Evolution Mystery*, 4.
3. Schützenberger, "Algorithms and the Neo-Darwinian Theory of Evolution", 73–75.
4. Schützenberger, "Algorithms and the Neo-Darwinian Theory of Evolution", 74–75.
5. Comentando sobre o simpósio trinta anos depois, em um artigo agora infame na revista *Commentary*, o matemático David Berlinski ampliou o argumento de Eden. Como ele explica, "Independentemente de como pode operar na vida, a aleatoriedade na linguagem é inimiga da ordem, uma forma de aniquilar o significado. E não apenas na linguagem, mas em qualquer sistema parecido com a linguagem" ("The Deniable Darwin").
6. King e Jukes, "Non-Darwinian Evolution", 788.
7. Eden, "Inadequacies of Neo-Darwinian Evolution as a Scientific Theory", 110.
8. Schützenberger, "Algorithms and the Neo-Darwinian Theory of Evolution", 74.
9. Ulam, "How to Formulate Mathematically Problems of Rate of Evolution", 21.

426 Notas

10. Eden, "Inadequacies of Neo-Darwinian Evolution as a Scientific Theory", 7.

11. Denton, *Evolution: A Theory in Crisis*, 309–11.

12. Maynard Smith, "Natural Selection and the Concept of a Protein Space".

13. Denton, *Evolution*, 324.

14. Reidhaar-Olson e Sauer, "Functionally Acceptable Substitutions in Two Alpha-Helical Regions of Lambda Repressor".

15. Yockey, "On the Information Content of Cytochrome C".

16. Yockey, "On the Information Content of Cytochrome C".

17. Behe, "Experimental Support for Regarding Functional Classes of Proteins", 66.

18. Lau e Dill, "Theory for Protein Mutability and Biogenesis".

19. Behe, "Experimental Support for Regarding Functional Classes of Proteins".

Capítulo 10: A origem dos genes e proteínas

1. Dawkins, *The Blind Watchmaker: Why the Evidence of Evolution Reveals a Universe Without Design*, 46–47.

2. Para uma crítica da simulação de Dawkins, consulte o Capítulo 13 do *Signature in the Cell*. Veja também Ewert, *et al.*, "Efficient Per Query Information Extraction from a Hamming Oracle", 290–97; Dembski, *No Free Lunch*, 181–216. Veja também Weasel Ware, Simulação Evolutiva em http://evoinfo.org/weasel.

3. Reidhaar-Olson e Sauer, "Functionally Acceptable Substitutions in Two Alpha-Helical Regions of Lambda Repressor", 315.

4. Cientistas de proteínas reconhecem um nível adicional de estrutura denominado estrutura quaternária. As estruturas quaternárias são formadas a partir de múltiplas dobras de proteínas, ou múltiplas proteínas inteiras.

5. Como Reidhaar-Olson e Sauer observam: "Em posições [de aminoácidos] que estão enterradas na estrutura, existem severas limitações no número e tipo de resíduos permitidos. Na maioria das posições de superfície, muitos resíduos de [aminoácidos] e tipos de resíduos diferentes são tolerados" ("Functionally Acceptable Substitutions in Two Alpha-Helical Regions of Lambda Repressor", 306).

6. Axe, "Extreme Functional Sensitivity to Conservative Amino Acid Changes on Enzyme Exteriors".

7. Dawkins, *Climbing Mount Improbable*.

8. Jensen, "Enzyme Recruitment in Evolution of New Function", 409–25.

9. Axe, "Extreme Functional Sensitivity to Conservative Amino Acid Changes on Enzyme Exteriors".

10. Axe, "Extreme Functional Sensitivity to Conservative Amino Acid Changes on Enzyme Exteriors", 585–96. O trabalho experimental que Axe realizou com a colega Ann Gauger, publicado em 2011, também confirmou esse resultado. Ver Gauger e Axe, "The Evolutionary Accessibility of New Enzyme Functions: A Case Study from the Biotin Pathway".

11. Axe, "Extreme Functional Sensitivity to Conservative Amino Acid Changes on Enzyme Exteriors".

12. As proteínas não dobradas também se prendem a outras entidades moleculares dentro da célula ou formam o que são chamados de *corpos de inclusão*, em ambos os casos impedindo a função adequada da proteína. Além disso, mesmo pequenas elevações de temperatura acelerarão o desdobramento de dobras de proteínas já desestabilizadas.

13. Os experimentos de Axe usando uma avaliação mais sensível para função mostraram a ele que mesmo a maioria das alterações de aminoácidos *individuais* diminuirá a função de uma proteína o suficiente para diminuir sua aptidão, mesmo nos casos em que tais alterações não eliminam totalmente a função.

Notas 427

14. Blanco, Angrand e Serrano, "Exploring the Conformational Properties of the Sequence Space Between Two Proteins with Different Folds: An Experimental Study". Como eles explicam, "Tanto os resíduos do núcleo hidrofóbico quanto os resíduos da superfície são importantes na determinação da estrutura das proteínas" (741).

15. A evolução neutra, neste contexto, refere-se a um processo que supostamente explica a origem de novos genes e proteínas funcionais de duplicatas de genes desencadeadas pela pressão da seleção. Um modelo neutro de evolução gênica é parte de uma teoria da evolução neutra mais ampla e geral proposta por Motoo Kimura em 1968. Como Long *et al.* explicam, o modelo de Kimura ajudou a "descrever como duplicatas de genes poderiam adquirir novas funções e, finalmente, ser preservadas em uma linhagem" ("The Origin of New Genes", 868). No entanto, o modelo de evolução neutra de Kimura tentou explicar fatos e fenômenos além de apenas a origem de novos genes. Assim, nem todo mundo que aceita um modelo neutro das origens do gene subscreve toda a teoria de Kimura. Kimura, *The Neutral Theory of Molecular Evolution*.

16. Matthew Hahn observa que "parece haver 4 mecanismos principais pelos quais o DNA é duplicado: (1) cruzamento desigual, (2) transposição duplicada (DNA), (3) retrotransposição e (4) poliploidização" ("Distinguishing Among Evolutionary Models for the Maintenance of Gene Duplicates", 606).

17. Axe, "Estimating the Prevalence of Protein Sequences Adopting Functional Enzyme Folds".

18. Dembski, *The Design Inference*, 175.

19. Michael Behe fez este cálculo em *The Edge of Evolution* com base em um artigo em *Proceedings of the National Academy of Sciences U.S.A.* que observou que aproximadamente 10^{30} procariontes são formados na Terra a cada ano. [Whitman, "Prokaryotes: The unseen majority", 6578–83.] Como os procariontes constituem a esmagadora maioria dos organismos, ele multiplicou esse número por 10^{10}, que é cerca de duas vezes o número de anos da idade da Terra. Isso permitiu a ele estimar o número total de organismos que viveram na Terra como "um pouco menos de 10^{40} células". Behe, *The Edge of Evolution*, 64.

20. Bowring *et al.*, "Calibrating Rates of Early Cambrian Evolution"; "A New Look at Evolutionary Rates in Deep Time"; "Geochronology Comes of Age"; Kerr, "Evolution's Big Bang Gets Even More Explosive"; Monastersky, "Siberian Rocks Clock Biological Big Bang".

21. Ohno, "The Notion of the Cambrian Pananimalia Genome".

22. Dembski, *The Design Inference*, 175–223. Dembski frequentemente usa a figura 1 em 10^{150} como seu limite de probabilidade universal, mas esta figura deriva de Dembski arredondando o expoente na figura que ele realmente calcula. Veja minha discussão sobre a derivação da probabilidade universal de Dembski encontrada em *Signature in the Cell*, Capítulo 10.

23. Dawkins, *The Blind Watchmaker*, 139.

Capítulo 11: Assumir um gene

1. Stephen C. Meyer, "The Origin of Biological Information and the Higher Taxonomic Categories".

2. Para discussões detalhadas dos fatos do caso Sternberg, ver "Smithsonian Controversy", www.richardsternberg.com/smithsonian.php; Carta do Escritório de Conselho Especial dos EUA (2005) em www.discovery.org/f/1488; Comitê de Reforma do Governo da Câmara dos Representantes dos Estados Unidos, relatório da equipe do Subcomitê, "Intolerance and the Politicization of Science at the Smithsonian" (dezembro de 2006), em www.discovery.org/f/1489; Apêndice, Comitê de Reforma do Governo da Câmara dos Representantes dos Estados Unidos, relatório da equipe do Subcomitê (dezembro de 2006) em www.discovery.org/f/1490.

3. Ver Holden, "Defying Darwin"; Giles, "Peer-Review Paper Defends Theory of Intelligent Design", 114; Agres, "Smithsonian 'Discriminated' Against Scientist"; Stokes, "... And Smithsonian Has ID Troubles"; Monastersky, "Society Disowns Paper Attacking Darwinism".

428 *Notas*

4. Powell, "Controversial Editor Backed"; Klinghoffer, "The Branding of a Heretic".

5. Hagerty, "Intelligent Design and Academic Freedom".

6. Ver www.talkreason.org/AboutUs.cfm.

7. Gishlick, Matzke e Elsberry, "Meyer's Hopeless Monster", www.talkreason.org/AboutUs.cfm.

8. Jones, *Kitzmiller et al. v. Dover Area School District*.

9. Matzke e Gross, "Analyzing Critical Analysis", 42.

10. Matzke e Gross, "Analyzing Critical Analysis", 42.

11. Matzke e Gross, "Analyzing Critical Analysis", 42.

12. Ver Capítulo 10, nº 15, para os quatro principais mecanismos pelos quais o DNA é duplicado.

13. Por exemplo, ver Zhen *et al.*, "Parallel Molecular Evolution in an Herbivore Community"; Li *et al.*, "The Hearing Gene Prestin Unites Echolocating Bats and Whales"; Jones, "Molecular Evolution"; Christin, Weinreich e Bresnard, "Causes and Evolutionary Significance of Genetic Convergence"; Rokas e Carroll, "Frequent and Widespread Parallel Evolution of Protein Sequences". De acordo com Dávalos e colegas, "Análises aprofundadas de genes específicos no contexto de filogenias multilocus também mostraram que a evolução adaptativa que leva à convergência, antes considerada extremamente rara, é tanto uma fonte de conflito entre árvores de genes quanto é entre filogenias morfológicas e moleculares" ("Understanding Phylogenetic Incongruence", 993).

14. Shen *et al.*, "Parallel Evolution of Auditory Genes for Echolocation in Bats and Toothed Whales"; Li *et al.*, "The Hearing Gene Prestin Unites Echolocating Bats and Whales"; Jones, "Molecular Evolution".

15. Khalturin *et al.*, "More Than Just Orphans"; Merhej e Raoult, "Rhizome of Life, Catastrophes, Sequence Exchanges, Gene Creations, and Giant Viruses"; Beiko, "Telling the Whole Story in a 10,000-Genome World".

16. Suen *et al.*, "The Genome Sequence of the Leaf-Cutter Ant *Atta cephalotes* Reveals Insights into Its Obligate Symbiotic Lifestyle" ("Também encontramos 9.361 proteínas exclusivas de *A. cephalotes*, representando mais da metade de seu proteoma previsto", 5). Veja também Smith *et al.*, "Draft genome of the Globally Widespread and Invasive Argentine Ant (*Linepithema humile*)" ("Um total de 7.184 genes (45%) eram exclusivos de *L. humile* em relação a essas três outras espécies", 2).

17. Tautz e Domazet-Lošo, "The Evolutionary Origin of Orphan Genes"; Beiko, "Telling the Whole Story in a 10,000-Genome World"; Merhej e Raoult, "Rhizome of Life, Catastrophes, Sequence Exchanges, Gene Creations, and Giant Viruses".

18. Lyell, *Principles of Geology*.

19. Ver Pray e Zhaurova, "Barbara McClintock and the Discovery of Jumping Genes (Transposons)".

20. Long *et al.*, "The Origin of New Genes", 867.

21. Nurminsky *et al.*, "Selective Sweep of a Newly Evolved Sperm-Specific Gene in *Drosophila*", 574.

22. Chen, DeVries e Cheng, "Evolution of Antifreeze Glycoprotein Gene from a Trypsinogen Gene in Antarctic Notothenioid Fish", 3816.

23. Courseaux e Nahon, "Birth of Two Chimeric Genes in the *Hominidae* Lineage".

24. Knowles e McLysaght, "Recent de Novo Origin of Human Protein-Coding Genes".

25. Wu, Irwin e Zhang, "De Novo Origin of Human Protein-Coding Genes".

26. Guerzoni e McLysaght, "De Novo Origins of Human Genes"; veja também Wu, Irwin e Zhang, "De Novo Origin of Human Protein-Coding Genes".

27. Siepel, "Darwinian Alchemy".

28. Siepel, "Darwinian Alchemy".

29. Siepel, "Darwinian Alchemy".

Notas 429

30. Como observa Siepel, "Essas aparentes origens *de novo* de genes levantam a questão de como a evolução por seleção natural pode produzir genes funcionais a partir do DNA não codificador. Embora um único gene não seja tão complexo quanto um órgão completo, como um olho ou mesmo uma pena, ele ainda tem uma série de requisitos não triviais de funcionalidade, por exemplo, um ORF [um quadro de leitura aberto], uma proteína codificada que serve algum propósito útil, um promotor capaz de iniciar a transcrição e presença em uma região de estrutura de cromatina aberta que permite que a transcrição ocorra. Como todas essas peças se encaixaram nos processos aleatórios de mutação, recombinação e deriva neutra [...] ?" ("Darwinian Alchemy").

31. Claro, pode-se argumentar que os processos mutacionais que Long invoca para explicar a origem de novos genes a partir de cassetes preexistentes de informação genética explicam a origem da informação nesses cassetes em primeiro lugar. Essa visão sugeriria que os cenários que Long cita não tanto imploram pela questão, mas geram um regresso de explicação que termina com a origem final da informação biológica no ponto da origem da primeira vida. Essa visão implica que, embora a origem final da informação biológica e a questão intimamente associada da primeira origem da vida possam permanecer um mistério, os processos que Long cita são responsáveis por todos os aumentos informacionais subsequentes durante o curso da evolução biológica. Mas essa visão ainda não explica como o embaralhamento de cassetes de informação preexistentes gera os arranjos específicos dos personagens que compõem esses cassetes.

32. Zhang, Zhang e Rosenberg, "Adaptive Evolution of a Duplicated Pancreatic Ribonuclease Gene in a Leaf-Eating Monkey". Os genes que codificam essas duas proteínas diferem em 12 nucleotídeos em suas sequências de codificação. Essas diferenças de nucleotídeos produzem duas proteínas que diferem uma da outra em sua eletronegatividade geral. Essa diferença, por sua vez, permite que a proteína *RNASE1B* opere a um pH ligeiramente mais baixo do que a outra proteína, *RNASE1*. Como outros primatas têm apenas a proteína *RNASE1*, Zhang, Zhang e Rosenberg levantam a hipótese de que a evolução desse segundo gene e proteína deu aos indivíduos da espécie de macaco uma vantagem seletiva. Para explicar a origem do segundo gene, eles postulam um gene ancestral comum, um evento de duplicação de genes e o acúmulo de diferentes mutações na cópia duplicada (o *RNASE1B*) ao longo do tempo.

33. Neste estudo ("Adaptive Evolution of Cid, a Centromere-Specific Histone in Drosophila"), Malik e Henikoff afirmam que "a evolução adaptativa ocorreu nas linhagens de *D. melanogaster* e *D. simulans* desde sua separação de um ancestral comum". Eles baseiam essa inferência em uma análise da proporção de mutações "sinônimas" e "não sinônimas" nos genomas desses organismos. O estudo descobriu que muitas das diferenças/mutações nas sequências de bases de nucleotídeos mudaram a sequência de aminoácidos (chamadas de mutações "não sinônimas"), enquanto outras não (chamadas de mutações sinônimas ou "silenciosas"). Uma porcentagem maior dessas diferenças alterou a sequência de aminoácidos do que seria esperado da evolução neutra sozinha, levando os autores a inferir que "a evolução adaptativa ocorreu nas linhagens de *D. melanogaster* e *D. simulans* desde sua separação de um ancestral comum". Uma vez que algumas dessas diferenças existem na região da proteína que se liga ao cromossomo, elas podem ter afetado a capacidade de ligação funcional da proteína. Mas os autores do artigo não identificam nenhum efeito funcional específico dessas diferenças de aminoácidos e baseiam sua alegação de "forte evidência para a evolução adaptativa de Cid" apenas em comparações dos números relativos de um punhado de diferenças sinônimas e não sinônimas entre os genes.

34. Enard *et al.*, "Molecular Evolution of *FOXP2*, a Gene Involved in Speech and Language"; Zhang, Webb e Podlaha, "Accelerated Protein Evolution and Origins of Human-Specific Features".

35. Enard *et al.*, "Molecular Evolution of *FOXP2*, a Gene Involved in Speech and Language".

36. Long *et al.*, "The Origin of New Genes", 866.

37. Darnell e Doolittle, "Speculations on the Early Course of Evolution"; Hall, Liu e Shub, "Exon Shuffling by Recombination Between Self-Splicing Introns of Bacteriophage T4"; Rogers, "Split-Gene Evolution"; Gilbert, "The Exon Theory of Genes"; Doolittle *et al.*, "Relationships of Human Protein Sequences to Those of Other Organisms".

430   *Notas*

38. Por exemplo, Arli A. Parikesit e colegas observam que "embora haja uma correlação estatisticamente significativa entre os limites do domínio da proteína e os limites do éxon, cerca de dois terços dos domínios da proteína anotados são interrompidos por, pelo menos, um íntron e, em média, um domínio contém 3 ou 4 íntrons" ("Quantitative Comparison of Genomic-Wide Protein Domain Distributions", 96–97; citações internas omitidas).

39. Gauger, "Why Proteins Aren't Easily Recombined".

40. Axe, "The Limits of Complex Adaptation". Veja também Voigt *et al.*, "Protein Building Blocks Preserved by Recombination".

41. O embaralhamento experimental de genes provou ser frutífero apenas quando os genes parentais são altamente semelhantes. Ver He, Friedman, e Bailey-Kellogg, "Algorithms for Optimizing Cross-Overs in DNA Shuffling".

42. Em 2012, um grupo de pesquisa da Universidade de Washington relatou sucesso em projetar algumas dobras de proteínas estáveis usando algumas regras, muita análise computacional e tentativa e erro (apenas 10% das proteínas projetadas dobraram como previsto). Embora essas proteínas formem dobras estáveis, elas não desempenham nenhuma função biológica real. Os pesquisadores reconhecem que é provável que haja uma troca entre estabilidade e funcionalidade nas proteínas naturais. Resta saber se esses métodos de engenharia de sequência podem criar dobras estáveis, capazes de atividade enzimática. O que essa pesquisa destaca é a extrema dificuldade de projetar de forma inteligente uma proteína estável *e* funcional do zero, mesmo com as melhores mentes e recursos computacionais trabalhando no problema. Há, portanto, poucos motivos para pensar que o processo não guiado de embaralhamento de éxon poderia gerar uma proteína estável e funcional. Ver Nobuyasu *et al.*, "Principles for Designing Ideal Protein Structures"; Marshall, "Proteins Made to Order".

43. Altamirano *et al.*, "Directed Evolution of New Catalytic Activity Using the Alpha/Beta-Barrel Scaffold". Veja também Altamirano *et al.*, "Retraction: Directed Evolution of New Catalytic Activity Using the Alpha/Beta-Barrel Scaffold".

44. Gauger, "Why Proteins Aren't Easily Recombined".

45. Axe, "The Case Against Darwinian Origin of Protein Folds".

46. Ver, por exemplo, Long e Langley, "Natural Selection and the Origin of *Jingwei,* a Chimeric Processed Functional Gene in *Drosophila*"; Wang *et al.*, "Origin of *Sphinx,* a Young Chimeric RNA Gene in *Drosophila melanogaster*"; Begun, "Origin and Evolution of a New Gene Descended from Alcohol Dehydrogenase in *Drosophila*".

47. Long *et al.*, "Exon Shuffling and the Origin of the Mitochondrial Targeting Function in Plant Cytochrome cl Precursor".

48. Long et al., "The Origin of New Genes". Veja também Begun, "Origin and Evolution of a New Gene Descended from Alcohol Dehydrogenase in *Drosophila*".

49. Nurminsky *et al.*, "Selective Sweep of a Newly Evolved Sperm-Specific Gene in *Drosophila*".

50. Nurminsky *et al.*, "Selective Sweep of a Newly Evolved Sperm-Specific Gene in *Drosophila*".

51. Brosius, "The Contribution of RNAs and Retroposition to Evolutionary Novelties".

52. Begun, "Origin and Evolution of a New Gene Descended from Alcohol Dehydrogenase in *Drosophila*".

53. Begun, "Origin and Evolution of a New Gene Descended from Alcohol Dehydrogenase in *Drosophila*".

54. Artigos citados por Long em que a seleção natural foi invocada, embora a função do gene e, portanto, a função sendo selecionada fosse desconhecida incluem Begun, "Origin and Evolution of a New Gene Descended from Alcohol Dehydrogenase in *Drosophila*"; Long e Langley, "Natural Selection and the Origin of Jingwei, a Chimeric Processed Functional Gene in *Drosophila*"; e Johnson *et al.*, "Positive Selection of a Gene Family During the Emergence of Humans and African Apes".

55. Logsdon e Doolittle, "Origin of Antifreeze Protein Genes".

Notas   431

56. Courseaux e Nahon, "Birth of Two Chimeric Genes in the *Hominidae* Lineage".

57. Paulding, Ruvolo e Haber, "The *Tre2* (*USP6*) Oncogene Is a Hominoid-Specific Gene".

58. Chen, DeVries e Cheng, "Convergent Evolution of Antifreeze Glycoproteins in Antarctic Notothenioid Fish and Arctic Cod".

59. Logsdon e Doolittle, "Origin of Antifreeze Protein Genes".

60. Johnson *et al.*, "Positive Selection of a Gene Family During the Emergence of Humans and African Apes".

61. Ver Nurminsky *et al.*, "Selective Sweep of a Newly Evolved Sperm-Specific Gene in *Drosophila*"; Chen, DeVries e Cheng, "Evolution of Antifreeze Glycoprotein Gene from a Trypsinogen Gene in Antarctic Notothenioid Fish"; Courseaux e Nahon, "Birth of Two Chimeric Genes in the *Hominidae* Lineage"; Knowles e McLysaght, "Recent de Novo Origin of Human Protein-Coding Genes"; Wu, Irwin, e Zhang, "De Novo Origin of Human Protein-Coding Genes"; Siepel, "Darwinian Alchemy".

Capítulo 12: Adaptações complexas e a matemática neodarwiniana

1. Frazzetta, "From Hopeful Monsters to Bolyerine Snakes?" 62–63.

2. Frazzetta, "From Hopeful Monsters to Bolyerine Snakes?" 63.

3. Gould, "Return of the Hopeful Monsters", 28.

4. Frazzetta, "From Hopeful Monsters to Bolyerine Snakes?" 63.

5. Frazzetta, *Complex Adaptations in Evolving Populations*, 20.

6. Como Darwin escreveu em *A Origem*, "Se devemos comparar o olho a um instrumento óptico, devemos na imaginação pegar uma espessa camada de tecido transparente, com um nervo sensível à luz por baixo, e então supor que cada parte desta camada esteja mudando contínua e lentamente em densidade, de modo a separar em camadas de diferentes densidades e espessuras, colocadas a diferentes distâncias umas das outras, e com as superfícies de cada camada mudando lentamente de forma" (188–89).

7. Frazzetta, *Complex Adaptations in Evolving Populations*, 21.

8. Frazzetta, "Modeling Complex Morphological Change in Evolution", 129.

9. Frazzetta, "Modeling Complex Morphological Change in Evolution", 130.

10. Ehrlich e Holm, *The Process of Evolution*, 157.

11. Até um famoso experimento realizado por Oswald Avery, do Rockefeller Institute, em 1944, muitos biólogos ainda suspeitavam que as proteínas poderiam realmente ser os repositórios de informações genéticas. Meyer, *Signature in the Cell*, 66. Avery, MacCleod e McCarty, "Induction of Transformation by a Deoxyribonucleic Acid Fraction Isolated from Pneumococcus Type III".

12. Bateson, "Heredity and Variation in Modern Lights", 83–84.

13. Withgott, "John Maynard Smith Dies".

14. Salisbury, "Natural Selection and the Complexity of the Gene", 342–43.

15. Maynard Smith, "Natural Selection and the Concept of a Protein Space", 564.

16. Como Maynard Smith escreve na *Nature*: "Se a evolução por seleção natural deve ocorrer, as proteínas funcionais devem formar uma rede contínua que pode ser percorrida por etapas mutacionais unitárias sem passar por intermediários não funcionais" ("Natural Selection and the Concept of a Protein Space", 564).

17. Maynard Smith, "Natural Selection and the Concept of a Protein Space", 564, ênfase adicionada.

18. Maynard Smith, "Natural Selection and the Concept of a Protein Space", 564.

19. Orr, "The Genetic Theory of Adaptation", 123.

20. Behe e Snoke, "Simulating Evolution by Gene Duplication of Protein Features That Require Multiple Amino Acid Residues".

21. Wen-Hsiung, *Molecular Evolution*, 427

432   *Notas*

22. Wen-Hsiung, *Molecular Evolution*, 427.

23. Behe, *The Edge of Evolution*, 54.

24. "Powerball—Prizes and Odds", Powerball, http://www.powerball.com/powerball/pb_prizes.asp.

25. "Powerball—Prizes and Odds", Powerball, http://www.powerball.com/powerball/pb_prizes.asp.

26. Behe e Snoke, "Simulating Evolution by Gene Duplication of Protein Features That Require Multiple Amino Acid Residues", 2661.

27. Lynch e Conery, "The Origins of Genome Complexity", 1401–02.

28. Behe e Snoke, "Simulating Evolution by Gene Duplication of Protein Features That Require Multiple Amino Acid Residues", 2661.

29. Para o propósito do argumento de Behe, não importava se as mutações envolvidas em um *único* traço CCC surgiram de forma gradual ou coordenada. Behe não estava *calculando* quanto tempo levaria para um único traço CCC surgir. Que a resistência à cloroquina surge apenas uma vez em cada 10^{20} células da malária foi um fato empírico observado com base em estudos de saúde pública, não um cálculo de tempos de espera com base em um modelo de genética populacional. [Ver White, "Antimalarial Drug Resistance", 1085.] O que Behe estava *calculando* era quanto tempo levaria para surgir um traço *hipotético* que exigisse duas mutações coordenadas, cada uma da complexidade de um único CCC, para funcionar, o que ele chamou de "duplo CCC". Se a geração de um único CCC exigia ou não mutações coordenadas era irrelevante. Esse aspecto de seu argumento foi mal compreendido por seus críticos. [Ver Miller, "Falling Over the Edge", 1055–56; Gross, "Design for Living", 73; Coyne, "The Great Mutator (Review of *The Edge of Evolution*, by Michael J. Behe)", 40–42; Nicholas J. Matzke, "The Edge of Creationism", 566–67.] É importante notar que, embora o cálculo de Behe fosse para um traço hipotético, ele argumentou em bases biológicas independentes que "a vida está explodindo" (63) com características que exigiriam o surgimento de um duplo CCC.

30. Behe, *The Edge of Evolution*, 135.

31. Isso pressupõe que cada um desses organismos estaria sob seleção para aquele traço específico, uma suposição completamente irreal.

32. Durrett e Schmidt, "Waiting for Two Mutations", 1507.

33. Behe, *The Edge of Evolution*, 84–102.

34. Gauger e Axe, "The Evolutionary Accessibility of New Enzyme Functions: A Case Study from the Biotin Pathway".

35. Gauger *et al.*, "Reductive Evolution Can Prevent Populations from Taking Simple Adaptive Paths to High Fitness"; Durrett e Schmidt, "Waiting for Two Mutations".

Capítulo 13: A origem dos planos corporais

1. Nüsslein-Volhard e Wieschaus, "Mutations Affecting Segment Number and Polarity"; Wieschaus, "From Molecular Patterns to Morphogenesis". Como ele comenta: "Se a transcrição de um gene era essencial para o desenvolvimento embrionário, embriões homozigotos [ou seja, aqueles que faltam as duas cópias do gene] deveriam se desenvolver anormalmente quando aquele gene foi eliminado. Com base nesses defeitos, deveria ser possível reconstruir o papel normal de cada gene" (316).

2. St. Johnston, "The Art and Design of Genetic Screens", 177.

3. Citações registradas em notas contemporâneas feitas pelo filósofo da biologia Paul Nelson, que esteve presente nesta palestra.

4. Citações registradas em notas contemporâneas feitas pelo filósofo da biologia Paul Nelson, que esteve presente nesta palestra.

5. Arthur, *The Origin of Animal Body Plans*, 21; Cameron *et al.*, "Evolution of the Chordate Body Plan: New Insights from Phylogenetic Analyses of Deuterostome Phyla"; Michael,

Notas 433

"Arthropods: Developmental Diversity Within a (Super) Phylum"; Peterson e Davidson, "Regulatory Evolution and the Origin of the Bilaterians"; Carroll, "Endless Forms: The Evolution of Gene Regulation and Morphological Diversity"; Halder *et al.*, "Induction of Ectopic Eyes by Targeted Expression of the *Eyeless* Gene in *Drosophila*".

6. Arthur, *The Origin of Animal Body Plans*, 21.
7. Van Valen, "How Do Major Evolutionary Changes Occur?" 173.
8. Thomson, "Macroevolution", 111.
9. John e Miklos, *The Eukaryote Genome in Development and Evolution*, 309.
10. Thomson, "Macroevolution".
11. Ver, por exemplo, a edição especial de *Development* (dezembro de 1996) dedicada à mutagênese em grande escala do modelo vertebrado *Danio rerio* (o peixe bandeirinha), especialmente Haffter *et al.*, "The Identification of Genes with Unique and Essential Functions in the Development of the Zebrafish, *Danio rerio*"; ou os muitos experimentos de mutagênese em mosca-das-frutas resumidos em Bate e Arias, eds., *The Development of Drosophila melanogaster*. Resumindo as evidências de uma ampla gama de sistemas animais, Wallace Arthur escreve: "Esses genes que controlam os principais processos de desenvolvimento iniciais estão envolvidos no estabelecimento do plano básico corporal. As mutações nesses genes geralmente são extremamente desvantajosas, e é concebível que sejam *sempre assim*" (*The Origin of Animal Body Plans*, 14, ênfase no original). Arthur continua especulando que, como os genes reguladores do desenvolvimento frequentemente diferem entre os filos, talvez "as mutações desses genes às vezes sejam vantajosas" (15). Ele não oferece nenhuma evidência para tais mutações, entretanto, exceto como uma dedução de sua suposição anterior de descendência comum.
12. Fisher, *The Genetical Theory of Natural Selection*, 44.
13. Wallace, "Adaptation, Neo-Darwinian Tautology, and Population Fitness", 70.
14. Nüsslein-Volhard e Wieschaus, "Mutations Affecting Segment Number and Polarity in *Drosophila*"; Lawrence e Struhl, "Morphogens, Compartments and Pattern".
15. Van Valen, "How Do Major Evolutionary Changes Occur?" 173.
16. McDonald, "The Molecular Basis of Adaptation", 93.
17. McDonald, "The Molecular Basis of Adaptation", 93.
18. Wimsatt, "Generativity, Entrenchment, Evolution, and Innateness: Philosophy, Evolutionary Biology, and Conceptual Foundations of Science"; Wimsatt e Schank, "Generative Entrenchment, Modularity and Evolvability: When Genic Selection Meets the Whole Organism".
19. Nelson observa que há uma exceção digna de nota a essa generalização: a *perda* de estruturas. Uma ampla gama de casos bem documentados, incluindo animais de cavernas, pássaros e insetos de ilhas e peixes marinhos e de água doce, mostra que muitos animais vão tolerar, ou realmente prosperar, depois de perder características para a mutação, desde que essas características não sejam essenciais para sobrevivência em algum ambiente especializado. Por exemplo, macromutações que resultam em perda de visão não tiveram efeitos deletérios em algumas espécies de peixes de cavernas agora cegos que não precisam mais ver. Da mesma forma, macromutações que interrompem a formação de asas em um inseto, normalmente devastadoras em um ambiente onde asas funcionais são equipamentos essenciais, podem muito bem ser toleradas em um cenário de ilha onde essa espécie não precisa voar. Os processos que geram essas exceções, entretanto, não ajudam a explicar a *origem* da forma como ocorre na explosão Cambriana. Claramente, os processos que resultam em uma perda de forma e estrutura não podem ser invocados com credibilidade para explicar a origem da forma e da estrutura em primeiro lugar.
20. Darwin, *On the Origin of Species*, 108.
21. Løvtrup, "Semantics, Logic and Vulgate Neo-Darwinism", 162.
22. Britten e Davidson, "Gene Regulation for Higher Cells", 57.

434   *Notas*

23. Britten e Davidson, "Gene Regulation for Higher Cells", 57. Uma exceção a essa regra são as células chamadas "eritrócitos" em humanos.

24. Britten e Davidson, "Gene Regulation for Higher Cells", 57.

25. Britten e Davidson, "Gene Regulation for Higher Cells", 353.

26. Cameron *et al.*, "A Sea Urchin Genome Project", 9514.

27. Oliveri, Tu e Davidson, "Global Regulatory Logic for Specification of an Embryonic Cell Lineage".

28. Davidson, *The Regulatory Genome*, 16.

29. Davidson, *The Regulatory Genome*, 16.

30. Davidson, "Evolutionary Bioscience as Regulatory Systems Biology", 38.

31. Davidson, "Evolutionary Bioscience as Regulatory Systems Biology", 40, ênfase adicionada.

32. Como explica Davidson, "a interferência com a expressão de qualquer [dGRNs multiplamente ligados] por mutação ou manipulação experimental tem efeitos graves na fase de desenvolvimento que eles iniciam. Isso acentua a conservação seletiva de todo o subcircuito, *sob pena de uma catástrofe de desenvolvimento*" (Davidson e Erwin, "An Integrated View of Precambrian Eumetazoan Evolution", 8).

33. Davidson, *The Regulatory Genome*, 195.

34. Davidson, "Evolutionary Bioscience as Regulatory Systems Biology", 35–36.

Capítulo 14: A revolução epigenética

1. Spemann e Mangold, "Induction of Embryonic Primordia by Implantation of Organizers from a Different Species".

2. Harvey, "Parthenogenetic Merogony or Cleavage Without Nuclei in *Arbacia punctulata*"; "A Comparison of the Development of Nucleate and Non-nucleate Eggs of *Arbacia punctulata*".

3. Brachet, Denis e De Vitry, "The Effects of Actinomycin D and Puromycin on Morphogenesis in Amphibian Eggs and *Acetabularia mediterranea*".

4. Masui, Forer e Zimmerman, "Induction of Cleavage in Nucleated and Enucleated Frog Eggs by Injection of Isolated Sea-Urchin Mitotic Apparatus".

5. Müller e Newman, "Origination of Organismal Form", 8.

6. Müller e Newman, "Origination of Organismal Form", 8.

7. Müller e Newman, "Origination of Organismal Form", 7.

8. Müller e Newman, "Origination of Organismal Form", 7. Ou, como Müller também explica, a questão de como "elementos de construção individualizados" são organizados durante "a evolução da forma do organismo" "não é respondida satisfatoriamente pelas teorias evolutivas atuais"; Müller, "Homology", 57–58.

9. Levinton, *Genetics, Paleontology, and Macroevolution*, 485.

10. Em 1942, Conrad Waddington cunhou a palavra "epigenética" para se referir ao estudo dos "processos envolvidos no mecanismo pelo qual os genes do genótipo produzem efeitos fenotípicos" ("The Epigenotype", 1). Alguns biólogos mais recentes usaram-no para se referir a informações em estruturas cromossômicas que não dependem da sequência de DNA subjacente. Vou usá-lo para me referir a qualquer informação biológica que não esteja codificada em uma sequência de DNA.

11. Goodwin, "What Are the Causes of Morphogenesis?"; Nijhout, "Metaphors and the Role of Genes in Development"; Sapp, *Beyond the Gene*; Müller e Newman, "Origination of Organismal Form"; Brenner, "The Genetics of Behaviour"; Harold, *The Way of the Cell*.

12. Harold, *The Way of the Cell*, 125.

13. Harold, "From Morphogenes to Morphogenesis", 2774; Moss, *What Genes Can't Do*. Claro, muitas proteínas se ligam quimicamente umas às outras para formar complexos e estruturas dentro das células. No entanto, essas propriedades "auto-organizacionais" não são totalmente

Notas 435

responsáveis por níveis mais elevados de organização em células, órgãos ou planos corporais. Ou, como Moss explicou, "nem o DNA nem qualquer outro cristal aperiódico constituem um repositório único de estabilidade hereditária na célula; além disso, a química do estado sólido não constitui uma base única, nem mesmo ontológica ou causalmente privilegiada, para explicar a existência e a continuidade da ordem no mundo vivo..." Moss, *What Genes Can't Do*, 76.

14. Wells, "Making Sense of Biology", 121.

15. Harold, *The Way of the Cell*, 125.

16. Ally *et al.*, "Opposite-Polarity Motors Activate One Another to Trigger Cargo Transport in Live Cells"; Gagnon e Mowry, "Molecular Motors".

17. Marshall e Rosenbaum, "Are There Nucleic Acids in the Centrosome?"

18. Poyton, "Memory and Membranes"; Edidin, "Patches, Posts and Fences".

19. Frohnhöfer e Nüsslein-Volhard, "Organization of Anterior Pattern in the *Drosophila* Embryo by the Maternal Gene *Bicoid*"; Lehmann e Nüsslein-Volhard, "The Maternal Gene *Nanos* Has a Central Role in Posterior Pattern Formation of the *Drosophila* Embryo".

20. Roth e Lynch, "Symmetry Breaking During *Drosophila* Oogenesis".

21. Skou, "The Identification of the Sodium-Pump as the Membrane-Bound Na^+/K^+-ATPase".

22. Levin, "Bioelectromagnetics in Morphogenesis".

23. Shi e Borgens, "Three-Dimensional Gradients of Voltage During Development".

24. Schnaar, "The Membrane Is the Message", 34–40.

25. Schnaar, "The Membrane Is the Message", 34–40; Gabius *et al.*, "Chemical Biology of the Sugar Code", 740–764; Gabius, "Biological Information Transfer Beyond the Genetic Code: The Sugar Code", 108–121.

26. Gabius *et al.*, "Chemical Biology of the Sugar Code", 741. Veja também Gabius, "Biological Information Transfer Beyond the Genetic Code: The Sugar Code", 108–21.

27. Gabius, "Biological Information Transfer Beyond the Genetic Code", 109; Gabius *et al.*, "Chemical Biology of the Sugar Code", 741.

28. Spiro, "Protein Glycosylation".

29. Palade, "Membrane Biogenesis".

30. Babu, Kriwacki, e Pappu, "Versatility from Protein Disorder"; Uversky e Dunker, "Understanding Protein Non-Folding"; Fuxreiter e Tompa, "Fuzzy Complexes".

31. Wells, "Making Sense of Biology: The Evidence for Development by Design", 121.

32. McNiven e Porter, "The Centrosome".

33. Lange *et al.*, "Centriole Duplication and Maturation in Animal Cells"; Marshall e Rosenbaum, "Are There Nucleic Acids in the Centrosome?"

34. Sonneborn, "Determination, Development, and Inheritance of the Structure of the Cell Cortex", 1–13; Frankel, "Propagation of cortical differences in *tetrahymena*", 607–623; Nanney, "The ciliates and the cytoplasm", 163–170.

35. Moss, *What Genes Can't Do*.

36. Harold, "From Morphogenes to Morphogenesis", 2767.

37. Ver Müller e Newman, "The Origination of Organismal Form", 7.

38. Thomson, "Macroevolution", 107.

39. Miklos, "Emergence of Organizational Complexities During Metazoan Evolution".

40. Gilbert, Opitz e Raff, "Resynthesizing Evolutionary and Developmental Biology", 361. A citação de Brian Goodwin é de *How the Leopard Changed Its Spots*.

41. Gilbert, Opitz, e Raff, "Resynthesizing Evolutionary and Developmental Biology". Especificamente, eles argumentam que mudanças nos campos morfogenéticos podem produzir mudanças em grande escala nos programas de desenvolvimento e, em última instância, nos planos corporais dos organismos. No entanto, eles não oferecem nenhuma evidência de que tais campos, se é que existem, podem ser alterados para produzir variações vantajosas no plano

436 *Notas*

corporal, embora tal condição seja necessária para qualquer teoria causal de macroevolução bem-sucedida.

42. Webster, *How the Leopard Changed Its Spots*, 33; Webster e Goodwin, *Form and Transformation*, x; Gunter Theißen, "The Proper Place of Hopeful Monsters in Evolutionary Biology", 351; Marc Kirschner e John Gerhart, *The Plausibility of Life*, 13; Schwartz, *Sudden Origins*, 3, 299–300; Erwin, "Macroevolution Is More Than Repeated Rounds of Microevolution"; Davidson, "Evolutionary Bioscience as Regulatory Systems Biology", 35; Koonin, "The Origin at 150", 473–5; Conway Morris, "Walcott, the Burgess Shale, and Rumours of a Post-Darwinian World", R928–R930; Carroll, "Towards a New Evolutionary Synthesis", 27; Wagner, "What Is the Promise of Developmental Evolution?"; Wagner e Stadler, "Quasi-independence, Homology and the Unity of Type"; Becker e Lönnig, "Transposons: Eukaryotic", 529–39; Lönnig e Saedler, "Chromosomal Rearrangements and Transposable Elements", 402; Müller e Newman, "Origination of Organismal Form", 7; Kauffman, *At Home in the Universe*, 8; Valentine e Erwin, "Interpreting Great Developmental Experiments", 96; Sermonti, *Why Is a Fly Not a Horse?*; Lynch, *The Origins of Genome Architecture*, 369; Shapiro, *Evolution*, 89, 128.

A perspectiva de Eugene Koonin, biólogo do National Center for Biotechnology Information do National Institutes of Health, fornece apenas um bom exemplo desse ceticismo. Ele argumenta: "O edifício da síntese moderna desmoronou, aparentemente, além do que poderia ser reparado [...] O resumo do estado de coisas no 150º aniversário de *A Origem* é um tanto chocante. Na era pós-genômica, todos os principais princípios da síntese moderna foram, se não totalmente revertidos, substituídos por uma visão nova e incomparavelmente mais complexa dos aspectos-chave da evolução. Então, para não medir as palavras, a síntese moderna se foi. O que vem depois? A resposta sugerida pelo discurso darwiniano de 2009 é um estado pós-moderno, não até agora uma síntese pós-moderna. Acima de tudo, tal estado é caracterizado pelo pluralismo de processos e padrões em evolução que desafia qualquer generalização direta". Koonin, "The Origin at 150", 473–75. David J. Depew e Bruce H. Weber, escrevendo no periódico *Biological Theory*, são ainda mais francos: "Darwinism in its current scientific incarnation has pretty much reached the end of its rope" (89–102).

Capítulo 15: O mundo pós-darwiniano e a auto-organização

1. Conway Morris, "Walcott, the Burgess Shale and Rumours of a Post-Darwinian World", R928.
2. Conway Morris, "Walcott, the Burgess Shale and Rumours of a Post-Darwinian World", R930.
3. Mazur, *The Altenberg 16: An Exposé of the Evolution Industry*. Veja também Whitfield, "Biological Theory".
4. Budd, citado em Whitfield, "Biological Theory", 282.
5. Valentine e Erwin, "Interpreting Great Developmental Experiments", 97.
6. Endler, *Natural Selection in the Wild*, 46, 248; Lewontin, "Adaptation", 212–30.
7. Gerhart e Kirschner, *The Plausibility of Life: Resolving Darwin's Dilemma*, 10.
8. Kauffman, *The Origins of Order: Self-Organization and Selection in Evolution*.
9. Em *The Origins of Order*, Kauffman procura mostrar que os processos auto-organizacionais podem ajudar a explicar tanto a origem da primeira vida quanto a origem das formas de vida subsequentes, incluindo novos planos corporais animais. Em *Signature in the Cell*, examinei a proposta específica de Kauffman para explicar a origem da primeira vida. Aqui, examinarei sua proposta para explicar a origem da forma animal.
10. Kauffman, *The Origins of Order*, 443.
11. Kauffman, *The Origins of Order*, 443.
12. Kauffman, *The Origins of Order*, 443.
13. Kauffman, *The Origins of Order*, 537.
14. Kauffman, *The Origins of Order*, 539.
15. Kauffman, *The Origins of Order*, 549–66.

Notas 437

16. Kauffman, *The Origins of Order*, 590.
17. Kauffman, *The Origins of Order*, 298.
18. Kauffman, *The Origins of Order*, 537, ênfase adicionada.
19. Kauffman, *At Home in the Universe*, 68.
20. Kauffman, *At Home in the Universe*, 47–92.
21. Kauffman, *At Home in the Universe*, 71.
22. Kauffman, *At Home in the Universe*, 75–92.
23. Kauffman, *At Home in the Universe*, 86–88.
24. Kauffman, *At Home in the Universe*, 85, ênfase adicionada.
25. Kauffman, *At Home in the Universe*, 53, 89, 102.
26. Kauffman, *At Home in the Universe*, 200.
27. De fato, Kauffman observa explicitamente: "Mutantes que afetam os estágios iniciais de desenvolvimento interrompem o desenvolvimento mais do que os mutantes que afetam os estágios finais de desenvolvimento. Uma mutação que interrompe a formação da coluna vertebral e da medula é mais provável de ser letal do que uma que afeta o número de dedos que se formam" (*At Home in the Universe*, 200).
28. Newman, "Dynamical Patterning Modules".
29. Newman, "Dynamical Patterning Modules", 296; veja também "The Developmental Genetic Toolkit and the Molecular Homology-Analogy Paradox".
30. Newman, "Dynamical Patterning Modules", 284.
31. Newman, "Dynamical Patterning Modules", 284.
32. Newman, "Dynamical Patterning Modules", 285.
33. Newman, "Dynamical Patterning Modules", 285.
34. Newman, "Animal Egg as Evolutionary Innovation", 570.
35. Newman, "Animal Egg as Evolutionary Innovation"; "Dynamical Patterning Modules".
36. Newman, "Animal Egg as Evolutionary Innovation", 470–71; veja também Newman e Bhat, "Dynamical Patterning Modules: Physico-Genetic Determinants".
37. Em um artigo de 2011, Newman tenta explicar a origem do estágio crucial do óvulo no desenvolvimento animal, um enigma há muito não resolvido para o neodarwinismo. Ele faz isso propondo, novamente, uma interação entre o conjunto de ferramentas regulatórias genéticas do desenvolvimento e uma série de processos auto-organizacionais e epigenéticos. Ele visualiza o estágio do óvulo surgindo em três etapas. Em primeiro lugar, vê a interação entre "o kit de ferramentas genético-desenvolvimental do metazoário e certos processos físicos" organizando "planos corporais de animais primitivos independentemente de um estágio de óvulo". Em segundo lugar, prevê o surgimento de um "proto-óvulo" como resultado da "especialização adaptativa das células" à medida que são liberados de agregados de outras células. Terceiro, ele observa que, uma vez que processos de auto-organização (como "processos de padronização de óvulo") são conhecidos por reorganizar o conteúdo do citoplasma celular durante o desenvolvimento, esses mesmos processos poderiam ter feito isso no passado, esculpindo ainda mais o proto-óvulo em algo mais parecido com o estágio do óvulo no desenvolvimento animal observado hoje. Ele insiste, além disso, que as estruturas induzidas por esses processos de padronização de óvulos não são adaptativas "no sentido de terem sido gradualmente alcançadas por meio de múltiplos ciclos de seleção", mas em vez disso, resultaram de processos físicos e químicos auto-organizacionais. Ver Newman, "Animal Egg as Evolutionary Innovation: A Solution to the 'Embryonic Hourglass' Puzzle", 467–83.
38. Khalturin *et al.*, "More Than Just Orphans: Are Taxonomically-Restricted Genes Important in Evolution?" 404–413; Tautz e Domazet-Lošo, "The evolutionary origin of orphan genes", 692–70; Beiko, "Telling the Whole Story in a 10,000-Genome World", 34.
39. Veja a discussão no Capítulo 14, páginas 269–73.
40. Veja a discussão no Capítulo 14, páginas 269–73.

438   *Notas*

41. Pivar, *Lifecode; On the Origin of Form*; Prigogine, Nicolis e Babloyantz, "Thermodynamics of Evolution"; Wolfram, "A New Kind of Science", 398.

42. Meyer, *Signature in the Cell*, 254–55.

43. Yockey, "A Calculation of the Probability of Spontaneous Biogenesis by Information Theory", 380.

44. Por exemplo, veja o popular jogo de computador entre programadores amadores, o "Jogo da Vida", criado pelo matemático britânico John Horton Conway.

45. Kauffman, "The End of a Physics Worldview: Heraclitus and the Watershed of Life".

46. Kauffman, "The End of a Physics Worldview: Heraclitus and the Watershed of Life".

Capítulo 16: Outros modelos pós-neodarwinianos

1. Ver Gould, "Is a New and General Theory of Evolution Emerging?" 120.

2. Gould não usa o termo "macromutação" em nenhum lugar em seu famoso artigo de 1980 ("Is a New and General Theory of Evolution Emerging?"). Ele, no entanto, usa o termo "micromutação" (Ver 120) e desafia a suficiência de micromutações acumuladas para explicar "macroevolução" (um termo usado ao longo do artigo).

3. Goldschmidt, *The Material Basis of Evolution*, 395.

4. A rejeição de mutações em grande escala que afetam a morfologia e a função como não iniciadores adaptativos surgiu cedo e persistiu como um dos aspectos definidores da síntese neodarwiniana. O paleontólogo neodarwiniano e teórico da macroevolução Jeffrey Levinton, por exemplo, expressa o ceticismo amplamente difundido sobre a plausibilidade evolutiva de tais mutantes em seu importante livro que trata da macroevolução:

> *Como regra, os principais mutantes de desenvolvimento geram uma imagem de monstros sem esperança, em vez de mudanças esperançosas. A pleiotropia epigenética e genética [ou seja, efeitos colaterais] confere grande peso a qualquer perturbação importante do desenvolvimento. Assim, é improvável que os mutantes que afetam qualquer pré-padrão fundamental no desenvolvimento produzam um organismo funcional. Genes que ativam interruptores em pré-padrões não estão suficientemente isolados em efeito em outras partes do fenótipo para esperar saltações maiores. O mutante ciclope da Artêmia é letal. Os mutantes homeóticos de Drosophila melanogaster sofrem destinos semelhantes. As perturbações, ou seja, os mutantes, têm efeitos drásticos em outras partes do fenótipo. Assim, a evidência acumulada sugere que os principais mutantes de desenvolvimento são de menor importância na evolução. Os efeitos colaterais são drásticos. (Genetics, Paleontology, and Macroevolution, 252–54)*

5. Muitos neodarwinistas notaram que a dificuldade central de depender de macromutações de desenvolvimento para gerar inovações na forma surge da consequência da mudança rápida de um sistema de mudanças genéticas e de desenvolvimento direcionadas à produção de um "alvo" (forma adulta estável) para outro sistema de tais interruptores direcionados para a produção de outra forma. O geneticista Bruce Wallace, formado por Theodosius Dobzhansky na Universidade de Columbia, explica: "O *Bauplan* [plano corporal] de um organismo [...] pode ser pensado como o arranjo de interruptores genéticos que controlam o curso embrionário e o subsequente desenvolvimento do indivíduo; tal controle deve operar adequadamente tanto no tempo geral quanto sequencialmente nos tecidos separadamente diferenciados. A seleção, natural e artificial, que leva à mudança morfológica e outras modificações do desenvolvimento, o faz alterando as configurações e acionamentos desses interruptores [...]. A extrema dificuldade encontrada ao tentar transformar um organismo em outro, mas que ainda funcione, reside na dificuldade em redefinir um número dos muitos interruptores de controle de uma maneira que ainda permita o desenvolvimento ordenado (somático) do indivíduo" ("Adaptation, Neo-Darwinian Tautology, and Population Fitness", 70). Nossa discussão no Capítulo 13 sugere que a necessidade de alterar esses interruptores funcionalmente integrados também apresenta um obstáculo à eficácia do mecanismo neodarwiniano.

Notas 439

6. Gould, "Is a New and General Theory of Evolution Emerging?" 127.

7. Claro, a gama de teorias pós-neodarwinistas não se esgota pela pesquisa deste capítulo de quatro contendores proeminentes. Em um artigo de revisão recente, o biólogo evolucionista Armin Moczek, da Universidade de Indiana, examinou três ideias adicionais tentando ir além do que Moczek chama de suposições "irrealistas e improdutivas" da teoria neodarwiniana centrada no gene. Essas ideias são, respectivamente: (1) a teoria da "variação facilitada" (Gerhart e Kirschner, "The Theory of Facilitated Variation"), a teoria da "acomodação genética" e "teoria da construção de nicho". Ver Moczek, "The Nature of Nurture and the Future of Evodevo". Breves explicações e críticas a esses modelos estão publicadas no site deste livro, www.darwinsdoubt.com. [conteúdo em inglês]

8. Gould, "Is a New and General Theory of Evolution Emerging?"

9. Gilbert, Opitz e Raff, "Resynthesizing Evolutionary and Developmental Biology", 362.

10. A suposição de que os biólogos evolucionistas poderiam ignorar o papel da biologia do desenvolvimento deriva em parte da necessidade dos geneticistas populacionais de fazer suposições simplificadoras a fim de "manter a matemática tratável", observam os biólogos do desenvolvimento Michael Palopoli e Nipam Patel. Como eles explicam, "foi assumido que as mudanças evolutivas no genótipo são traduzidas em mudanças fenotípicas por um conjunto indefinido de leis epigenéticas; em outras palavras, a evolução do desenvolvimento foi ignorada [pelo neodarwinismo] a fim de se concentrar na dinâmica das mudanças de frequência dos alelos nas populações". ("Neo-Darwinian Developmental Evolution", 502).

11. Raff, *The Shape of Life*.

12. Schwartz, "Homeobox Genes, Fossils, and the Origin of Species"; Schwartz, *Sudden Origins*; Goodwin, *How the Leopard Changed Its Spots*; Carroll, *Endless Forms Most Beautiful*.

13. A mutagênese experimental de moscas-das-frutas (*Drosophila melanogaster*) começou a sério na Universidade de Columbia, nos laboratórios de criação de Thomas H. Morgan e outros, durante a primeira década do século XX.

14. Meyer *et al.*, *Explore Evolution*, 108.

15. Planos corporais, http://ncse.com/book/export/html/2585 (acessado em 6 de novembro de 2012). [conteúdo em inglês]

16. Proteína normal, http://ncse.com/book/export/html/2580 (acessado em 6 de novembro de 2012). [conteúdo em inglês]

17. Planos corporais, http://ncse.com/book/export/html/2585 (acessado em 6 de novembro de 2012). [conteúdo em inglês]

18. Prud'homme, Gompel e Carroll, "Emerging Principles of Regulatory Evolution".

19. Prud'homme, Gompel e Carroll, "Emerging Principles of Regulatory Evolution", 8605.

20. Hoekstra e Coyne observam explicitamente que os melhores exemplos de supostas mutações induzidas por CRE mostraram "perdas de características, em vez da origem de novas características" ("The Locus of Evolution", 1006).

21. Hoekstra e Coyne, "The Locus of Evolution", 996.

22. Schwartz, *Sudden Origins*, 3.

23. Schwartz, *Sudden Origins*, 13. De acordo com Schwartz, "no nível genético, a grande novidade morfológica pode de fato ser alcançada em um piscar de olhos. Tudo o que é necessário é que os genes homeobox estejam ativados ou não" (362).

24. McGinnis e Kurziora, "The Molecular Architects of Body Design", 58.

25. Lindsey e Grell, *Guide to Genetic Variations of Drosophila melanogaster*.

26. Lewis, "A Gene Complex Controlling Segmentation in *Drosophila*"; Peifer e Bender, "The Anterobithorax and Bithorax Mutations of the Bithorax Complex"; Fernandes *et al.*, "Muscle Development in the Four-Winged *Drosophila* and the Role of the Ultrabithorax Gene".

27. Szathmáry, "When the Means Do Not Justify the End", 745.

440   *Notas*

28. Scott e Carroll, "The Segmentation and Homeotic Gene Network in Early Drosophila Development".

29. Davidson e Erwin, "An Integrated View of Precambrian Eumetazoan Evolution".

30. Schwartz, *Sudden Origins*, 362.

31. Szathmáry, "When the Means Do Not Justify the End", 745.

32. Schwartz, *Sudden Origins*, 362.

33. Szathmáry, "When the Means Do Not Justify the End", 745.

34. Panganiban *et al.*, "The Origin and Evolution of Animal Appendages".

35. Em vez disso, as informações e estruturas epigenéticas realmente determinam a função de muitos genes *Hox*. Isso pode ser visto dramaticamente quando o mesmo gene *Hox* (conforme determinado pela homologia da sequência de nucleotídeos) regula o desenvolvimento das características anatômicas notavelmente diferentes (isto é, classicamente não homólogas) encontradas em diferentes filos. Por exemplo, em artrópodes, o gene *Hox Distal-less* é necessário para o desenvolvimento normal dos membros, mas genes homólogos são encontrados em vertebrados (por exemplo, o gene Dlx em camundongos), nos quais o gene também desempenha um papel fundamental no desenvolvimento dos membros, embora seja um membro vertebrado (esqueleto interno), não artrópode (esqueleto externo). Homólogos *Distal-less* em ainda outros filos, como equinodermos, regulam o desenvolvimento de pés tubulares e espinhas, novamente, características anatômicas classicamente não homólogas a membros de artrópodes ou vertebrados. Em cada caso, as funções dos genes *Hox* são governadas "descendente" pelos contextos de organismo de nível superior em que ocorrem. Panganiban *et al.*, "The Origin and Evolution of Animal Appendages".

36. Apesar de tudo isso, alguns teóricos da evolução argumentaram que o surgimento de genes *Hox* em organismos Pré-cambrianos pode ter desencadeado a explosão Cambriana ao fornecer a matéria-prima para a diversificação dos planos corporais (Carroll, *Patterns and Processes of Vertebrate Evolution*). No entanto, além das dificuldades já observadas, estudos recentes destacaram outro problema em atribuir a origem dos planos corporais aos genes *Hox*. Os genes *Hox* surgiram pela primeira vez muito antes da diversificação dos vários filos bilaterais, sugerindo, por causa da extensão do lapso de tempo, que algo mais deve ter sido responsável pela explosão Cambriana. Como um artigo no periódico *Science* explica, "O lapso temporal entre a construção inicial dessas redes e o eventual aparecimento de fósseis bilaterais sugere que a solução para o dilema da explosão Cambriana reside não apenas neste potencial genômico e de desenvolvimento, mas em vez disso também deve ser encontrada na ecologia da própria radiação cambriana" (Erwin *et al.*, "The Cambrian Conundrum", 1095). Veja também de Rosa *et al.*, "Hox Genes in Brachiopods and Priapulids and Protostome Evolution".

37. Lynch, "The Origins of Eukaryotic Gene Structure", 454.

38. Lynch, "The Origins of Eukaryotic Gene Structure", 450. Na verdade, ele vai ainda mais longe, argumentando que "a deriva genética aleatória impõe uma forte barreira ao avanço dos refinamentos moleculares por processos adaptativos". Lynch, "Evolutionary Layering and the Limits to Cellular Perfection".

39. Jurica, "Detailed Closeups and the Big Picture of Spliceosomes", 315. Veja também Butcher, "The Spliceosome as Ribozyme Hypothesis Takes a Second Step", 12211–12; Nilsen, "The Spliceosome: The Most Complex Macromolecular Machine in the Cell?" 1147–49.

40. Citado em Azar, "Profile of Michael Lynch", 16015.

41. No meu site para este livro, www.darwinsdoubt.com, explico por que a origem da célula eucariótica apresenta um desafio tão formidável para todas as teorias de evolução não guiada. [conteúdo em inglês]

42. Lynch, "The Origins of Eukaryotic Gene Structure", 450–68 (ênfase adicionada).

43. Ver Lynch, "The Frailty of Adaptive Hypotheses for the Origin of Organismal Complexity", 8597–604.

44. Gauger aponta que Lynch, "não oferece nenhuma explicação de como as forças não adaptativas podem produzir a complexidade funcional do genoma e do organismo que observamos nas espécies modernas". [Ann Gauger, "The Frailty of the Darwinian Hypothesis, Part 2".] Jerry Coyne observa praticamente o mesmo: "Tanto a deriva quanto a seleção natural produzem mudanças genéticas que reconhecemos como evolução. Mas há uma diferença importante. A deriva é um processo aleatório, enquanto a seleção é a antítese da aleatoriedade. [...] Como um processo puramente aleatório, a deriva genética não causa a evolução das adaptações. Nunca poderia construir uma asa ou um olho. Isso requer seleção natural não aleatória". [Coyne, *Why Evolution Is True*, 123.]

45. Lynch e Abegg, "The Rate of Establishment of Complex Adaptations", 1404.

46. Lynch e Abegg, "The Rate of Establishment of Complex Adaptations", 1414.

47. Axe, "The Limits of Complex Adaptation: An Analysis Based on a Simple Model of Structured Bacterial Populations", 3.

48. Axe, "The Limits of Complex Adaptation: An Analysis Based on a Simple Model of Structured Bacterial Populations", 3.

49. Darwin, *On the Origin of Species*, 134–38. A própria teoria da genética da transmissão de Darwin, apelidada de "pangênese", postulou que uma série de partículas minúsculas de hereditariedade, que ele chamou de "gêmulas", se acumularam nos órgãos reprodutivos dos organismos, carregando informações sobre a história de vida e as circunstâncias ambientais dos pais . Essa informação seria então transmitida na reprodução para a prole, permitindo a "herança" das características "adquiridas".

50. Darwin. *The Illustrated Origin of Species* (6ª edição), 95, ele escreve: "Acho que não pode haver dúvida de que o uso em nossos animais domésticos fortaleceu e ampliou certas partes, e o desuso as diminuiu; e tais modificações são herdadas".

51. Existe alguma dúvida sobre a precisão histórica de chamar essas ideias do século XXI de "neolamarckianas" à luz do conteúdo real das opiniões de Jean-Baptiste de Lamarck quando comparadas com o enorme crescimento do conhecimento sobre hereditariedade nos últimos duzentos anos. Dado que Jablonka adapta o termo "Lamarckismo" à sua própria posição, no entanto, eu sigo essa prática, com as ressalvas sobre diferenças de conteúdo observadas.

52. Jablonka e Raz, "Transgenerational Epigenetic Inheritance", 168.

53. Jablonka e Raz, "Transgenerational Epigenetic Inheritance", 138, ênfase adicionada.

54. Jablonka e Raz, "Transgenerational Epigenetic Inheritance", 162.

55. Shapiro, *Evolution*, 2.

56. Shapiro afirma que a insistência neodarwiniana na aleatoriedade fundamental surgiu por razões filosóficas, e não empíricas (ou observacionais), tendo a ver com a exclusão da "intervenção sobrenatural" na origem dos organismos.

57. Shapiro, *Evolution*, 12.

58. Shapiro, *Evolution*, 14.

59. Shapiro, *Evolution*, 14.

60. Shapiro, *Evolution*, 16.

61. Shapiro, *Evolution*, 16.

62. Shapiro, *Evolution*, 14.

63. Como observa a bióloga Bénédicte Michel, "Claramente, é importante para as bactérias manter todos os níveis da resposta SOS sob controle rígido. Não há utilidade para o organismo em usar polimerases propensas a erros por mais tempo do que o absolutamente necessário" ("After 30 Years, the Bacterial SOS Response Still Surprises Us", 1175).

64. Shapiro, "Darwin's Black Box: The Biochemical Challenge to Evolution-Book Reviews".

442 *Notas*

Capítulo 17: A possibilidade de design inteligente

1. Como Dawkins explica: "A seleção natural, o processo cego, inconsciente e automático que Darwin descobriu e que agora sabemos ser a explicação para a existência e a forma aparentemente intencional de toda a vida, não tem nenhum propósito em mente. Não tem mente e não tem olho da mente" (*The Blind Watchmaker*, 5).

2. Mayr, Foreword, em Ruse, ed., *Darwinism Defended*, xi–xii.

3. Ayala, "Darwin's Greatest Discovery", 8572.

4. Como Dawkins observa: "A biologia é o estudo de coisas complexas que dão a impressão de ter um design intencional" (*The Blind Watchmaker*, 1). Crick também explica: "Os organismos parecem ter sido projetados para funcionar de uma forma surpreendentemente eficiente, e a mente humana, portanto, acha difícil aceitar que não há necessidade de um Designer para conseguir isso" (*What Mad Pursuit*, 30). Lewontin também observa que os organismos vivos "parecem ter sido cuidadosamente e habilmente projetados" ("Adaptation").

5. Dawkins, *River Out of Eden*, 17.

6. Dawkins, *The Blind Watchmaker*, 1.

7. Gillespie, *Charles Darwin and the Problem of Creation*, 83–108.

8. Thaxton, Bradley e Olsen, *The Mystery of Life's Origin*, 211.

9. Temos evidências observacionais no presente de que investigadores inteligentes podem (e fazem) construir dispositivos para canalizar energia por vias químicas não aleatórias para produzir alguma síntese química complexa, até mesmo construção de genes. O princípio da uniformidade não pode então ser usado em um quadro mais amplo de consideração para sugerir que o DNA teve uma causa inteligente no início? (Thaxton, Bradley e Olsen, *The Mystery of Life's Origin*, 211).

10. Peirce, *Collected Papers*, 2:372–88; Meyer, "Of Clues and Causes", 25. Veja também Whewell, "Lyell's Principles of Geology"; *The Philosophy of the Inductive Sciences*.

11. Peirce, *Collected Papers*, 2:372–88. Veja também Fann, *Peirce's Theory of Abduction*, 28–34; Whewell, "Lyell's Principles of Geology"; *The Philosophy of the Inductive Sciences*.

12. Gould, "Evolution and the Triumph of Homology", 61. Veja também Whewell, "Lyell's Principles of Geology"; *The Philosophy of the Inductive Sciences*.

13. Peirce, "Abduction and Induction", 150–54.

14. Chamberlain, "The Method of Multiple Working Hypotheses".

15. Conniff, "When Continental Drift was Considered Pseudoscience".

16. Conniff, "When Continental Drift was Considered Pseudoscience".

17. Oreskes, "From Continental Drift to Plate Tectonics", 12.

18. Heirtzler, "Sea-Floor Spreading"; Hurley, "The Confirmation of Continental Drift"; Vine, "Reversals of Fortune".

19. Por exemplo, Xavier Le Pichon relembra: "Fui forçado progressivamente pelo poder convincente dos [dados] magnéticos" ("My Conversion to Plate Tectonics", 212).

20. Lipton, *Inference to the Best Explanation*, 1.

21. Lipton, *Inference to the Best Explanation*, 1.

22. Lyell, *Principles of Geology*, 75–91.

23. Kavalovski, "The *Vera Causa* Principle", 78–103.

24. Scriven, "Explanation and Prediction in Evolutionary Theory", 480; Gallie, "Explanations in History and the Genetic Sciences"; Sober, *Reconstructing the Past*, 1–5.

25. Meyer, "Of Clues and Causes", 96–108.

Capítulo 18: Sinais de design na explosão cambriana

1. Davidson, "Evolutionary Bioscience as Regulatory Systems Biology", 35.

Notas 443

2. Erwin e Davidson, "The Evolution of Hierarchical Gene Regulatory Networks", 141.

3. Davidson, "Evolutionary Bioscience as Regulatory Systems Biology", 6.

4. Erwin, "Early Introduction of Major Morphological Innovations", 288.

5. Erwin, "Early Introduction of Major Morphological Innovations", 288, ênfase adicionada.

6. Como Erwin coloca: "Há todas as indicações de que a gama de inovação morfológica possível no Cambriano simplesmente não é possível hoje" ("The Origin of Body Plans", 626, ênfase adicionada).

7. Conway Morris, *Life's Solution: Inevitable Humans in a Lonely Universe*, 327; veja também "Evolution: Bringing Molecules into the Fold"; "The Cambrian Explosion of Metazoans".

8. Conway Morris, *Life's Solution*, 327. Veja também Conway Morris, "Bringing Molecules into the Fold", 8.

9. Shapiro, *Evolution*.

10. Dawkins, *River Out of Eden*, 17.

11. Hood e Galas, "The Digital Code of DNA".

12. Gates, *The Road Ahead*, 188.

13. Quastler, *The Emergence of Biological Organization*, 16.

14. Claro, a frase "grandes quantidades de informações especificadas" implora uma questão quantitativa, isto é, "quanta informação especificada a célula minimamente complexa teria que ter antes de implicar um design?" Em *Signature in the Cell*, dou e justifico uma resposta quantitativa precisa a essa pergunta. Eu mostro que o surgimento *de novo* de 500 ou mais bits de informações especificadas indica design de forma confiável. Meyer, *Signature in the Cell*, 294.

15. Dawkins, *The Blind Watchmaker*, 47–49; Küppers, "On the Prior Probability of the Existence of Life"; Scheider, "The Evolution of Biological Information"; Lenski, "The Evolutionary Origin of Complex Features". Para uma crítica a esses algoritmos genéticos e afirmações que eles simulam a capacidade de seleção natural e mutação aleatória de gerar novas informações biológicas além da atividade inteligente, ver Meyer, *Signature in the Cell*, 281–95.

16. Berlinski, "On Assessing Genetic Algorithms".

17. Rodin, Szathmáry e Rodin, "On the Origin of the Genetic Code and tRNA Before Translation", 2.

18. Denton, *Evolution: A Theory in Crisis*, 309–11.

19. Polanyi, "Life Transcending Physics and Chemistry"; "Life's Irreducible Structure".

20. Oliveri e Davidson, "Built to Run, Not Fail". Todos os embriões de animais, observa Davidson, devem *ativar os genes reguladores certos no lugar certo*. Esses genes também devem ser bloqueados dinamicamente; o estado regulatório das células em um dado domínio espacial deve ainda ser tornado dependente da sinalização entre todas elas; a expressão desses mesmos genes reguladores deve ser especificamente proibida em qualquer outro lugar; e então, além de tudo isso, estados alternativos específicos devem ser excluídos. Esses componentes são obviamente interligados [...]. No embrião de ouriço do mar, onde todos os itens acima podem ser encontrados, o desarmamento de qualquer um desses subcircuitos produz alguma anormalidade na expressão" (511; ênfase adicionada).

21. Davidson, *Genomic Regulatory Systems*, 54.

22. "Semelhança" (ou seja, homologia) é determinada pela conservação da sequência de nucleotídeos dentro de uma fase de leitura.

23. Newman, "The Developmental Genetic Toolkit and the Molecular Homology-Analogy Paradox", 12.

24. Dentro da teoria da evolução, várias propostas tentaram resolver o paradoxo. Talvez o mais popular modifique a definição neodarwiniana do conceito de "homologia" precedendo-o com o adjetivo "profundo", uma capa verbal que, se alguém for cinicamente inclinado, deve suscitar comentários sardônicos condizentes com um esboço de comédia noturno. A rigor,

444   *Notas*

devemos lembrar que a previsão neodarwiniana sobre genes, fenótipos e homologia estava *errada*. Nada errado jamais se tornou certo ao colocar o adjetivo "profundo" na frente dele.

25. Carroll, *Endless Forms Most Beautiful*, 72.

26. Gould, *The Structure of Evolutionary Theory*, 1065. Stuart Newman observa: "Foi uma grande surpresa para os pesquisadores das áreas de biologia evolutiva e do desenvolvimento [...] que o gene *Drosophila eyeless* (*ey*) tem extensa similaridade de DNA com os genes *Pax-6* de camundongos e humanos" porque "a teoria da evolução tradicionalmente sustentou que longos períodos de tempo foram necessários para a seleção natural gerar diferenças extremas na organização morfológica". No entanto, ele observa, se durante longos períodos de tempo, a seleção natural e a mutação produziram mudanças extensas na morfologia, também deveriam ter produzido mudanças extensas nos genes ("The Developmental Genetic Toolkit and the Molecular Homology-Analogy Paradox", 12).

27. Nelson e Wells, "Homology in Biology", 316.

28. Nelson e Wells, "Homology in Biology", 316.

29. Erwin, "Disparity". Erwin observa: "*A distribuição das formas orgânicas é irregular em qualquer escala*, desde populações até as categorias taxonômicas mais altas, e seja considerada dentro de clados ou de ecossistemas. *O registro fóssil fornece pouco suporte para as expectativas de que as lacunas morfológicas entre as espécies e grupos de espécies aumentaram ao longo do tempo, como poderia ter se as lacunas fossem criadas pela extinção de uma distribuição mais homogênea de morfologias*. Como as avaliações quantitativas da morfologia substituíram as contagens de táxons mais elevados como uma métrica de disparidade morfológica, numerosos estudos demonstraram a construção rápida do morfoespaço no início das radiações evolutivas" (57, ênfase adicionada).

30. Dembski, "Intelligent Design as a Theory of Technological Evolution"; Savransky, *Engineering of Creativity*, 8, 24; Bracht, "Inventions, Algorithms, and Biological Design".

31. Valentine, "Why No New Phyla After the Cambrian?"; Ver também Bergström, "Ideas on Early Animal Evolution". Bergström comenta: "Não há absolutamente nenhum sinal de convergência entre os filos à medida que os seguimos de volta ao início do Cambriano. Eles estavam tão distantes desde o início quanto são hoje. Os níveis hierárquicos aparentemente incluem uma realidade biológica, não apenas uma convenção classificatória. Na verdade, a grande dificuldade taxonômica é reconhecer as relações entre os filos, não distinguir entre eles" (464).

32. Denton, *Evolution*, 313.

33. Agassiz, "Evolution and the Permanence of Type", 101.

Capítulo 19: As regras da ciência

1. Chesterton, "The Invisible Man".

2. Murphy, "Phillip Johnson on Trial", 33. Nancey Murphy é um filósofo e professor de seminário que afirma fortemente o naturalismo metodológico. Aqui está o que ela diz na íntegra: "Ciência *qua* ciência busca explicações naturalísticas para todos os processos naturais. Cristãos e ateus devem buscar questões científicas em nossa era sem invocar um Criador. Qualquer um que atribui as características dos seres vivos à inteligência criativa, por definição, entrou na arena da metafísica ou da teologia". Veja também Willey, "Darwin's Place in the History of Thought", 15 ("A ciência deve ser provisoriamente ateísta, ou deixar de ser ela mesma"); Grizzle, "Some Comments on the 'Godless' Nature of Darwinian Evolution", 176.

3. Meyer, "The Origin of Biological Information and the Higher Taxonomic Categories".

4. Para discussões detalhadas dos fatos do caso Sternberg, ver "Smithsonian Controversy", www.richardsternberg.com/smithsonian.php; Carta do Escritório de Conselho Especial dos EUA (2005) em www.discovery.org/f/1488; Comitê de Reforma do Governo da Câmara dos Representantes dos Estados Unidos, relatório da equipe do subcomitê, "Intolerance and the Politicization of Science at the Smithsonian" (dezembro de 2006), em www.discovery.org/f/1489;

Notas   445

Apêndice, Comitê de Reforma do Governo da Câmara dos Representantes dos Estados Unidos, relatório da equipe do subcomitê (dezembro de 2006) em www.discovery.org/f/1490. [conteúdo em inglês]

5. Ver "Statement from the Council of the Biological Society of Washington", originalmente em http://www.biolsocwash.org/id_statement.html; agora em http://ncse.com/news/2004/10/bsw-strengthens-statement-repudiating-meyer-paper–00528 ou http://web.archive.org/web/20070926214521/http://www.biolsocwash.org/id_statement.html. [conteúdo em inglês]

6. E-mail de Roy McDiarmid para Hans Sues, "Re: Request for information" (28 de janeiro de 2005, 14h25), citado no Comitê de Reforma Governamental da Câmara dos Representantes dos Estados Unidos, "Intolerance and the Politicization of Science at the Smithsonian", disponível em http:// www.discovery.org/f/1489 ("Eu vi o arquivo de revisão e comentários de três revisores no artigo de Meyer. Todos os três com algumas diferenças entre os comentários recomendados ou sugeridos de publicação. Fiquei surpreso, mas concluí que não houve comportamento impróprio em comparação com o processo de revisão").

7. Klinghoffer, "The Branding of a Heretic".

8. Ver "Statement from the Council of the Biological Society of Washington", originalmente em http://www.biolsocwash.org/id_statement.html; agora em http://ncse.com/news/2004/10/bsw-strengthens-statement-repudiating-meyer-paper–00528 ou http://web.archive.org/web/20070926214521/http://www.biolsocwash.org/id_statement.html. [conteúdo em inglês]

9. "AAAS Board Resolution on Intelligent Design Theory", AAAS Novos arquivos, 18 de outubro de 2002, em http://www.aaas.org/news/releases/2002/1106id2.shtml. [conteúdo em inglês]

10. Ver Siegal, "Riled by Intelligent Design"; *World Net Daily*, "Intelligent Design Torpedoes Tenure"; Brumfiel, "Darwin Sceptic Says Views Cost Tenure"; Dillon, "Regents Deny Gonzalez's Tenure Appeal"; Meyer, "A Scopes Trial for the '90s"; West, *Darwin Day in America*, 234–38; "Background to the Guillermo Gonzalez Story", em http://www.evolutionnews.org/gg-bckgrndr.final.pdf [conteúdo em inglês]; "Intelligent Design Was the Issue After All (Updated)", em http://www.evolutionnews.org/ID_was_the_Issue_Gonzalez_Tenure.pdf [conteúdo em inglês]; *LeVake v. Independent School District*, 625 N.W.2d 502, 506 (Minn. Ct. App. 2001), *cert. denied*, 534 U.S. 1081 (2002); Mims, "The Scientific American Affair"; Crocker, *Free to Think*; Vedantam, "Eden and Evolution"; Luskin, "Darwin's Dilemma"; Anderson, "Cancellation of Darwin Film Creates Uproar"; Reardon, "California Science Center to Pay $110,000 Settlement Over Intelligent Design Film"; Boehm, "California Science Center Is Sued for Canceling a Film Promoting Intelligent Design"; Crowther, "Academic Freedom Expelled from Baylor University"; Briggs e Maaluf, "BU Had Role in Dembski Return"; Luskin, "Credibility Gap"; Black, "Intelligent Design Proponent Fired from NASA Lab"; Pitts, "Design Flaw?"; Associated Press, "Former NASA Specialist Claims He Was Fired over Intelligent Design"; Associated Press, "JPL Worker Sues over Intelligent Design Demotion"; Gallegos, "Intelligent Design Proponent Who Works at JPL Says He Experienced Religious Discrimination"; Luskin, "Intelligent Design Demoted".

11. Crick, *What Mad Pursuit*, 138.

12. Lewontin, "Billions and Billions of Demons", 28. O papel do materialismo metodológico em apoiar artificialmente a teoria de Darwin começou com o próprio Darwin. De acordo com o historiador da ciência Neal Gillespie: "As reservas desconfortáveis sobre a seleção natural entre os contemporâneos de Darwin e a rejeição generalizada dela desde 1890 até 1930 sugerem que foi mais a insistência de Darwin em explicações totalmente naturais do que na seleção natural que conquistou sua adesão. A mudança primária não foi na teoria da especiação, mas nas crenças sobre a natureza da ciência". Em suma, a nova definição de ciência de Darwin excluiu "design direto e indireto" nos seres vivos e, portanto, protegeu-o da competição (*Charles Darwin and the Problem of Creation*, 123, 147, 152).

13. Laudan, "The Demise of the Demarcation Problem"; Meyer, "The Demarcation of Science and Religion".

446 *Notas*

14. Newton, *Newton's Principia*, 543–44; Alexander, *The Leibniz-Clarke Correspondence*, 92; Hutchison, "What Happened to Occult Qualities in the Scientific Revolution?"; Leibniz, *New Essays on Human Understanding*, 61, 65–67.

15. Como Newton escreveu em sua famosa carta ao Bispo Bentley: "A causa da gravidade é o que eu não pretendo saber" (Cohen, *Isaac Newton's Papers and Letters on Natural Philosophy*, 302).

16. Laudan diz: "Não há linha de demarcação entre ciência e não ciência, ou entre ciência e pseudociência, que ganharia o consentimento de uma maioria de filósofos" (*Beyond Positivism and Relativism*, 210).

17. Laudan, "The Demise of the Demarcation Problem".

18. Newton, *Newton's Principia*, 543–44; Alexander, *The Leibniz-Clarke Correspondence*, 92; Hutchison, "What Happened to Occult Qualities in the Scientific Revolution?"; Leibniz, *New Essays on Human Understanding*, 61, 65–67.

19. Hutchison, "What Happened to Occult Qualities in the Scientific Revolution?" Leibniz,*New Essays on Human Understanding*, 61, 65–67.

20. Laudan, "The Demise of the Demarcation Problem"; Eger, "A Tale of Two Controversies".

21. Gould, "Creationism"; Ruse, "Witness Testimony Sheet"; Ebert *et al.*, *Science and Creationism*, 8–10.

22. Kline, "Theories, Facts and Gods", 42; Gould, "Evolution as Fact and Theory", 120; Root-Bernstein, "On Defining a Scientific Theory", 72.

23. Root-Bernstein, "On Defining a Scientific Theory", 73; Ruse, "A Philosopher's Day in Court", 28; Ebert *et al.*, *Science and Creationism*, 8–10.

24. Ruse, "Witness Testimony Sheet", 301; "A Philosopher's Day in Court", 26; "Darwinism: Philosophical Preference, Scientific Inference, and a Good Research Strategy", 1–6.

25. Ruse, *Darwinism Defended*, 59; "Witness Testimony Sheet", 305; Gould, "Evolution as Fact and Theory", 121; Root-Bernstein, "On Defining a Scientific Theory", 74.

26. Kehoe, "Modern Anti-Evolutionism"; Ruse, "Witness Testimony Sheet", 305; "A Philosopher's Day in Court", 28; Ebert *et al.*, *Science and Creationism*, 8.

27. Kitcher, *Abusing Science*, 126–27, 176–77.

28. Skoog, "A View from the Past"; Root-Bernstein, "On Defining a Scientific Theory", 74; Scott, "Keep Science Free from Creationism", 30.

29. Lyell, *Principles of Geology*.

30. Meyer, *Signature in the Cell*, 481–97.

31. Ver Meyer, *Signature in the Cell*, 416–38; veja também Meyer, "The Scientific Status of Intelligent Design: The Methodological Equivalence of Naturalistic and Non-Naturalistic Origins Theories", 151–212; Meyer, "The Nature of Historical Science and the Demarcation of Design and Descent" 91–130; Meyer, "Laws, Causes and Facts: A Response to Professor Ruse", 29–40; Meyer, "Sauce for the Goose: Intelligent Design, Scientific Methodology, and the Demarcation Problem", 95–131; Meyer, "The Methodological Equivalence of Design and Descent", 67–112.

32. Ver Meyer, *Signature in the Cell*, 441–42.

33. Meyer, *Signature in the Cell*, 373–95.

34. Asher, *Evolution and Belief*, 32.

35. Asher, *Evolution and Belief*, 32.

36. Asher, *Evolution and Belief*, 32.

37. Asher, *Evolution and Belief*, 32.

38. Estranhamente, Asher também observa que em geral "Meyer professa um baixo respeito pelo naturalismo, mas um alto respeito pelo uniformitarismo" (*Evolution and Belief*, 32). Se por naturalismo ele quer dizer tratar o princípio do naturalismo metodológico como normativo para toda investigação científica, sua caracterização de minha posição é, a esse respeito, precisa.

39. Asher, *Evolution and Belief*, 32.

40. Ecker *et al.*, "Genomics".

41. Ecker *et al.*, "Genomics", 52.

42. Orgel e Crick, "Selfish DNA".

43. Dembski, "Science and Design", 26.

44. O Consórcio do Projeto ENCODE, "An Integrated Encyclopedia of DNA Elements in the Human Genome", 57.

45. Shapiro e Von Sternberg, "Why Repetitive DNA is Essential to Genome Function"; Von Sternberg e Shapiro, "How Repeated Retroelements Format Genome Function"; Han, Szak, e Boeke, "Transcriptional Disruption by the L1 Retrotransposon"; Janowski *et al.*, "Inhibiting Gene Expression at Transcription Start Sites in Chromosomal DNA with Antigene RNAs"; Goodrich e Kugel, "Non-coding-RNA Regulators of RNA Polymerase II Transcription"; Li *et al.*, "Small dsRNAs Induce Transcriptional Activation in Human Cells"; Pagano *et al.*, "New Small Nuclear RNA Gene-like Transcriptional Units"; Van de Lagemaat *et al.*, "Transposable Elements in Mammals"; Donnelly, Hawkins, e Moss, "A Conserved Nuclear Element"; Dunn, Medstrand, e Mager, "An Endogenous Retroviral Long Terminal Repeat"; Burgess-Beusse *et al.*, "The Insulation of Genes from External Enhancers and Silencing Chromatin"; Medstrand, Landry, e Mager, "Long Terminal Repeats Are Used as Alternative Promoters"; Mariño-Ramírez *et al.*, "Transposable Elements Donate Lineage-Specific Regulatory Sequences to Host Genomes"; Green, "The Role of Translocation and Selection"; Figueiredo *et al.*, "A Central Role for *Plasmodium Falciparum* Subtelomeric Regions"; Henikoff, Hmad, e Malik, "The Centromere Paradox"; Bell, West, e Felsenfeld, "Insulators and Boundaries"; Pardue e Debaryshe, "*Drosophila* Telomeres"; Henikoff, "Heterochromatin Function in Complex Genomes"; Schueler *et al.*, "Genomic and Genetic Definition of a Functional Human Centromere"; Jordan *et al.*, "Origin of a Substantial Fraction of Human Regulatory Sequences from Transposable Elements"; Chen, DeCerbo, e Carmichael, "*Alu* Element-Mediated Gene Silencing"; Jurka, "Evolutionary Impact of Human Alu Repetitive Elements"; Lev-Maor *et al.*, "The Birth of an Alternatively Spliced Exon"; Kondo-Iida *et al.*, "Novel Mutations and Genotype–Phenotype Relationships in 107 Families"; Mattick e Makunin, "Noncoding RNA"; McKenzie e Brennan, "The Two Small Introns of the *Drosophila affinidisjuncta Adh* Gene"; Arnaud *et al.*, "SINE Retroposons Can Be Used In Vivo"; Rubin, Kimura, e Schmid, "Selective Stimulation of Translational Expression by Alu RNA"; Bartel, "MicroRNAs"; Mattick e Makunin, "Small Regulatory RNAs in Mammals"; Dunlap *et al.*, "Endogenous Retroviruses Regulate Periimplantation Placental Growth and Differentiation"; Hyslop *et al.*, "Downregulation of NANOG Induces Differentiation"; Peaston *et al.*, "Retrotransposons Regulate Host Genes in Mouse Oocytes and Preimplantation Embryos"; Morrish *et al.*, "DNA Repair Mediated by Endonuclease-Independent LINE–1 Retrotransposition"; Tremblay, Jasin, e Chartrand, "A Double-Strand Break in a Chromosomal LINE Element Can Be Repaired"; Grawunder *et al.*, "Activity of DNA Ligase IV Stimulated by Complex Formation with XRCC4 Protein in Mammalian Cells"; Wilson, Grawunder, e Liebe, "Yeast DNA Ligase IV Mediates Non-Homologous DNA End Joining"; Mura *et al.*, "Late Viral Interference Induced by Transdominant Gag of an Endogenous Retrovirus"; Goh *et al.*, "A Newly Discovered Human Alpha-Globin Gene"; Kandouz *et al.*, "Connexin43 Pseudogene Is Expressed"; Tam *et al.*, "Pseudogene-Derived Small Interfering RNAs Regulate Gene Expression in Mouse Oocytes"; Watanabe *et al.*, "Endogenous siRNAs from Naturally Formed dsRNAs Regulate Transcripts in Mouse Oocytes"; Piehler *et al.*, "The Human ABC Transporter Pseudogene Family"; Mattick e Gagen, "The Evolution of Controlled Multitasked Gene Networks"; Pandey e Mukerji, "From 'JUNK' to Just Unexplored Noncoding Knowledge"; Balakirev e Ayala, "Pseudogenes"; Pink *et al.*, "Pseudogenes"; Wen *et al.*, "Pseudogenes Are Not Pseudo Any More"; Franco-Zorrilla *et al.*, "Target Mimicry Provides a New Mechanism for Regulation of MicroRNA Activity"; Colas *et al.*, "Whole-Genome MicroRNA Screening Identifies let-7 and miR-18 as Regulators"; Carrier *et al.*, "Long Non-Coding Antisense RNA Controls Uchl1 Translation"; Kelley e Rinn, "Transposable Elements Reveal a Stem Cell Specific Class of Long Noncoding RNAs"; Wang *et al.*, "Alternative Isoform Regulation in Human Tissue Transcriptomes"; Louro *et al.*, "Conserved Tissue Expression Signatures of Intronic

448 *Notas*

Noncoding RNAs"; Hoeppner et al., "Evolutionarily Stable Association of Intronic SnoRNAs and MicroRNAs with Their Host Genes"; Monteys *et al.*, "Structure and Activity of Putative Intronic miRNA Promoters"; Mondal *et al.*, "Characterization of the RNA Content of Chromatin"; Rodriguez-Campos e Azorin, "RNA Is an Integral Component of Chromatin That Contributes to Its Structural Organization"; George *et al.*, "Evolution of Diverse Mechanisms for Protecting Chromosome Ends"; Von Sternberg, "On the Roles of Repetitive DNA Elements in the Context of a Unified Genomic-Epigenetic System".

46. "Breakthrough of the Year Newsfocus: Genomics Beyond Genes", *Science* 338 (21 de dezembro de 2012): 1528.

47. Moran, "Intelligent Design Creationists Chose ENCODE as the #1 Evolution Story of 2012".

48. Shapiro e Von Sternberg, "Why Repetitive DNA Is Essential to Genome Function"; Von Sternberg e Shapiro, "How Repeated Retroelements Format Genome Function". Veja também Von Sternberg, "On the Roles of Repetitive DNA Elements in the Context of a Unified Genomic-Epigenetic System".

49. Todd, "A View from Kansas on That Evolution Debate".

Capítulo 20: O que está em jogo

1. Dawkins, *The God Delusion*; Hitchens, *God Is Not Great*; Stenger, *God: The Failed Hypothesis*.
2. Stenger, *God: The Failed Hypothesis*.
3. Dawkins, *The Blind Watchmaker*, 6.
4. Russell, citado em Conant, *Modern Science and Modern Man*, 139–40.
5. Collins, *The Language of God*. Veja também Giberson, *Saving Darwin*; Miller, *Finding*.
6. Para críticos proeminentes do consenso neodarwinista, ver Capítulo 14, nº 42
7. Para alguns dos estudos mais recentes, Ver Capítulo 19, nº 45.
8. Como disse Alfred North Whitehead: "Quando consideramos o que é a religião para a humanidade e o que é a ciência, não é exagero dizer que o curso futuro da história depende da decisão desta geração quanto às relações entre eles" (*Science and the Modern World*, 260).

BIBLIOGRAFIA

Adams, Melissa D., *et al.* "The Genome Sequence of *Drosophila melanogaster*". *Science* 287 (2000): 2185–95.

Agassiz, Louis. "Evolution and the Permanence of Type". *Atlantic Monthly* 33 (1874): 92–101.

——. *Louis Agassiz: His Life and Correspondence*. Vol. 1, editado por E. C. Agassiz. Boston: Houghton, Mifflin; Cambridge, MA: Riverside, 1890.

——. *Essay on Classification*. Editado por Edward Lurie. Cambridge, MA: Harvard Univ. Press, Belknap Press, 1962.

Agres, Ted. "Smithsonian 'Discriminated 'Against Scientist". *The Scientist*, 22 de dezembro de 2006.

Aguinaldo, Anna Marie, James M. Turbeville, Lawrence S. Linford, Maria C. Rivera, James R. Garey, Rudolf A. Raff, e James A. Lake. "Evidence for a Clade of Nematodes, Arthropods and Other Moulting Animals". *Nature* 387 (1997): 489–93.

Akam, Michael. "Arthropods: Developmental Diversity Within a (Super) Phylum". *Proceedings of the National Academy of Sciences USA* 97 (2000): 4438–41.

Alean, Jürg, e Michael Hambrey. "Glaciers Online". http://www.swisseduc.ch/glaciers/earth_icy_planet/icons–15/16.jpg. [conteúdo em inglês]

Alexander, H. G., ed. *The Leibniz-Clarke Correspondence*. Nova York: Manchester Univ. Press, 1956.

Ally, Shabeen, A. G. Larson, K. Barlan, S. E. Rice, e V. Gelfand. "Opposite-Polarity Motors Activate One Another to Trigger Cargo Transport in Live Cells". *Journal of Cell Biology* 187 (2009): 1071–82. http://jcb.rupress.org/content/187/7/1071.full.pdf+html (acessado em 30 de outubro de 2012). [conteúdo em inglês]

Alroy, John. "The Fossil Record of North American Mammals: Evidence for a Paleocene Evolutionary Radiation". *Systematic Biology* 48 (1999): 107–18.

Altamirano, Myriam M., Jonathan M. Blackburn, Cristina Aguayo, e Alan R. Fersht. "Directed Evolution of New Catalytic Activity Using the Alpha/Beta-Barrel Scaffold". *Nature* 403 (2000): 617–22.

American Association for the Advancement of Science Board of Directors. "Statement on Teaching Evolution". St. Louis, Missouri, 16 de fevereiro de 2006. http://www.aaas.org/news/releases/2006/pdf/0219boardstatement.pdf. [conteúdo em inglês]

Anderson, Troy. "Cancellation of Darwin Film Creates Uproar". *Los Angeles Daily News*, 8 de outubro de 2009.

Aris-Brosou, Stéphane, e Ziheng Yang. "Bayesian Models of Episodic Evolution Support a Late Precambrian Explosive Diversification of the Metazoa". *Molecular Biology and Evolution* 20 (2003): 1947–54.

Arnaud, Phillipe, Chantal Goubely, Thierry Pe'Lissier, e Jean-Marc Deragon. "SINE Retroposons Can Be Used In Vivo as Nucleation Centers for De Novo Methylation". *Molecular and Cellular Biology* 20, nº 10 (2000): 3434–41.

Arthur, Wallace. *The Origin of Animal Body Plans: A Study in Evolutionary Developmental Biology*. Cambridge: Cambridge Univ. Press, 1997.

Asher, Robert J. *Evolution and Belief: Confessions of a Religious Paleontologist*. Cambridge: Cambridge Univ. Press, 2012.

450 Bibliografia

Associated Press. "JPL Worker Sues over Intelligent Design Demotion". *USA Today*, 19 de abril de 2010.

——. "Former NASA Specialist Claims He Was Fired over Intelligent Design". FoxNews.com, 11 de março de 2012.

Avery, Oswald T., Colin M. MacCleod, e Maclyn McCarty. "Induction of Transformation by a Deoxyribonucleic Acid Fraction Isolated from Pneumococcus Type III". *Journal of Experimental Medicine* 79 (1944): 137–58.

Axe, Douglas D. "Extreme Functional Sensitivity to Conservative Amino Acid Changes on Enzyme Exteriors". *Journal of Molecular Biology* 301 (2000): 585–95.

——. "Estimating the Prevalence of Protein Sequences Adopting Functional Enzyme Folds". *Journal of Molecular Biology* 341 (2004): 1295–1315.

——. "The Case Against Darwinian Origin of Protein Folds". *BIO-Complexity* 2010, nº 1 (2010): 1–12.

——. "The Limits of Complex Adaptation: An Analysis Based on a Simple Model of Structured Bacterial Populations". *BIO-Complexity* 2010, nº 4 (2010): 1–10.

Ayala, Francisco J. "Design Without Designer: Darwin's Greatest Discovery". Em *Debating Design: From Darwin to DNA*, editado por M. Ruse e W. Dembski, 55–80. Cambridge: Cambridge Univ. Press, 2004.

——. "Darwin's Greatest Discovery: Design Without Designer". *Proceedings of the National Academy of Sciences USA* 104 (2007): 8567–73.

Ayala, Francisco, A. Rzhetsky, e F. J. Ayala. "Origin of the Metazoan Phyla: Molecular Clocks Confirm Paleontological Estimates". *Proceedings of the National Academy of Sciences USA* 95 (1998): 606–11.

Azar, Beth. "Profile of Michael Lynch". *Proceedings of the National Academy of Sciences USA* 107 (2010): 16013–15.

Babcock, Loren E. "Asymmetry in the Fossil Record". *European Review* 13 (2005): 135–43.

Babu, M. Madan, Richard W. Kriwacki, e Rohit V. Pappu. "Versatility from Protein Disorder". *Science* 337 (2012): 1460–61.

Bailey, J. V., S. B. Joye, K. M. Kalanetra, B. E. Flood, e F. A. Corsetti. "Evidence of Giant Sulphur Bacteria in Neoproterozoic Phosphorites". *Nature* 445 (2007): 198–201.

Balakirev, E. S., e F. J. Ayala. "Pseudogenes: Are They 'Junk' or Functional DNA?" *Annual Review of Genetics* 37 (2003): 123–51.

Bartel, David P. "MicroRNAs: Genomics, Biogenesis, Mechanism, and Function". *Cell* 116 (2004): 281–97.

Bate, Michael, e Alfonso Martinez Arias, eds. *The Development of Drosophila melanogaster.* 2 vols. Plainview, NY: Cold Spring Harbor Laboratory Press, 1993.

Bateson, William. "Heredity and Variation in Modern Lights". Em *Darwin and Modern Science*, editado por A. C. Seward, 85–101. Cambridge: Cambridge Univ. Press, 1909.

Baverstock, Peter R., e Craig Moritz. "Project Design". Em *Molecular Systematics*, 2ª ed., editado por D. M. Hillis, C. Moritz, e B. K. Mable, 17–27. Sunderland, MA: Sinauer, 1996.

BBC News, "The Darwinian Sistine Chapel", 14 de abril de 2009, http://www.bbc.co.uk/ darwin/?tab=21 (acessado em 31 de outubro de 2012). [conteúdo em inglês]

Becker, H., e W. Lönnig. "Transposons: Eukaryotic". Em *Nature's Encyclopedia of Life Sciences*, 18: 529–39. Londres: Nature Publishing, 2001.

Begun, David J. "Origin and Evolution of a New Gene Descended from Alcohol Dehydrogenase in *Drosophila*". *Genetics* 145 (1997): 375–82.

Behe, Michael. "Histone Deletion Mutants Challenge the Molecular Clock Hypothesis". *Trends in Ecology and Evolution* 15 (1990): 374–76.

———. "Experimental Support for Regarding Functional Classes of Proteins to Be Highly Isolated from Each Other". Em *Darwinism: Science or Philosophy?* editado por J. Buell e V. Hearn, 60–71. Richardson, TX: Foundation for Thought and Ethics, 1994.

———. *Darwin's Black Box: The Biochemical Challenge to Evolution.* Nova York: Free Press, 1996.

———. *The Edge of Evolution: The Search for the Limits of Darwinism.* Nova York: Free Press, 2007.

Behe, Michael J., e David W. Snoke. "Simulating Evolution by Gene Duplication of Protein Features That Require Multiple Amino Acid Residues". *Protein Science* 13 (2004): 2651–64.

Beiko, Robert G. "Telling the Whole Story in a 10,000-Genome World". *Biology Direct* 6 (2011): 34.

Bell, C., A. G. West e G. Felsenfeld. "Insulators and Boundaries: Versatile Regulatory Elements in the Eukaryotic Genome". *Science* 291 (2001): 447–50.

Bell, Michael A. "Gould's Most Cherished Concept". *Trends in Ecology and Evolution* 23, nº 3 (2008): 121–22.

Bengtson, Stefan e Graham E. Budd. "Comment on 'Small Bilaterian Fossils from 40 to 55 Million Years Before the Cambrian.'" *Science* 306 (2004): 1291–92.

Bengtson, Stefan, John A. Cunningham, Chongyu Yin e Philip C. J. Donoghueb. "A Merciful Death for the 'Earliest Bilaterian' *Vernanimalcula*". *Evolution and Development* 14, nº 5 (2012): 421–27.

Bengtson, Stefan e Xian-guang Hou. "The Integument of Cambrian Chancelloriids". *Acta Paleontological Polonica* 46 (2001): 1–22.

Benton, Michael J. "Early Origins of Modern Birds and Mammals: Molecules vs. Morphology". *BioEssays* 21 (1999): 1043–51.

Benton, Michael e Francisco J. Ayala. "Dating the Tree of Life". *Science* 300 (2003): 1698–1700.

Benton, Michael J., M. A. Wills e R. Hitchin. "Quality of the Fossil Record Through Time". *Nature* 402 (2000): 534–37.

Bergsten, J. "A Review of Long-Branch Attraction". *Cladistics* 21 (2005): 163–93.

Bergström, Jan. "Metazoan Evolution Around the Precambrian–Cambrian Transition". Em *The Early Evolution of Metazoa and the Significance of Problematic Taxa*, editado por A. M. Simonetta e S. Conway Morris, 25–34. Cambridge: Cambridge Univ. Press, 1991.

———. "Ideas on Early Animal Evolution". Em *Early Life on Earth*, Nobel Symposium Nº 84, editado por S. Bengtson, 460–66. Nova York: Columbia Univ. Press, 1994.

Bergström, Jan e Xian-Guang Hou. "Chengjiang Arthropods and Their Bearing on Early Arthropod Evolution". Em *Arthropod Fossils and Phylogeny*, editado por G. D. Edgecombe, 151–84. Nova York: Columbia Univ. Press, 1998.

———. "Arthropod Origins". *Bulletin of Geosciences* 78 (2003): 323–34.

Berlinski, David. "The Deniable Darwin". *Commentary* 101 (1996): 19–29. http://www.discovery.org/a/130. [conteúdo em inglês]

———. "On Assessing Genetic Algorithms". Palestra pública, "Science and Evidence of Design in the Universe" Conferência, Universidade Yale, 4 de novembro de 2000.

Birket-Smith, S. J. R. "A Reconstruction of the Precambrian *Spriggina*". *Zoologische Jahrbücher Anatomie und Ontogenie der Tiere* 105 (1981): 237–58.

Black, Nathan. "Intelligent Design Proponent Fired from NASA Lab". *Christian Post*, 26 de janeiro de 2011.

Blanco, F., I. Angrand e L. Serrano. "Exploring the Conformational Properties of the Sequence Space Between Two Proteins with Different Folds: An Experimental Study". *Journal of Molecular Biology* 285 (1999): 741–53.

Boehm, Mike. "California Science Center Is Sued for Canceling a Film Promoting Intelligent Design". *Los Angeles Times*, 29 de dezembro de 2009.

Boffey, Philip M. "100 Years After Darwin's Death, His Theory Still Evolves". *New York Times*, 20 de abril de 1982.

452 Bibliografia

Borchiellini, C., M. Manuel, E. Alivon, N. Boury-Esnault, J. Vacelet e Y. Le Parco. "Sponge Paraphyly and the Origin of Metazoa". *Journal of Evolutionary Biology* 14 (2001): 171–79.

Borel, Emile. *Probability and Certainty*. Traduzido por D. Scott. Nova York: Walker, 1963.

Bottjer, David. "The Early Evolution of Animals". *Scientific American* 293 (2005): 42–47.

Bowler, P. J. *Theories of Human Evolution: A Century of Debate, 1844–1944*. Baltimore: Johns Hopkins Univ. Press, 1986.

———. *Evolution: The History of an Idea*. 3ª ed. Berkeley: Univ. of California Press, 2003.

Bowring, Samuel A., J. P. Grotzinger, C. E. Isachsen, A. H. Knoll, S. M. Pelechaty e P. Kolosov. "Calibrating Rates of Early Cambrian Evolution". *Science* 261 (1993): 1293–98.

———. "A New Look at Evolutionary Rates in Deep Time: Uniting Paleontology and High-Precision Geochronology". *GSA Today* 8 (1998): 1–8.

———. "Geochronology Comes of Age". *Geotimes* 43 (1998): 36–40.

Brachet, J., H. Denis e F. De Vitry. "The Effects of Actinomycin D and Puromycin on Morphogenesis in Amphibian Eggs and *Acetabularia mediterranea*". *Developmental Biology* 9 (1964): 398–434.

Bracht, John. "Inventions, Algorithms, and Biological Design". *Progress in Complexity, Information, and Design* 1.2 (2002). Disponível em http://www.iscid.org. [conteúdo em inglês]

Brasier, Martin D. e Jonathan B. Antcliffe. "*Dickinsonia* from Ediacara: A New Look at Morphology and Body Construction". *Palaeogeography, Palaeoclimatology, Palaeoecology* 270 (2008): 311–23.

Brenner, Sidney. "The Genetics of Behaviour". *British Medical Bulletin* 29 (1973): 269–71.

Briggs, Brad e Grace Maaluf. "BU Had Role in Dembski Return". *The Lariat*, 16 de novembro de 2007, http://www.baylor.edu/lariat/news.php?action=story&story=48260. [conteúdo em inglês]

Briggs, Derek, Douglas Erwin e Frederick Collier. *The Fossils of the Burgess Shale*. Washington, DC: Smithsonian Institution Press, 1994.

Britten, Roy J. e Eric H. Davidson. "Gene Regulation for Higher Cells: A Theory". *Science* 165 (1969): 349–57.

Brocks, Jochen J., Graham A. Logan, Roger Buick e Roger E. Summons. "Archean Molecular Fossils and the Early Rise of Eukaryotes". *Science* 285 (1999): 1033–36.

Bronham, Lindell, Andrew Rambaut, Richard Fortey, Alan Cooper e David Penny. "Testing the Cambrian Explosion Hypothesis by Using a Molecular Dating Technique". *Proceedings of the National Academy of Sciences USA* 95 (1998): 12386–89.

Brooks, W. K. "The Origin of the Oldest Fossils and the Discovery of the Bottom of the Ocean". *Journal of Geology* 2 (1894): 359–76.

Brosius, Jürgen. "The Contribution of RNAs and Retroposition to Evolutionary Novelties". *Genetica* 118 (2003): 99–116.

Brumfiel, Geoff. "Darwin Sceptic Says Views Cost Tenure". *Nature* 447 (2007): 364.

Brusca, Richard C. e Gary J. Brusca. *Invertebrates*. Sunderland, MA: Sinauer, 1990.

Budd, Graham E. "The Morphology of *Opabinia regalis* and the Reconstruction of the Arthropod Stem-Group". *Lethaia* 29 (1996): 1–14.

Budd, Graham E. e Sören Jensen. "A Critical Reappraisal of the Fossil Record of the Bilaterian Phyla". *Biological Reviews of the Cambridge Philosophical Society* 75 (2000): 253–95.

———. "The Limitations of the Fossil Record and the Dating of the Origin of the Bilateria". Em *Telling the Evolutionary Time: Molecular Clocks and the Fossil Record*, editado por P. C. J. Donoghue e M. P. Smith, 166–89. Londres: Taylor & Francis, 2003.

Burgess-Beusse, B., C. Farrell, M. Gaszner, M. Litt, V. Mutskov, F. Recillas-Targa, M. Simpson, A. West e G. Felsenfeld. "The Insulation of Genes from External Enhancers and Silencing Chromatin". *Proceedings of the National Academy of Sciences USA* 99 (2002): 16433–37.

Butcher, Samuel E. "The Spliceosome as Ribozyme Hypothesis Takes a Second Step". *Proceedings of the National Academy of Sciences USA* 106 (2009): 12211–12.

Cameron, Chris B., James R. Garey e Billie J. Swalla. "Evolution of the Chordate Body Plan: New Insights from Phylogenetic Analyses of Deuterostome Phyla". *Proceedings of the National Academy of Sciences USA* 97 (2000): 4469–74.

Cameron, R. A., *et al.* "A Sea Urchin Genome Project: Sequence Scan, Virtual Map, and Additional Resources". *Proceedings of the National Academy of Sciences USA* 97 (2000): 9514–18.

Canoe, Inc. "Yoho National Park". http://www.canadianparks.com/bcolumbia/yohonpk/index.htm (acessado em 22 de março de 2013). [conteúdo em inglês]

Carrieri, C., *et al.* "Long Non-Coding Antisense RNA Controls Uchl1 Translation Through An Embedded SINEB2 Repeat". *Nature* 49 (2012): 454–57.

Carroll, Robert L. *Patterns and Processes of Vertebrate Evolution*. Cambridge: Cambridge Univ. Press, 1997.

———. "Towards a New Evolutionary Synthesis". *Trends in Ecology and Evolution* 15 (2000): 27–32.

Carroll, Sean B. *Endless Forms Most Beautiful: The New Science of Evo Devo*. Nova York: Norton, 2006.

Chamberlain, Thomas C. "The Method of Multiple Working Hypotheses". *Science* (série antiga) 15 (1890): 92–96. Reimpresso em *Science* 148 (1965): 754–59.Também reimpresso em *Journal of Geology* (1931): 155–65.

Chargaff, Erwin. "Chemical Specificity of Nucleic Acids and Mechanism of Their Enzymic Degradation". In *Essays on Nucleic Acids*, 1–24. Nova York: Elsevier, 1963.

Charlesworth, Brian, Russell Lande e Montgomery Slatkin. "A Neo-Darwinian Commentary on Macroevolution". *Evolution* 36, nº 3 (1982): 474–98.

Chen, J. Y. "Early Crest Animals and the Insight They Provide into the Evolutionary Origin of Craniates". *Genesis* 46 (2008): 623–39.

Chen, J. Y., J. Dzik, G. D. Edgecombe, L. Ramsköld e G.-Q. Zhou. "A Possible Early Cambrian Chordate". *Nature* 377 (1995): 720–22.

Chen, J. Y., D. Y. Huang e C. W. Li. "An Early Cambrian Craniate-like Chordate". *Nature* 402 (1999): 518–22.

Chen, J. Y. e C. W. Li. "Early Cambrian Chordate from Chengjiang, China". *Bulletin of the National Museum of Natural Science of Taiwan* 10 (1997): 257–73.

Chen, J. Y., C. W. Li, Paul Chien, G.-Q. Zhou e Feng Gao. "Weng'an Biota: A Light Casting on the Precambrian World". Artigo apresentado a "The Origin of Animal Body Plans and Their Fossil Records" Conferência, Kunming, China, 20 a 26 de junho de 1999, patrocinada pelo Early Life Research Center e pela Academia Chinesa de Ciências.

Chen, J. Y., P. Oliveri, F. Gao, S. Q. Dornbos, C. W. Li, D. J. Bottjer e E. H. Davidson. "Precambrian Animal Life: Probable Developmental and Adult Cnidarian Forms from Southwest China". *Developmental Biology* 248 (2002): 182–96.

Chen, J. Y., J. W. Schopf, *et al.* "Raman Spectra of a Lower Cambrian Ctenophore Embryo from Southwestern Shaanxi, China". *Proceedings of the National Academy of Sciences USA* 104 (2007): 6289–92.

Chen, J. Y. e G.-Q. Zhou. "Biology of the Chengjiang Fauna". Em *The Cambrian Explosion and the Fossil Record*, editado por Chen, J. Y., Y. Cheng e H. V. Iten, 11–106. Taiwan: Museu Nacional de Ciências Naturais, 1997.

Chen, J. Y., G.-Q. Zhou, M. Y. Zhu e K. Y. Yeh. *The Chengjiang Biota: A Unique Window of the Cambrian Explosion*. Taichung, Taiwan: Museu Nacional de Ciências Naturais, 1996.

Chen, Liangbiao, Arthur L. DeVries e Chi-Hing C. Cheng. "Evolution of Antifreeze Glycoprotein Gene from a Trypsinogen Gene in Antarctic Notothenioid Fish". *Proceedings of the National Academy of Sciences USA* 94 (1997): 3811–16.

———. "Convergent Evolution of Antifreeze Glycoproteins in Antarctic Notothenioid Fish and Arctic Cod". *Proceedings of the National Academy of Sciences USA* 94 (1997): 3817–22.

454   *Bibliografia*

Chen, Ling-Ling, Joshua N. DeCerbo e Gordon G. Carmichael. "*Alu* Element-Mediated Gene Silencing". *EMBO Journal* (2008): 1–12.

Chesterton, G. K. "The Invisible Man". Em *The Complete "Father Brown"*, em ebooks.adelaide.edu. au/c/Chesterton/gk/c52fb/chapter5.html. Publicado pela primeira vez em *The Saturday Evening Post*, 28 de janeiro de 1911, 5–7, 30. [conteúdo em inglês]

Chien, Paul, J. Y. Chen, C. W. Li e Frederick Leung. "SEM Observation of Precambrian Sponge Embryos from Southern China, Revealing Ultrastructures Including Yolk Granules, Secretion Granules, Cytoskeleton, and Nuclei". Artigo apresentado à Convenção Paleontológica da América do Norte, Universidade da Califórnia, Berkeley, 26 de junho a 1º de julho de 2001.

Christin, P. A., D. M. Weinreich e G. Bresnard. "Causes and Evolutionary Significance of Genetic Convergence". *Trends in Genetics* 26 (2010): 400–405.

Cisne, J. L. "Trilobites and the Origin of Arthropods". *Science* 186 (1974): 13–18.

Cloud, Wallace. "The Ship That Digs Holes in the Sea". *Popular Mechanics* 131 (1969): 108–11, 236.

Cohen, Bernard I., ed. *Isaac Newton's Papers and Letters on Natural Philosophy*. Cambridge: Cambridge Univ. Press, 1958.

Colas, A. R., *et al*. "Whole-Genome MicroRNA Screening Identifies let-7 and miR-18 as Regulators of Germ Layer Formation During Early Embryogenesis". *Genes and Development* 26 (2012): 2567–79.

Collins, Desmond. "Misadventures in the Burgess Shale". *Nature* 460 (2009): 952–53.

Collins, Francis. *The Language of God*. Nova York: Free Press, 2006.

Conant, James B. *Modern Science and Modern Man*. Nova York: Doubleday Anchor, 1953.

Conniff, Richard. "When Continental Drift was Considered Pseudoscience". *Smithsonian Magazine*, junho de 2012. http://www.smithsonianmag.com/science-nature/When-Continental-Drift-Was-Considered-Pseudoscience.html (acessado em 30 de dezembro de 2012). [conteúdo em inglês]

Conway Morris, Simon. "Burgess Shale Faunas and the Cambrian Explosion". *Science* 246 (1989): 339–46.

——. "Ediacaran-like Fossils in Cambrian Burgess Shale-type Faunas of North America". *Paleontology* 36 (1993): 593–635.

——. "Early Metazoan Evolution: Reconciling Paleontology and Molecular Biology". *American Zoologist* 38 (1998): 867–77.

——. "Nipping the Cambrian "Explosion" in the Bud?" *BioEssays* 22 (2000): 1053–56.

——. *The Crucible of Creation: The Burgess Shale and the Rise of Animals*. Oxford: Oxford Univ. Press, 2000.

——. "Evolution: Bringing Molecules into the Fold". *Cell* 100 (2000): 1–11.

——. "The Cambrian 'Explosion' of Metazoans and Molecular Biology: Would Darwin Be Satisfied?" *International Journal of Developmental Biology* 47 (2003): 505–15.

——. "The Cambrian 'Explosion' of Metazoans". Em *Origination of Organismal Form: Beyond the Gene in Developmental and Evolutionary Biology*, editado por G. B. Müller e S. A. Newman, 13–32. Cambridge, MA: MIT Press, 2003.

——. *Life's Solution: Inevitable Humans in a Lonely Universe*. Cambridge: Cambridge Univ. Press, 2003.

——. "Darwin's Dilemma: The Realities of the Cambrian 'Explosion.'" *Philosophical Transactions of the Royal Society B* 361 (2006): 1069–83.

——. "Walcott, the Burgess Shale and Rumours of a Post-Darwinian World". *Current Biology* 19 (2009): R927–31.

Conway Morris, S. e J.-B. Caron. "*Pikaia gracilens* Walcott, a Stem-Group Chordate from the Middle Cambrian of British Columbia". *Biological Reviews of the Cambridge Philosophical Society* 87 (2012): 480–512.

Bibliografia 455

Conway Morris, S. e D. H. Collins. "Middle Cambrian Ctenophores from the Stephen Formation, British Columbia, Canada". *Philosophical Transactions of the Royal Society B: Biological Sciences* 351 (1996): 279–308.

Conway Morris, S. e J. S. Peel. "Articulated Halkieriids from the Lower Cambrian of North Greenland and Their Role in Early Protostome Evolution". *Philosophical Transactions of the Royal Society B: Biological Sciences* 347 (1995): 305–58.

——. "The Earliest Annelids: Lower Cambrian Polychaetes from the Sirius Passet Lagerstätte, Peary Land, North Greenland". *Acta Palaeontologica Polonica* 53 (2008): 137–48.

Cooper, Alan e Richard Fortey. "Evolutionary Explosions and the Phylogenetic Fuse". *Trends in Ecology and Evolution* 13 (1998):151–56.

Courseaux, Anouk e Jean-Louis Nahon. "Birth of Two Chimeric Genes in the *Hominidae* Lineage". *Science* 291 (2001): 1293–97.

Coyne, Jerry. "The Great Mutator: Review of *The Edge of Evolution*, by Michael J. Behe". *New Republic*, 18 de junho de 2007, 38–44.

——. *Why Evolution Is True*. Nova York: Viking, 2009.

Crick, Francis. "On Protein Synthesis". *Symposium for the Society of Experimental Biology* 12 (1958): 138–63.

——. *What Mad Pursuit: A Personal View of Scientific Discovery*. Nova York: Basic Books, 1988.

Crick, Francis, e James Watson. "A Structure for Deoxyribose Nucleic Acid". *Nature* 171 (1953): 737–38.

Crocker, Caroline. *Free to Think: Why Scientific Integrity Matters*. Port Orchard, WA: Leafcutter Press, 2010.

Crowther, Robert. "Academic Freedom Expelled from Baylor University". *Evolution News and Views*, 5 de setembro de 2007. http://www.evolutionnews.org/2007/09/academic_freedom_expelled_from004189.html. [conteúdo em inglês]

Cunningham, J. A., *et al.* "Experimental Taphonomy of Giant Sulphur Bacteria: Implications for the Interpretation of the Embryo-Like Ediacaran Doushantuo Fossils". *Proceedings of the Royal Society B* 279 (2012): 1857–64.

Daley, A. C. "The Morphology and Evolutionary Significance of the Anomalocaridids". *Digital Comprehensive Summaries of Uppsala Dissertations from the Faculty of Science and Technology* 714 (2010): 9–34.

Darnell, J. E. e W. F. Doolittle. "Speculations on the Early Course of Evolution". *Proceedings of the National Academy of Sciences USA* 83 (1986): 1271–75.

Darwin, Charles. *On the Origin of Species by Means of Natural Selection*. Um fac-símile da primeira edição, publicado por John Murray, Londres, 1859. Reimpressão, Cambridge, MA: Harvard Univ. Press, 1964.

——. *On the Origin of Species by Means of Natural Selection*. 6ª ed. Londres: John Murray, 1872.

——. *The Autobiography of Charles Darwin, 1809–1882*. Editado por Nora Barlow. Nova York: Norton, 1958.

——. *The Illustrated Origin of Species*. Resumido e introduzido por Richard Leakey. 6ª ed. Londres: Faber e Faber, 1979.

Dávalos, Liliana M., Andrea L. Cirranello, Jonathan H. Geisler e Nancy B. Simmons. "Understanding Phylogenetic Incongruence: Lessons from Phyllostomid Bats". *Biological Reviews* 87 (2012): 991–1024.

Davidson, Eric H. *Genomic Regulatory Systems: Development and Evolution*. Nova York: Academic, 2001.

——. *The Regulatory Genome: Gene Regulatory Networks in Development and Evolution*. Burlington: Elsevier, 2006.

——. "Evolutionary Bioscience as Regulatory Systems Biology". *Developmental Biology* 357 (2011): 35–40.

456   *Bibliografia*

Davidson, Eric H. e Douglas Erwin. "An Integrated View of Precambrian Eumetazoan Evolution". *Cold Spring Harbor Symposia on Quantitative Biology* 74 (2010): 1–16.

Davidson, Eric H., Kevin J. Peterson e R. Andrew Cameron. "Origin of Bilaterian Body Plans: Evolution of Developmental Regulatory Mechanisms". *Science* 270 (1995): 1319–24.

Dawkins, Richard. *The Blind Watchmaker: Why the Evidence Reveals a Universe Without Design.* Nova York: Norton, 1986.

———. *River Out of Eden: A Darwinian View of Life.* Nova York: Basic Books, 1995.

———. *Climbing Mount Improbable.* Nova York: Norton, 1996.

———. *Unweaving the Rainbow: Science, Delusion, and the Appetite for Wonder.* Boston: Houghton Mifflin, 1998.

———. *A Devil's Chaplain: Reflections on Hope, Lies, Science, and Love.* Boston: Houghton Mifflin, 2003.

———. *The God Delusion.* Boston: Houghton Mifflin, 2006.

———. *The Greatest Show on Earth: The Evidence for Evolution.* Nova York: Free Press, 2009.

Dean, Cornelia. "Scientists Feel Miscast in Film on Life's Origin". *New York Times,* 27 de setembro de 2007.

De Duve, C. *Blueprint for a Cell: The Nature and Origin of Life.* Burlington, NC: Patterson, 1991.

Degnan, James H. e Noah A. Rosenberg. "Gene Tree Discordance, Phylogenetic Inference and the Multispecies Coalescent". *Trends in Ecology and Evolution* 24 (2009): 332–40.

Delsuc, Frederic, Matthew J. Phillips e David Penny. "Comment on 'Hexapod Origins: Monophyletic or Paraphyletic?'" *Science* 301 (2003): 1482.

Dembski, William A. "Intelligent Science and Design". *First Things* 86 (1998): 21–27.

———. *The Design Inference: Eliminating Chance Through Small Probabilities.* Cambridge: Cambridge Univ. Press, 1998.

———. "Intelligent Design as a Theory of Technological Evolution". *Progress in Complexity, Information, and Design* 1.2 (2002). Disponível em http://www.iscid.org. [conteúdo em inglês]

———. *No Free Lunch: Why Specified Complexity Cannot Be Purchased Without Intelligence.* Boston: Rowman & Littlefield, 2002.

Demuth, J. P., T. De Bie, J. E. Stajich, N. Cristianini e M. W. Hahn. "The Evolution of Mammalian Gene Families". *PLoS One* 1 (2006): e85.

Dennett, Daniel C. *Darwin's Dangerous Idea: Evolution and the Meanings of Life.* Nova York: Simon & Schuster, 1995.

Denton, Michael. *Evolution: A Theory in Crisis.* Londres: Adler e Adler, 1985.

De Rosa, R., J. K. Grenier, T. Andreeva, C. E. Cook, A. Adoutte, M. Akam, S. B. Carroll e G. Balavoine. "Hox Genes in Brachiopods and Priapulids and Protostome Evolution". *Nature* 399 (1999): 772–76.

Dillon, William. "Regents Deny Gonzalez's Tenure Appeal". *Ames Tribune,* 7 de fevereiro de 2008.

Dobzhansky, Theodosius. "Discussion of G. Schramm's Paper". Em *The Origins of Prebiological Systems and of Their Molecular Matrices,* editado por S. W. Fox, 309–15. Nova York: Academic, 1965.

———. "Nothing in Biology Makes Sense Except in the Light of Evolution". *American Biology Teacher* 35 (1973): 125–29.

Donnelly, S. R., T. E. Hawkins e S. E. Moss, "A Conserved Nuclear Element with a Role in Mammalian Gene Regulation". *Human Molecular Genetics* 8 (1999): 1723–28.

Doolittle, Russell F., D. F. Feng, S. Tsang, G. Cho e E. Little. "Determining Divergence Times of the Major Kingdoms of Living Organisms with a Protein Clock". *Science* 271 (1996): 470–77.

Doolittle, W. F. "Phylogenetic Classification and the Universal Tree". *Science* 284 (1999): 2124–28.

Dott, Robert H., Jr. e Donald R. Prothero. *Evolution of the Earth.* 5ª ed. Nova York: McGraw-Hill, 1994.

Douglas, Michael Edward e John C. Avise. "Speciation Rates and Morphological Divergence in Fishes: Tests of Gradual Versus Rectangular Modes of Evolutionary Change". *Evolution* 36 (1982): 224–32.

Bibliografia 457

Dunbar, Carl O. *Historical Geology.* Nova York: Wiley, 1949.

Dunlap, K.A., M. Palmarini, M. Varela, R. C. Burghardt, K. Hayashi, J. L. Farmer e T. E. Spencer. "Endogenous Retroviruses Regulate Periimplantation Placental Growth and Differentiation". *Proceedings of the National Academy of Sciences USA* 103 (2006): 14390–95.

Dunn, C. A., P. Medstrand e D. L. Mager. "An Endogenous Retroviral Long Terminal Repeat Is the Dominant Promoter for Human B1, 3-galactosyltransferase 5 in the Colon". *Proceedings of the National Academy of Sciences USA* 100 (2003): 12841–46.

Dupree, A. Hunter. *Asa Gray: American Botanist, Friend of Darwin.* Cambridge, MA: Harvard Univ. Press, Belknap Press, 1959.

Durrett, Rick e Deena Schmidt. "Waiting for Two Mutations: With Applications to Regulatory Sequence Evolution and the Limits of Darwinian Evolution". *Genetics* 180 (2008): 1501–9.

Dzik, J. "*Yunnanozoon* and the Ancestry of Chordates". *Acta Palaeontologica Polanica* 40 (1995): 341–60.

Ebert, James, *et al. Science and Creationism: A View from the National Academy of Science.* Washington, DC: National Academy Press, 1984.

Ecker, J. R., W. A. Bickmore, I. Barroso, J. K. Pritchard, Y. Gilad e E. Segal. "Genomics: ENCODE Explained". *Nature* 489 (2012): 52–55.

Eden, Murray. "Inadequacies of Neo-Darwinian Evolution as a Scientific Theory". Em *Mathematical Challenges to the Neo-Darwinian Interpretation of Evolution,* editado por P. S. Moorhead e M. M. Kaplan, 109–11. Monografia do Simpósio do Instituto Wistar Nº 5. Nova York: Liss, 1967.

Edgecombe, G. D., G. Giribet, C. W. Dunn, A. Hejnol, R. M. Kristensen, R. C. Neves, G. W. Rouse, K. Worsaae e M. V. Sørensen. "Higher-Level Metazoan Relationships: Recent Progress and Remaining Questions". *Organisms, Diversification, and Evolution* 11 (2011): 151–72.

Edidin, Michael. "Patches, Posts and Fences: Proteins and Plasma Membrane Domains". *Trends in Cell Biology* 2 (1992): 376–80.

Eger, Martin. "A Tale of Two Controversies: Dissonance in the Theory and Practice of Rationality". *Zygon* 23 (1988): 291–326.

Ehrlich, Paul e Richard Holm. *The Processes of Evolution.* Nova York: McGraw-Hill, 1963.

Eldredge, Niles. *Reinventing Darwin: The Great Debate at the High Table of Evolutionary Theory.* Nova York: Wiley, 1995.

——. *The Pattern of Evolution.* Nova York: Freeman, 1999.

——. *The Triumph of Evolution and the Failure of Creationism.* Nova York: Freeman, 2000.

Eldredge, Niles e Stephen Jay Gould. "Punctuated Equilibria: An Alternative to Phyletic Gradualism". Em *Models in Paleobiology,* editado por T. J. M. Schopf. São Francisco: Freeman, Cooper, 1972.

Enard, Wolfgang *et al.* "Molecular Evolution of *FOXP2,* a Gene Involved in Speech and Language". *Nature* 418 (2002): 869–72.

ENCODE Project Consortium. "Identification and Analysis of Functional Elements in 1% of the Human Genome by the ENCODE Pilot Project". *Nature* 447 (2007): 799–816.

Endler, John. *Natural Selection in the Wild.* Princeton, NJ: Princeton Univ. Press, 1986.

Erwin, Douglas H. "Early Introduction of Major Morphological Innovations". *Acta Palaeontologica Polonica* 38 (1994): 281–94.

——. "The Origin of Body Plans". *American Zoologist* 39 (1999): 617–29.

——. "Macroevolution Is More Than Repeated Rounds of Microevolution". *Evolution and Development* 2 (2000): 78–84.

——. "Disparity: Morphological Pattern and Developmental Context". *Palaeontology* 50 (2007): 57–73.

——. "Evolutionary Uniformatarianism". *Developmental Biology* 357 (2011): 27–34.

458   *Bibliografia*

Erwin, Douglas H. e Eric Davidson. "The Last Common Bilaterian Ancestor". *Development* 129 (2002): 3021–32.

———. "The Evolution of Hierarchical Gene Regulatory Networks". *Nature Reviews Genetics* 10 (2009): 141–48.

Erwin, Douglas H., Marc Laflamme, Sarah M. Tweedt, Erik A. Sperling, Davide Pisani e Kevin J. Peterson. "The Cambrian Conundrum: Early Divergence and Later Ecological Success in the Early History of Animals". *Science* 334 (2011): 1091–97.

Erwin, Douglas, James Valentine e David Jablonski. "The Origin of Animal Body Plans". *American Scientist* 85 (1997): 126–37.

Erwin, Douglas, James Valentine e J. J. Sepkoski. "A Comparative Study of Diversification Events: The Early Paleozoic Versus the Mesozoic". *Evolution* 41 (1987): 1177–86.

Ewen-Campen, Ben, E. E. Schwager e C. G. Extavour. "The Molecular Machinery of Germ Line Specification". *Molecular Reproduction and Development* 77 (2010): 3–18.

Ewert, Winston, George Montañez, William Dembski e Robert J. Marks II. "Efficient Per Query Information Extraction from a Hamming Oracle". *42nd South Eastern Symposium on System Theory* (2010): 290–97.

Extavour, Cassandra G. M. "Evolution of the Bilaterian Germ Line: Lineage Origin and Modulation of Specific Mechanisms". *Integrative and Comparative Biology* 47 (2007): 770–85.

———. "Gray Anatomy: Phylogenetic Patterns of Somatic Gonad Structures and Reproductive Strategies Across the Bilateria". *Integrative and Comparative Biology* 47 (2007): 420–26.

Fedonkin, Mikhail A. e Benjamin M. Waggoner. "The Late Precambrian Fossil *Kimberella* is a Mollusc-like Bilaterian Organism". *Nature* 388 (1997): 868–71.

Felsenstein, Joseph. *Inferring Phylogenies*. Sunderland, MA: Sinauer, 2004.

Fernandes, J., S. E. Celniker, E. B. Lewis e K. VijayRaghavan. "Muscle Development in the Four-Winged *Drosophila* and the Role of the Ultrabithorax Gene". *Current Biology* 4 (1994): 957–64.

Figueiredo, L. M., L. H. Freitas-Junior, E. Bottius, J.-C. Olivo-Marin e A. Scherf. "A Central Role for *Plasmodium Falciparum* Subtelomeric Regions in Spatial Positioning and Telomere Length Regulation". *EMBO Journal* 21 (2002): L815–24.

Fisher, Ronald A. *The Genetical Theory of Natural Selection*. Nova York: Dover, 1958.

Foote, Michael. "Paleozoic Record of Morphological Diversity in Blastozoan Echinoderms". *Proceedings of the National Academy of Sciences USA* 89 (1992): 7325–29.

———. "On the Probability of Ancestors in the Fossil Record". *Paleobiology* 22 (1996): 141–51.

———. "Sampling, Taxonomic Description, and Our Evolving Knowledge of Morphological Diversity". *Paleobiology* 23 (1997): 181–206.

Foote, Michael e Stephen Jay Gould. "Cambrian and Recent Morphological Disparity". *Science* 258 (1992): 1816–17.

Fortey, Richard. "The Cambrian Explosion Exploded?" *Science* 293 (2001): 438–39.

Fortey, Richard A., Derek E. G. Briggs e Matthew A. Wills. "The Cambrian Evolutionary 'Explosion' Recalibrated". *BioEssays* 19 (1997): 429–34.

Franco-Zorrilla, J. M., *et al.* "Target Mimicry Provides a New Mechanism for Regulation of MicroRNA Activity". *Nature Genetics* 39 (2007): 1033–37.

Frankel, J. "Propagation of Cortical Differences in *Tetrahymena*". *Genetics* 94 (1980): 607–23.

Frazzetta, Thomas H. "From Hopeful Monsters to Bolyerine Snakes?" *American Naturalist* 104 (1970): 55–72.

———. *Complex Adaptations in Evolving Populations*. Sunderland, MA: Sinauer, 1975.

———. "Modeling Complex Morphological Change in Evolution, and A Possible Ecological Analogy". *Evolutionary Theory* 6 (1982): 127–41.

Frohnhöfer, Hans Georg e Christiane Nüsslein-Volhard. "Organization of Anterior Pattern in the *Drosophila* Embryo by the Maternal Gene *Bicoid*". *Nature* 324 (1986): 120–25.

Futuyma, Douglas J. "Evolution as Fact and Theory". *BIOS* 56 (1985): 8.

Fuxreiter, Monika e Peter Tompa. "Fuzzy Complexes: A More Stochastic View of Protein Function". Em *Fuzziness: Structural Disorder in Protein Complexes*, editado por M. Fuxreiter e P. Tompa, 1–14. Advances in Experimental Medicine and Biology 725. Austin, TX: Landes Bioscience, Springer Science, 2012.

Gabius, Hans-Joachim. "Biological Information Transfer Beyond the Genetic Code: The Sugar Code". *Naturwissenschaften* 87 (2000): 108–21.

Gabius, Hans-Joachim, H. C. Siebert, S. André, J. Jiménez-Barbero e H. Rüdinger. "Chemical Biology of the Sugar Code". *Chembiochem* 5 (2004): 740–64.

Gagnon, James A. e Kimberly L. Mowry. "Molecular Motors: Directing Traffic During RNA Localization". *Critical Reviews of Biochemistry and Molecular Biology* 46 (2011): 229–39. http://www.ncbi.nlm.nih.gov/pmc/articles/PMC3181154/?tool=pubmed (acessado em 30 de outubro de 2012). [conteúdo em inglês]

Gaffney, Eugene S. "The Comparative Osteology of the Triassic Turtle Proganochelys". *Bulletin of the American Museum of Natural History* 194 (1990): 1–263.

Gallegos, Emma. "Intelligent Design Proponent Who Works at JPL Says He Experienced Religious Discrimination". *San Gabriel Valley Tribune*, 18 de abril de 2010.

Gallie, Walter Bryce. "Explanations in History and the Genetic Sciences". Em *Theories of History*, editado por P. Gardiner, 386–402. Glencoe, IL: Free Press, 1959.

García-Bellido, D. C. e D. H. Collins. "A New Study of *Marrella splendens* (Arthropoda, Marrelomorpha) from the Middle Cambrian Burgess Shale, British Columbia, Canada". *Canadian Journal of Earth Sciences* 43 (2006): 721–42.

Gauger, Ann. "The Frailty of the Darwinian Hypothesis, Part 2". *Evolution News & Views*, 14 de julho de 2009. http://www.evolutionnews.org/2009/07/the_frailty_of_the_darwinian_h_1022911.html. [conteúdo em inglês]

——. "Why Proteins Aren't Easily Recombined". 7 de maio de 2012. http://www.biologicinstitute.org/post/22595615671/why-proteins-arent-easily-recombined. [conteúdo em inglês]

Gauger, Ann K. e Douglas D. Axe. "The Evolutionary Accessibility of New Enzyme Functions: A Case Study from the Biotin Pathway". *BIO-Complexity* 2011, nº 1 (2011): 1–17.

Gauger, Ann K., Stephanie Ebnet, Pamela F. Fahey e Ralph Seelke. "Reductive Evolution Can Prevent Populations from Taking Simple Adaptive Paths to High Fitness". *BIO-Complexity* 2010, nº 2 (2010): 1–9.

Gehling, J. G. "The Case for Ediacaran Fossil Roots to the Metazoan Tree". Em *The World of Martin F. Glaessner*, Memórias Nº 20, editado por B. P. Radhakrishna, 181–223. Bangalore: Geological Society of India, 1991.

George, J. A., K. L. Traverse, P. G. DeBaryshe, K. J. Kelley e M. L. Pardue. "Evolution of Diverse Mechanisms for Protecting Chromosome Ends by *Drosophila* TART Telomere Retrotransposons". *Proceedings of the National Academy of Sciences USA* 107 (2010): 21052–57.

Gerhart, John e Marc Kirschner. *Cells, Embryos, and Evolution*. Londres: Blackwell Science, 1997.

——. "The Theory of Facilitated Variation". *Proceedings of the National Academy of Sciences USA* 104 (2007): 8582–89.

Gilbert, S. F., J. M. Opitz e R. A. Raff. "Resynthesizing Evolutionary and Developmental Biology". *Developmental Biology* 173 (1996): 357–72.

Gilbert, W. "The Exon Theory of Genes". *Cold Spring Harbor Symposium on Quantitative Biology* 52 (1987): 901–5.

Giles, Jim. "Peer-Reviewed Paper Defends Theory of Intelligent Design". *Nature* 431 (2004): 114.

Gillespie, Neal C. *Charles Darwin and the Problem of Creation*. Chicago: Univ. of Chicago Press, 1979.

Gishlick, Alan, Nicholas Matzke e Wesley R. Elsberry. "Meyer's Hopeless Monster". Talk Reason.org, 12 de setembro de 2004. http://www.talkreason.org/articles/meyer.cfm. [conteúdo em inglês]

Glaessner, M. F. "A New Genus of Late Precambrian Polychaete Worms from South Australia". *Transactions of the Royal Society of South Australia* 100 (1976): 169–70.

460   *Bibliografia*

Gleick, James. "The Pace of Evolution: A Fossil Creature Moves to Center of Debate". *New York Times*, 22 de dezembro de 1987.

Goh, Sung-Ho, Y. T. Lee, N. V. Bhanu, M. C. Cam, R. Desper, B. M Martin, R. Moharram, R. B. Gherman e J. L. Miller. "A Newly Discovered Human Alpha-Globin Gene". *Blood* 106 (2005): 1466–72.

Goldschmidt, Richard. *The Material Basis of Evolution*. New Haven, CT: Yale Univ. Press, 1940.

Gon III, S. M. "Origins of Trilobites". http://www.trilobites.info/origins.htm. [conteúdo em inglês]

Goodrich, J. A. e J. F. Kugel. "Non-coding RNA Regulators of RNA Polymerase II Transcription". *Nature Reviews Molecular and Cell Biology* 7 (2006): 612–16.

Goodwin, Brian C. "What Are the Causes of Morphogenesis?" *BioEssays* 3 (1985): 32–36.

——. "Structuralism in Biology". *Science Progress* 74 (1990): 227–44.

——. *How the Leopard Changed Its Spots: The Evolution of Complexity*. Nova York: Scribner, 1994.

Gould, Stephen Jay. "The Return of Hopeful Monsters". *Natural History* 86 (1977): 22–30.

——. "Evolution: Explosion, Not Ascent; When Change Was Slow and Safe; No Evolutionary Ladder; Everyone Has Prejudices". *New York Times*, 22 de janeiro de 1978.

——. "Is a New and General Theory of Evolution Emerging?" *Paleobiology* 6 (1980): 119–30.

——. "The Meaning of Punctuated Equilibrium and Its Role in Validating a Hierarchical Approach to Macroevolution". Em *Perspectives on Evolution*, editado por R. Milkman, 83–104. Sunderland, MA: Sinauer, 1982.

——. "Creationism: Genesis Versus Geology". Em *Science and Creationism*, editado por A. Montagu, 126–35. Nova York: Oxford Univ. Press, 1984.

——. "Evolution as Fact and Theory". Em *Science and Creationism*, editado por A. Montagu, 118–24. Nova York: Oxford Univ. Press, 1984.

——. "Evolution and the Triumph of Homology: Or, Why History Matters". *American Scientist* 74 (1986): 60–69.

——. *Wonderful Life: The Burgess Shale and the Nature of History*. Nova York: Norton, 1990.

——. "The Disparity of the Burgess Shale Arthropod Fauna and the Limits of Cladistic Analysis: Why We Must Strive to Quantify Morphospace". *Paleobiology* 17 (1991): 411–23.

——. *The Structure of Evolutionary Theory*. Cambridge, MA: Harvard Univ. Press, 2002.

Gould, Steven Jay e Niles Eldredge. "Punctuated Equilibria: The Tempo and Mode of Evolution Reconsidered". *Paleobiology* 3 (1977): 115–51.

——. "Punctuated Equilibrium Comes of Age". *Nature* 366 (1993): 223–27.

Graur, Dan e William Martin. "Reading the Entrails of Chickens: Molecular Timescales of Evolution and the Illusion of Precision". *Trends in Genetics* 20, nº 2 (2004): 80–86.

Grawunder, U., M. Wilm, X. Wu, P. Kulesza, T. E. Wilson, M. Mann e M. R. Lieber. "Activity of DNA Ligase IV Stimulated by Complex Formation with XRCC4 Protein in Mammalian Cells". *Nature* 388 (1997): 492–95.

Gray, Asa. *Darwiniana*. Editado por A. Hunter Dupree. Cambridge, MA: Belknap Press, 1963.

Green, David G. "The Role of Translocation and Selection in the Emergence of Genetic Clusters and Modules". *Artificial Life* 13 (2007): 249–58.

Grizzle, Raymond. "Some Comments on the 'Godless' Nature of Darwinian Evolution, and a Plea to the Philosophers Among Us". *Perspectives on Science and Christian Faith* 44 (1993): 175–77.

Grosberg, R. K. "Out on a Limb: Arthropod Origins". *Science* 250 (1990): 632–33.

Gross, Paul. "Design for Living". *New Criterion* 26 (outubro de 2007): 70–73.

Grotzinger, John P., Samuel A. Bowring, Beverly Z. Saylor e Alan J. Kaufman. "Biostratigraphic and Geochronologic Constraints on Early Animal Evolution". *Science* 270 (1995): 598–604.

Guerzoni, Daniele e Aoife McLysaght. "De Novo Origins of Human Genes", *PLoS Genetics* 7 (2011): e1002381.

Gura, Trisha. "Bones, Molecules, or Both?" *Nature* 406 (2000): 230–33.

Haffter, *et al.* "The Identification of Genes with Unique and Essential Functions in the Development of the Zebrafish, *Danio rerio*". *Development* 123 (1996): 1–36.

Hagerty, Barbara. "Intelligent Design and Academic Freedom". NPR, 17 de novembro de 2005.

Hahn, Matthew W. "Distinguishing Among Evolutionary Models for the Maintenance of Gene Duplicates". *Journal of Heredity* 100 (2009): 605–17.

Halanych, Kenneth M. "The New View of Animal Phylogeny". *Annual Review of Ecology and Systematics* 35 (2004): 229–56.

Halanych, Kenneth M. e Yale Passamaneck. "A Brief Review of Metazoan Phylogeny and Future Prospects in Hox-Research". *American Zoologist* 41 (2001): 629–39.

Halder, Georg, Patrick Callaerts e Walter J. Gehring. "Induction of Ectopic Eyes by Targeted Expression of the *eyeless* Gene in *Drosophila*". *Science* 267 (1995): 1788–92.

Hall, C., S. Brachat e F. S. Dietrich. "Contribution of Horizontal Gene Transfer to the Evolution of *Saccharomyces cerevisiae*". *Eukaryotic Cell* 4 (2005): 1102–15.

Hall, Dwight H., Ying Liu e David A. Shub. "Exon Shuffling by Recombination Between Self-Splicing Introns of Bacteriophage T4". *Nature* 340 (1989): 574–76.

Han, Jeffrey S., Suzanne T. Szak e Jef D. Boeke. "Transcriptional Disruption by the L1 Retrotransposon and Implications for Mammalian Transcriptomes". *Nature* 429 (2004): 268–74.

Harold, Franklin M. "From Morphogenes to Morphogenesis". *Microbiology* 141 (1995): 2765–78.

———. *The Way of the Cell: Molecules, Organisms, and the Order of Life*. Nova York: Oxford Univ. Press, 2001.

Harris, Jack Ross. "Louis Agassiz: A Reevaluation of the Nature of His Opposition to the Darwinian View of Natural History". Tese sênior, Whitworth College, 1993.

Harvey, Ethel Browne. "Parthenogenetic Merogony or Cleavage Without Nuclei in *Arbacia punctulata*". *Biological Bulletin* 71 (1936): 101–21. http://www.biolbull.org/content/71/1/101.full.pdf+html (acessado em 30 de outubro de 2012). [conteúdo em inglês]

———. "A Comparison of the Development of Nucleate and Non-nucleate Eggs of *Arbacia punctulata*". *Biological Bulletin* 79 (1940): 166–87. http://www.biolbull.org/content/79/1/166.full.pdf+html (acessado em 30 de outubro de 2012). [conteúdo em inglês]

He, Lu, Alan M. Friedman e Chris Bailey-Kellogg. "Algorithms for Optimizing Cross-Overs in DNA Shuffling". ACM Conference on Bioinformatics, Computational Biology and Biomedicine 2011. *BMC Bioinformatics* 2012, 13 (Supl. 3): S3.

Heirtzler, J. R. "Sea-Floor Spreading". Em *Continents Adrift: Readings from Scientific American*, editado por J. T. Wilson, 68–78. São Francisco: Freeman, 1970.

Hellström, Nils Petter. "The Tree as Evolutionary Icon: TREE in the Natural History Museum, London". *Archives of Natural History* 38.1 (2011): 1–17.

Henikoff, Steven. "Heterochromatin Function in Complex Genomes". *Biochimica et Biophysica Acta* 1470 (2000): O1–O8.

Henikoff, Steven, Kami Ahmad e Harmit S. Malik. "The Centromere Paradox: Stable Inheritance with Rapidly Evolving DNA". *Science* 293 (2001): 1098–1102.

Himmelfarb, Gertrude. *Darwin and the Darwinian Revolution*. 1959. Reimpressão, Chicago: Ivan R. Dee, 1996.

Ho, Simon Y. W., Matthew J. Phillips, Alexei J. Drummond e Alan Cooper. "Accuracy of Rate Estimation Using Relaxed-Clock Models with a Critical Focus on the Early Metazoan Radiation". *Molecular Biology and Evolution* 22, nº 5 (2005): 1355–63.

Hoekstra, Hopi E. e Jerry A. Coyne. "The Locus of Evolution: Evo Devo and the Genetics of Adaptation". *Evolution* 61 (2007): 995–1016.

Hoeppner, M. P., S. White, D. C. Jeffares e A. M. Poole. "Evolutionarily Stable Association of Intronic SnoRNAs and MicroRNAs with Their Host Genes". *Genome Biology and Evolution* 1 (2009): 420–28.

462 *Bibliografia*

Hoffman, H. J., K. Grey, A. H. Hickman e R. I. Thorpe. "Origin of 3.45 Ga Coniform Stromatolites in Warrawoona Group, Western Australia". *Geological Society of America Bulletin* 111 (1999): 1256–62.

Holden, Constance. "Defying Darwin". *Science* 305 (2004): 1709.

Holder, Charles F. *Louis Agassiz: His Life and Works*. Leaders in Science Series. Nova York: Putnam, 1893.

Holton, Theìrèse A. e Davide Pisani. "Deep Genomic-Scale Analyses of the Metazoa Reject Coelomata: Evidence from Single- and Multigene Families Analyzed Under a Supertree and Supermatrix Paradigm". *Genome Biology and Evolution* 2 (2010): 310–24.

Hood, Leroy e David Galas. "The Digital Code of DNA". *Nature* 421 (2003): 444–48.

Hotz, R. L. "Finding Turns Back Clock for Earth's First Animals". *Los Angeles Times*, 25 de outubro de 1996, A1, A14.

Hou, Xian-guang, Richard J. Aldridge, Jan Bergström, David J. Siveter, Derek J. Siveter e Xianhong Feng. *The Cambrian Fossils of Chengjiang, China: The Flowering of Early Animal Life*. Oxford: Blackwell, 2004.

Hou, X.-G. e J. Bergström. "Arthropods of the Lower Cambrian Chengjiang Fauna, Southwest China". *Fossils and Strata* 45 (1997): 1–116.

Hou, Xian-guang e Wen-guo Sun. "Discovery of Chengjiang Fauna at Meishucun, Jinning, Yunnan". *Acta Paleontologica Sinica* 27 (1988): 1–12.

Hu, S., M. Steiner, M. Zhu, H. Luo, A. Forchielli, H. Keupp, F. Zhao e Q. Liu. "A New Priapulid Assemblage From the Early Cambrian Guanshan Fossil *Lagerstätte* of SW China". *Bulletin of Geosciences* 87 (2012): 93–106.

Huang, D.-Y., J.-Y. Chen, J. Vannier e J. I. Saiz Salinas. "Early Cambrian Sipunculan Worms from Southwest China". *Proceedings of the Royal Society B* 271 (2004): 1671–76.

Huldtgren, T., J. A. Cunningham, C. Yin, M. Stampanoni, F. Marone, P. C. J. Donoghue e S. Bengtson. "Fossilized Nuclei and Germination Structures Identify Ediacaran 'Animal Embryos' as Encysting Protists". *Science* 334 (2011): 1696–99.

———. "Response to 'Comment on "Fossilized Nuclei and Germination Structures Identify Ediacaran 'Animal Embryos' as Encysting Protists".' " *Science* 335 (2012): 1169.

Hurley, Patrick M. "The Confirmation of Continental Drift". Em *Continents Adrift: Readings from Scientific American*, editado por J. T. Wilson, 57–67. São Francisco: Freeman, 1970.

Hutchison, Keith. "What Happened to Occult Qualities in the Scientific Revolution?" *Isis* 73 (1982): 253.

Huxley, Julian. " 'At Random': A Television Preview". Em *Evolution After Darwin: The University of Chicago Centennial*. Vol. 3, *Issues in Evolution*, editado por S. Tax e C. Callendar, 41–65. Chicago: Univ. of Chicago Press, 1960.

———. "The Evolutionary Vision". Em *Evolution After Darwin: The University of Chicago Centennial*. Vol. 3, *Issues in Evolution*, editado por S. Tax e C. Callendar, 249–61. Chicago: Univ. of Chicago Press, 1960.

Hyman, Libbie H. *The Invertebrates*. Vol. 1, *Protozoa Through Ctenophora*. Nova York: McGraw-Hill, 1940.

Hyslop, L., *et al.* "Downregulation of NANOG Induces Differentiation of Human Embryonic Stem Cells to Extraembryonic Lineages". *Stem Cells* 23 (2005): 1035–43.

Ivantsov, A. Yu. "A New Dickinsonid from the Upper Vendian of the White Sea Winter Coast (Russia, Arkhangelsk Region)". *Paleontological Journal* 33 (1999): 211–21.

———. "Vendia and Other Precambrian 'Arthropods.'" *Paleontological Journal* 35 (2001): 335–43.

———. "A New Reconstruction of *Kimberella*, a Problematic Vendian Metazoan". *Paleontological Journal* 43 (2009): 601–11.

Ivantsov, A. Yu e Ya E. Malakhovskaya. "Giant Traces of Vendian Animals". *Doklady Earth Sciences* 385A (2002): 618–22.

Jablonka, Eva e Marion J. Lamb. "Transgenerational Epigenetic Inheritance". Em *Evolution: The Extended Synthesis*, editado por M. Pigliucci e G. B. Müller, 137–74. Cambridge, MA: MIT Press, 2010.

Janowski, Bethany, K. E. Huffman, J. C. Schwartz, R. Ram, D. Hardy, D. S. Shames, J. D. Minna e D. R. Corey. "Inhibiting Gene Expression at Transcription Start Sites in Chromosomal DNA with Antigene RNAs". *Nature Chemical Biology* 1 (2005): 216–22.

Janvier, P. "Catching the First Fish". *Nature* 402 (1999): 21–22.

Jenkins, John B. *Genetics*. Boston: Houghton Mifflin Harcourt, 1975.

Jenner, Ronald A. "Evolution of Animal Body Plans: The Role of Metazoan Phylogeny at the Interface Between Pattern And Process". *Evolution and Development* 2 (2000): 208–21.

――――. "Higher-Level Crustacean Phylogeny: Consensus and Conflicting Hypotheses". *Arthropod Structure and Development* 39 (2010): 143–53.

Jensen, Roy A. "Enzyme Recruitment in Evolution of New Function". *Annual Review of Microbiology* 30 (1976): 409–25.

Jensen, S., M. L. Droser e J. G. Gehling. "Trace Fossil Preservation and the Early Evolution of Animals". *Palaeogeography, Palaeoclimatology, Palaeoecology* 220 (2005): 19–29.

Jensen, S., J. G. Gehling e M. L. Droser. "Ediacara-type Fossils in Cambrian Sediments". *Nature* 393 (1998): 567–69.

Johnson, Andrew D., M. Drum, R. F. Bachvarova, T. Masi, M. E. White e B. I. Crother. "Evolution of Predetermined Germ Cells in Vertebrate Embryos: Implications for Macroevolution". *Evolution and Development* 5 (2003): 414–31.

Johnson, Matthew E., *et al.* "Positive Selection of a Gene Family During the Emergence of Humans and African Apes". *Nature* 413 (2001): 514–19.

Jones, Gareth. "Molecular Evolution: Gene Convergence in Echolocating Mammals". *Current Biology* 20 (2010): R62–R64.

Jones, Judge John E., III. Decision in *Kitzmiller et al. v. Dover Area School Board*. Nº 04cv2688, 2005 WL 2465563, *66 (M.D.Pa. 20 de dez., 2005). http://www.pamd.uscourts.gov/kitzmiller/kitzmiller_342.pdf. [conteúdo em inglês]

Jordan, I. K, I. B. Rogozin, G. V. Glazko e E. V. Koonin. "Origin of a Substantial Fraction of Human Regulatory Sequences from Transposable Elements". *Trends in Genetics* 19 (2003): 68–72.

Jurica, Melissa. "Detailed Closeups and the Big Picture of Spliceosomes". *Current Opinion in Structural Biology* 18 (2008): 315–20.

Jurka, Jerzy. "Evolutionary Impact of Human *Alu* Repetitive Elements". *Current Opinion in Genetics and Development* 14 (2004): 603–8.

Kandouz, M., A. Bier, G. D Carystinos, M. A. Alaoui-Jamali e G. Batist. "Connexin43 Pseudogene Is Expressed in Tumor Cells and Inhibits Growth". *Oncogene* 23 (2004): 4763–70.

Kauffman, Stuart A. *The Origins of Order: Self-Organization and Selection in Evolution*. Oxford: Oxford Univ. Press, 1993.

――――. *At Home in the Universe: The Search for the Laws of Self-Organization and Complexity*. Oxford: Oxford Univ. Press, 1995.

――――. "The End of a Physics Worldview: Heraclitus and the Watershed of Life". http://www.npr.org/blogs/13.7/2011/08/08/139006531/the-end-of-a-physics-worldview-heraclitus-and-the-watershed-of-life (acessado em 25 de outubro de 2012). [conteúdo em inglês]

Kavalovski, V. "The *Vera Causa* Principle: A Historico-Philosophical Study of a Metatheoretical Concept from Newton Through Darwin". Ph.D. dissertação, Universidade de Chicago, 1974.

Kehoe, A. "Modern Anti-Evolutionism: The Scientific Creationists". Em *What Darwin Began*, editado por L. R. Godfrey, 173–80. Boston: Allyn e Bacon, 1985.

Kelley, D. R. e J. L. Rinn. "Transposable Elements Reveal a Stem Cell Specific Class of Long Noncoding RNAs". *Genome Biology* 13 (2012): R107.

Kerr, Richard A. "Evolution's Big Bang Gets Even More Explosive". *Science* 261 (1993): 1274–75.

464 Bibliografia

———. "Did Darwin Get It All Right?" *Science* 267 (1995): 1421–22.

Khalturin, K., G. Hemmrich, S. Fraune, R. Augustin e T. C. Bosch. "More Than Just Orphans: Are Taxonomically Restricted Genes Important in Evolution?" *Trends in Genetics* 25 (2009): 404–13.

Kimura, Motoo. *The Neutral Theory of Molecular Evolution*. Cambridge: Cambridge Univ. Press, 1983.

King, Jack L. e Thomas H. Jukes. "Non-Darwinian Evolution". *Science* 164, nº 3881 (1969): 788–98.

Kirschner, Marc W. e John C. Gerhart. *The Plausibility of Life: Resolving Darwin's Dilemma*. New Haven, CT: Yale Univ. Press, 2005.

Kitcher, Philip. *Abusing Science: The Case Against Creationism*. Cambridge, MA: MIT Press, 1982.

Kline, A. David. "Theories, Facts and Gods: Philosophical Aspects of the Creation-Evolution Controversy". Em *Did the Devil Make Darwin Do It?* editado por D. Wilson, 37–44. Ames: Iowa State Univ. Press, 1983.

Klinghoffer, David. "The Branding of a Heretic". *Wall Street Journal*, 28 de janeiro de 2005, edição nacional, W11.

———. ed. *Signature of Controversy: Responses to Critics of Signature in the Cell*. Seattle: Discovery Institute Press, 2010.

Knoll, Andrew H. e Sean B. Carroll. "Early Animal Evolution: Emerging Views from Comparative Biology and Geology". *Science* 84 (1999): 2129–37.

Knowles, David G. e Aoife McLysaght. "Recent de Novo Origin of Human Protein-Coding Genes". *Genome Research* 19 (2009): 1752–59.

Kodoyianni, Voula, E. M. Maine e J. Kimble. "Molecular Basis of Loss-of-Function Mutations in the *glp-1* Gene of *Caenorhabditis elegans*". *Molecular Biology of the Cell* 3 (1992): 1199–1213.

Koga, Nobuyasu, Rie Tatsumi-Koga, Gaohua Liu, Rong Xiao, Thomas B. Acton, Gaetano T. Montelione e David Baker. "Principles for Designing Ideal Protein Structures". *Nature* 491 (2012): 222–27.

Kondo, N., N. Nikoh, N. Ijichi, M. Shimada e T. Fukatsu. "Genome Fragment of *Wolbachia* Endosymbiont Transferred to X Chromosome of Host Insect". *Proceedings of the National Academy of Sciences* 99 (2002): 14280–85.

Kondo-Iida, E., *et al*. "Novel Mutations and Genotype–Phenotype Relationships in 107 Families with Fukuyama-Type Congenital Muscular Dystrophy (FCMD)". *Human Molecular Genetics* 8 (1999): 2303–9.

Koonin, Eugene V. "How Many Genes Can Make a Cell? The Minimal Genome Concept". *Annual Review of Genomics and Human Genetics* 1 (2002): 99–116.

———. "The *Origin* at 150: Is a New Evolutionary Synthesis in Sight?" *Trends in Genetics* 25 (2009): 473–75.

Küppers, Bernd-Olaf. "On the Prior Probability of the Existence of Life". Em *The Probabilistic Revolution*, vol. 1, editado por L. Krüger, L. Daston e M. Heidelberger, 355–69. Cambridge, MA: MIT Press, 1987.

Landing, E., A. English e J. D. Keppie. "Cambrian Origin of All Skeletalized Metazoan Phyla— Discovery of Earth's Oldest Bryozoans (Upper Cambrian, Southern Mexico)". *Geology* 38 (2010): 547–50.

Lange, B. M. H., A. J. Faragher, P. March e K. Gull. "Centriole Duplication and Maturation in Animal Cells". Em *The Centrosome in Cell Replication and Early Development*, editado por R. E. Palazzo e G. P. Schatten, 235–49. Current Topics in Developmental Biology 49. San Diego, CA: Academic, 2000.

Lau, K. F. e K. A. Dill. "Theory for Protein Mutability and Biogenesis". *Proceedings of the National Academy of Sciences USA* 87 (1990): 638–42.

Laudan, Larry. *Beyond Positivism and Relativism: Theory, Method, and Evidence*. Boulder, CO: Westview, 1996.

Bibliografia 465

Laudan, Larry. "The Demise of the Demarcation Problem". Em *But Is It Science?* editado por M. Ruse, 337–50. Buffalo, NY: Prometheus, 1988.

Lawrence, P. A. e G. Struhl. "Morphogens, Compartments and Pattern: Lessons from *Drosophila*?" *Cell* 85 (1996): 951–61.

Lawton, Graham. "Why Darwin Was Wrong About the Tree of Life". *New Scientist*, 21 de janeiro de 2009, 34–39.

Lecointre, Guillaume e Hervé Le Guyader. *The Tree of Life: A Phylogenetic Classification*. Cambridge, MA: Harvard Univ. Press, 2006.

Lee, Michael S. Y. "Molecular Clock Calibrations and Metazoan Divergence Dates". *Journal of Molecular Evolution* 49 (1999): 385–91.

Lehmann, Ruth. "Germ-Plasm Formation and Germ-Cell Determination in *Drosophila*". *Current Opinion in Genetics and Development* 2 (1992): 543–49.

Lehmann, Ruth e Christiane Nüsslein-Volhard. "The Maternal Gene *Nanos* Has a Central Role in Posterior Pattern Formation of the *Drosophila* Embryo". *Development* 112 (1991): 679–91. http://dev.biologists.org/content/112/3/679.long (acessado em 30 de outubro de 2012). [conteúdo em inglês]

Leibniz, Gottfried. *New Essays on Human Understanding*. Traduzido e editado por P. Remnant e J. Bennett. Cambridge: Cambridge Univ. Press, 1981.

Lemen, Cliff . e Patricia W. Freeman. "A Test of Macroevolutionary Problems with Neontological Data". *Paleobiology* 7 (1981): 316–31.

Lenski, Richard, Charles Ofria, Robert T. Pennock e Christopher Adami. "The Evolutionary Origin of Complex Features". *Nature* 423 (2003): 139–44.

Le Pichon, Xavier. "My Conversion to Plate Tectonics". Em *Plate Tectonics: An Insider's History of the Modern Theory of the Earth*, editado por N. Oreskes, 201–26. Boulder, CO: Westview, 2003.

Levin, Michael. "Bioelectromagnetics in Morphogenesis". *Bioelectromagnetics* 24 (2003): 295–315. http://ase.tufts.edu/biology/labs/levin/publications/documents/2003BEMS.pdf (acessado em 30 de outubro de 2012). [conteúdo em inglês]

Levinton, Jeffrey S. "Punctuated Equilibrium". *Science* 231 (1986): 1490.

———. *Genetics, Paleontology, and Macroevolution*. Cambridge: Cambridge Univ. Press, 1988.

———. "Bryozoan Morphological and Genetic Correspondence: What Does It Prove?" *Science* 51 (1991): 318–19.

Lev-Maor, G., R. Sorek, N. Shomron e G. Ast. "The Birth of an Alternatively Spliced Exon: 3' Splice-Site Selection in Alu Exons". *Science* 300 (2003): 1288–91.

Lewin, Roger. "Punctuated Equilibrium Is Now Old Hat". *Science* 231 (1986): 672–73.

———. "A Lopsided Look at Evolution". *Science* 241 (1988): 292.

Lewis, Edward B. "A Gene Complex Controlling Segmentation in *Drosophila*". *Nature* 276 (1978): 565–70.

Lewontin, Richard. "Adaptation", *Scientific American* 239 (1978): 212–30.

———. "Billions and Billions of Demons". Revisão de *The Demon-Haunted World: Science as a Candle in the Dark*, por Carl Sagan. *New York Review of Books*, 9 de janeiro de 1997, 28.

Li, Chun, X. C. Wu, O. Rieppel, L. T. Wang e L. J. Zhao. "An Ancestral Turtle from the Late Triassic of Southwestern China". *Nature* 456 (2008): 497–501.

Li, Long-Cheng, S.T. Okino, H. Zhao, D. Pookot, R. F. Place, S. Urakami, H. Enokida e R. Dahiya. "Small dsRNAs Induce Transcriptional Activation in Human Cells". *Proceedings of the National Academy of Sciences USA* 103 (2006): 17337–42.

Li, Wen-Hsiung. *Molecular Evolution*. Sunderland, MA: Sinauer, 1997.

Li, Ying, Z. Liu, P. Shi e J. Zhang. "The Hearing Gene Prestin Unites Echolocating Bats and Whales". *Current Biology* 20 (2010): R55–R56.

Lieberman, Bruce S. e Elisabeth S. Vrba. "Stephen Jay Gould on Species Selection: 30 Years of Insight". *Paleobiology* 31 (2005): 113–21.

466   *Bibliografia*

Lienhard, John H. "No. 857: Tyndall on Parallel Roads". Em *Engines of Our Ingenuity* [áudio podcast], http://www.uh.edu/engines/epi857.htm (acessado em 22 de março de 2013). [conteúdo em inglês]

Lili, Cui. "Traditional Theory of Evolution Challenged". *Beijing Review*, 31 de março a 6 de abril de 1997, 10.

Lindsey, Dan L. e E. H. Grell. *Guide to Genetic Variations of Drosophila melanogaster*. Washington, DC: Carnegie Institution of Washington Publication Nº 627, 1968. http://www.carnegiescience. edu/publications_online/genetic_variations.pdf. [conteúdo em inglês]

Lipton, Peter. *Inference to the Best Explanation*. Londres e Nova York: Routledge, 1991.

Liu, J., D. Shu, J. Han, Z. Zhang e X. Zhang. "A Large Xenusiid Lobopod with Complex Appendages from the Lower Cambrian Chengjiang Lagerstätte". *Acta Palaeontologica Polonica* 51 (2006): 215–22.

———. "Origin, Diversification, and Relationships of Cambrian Lobopods". *Gondwana Research* 14 (2008): 277–83.

Liu, J., M. Steiner, J. A. Dunlop, H. Keupp, D. Shu, Q. Ou, J. Han e Z. Zhang. "An Armoured Cambrian Lobopodian from China with Arthropod-Like Appendages". *Nature* 470 (2011): 526–30.

Logsdon, John M., Jr. e W. Ford Doolittle. "Origin of Antifreeze Protein Genes: A Cool Tale in Molecular Evolution". *Proceedings of the National Academy of Sciences USA* 94 (1997): 3485–87.

Long, Manyuan, Ester Betrán, Kevin Thornton e Wen Wang. "The Origin of New Genes: Glimpses from the Young and Old". *Nature Reviews Genetics* 4 (2003): 865–75.

Long, Manyuan e Charles H. Langley. "Natural Selection and the Origin of *Jingwei*, a Chimeric Processed Functional Gene in *Drosophila*". *Science* 260 (1993): 91–95.

Long, Manyuan, S. J. de Souza, C. Rosenberg e W. Gilbert. "Exon Shuffling and the Origin of the Mitochondrial Targeting Function in Plant Cytochrome c1 Precursor". *Proceedings of the National Academy of Sciences USA* 93 (1996): 7727–31.

Lönnig, Wolf-Ekkehard e Heinz Saedler. "Chromosome Rearrangements and Transposable Elements". *Annual Review of Genetics* 36 (2002): 389–410.

Love, G. D., *et al.* "Fossil Steroids Record the Appearance of Demospongiae During the Cryogenian Period". *Nature* 457 (2009): 718–21.

Louro, R., T. El-Jundi, H. I. Nakaya, E. M. Reis e S. Verjovski-Almeida. "Conserved Tissue Expression Signatures of Intronic Noncoding RNAs Transcribed from Human and Mouse Loci". *Genomics* 92 (2008): 18–25.

Løvtrup, Søren. "Semantics, Logic and Vulgate Neo-Darwinism". *Evolutionary Theory* 4 (1979): 157–72.

Lurie, Edward. *Nature and the American Mind: Louis Agassiz and the Culture of Science*. Nova York: Science History Publications, 1974.

Luskin, Casey. "Credibility Gap: Baylor Denies Robert Marks' Situation Has Anything to Do with ID". *Evolution and News and Views*, 1 de outubro de 2007. http://www.evolutionnews. org/2007/10/credibility_gap_baylor_denies004290.html. [conteúdo em inglês]

———. "Darwin's Dilemma: Evolutionary Elite Choose Censorship over Scientific Debate". *CNS News*, 14 de outubro de 2009.

———. "Intelligent Design Demoted". *Liberty Legal Journal*, 7 de setembro de 2010.

Lyell, Charles. *Principles of Geology: Being an Attempt to Explain the Former Changes of the Earth's Surface, by Reference to Causes Now in Operation*. 3 vols. Londres: Murray, 1830–33.

Lynch, Michael. "The Origins of Eukaryotic Gene Structure". *Molecular Biology and Evolution* 23 (2006): 450–68.

———. "The Frailty of Adaptive Hypotheses for the Origins of Organismal Complexity". *Proceedings of the National Academy of Sciences USA* 104 (2007): 8597–604.

Bibliografia   467

———. "Evolutionary Layering and the Limits to Cellular Perfection". *Proceedings of the National Academy of Sciences USA* 109 (2012): 18851–56.

Lynch, Michael e Adam Abegg. "The Rate of Establishment of Complex Adaptations". *Molecular Biology and Evolution* 27 (2010): 1404–14.

Ma, Xiaoya, Xianguang Hou, Gregory D. Edgecombe e Nicholas J. Strausfeld. "Complex Brain and Optic Lobes in an Early Cambrian Arthropod". *Nature* 490 (2012): 258–62.

MacRae, Andrew. "Trilobites in Murchison's *Siluria*". http://www.talkorigins.org/faqs/trilobite/siluria.html. [conteúdo em inglês]

Maley, Laura E. e Charles R. Marshall. "The Coming of Age of Molecular Systematics". *Science* 279 (1998): 505–6.

Malik, Harmit S. e Steven Henikoff. "Adaptive Evolution of Cid, a Centromere-Specific Histone in *Drosophila*". *Genetics* 157 (2001): 1293–98.

Malinky, J. M. e C. B. Skovsted. "Hyoliths and Small Shelly Fossils from the Lower Cambrian of Northeast Greenland". *Acta Palaeontologica Polonica* 49 (2004): 551–78.

Mallatt, Jon M., James R. Garey e Jeffrey W. Shultz. "Ecdysozoan Phylogeny and Bayesian Inference: First Use of Nearly Complete 28S and 18S rRNA Gene Sequences to Classify the Arthropods and Their Kin". *Molecular Phylogenetics and Evolution* 31, nº 1 (2004): 178–91.

Margulis, Lynn e Dorion Sagan. *Acquiring Genomes: A Theory of the Origins of the Species*. Nova York: Basic Books, 2002.

Mariño-Ramírez, L., K. C. Lewis, D. Landsmana e I. K. Jordan. "Transposable Elements Donate Lineage-Specific Regulatory Sequences to Host Genomes". *Cytogenetic and Genome Research* 110 (2005): 333–41.

Marshall, Charles R. "Explaining the Cambrian 'Explosion' of Animals". *Annual Reviews of Earth and Planetary Sciences* 34 (2006): 355–84.

Marshall, Jessica. "Proteins Made to Order". *Nature News*, 7 de novembro de 2012. http://www.nature.com/news/proteins-made-to-order–1.11767. [conteúdo em inglês]

Marshall, Wallace F. e Joel L. Rosenbaum. "Are There Nucleic Acids in the Centrosome?" *Current Topics in Developmental Biology* 49 (2000): 187–205.

Masui, Y., A. Forer e A. M. Zimmerman. "Induction of Cleavage in Nucleated and Enucleated Frog Eggs by Injection of Isolated Sea-Urchin Mitotic Apparatus". *Journal of Cell Science* 31 (1978): 117–35. http://jcs.biologists.org/content/31/1/117.long (acessado em 30 de outubro de 2012). [conteúdo em inglês]

Mattick, John S. e Michael J. Gagen. "The Evolution of Controlled Multitasked Gene Networks: The Role of Introns and Other Noncoding RNAs in the Development of Complex Organisms". *Molecular Biology and Evolution* 18 (2001): 1611–30.

Mattick, J. S. e I. V. Makunin. "Small Regulatory RNAs in Mammals". *Human Molecular Genetics* 14 (2005): R121–32.

———. "Non-coding RNA". *Human Molecular Genetics* 15 (2006): R17–R29.

Matz, Mikhail V., Tamara M. Frank, N. Justin Marshall, Edith A. Widder e Sönke Johnsen. "Giant Deep-Sea Protist Produces Bilaterian-like Traces". *Current Biology* 18 (9 de dezembro de 2008): 1849–54.

Matzke, Nicholas J. "The Edge of Creationism". *Trends in Ecology and Evolution* 22 (2007): 566–67.

Matzke, Nicholas J. e Paul R. Gross. "Analyzing Critical Analysis: The Fallback Antievolutionist Strategy". Em *Not in Our Classrooms: Why Intelligent Design Is Wrong for Our Schools*, editado por E. C. Scott e G. Branch, 28–56. Boston: Beacon, 2006.

Maynard Smith, John. "Natural Selection and the Concept of a Protein Space". *Nature* 225 (1970): 563–64.

———. "Darwinism Stays Unpunctured". *Nature* 330 (1987): 516.

Mayr, Ernst. Foreword. Em *Darwinism Defended: A Guide to the Evolution Controversies*, editado por M. Ruse, xi–xii. Reading, MA: Addison-Wesley, 1982.

468 *Bibliografia*

Mayr, Ernst e William B. Provine. *The Evolutionary Synthesis: Perspectives on the Unification of Biology*. Cambridge, MA: Harvard Univ. Press, 1998.

Mazur, Suzan. *The Altenberg 16: An Exposé of the Evolution Industry*. Berkeley, CA; North Atlantic Books, 2010.

McCall, G. J. H. "The Vendian (Ediacaran) in the Geological Record: Enigmas in Geology's Prelude to the Cambrian Explosion". *Earth-Science Reviews* 77 (2006): 1–229.

McDonald, John F. "The Molecular Basis of Adaptation: A Critical Review of Relevant Ideas and Observations". *Annual Review of Ecology and Systematics* 14 (1983): 77–102.

McGinnis, William e Michael Kurziora. "The Molecular Architects of Body Design". *Scientific American* 270 (1994): 58–66.

McKenzie, Richard W. e Mark D. Brennan. "The Two Small Introns of the *Drosophila affinidisjuncta Adh* Gene Are Required for Normal Transcription". *Nucleic Acids Research* 24 (1996): 3635–42.

McMenamin, M. A. S. "Ediacaran Biota from Sonora, Mexico". *Proceedings of the National Academy of Sciences USA* 93 (1996): 4990–93.

——. *The Garden of Ediacara: Discovering the First Complex Life*. Nova York: Columbia Univ. Press, 1998.

——. *The Evolution of the Noösphere*. Nova York: American Teilhard Association for the Future of Man, 2001.

——. "*Spriggina* Is a Trilobitoid Ecdysozoan". *Geological Society of America Abstracts with Programs* 35 (2003): 105–6.

——. "Harry Blackmore Whittington, 1916–2010". *Geoscientist* 20 (2010): 5.

——. "Fossil Chitons and *Monomorphichnus* from the Ediacaran Clemente Formation, Sonora, Mexico". *Geological Society of America Abstracts with Programs* 43 (2011): 87.

——. "Teilhard de Chardin's Legacy in Science". Em *The Legacy of Teilhard de Chardin*, editado por J. Salmon e J. Farina, 33–45. Mahwah, NJ: Paulist Press, 2011.

McMenamin, M. A. S. e D. L. S. McMenamin. *The Emergence of Animals: The Cambrian Breakthrough*. Nova York: Columbia Univ. Press, 1990.

Medstrand, P., J.-R. Landry e D. L. Mager, "Long Terminal Repeats Are Used as Alternative Promoters for the Endothelin B Receptor and Apolipoprotein C-I Genes in Humans". *Journal of Biological Chemistry* 276 (2001): 1896–903.

Merhej, Vicky e Didier Raoult. "Rhizome of Life, Catastrophes, Sequence Exchanges, Gene Creations, and Giant Viruses: How Microbial Genomics Challenges Darwin". *Frontiers in Cellular and Infectious Microbiology* 2, nº 113 (2012).

Meyer, Stephen C. "Of Clues and Causes: A Methodological Interpretation of Origin of Life Studies". Ph.D. dissertação, Cambridge University, 1990.

——. "A Scopes Trial for the '90s". *Wall Street Journal*, 6 de dezembro de 1993, A14.

——. "Laws, Causes and Facts: A Response to Professor Ruse". Em *Darwinism: Science or Philosophy?* editado por J. Buell e V. Hearn, 29–40. Dallas: Foundation for Thought and Ethics, 1994.

——. "The Methodological Equivalence of Design and Descent". Em *The Creation Hypothesis: Scientific Evidence for Intelligent Design*, editado por J. P. Moreland, 67–112. Downer's Grove, IL: InterVarsity Press, 1994.

——. "The Nature of Historical Science and the Demarcation of Design and Descent". Em *Facets of Faith and Science*. Vol. 4, *Interpreting God's Action in the World*, 91–130. Washington, DC: Univ. Press of America, 1996.

——. "The Demarcation of Science and Religion". Em *The History of Science and Religion in the Western Tradition: An Encyclopedia*, editado por G. B. Ferngren, 17–23. Nova York: Garland, 2000.

——. "The Scientific Status of Intelligent Design: The Methodological Equivalence of Naturalistic and Non-Naturalistic Origins Theories". Em *Science and Evidence for Design in the Universe, The Proceedings of the Wethersfield Institute*, 151–212. São Francisco: Ignatius, 2000.

—. "The Origin of Biological Information and the Higher Taxonomic Categories", *Proceedings of the Biological Society of Washington* 117 (2004): 213–39.

—. "The Origin of Biological Information and the Higher Taxonomic Categories". Em *Darwin's Nemesis: Phillip Johnson and the Intelligent Design Movement*, editado por W. A. Dembski, 174–213. Downers Grove, IL: InterVarsity, 2006.

—. *Signature in the Cell: DNA and the Evidence for Intelligent Design*. São Francisco: Harper One, 2009.

—. "Sauce for the Goose: Intelligent Design, Scientific Methodology, and the Demarcation Problem". Em *Nature of Nature: Examining the Role of Naturalism in Science*, editado por B. L. Gordon e W. A. Dembski, 95–131. Wilmington, DE: ISI Books, 2011.

Meyer, Stephen C., Scott Minnich, Jonathan Moneymaker, Paul A. Nelson e Ralph Seelke. *Explore Evolution: The Arguments for and Against Neo-Darwinism*. Melbourne e Londres: Hill House, 2007.

Meyer, Stephen C., Marcus Ross, Paul Nelson e Paul Chien. "The Cambrian Explosion: Biology's Big Bang". Em *Darwinism, Design and Public Education*, editado por J. A. Campbell e S. C. Meyer, 323–402. East Lansing: Michigan State Univ. Press, 2003.

Michel, Bénédicte. "After 30 Years, the Bacterial SOS Response Still Surprises Us". *PLoS Biology* 3 (2005): 1174–76.

Miklos, George L. G. "Emergence of Organizational Complexities During Metazoan Evolution: Perspectives from Molecular Biology, Palaeontology and Neo-Darwinism". *Memoirs of the Association of Australasian Palaeontologists* 15 (1993): 7–41.

Miller, Kenneth R. "Falling over the Edge: Review of *The Edge of Evolution*, by Michael Behe". *Nature* 447 (2007): 1055–56.

Mintz, Leigh W. *Historical Geology: The Science of a Dynamic Earth*. 2ª ed. Columbus, OH: Merrill, 1977.

Moczek, Armin P. "On the Origins of Novelty in Development and Evolution". *BioEssays* 30 (2008): 432–47.

—. "The Nature of Nurture and the Future of Evodevo: Toward a Theory of Developmental Evolution". *Integrative and Comparative Biology* 52 (2012): 108–19.

Monastersky, Richard. "Siberian Rocks Clock Biological Big Bang". *Science News* 144 (1993): 148.

—. "Ancient Animal Sheds False Identity". *Science News* 152 (1997): 32.

—. "Society Disowns Paper Attacking Darwinism". *Chronicle of Higher Education* 51, nº 5 (2004): A16.

Mondal, T., M. Rasmussen, G. K. Pandey, A. Isaksson e C. Kanduri. "Characterization of the RNA Content of Chromatin". *Genome Research* 20 (2010): 899–907.

Monteys, A. M., R. M. Spengler, J. Wan, L. Tecedor, K. A. Lennox, Y. Xing e B. L. Davidson. "Structure and Activity of Putative Intronic miRNA Promoters". *RNA* 16 (2010): 495–505.

Morrish, T. A., N. Gilbert, J. S. Myers, B. J. Vincent, T. D. Stamato, G. E. Taccioli, M. A. Batzer e J. V. Moran. "DNA Repair Mediated by Endonuclease-Independent LINE–1 Retrotransposition". *Nature Genetics* 31 (2002): 159–65.

Moss, Lenny. *What Genes Can't Do*. Cambridge, MA: MIT Press, 2004.

Müller, Dietmar R., Walter R. Roest, Jean-Yves Royer, Lisa M. Gahagan e John G. Sclater. "Digital Isochrons of the World's Ocean Floor". *Journal of Geophysical Research* 102 (1997): 3211–14.

Müller, Gerd B. "Homology: The Evolution of Morphological Organization". Em *Origination of Organismal Form: Beyond the Gene in Developmental and Evolutionary Biology*, editado por G. B. Müller e S. A. Newman, 51–69. Cambridge, MA: MIT Press, 2003.

Müller, Gerd B. e Stuart A. Newman. "Origination of Organismal Form: The Forgotten Cause in Evolutionary Theory". Em *Origination of Organismal Form: Beyond the Gene in Developmental and Evolutionary Biology*, editado por G. B. Müller e S. A. Newman, 3–10. Cambridge, MA: MIT Press, 2003.

Muller, H. J. "Artificial Transmutation of the Gene". *Science* 66 (1927): 84–87.

470 Bibliografia

Muller, K. J., D. Bonn e A. Zakharov. " 'Orsten' Type Phosphatized Soft-Integument Preservation and a New Record from the Middle Cambrian Kuonamka Formation in Siberia". *Neues Jahrbuch für Geologie und Paläontologie, Monatshefte* 197 (1995): 101–18.

Mura, M., P. Murcia, M. Caporale, T. E. Spencer, K. Nagashima, A. Rein e M. Palmarini. "Late Viral Interference Induced by Transdominant Gag of an Endogenous Retrovirus". *Proceedings of the National Academy of Sciences USA* 101 (2004): 11117–22.

Murchison, Roderick Impey. *Siluria: The History of the Oldest Known Rocks Containing Organic Remains.* Londres: John Murray, 1854.

Murphy, Nancey. "Phillip Johnson on Trial: A Critique of His Critique of Darwin". *Perspectives on Science and Christian Faith* 45 (1993): 26–36.

Nanney, D. L. "The Ciliates and the Cytoplasm". *Journal of Heredity* 74 (1983): 163–70.

Nardi, F., G. Spinsanti, J. L. Boore, A. Carapelli, R. Dallai e F. Frati. "Hexapod Origins: Monophyletic or Paraphyletic?" *Science* 299 (2003): 1887–89.

———. "Response to Comment on 'Hexapod Origins: Monophyletic or Paraphyletic?'" *Science* 301 (2003): 1482.

Nash, J. Madeleine. "When Life Exploded". *Time* 146 (1995): 66–74.

National Academy of Sciences. *Teaching About Evolution and the Nature of Science.* Washington DC: National Academy Press, 1998.

National Ocean Industries Association. "About NOIA". http://www.noia.org/website/article. asp?id-51 (acessado em 29 de março de 2013). [conteúdo em inglês]

Nature editores. "Life on Land". *Nature* 492 (2012): 153–54.

Nelson, Paul e Jonathan Wells. "Homology in Biology: Problem for Naturalistic Science and Prospect for Intelligent Design". Em *Darwinism, Design and Public Education,* editado por J. A. Campbell e S. C. Meyer, 303–22. East Lansing: Michigan State Univ. Press, 2003.

Newman, Stuart. "The Developmental Genetic Toolkit and the Molecular Homology-Analogy Paradox". *Biological Theory* 1 (2006): 12–16.

———. "Dynamical Patterning Modules". Em *Evolution: The Extended Synthesis,* editado por M. Pigliucci e G. B. Müller, 281–306. Cambridge, MA: MIT Press, 2010.

———. "Animal Egg as Evolutionary Innovation: A Solution to the 'Embryonic Hourglass' Puzzle". *Journal of Experimental Zoology B: Molecular and Developmental Evolution* 314 (2011): 467–83.

Newman, Stuart e Ramray Bhat. "Dynamical Patterning Modules: Physico-Genetic Determinants of Morphological Development and Evolution". *Physical Biology* 5 (2008): 015008.

Newton, Isaac. *Newton's Principia.* Traduzido por Andrew Motte (1686). Tradução revisada por Florian Cajori. Berkeley, CA: Univ. of California Press, 1934.

Nielsen, Claus. *Animal Evolution: Interrelationships of the Living Phyla.* Oxford: Oxford Univ. Press, 2001.

Nijhout, H. F. "Metaphors and the Role of Genes in Development". *BioEssays* 12 (1990): 441–46.

Nikoh, Naruo, *et al.* "An Estimate of Divergence Time of Parazoa and Eumetazoa and That of Cephalochordata and Vertebrata by Aldolase and Triose Phosphate Isomerase Clocks". *Journal of Molecular Evolution* 45 (1997): 97–106.

Nilsen, Timothy W. "The Spliceosome: The Most Complex Macromolecular Machine in the Cell?" *BioEssays* 25 (2003): 1147–49.

Nurminsky, D. I., M. V. Nurminskaya, D. De Aguiar e D. L. Hartl. "Selective Sweep of a Newly Evolved Sperm-Specific Gene in *Drosophila*". *Nature* 396 (1998): 572–75.

Nüsslein-Volhard, C. e E. Wieschaus. "Mutations Affecting Segment Number and Polarity in *Drosophila*". *Nature* 287 (1980): 795–801.

O'Brien, L. J. e J.-B. Caron. "A New Stalked Filter-Feeder from the Middle Cambrian Burgess Shale, British Columbia, Canada". *PLoS One* 7 (2012): 1–21.

Ohno, S. "The Notion of the Cambrian Pananimalia Genome". *Proceedings of the National Academy of Sciences USA* 93 (1996): 8475–78.

Oliveri, Paola e Eric H. Davidson. "Built to Run, Not Fail". *Science* 315 (2007): 1510–11.

Bibliografia 471

Oliveri, Paola, Qiang Tu e Eric H. Davidson. "Global Regulatory Logic for Specification of an Embryonic Cell Lineage". *Proceedings of the National Academy of Sciences USA* 105 (2008): 5955–62.

Oosthoek, Jan. "The Parallel Roads of Glen Roy and Forestry". *Environmental History Resources*. http://www.eh-resources.org/roy.html. [conteúdo em inglês]

Oreskes, Naomi. "From Continental Drift o Plate Tectonics". Em *Plate Tectonics: An Insider's History of the Modern Theory of the Earth*, editado por N. Oreskes, 3–30. Boulder, CO: Westview, 2003.

Orgel, L. E. e F. H. Crick. "Selfish DNA: The Ultimate Parasite". *Nature* 284 (1980): 604–7.

Orr, H. Allen. "The Genetic Theory of Adaptation: A Brief History". *Nature Reviews Genetics* 6 (2005): 119–27.

Osigus, Hans-Jürgen, Michael Eitel e Bernd Schierwater. "Chasing the Urmetazoan: Striking a Blow for Quality Data?" *Molecular Phylogenetics and Evolution* 66 (2013): 551–57.

Ou, Q., J. Liu, D. Shu, J. Han, Z. Zhang, X. Wan e Q. Lei. "A Rare Onychophoran-Like Lobopodian from the Lower Cambrian Chengjiang Lagerstätte, Southwestern China, and Its Phylogenetic Implications". *Journal of Paleontology* 85 (2011): 587–94.

Pagano, A., M. Castelnuovo, F. Tortelli, R. Ferrari, G. Dieci e R. Cancedda. "New Small Nuclear RNA Gene-like Transcriptional Units as Sources of Regulatory Transcripts". *PLoS Genetics* 3 (2007): e1.

Palade, George E. "Membrane Biogenesis: An Overview". *Methods in Enzymology* 96 (1983): xxix–lv.

Paley, William. *Natural Theology: Or Evidences of the Existence and Attributes of the Deity Collected from the Appearances of Nature*. 1802. Reimpressão, Boston: Gould e Lincoln, 1852.

Palopoli, Michael e Nipam Patel. "Neo-Darwinian Developmental Evolution: Can We Bridge the Gap Between Pattern and Process?" *Current Opinion in Genetics and Development* 6 (1996): 502–8.

Pandey, R. e M. Mukerji. "From 'JUNK' to Just Unexplored Noncoding Knowledge: The Case of Transcribed Alus". *Briefings in Functional Genomics* 10 (2011): 294–311.

Panganiban, G., *et al.* "The Origin and Evolution of Animal Appendages". *Proceedings of the National Academy of Sciences USA* 94 (1997): 5162–66.

Pardue, M. L. e P. G. DeBaryshe. "*Drosophila* Telomeres: Two Transposable Elements with Important Roles in Chromosomes". *Genetica* 107 (1999): 189–96.

Parikesit, A. A., P. F. Stadler e S. J. Prohaska. "Quantitative Comparison of Genomic-Wide Protein Domain Distributions". Em *Lecture Notes in Informatics* P–173, editado por D. Schomburg e A. Grote, 93–102. Bonn: Gesellschaft für Informatik, 2010.

Patterson, Colin, David M. Williams e Christopher J. Humphries. "Congruence Between Molecular and Morphological Phylogenies". *Annual Review of Ecology and Systematics* 24 (1993): 153–88.

Paulding, Charles A., Maryellen Ruvolo e Daniel A. Haber. "The *Tre2* (*USP6*) Oncogene Is a Hominoid-Specific Gene". *Proceedings of the National Academy of Sciences USA* 100 (2003): 2507–11.

Peaston, E., A. V. Evsikov, J. H. Graber, W. N. de Vries, A. E. Holbrook, D. Solter e B. B. Knowles. "Retrotransposons Regulate Host Genes in Mouse Oocytes and Preimplantation Embryos". *Developmental Cell* 7 (2004): 597–606.

Peel, J. S. "A Corset-Like Fossil from the Cambrian Sirius Passet Lagerstätte of North Greenland and Its Implications for Cycloneuralian Evolution". *Journal of Paleontology* 84 (2010): 332–40.

Peifer, Mark e Welcome Bender. "The Anterobithorax and Bithorax Mutations of the Bithorax Complex". *EMBO Journal* 5 (1986): 2293–303. http://www.ncbi.nlm.nih.gov/pmc/articles/PMC1167113/pdf/emboj00172–0253.pdf. [conteúdo em inglês]

Peirce, Charles S. *Collected Papers*. Vols. 1–6. Editado por C. Hartshorne e P. Weiss. Cambridge, MA: Harvard Univ. Press, 1931–35.

———. "Abduction and Induction". Em *The Philosophy of Peirce*, editado por J. Buchler, 150–54. Londres: Routledge, 1956.

———. *Collected Papers*, Vols. 7–8. Editado por A. Burks. Cambridge, MA: Harvard Univ. Press, 1958.

472 Bibliografia

Pellas, Theodore C., B. Ramachandran, M. Duncan, S. S. Pan, M. Marone e K. Chada. "Germ-Cell Deficient (*gcd*), an Insertional Mutation Manifested as Infertility in Transgenic Mice". *Proceedings of the National Academy of Sciences USA* 88 (1991): 8787–91.

Peterson, Kevin J., James A. Cotton, James G. Gehling, e Davide Pisani. "The Ediacaran Emergence of Bilaterians: Congruence Between the Genetic and the Geological Fossil Records". *Philosophical Transactions of the Royal Society B* (2008): 1435–43.

Peterson, Kevin J. e Eric H. Davidson. "Regulatory Evolution and the Origin of the Bilaterians". *Proceedings of the National Academy of Sciences USA* 97 (2000): 4430–33.

Peterson, Kevin J., Michael R. Dietrich e Mark A. McPeek. "MicroRNAs and Metazoan Macroevolution: Insights into Canalization, Complexity, and the Cambrian Explosion". *BioEssays* 31 (2009): 736–47.

Piehler, Armin P., M. Hellum, J. J. Wenzel, E. Kaminski, K. B. F. Haug, P. Kierulf e W. E. Kaminski. "The Human ABC Transporter Pseudogene Family: Evidence for Transcription and Gene-Pseudogene Interference". *BMC Genomics* 9 (2008): 165.

Pink, R. C., K. Wicks, D. P. Caley, E. K. Punch, L. Jacobs e D. R. F. Carter. "Pseudogenes: Pseudo-Functional or Key Regulators in Health and Disease?" *RNA* 17 (2011): 792–98.

Pitts, Edward Lee. "Design Flaw?" *World Magazine*, 11 de fevereiro de 2011.

Pivar, Stuart. *Lifecode: The Theory of Biological Self-Organization*. Nova York: Ryland, 2004.

———. *On the Origin of Form: Evolution by Self-Organization*. Berkeley, CA: North Atlantic Books, 2009.

Poinar, G. "A Rhabdocoel Turbellarian (Platyhelminthes, Typhloplanoida) in Baltic Amber with a Review of Fossil and Sub-Fossil Platyhelminths". *Invertebrate Biology* 122 (2003): 308–12.

Polanyi, Michael. "Life Transcending Physics and Chemistry". *Chemical and Engineering News* 45 (1967): 54–66.

———. "Life's Irreducible Structure". *Science* 160 (1968): 1308–12.

Powell, Michael. "Controversial Editor Backed". *Washington Post*, 19 de agosto de 2005.

Poyton, Robert O. "Memory and Membranes: The Expression of Genetic and Spatial Memory During the Assembly of Organelle Macrocompartments". *Modern Cell Biology* 2 (1983): 15–72.

Pray, Leslie e Kira Zhaurova. "Barbara McClintock and the Discovery of Jumping Genes (Transposons)". *Nature Education* 1 (2008). http://www.nature.com/scitable/topicpage/barbara-mcclintock-and-the-discovery-of-jumping-34083. [conteúdo em inglês]

Prigogine, Ilya, Gregoire Nicolis e Agnessa Babloyantz. "Thermodynamics of Evolution". *Physics Today* 25 (1972): 23–31.

Prothero, Donald R. *Bringing Fossils to Life: An Introduction to Paleobiology*. Boston: McGraw-Hill, 1998.

———. *Evolution: What the Fossils Say and Why It Matters*. Nova York: Columbia Univ. Press, 2007.

Prud'homme, Benjamin, Nicolas Gompel e Sean B. Carroll. "Emerging Principles of Regulatory Evolution". *Proceedings of the National Academy of Sciences USA* 104 (2007): 8605–12.

Quastler, Henry. *The Emergence of Biological Organization*. New Haven, CT: Yale Univ. Press, 1964.

Raff, Rudolf A. *The Shape of Life: Genes, Development, and the Evolution of Animal Form*. Chicago: Univ. of Chicago Press, 1996.

Reardon, Sara. "California Science Center to Pay $110,000 Settlement over Intelligent Design Film". *Science Insider*, 31 de agosto de 2011.

Reidhaar-Olson, John e Robert Sauer. "Functionally Acceptable Solutions in Two Alpha-Helical Regions of Lambda Repressor". *Proteins: Structure, Function, and Genetics* 7 (1990): 306–16.

Retallack, Gregory J. "Growth, Decay and Burial Compaction of *Dickinsonia*, an Iconic Ediacaran Fossil". *Alcheringa: An Australasian Journal of Palaeontology* 31 (2007): 215–40.

———. "Ediacaran Life on Land". *Nature* 493 (2013): 89–92.

———. "Reply to the Discussion by Callow et al. on 'Were the Ediacaran Siliciclastics of South Australia Coastal or Deep Marine?'" *Sedimentology* 60 (2013): 628–30.

Ridley, Mark. "The Evolution Revolution". *New York Times*, 17 de março de 2002.

Robinson, Mabel L. *Runner on the Mountain Tops*. Nova York: Random House, 1939.

Rodin, Andrei S., Eörs Szathmáry e Sergei N. Rodin. "On the Origin of the Genetic Code and tRNA Before Translation". *Biology Direct* 6 (2011).

Rodríguez-Campos, A. e F. Azorín. "RNA Is an Integral Component of Chromatin That Contributes to Its Structural Organization". *PloS One* 2 (2007): e1182.

Rogers, John. "Split-Gene Evolution: Exon Shuffling and Intron Insertion in Serine Protease Genes". *Nature* 315 (1985): 458–59.

Rokas, Antonis. "Spotlight: Drawing the Tree of Life". Broad Institute, 15 de novembro de 2006. https://www.broadinstitute.org/news/168. [conteúdo em inglês]

Rokas, Antonis e Sean B. Carroll. "Bushes in the Tree of Life". *PLoS Biology* 4, nº 11 (2006): 1899–1904.

———. "Frequent and Widespread Parallel Evolution of Protein Sequences". *Molecular Biology and Evolution* 25 (2008): 1943–53.

Rokas, Antonis, Nicole King, John Finnerty e Sean B. Carroll. "Conflicting Phylogenetic Signals at the Base of the Metazoan Tree". *Evolution and Development* 5 (2003): 346–59.

Rokas, Antonis, Dirk Krüger e Sean B. Carroll. "Animal Evolution and the Molecular Signature of Radiations Compressed in Time". *Science* 310 (2005): 1933–38.

Rose, Steven, ed. *The Richness of Life: The Essential Stephen Jay Gould.* Nova York: Norton, 2006.

Roth, Siegfried e Jeremy A. Lynch. "Symmetry Breaking During *Drosophila* Oogenesis". *Cold Spring Harbor Perspectives in Biology* 1 (2009): a001891. http://cshperspectives.cshlp.org/content/1/2/a001891.full.pdf+html. [conteúdo em inglês]

Roy, Scott William e Manuel Irimia. "Rare Genomic Characters Do Not Support Coelomata: Intron Loss/Gain". *Molecular Biology and Evolution* 25 (2008): 620–23.

Rubin, C. M., R. H. Kimura e C. W. Schmid. "Selective Stimulation of Translational Expression by Alu RNA". *Nucleic Acids Research* 30 (2002): 3253–61.

Runnegar, Bruce. "A Molecular-Clock Date for the Origin of the Animal Phyla". *Lethaia* 15, nº 3 (1982): 199–205.

———. "Evolution of the Earliest Animals". Em *Major Events in the History of Life*, editado por J. W. Schopf, 65–93. Boston: Jones & Bartlett, 1992.

Ruppert, E. E., R. S. Fox e R. D. Barnes. *Invertebrate Zoology.* 7ª ed. Belmont, CA: Brooks/Cole, 2004.

Ruse, Michael. *Darwinism Defended: A Guide to the Evolution Controversies.* Londres: Addison-Wesley, 1982.

———. "A Philosopher's Day in Court". Em *But Is It Science?* editado por M. Ruse, 31–36. Buffalo, NY: Prometheus, 1988.

———. "Witness Testimony Sheet: *McLean v. Arkansas*". Em *But Is It Science?* editado por M. Ruse, 287–306. Buffalo, NY: Prometheus, 1988.

———. "Darwinism: Philosophical Preference, Scientific Inference and Good Research Strategy". Em *Darwinism: Science or Philosophy?* editado por J. Buell e V. Hearn, 21–28.

Richardson, TX: Foundation for Thought and Ethics, 1994.

Salisbury, Frank B. "Natural Selection and the Complexity of the Gene". *Nature* 224 (1969): 342–43.

Sansom, R. S., S. E. Gabbott e M. A. Purnell. "Non-Random Decay of Chordate Characters Causes Bias in Fossil Interpretation". *Nature* 463 (2010): 797–800.

Sapp, Jan. *Beyond The Gene.* Nova York: Oxford Univ. Press, 1987.

———. "The Structure of Microbial Evolutionary Theory". *Studies in History and Philosophy of Biology and Biomedical Sciences* 38 (2007): 780–95.

Savransky, Semyon. *Engineering of Creativity: Introduction to TRIZ Methodology of Inventive Problem Solving.* Boca Raton, FL: CRC Press, 2000.

Schirber, Michael. "Skeletons in the Pre-Cambrian Closet". PhysOrg.com, 7 de janeiro de 2011.

Schnaar, Ronald L. "The Membrane Is the Message". *The Sciences,* Maio a junho de 1985, 34–40.

Schneider, Thomas D. "Information Content of Individual Genetic Sequences". *Journal of Theoretical Biology* 189 (1997): 427–41.

474 Bibliografia

———. "Evolution of Biological Information". *Nucleic Acids Research* 28 (2000): 2794–99.

Schopf, Thomas J. M., Antoni Hoffman e Stephen Jay Gould. "Punctuated Equilibrium and the Fossil Record". *Science* 219 (1983): 438–39.

Schopf, J. William e Bonnie M. Packer. "Early Archean (3.3-Billion to 3.5-Billion-Year-Old) Microfossils from Warrawoona Group, Australia". *Science* 237 (1987): 70–73.

Schram, F. R. "Pseudocoelomates and a Nemertine from the Illinois Pennsylvanian". *Journal of Paleontology* 47 (1973): 985–89.

Schuchert, Charles. "Charles Doolittle Walcott". Em *Annual Report of National Academy of Sciences Fiscal Year 1924–1925*. Washington DC: Government Printing Office, 1926.

———. "Charles Doolittle Walcott, Paleontologist, 1850–1927". *Science* 65 (1927): 455–58.

Schuchert, Charles e Carl O. Dunbar. *A Textbook of Geology, Part II: Historical Geology.* 4ª ed. Nova York: Wiley, 1941.

Schueler, Mary G., A. W. Higgins, M. K. Rudd, K. Gustashaw e H. F. Willard. "Genomic and Genetic Definition of a Functional Human Centromere". *Science* 294 (2001): 109–15.

Schützenberger, M. "Algorithms and the Neo-Darwinian Theory of Evolution". Em *Mathematical Challenges to the Darwinian Interpretation of Evolution*, editado por P. S. Morehead e M. M. Kaplan, 73–80. Monografia do Simpósio do Instituto Wistar Nº 5. Filadélfia: Wistar Institute Press, 1967.

Schwartz, Jeffrey H. "Homeobox Genes, Fossils, and the Origin of Species". *The Anatomical Record* 257 (1999): 15–31.

———. *Sudden Origins: Fossils, Genes, and the Emergence of Species.* Nova York: Wiley, 1999.

Schwartz, Jeffrey H. e Bruno Maresca. "Do Molecular Clocks Run at All? A Critique of Molecular Systematics". *Biological Theory* 1 (2006): 357–71.

Science Daily. "Australian Multicellular Fossils Point to Life on Land, Not at Sea, Geologist Proposes". 12 de dezembro de 2012. http://www.sciencedaily.com/releases/2012/12/121212134050.htm (acessado em 22 de março de 2013). [conteúdo em inglês]

Scott, Eugenie. "Keep Science Free from Creationism". *Insight*, 21 de fevereiro de 1994.

Scott, Matthew P. e Sean B. Carroll. "The Segmentation and Homeotic Gene Network in Early *Drosophila* Development". *Cell* 51 (1987): 689–98.

Scriven, Michael. "Explanation and Prediction in Evolutionary Theory". *Science* 130 (1959): 477–82.

Sepkoski, David. "'Radical' or 'Conservative'? The Origin and Early Reception of Punctuated Equilibrium". Em *The Paleobiological Revolution: Essays on the Growth of Modern Paleontology*, editado por D. Sepkoski e M. Ruse, 301–25. Chicago: Univ. of Chicago Press, 2009.

Sermonti, Giuseppe. *Why Is a Fly Not a Horse?* Seattle: Discovery Institute Press, 2005. Traduzido do original, *Dimenticare Darwin*. Milão: Rusconi, 1999.

Shannon, Claude E. "A Mathematical Theory of Communication". *Bell System Technical Journal* 27 (1948): 379–423, 623–56.

Shannon, Claude E. e Warren Weaver. *The Mathematical Theory of Communication.* Urbana: Univ. of Illinois Press, 1949.

Shapiro, James A. "A 21st Century View of Evolution: Genome System Architecture, Repetitive DNA, and Natural Genetic Engineering". *Gene* 345 (2005): 91–100.

———. *Evolution: A View from the 21st Century.* Upper Saddle River, NJ: FT Press Science, 2011.

Shapiro, James e Richard von Sternberg. "Why Repetitive DNA Is Essential to Genome Function". *Biological Reviews of the Cambridge Philosophical Society* 80 (2005): 227–50.

Shen, Bing, Lin Dong, Shuhai Xiao e Michal Kowalewski. "The Avalon Explosion: Evolution of Ediacara Morphospace". *Science* 319 (2008): 81–84.

Shen, Y. Y., L. Liang, G. S. Li, R. W. Murphy e Y. P. Zhang. "Parallel Evolution of Auditory Genes for Echolocation in Bats and Toothed Whales". *PLoS Genetics* 8 (2012): e1002788.

Shi, Riyi e Richard B. Borgens. "Three-Dimensional Gradients of Voltage During Development of the Nervous System as Invisible Coordinates for the Establishment of Embryonic Pattern".

Developmental Dynamics 202 (1995): 101–14. http://onlinelibrary.wiley.com/doi/10.1002/aja.1002020202/pdf (acessado em 30 de outubro de 2012). [conteúdo em inglês]

Schierwater, Bernd e Rob DeSalle. "Can We Ever Identify the Urmetazoan?" *Integrative and Comparative Biology* 47 (2007): 670–76.

Shu, D. G. "On the Phylum Vetulicolia". *Chinese Science Bulletin* 50 (2005): 2342–54.

Shu, D. G., L. Chen, J. Han e X. L. Zhang. "An Early Cambrian Tunicate from China". *Nature* 411 (2001): 472–73.

Shu, D. G., S. Conway Morris, J. Han, Z. F. Zhang e J. N. Liu. "Ancestral Echinoderms from the Chengjiang Deposits of China". *Nature* 430 (2004): 422–28.

Shu, D. G., S. Conway Morris, J. Han, Z. F. Zhang, K. Yasui, P. Janvierk, L. Chen, X. L. Zhang, J. N. Liu, Y. Li e H. Q. Liu. "Head and Backbone of the Early Cambrian Vertebrate *Haikouichthys*". *Nature* 421 (2003): 526–29.

Shu, D. G., S. Conway Morris e X. L. Zhang. "A *Pikaia*-like Chordate from the Lower Cambrian of China". *Nature* 384 (1996): 157–58.

Shu, D. G., S. Conway Morris, Z. F. Zhang, J. N. Liu, J. Han, L. Chen, X. L. Zhang, K. Yasui e Y. Li. "A New Species of Yunnanozoan with Implications for Deuterostome Evolution". *Science* 299 (2003): 1380–84.

Shu, D. G., H. L. Lou, S. Conway Morris, X. L. Zhang, S. X. Hu, L. Chen, J. Han, M. Zhu, Y. Li e L. Z. Chen. "Lower Cambrian Vertebrates from South China". *Nature* 402 (1999): 42–46.

Shu, D. G., X. Zhang e L. Chen, "Reinterpretation of *Yunnanozoon* as the Earliest Known Hemichordate". *Nature* 380 (1996): 428–30.

Shubin, N. H. e C. R. Marshall. "Fossils, Genes, and the Origin of Novelty". *Paleobiology* 26, nº 4 (2000): 324–40.

Siegal, Nina. "Riled by Intelligent Design". *New York Times*, 6 de novembro de 2005.

Siepel, Adam. "Darwinian Alchemy: Human Genes from Noncoding DNA". *Genome Research* 19 (2009): 1693–95.

Simons, Andrew M. "The Continuity of Microevolution and Macroevolution". *Journal of Evolutionary Biology* 15 (2002): 688–701.

Simpson, George Gaylord. *Fossils and the History of Life*. Nova York: Scientific American Books, 1983.

Siveter, D. J., M. Williams e D. Waloszek. "A Phosphatocopid Crustacean with Appendages from the Lower Cambrian". *Science* 293 (2001): 479–81.

Skoog, Gerald. "A View from the Past". *Bookwatch Reviews* 2 (1989): 1–2.

Skou, Jens C. "The Identification of the Sodium-Pump as the Membrane-Bound Na^+/K^+-ATPase: a Commentary". *Biochimica et Biophysica Acta* 1000 (1989): 435–38.

Skovsted, C. B. e L. E. Holmer. "Early Cambrian Brachiopods From Northeast Greenland". *Palaeontology* 48 (2005): 325–45.

Smith, Andrew B. e Kevin J. Peterson. "Dating the Time and Origin of Major Clades". *Annual Review of Earth and Planetary Sciences* 30 (2002): 65–88.

Smith, C. R., *et al.* "Draft genome of the Globally Widespread and Invasive Argentine Ant (*Linepithema humile*)". *Proceedings of the National Academy of Sciences USA* 108 (2011): 5667–72.

Smith, William S. "A Delineation of the Strata of England and Wales with Part of Scotland Exhibiting the Collieries and Mines the Marshes and Fen Lands Originally Overflowed by the Sea and the Varieties of Soil According to the Variations in the Substrata". Reproduzido pelo British Geological Survey. 1 de agosto de 1815.

Sonneborn, T. M. "Determination, Development, and Inheritance of the Structure of the Cell Cortex". Em *Control Mechanisms in the Expression of Cellular Phenotypes*, editado por H. A. Padykula, 1–13. Londres: Academic Press, 1970.

Spemann, Hans e Hilde Mangold. "Über Induktion von Embryonalanlagen durch Implantation artfremder Organisatoren". *Archiv für Mikroskopische Anatomie und Entwicklungsmechanik*

476   *Bibliografia*

100 (1924): 599–638. Traduzido por Viktor Hamburger e editado por Klaus Sander como "Induction of Embryonic Primordia by Implantation of Organizers from a Different Species". *International Journal of Developmental Biology* 45 (2001): 13–38. http://www.ijdb.ehu.es/web/paper.php?doi=11291841. [conteúdo em inglês]

Sperling, Erik A. e Jakob Vinther. "A Placozoan Affinity for *Dickinsonia* and the Evolution of Late Proterozoic Metazoan Feeding Modes". *Evolution and Development* 12 (2010): 201–9.

Spiro, Robert G. "Protein Glycosylation: Nature, Distribution, Enzymatic Formation, and Disease Implications of Glycopeptide Bonds". *Glycobiology* 12 (2002): 43R–56R.

Stadler, B. M. R., P. F. Stadler, G. P. Wagner e W. Fontana. "The Topology of the Possible: Formal Spaces Underlying Patterns of Evolutionary Change". *Journal of Theoretical Biology* 213 (2001): 241–74.

Stanley, Steven M. *Macroevolution: Pattern and Process*. Baltimore: Johns Hopkins Univ. Press, 1998.

Stenger, V. J. *God: The Failed Hypothesis—How Science Shows That God Does Not Exist*. Amherst, NY: Prometheus, 2007.

St. Johnston, Daniel. "The Art and Design of Genetic Screens: *Drosophila melanogaster*". *Nature* 3 (2002): 176–88.

Stoddard, Ed. "Evolution Gets Added Boost in Texas Schools". Reuters, http://blogs.reuters.com/faithworld/2009/01/23/evolution-gets-added-boost-in-texas-schools/ (acessado em 26 de outubro de 2012). [conteúdo em inglês]

Stokes, Trevor. " . . . And Smithsonian Has ID Troubles". *The Scientist*, 4 de julho de 2005.

Stoltzfus, Arlin. "Mutationism and the Dual Causation of Evolutionary Change". *Evolution and Development* 8 (2006): 304–17.

Struck, T. H., *et al.* "Phylogenomic Analyses Unravel Annelid Evolution". *Nature* 471 (2011): 95–98.

Stutz, Terrence. "State Board of Education Debates Evolution Curriculum". *Dallas Morning News*, 22 de janeiro de 2009.

Suen, Garret, *et al.* "The Genome Sequence of the Leaf-Cutter Ant *Atta cephalotes* Reveals Insights into Its Obligate Symbiotic Lifestyle". *PLoS Genetics* 7 (2011): e1002007.

Swadling, K. M., H. J. G. Dartnall, J. A. E. Gibson, É. Saulnier-Talbot e W. F. Vincent. "Fossil Rotifers and the Early Colonization of an Antarctic Lake". *Quaternary Research* 55 (2001): 380–84.

Syvanen, Michael e Jonathan Ducore. "Whole Genome Comparisons Reveals a Possible Chimeric Origin for a Major Metazoan Assemblage". *Journal of Biological Systems* 18 (2010): 261–75.

Szaniawski, H. "Cambrian Chaetognaths Recognized in Burgess Shale Fossils". *Acta Palaeontologica Polonica* 50 (2005): 1–8.

Szathmáry, Eörs. "When the Means Do Not Justify the End". *Nature* 399 (1999): 745–46. Tam, O. H., *et al.* "Pseudogene-Derived Small Interfering RNAs Regulate Gene Expression in Mouse Oocytes". *Nature* 453 (2008): 534–38.

Tautz, Diethard e Tomislav Domazet-Lošo. "The Evolutionary Origin of Orphan Genes". *Nature Reviews Genetics* 12 (2011): 692–702.

Taylor, Gordon Rattray. *The Great Evolution Mystery*. Nova York: Harper & Row, 1983.

Telford, M. J., S. J. Bourlat, A. Economou, D. Papillon e O. Rota-Stabelli. "The Evolution of the Ecdysozoa". *Philosophical Transactions of the Royal Society B* 363 (2008): 1529–37.

Thaxton, Charles, Walter L. Bradley e Roger L. Olsen. *The Mystery of Life's Origin: Reassessing Current Theories*. Nova York: Philosophical Library, 1984.

Theissen, Günter. "The Proper Place of Hopeful Monsters in Evolutionary Biology", *Theory in Biosciences* 124 (2006): 349–69.

——. "Saltational Evolution: Hopeful Monsters Are Here to Stay", *Theory in Biosciences* 128 (2009): 43–51.

Theobald, Douglas. "Punctuated Equilibrium". In *International Encyclopedia of the Social Sciences*, 2ª ed., 6: 629–31. Detroit: Macmillan Library Reference, 2008.

Bibliografia   477

——. "29+ Evidences for Macroevolution". http://www.talkorigins.org/faqs/comdesc/section1. html (acessado em 31 de outubro de 2012). [conteúdo em inglês]

Thomson, K. S. "Macroevolution: The Morphological Problem". *American Zoologist* 32 (1992): 106–12.

Todd, Scott C. "A View from Kansas on That Evolution Debate". *Nature* 401 (1999): 423.

Tremblay, A., M. Jasin e P. Chartrand. "A Double-Strand Break in a Chromosomal LINE Element Can Be Repaired by Gene Conversion with Various Endogenous LINE Elements in Mouse Cells". *Molecular and Cellular Biology* 20 (2000): 54–60.

Tyndall, John. "The Parallel Roads of Glen Roy". Em *Fragments of Science: A Series of Detached Essays, Addresses, and Reviews*. Vol. 1. Nova York: Appleton, 1915.

Ulam, Stanislaw M. "How to Formulate Mathematically Problems of Rate of Evolution". Em *Mathematical Challenges to the Neo-Darwinian Interpretation of Evolution*, editado por P. S. Moorhead e M. M. Kaplan, 21–33. Monografia do Simpósio do Instituto Wistar Nº 5. Nova York: Liss, 1967.

Universidade da Califórnia em Berkeley, Museu de Paleontologia. "Brachiopoda". http://www. ucmp.berkeley.edu/brachiopoda/brachiopodamm.html. [conteúdo em inglês]

Uversky, Vladimir N. e Keith Dunker. "Understanding Protein Non-Folding". *Biochimica at Biophysica Acta* 1804 (2010): 1231–64.

Valentine, James W. "Fossil Record of the Origin of *Bauplan* and Its Implications". Em *Patterns and Processes in the History of Life*, editado por D. M. Raup e D. Jablonski, 209–22. Berlin: Springer-Verlag, 1986.

——. "Late Precambrian Bilaterians: Grades and Clades". Em *Tempo and Mode in Evolution: Genetics and Paleontology 50 Years After Simpson*, editado por W. M. Fitch e F. J. Ayala, 87–107. Washington, DC: National Academy Press, 1995.

——. "Why No New Phyla After the Cambrian? Genome and Ecospace Hypotheses Revisited". *Palaios* 10 (1995): 190–94.

——. "Prelude to the Cambrian Explosion". *Annual Review of Earth and Planetary Sciences* 30 (2002): 285–306.

——. *On the Origin of Phyla*. Chicago: Univ. of Chicago Press, 2004.

Valentine, James W. e Douglas H. Erwin. "Interpreting Great Developmental Experiments: The Fossil Record". Em *Development as an Evolutionary Process*, editado por R. A. Raff e E. C. Raff, 71–107. Nova York: Liss, 1987.

Valentine, James W., Douglas H. Erwin e David Jablonski. "Developmental Evolution of Metazoan Body Plans: The Fossil Evidence". *Developmental Biology* 173 (1996): 373–81.

Valentine, James W., David Jablonski e Douglas H. Erwin. "Fossils, Molecules and Embryos: New Perspectives on the Cambrian Explosion". *Development* 126 (1999): 851–59.

Van de Lagemaat, L. N., J. R. Landry, D. L. Mager e P. Medstrand. "Transposable Elements in Mammals Promote Regulatory Variation and Diversification of Genes with Specialized Functions". *Trends in Genetics* 19 (2003): 530–36.

Van Valen, Leigh. "Similar, but Not Homologous". *Nature* 305 (1983): 664.

——. "How Do Major Evolutionary Changes Occur?" *Evolutionary Theory* 8 (1988): 173–76.

Vedantam, Shankar. "Eden and Evolution". *Washington Post*, 5 de fevereiro de 2006.

Venema, D. R. "Seeking a Signature". *Perspectives on Science and Christian Faith* 62 (2010): 276–83.

Vermeij, Geerat J. "Animal Origins". *Science* 25 (1996): 525–26.

Von Sternberg, Richard. "On the Roles of Repetitive DNA Elements in the Context of a Unified Genomic-Epigenetic System". *Annals of the New York Academy of Sciences* 981 (2002): 154–88.

Von Sternberg, Richard e James A. Shapiro. "How Repeated Retroelements Format Genome Function". *Cytogenetic and Genome Research* 110 (2005): 108–16.

Vorzimmer, P. "Charles Darwin and Blending Inheritance". *Isis* 54 (1963): 371–90.

Waddington, Conrad. "The Epigenotype". *Endeavour* 1 (1942): 18–20.

478   *Bibliografia*

Waggoner, B. M. "Phylogenetic Hypotheses of the Relationships of Arthropods to Precambrian and Cambrian Problematic Fossil Taxa". *Systematic Biology* 45 (1996): 190–222.

Wagner, Andreas. "The Molecular Origins of Evolutionary Innovations". *Trends in Genetics* 27 (2011): 397–410.

Wagner, G. P. "What Is the Promise of Developmental Evolution? Part II: A Causal Explanation of Evolutionary Innovations May Be Impossible". *Journal of Experimental Zoology* (*Molecular and Developmental Evolution*) 291 (2001): 305–9.

Wagner, G. P. e P. F. Stadler. "Quasi-Independence, Homology and the Unity of Type: A Topological Theory of Characters". *Journal of Theoretical Biology* 220 (2003): 505–27.

Walcott, Charles Doolittle. "Cambrian Geology and Paleontology II: Abrupt Appearance of the Cambrian Fauna on the North American Continent". *Smithsonian Miscellaneous Collections* 57 (1910): 1–16.

Wallace, Bruce. "Adaptation, Neo-Darwinian Tautology, and Population Fitness: A Reply". *Evolutionary Biology* 17 (1984): 59–71.

Wang, Daniel Y. C., Sudhir Kumar e S. Blair Hedges. "Divergence Time Estimates for the Early History of Animal Phyla and the Origin of Plants, Animals and Fungi". *Proceedings of the Royal Society of London B* 266 (1999): 163–71.

Wang, E. T., R. Sandberg, S. Luo, I. Khrebtukova, L. Zhang, C. Mayr, S. F. Kingsmore, G. P. Schroth e C. B. Burge. "Alternative Isoform Regulation in Human Tissue Transcriptomes". *Nature* 456 (2008): 470–76.

Wang, Wen, Frédéric Brunet, Eviatar Nevo e Manyuan Long. "Origin of *Sphinx*, a Young Chimeric RNA Gene in *Drosophila melanogaster*". *Proceedings of the National Academy of Sciences USA* 99 (2002): 4448–53.

Ward, Peter. *On Methuselah's Trail: Living Fossils and the Great Extinctions*. Nova York: Freeman, 1992.

———. *Out of Thin Air: Dinosaurs, Birds, and Earth's Ancient Atmosphere*. Washington, DC: Joseph Henry Press, 2006.

Watanabe T., *et al.* "Endogenous siRNAs from Naturally Formed dsRNAs Regulate Transcripts in Mouse Oocytes". *Nature* 453 (2008): 539–43.

Webster, Gerry e Brian Goodwin. *Form and Transformation: Generative and Relational Principles in Biology*. Cambridge: Cambridge Univ. Press, 1996.

Welch, John J., Eric Fontanillas e Lindell Bromham. "Molecular Dates for the 'Cambrian Explosion': The Influence of Prior Assumptions". *Systematic Biology* 54 (2005): 672–78.

Wells, Jonathan. "Making Sense of Biology: The Evidence for Development by Design". Em *Signs of Intelligence: Understanding Intelligent Design*. editado por J. Kushiner e W. A. Dembski, 118–27. Grand Rapids, MI: Brazos, 2001.

Wen, Y., L. Zheng, L. Qu, F. J. Ayala e Z. Lun. "Pseudogenes Are Not Pseudo Any More". *RNA Biology* 9 (2012): 27–32.

West, John G. *Darwin Day in America: How Our Politics and Culture Have Been Dehumanized in the Name of Science*. Wilmington, DE: ISI Books, 2007.

Whewell, William. "Lyell's Principles of Geology". *British Critic* 9 (1830): 180–206.

Whitehead, Alfred North. *Science and the Modern World*. Nova York: Macmillan, 1926.

Whitfield, John. "Biological Theory: Postmodern Evolution?" *Nature* 455 (2008): 281–84.

Whitman, W. B., D. C. Coleman e W. J. Wiebe. "Prokaryotes: The Unseen Majority". *Proceedings of the National Academy of Sciences USA* 95 (1998): 6578–83.

Wieschaus, Eric. "From Molecular Patterns to Morphogenesis: The Lessons from *Drosophila*". Palestra do Nobel, 8 de dezembro de 1995.

Wiley, E. O. e Bruce S. Lieberman. *Phylogenetics: Theory and Practice of Phylogenetic Systematics*. Nova York: Wiley-Blackwell, 2011.

Willey, Basil. "Darwin's Place in the History of Thought". Em *Darwinism and the Study of Society*, editado por M. Banton, 15. Chicago: Quadrangle, 1961.

Willmer, Pat G. e Peter W. H. Holland. "Modern Approaches to Metazoan Relationships". *Journal of Zoology (London)* 224 (1991): 689–94.

Wills, M. A., S. Gerber, M. Ruta e M. Hughes. "The Disparity of Priapulid, Archaeopriapulid and Palaeoscolecid Worms in the Light of New Data". *Journal of Evolutionary Biology* 25 (2012): 2056–76.

Wilson, T. E., U. Grawunder e M. R. Liebe. "Yeast DNA Ligase IV Mediates Non-Homologous DNA End Joining". *Nature* 388 (1997): 495–98.

Withgott, Jay. "John Maynard Smith Dies". *Science*, 20 de abril de 2004. https://www.sciencemag.org/news/2004/04/john-maynard-smith-dies. [conteúdo em inglês]

Wimsatt, William C. "Generativity, Entrenchment, Evolution, and Innateness: Philosophy, Evolutionary Biology, and Conceptual Foundations of Science". Em *Where Biology Meets Psychology: Philosophical Essays*, editado por V. G. Hardcastle, 139–79. Cabridge, MA: MIT Press, 1999.

Wimsatt, William C. e J. C. Schank. "Generative Entrenchment, Modularity and Evolvability: When Genic Selection Meets the Whole Organism". Em *Modularity in Development and Evolution*, editado por G. Schlosser e G. Wagner, 359–94. Chicago: Univ. of Chicago Press, 2004.

Wolf, Yuri I., Igor B. Rogozin e Eugene V. Koonin. "Coelomata and Not Ecdysozoa: Evidence from Genome-wide Phylogenetic Analysis". *Genome Research* 14 (2004): 29–36.

Wolfe, Stephen L. *Molecular and Cellular Biology*. Belmont, CA: Wadsworth, 1993.

Wolfram, Stephen. *A New Kind of Science*. Champaign, IL: Wolfram Media, 2002.

World Net Daily. "Intelligent Design Torpedoes Tenure". *World Net Daily*, 19 de maio de 2007.

Wray, Gregory A., Jeffrey S. Levinton e Leo H. Shapiro. "Molecular Evidence for Deep Precambrian Divergences Among Metazoan Phyla". *Science* 274 (1996): 568–73.

Wu, Dong-Dong, David M. Irwin e Ya-Ping Zhang. "De Novo Origin of Human Protein-Coding Genes". *PLoS Genetics* 7 (2011): e1002379.

Xiao, S., A. H. Knoll, J. D. Schiffbauer, C. Zhou e X. Yuan. "Comment on 'Fossilized Nuclei and Germination Structures Identify Ediacaran "Animal Embryos" as Encysting Protists.'" *Science* 335 (2012): 1169.

Xun, Gu. "Early Metazoan Divergence Was About 830 Million Years Ago", *Journal of Molecular Evolution* 47 (1998): 369–71.

Yochelson, Ellis L. *Charles Doolittle Walcott, Paleontologist*. Kent, OH: Kent State Univ. Press, 1998.

Yockey, Hubert P. "On the Information Content of Cytochrome C". *Journal of Theoretical Biology* 67, nº 3 (1977): 345–76.

——. "A Calculation of the Probability of Spontaneous Biogenesis by Information Theory". *Journal of Theoretical Biology* 67 (1977): 377–98.

——. *Information Theory and Molecular Biology*. Cambridge: Cambridge Univ. Press, 1992.

Youngren, K. K., *et al*. "The *Ter* mutation in the Dead End Gene Causes Germ Cell Loss and Testicular Germ Cell Tumours". *Nature* 435 (2005): 360–64.

Zamora, S., R. Gozalo e E. Linñán. "Middle Cambrian Gogiid Echinoderms from Northeast Spain: Taxonomy, Palaeoecology, and Palaeogeographic Implications". *Acta Palaeontologica Polonica* 54 (2009): 253–65.

Zhang, Jianzhi, David M. Webb e Ondrej Podlaha. "Accelerated Protein Evolution and Origins of Human-Specific Features: FOXP2 as an Example". *Genetics* 162 (2002): 1825–35.

Zhang, Jianzhi, Y. P. Zhang e H. F. Rosenberg. "Adaptive Evolution of a Duplicated Pancreatic Ribonuclease Gene in a Leaf-Eating Monkey". *Nature Genetics* 30, nº 4 (2002): 411–15.

Zhang, Z., *et al*. "A Sclerite-Bearing Stem Group Entoproct from the Early Cambrian and Its Implications". *Scientific Reports* 3 (2013): 1066.

480 *Bibliografia*

Zhen, Ying, M. Aardema, E. M. Medina, M. Schumer e P. Andolfatto. "Parallel Molecular Evolution in an Herbivore Community". *Science* 337 (2012): 1634–37.

Zheng, Jie, Igor B. Rogozin, Eugene V. Koonin e Teresa M. Przytycka. "Support for the Coelomata Clade of Animals from a Rigorous Analysis of the Pattern of Intron Conservation". *Molecular Biology and Evolution* 24 (2007): 2583–92.

Zvelebil, Marketa e Jeremy O. Baum. *Understanding Bioinformatics*. Nova York: Garland Science, 2008.

Zuckerkandl, Emile e Linus Pauling. "Evolutionary Divergence and Convergence in Proteins". Em *Evolving Genes and Proteins*, editado por B. Bryson e H. Vogel, 97–166. Nova York: Academic, 1965.

CRÉDITOS E PERMISSÕES

A inclusão de quaisquer figuras, ilustrações, fotografias, diagramas, gráficos ou outros tipos de imagens neste livro não deve ser interpretada como um endosso das ideias e argumentos contidos neste livro por parte de quaisquer detentores de direitos autorais ou criadores dessas imagens, que não seja o próprio autor do livro.

Capa: Fotografia do fóssil de trilobita, cortesia de J. Y. Chen. Fonte: Figura 186, Chen, J. Y., Zhou, G. Q., Zhu, M. Y., e Yeh, K. Y. *The Chengjiang Biota—A Unique Window of the Cambrian Explosion*, 149. Taichung, Taiwan: Museu Nacional de Ciências Naturais, 1996. Usada com permissão.

Figura 1.1: Imagem da árvore da vida de Ernst Haeckel, *Volume II of Generelle Morphologie* (1866). Domínio público.

Figura 1.2a: Fotografia de Louis Agassiz cortesia do Wikimedia Commons. Domínio público.

Figura 1.2b: A fotografia de Charles Darwin é cortesia do Wikimedia Commons. Fotografia original tirada por Henry Maull e John Fox. Domínio público.

Figura 1.3a: Desenho do braquiópode de Ray Braun baseado nas informações da Figura 18, Brusca, R. C., e Brusca, G. J. *Invertebrates*, 794. Sunderland, MA: Sinauer Associates, 1990; Figura 7.55, Mintz, L. W. *Historical Geology: The Science of a Dynamic Earth*, 130. 2ª ed. Columbus, Charles E. Merrill Publishing, 1977.

Figura 1.3b: Fotografia de um fóssil de braquiópode mostrando restos internos, cortesia de Paul Chien. Usada com permissão.

Figura 1.3c: Fotografia de um fóssil de braquiópode © Colin Keates / DK Limited / Corbis. Usada com permissão.

Figura 1.4a: Desenho de trilobita por Ray Braun baseado em informações de "Fossil Groups", Universidade de Bristol, http://palaeo.gly.bris.ac.uk/palaeofiles/fossilgroups/trilobites/page2.htm.

Figura 1.4b: Fotografia do fóssil de trilobita cortesia da Illustra Media. Usada com permissão.

Figura 1.5: Desenho de tetracoral por Ray Braun baseado em informações de "Convergência", http://www.znam.bg/com/action/showArticle;jsessionid=FA17A83CDA0EC25151F6B80869F07E4 9?encID=790&article=2059773460.

Figura 1.6: Desenho da escala de tempo geológica por Ray Braun baseado em informações de Mintz, L. W. *Historical Geology: The Science of a Dynamic Earth*, última página. 2ª ed. Columbus, Charles E. Merrill Publishing, 1977; Gradstein, F. M., Ogg, J. G., Schmitz, M. D., Ogg, G. M. *The Geological Timescale 2012 Volumes 1 and 2*. Elsevier, 2012.

Figura 1.7: Desenhada por Sir Thomas Dick-Lauder e publicado em Tyndall, J., "The Parallel Roads of Glen Roy". Em *Fragments of Science: A Series of Detached Essays, Addresses, and Reviews, Volume I*. Nova York: D. Appleton and Company, 1915. Cortesia de Wikimedia Commons. Domínio público.

482 Créditos e permissões

Figura 1.8: Desenho de Ray Braun com base em informações de uma exposição de fósseis que estava em exibição na Academia de Ciências da Califórnia na década de 1990.

Figura 2.1: Fotografia do Folhelho de Burgess © Thomas Kitchin & Victoria Hurst/All Canada Photos/Corbis. Usada com permissão.

Figura 2.2: Fotografia de Charles Doolittle Walcott, cortesia dos Arquivos do Smithsonian Institution. Imagem #84–16281. Usada com permissão.

Figura 2.3a: Desenho de Marrella por Ray Braun baseado em informações de Figura 3.12, Gould, S. J. *Wonderful Life: The Burgess Shale and the Nature of History*, 114. Nova York: Norton, 1990.

Figura 2.3b: Fotografia do fóssil de *Marrella* © Usuário: Smith609 (Own Work)/Wikimedia Commons/CC-BY-SA–3.0. Usada com permissão; uso não pretende implicar endosso pelo autor/licenciante da obra.

Figura 2.4a: Desenho de Hallucigenia por Ray Braun baseado em informações de Figura 14.6, Xian-guang, H., Aldridge, R. J., Bergström, J., Siveter, D. J., Siveter, D. J., e Xiang-hong, F. *The Cambrian Fossils of Chengjiang, China: The Flowering of Early Animal Life*, 88 Oxford: Blackwell Publishing, 2004; Figura 19(b), Conway Morris, S., *The Crucible of Creation: The Burgess Shale and the Rise of Animals*, 55. Oxford: Oxford University Press, 2000.

Figura 2.4b: Fotografia do fóssil *Hallucigenia*, cortesia da Smithsonian Institution. Usada com permissão.

Figuras 2.5a, 2.5b, e 2.5c: Gráfico desenhado por Ray Braun com base em dados compilados de referências no Capítulo 2, nota final 5.

Figura 2.6: Diagrama desenhado por Ray Braun com base nas informações de Figura 1, Meyer, S. C., Ross, M., Nelson, P. e Chien, P. "The Cambrian Explosion: Biology's Big Bang". Em *Darwinism, Design and Public Education*, editado por John Angus Campbell e Stephen C. Meyer, 325. East Lansing, MI: Michigan State University Press, 2003. Cortesia de Brian Gage.

Figura 2.7: Diagrama desenhado por Ray Braun com base no desenho original de Art Battson. Cortesia de Art Battson.

Figura 2.8: Diagrama desenhado por Ray Braun baseado na Figura 1, Wiester, J., e Dehaan, R. F., "The Cambrian Explosion: The Fossil Record and Intelligent Design". Em *Signs of Intelligence: Understanding Intelligent Design*, 149. William A. Dembski e James M. Kushiner, eds. Grand Rapids, MI: Brazos Press, 2001. Cortesia também de Art Battson.

Figura 2.9a: Desenho de *Opabinia* por Ray Braun baseado em informações de Figura 3.21, Gould, S. J. *Wonderful Life: The Burgess Shale and the Nature of History*, 126. Nova York: Norton, 1990; Figura 173, Briggs, D., Erwin, D., e Collier, F. *The Fossils of the Burgess Shale*, 210. Washington: Smithsonian Institution Press, 1994.

Figura 2.9b: Fotografia do fóssil Opabinia de Walcott, C. D., "Middle Cambrian Branchiopoda, Malacostraca, Trilobita, and Merostomata". *Smithsonian Miscellaneous Collections*, Volume 57, Número 6 (Publicação 2051), Cidade de Washington, Publicado pela Smithsonian Institution, 13 de março de 1912. Domínio público.

Figura 2.10a: Desenho de Anomalocaris por Ray Braun baseado em informações de Figura 264, Chen, J. Y., Zhou, G. Q., Zhu, M. Y., e Yeh, K. Y. *The Chengjiang Biota—A Unique Window of the Cambrian Explosion*, 197. Taichung, Taiwan: Museu Nacional de Ciências Naturais, 1996.

Figura 2.10b: Fotografia do fóssil de Anomalocaris Cortesia de J. Y. Chen. Source: Figura 265A, Chen, J. Y., Zhou, G. Q., Zhu, M. Y., e Yeh, K. Y. *The Chengjiang Biota—A Unique Window of the*

Créditos e permissões   483

Cambrian Explosion, 198. Taichung, Taiwan: Museu Nacional de Ciências Naturais, 1996. Usada com permissão.

Figura 2.11a: Diagrama da árvore da vida de Charles Darwin, *Origin of Species*, 1859. Cortesia de Wikimedia Commons. Domínio público.

Figura 2.11b: Diagrama desenhado por Ray Braun.

Figura 2.12: Diagrama desenhado por Ray Braun.

Figura 3.1: Fotografia de J. Y. Chen do documentário *Icons of Evolution*, Coldwater Media, 2002. Copyright © Discovery Institute 2013. Cortesia do Discovery Institute. Usada com permissão.

Figura 3.2a: Fotografia do sítio fóssil de Chengjiang cortesia de Illustra Media. Usada com permissão.

Figura 3.2b: Fotografia do sítio fóssil de Chengjiang cortesia de Paul Chien. Usada com permissão.

Figura 3.2c: Fotografia do sítio fóssil de Chengjiang cortesia de Paul Chien. Usada com permissão.

Figura 3.3: Fotografia de Harry Whittington, dos Arquivos do Museu de Zoologia Comparada, Biblioteca Ernst Mayr, Universidade de Harvard. Usada com permissão.

Figura 3.4a: Desenho de *Nectocaris* de Ray Braun baseado em informações de Smith, M. R. e Caron, J.-B., "Primitive soft-bodied cephalopods from the Cambrian", *Nature*, 465 (27 de maio de 2010): 469–472; *Nectocaris pteryx* em http://commons.wikimedia.org/wiki/File:Nectocaris_pteryx. JPG, Cortesia de usuário: Stanton F. Fink em en.wikipedia/Wikimedia Commons/CC BY-SA 2.5.

Figura 3.4b: Fotografia do fóssil de *Nectocaris* reimpressa com permissão da Macmillan Publishers Ltd: *Nature*, Figura 1, Smith, M. R., e Caron, J.-B., "Primitive soft-bodied cephalopods from the Cambrian", *Nature*, 465 (27 de maio de 2010): 469–472. Copyright 2010. Usada com permissão.

Figura 3.4c: Fotografia do fóssil de *Nectocaris* reimpressa com permissão da Macmillan Publishers Ltd.: *Nature*, Figura 1, Smith, M. R. e Caron, J.-B., "Primitive soft-bodied cephalopods from the Cambrian", *Nature*, 465 (27 de maio de 2010): 469–472. Copyright 2010. Usada com permissão.

Figura 3.5a: Fotografia de fóssil de estromatólito Cortesia de usuário: Rygel, M. C., em en.wikipedia/Wikimedia Commons/CC-BY-SA–3.0. Usada com permissão; o uso não se destina a implicar endosso pelo autor/licenciante da obra.

Figura 3.5b: Fotografia de fóssil de estromatólito cortesia da American Association for the Advancement of Science, Figura 2B, Hoffman, P., "Algal Stromatolites: Use in Stratigraphic Correlation and Paleocurrent Determination", *Science*, 157 (1 de setembro de 1967): 1043–45. Reproduzida com permissão de AAAS. Usada com permissão.

Figura 3.6a–1: Desenho do ctenóforo por Ray Braun baseado em informações da Figura 28, Chen, J. Y. e Zhou, G., "Biology of the Chengjiang fauna". Em "The Cambrian Explosion and the Fossil Record", 33, *Bulletin of the National Museum of Natural Science*, 10:11–106. Editada por Chen, J. Y., Cheng, Y. e Iten, H. V., eds. Taiwan: Museu Nacional de Ciências Naturais, 1997.

Figura 3.6a–2: Fotografia de fósseis de ctenóforos cortesia de J. Y. Chen. Fonte: Figura 102, Chen, J. Y., Zhou, G. Q., Zhu, M. Y., e Yeh, K. Y. *The Chengjiang Biota—A Unique Window of the Cambrian Explosion*, 96. Taichung, Taiwan: Museu Nacional de Ciências Naturais, 1996. Usada com permissão.

Figura 3.6b–1: Desenho de foronídeo por Ray Braun baseado em informações da Figura 51, Chen, J. Y. e Zhou, G., "Biology of the Chengjiang fauna". Em "The Cambrian Explosion and the Fossil Record", 45, *Bulletin of the National Museum of Natural Science*, 10:11–106. Editado por Chen, J. Y., Cheng, Y. e Iten, H. V., eds. Taiwan: Museu Nacional de Ciências Naturais, 1997.

484   *Créditos e permissões*

Figura 3.6b–2: Fotografia de fóssil foronídeo cortesia de J. Y. Chen. Fonte: Figura 49, Chen, J. Y. e Zhou, G., "Biology of the Chengjiang fauna". Em "The Cambrian Explosion and the Fossil Record", 44, *Bulletin of the National Museum of Natural Science*, 10:11–106. Editado por Chen, J. Y., Cheng, Y. e Iten, H. V., eds. Taiwan: Museu Nacional de Ciências Naturais, 1997. Usada com permissão.

Figura 3.6c–1: Desenho de *Waptia* por Ray Braun baseado em informações da Figura 110, Briggs, D., Erwin, D. e Collier, F. *The Fossils of the Burgess Shale*, 157. Washington: Smithsonian Institution Press, 1994.

Figura 3.6c–2: Fotografia do fóssil *Waptia* cortesia de Paul Chien. Usada com permissão.

Figura 3.6d–1: Desenho do verme priapulídeo por Ray Braun baseado em informações da Figuras 32A e 32B, Chen, J. Y. e Zhou, G. "Biology of the Chengjiang fauna". Em "The Cambrian Explosion and the Fossil Record", 36, *Bulletin of the National Museum of Natural Science*, 10:11–106. Editado por Chen, J. Y., Cheng, Y. e Iten, H. V., eds. Taiwan: Museu Nacional de Ciências Naturais, 1997.

Figura 3.6d–2: Fotografia de fóssil de verme priapulídeo cortesia de Paul Chien. Usada com permissão.

Figura 3.6e–1: Desenho de *Eldonia* por Ray Braun baseado em informações da Figura 147, Chen, J. Y., Zhou, G. Q., Zhu, M. Y. e Yeh, K. Y. *The Chengjiang Biota—A Unique Window of the Cambrian Explosion*, 124. Taichung, Taiwan: Museu Nacional de Ciências Naturais, 1996; "Cambrian Café", http://cambrian-cafe.seesaa.net/archives/201003–1.html.

Figura 3.6e–2: Fotografia de um fóssil *Eldonia* cortesia de J. Y. Chen. Fonte: Figura 148, Chen, J. Y., Zhou, G. Q., Zhu, M. Y. e Yeh, K. Y. *The Chengjiang Biota—A Unique Window of the Cambrian Explosion*, 125. Taichung, Taiwan: Museu Nacional de Ciências Naturais, 1996. Usada com permissão.

Figura 3.6f–1: Desenho de hiolito por Ray Braun baseado em informações da Figura 172, Chen, J. Y., Zhou, G. Q., Zhu, M. Y. e Yeh, K. Y. *The Chengjiang Biota—A Unique Window of the Cambrian Explosion*, 132. Taichung, Taiwan: Museu Nacional de Ciências Naturais, 1996.

Figura 3.6f–2: Fotografia de fóssil de hiolito cortesia de J. Y. Chen. Fonte: Figura 173A, Chen, J. Y., Zhou, G. Q., Zhu, M. Y. e Yeh, K. Y. *The Chengjiang Biota—A Unique Window of the Cambrian Explosion*, 139. Taichung, Taiwan: Museu Nacional de Ciências Naturais, 1996. Usada com permissão.

Figura 3.7a–1: Fotografia de fóssil de embrião de esponja cortesia de Paul Chien. Usada com permissão.

Figura 3.7a–2: Fotografia de fóssil de embrião de esponja cortesia de Paul Chien. Usada com permissão.

Figura 3.7b: Fotografia de fóssil de embrião de esponja cortesia de Paul Chien. Usada com permissão.

Figura 3.8: Diagrama desenhado por Ray Braun com base nas informações na Figura 2, Meyer, S. C., Ross, M., Nelson, P. e Chien, P. "The Cambrian Explosion: Biology's Big Bang". Em *Darwinism, Design and Public Education*, editado por John Angus Campbell e Stephen C. Meyer, 326. East Lansing, MI: Michigan State University Press, 2003. Cortesia de Brian Gage.

Figura 3.9a: Desenho de *Myllokunmingia* por Ray Braun baseado em informações da Figura 2A, Shu, D. G., Lou, H. L., Conway Morris, S., Zhang, X. L., Hu, S. X., Chen, L., Han, J., Zhu, M., Li, Y. e Chen, L. Z., "Lower Cambrian Vertebrates from South China". *Nature*, 402 (1999): 42–46.

Créditos e permissões   485

Figura 3.9b: Fotografia do fóssil de *Myllokunmingia* reimpressa com permissão da Macmillan Publishers Ltd.: *Nature*, Figura 2A, Shu, D. G., Lou, H. L., Conway Morris, S., Zhang, X. L., Hu, S. X., Chen, L., Han, J., Zhu, M., Li, Y. e Chen L. Z., "Lower Cambrian Vertebrates from South China". *Nature*, 402 (1999): 42–46. Copyright 1999. Usada com permissão.

Figura 4.1a–1: Desenho de *Dickinsonia* por Ray Braun baseado em informações de "Les premiers animaux de la Terre", L'Historie de la vie sur terre, 23 de abril de 2009, http://titereine.centerblog. net/4-Les-premiers-animaux-de-la-Terre.

Figura 4.1a–2: Fotografia do fóssil de *Dickinsonia* cortesia de Figura 2, Peterson, K. J., Cotton, J. A., Gehling, J. G. e Pisani, D., "The Ediacaran emergence of bilaterians: congruence between the genetic and the geological fossil records", *Philosophical Transactions of the Royal Society B*, 2008, 363 (1496): 1435–43, com permissão da Royal Society.

Figura 4.1b–1: Desenho de *Spriggina* de Ray Braun baseado em informações de Spriggina flounensi C.jpg, Wikipedia, http://en.wikipedia.org/wiki/File:Spriggina_flounensi_C.jpg.

Figura 4.1b–2: Fotografia do fóssil *Spriggina* cortesia de Figura 2, Peterson, K. J., Cotton, J. A., Gehling, J. G. e Pisani, D., "The Ediacaran emergence of bilaterians: congruence between the genetic and the geological fossil records", *Philosophical Transactions of the Royal Society B*, 2008, 363 (1496): 1435–43, com permissão da Royal Society.

Figura 4.1c–1: Desenho de *Charnia* por Ray Braun baseado em informações de Charnia_Species_BW_by_avancna, http://avancna.deviantart.com/art/Charnia-Species-BW-101515874.

Figura 4.1c–2: Fotografia do fóssil de *Charnia masoni* cortesia do usuário: Smith609 em en.wikipedia/Wikimedia Commons/CC-BY–2.5. Usada com permissão; uso não pretende implicar endosso pelo autor/licenciante da obra.

Figura 4.2a: Fotografia do fóssil *Arkarua* cortesia de Figura 4B, Gehling, J. G., "Earliest known echinoderma new Ediacaran fossil from the Pound Subgroup of South Australia", *Alcheringa: An Australasian Journal of Palaeontology*, 11 (1987): 337–45. Usada com permissão; o uso não pretende implicar endosso pelo autor/licenciante da obra.

Figura 4.2b: Fotografia do fóssil de *Parvancorina* cortesia de Figura 2, Peterson, K. J., Cotton, J. A., Gehling, J. G. e Pisani, D., "The Ediacaran emergence of bilaterians: congruence between the genetic and the geological fossil records", *Philosophical Transactions of the Royal Society B*, 2008, 363 (1496): 1435–43, com permissão da Royal Society.

Figura 4.3: Fotografia do fóssil de *Vernanimalcula* cortesia da American Association for the Advancement of Science, de Figura 1b, Chen, J.-Y., Bottjer, D. J., Oliveri, P., Dornbos, S. Q., Gao, F., Ruffins, S., "Small Bilaterian Fossils from 40 to 55 Million Years Before the Cambrian", *Science*, 305 (9 de julho de 2004): 218–22. Reproduzido com permissão de AAAS.

Figura 5.1: Desenho de membro de pentadáctilo cortesia de Jody F. Sjogren e Figura 4-1, Wells, J., *Icons of Evolution: Science or Myth?* Washington D.C.: Regnery, 2000. Copyright © Jody F. Sjogren 2000. Usada com permissão.

Figura 5.2: Desenho de Ray Braun baseado em informações de Paul Nelson; Smith, A. B. e Peterson, K. J., "Dating the Time and origin of Major Clades", *Annual Review of Earth and Planetary Sciences*, 30 (2002): 65–88.

Figura 6.1: Desenho de Ray Braun baseado em informações de Paul Nelson; Smith, A. B. e, M. J. *et al.* "The evolution of the Ecdysozoa", *Philosophical Transactions of the Royal Society B*, Vol. 363 (2008): 1529–37; Aguinaldo, A. M., Turbeville, J. M., Linford, L. S., Rivera, M. C., Garey, J. R., Raff, R. A. e Lake, J. A. "Evidence for a clade of nematodes, arthropods and other moulting animals", *Nature*, 387 (1997): 489–93; Mallatt, J. M., Garey, J. R., e Shultz, J. W., "Ecdysozoan phylogeny and

486 *Créditos e permissões*

Bayesian inference: first use of nearly complete 28S and 18S rRNA gene sequences to classify the arthropods and their kin", *Molecular Phylogenetics and Evolution*, 31 (2004): 178–91; Halanych, K. M., "The New View of Animal Phylogeny", *Annual Review of Ecology and Systematics*, 35 (2004): 229–56; Roy, S. W. e Irimia, M., "Rare Genomic Characters Do Not Support Coelomata: Intron Loss/Gain", *Molecular Biology and Evolution*, 25 (2008): 620–23; Hyman, L. H. *The Invertebrates. Vol. 1: Protozoa through Ctenophora.* Nova York: McGraw-Hill, 1940; Holton, T. A. e Pisani, D., "Deep Genomic-Scale Analyses of the Metazoa Reject Coelomata: Evidence from Single- and Multigene Families Analyzed Under a Supertree and Supermatrix Paradigm", *Genome Biology and Evolution*, 2 (2010): 310–24.

Figura 6.2: Desenho de Ray Braun e Paul Nelson com base em informações da Figura 1, Edgecombe, G. D., Giribet, G., Dunn, C. W., Hejnol, A., Kristensen, R. M., Neves, R. C., Rouse, G. W., Worsaae, K. e Sørensen, M. V., "Higher-level metazoan relationships: recent progress and remaining questions", *Organisms, Diversification, & Evolution*, 11 (junho de 2011): 151–72.

Figura 6.3: Desenho de Ray Braun e Paul Nelson com base nas informações de Extavour, C. G. e Akam, M., "Mechanisms of germ cell specification across the metazoans: epigenesis and preformation", *Development*, 130 (2003): 5869–84.

Figura 6.4: Desenho de Ray Braun e Paul Nelson com base em informações da Figura 1, Extavour, C. G. M. "Evolution of the bilaterian germ line: lineage origin and modulation of specific mechanisms", *Integrative and Comparative Biology*, 47 (2007): 770–85.

Figura 6.5: Desenho de Ray Braun e Paul Nelson com base nas informações de Willmer, P. G. *Invertebrate Relationships: Patterns in Animal Evolution*, 2–14. Cambridge: Cambridge University Press, 1990.

Figura 7.1a: Fotografia de Stephen Jay Gould cortesia de Steve Liss / TIME& LIFE Images / Getty Images. Usada com permissão.

Figura 7.1b: Fotografia de Niles Eldredge © Julian Dufort 2011. Usada com permissão.

Figura 7.2: Desenhada por Ray Braun com base em um desenho original de Brian Gage. Cortesia de Brian Gage.

Figura 7.3: Desenhada por Ray Braun com base em um desenho original de Brian Gage. Cortesia de Brian Gage.

Figura 8.1: Desenhada por Ray Braun com base em um desenho original de Brian Gage cortesia de A. Barrington Brown/Science Source. Usada com permissão.

Figura 8.2: Desenhada por Ray Braun baseada em um desenho original de Fred Hereen. Cortesia de Fred Hereen.

Figura 8.3: Desenhada por Ray Braun baseada na Figura 10, desenhada por Brian Gage, em Meyer, S. C., Ross, M., Nelson, P. e Chien, P., "The Cambrian Explosion: Biology's Big Bang". Em *Darwinism, Design and Public Education*, editada por John Angus Campbell e Stephen C. Meyer, 336. East Lansing, MI: Michigan State University Press, 2003. Cortesia de Brian Gage.

Figura 9.1: Fotografia de Murray Eden cortesia do Museu do MIT. Usada com permissão.

Figura 9.2: Desenhada por Ray Braun.

Figura 9.3: Desenhada por Ray Braun.

Figura 10.1: Fotografia de Douglas Axe cortesia de Brittnay Landoe. Usada com permissão.

Créditos e permissões 487

Figura 10.2: Desenho de Ray Braun baseado em informações da Figuras 3.39, 3.40, e 3.44 em Berg, J. M., Tymoczko, J. L., Stryer, L. *Biochemistry*, 60–61, 5ª ed. Nova York, NY: W. H. Freeman and Co, 2002.

Figura 10.3: Desenho de Ray Braun baseado em informações da Figura 21, desenhado por Brian Gage, em Meyer, S. C., Ross, M., Nelson, P. e Chien, P. "The Cambrian Explosion: Biology's Big Bang". Em *Darwinism, Design and Public Education*, editado por John Angus Campbell e Stephen C. Meyer, 374. East Lansing, MI: Michigan State University Press, 2003. Cortesia de Brian Gage.

Figura 10.4: Desenhada por Ray Braun.

Figura 11.1: Desenho de Ray Braun e Casey Luskin baseado em informações de Kaessmann, H., "Origins, evolution, and phenotypic impact of new genes", *Genome Research*, 20 (2010): 1313–26; Long, M., Betrán, E., Thornton, K. e Wang W., "The Origin of New Genes: Glimpses from the Young and Old", *Nature Reviews Genetics*, 4 (novembro de 2003): 865–75.

Figura 11.2: Desenhada por Ray Braun com base nas informações de Luskin, C., "The NCSE, Judge Jones, and Citation Bluffs about the Origin of New Functional Genetic Information", Discovery.org (2 de março de 2010), http://www.discovery.org/a/14251.

Figura 12.1: Desenhada por Ray Braun com base nas informações da Figura 27, em Frazzetta, T. H. *Complex Adaptations in Evolving Populations*, 148. Sunderland, MA: Sinauer Associates, 1975.

Figura 12.2: Fotografia de Michael Behe cortesia de Laszlo Bencze. Usada com permissão.

Figura 12.3: Desenho de Ray Braun baseado em informações de "Powerball—Prizes and Odds", PowerBall, http://www.powerball.com/powerball/pb_prizes.asp.

Figura 12.4: Desenhada por Ray Braun com base nas informações da Figura 6, Behe, M. J. e Snoke, D. W., "Simulating evolution by gene duplication of protein features that require multiple amino acid residues", *Protein Science*, 13 (2004): 2651–64. Imagem original cortesia de John Wiley e Sons e *Protein Science*. Imagem original Copyright © 2004 The Protein Society. Usada com permissão.

Figura 12.5: Fotografia de Ann Gauger cortesia de Laszlo Bencze. Usada com permissão.

Figura 12.6: Desenhada por Ray Braun com base nas informações da Figura 5A, Gauger, A. K. e Axe, D. D. "The Evolutionary Accessibility of New Enzyme Functions: A Case Study from the Biotin Pathway". *BIO-Complexity*, 2011 (1): 1–17. Imagem original Cortesia de Ann Gauger e Douglas Axe.

Figura 13.1a: Fotografia de Christiane Nüsslein-Volhard cortesia do usuário: Rama/Wikimedia Commons/CC BY-SA 2.0 FR. Usada com permissão; o uso não pretende implicar endosso pelo autor/licenciante da obra.

Figura 13.1b: Fotografia de Eric Wieschaus cortesia de Matthias Kubisch/Wikimedia Commons/ CC0 1.0. Domínio público; uso não pretende implicar endosso pelo autor/licenciante da obra.

Figura 13.2: Desenho de Ray Braun e Paul Nelson com base em informações de "Mutant Fruit Flies", Exploratorium, http://www.exploratorium.edu/exhibits/mutant_flies/mutant_flies.html.

Figura 13.3: Fotografia de Paul Nelson cortesia de Paul Nelson. Usada com permissão.

Figura 13.4a: Copyright 2008 National Academy of Sciences U.S.A. Figura 1D, Oliveri, P., Tu, Q. e Davidson, E. H., "Global Regulatory Logic for Specification of an Embryonic Cell Lineage", *Proceedings of the National Academy of Sciences USA*, 105 (2008): 5955–62. O uso de material PNAS não implica qualquer endosso por PNAS ou da National Academy of Sciences ou dos autores. Usada com permissão.

488   *Créditos e permissões*

Figura 13.4b: Copyright 2008 National Academy of Sciences U.S.A. Figura 1E, Oliveri, P., Tu, Q. e Davidson, E. H., "Global Regulatory Logic for Specification of an Embryonic Cell Lineage", *Proceedings of the National Academy of Sciences USA*, 105 (2008): 5955–62. O uso de material PNAS não implica qualquer endosso por PNAS ou da National Academy of Sciences ou dos autores. Usada com permissão.

Figura 13.4c: Copyright 2008 National Academy of Sciences U.S.A. Figura 7, Oliveri, P., Tu, Q., e Davidson, E. H., "Global Regulatory Logic for Specification of an Embryonic Cell Lineage", *Proceedings of the National Academy of Sciences USA*, 105 (2008): 5955–62. O uso de material PNAS não implica qualquer endosso por PNAS ou da National Academy of Sciences ou dos autores. Usada com permissão.

Figura 14.1: Fotografia de Jonathan Wells cortesia de Laszlo Bencze. Usada com permissão.

Figura 14.2: Diagrama desenhado por Ray Braun com base em slides de PowerPoint desenvolvidos por Michael Keas.

Figura 14.3a: Desenhada por Joseph Condeelis. Copyright © Discovery Institute 2013. Usada com permissão.

Figura 14.3b: Cortesia do The Company of Biologists. Fonte: Figura 1B de Smyth, J. T., De-Haven, W. I., Bird, G. S. e Putney, J. W., "Role of the microtubule cytoskeleton in the function of the store-operated Ca^{2+} channel activator STIM1", *Journal of Cell Science*, 120 (1 de novembro de 2007): 3762–71. Usada com permissão.

Figura 15.1: Fotografia de Stuart Kauffman cortesia de usuário: Teemu Rajala/Wikimedia Commons/CC BY 3.0. Usada com permissão; o uso não pretende implicar endosso pelo autor/licenciante da obra.

Figura 15.2: Desenho de DPMs por Ray Braun com base nas informações da Tabela 1, Stuart A. Newman e Ramray Bhat, "Dynamical patterning modules: physico-genetic determinants of morphological development and evolution", *Physical Biology*, 5 (1): 1–14 (9 de abril de 2008); Figura 11.1, Stuart A. Newman, "Dynamical Patterning Modules", em *Evolution: The Extended Synthesis*, 294, Massimo Pigliucci e Gerd B. Muller eds. (The MIT Press, 2010); Stuart A. Newman, "Physico-Genetic Determinants in the Evolution of Development", *Science*, 338 (12 de outubro de 2012): 217–19.

Figura 16.1: Desenhada por Ray Braun e Paul Nelson.

Figura 16.2: Copyright 2007 National Academy of Sciences, U.S.A. Figura 1, Prud'homme, B., Gompel, N. e Carroll, S. B., "Emerging principles of regulatory evolution", *Proceedings of the National Academy of Sciences (PNAS), USA*, 104 (15 de maio de 2007): 8605–12. O uso de material PNAS não implica qualquer endosso por PNAS ou da National Academy of Sciences ou dos autores. Usada com permissão.

Figura 16.3: Reimpresso de *Current Biology*, 11, Starling, E. B. e Cohen, S. M., "Limb development: Getting down to the ground state", R1025–R1027, Figura 1, Copyright 2001, com permissão de Elsevier.

Figura 17.1: Fotografia de Charles Thaxton cortesia de Charles Thaxton. Usada com permissão.

Figura 17.2: Desenho de Ray Braun baseado em informações de Grotzinger, J., Jordan, T. H., Press, F., Siever, R. *Understanding Earth*, 32–33, 5ª ed., Nova York: W. H. Freeman, 2007; Cox., A. e Hart, R. B. *Plate Tectonics: How It Works*, 19, Cambridge, MA: Blackwell Science, 1986; Lowrie, W. *Fundamentals of Geophysics*, 18–19, Cambridge, UK: Cambridge University Press, 1997.

Figura 17.3: Desenho de Ray Braun baseado em informações do Sober, E., *Reconstructing the Past*, 4–5. Cambridge, MA: MIT Press, 1988.

Créditos e permissões   489

Figura 18.1: Fotografia de Douglas Erwin cortesia de Robyn Wishna/UPHOTO/Cornell University. Usada com permissão.

Figura 18.2: Desenhada por Ray Braun com base nas informações da Figura 2:2, Meyer, S. C., Minnich, S., Moneymaker, J., Nelson, P. A. e Seelke, R. *Explore Evolution: The Arguments for and Against Neo-Darwinism*, 44. Melbourne e Londres: Hill House, 2007.

Figura 18.3: Fotografia de transistores cortesia de iStockphoto.com/S230. © iStockphoto.com/S230. Usada com permissão.

Figura 18.4: Diagrama desenhado por Ray Braun com base nas informações da Figura 2, Nelson, P. e Wells, J., "Homology in Biology: Problem for Naturalistic Science and Prospect for Intelligent Design". Em *Darwinism, Design and Public Education*, 317, editado por John Angus Campbell e Stephen C. Meyer, 303–322. East Lansing, MI: Michigan State University Press, 2003.

Figura 18.5: Diagrama desenhado por Ray Braun com base em slides de PowerPoint desenvolvidos por Michael Keas.

Figura 18.6: Diagrama desenhado por Ray Braun com base em slides de PowerPoint desenvolvidos por Michael Keas.

Figura 18.7: Diagrama desenhado por Ray Braun com base em slides de PowerPoint desenvolvidos por Michael Keas.

Figura 19.1: Fotografia de Richard Sternberg cortesia de Laszlo Bencze. Usada com permissão.

Figura 19.2: Fotografia de Moais cortesia de iStockphoto/Think-stock. Usada com permissão.

Figura 20.1: Fotografia do fóssil de trilobita no Folhelho de Burgess Cortesia de Michael Melford/ NATIONAL GEOGRAPHIC IMAGE COLLECTION/Getty Images. Usada com permissão.

Figura 20.2a: Fotografia de Stephen C. Meyer e direitos autorais da família © 2013 Stephen C. Meyer.

Figura 20.2b: Fotografia da encosta da montanha perto do Folhelho de Burgess copyright © 2013 Stephen C. Meyer.

ÍNDICE

A

açúcares
glicolipídeos, 272
glicoproteínas, 272
adequação causal, 336
aglomerado de complexidade da cloroquina
(CCC), 239
algas
coloniais, 60
unicelulares, 57
algoritmos genéticos, 349
Altenberg 16, 282
ambientes
deposicionais, 66
pré-biótico, x
aminoácidos, 170
combinações de, 169
sequência de, 169
substituições de, 176
anatomia
comparativa, 118
de invertebrados, 129
ancestralidade
compartilhada, 208
comum universal, 3
aparecimento descontínuo, 113
Ardil 22, 202
Argumento
abdutivo, 332
dedutivo, 332
indutivo, 331
árvore
canônica, 124
da vida, 12
filogenética, 107
genealógica, 112
atividade
enzimática, 185
tectônica, 45

B

bases nucleotídicas, 100
biologia
do desenvolvimento, 250
evolutiva, xiv
molecular, viii
biólogos evolucionistas, 95
bolyeridaes
família de répteis, 223
braquiópodes, 8
Burgess
Bestiário de, 25
biota de, 52

C

cadeia
lateral, 218
polipeptídica, 186
canais iônicos, 271
Capela Sistina Darwiniana, 111
características anatômicas, 121
causalidade
ascendente, 358
descendente, 358
células germinativas, 123
primordiais
(CGP), 123
centrossomo, 270
cianobactérias, 57
ciclos autocatalíticos, 286
cinzas vulcânicas, 77
citoesqueletos, 269
classificação
animal, 365
filogenética, 30
código
do açúcar, 272
químico, vii
bases de nucleotídeos, viii

492 *Índice*

coluna
  estratigráfica, 12
  geológica, 6
combinatória
  ramo da matemática, 168
complexidade
  adaptativa, 295
  ecológica, 84
  especificada, 289
  funcional, 84
  orgânica, 84
concentrações diferenciais
  (gradientes), 271
cone invertido da diversidade, 358
controle de processo, 182
cooptação, 242
cosmovisão, 395
criacionismo bíblico, 326
criaturas marinhas, 389
critérios de demarcação, 373
  falseabilidade, 373
  observabilidade, 373
  repetibilidade, 373
  testabilidade, 373
cromossômicos
  DNA, 194
  segmentos, 194
cromossomos homólogos, 194
crossing-over, 194

D

dados moleculares, 116
datação radiométrica, 15
descendência com modificação, 4
descontinuidade fóssil, 277, 345
desenvolvimento embriológico, 65
design
  corporais, 10
  inteligente, 326
deuterostômios, 121
diferenciação celular, 284, 287
difusão molecular, 292
Discurso de Gettysburg
  de Abraham Lincoln, 355
disparidade, 39
  morfológica, 358
distância morfológica, 4
distribuição geográfica, 4

divergência profunda, 98
diversidade, 39
Drosophila
  mosca-da-fruta, 159

E

efeito
  de limpeza, 193
  morfogenéticos, 271
  purificador, 189
embriões de esponja, 64
embriogênese, 251, 272
engenharia genética natural, 303, 321
enzima β-lactamase, 195
equilíbrio pontuado, 134, 135, 282
equinodermos, 87
  bolacha-da-Praia, 87
  estrelas-do-mar, 87
Era do Gelo, 21
espaço morfológico, 68
especiação alopátrica, 134, 301
especificidade, 165
  biológica, 286
estabilidade estrutural, 192
Estase, 133
esteiras de estromatólito, 57
estratos fossilíferos, 7
estrutura
  anatômica, 226
  biológica, 224
  de leitura aberta
    (ORFs), 213
evidências moleculares, 98
evo-devo
  biologia evolutiva do desenvolvimento, 302
evolução
  biológica, ix
  convergente, 130
  de proteínas, 230
  química, viii
  teísta, 395
  teoria da, xi
evolucionismo darwiniano, 111
expansão do fundo do mar, 335
experimentos biológicos, 11
explosão cambriana, 10–12

F

faixas magnéticas, 335
fases embrionárias, 17
fatores primários
  tamanhos populacionais efetivos, 226
  taxas de mutação, 226
  tempo das gerações, 226
filos
  Anelídeo, 60
  anelídeos, 120
  Annelida, 62
  artrópodes, 120
  bilaterais, 90, 354
  braquiópodes, 121
  Chordata, 73
  Cnidaria, 60
  Ctenophora, 60
  Lobopodia, 60
  metazoários, 101
  Onychophora, 62
  Phoronida, 62
  phoronidas, 121
  Priapulida, 60, 62
filósofos mecânicos, 374
Fitas de DNA, 163
fixação rápida, 143
Folhelho
  Burgess, 27
  de Maotianshan, 49
forças de atração, 298
forma
  animal, 266
  orgânica, 266
  ur
    (original), 92
fósseis
  descobertas, xiii
  registro, vii

G

genes
  de biomineralização, 260
  homeóticos
    (Hox), 304
  órfãos, 209
genética
  análises, 98

pistas, 98
populacional, 85
regulação, 182
sequências, 112
geossinclinais, 54
gradualismo filético, 147
Grupo Warrawoona, 57

H

herança
  combinada, 152
  epigenética, 303
hidrofilicidade, 179
hidrofobicidade, 179
hipermutabilidade, 221
hipótese
  Celomata, 119
  da coincidência, 335
  da divergência profunda, 97
  do acaso, 196
  do artefato, 362
  múltiplas, 334
histonas, 104
história filogenética, 112
homologia, 97

I

inferência abdutiva, 331
informação
  de Shannon, 160
  digitais, vii
  do DNA, vii
  epigenética, 264
    "posicional", 285
  funcional
    especificada, 164
    (ou significativa), 160
  processamento de, viii
  revolução da, vii
inovação
  estrutural, 187
  evolutiva, 303
  macroevolutiva, 187
  morfológica, 302
Instituto Wistar, 166
inteligência
  criativa, 19

Índice

projetista, viii
intervalo Lipaliano, 46
íntrons
seções do genoma, 211
isolamento geográfico, 143

K

kit de ferramentas genético, 290

L

Lamarck, 319
leis
da forma, 285
limite da evolução, 239

M

macroevolução, 118
magia natural, 299
Manifesto do Anarquista, 355
materialismo científico, 394
mecanismos
lamarckianos, 319
mutacionais, 211
embaralhamento de éxons, 205
fissão, 211
retroposicionamento, 205
meiose, 194
metamorfismo universal, 56
Metazoa, 101
método
de inferência, 339
abdutiva, 339
microtúbulos, 269
Modelos auto-organizacionais, 283
modularidade polifuncional, 355
dependente do contexto, 357
moléculas
de sinalização, 351
reguladoras, 271
Bicoid, 271
Nanos, 271
morfoespaço, 362
morfogênese, 284
morfógenos, 252
moscas-das-frutas, 126
mudança
agente de, 6

ambientais, 6
morfológicas, 34
mutações
aleatórias, 166, 303
Antennapedia, 176
coordenada, 240
de desenvolvimento, 302
hereditárias, 301
regulatórias, 305
singular, 228
mutagênese, 183
de saturação, 247

N

naturalismo metodológico, 19, 370
neodarwinismo, 154
Nova Síntese, 154
novidade anatômica, 117
Novo Ateísmo, 394
núcleo
de perfuração, 54
hidrofóbico, 188
nucleotídeos, 183

O

ontogenia, 250
ordem de ramificação, 106
organismos inviáveis, 302
organização multicelular, 292
origem
bacteriana, 83
da vida, viii
inorgânica, 83
saltacionista, 302

P

padrões
de descontinuidade, 13
geométricos, 295
repetitivos, 295
simples, 295
padronização dinâmica
módulos de, 291
Pangeia
teoria da deriva continental, 334
pentadáctilo, 96
perfil do suspeito, 344

período
  críptico, 97
  geológico, 13
  pós-paleozóico, 13
    Devoniano, 13
  Siluriano, 6
    Cambriano, 6
  Triássico, 13
pesquisas magnéticas, 335
placas calcárias, 87
planos corporais, 32, 249
polinização cruzada, 153
pontos de calibração, 106
preservação
  de características, 6
pressões ambientais, 136
princípio
  das restrições, 261
  do contexto do organismo, 355
  uniformitarista, 378
  vera causa, 299
probabilidade condicional, 196
problemas
  embrionários, 305
  mente-corpo, 383
processos
  diagenéticos, 88
  tafonômicos, 88
projeto ENCODE, 385
proteínas
  auxiliares, 275
  deficientes, 185
  de ligação, 351
  dobras de, 185
  domínio de, 216
  estruturas, 183
    níveis de, 185
  funcionais, 183
  lisil oxidase, 187
  morfogênicas, 285
protostômios, 121
Punk eek, 135

Q

questões filosóficas, xiv

R

reconstrução filogenética, 208
regiões
  cis-regulatórias, 305
registro fóssil, 7
regulação gênica, 257
reguladores da transcrição
  (TRs), 250
relações evolutivas, 97
relógio molecular, 99, 118
reprodução seletiva, 5
retrodição, 338
revolução biológica molecular, 164
RNA ribossômico, 100
rocha magnetizada, 335

S

salto
  quântico, 84
  repentino
    (saltação), 301
sedimento
  de fosforito, 87
  oceânicos, 55
seleção
  acumulativa, 5
  artificial, 6
  da mutação, ix
  de espécies, 301
  inteligente, 5
  natural, ix
  positiva, 191
  purificadora, 191
semelhança
  anatômica, 114
  genética, 114
  moleculares, 97
sequências variantes, 176
shmoo, 108
simetria
  bilateral, 90
  de deslizamento, 81
sinal histórico, 117
síntese neodarwiniana, x

496 Índice

sistema
  anatômicos, 38
  complexos, 225
  endofragmal, 59
  hidrovascular, 87
  imunológico, ix
  SOS, 322
Smithsonian Institution, 27
subducção, 55

T

taxa de mutação, 99
taxonomia, 33
taxons, 113
tempo
  de espera, 234
  geológico
    intervalo de, 54
    Vendiano, 60
teoria
  da amostragem, 142
  da evolução, 118
  do gerador, 264
  materialistas, 347
traço genético hipotético, 240
transcrição de DNA, 263
transposóns, 212
tríade neodarwiniana, 282
  herdabilidade, 282
  seleção natural, 282
  variação, 282
trilobitas, 8

U

unidade de seleção, 139
ur
  -bilateral, 110
  -metazoário, 108

V

vantagem
  adaptativa, 201
  funcional, 201
    ou de sobrevivência, 10
variação
  aleatória, 225
  genéticas, 153
  hereditárias, 152
vestígios de fósseis, 79

X

Xistos de Maotianshan, 49

Projetos corporativos e edições personalizadas
dentro da sua estratégia de negócio. Já pensou nisso?

Coordenação de Eventos
Viviane Paiva
viviane@altabooks.com.br

Assistente Comercial
Fillipe Amorim
vendas.corporativas@altabooks.com.br

A Alta Books tem criado experiências incríveis no meio corporativo. Com a crescente implementação da educação corporativa nas empresas, o livro entra como uma importante fonte de conhecimento. Com atendimento personalizado, conseguimos identificar as principais necessidades, e criar uma seleção de livros que podem ser utilizados de diversas maneiras, como por exemplo, para fortalecer relacionamento com suas equipes/ seus clientes. Você já utilizou o livro para alguma ação estratégica na sua empresa?

Entre em contato com nosso time para entender melhor as possibilidades de personalização e incentivo ao desenvolvimento pessoal e profissional.

PUBLIQUE
SEU LIVRO

Publique seu livro com a Alta Books.
Para mais informações envie um e-mail para: autoria@altabooks.com.br

CONHEÇA OUTROS LIVROS DA **ALTA BOOKS**

Todas as imagens são meramente ilustrativas.

 /altabooks   /alta-books   /altabooks   /altabooks

Este livro foi impresso nas oficinas gráficas da Editora Vozes Ltda.,
Rua Frei Luís, 100 – Petrópolis, RJ.